2012 지구 차원 대전환과 천상의 메시지들

朴燦鎬 編著

도서출판 은하문명

♣ 책을 펴내며

　21세기의 문턱을 넘어선 지가 엊그제 같은데, 어느새 세월은 성큼 다가와 강산도 변한다는 10년을 코앞에 두고 있다. 요즘 들어 부쩍 새로 느끼게 된 것은 과거에 비해 시간의 흐름이 너무 빠르다는 것이다. 그리고 이처럼 시간이 가속되는 만큼 우리가 미처 감지하지 못하는 지구변화의 흐름도 정점을 향해 점점 치닫고 있는 것이 아닌가 생각된다.
　한편 요즘 사람들 입에 많이 회자되고 있는 마야 예언에서 지정한 2012년이 가까이 다가옴에 따라 20세기 말에 유행하던 위기론이나 종말론이 다시 고개를 들고 있는 추세이다. 또한 최근에는 지구의 위기와 멸망을 소재로 한 영화인 '지구가 멈추는 날' '코어' '노잉' '2012' 와 같은 류의 영화들도 심심치 않게 우리 앞에 등장하고 있는데, 이런 현상도 어쩌면 일종의 시대적 징조를 보여주는 것인지도 모르겠다.
　때문에 사회 일각에서는 국내외를 막론하고 2012년을 전후해 지구적 대재앙이나 격변이 들이닥칠 경우를 대비해서 생존하기 위한 방편을 강구하려는 움직임도 나타나고 있다. 즉 천재지변에서 안전한 대피처를 찾아 아예 깊은 산속으로 거주지를 옮기거나 이에 관심을 가진 사람들이 인터넷상에 카페를 개설해 활동하며 그들 나름대로 공동의 생존전략을 모색하고 있기도 하다. 지구온난화와 기상이변의 문제 등으로 심상치 않은 지금시대에 만약을 대비해 생존 방안을 찾으려는 이런 사회적 움직임을 굳이 비난하거나 색안경을 낀 시각으로 볼 필요는 없다고 생각한다. 하지만 2012년에 지구에 대변동이 일어나니 무턱대고 육체적으로 살아남기 위한 길을 강구해야겠다는 인간적인 단순 발상은 어떤 면에서 볼 때 전혀 무의미할 수도 있다. 왜냐하면 외적 물리적 지구변화의 배후에 잠재된 영적이고 우주적 측면의 진정한 천의(天意)를 모른 채 약간의 수명 연장만을 도모한다는 것은 단지 동물 수준의 생존본능에 불과할 수 있기 때문이다.
　최근 SBS-<그것이 알고 싶다>와 같은 다큐 프로그램에서도 2012년에 관련된 문제를 다루었는데, 그 프로의 결론은 한마디로 이런 위기론과 종말론은 모두 착각이고 허구라는 것이었다. 그 프로에서는 나름대로 각 분야의 전문가들을 동원한 분석과 인터뷰를 통해 지금의 2012 위기론자들의 주장을 모두 왜곡되고 지나치게 과장된 것이라는 논리로 반박했다.
　그러나 필자가 보기에 그 프로에서 다룬 내용이 결코 2012년에 관한 문제의 전부는 아니다. 거기에는 물론 일부 타당한 것도 있었고 잘못된 것도 있었다고 생각되나, 대체적으로 그 다큐 프로그램은 핵심을 놓치고 수박 겉핥기식으로 표피적인 현상만 다루었을 뿐이다. 왜냐하면 2012년을 전후해서 왜

대변화의 가능성이 제기되고 있는지 그 배후에 잠재된 내면적이고 영적 의미를 전혀 알지도 못하고, 또 손대지도 못했기 때문이다. 그러므로 우리는 단순 종말론을 넘어서서 마야가 예언한 2012년에 관련된 진정한 의미에 대해 보다 깊고 진지하게 성찰하며 접근해 볼 필요성이 있다.

그런데 현재 2012년 문제와 병행해서 천상(天上)이라고 표현되는 고차원계와 외계 문명 쪽으로부터 인류에게 내려오는 이른바 채널링 "(Channelling)" 메시지들은 21세기에 들어와서 더욱 폭발적으로 증가하고 있는 상태이다. 필자가 추측컨대, 2009년 현재 서구(西歐)에서는 이에 관계된 대략 2,000권 이상의 책들이 출판되지 않았는가 생각한다. 그리고 아마도 정식의 출판물로 나와 있지 않은 정보들도 상당히 많을 것이다.

"채널링"이란 말을 과거의 종교식 용어로 표현한다면, 일종의 〈계시(啓示)〉현상이다. 말하자면 오늘날 우리는 천상으로부터 대량으로 쏟아 부어지고 있는 엄청난 "계시의 시대"에 살고 있는 것이다. 고로 21세기는 한마디로 〈계시의 대중화시대〉라고 할 수 있다.

그런데 이것은 무엇을 의미하는 것일까? 무엇 때문에 천상으로부터 지금 이 시대에 지구상에 이렇게도 많은 계시적 메시지와 정보들이 내려오고 있는 것인가? 거기에는 반드시 무엇인가 중대한 이유가 있을 것이다. 여하튼 이런 계시적 메시지들의 내용이 무엇이냐를 떠나 이것이 하나의 중요한 시대적 징조라는 점만은 누구도 부정할 수 없으리라. 그리고 아마도 이 책의 대부분을 읽어나갔을 때쯤이면, 여러분은 누구나 왜 이 시대에 이렇게 방대한 계시적 정보들이 고차원계로부터 내려오고 있는지, 또 우리가 향후 어떤 방향으로 삶을 지향해 나가야 할지를 충분히 이해할 수 있을 것이라 믿는다.

인간은 천성적으로 미래에 대한 관심과 호기심이 많은 사회적 동물이다. 알다시피 자신과 가족의 미래 운명이 궁금해 점(占)을 보러 다니는 사람들이 그 얼마나 많은가? 그럼에도 우리는 인류와 지구라는 집단체로서의 전체적인 공동 운명에 대해서는 무관심하거나 소홀히 하는 경우가 대부분인 것 같다. 그러나 지구라는 행성에 앞으로 커다란 위기가 들이닥친다고 한번 가정해 보자. 만약 이런 일이 일어난다면 그 위에서 살고 있는 우리 개개인은 누구도 인류라는 공동체적 위기에서 자유로울 수 없으며, 하나의 종족으로서의 공동 운명을 맞이할 수밖에 없을 것이다. 그러므로 인류의 문명은 앞으로 어떻게 흘러갈 것이며, 또 곧 직면하게 될 마야예언이 지정한 2012년을 전후해 세상은 어떻게 전개될 것인지에 관해 우리가 탐구해 볼 충분한 가치가 있을 것이다. 아울러 거기에 병행하여 우리 인류는 새 시대에 어떤 모습으로 변화해야 하며 또 적응해야 할 것인가 하는 문제 역시도 매우 중요하다고 할 수 있다. 이 책의 내용은 바로 이런 주제에 대한 미래의 예언적 정보들을 모아 종합적인 정리를 해보려는 시도로서 엮어졌다. 즉 향후 인류와 지구의 변화 및 미래 전망에 관한 모든 예언과 다양한 계통의 채널링 정보들만을 모아 편집한 것이며, 특히 지구 밖의 외계인들 및 영적 존재들이 우리에게 보내온 메시지들을 통해 우리의 미래를 한번 내다보려는 시도인 것이다. 필자는 UFO와 외계 문명에 관심을 가지고 연구하는 사람이기 때문에 자연히 그쪽으로 초점이 맞추어졌으며, 그러다 보니 어느 정도 필자의 주관이 개입될 수밖에 없었음을 양지하시기 바란다.

그런데 세상에는 지금 UFO나 외계인이 실제로 존재하느냐 하는 초보적 문제를 가지고도 이를 의심하고 부정하는 사람이 많은 것이 현실이다. 때문에 사람에 따라서는 이 책 내용 전체가 황당하게 느껴질지도 모른다. 그러나 처음부터 차례대로 정독(精讀)해 나가다 보면 이쪽 분야에 매우 놀라운 진실이 감추어져 있다는 사실을 알게 될 것이다. 아울러 우리가 살고 있는 지금의 시대가 얼마나 중요하고 급박한 인류문명의 변혁기인가를 깨닫게 되리라고 확신하는 바이다.

이 책을 처음 〈지구대변동과 다가오는 은하문명〉이란 제목으로 낸 해가 1998년이다. 그리고 2000년과 2003년의 〈지구대변동에 관한 UFO 외계문명의 메시지들〉이란 제목의 1,2차 개정에 이어 올해 다시 6년 만에 3차 개정 증보판을 선보이게 되었다. 그러고 보니 처음 책을 낸 후 벌써 11년이란 세월이 지나간 것이다. 11년 간 일어난 지구촌의 많은 자연적 재앙들과 사회적, 정치적 사건들은 엄청난 충격을 우리 인류에게 안겨다 주기도 하고 수많은 희생자를 낳기도 했다. 그러나 지구변동은 아직 끝나지 않았고, 여전히 진행 중이라는 사실이다.

그동안 지구 변화의 흐름은 과거의 예언대로 이루어진 부분도 있고, 아예 다른 방향으로 전개된 부분도 있었다. 따라서 이미 지나가고 빗나가 버린 예언이나 불필요한 관련 정보들을 삭제하고 새로이 개정,보완할 필요성이 대두되었던 것이다. 이 3차 개정증보판에서는 책 내용의 거의 3분의 2 정도의 분량을 2012년에 관계된 새로운 정보와 메시지 자료들로 채워 넣었다. 그러므로 독자들은 이 책을 통해 다가오는 우리 인류 앞의 미래를 비교적 좀 더 정확하고 폭넓게 조망해 볼 수 있을 것이다. 그런데 책 전체내용의 약 70%가 새로이 추가되고 보완된 내용이라 신간(新刊) 성격에 가까운 고로 제목과 표지를 다시 새로이 바꾸었음을 밝혀두는 바이다.

미래에 대한 예언이나 메시지들은 어디까지나 우리가 참고적으로 활용할 수 있는 유용한 정보들이다. 그러므로 그런 정보들에 무조건 두려움을 가지거나 거기에 전적으로 매달려 목을 매는 것보다는 유효하다고 판단되는 부분들만 선택하여 자신의 영적성장과 생존을 위해 가치 있게 활용하면 좋을 것이다. 그런데 예언적 성격의 주장들은 경우에 따라 사이비 신흥 종교들 마냥 단순 종말론(終末論)으로 희석되어, 혹세무민(惑世誣民)하는 결과를 초래할 수도 있다. 따라서 미래에 대한 단정적인 표현은 위험하며 보다 신중해야 할 필요성이 있다고 본다. 그리고 필자가 보기에 예언적 정보에는 한 가지 중요한 측면이 존재한다. 그것은 인간계보다 높은 차원의 세계에서 미래에 대한 명확한 방향 제시를 해줌으로써 일부 시대적 소명(召命)을 지닌 사람들에게 새 시대를 준비하고 예비케 하려는 하늘의 계획과 관련된 측면이 있다는 것이다.

사람에 따라서는 2012년이 과거 노스트라다무스의 1999년 인류 종말 예언처럼 또 하나의 해프닝으로 끝날 것이라고 생각할 수도 있다. 물론 필자도 그렇게 되기를 바라는 마음이지만, 이 책을 집필하는 과정에서 많은 자료를 수집하고 검토하다보니 2012년은 굳이 멸망이나 대재앙이 아니더라도 결코 그렇게 간단히 넘어갈 것 같지는 않다는 것이다. 즉 2012년이 어떤 식으로든 인류문명의 커다란 변화의 분기점인 것만은 분명하다는 사실이다. 그리고 부분적으로 약간 차이가 있기는 하나 천상에서 전해오는 이러한 우주적 메시지들의 공통적 골자 역시도 인류의 문명이 이제 거대한 전환점에 처해 있다는 것이다. 아울러 이제 지구가 새로운 우주의 주기(週期)로 들어서게 된다는 한결같은 내용들이다. 이런 메시지의 의미는 지구와 인류라는 애벌레가 이제 고치의 껍질을 벗고 나비로 날아오르는 대변신을 조만간에 하게 된다는 이야기이다. 또 다른 비유로 그것은 알 속에 갇혀 있던 새가 바야흐로 알이 깨지는 아픔을 겪고 새로운 생명체로 탄생하려는 단계라고 볼 수 있을 것이다. 그러므로 이제 우리 인류는 다가오고 있는 새로운 차원의 시대를 맞이할 준비를 해야만 한다. 동서양의 많은 선지자(先知者), 예언자들은 이 새로운 시대를 일러 지복천년기(至福千年期), 미륵용화(彌勒容華) 시대, 신천광명(新天光明) 세계, 후천선경(後天仙境) 세계, 수정(水晶) 인류의 시대라고도 하였다. 이와같은 명칭들이 뜻하는 바와 같이 오랜 시간대에 걸쳐 부침(浮沈)을 거듭해 온 지구문명이 이제 하나의 결실을 맺으려는 가을의 추수기(秋收期)로 접어들고 있는 것이다.

오늘도 〈황금시대〉라 일컬어지는 새로운 인류시대의 개막을 위해 노고를 아끼지 않고 봉사하고 있는 모든 빛의 일꾼들과 채널러들에게 경의를 표하며, 그들에게 하늘의 축복이 있기를 기원한다. 그리고 마지막으로 새로 펴내는 이 책의 정보들이 부디 독자 여러분이 새 시대의 도래와 2012년의 지구변화 의미를 이해하고 거기에 대비하는데 다소나마 도움이 되기를 바라마지 않는다.

2009. 11. 3.

著者

책을 펴내며

1장 2012년과 지구변화의 관계

1. 왜 2012년을 주목하는가?
   - 마야예언에 담겨진 코드와 마야인들의 정체 - 17
2. 20세기 말과 21세기 초는 채널링을 통한 미래 예언 정보의 집중 시대
   [1]채널링이란 무엇인가? - 25
   [2]채널링의 대상들 - 26
   [3]채널링의 종류- 27
   [4]채널링의 역사 - 28
   [5]채널링 정보의 근원과 그 의의(意義) - 30
   [6]예언의 원리와 예언자들 - 35
   [7]채널링 정보의 주 발신처는 지구영단과 외계인들이다 - 36
   [8]채널링과 관련 메시지들에 대해 유의할 점 - 37
3. 다가오는 2012년의 지구 대변화에 관한 과학적 데이터들
   [1]기후 변화 국제회의 - 지구 환경 대재앙을 경고하다 - 41
   [2]지구 변동은 현재 진행 중이다 - 42
     1)최근 10년간의 천재지변 발생추이
     A)지진 - 43
     B)화산폭발 - 44
     C)해일, 폭풍, 홍수 - 46
4. 향후 지구변동의 중요한 5대 변수
   [1]북극의 얼음은 2013년까지 모두 녹아 사라진다 - 47
   [2]지구의 허파인 <아마존> 밀림의 파괴로 지구변화는 더 가속화되고 있다- 50

[3]남극의 얼음도 빠른 속도로 녹고 있다 - 51
   [4]지자기(地磁氣) 역전의 위험성이 높아지고 있다 - 56
   [5]미 캘리포니아 일대의 대지진 임박 징후 - 60
 5. 극이동(極移動)은 과연 올 것인가?
  1) 주요 예언가들과 채널러들의 극이동에 관한 예언들 - 58
  2) 예언가들이 알려주는 지축이동시 생존할 수 있는 지역 - 63
  3) 예언가 G. M. 스캘리온이 완성한 미래의 세계 지도 - 64
     ■ 자극의 이동에 관한 스캘리온의 예측 - 66
     ■ 스캘리온이 우주로부터 받은 주요 메시지 - 67
  4) 2012년에 지구 대격변 반드시 들이닥친다 - 69
     - 대재앙을 예견하는 책 <오리온의 예언> 저자의 주장 -
  5) 예언자 애쉬턴 피트리의 미래에 관한 23가지 예언들 - 71
  6) 명상 지도자 두룬발로 멜기세덱의 극이동에 대한 견해 - 73
  7) 인도의 영성 지도자 슈리 칼키 바가반의 2012년에 대한 전망 - 74
     - 자기장(磁氣場)과 2012년의 관계에 관해서 답변하다 -
    *질문1: 2012년은 어떤 중요성이 있습니까? - 79
    *질문2: 깨달은 존재들조차도 카르마(業)가 있다는 말을 들은 적이 있는데, 카르마는
           어떤 시점에 끝나는 것이 아닙니까? - 81
 6. 미스터리 서클이 알려주는 2012년의 대변화
  1) 서클들은 왜 나타나며 어떤 의미가 있는가? - 80
  2) 미스터리 서클들은 미래의 일을 상징적으로 예시하고 있다 - 86
  3) 미스터리 서클에 나타난 외계인 얼굴과 경고의 메시지 - 90

2장 지구 문명의 전면적 대전환과 우주 사이클의 비밀

 1. 지구는 왜 새로운 차원으로 전환되어야 하는가? - 99
    ■ 고대 아틀란티스의 멸망과 앞으로의 인류의 운명 - 101
 2. 우주인들이 말하는 지구의 차원 상승이란 무엇인가? - 105
 3. 새로운 우주 사이클로 진입하는 지구와 태양계 - 110
  1) 플레이아데스 빛의 사자가 전하는 우주의 주기와 운행 법칙 - 110
  2) 지구영단의 한 대사가 밝히는 우주의 순환 사이클 - 112
 4. 동양철학의 역법(易法)이 전하는 삼변구복(三變九復)의 지구변화 이치
    [1] 과거의 희역시대(羲易時代) - 114
    [2] 오늘의 주역시대(周易時代) - 117

[3] 곧 도래하게 될 정역시대(正易時代) - 119
  5. 2012년과 지구변화에 관한 여러 채널러 저자(著者)들의 다양한 견해들
    - 122

3장 당신은 혹시 스타 피플(Star People)인가?

1. 스타 피플의 정체 - 131
  [1] 육체적 특징과 조건들 - 133
  [2] 정신적, 감정적 특성들 - 134
  [3] 특이능력이나 기술 - 135
2. 스타 시드(STAR SEED)와 라이트 워커들(Light Workers)) - 136
  ■ 빛의 일꾼(Light Worker) 영혼들의 심리적 특성들 - 137
  [1] 외계의 영혼들이 인간세계로 들어오는 방법들
    1) 버쓰인(Birth-in) 2) 워크인(Walk-in) - 139
  ■ 워크인의 특징들 - 140
  [2] 워크인에 관해 연구하는 한 심리학자의 의견 - 141
  [3] 금성인 - 워크인으로 지구에 오다 - 142
  ■ 금성에서 온 여인 쉴라(Sheila)
3. 우주로부터 새로 도래한 외계 영혼들
    - 인디고와 크리스탈 차일드 - 144
  [1] 은하간함대 사령관 라이튼(Lytton)이 스타 차일드(Star Child)에 관해 보낸
    메시지 - 145
  ■ 인디고 아이들의 주요 특징 147
  ■ 크리스탈 아이들의 주요 특징 - 149
  [2] 인간의 몸을 입은 천사들 - 인디고와 크리스탈들의 에너지 체계 - 155
  [3] 미래의 작은 아바타들(Avatars) - 레인보우 아이들 - 157
4. 전생(前生)에 화성인이었던 인디고 소년 보리스카의 예언 - 158
  ■ 인간의 잠재 의식과 UFO와의 접촉 - 167

4장 우주로부터 온 메시지들

1. 상승한 고차원의 은하계 문명 - 하토르(Hathor)들의 메시지 - 171
  ◆메시지-1 "다가오는 지구변화와 영적 준비의 필요성" - 173
  ◆메시지-2 "지구변화의 특성들과 그 대비책에 대한 메시지" - 177

◆메시지-3 "지구 변동시 균형의 홀론 활용하기" - 181
◆메시지-4 "지구세계의 초월과 변형에 대해" - 184
◆메시지-5 "지구 자기장(磁氣場)의 변화와 상승과의 관련성" - 188
2. 우주인 티버스가 전하는 지구 변화의 메시지 - 192
 1) 티버스의 메시지
  ◆메시지-1 "최근의 지구변화 상황에 대해 (2008)" - 193
  ◆메시지-2 "지구의 진동 주파수는 상승하고 있다" - 194
 2) 지구 변동에 관한 티버스의 기본적인 8가지 예언 - 196
  ■우주의 각 행성들은 여러 차원의 층이 겹쳐져 공존하고 있다 - 198
3. <빛의 형제단>으로부터의 메시지 (2008)
    - 지구변화를 맞이하기 위해 준비할 사항들 - 200
4. 우주의 전자기(電磁氣) 마스터 크라이온의 지구 변화 정보 - 205
 1) 크라이온의 핵심적 메시지 - 206
  ⑴ 지구의 변화 - 206   ⑵ 지구 과학의 한계 - 207
  ⑶ 자기장의 중요성 ⑷ 소행성의 지구 충돌 위기 - 207
  ⑸ UFO에 대해 - 208   ⑹ 영적 각성과 사랑 - 209
  ⑺ 은폐된 지구의 음모들 - 210 ⑻ 지구의 차원 상승 과정 - 211
5. 시리우스 우주인들의 메시지 - 213
  ■깨달음의 우주 주기와 함께 작동되기 시작한 인간 안의 타임캡슐
     - 213
6. 플레이아데스 우주인들로부터의 메시지 - 220
  ■붕괴되는 지구의 문명 패러다임과 신문명 차원으로의 전환 - 221
7. 금성인들이 지구인들에게 보내는 메시지 - 225
    - 인간 내면에는 지구를 변형시킬 힘이 존재한다 -
8. 아쉬타 우주 사령부의 메시지
 [1] 아쉬타 사령부는 무엇인가? - 231
 [2] 우주인 몬카 사령관의 메시지 - 233
  ◆메시지-1 "신(神)은 결코 지구에만 생명을 창조하지 않았다" - 234
  ◆메시지-2 "UFO는 지구의 운명을 여는 열쇠이다" - 236
 [3] 우주인 마스터 클라라의 메시지 - 240
  ◆메시지-1 "지구를 에워싸고 있는 수백만 대의 우주선들"
 [4] 아쉬타 우주 함대 사령관의 메시지
  ◆메시지-1 "아쉬타 사령부의 활동과 새로운 차원계로 변형되기 위한 지구

의 과정들" - 242
　　◆메시지-2 "차원 상승의 선택권은 인류에게 있다"- 247
　　◆메시지-3 "지구의 변형과 귀향은 가까이 와 있다" -250
　[5] 아쉬타 사령관과의 문답 - 255
　[6] 우주인 마스터 하톤의 메시지 - 258
　　◆메시지 "우주선으로의 피난 여부를 결정하는 인류 개인 의식의 주파수"
　[7] 코르톤(Korton) 사령관의 메시지 - 262
　　　◆메시지 "어둠의 세력의 공작 활동과 지구 철수에 관해서"
　[8] 아쉬타 은하사령부 2006년의 메시지 - 레이디 아데나(Athena) - 264
　　　　　　"우주법칙의 작용과 지구변화 대비의 필요성에 대해"
　[9] 지구의 위기 상황시에 관한 아쉬타 사령부의 구체적 지침들 - 268
　[10] 대백색형제단(大白色兄弟團)이란 무엇인가? - 272
　[11] 아쉬타 사령부와 대백색형제단과의 관계 - 273
　[12] 아쉬타 은하 함대 사령부 안내－우리의 사명, 목적, 그리고 방향 - 275
9.아르크투루스 우주인들의 메시지 - 283
　　◆메시지-1 "가속화되고 있는 지구의 변화와 차원 변형"- 284
　　◆메시지-2 "지구의 차원교차기에 나타날 현상들"- 288
　　◆메시지-3 "한 아르크투루스인 여성의 워크인 체험기"- 295
　　　　　　 － 인류와 외계 문명을 잇는 다리는 건설되고 있다 - 296
10.은하연합 몬조르손의 메시지
　　◆메시지-1 "예측되는 지구 변화의 과정들"- 302
　　◆메시지 2 "지축(地軸) 이동에 관계된 지구의 물리적 변동 문제"　306
11. 크라이스트 마이클의 메시지
　　◆메시지-1 "가까이 와 있는 지구 자극(磁極)의 역전"- 311
12. 에수(Esu)의 메시지
　　◆메시지-1 "증가하는 자기장(磁氣場)의 압력과 지구변화"- 314
　　◆메시지-2 "자극역전과 스타시스의 관계"- 317
　　◆메시지-3 "지구변동시 피난규칙들에 관해 말하다"- 318
13. <12인 위원회>의 메시지 　"2012년의 창을 향해 이동하기"- 323
14. 안드로메다의 우주인들로부터 온 메시지 - 326
　　◆메시지-1 "지구 온난화에 대한 경고"- 327
　　◆메시지-2 － 330
　　　1. 안드로메다 은하계의 빛의 존재들이 전하는 정보 - 330

2. 안드로메다의 삶과 4차원 - 330
   (1) 안드로메다인들 - 331   (2) 빛과 우주 의식 - 332
   (3) 텔레파시 - 332   (4) 열의 작용과 태양인들의 활동 -333
   (5) 행성 진화의 우주 법칙 - 334
   (6) 지구의 차원 변형과 빛의 일꾼들 = 336
   (7) 종결 - 337
   ◆메시지-3
   3. 안드로메다 성좌로부터 온 메시지 -338
   1) 우주의 생성과 진화 - 339
   2) 인류의 가까운 미래에 드러날 사건들 - 341

5장 지저문명(地底文明)에서 온 메시지

1.지저문명은 어떻게 존재하는가? - 345
2.은하연합 시리우스 위원회 - "지저 아갈타 세계에 대해" - 348
3.지저문명의 메시지들 - 351
   ◆메시지-1 "여러분은 우리의 메시지를 듣기까지 무려 수천 년을 기다렸다"
   ◆메시지-2 지구 내부세계의 바다와 해변들 - 353
              "그곳의 물은 의식(意識)이 있으며 살아 있다."
   ◆메시지-3 "텔로스 - 샤스탄 산 아래의 지저 도시"- 355
     *문답-1. 당신들의 일상적 삶은 어떠합니까? - 356
     *문답 2 - 텔로스를 비롯한 고차원의 다른 지저도시들이 지구 내부에 물리적
             으로 실재하는 것입니까? - 358
   ◆메시지-4 "아다마 대사- 지구 내부세계의 바다와 산들에 대해서 말하다"
             - 359
   ◆메시지-5 "포톤벨트(光子帶)와 2012년 차원 상승과의 관계"-362
              -텔로스 아다마 대사의 깨어나라는 외침 소리 -
     ■ 질문 & 답변 많은 비율의 인류가 2012년에 상승을 성취하게 될까요? - 367
   ◆메시지-6 아다마 대사의 메시지(2008) - 368
              - 새 지구와 인류의 새로운 현실에 대해서 -

6장 영적존재들이 전하는 지구변화 메시지들

1.지구 변화에 대한 성모의 특별 메시지 - 373

- ◆ 메시지-1 "인류의 미래와 2012년" - 373
- ◆ 메시지-2 "지구변동, 그리고 인간의 의지와 기도의 중요성" - 376
- ◆ 메시지-3 "성탄절 시즌에 즈음하여 성탄의 진정한 의미에 대해" - 378
- ◆ 메시지-4 "여러분은 황금시대의 의식(意識)으로 우리와 함께 하려는가?" - 381
  - ◇ 성모 마리아의 계시가 밝혀주는 새로운 사실들 - 387

2. 빛의 마스터 예수 그리스도의 메시지
- ◆ 메시지-1 "앞으로의 지구변화와 영적 상승에 대한 전망" - 389
- ◆ 메시지-2 "우주형제들의 활동과 승천(昇天)의 비밀에 대해" - 396
- ◆ 메시지-3 "떠오르고 있는 새로운 지구(1)" - 403
  "떠오르고 있는 새로운 지구(2)" - 413
- ◆ 메시지-4 "2012년에 일어날 그리스도 의식(意識)의 발현" - 417

3. 자비의 화신 관세음보살(觀世音菩薩)의 메시지
- ◆ 메시지-1 부활절 / 웨삭 축제의 선물들:
  "위대한 어머니의 에너지가 행성을 활성화하다?" - 421
- ◆ 메시지-2 "여러분의 생각과 감정은 이 세상에 직접 영향을 미치고 있다" -424
- ◆ 메시지-3 "현 시대에 있어서의 자비(慈悲)의 의미" - 426
- ◆ 메시지-4 "지수화풍(地水火風) - 4대 원소들에 대한 치유작업" - 428
- ◆ 메시지-5 "여러분 자녀들의 재능과 나눔의 중요성에 대해" - 430
- ◆ 메시지-6 "2012년 지구변화에 대한 전망" - 433

4. 대천사 메타트론의 메시지 - 435
   "지구변화로 인해 2012년에 차원상승이 일어날 것인가?"

5. 미카엘 대천사의 메시지 - 439
- ◆ 메시지-1 "지구변화와 행성 지구의 미래" - 439
  - 새로운 지구는 태어나고 있다 -
- ◆ 메시지-2 "지구상의 모든 것은 변하고 있다" - 343
- ◆ 메시지-3 "낡은 세계의 청산과 다가오는 2012년" - 446

6. 프타아 메시지 "2012 - 2013년의 전환을 위해" - 451

7. 고급령 매슈의 메시지 "다가오는 2012년의 의미와 인류의 미래상" - 457

8. 쿠트후미 대사의 메시지 - 467
- ◆ 메시지-1 "2012년에 관련된 지구의 변화들"

9. 막달라 마리아가 밝히는 감춰져 있던 진실들 - 471

7장 지구인간에서 은하인간으로

1. 변경될 수 있는 미래의 시나리오
  1) 100% '절대 예정'된 예언은 없다 - 482
  2) 2012년 - 인류의식의 양자도약(Quantum Leap)은 가능한가? - 486
  3) 집단의식(集團意識)의 공명 현상 - <100번째의 원숭이 효과> - 488
  4) 5차원의 문명과 5차원의 의식(意識)이란? - 491
  5) 빛의 존재들의 역할과 활동의 중요성 - 495
  6) 왜 4차원이 아니라 5차원으로 전환되는가? - 497
  7) 차원전환기에 나타날 수 있는 문제점들 - 499
  8) 2012년의 차원전환을 대비해 정신적, 육체적으로 필요한 일들 - 501
  9) UFO를 이용한 사이비 신흥 종교의 위험성 - 502
2. 깨어나야 할 지구의 영혼들
  1) 가장 심각한 종교의 오류 - 503
  2) 현 시대는 집단 메시아 시대이다 - 505
3. 은하인간(銀河人間)으로의 진화를 위해
  1) 2012년은 위기이자 기회이다 - 506
  2)) 진화할 것인가, 도태될 것인가? - 508
  3) 지구인에서 우주시민으로 - 510

  ■ 참고 및 인용문헌

CHAPTER-1
2012년과 지구변화의 관계

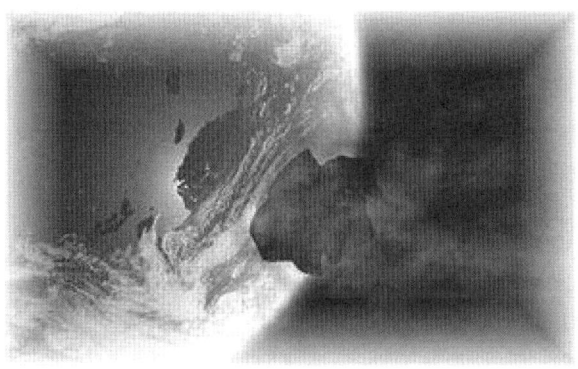

1장

2012년과 지구변화의 관계

1. 왜 2012년을 주목하는가?
- 마야 예언에 담겨진 코드와 마야인들의 정체 -

알다 시피 2012년이란 해가 처음으로 세상 사람들의 주의를 끌게 된 것은 고대 마야인들의 예언에서 비롯되었다. 이 종족의 기원이나 정체에 대해 과학적으로 정확히 밝혀진 바는 없지만, 이 신비에 싸인 고대인들은 21세기 현대인들에게 놀랄만한 유산을 남겨주었다.

요컨대 마야력에 따르자면, 2012년의 동지(冬至)에 해당하는 12월 21일이 우리가 살고 있는 세상의 마지막 날짜라는 것이다. 그리고 마야달력이 지정한 이 날의 진정한 의미에 대해 현재 학자들 간에도 갖가지 해석과 추측이 난무하고 있는 상태이다.

그렇다면 마야인들이 누구이고 어떤 종족이었기에 이런 예언을 남긴 것일까? 마야인들은 놀랍게도 당시 현대 과학에 견주어도 손색없는 뛰어난 천문학과 형이상학, 고도의 수학적 지식을 지니고 있었다. 유럽이 아직 미개한 수준을 못 벗어나고 있던 AD 100~600년 당시 중앙아메리카 과테말라 고지에서부터 멕시코의 유카탄 반도에 걸쳐 갑자기 나타난 이 고대인들은 이미 그때 수학의 "0"의 개념을 알았으며, 상형문자와 20진법을 사용했다. 그리고 마야인의 태양력에서 계산한 1년은 365.2420일인데, 이것은 오늘날의 과학이 밝혀낸 365.2422일과 비교해도 믿을 수 없을 정도로 오차가 거의 없다. 또한 그들은 달의 운행 일수는 29.5320일, 금성의 주기(회합주기)는 584일로 계산했는데, 현대과학이 관측한 수치인 29.53161일과 583.092일과의 오차가 불과 0.00039일과 0.08일에 불과할 뿐이다.

게다가 마야인들은 멕시코 유카탄 반도의 정글 속에다 빼어난 건축기술을 이용해 거대한 석조 궁전과 피라밋들, 신전, 도시시설을 구축하고 한동안 번영을 누렸다. 그러다가 이 뛰어난 문명을 이룩했던 사람들은 9세기 중엽 갑작스럽게 수수께끼의 거석 축조물들을 그대로 버려두고 홀연히 사라져 버렸다. 그리고 그 유적들은 1839년의 어느 날에 와서야 온

마야 문명에 관한 상상도

두라스와 과테말라 국경지대의 카모탄 골짜기의 정글 속을 헤매던 두 사람의 백인에 의해서 발견되었다. 즉 마야문명의 거대 유적들은 미국의 탐험가이자 외교관인 존 로이드 스티븐스(John Lloyd Stevenson)와 화가 프레드릭 캐서우드에 의해 최초로 발견되기까지 거의 1,000년 가까이 열대 밀림 속에 덮여 숨겨져 있었던 것이다.

그럼 이제부터 2012년에 대한 마야예언의 의미를 살펴보도록 하자. 마야인들은 144,000일(394.26년)에 해당하는 "박툰(baktun)"이라는 특이한 산법체계를 가지고 있었으며, 13개의 박툰에 해당하는 5,125년이 한 주기(週期)를 이룬다고 보았다. 그리고 이 주기는 은하의 중심에서 발산되는 조화파로 이루어진 광선을 태양계와 지구가 가로질러 통과하는 시간이라고 한다. 아울러 그들은 각각 5,125년간 지속되는 5개의 시대를 언급했는데, 과거 그 각 시대는 인간이 만들어낸 부정적 카르마(業)를 정화하는 대이변을 겪으며 마감되었다고 한다. 그리고 거기서 살아남은 소수의 인간종자들이 새로운 시대를 다시 시작함으로써 인류의 진화가 계속돼 왔다는 것이다.

마야의 정교한 역법(曆法)에 따르면, 그 5번째이자 마지막 시대가 기원전(B.C) 3,113년에 시작되었고, 그 주기(週期)가 바로 2012년의 동지(冬至)에 해당하는 12월 21일에 끝나는 것으로 돼 있다. 그리고 이것은 지구의 재생을 위한 자체적 대정화(大淨化)와 더불어 이루어지는 더 큰 26,000년

존 메이어 젠킨스

대주기의 종결이라는 것이다.

샤론 로즈(Sharron Rose)나 존 메이어 젠킨스(John Major Jenkins) 같은 학자들은 마야예언을 26,000년 만에 한 번 있다는 2012년 12월경의 진귀한 천체현상과 관련해 그 해의 중요성을 강조하고 있다.

마야 연구가인 존 메이어 젠킨스는 자신의 저서인 〈마야 우주기원 2012 (Maya Cosmogenesis 2012)〉이란 책에서 마야인들이 2012년 동지를 자기들 달력의 마지막 날로 정한 천문학상의 이유를 밝히고 있는데, 즉 2012년은 우리 지구 태양이 마야인들이 "후납 쿠(Hunab Ku)"라고 부르는 은하의 중심과 정렬되는 시기라는 것이다. 좀더 정확히 말하면 이때 지구 태양의 천체상의 황도(黃道)가 은하의 중심 지점에 위치하게 된다는 것이다. 그리고 마야인들과 호세 아귤레스 박사에 따르면 그 은하의 중심이 외계 지성체들이나 지각 있는 존재로서의 은하계 자체가 우리 인류 종족에게 정보를 전송하는 근원이라고 한다. 마야인들은 이러한 은하계 중심과의 정렬 현상을 중대한 교차점 또는 갈림길로 보고 2012년을 지정했다는 것인데, 일설에 의하면, 이렇게 은하의 중심과 일렬로 정렬될 때 새로운 진동의 에너지가 은하계 중심의 블랙홀을 통해 우리의 태양계로 밀려들어와 가득 채움으로써 기존의 낡은 에너지들을 대체하게 된다고 한다. 그리고 이런 엄청난 우주적 사건이 바로 마야인들이 예언한 2012년 12월 21일의 동지(冬至)에 발생한다는 이야기이다.

그런데 마야력에 관한 선구적 연구자인 미국의 호세 아귤레스(José Argüelles) 박사는 특이하게도 고대 마야인들이 다른 태양계에서 온 외계인들이었을 것이라고 추정하였다. 그런데 놀랍게도 20세기의 뛰어난 예언가 에드가 케이시 역시도 아카식 리딩(Akashic Reading)을 통해 그들이 플레이아데스(Pleiades)에서 왔다고 언급한 바가 있다.[1]

호세 아귤레스 박사

---

[1] 플레이아데스인들과 교신하고 있는 미국의 채널러 바바라 마르시니악 역시도 마야인들이 플레이아데스 성단과 관계가 있었다고 밝혔다. 그들은 다차원적 존재들이자 〈시간의 수호자들(Time

마야의 거대한 유적인 피라미드의 모습

만약 이것이 사실이라면, 마야 종족이 화려한 고대문명을 이룩한 상태에서 9세기 중엽 수수께끼처럼 홀연히 이 세상에서 증발돼 버린 이유가 설명이 될 것이다. 즉 그들이 본래 진정으로 외계인이었다면, 아마도 UFO를 타고 자기들의 고향별로 돌아갔을 가능성이 있는 것이다. 호세 아귈레스는 그들이 지구에 온 이유가 미래에 우리 태양계와 은하계에서 벌어질 사건과 그 시기에 우리 행성이 맡아야 할 역할 내지 소임에 대한 명백한 단서와 정보를 남겨두기 위해서라고 단언한 바가 있다. 아울러 그는 2012년을 지금까지 인류를 지배해 왔던 중요한 패러다임이 극적으로 전환되는 중대한 시점으로 보고 있는데, 즉 그 해는 우리 인류가 깨어나 은하문명 또는 행성 간 문명으로 진입하느냐, 아니면 다시 주저앉느냐의 기로점이라는 것이다.

이와 비슷하게 플레이아데스와 교신하고 있는 채널러이자 점성가인 바바라 핸드 클로우(Barbara Hand Clow)도 자신의 저서에서 이렇게 언급하고 있다.

"마야달력에 따르면 우리에게 남겨진 시간은 얼마 되지 않는다. 우리는 2011년에 우주사회로의 진입에 성공하든가, 아니면 우리가 인류로 알고 있는 종족은 더

Keepers)>이었던 까닭에 시간과 우주적 사이클을 다루는 데 달인이었고 한다. 또한 그들은 시간여행이 가능했던 존재들로서 이미 수백만 년부터 빈번하게 지구에 관여해 왔다고 한다.
그런데 흥미롭게도 또 다른 플레이아데스 채널러 바바라 핸드 클로우(Barbara Hand Clow) 역시도 마야인들과 체로키 인디언 부족이 플레이아데스인들이었음을 자신의 저서, <The Mayan Code(2007)> 에서 언급하고 있다.

이상 존속하지 못할 것이다."2)

채널러 바바라 핸드 클로우

그녀는 자신의 저서에서 마야달력에 관계된 164억년에 이르는 지구와 은하계의 순환적인 창조 패턴을 해독하고 있는데, 이 거대한 패턴이 2011년에 종료되고 2012년에는 인류가 영적각성과 하나됨에 도달하게끔 중요한 점성학적 영향력이 불어넣어질 것이라고 한다. 다시 말하면, 마야달력의 목적은 진화의 시간이 가속화되는 2011년까지의 기간을 추적하기 위한 것이고, 이어서 2012년의 천문상 분점(分點)과 지점(至點) 사이의 기간 동안 인간의 능력에는 거대한 영향력 미쳐질 것이라는 추정이다. 즉 호세 아귤레스와 마찬가지로 2012년이 도약하느냐, 도태되느냐는 인류 진화의 중대한 갈림길이라는 해석인 것이다.

또한 미국의 채널러 리 캐롤을 통해 지구변화에 대한 메시지를 전송하고 있는 크라이온(Kryon)이라는 우주적 존재는 마야인과 2012년에 대해 이렇게 언급한다.

"마야인들은 천체의 운동에 관한 비전(秘傳)을 연구했던 송속늘이었다. 그것은 행성의 긴 진동 사이클에 관한 것이었다. 그들의 정보는 2012년이 황금색 태양 에너지로 전환되는 해이거나, 인류가 이제까지 경험해온 것보다 훨씬 더 높은 진동으로 옮겨가는 해를 나타낸다는 것이다."3)

전통악기를 연주하는 호세 아귤레스

그런데 마야 예언이 지정한 2012년 12월에 대해 또 다른 매우 독특하고도 색다른 해석과 전망을 제시하고 있는 사람이 있는데, 그는 바로 미국의 저명한 영적 교사이자 명상 지도자인 드룬발로 멜기세덱(Drunvalo

---

2) Barbara Hand Clow, The Mayan Code, (Bear & Company. 2007) P.182.
3) Lee Carroll, Tom Kenyon, Patricia Cori, <The Great Shift. (Weiser Books, 2009)> P. 65

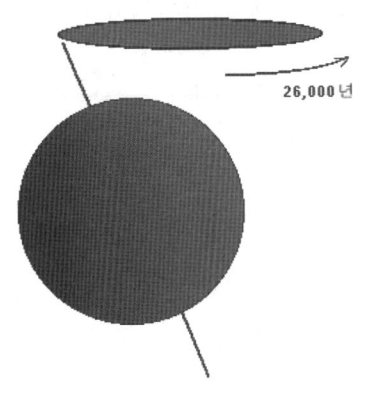

26,000년 주기의 세차운동 기간
26,000년

Melchizedek)이다.

그의 주장에 따르면 13,000년마다 지구에서는 모든 것을 변화시키는 신성하고도 비밀스러운 중요한 사건이 일어나는데, 인류 역사의 진로로 바꿔놓을 정도의 엄청나고도 희귀한 그 일이 지금 발생하고 있으며 극소수의 사람들만이 이를 알고 있다고 한다. 그것은 바로 그가 "빛의 뱀(Serpent of Light)"이라고 부르는 지구의 쿤달리니(Kundalini)[4] 에너지의 이동이다. 이 에너지는 지구의 중심에 자리 잡고 있으며, 다른 한 극(極)을 지상의 한 특정 장소에 두고 서로 연결돼 있다고 한다. 그런데 이렇게 한 군데 장소에 고정돼 머물러 있던 에너지가 대략 13,000년 한 번씩 시간의 사이클에 따라 새로운 장소로 이동된다는 것이다. 그리고 이러한 에너지 흐름의 이동은 인체 내에서 쿤달리니 에너지가 작용하는 방식과 동일하며, 지구상의 모든 영적 추구자들, 구도자(求道者)에게 영향을 미치게 된다고 한다. 왜냐하면 이 성스러운 에너지는 전 인류의 가슴에 연결돼 있고, 새로운 주기에 맞춰 다른 곳으로 옮겨질 때 인류를 에너지적으로 고양시켜 상위의 영적 행로로 인도하기 때문이라는 것이다. 그의 저서에서 인용한다.

무엇이 지구의 쿤달리니인가? 그것은 아마도 인간의 관점에서 가장 잘 설명될 것인데, 지구와 인간의 몸이 거의 똑같은 까닭이다. … (중략) …역사상 이 순간은 지구의 쿤달리니가 그 에너지의 장소를 옮기고 바꾸어 새로운 진동에 착수하는 시기가 될 것이다. 이러한 에너지의 전환은 지구상의 모든 인간들에게 영향을 끼칠 것이다. 이 지구의 쿤달리니 에너지는 "빛의 뱀"이라고 불린다.[5]

---

[4] 요가철학에서 언급하는 인체의 척추 기저부(基底部), 즉 회음부분에 잠재돼 있다는 강력한 영적 에너지를 뜻한다. 이 빛으로 이루어진 뱀 모양의 불꽃은 마치 뱀이 또아리를 틀고 있는 듯이 감겨있는 상태로 잠자고 있다고 해서 흔히 뱀으로 비유하여 묘사된다. :
요가수행의 궁극적 목표는 호흡과 명상을 통해 바로 이 에너지를 일깨워 수슘나라고 알려진 척추의 통로로 상승시키는 데 있다. 그 과정에서 인체 내에 존재하는 7개의 에너지 센터인 차크라들을 차례차례 활성화시키게 되는데, 쿤달리니 에너지가 최종적으로 두정(頭頂)의 사하스라라 차크라에 도달하게 되면 모든 번뇌를 초월하고 불사(不死)의 몸으로 변화함으로써 신인(神人)이 된다고 한다.
[5] Drunvalo Melchizedek. Serpent of Light Beyond 2012. (Weiser Books, 2007) P.12

그런데 이 지구의 쿤달리니 에너지의 이동에는 "워블(Wobble)", 즉 지구축의 흔들림으로 인해 생겨나는 약 26,000년(※정확히는 25,800년) 주기(週期)의 천체상 분점(추분, 춘분)의 세차운동6)이 관계돼 있다고 한다. 그리고 고대 수메르인들도 알고 있었다는 그 현상이 바로 2012년에 일어난다는 것이다. 그는 이에 관해 이렇게 언급하고 있다.

"지구의 쿤달리니는 분점의 세차운동의 매우 특수한 지점에서 지표면의 (에너지) 장소를 변경한다. 그 세차운동의 지점은 은하계의 중심에서 가장 먼 곳도 아니고 가장 가까운 곳도 아니다. 오히려 그곳은 지축(地軸)의 방향이 은하계의 중심을 향해 가리키기 시작할 때와 그 중심에서 벗어난 곳을 가리키기 시작할 때의 지점이다.
2012년 12월 21일에 지구의 축은 은하계의 중심을 향해 가리키기 시작할 것이고, 동시에 지구의 쿤달리니는 지구상의 에너지 장소를 바꾸기 시작한다."7)

그의 말에 따르면 현재 지구상의 쿤달리니 에너지의 장소는 히말라야 인근의 티베트 지역인데, 곧 여기서 에너지가 빠져 나오게 되면 그것은 뱀처럼 움직여 인도로, 그 다음에는 지구상의 대부분의 나라를 거쳐 최종적으로는 새로운 장소인 남미 안데스의 칠레로 이동할 것이고 한다. 그리고 이 새로운 장소에서 쿤달리니 에너지는 향후 13,000년 동안 좌정하게 된다는 것이다.
그런데 이처럼 쿤달리니 에너지가 새로운 곳으로 이동하게 되면, 지구상의 신성한 장소 인근에 있는 사람들을 영적으로 급속히 깨어나게 할

---

6)세차운동(歲差運動)은 다른 말로 "옆돌기 운동"이라고도 하는데, 회전하고 있는 물체에 돌림힘이 작용할 때, 회전하는 물체가 이리저리 움찔거리며 흔들리는 현상을 말한다. 세차 운동을 관찰할 수 있는 가장 일반적인 예는 팽이를 돌릴 때, 회전 속도가 줄면서 팽이의 축을 중심으로 한 팽이의 회전이 아닌 축 자체가 팽그르르 도는 것이다.
지구도 지축을 중심으로 돌고 있기 때문에 세차 운동이 생긴다. 즉 지구의 자전축이 황도면의 축에 대하여 2만 5800년을 주기로 회전하는 운동을 하는 것이다. 지구는 극반지름에 비해 적도반지름이 조금 더 큰 회전타원체 모양을 하고 있다. 부풀어 오른 부분을 벌지(buldge)라고 한다. 거리가 멀어질수록 작아지는 중력의 특성 때문에 태양의 중력은 태양을 향한 쪽 벌지에서 더 크게 작용하게 된다. 지구의 자전축이 지구의 공전궤도면에서 기울어져 있기 때문에 하지나 동지 무렵에는 벌지에 작용하는 태양의 중력 차이가 지구를 공전궤도면에 수직으로 세우려는 힘(돌림힘)으로 작용하게 된다. 회전하는 계에 돌림힘이 작용하면 돌림힘 방향의 각운동량을 더하게 된다. 지구의 경우에는 태양과 지구의 벌지 때문에 생기는 돌림힘은 춘분점 방향과 평행하므로 지구의 회전축은 춘분점 방향으로 기울게 된다. 그만큼 춘분점은 다시 이동하게 되어 같은 작용이 반복되므로 지구 자전축은 회전하게 되는 것이다. 한 세기 동안의 관찰 결과에 의하며 춘분점은 일년에 50.3초만큼 이동하며 이 값으로 360도를 나누면 주기는 약 25,800년이 얻어진다. 그리스의 히파르코스는 기원전 120년에 이전 천문학자들의 관측과 자신의 관측을 종합하여 세차운동을 발견하였다.(※위키 백과 인용)
7)P.11. Drunvalo Melchizedek. Serpent of Light Beyond 2012. (Weiser Books, 2007)

뿐만 아니라 지구를 에워싼 전자기 격자망 내부로도 일종의 주파수를 전송하여 영향을 주게 된다고 한다. 아울러 지구상에는 다음과 같은 변화가 오게 된다는 것이다.

"어떤 면에서 이것은 영적으로 여성이 이제 인류를 새로운 빛으로 인도할 차례가 올 것임을 의미한다. 그리고 궁극적으로 이러한 여성의 영적인 빛이 비즈니스(Business) 분야와 종교 내에 여성 지도자들에서부터 국가의 여성 지도자에 이르기까지 인간이 경험하는 전 범위로 확대될 것이다.

2012~2013년에 이런 여성의 영적인 빛은 이 경애하는 행성에 살고 있는 모든 이들에게 분명해질 만큼 강력해질 것이고, 향후 수천 년 동안 계속 성장해 나갈 것이다.[8]

뿐만 아니라 드룬발로는 2012~2013년경에 이런 변화로 인해 지구의 인구가 대폭 감소할 것이라고 예측하고 있기도 하다. 이처럼 그의 견해는 쿤달리니 에너지의 이동에 관계된 이러한 2012년에 있게 될 지구의 중대한 변화를 알고 있는

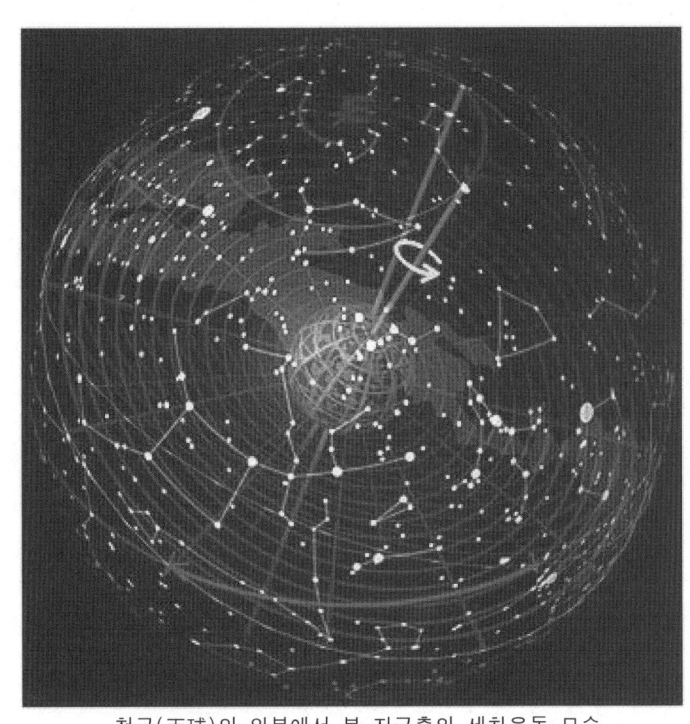

천구(天球)의 외부에서 본 지구축의 세차운동 모습

것은 어머니 지구 자신과 더불어 바로 고대 마야인들이었다는 것이다.

이밖에 약간의 견해차이가 있을지라도 마야예언에 대해 연구하는 많은

---

8) P. xiii. Drunvalo Melchizedek. Serpent of Light Beyond 2012. (Weiser Books, 2007)

학자들은 마야력이 지적하는 2012년이 중요한 변화의 시기가 될 것이라는 점에 대해서는 대체적으로 의견이 일치하고 있다. 물론 일부 사람들의 경우에는 이를 지구의 완전한 종말이나 인류의 멸망으로 보는 극단적 해석도 존재한다.

그런데 마야예언이나 학자들뿐만이 아니라 1980년대 말부터 서구에서 활성화되기 시작한 채널링 현상을 통한 정보들 속에서도 한결같이 2012년을 인류문명의 중대한 전환점이라고 공통적으로 언급하고 있음은 우리가 결코 간과할 수 없는 문제이다. 여러분은 뒷장(章)에 실어진 여러 채널링(Channeling) 메시지들 속에서도 그런 정보들을 접하게 될 것이다. 그렇다면 먼저 채널링이 무엇인가부터 알아보도록 하자.

2. 21세기는 채널링을 통한 미래 예언 정보의 집중 시대

〔1〕 채널링이란 무엇인가?

현재 세계 각지에서는 매우 다양한 사람들이 인류와는 다른 차원의 UFO 외계인들이나 영적 존재들로부터 여러 메시지와 정보들을 수신하고 있다. 그리고 이러한 사람들의 숫자는 점차 증가하고 있는 추세이다. 이런 사람들을 "채널러(Channeller)"라고 하며, 이들이 정보를 수신하는 행위를 "채널링(Channeling)"이라고 한다.

"채널링"이란 말 그대로 "채널을 맞추다."란 뜻이며, 이를 달리 표현하면 "주파수를 맞추다, 파장을 동조시키다."라는 의미이다. 예컨대 우리가 집에서 TV나 라디오를 수신하기 위해서는 채널을 이리저리 전환해서 특정 방송에다 맞춰야 한다. 즉 채널을 맞추는 것은 KBS면 KBS, MBC면 MBC와 같이 특정 방송국의 고유 송출 주파수에다 수신기(受信機)의 주파수를 동조시키는 것이다. 그럼으로써 우리는 원하는 TV의 영상프로그램이나 라디오를 수신하여 보고 들을 수가 있는 것이다.

이와 마찬가지로 방송국처럼 외계인이나 높은 영적존재들이 유지하고 있는 고유한 송출 주파수가 있다고 가정해 보자. 그럴 경우 만약 그들의 영적 주파수에다 나의 주파수를 맞출 수만 있다면, 자동으로 그들이 주파수에 실어 보내는 어떤 내용들을 수신할 수가 있는 것이다.[9]

한마디로 오늘날의 채널링 현상을 정의한다면, "인간과 다른 차원의

---

[9] 그렇다고 이 과정이 전적으로 채널러 개인의 독자적인 능력만으로 이루어지는 것은 아니며, 그 배후에서 그 채널러의 수호령(지도령)이나 고등한 자아의 도움이 있어야만 가능하다고 한다.

존재들 사이에 이루어지는 일종의 영적 교신현상" 이라고 할 수 있겠다. 그리고 그 다른 차원의 존재들이란 범주에는 크게 나누어 외계인들과 영적 존재들이 포함된다.

다만 여기서 주의해야 할 것은 잡신(雜神)들린 무속인들이 점칠 때 자기 몸주신에게 받는 점사(占辭) 같은 것은 채널링이라고 할 수는 없다는 것이다. 반드시 무당이 아니더라도 어떤 저급한 신이나 영가(靈駕), 어둠의 존재들에게 들려서 모종의 지시나 메시지를 받는 경우도 있다. 이런 접신(接神)된 부류의 일부 사람들이 자기가 채널링한다고 착각하는 경우도 가끔 볼 수 있는데, 이런 영적현상은 채널링에 포함될 수 없으며, 흉내내기, 아류 정도라고 보면 될 것이다. 이렇게 양자(兩者) 간에는 외형상 유사성이 존재하므로 이를 잘 구분하여 분별해야 할 필요성이 있다.

활성화된 서구의 채널링 현상을 분석해 볼 때 대부분의 채널러들의 영격(靈格)과 학력이 일반인들보다 매우 높은 편이며, 메시지 내용들도 고차원적 내용들이 많다. 그들은 대개 직접적인 UFO 접촉자이거나 아니면 명상을 통한 오랜 영적수행 과정에서 능력계발이 된 사람들이 다수를 차지한다. 반면에 무속인들이나 접신된 부류의 사람들은 모두 자신과 집안의 카르마(業)에 의해 조상신이나 잡신, 악령, 떠도는 저급한 영가(靈駕)들과 연결돼 있는 것이다. 따라서 이들이 받은 메시지들을 보면 대개 살아 있을 때 맺힌 한(恨)에 관련된 내용이거나 비교적 낮은 세속적인 수준의 내용, 또는 교묘히 왜곡된 메시지들이 주류를 이룬다. 또한 거기에 실린 에너지도 낮은 진동들을 가지고 있다. 하지만 전통적으로 무속인들이나 영매들이 해왔던 영혼계와 인간계 사이를 잇는 매개체 역할로서의 해원(解冤), 영혼 천도(薦度) 기능 또한 무조건 폄하되어서는 안 될 것이다.

[2] 채널링의 대상들

채널링의 대상들은 보통 대별(大別)해서 외계인들과 높은 영적존재들, 즉 마스터(Master)들이나 대천사(大天使)들 및 기타 존재들로 분류된다.

1. 외계인들 - 대개 5차원이나 6차원의 파동대(波動帶)에 해당하는 우주인들이다. 우리 태양계 내의 행성인 금성이나 화성, 은하계 내 다른 행성들인 플레이아데스, 시리우스, 아르크투루스, 기타 안드로메다 등이 주류를 이룬다. 아쉬타 사령부(Ashtar Command)나 은하연합(Galactic Federation) 등의 우주인 연합조직에서 메시지가 오는 경우도 있다.

2.마스터들과 대천사들 - 지구영단 소속의 영적 대사(大師)들과 기독교권에서 알려진 대천사(大天使)들이다. 또한 불교의 보살적(菩薩的) 존재들도 있다. 영적 대사들로는 엘 모리야, 쿠트후미, 듀알 컬, 성모 마리아, 예수/사난다, 성 저메인, 등이 많이 알려져 있다.
대천사들로는 대표적으로 미카엘, 가브리엘, 우리엘, 자드키엘, 메타트론, 크라이언 등이고, 보살적 존재들로는 마이트레야(彌勒), 관세음(觀世音) 등이 있다.

3.지저문명인(地底文明人)들 - 신화와 전설로만 전해오던 지구의 지각 아래와 내부 중심에 거주하고 있는 지상과는 다른 차원의 지저인(地底人)들 역시도 지구 변혁기를 맞이하여 2000년대 초부터 메시지를 보내고 있다.

4.기타 - 어머니 지구의 영(靈)인 가이아 여신(女神) 및 자연령(自然靈,) 고래류, 개인의 지도령(指導靈), 내면의 높은 자아 등이 메시지들 보내는 경우가 있다.

[3] 채널링의 종류

1)트랜스(Trance) 채널링: 채널러가 의식(意識)을 비우고 거의 무아경에 빠진 채 다른 차원의 존재가 채널러의 육신과 입을 일시적으로 빌려서 음성으로 메시지를 전하는 경우이다. 이때 채널러의 영혼은 일시적으로 몸에서 빠져나와 자기 오라(Aura) 안에 머문다고 한다. 채널링이 끝난 후 채널러는 깨어나는데, 이때 자신이 무슨 이야기를 했는지 전혀 기억하지 못하거나 일부만 기억한다.
 이 트랜스 채널링은 다시 완전한 무의식 채널링과 반의식(半意識) 채널링으로 나누어진다. 무의식 채널링에서는 채널러의 영혼이 몸에서 완전히 빠져 나오나 반의식 채닐링에서는 몸을 떠나지는 않는다고 한다.

●장점: 채널링 과정에서 채널러의 주관적 사념이 완전히 배제되기 때문에 메시지가 중간에 희석되지 않고 명확히 전달된다.
●단점:채널러가 의자나 침대에 누워 트랜스 상태에 들어가야 하기 때문에 약간 번거롭고 복잡하다. 그리고 극히 드문 일이긴 하나 전혀 의도하지 않은 다른 영적 존재에게 몸을 점거당할 경우 완전히 왜곡된 내용을 전달할 위험성이 있다.
◉대표적 채널러: 케빈 라이어슨, 제인 로버츠, 바바라 마르시니악, 대릴 앙카, 리 캐롤, 밥 코플란드, 리샤 로얄, 자니 킹, 오오카와 류우호(大川隆法).

2)텔레파시(Telepathy) 채널링: 글자그대로 채널러가 그냥 깨어있는 의식상태에서 텔레파시(精神感應)를 통해 메시지를 수신한다. 따라서 평상시대로 모든 기억을 유지한다.

●장점:언제 어디서든 간편하게 수시로 메시지 수신이 가능하다. 대개는 조용한 장소에서 마음을 내면에 집중하는 것만으로 할 수가 있으나, 유능한 채널러의 경우는 길을 걷거나 운전을 하면서도 채널링을 할 수가 있다.
●단점:메시지의 수신 및 해석과정에서 채널러 자신의 주관적 상념이 완전히 배제되지 않아 메시지가 중간에 희석되거나 왜곡됨으로써 일부 잘못 전달 될 가능성이 있다.
◉대표적 채널러:오피어스 필로스, 투에타, 버지니아 에센, 캔데이스 프리즈, 오릴리아 루이즈 존스, 패트리시아 페레이라, 에릭 클레인.

3) 자동서기(Auto Writing) 채널링: 텔레파시 채널링과 마찬가지로 의식을 그대로 유지한 채 다른 영적 존재의 힘에 의해 자동으로 손이 움직여지며 메시지가 기록된다.

●장,단점:자동서기 채널링은 반드시 책상 앞에 앉아 기록을 하거나 타자 또는 워드(Word)를 칠수 있는 준비를 해야만 메시지 수신이 가능하나 메시지가 왜곡될 가능성은 비교적 적다.
◉대표적 채널러: 루스 몽고메리,

[4] 채널링의 역사

채널링의 역사는 아주 오랜 고대로까지 거슬러 올라간다. 고대시대에 하늘로부터 계시나 신탁(神託)을 받았던 그리스나 로마 신전의 사제나 여사제들은 사실 모두 채널러들이었다고 할 수 있다. 비단 이는 서양에만 한정된 것이 아니라 동양 문화에서도 마찬가지이다, 예컨대 본래 제사장(祭司長)과 왕(王)을 겸했던 우리나라의 고대 단군(檀君)같은 존재들 역시 채널링 능력이 있었다고 보아야 할 것이다. 또한 그 후의 시대에는 영매(靈媒)라고 불렸던 사람들이 - 그 수준에는 여러 레벨이 있겠지만 - 역시 이런 기능을 담당해 왔다고 볼 수 있다. 특히 19세기 중반부터 20세기 중반까지 서구에서 성행했던 심령과학 및 교령회(交靈會)를 통해 수신된 영계통신과 고급령의 메시지들은 유물론이 지배적이었던 그 시대의 사람들에게 영혼세계의 실재를 일깨워주는 데 중요한 역할을 한 바가 있다.

현대에 들어와서 채널링의 가장 선구자격인 사람은 미국의 저명한 예언자 에드가 케이시(Edgar Cayce, 1880-1949)이다. 에드가 케이시는 1901년경부터 트랜스 채널링을 통해 아카식 리딩(Akashic Reading)을 행했으며, 심령, 의학, 전생, 미래학 등의 다방면에 걸친 방대한 양의 유용한 정보들을 기록으로 남겨 놓았다.

이어서 같은 시대에 영국의 앨리스 베일리(alice bailey)라는 탁월한 채널능력을 지닌 중요한 채널러가 등장한다. 본래 신지학회(神智學會) 출신이었던 이 여성은 티벳인 출신의 지혜의 마스터인 듀알 컬(Djwhal Khul)과 1919년 영적인 접촉이 이루어졌고, 그로부터 독자적으로 텔레파시 형태로 메시지를 받아 기록하기 시작했다. 그녀는 선천적으로 뛰어난 주파수 동조능력자였고 20세기 텔레파시 채널링의 선구자라고 볼 수 있다. 그 후 앨리스 베일리는 1949년 세상을 떠날 때까지 30년 동안 무려 24권에 달하는 귀중한 비교적(秘敎的)인 영적 지식을 수신하여 책으로 출판한 바가 있다. 앨리스 베일리의 이러한 작업은 블라바츠키 여사의 신지학회

앨리스 베일리

창립과 마찬가지로 지구영단의 계획에 따라 배후에서 마스터들의 후원에 의해 이루어진 것이었다. 앨리스 베일리의 뒤를 이어 영단의 가르침을 수신하여 전파한 메신저들로는 1950년대의 제랄딘 이노센트, 1960년대 이후의 엘리자베드 C. 프로펫 등이 활동해 왔다.

그리고 외계인과의 텔레파시 채널링의 개척자라고 할 수 있는 사람이 바로 1950년대 초의 UFO 접촉자 조지 반 테슬(George Van Tassle)이다. 그는 외계인들과 직접 접촉하기 이전, 깊은 명상상태에서 최초로 우주인 사령관으로부터 텔레파시 메시지를 수신한 바가 있다.

제인 로버츠

1960년대에 들어와서는 미국의 여류시인이었던 제인 로버츠(Jane Roberts)가 1963년부터 "세스(Seth)"라는 존재로부터 영감어린 메시지를 받기 시작했다. 그 내용 역시 우주, 시간, 건강, 윤회, 신(神), 물질의 본질 등 다양한 분야를 망라한 엄청난 분량이었다. 이어서 60년대 후반부터는 미국 워싱턴 정가에서 32년간 정치부 기자로 활약했던 루스 몽고메리가 자동서기 형태로 고급령들로부터 메시지를 받아 책을 냄으로써 상당한 선풍을 불러일으켰다. 사후의 영적세계와, 고대 아틀란티스와 레무리아 역사, 미래 예언, 전생, 카르마, 외계인 등에 관련된 그녀의 책들은 90년대 이르기까지 계속 집필되었고, 서구인들의 정신세계에 심대한 영향을 준 바가 있다. 10권이 넘는 그녀의 책들은 모두 베스트

셀러가 되었다.

 그러고 나서 1977년부터는 평범한 주부였던 주디 Z. 나이트(Judy Z. Knight)라는 여성을 통해 이 지상에서 단 한 번 살았던 삶에서 깨달음을 얻었다는 35,000년 전의 레무리아의 존재 〈람타(Ramtha)〉의 메시지가 전해졌는데, 이 내용도 오늘날까지 많은 사람들에게 정신적 영향을 미쳤다. 또한 이와 비슷한 시기에 채널러 케빈 라이어슨(Kevin Ryerson)이 미국의 영화배우 셜리 맥클레인(Shirley Maclaine)의 베스트 셀러 저서인 〈위험한 상태에서(Out On A Limb)〉라는 작품을

주디 Z. 나이트

통해 소개됨으로써 널리 대중적으로 알려졌다. 그는 그리스도의 제자였던 사도 "요한(John)" 등과 채널링하여 여러 권의 책을 냄으로써 대중들에게 많은 영감을 준 바가 있다.

 이윽고 1980년대 중반부터는 기다렸다는 듯이 채널링 현상은 봇물 터지듯 점차 전 세계에 걸쳐 폭발적으로 증가하기 시작했다. 오늘날 채널링은 고차원의 세계에서 인간세계로 방대한 양의 주요 정보들을 송신하는 통로로 활발하게 이용되고 있고, 또한 일종의 중요한 시대적 징조 내지는 사회현상으로 나타나고 있다. 어찌 보면 이제 채널링은 특정인만이 아닌 일반적인 대중화의 단계로 옮겨가는 과정에 있지 않나 생각된다. 그리고 아마도 앞으로 이런 현상은 인류세계 전반에 걸쳐 계속 증대될 것이다.

[5] 예언과 채널링 정보의 근원과 그 의의(意義)

 우리 인간의 의지와는 무관하게 현재 점점 더 범세계적으로 확산되고 있는 채널링 현상의 의미를 한 마디로 표현한다면, 고차원세계로부터 인간세계에 행해지고 있는 일종의 "신성한 간섭"이라고 할 수 있다. 즉 이것은 그만큼 우리 인류가 살고 있는 지금의 시대가 우주적으로 볼 때 매우 중요한 시간대이라는 명백한 반증인 것이다.

 3차원의 인간세계를 내려다보고 있는 높은 차원의 존재들은 인류와 지구의 미래를 어느 정도 미리 예측하고 있다고 추측할 수 있다. 그렇기 때문에 그들은 인류 앞에 놓인 모종의 중요한 사건에 관해 우리에게 무엇인가를 알려줌으로써 그런 경고적인 정보들과 메시지를 통해 인류를 일깨우고자 하고 있는 것이다. 대중들에 의해 자주 목격되는 UFO의 출

현 현상이 인간의 의식(意識)을 환기시키려는 어느 정도 간접적인 시위행위라면, 채널링은 좀더 직접적인 관여인 것이다. 아울러 더 나아가 향후 언젠가 최종적으로는 어떤 형태로든 간에 직접적인 물리적 개입의 가능성도 배제할 수는 없다고 본다.

그리고 이 책은 바로 그런 다양한 천상으로부터의 정보들, 특히 그중에서도 2012년에 관련된 메시지들을 중심으로 그것을 포괄적으로 개관해 보려는 시도이다. 그러므로 그 시각은 어디까지나 우리 지구 내부적인 관점이 아니라 지구 밖의 우주적 관점, 또한 영적 차원의 관점인 것이다. 다시 말해서 저 우주와 고차원계로부터 전해지고 있는 인류와 지구의 미래에 관한 정보들을 통해 우리의 미래상을 한번 도출해 보자는 것이다.

그런데 이들이 전하는 정보들은 단순하거나 횡설수설식의 차원이 아니라, 매우 체계적이고 논리 정연한 이론적 토대를 이루고 있다. 게다가 거기에는 서로 전혀 관련이 없는 다른 계통의 사람들이 받은 정보들임에도 불구하고 뚜렷한 공통점들이 나타나 있다는 사실을 간과해서는 안 된다. 또한 특정한 용어들이 일관되게 통일되어 나타나고 있음을 볼 수가 있다.

이것으로 미루어 볼 때, 이것은 채널링을 통해 인류에게 메시지를 보내는 존재들과 세계들 간에는 어떤 공동의 합의가 존재하거나 지구에 관련된 우주적 차원의 거대한 프로젝트가 진행되고 있는 것이라고 짐작할 수밖에 없다.

채널링 메시지들에서 일사분란하게 공통적으로 사용되는 용어들이 있는데, 그것은 대표적으로 다음과 같은 것들이 있다.

- Ascension(상승 또는 승천)
- I AM Presence(신성한 진아, 대아)

- Twin Flame(쌍둥이 영혼)
- Star Seed(별의 종자)
- Earth Grid(지구의 격자망)
- Ley Lines(레이 라인)
- Spirit(영(靈))
- Higher Self(고등한 자아)
- Over Soul(대영혼)
- Portal(포탈)
- Corridor(회랑)
- Light Worker(빛의 일꾼)
- Light Body(빛의 몸)
- Monad(모나드)
- Star Gate(스타 게이트)
- Photon Belt(광자대)
- Spiritual Hierarchy(영단)
- Ascended Master(승천한, 상승한 대사들)
- Walk-in(워크인)
- Indigo & Crystal Children(인디고와 크리스탈 아이들)

 물론 채널링이 본격화되기 이전, 중세의 노스트라다무스(Nostradamus)에서부터 현대의 G. M. 스캘리온(Scallion)에 이르기까지 인류의 미래에 관한 많은 예언가들의 예언들이 있어 왔다. 그러나 우리가 경험해 온 바와 같이 그들의 예언은 많이 적중하기도 했으나 또 많이 빗나가기도 했다. 그리고 상식적으로 먼 과거의 시간대에서 예측한 미래보다는 보다 최근에 내다본 미래가 조금이라도 더 정확도가 높을 것은 자명한 이치일 것이다. 그러므로 우리는 바로 현재 우주와 다른 차원에서 인류에게 전해지고 있는 메시지와 정보들에 더 비중을 두고 귀 기울여 봄이 바람직하다고 생각된다. 그런데 이러한 모든 정보들을 종합해 볼 때, 만약 이 내용들이 사실이라면, 한마디로 우리는 너무나 엄청난 변화의 과도기에 살고 있음을 부정할 수가 없다. 즉 부분적으로 약간의 차이는 있을지라도, 모든 예언과 채널링 메시지들은 한결같이 20세기 말인 1988년경부터 대략 2012(3)년까지를 지구의 대변동기로 지적하고 있는 것이다.

 물론 사람에 따라서는 예언이란 얼마든지 빗나갈 수 있다고 대수롭지 않게 치부해 버릴 수도 있을 것이다. 그러나 너무나 똑같이 집중된 이 시기에 관한 경고의 메시지에는 우리가 쉽게 무시할 수 없는 무엇인가가 존재하고 있다고 생각된다. 그것은 바로 현 인류의 문명이 어떤 형태로든 와해되어 새로운 차원의 문명으로 탈바꿈될 것이라는 매우 일관되고도 공통적인 부분들이 있기 때문이다.

이것은 표현 용어는 다를지라도 오래 전부터 종교계에서 말세 이후 새로운 이상 세계가 도래하리라는 예언들과 어느 정도 부합되는 것이다. 이밖에도 이런 메시지 내용의 주제들은 아주 다양한데, 잊혀진 고대 지구의 역사에서부터 인간의 의식(意識) 및 DNA(유전자) 변형, 외계 문명의 실상, 시공간의 본질, 깨달음, 지구 변동과 차원 변형 등등의 여러 가지로 구성되어 있다.

이런 메시지들 내용 가운데 공통적으로 특히 강조되는 동일한 내용들이 있는데, 통찰력이 번뜩이는 그 요지는 다음과 같다.

1. 인간은 모두 자기 고유의 현실을 만들어낸 창조자들이고, 그 사람이 체험하고 있는 현실은 그 개인의 생각과 감정을 통해 창조된 것이다.
2. 지구상의 인간들은 스스로 아직은 완전히 알지 못하는 은하계 가족의 일부이다. 그 가족들이 UFO와 같이 물리적 형태이든, 천사(天使)들 같은 영적 형태이든, 매우 다양한 존재들이 지구를 방문했고, 또 계속해서 인간을 방문하고 있다.
3. 지구에는 인류에게 메시지를 주는 교사들에 따라 여러 가지 다른 이름으로 불리긴 하지만, 일종의 거대한 변형이 일어나고 있다. 이것은 사실이고 명백한 사건이다.
4. 우리 모두는 우리 내면에 창조주와의 연결고리를 가지고 있고, 외부에 있는 어떤 것을 숭배할 필요가 없다. 우리는 모두 신(神)의 한 부분이므로 (본질적으로는) 중간의 어떤 메신저나 매개자로서의 성직자나 교회, 스승, 채널러와 같은 존재가 필요하지 않다.

암담한 인류의 미래

고차원계로부터 인간세계에 개입되고 있는 채널링 현상의 세계적 활성화에도 불구하고 우리가 알다시피 인류의 미래는 현재 매우 불확실하며 또 별다른 희망적 요소들이 보이지 않고 있다. 지구의 위기에 관한 많은 예언적 경고가 주어졌음에도, 여전히 인류는 핵실험과 환경 파괴를 계속해 왔으며, 전쟁을 끊임없이 자행하고 있다. 또한 미국을 비롯한 강대국들은 우주와 UFO에 관한 진실을 여전히 은폐하고 있고, 이에 관련된 비밀 정보들을 자국 이기주의(利己主義)의 방향으로 이용하려는 데 골몰하고 있다. 한 가지 예로 2002년 미 NASA(항공우주국)의 제트추진연구소 소장인 에드워드 스톤은 언론과의 인터뷰에서 외계인이 우주에 존재하리라고 보느냐는 질문에 이렇게 말하고 있다.

"고등 생명체는 사실 굉장히 희귀한 것입니다. 잘 생각해 보면 100만 년 전만해도 지구상에는 지능생명체가 없었으니까요. 그렇기 때문에 우리가 살아 있는 동안 우주인과 접촉한다는 것은 확률적으로 아주 힘든 얘기가 될 수 있습니다."

그러나 이 답변은 한마디로 새빨간 거짓말에 지나지 않는다. NASA는 이미 수십 년 전부터 엄청난 양의 UFO 사진을 촬영해 왔으며, 게다가 아폴로 계획으로 달을 왕래하는 과정에서 직접 UFO 우주인들과 조우까지 했다는 것은 이미 어느 정도 알려져 있는 사실이다. 그럼에도 세계 최강대국인 미 NASA의 고위 책임자들은 여전히 이렇게 능청스런 거짓말을 대중들에게 늘어놓고 있는 것이다. 이와 같은 정보 은폐와 더불어, 갈 데까지 가버린 기존의 왜곡된 종교들은 무지의 장막에 갇혀 아직도 외계 생명체를 부정하며 잘못된 도그마(dogma)를 신도들에게 계속 가르치고 주입하고 있을 뿐이다. 필자가 보기에 소위 사탄, 마귀들이란 사실 어디 멀리 있는 것이 아니라, 인류의 의식(意識)을 오도된 방향으로 세뇌시키고 그 의식의 개화(開化)를 막고 있는 바로 이러한 세력들인 것이다.

또한 필자는 최근 매우 주목할 만한 언론보도를 접했는데, 2009년 11월 초 언론에 보도된 바에 의하면 중국이 우주공간에다 무기를 배치하겠다고 공개적으로 선언하고 나왔다. 잠시 그 기사의 일부를 인용한다.

중국 공군사령관 쉬치량(許其亮) 상장은 2일 공군 창설 60주년을 앞두고 제팡(解放)군보와 가진 인터뷰에서 "우주에 무기 배치를 포함해 무기체계 구축을 계획 중이며 이는 역사적으로 불가피한 일"이라고 말했다고 홍콩의 사우스차이나모닝포스트가 보도했다. 중국이 우주에 무기 배치 의사를 밝히기는 이번이 처음이다. 쉬 상장은 "각국의 군사력 경쟁은 대기권을 넘어 우주로 확대되고 있으며 우주 공간을 통제하는 자가 군사적 우위를 점할 것"이라며 "이 같은 추세는 역사적으로 필연이며 되돌릴 수 없는 것이기 때문에 인민해방군도 우주 안전, 우주 이익, 우주 개발 등에 대한 개념을 세워야 한다"고 주장했다. 그는 "중국의 급속한 경제 발전과 커지는 정치적 영향력을 고려할 때 중국 공군의 발전은 국가 안전은 물론 지역 안정과 국제 평화 유지를 위한 것이기도 하다"며 "하늘과 우주 공간에는 국경이 없으며 오직 힘만이 평화를 유지할 수 있다"고 강조했다.

(동아일보, 2009. 11.4)

이는 상당히 우려할만한 일이다. 즉 이미 우주무기 배치를 끝낸 미국, 러시아에 이어 중국까지 우주공간을 군사화하는 경쟁에 뛰어들겠다는 이야기인데, 지구의 대변화를 앞둔 이 시점에 이러한 몰지각한 행위들은 앞으로의 지구의 상황을 더 악화시키는 결정적 변수로 작용할 것이다.

[6] 예언의 원리와 예언자들

그런데 인류에게 내려지는 예언적 정보들이란 도대체 어떤 원천(source)으로부터 나오는 것이며, 어떤 경로로 이루어지는 것일까? 예언자의 수준에도 하급에서 고급에 이르기까지 여러 레벨이 있다고 볼 수 있는데, 그 중에서 가장 하급이 저급신(低級神)이나 조상신, 잡신(雜神)이 들린 무속인들이다. 물론 이러한 무당들 중에는 개인의 신상에 관한 내용은 아주 잘 맞히는 경우도 많다. 그러나 그 무당에게 들린 잡신의 영력(靈力)과 파장이 약하기 때문에 그들이 미래를 보는 능력에는 한계가 있으며, 인류의 미래나 지구의 운명과도 같은 거창한 주제는 잘 알지 못한다. 당연히 보다 고급 차원의 어떤 존재들일수록 미래 투시 능력이 정확하고 넓은 범위에까지 미칠 수 있는 것이다.

프랑스의 대예언가 노스트라다무스

서양의 노스트라다무스(Nostradamus)에서부터 현대의 스캘리온(M. Scallion)에 이르기까지 세계적 대예언가들에게는 한 가지 중요한 공통적 요소들이 있다. 그 공통적 요소란 다름이 아니라, 초의식적 상태에서 눈앞에 나타난 스크린의 영상이나 계시의 형태로 어떠한 예언이 주어진다는 점이다. 그러므로 이러한 예언들은 그들 자신의 두뇌로부터 나온 소산이 아니다.

노스트라다무스는 깊은 밤 황동으로 된 의자에 홀로 앉아 물이 담겨 있는 놋그릇을 바라보며 정신 통일을 하였다. 그리고 그 물 그릇의 수면 위로 떠오른 어떤 영상들을 보고 그것을 4행시로 엮어 냈던 것이다. 미국의 에드가 케이시(Edgar Cayce)와 폴 솔로몬(Paul Solomon)의 경우는 계시를 받을 때마다 잠을 자는 것 같은 트랜스(trance) 상태에 몰입되었다. 그리고 어떤 초월적 존재의 계시가 그들의 입을 통해 예언으로 주어졌다. 우리 나라 남사고(南師古) 선생 같은 경우는 젊은 시절 한 신인(神人)을 만나 《격암유록》 비결(秘訣)을 전수받았다고 한다. 미국의 진 딕슨(Gean Dixon)은 깊게 정신을 집중하여 수정구를 들여다보면서 거기에 나타나는 영화 같은 장면들을 그대로 읽어 낸다. 루스 몽고메리(Ruth Montgomery)의 경우는 자동 서기(自動書記) 현상에 의해서, 또 스캘리온이나 밥 코플란드(Bob Coplend) 같은 사람들도 마찬가지로 비일상적인 의식 상태에서 어떤 영상을 보거나 메시지를 받는다. 그러므로 미래에 관한 예언을 행하는 사람들의 대부분은 이렇게 높은 차원에서 메시지를 수신하여 세상에 전하는 하나의 통로 내지 매개체 역할을 할 뿐인 것이다. 그러므로 최근의 용어로 이들은 모두 일종의 채널러(channeler)들이라고 할 수 있다. 그렇다면 이들에게 예언적 메시지를 내려 주는 존재들은 과연 누구일까?

한마디로 이러한 존재들은 지구의 3차원적 물질 레벨을 초월한 4차원 이상의 존재들이다. 우리와 같이 낮은 진동으로 이루어진 3차원의 시공간 구조 속에 갇혀 살아가는 생명체들은 미래를 내다보거나 예측하기가 매우 힘들다. 그러나 지구인들보다 높은 차원에 머무르고 있는 고급령(高級靈)들이나 초월적 마스터(master, 大師)들 및 우주인들은 높은 산에서는 좀 더 먼 곳을 내다볼 수 있듯이, 인류의 미래를 미리 알 수가 있는 것이다.

최근까지 우리나라에서도 수많은 무속인들이나 역술가(易術家)들이 나름대로 정치적인 문제에 관한 미래에 대해 예언들을 내놓은 바가 있다. 그러나 우리가 진정으로 귀담아 들을 만한 가치 있는 예언은 지구의 미래와 인류의 운명을 걱정하면서 앞길을 인도해 주려는 이러한 고차원 존재들의 우주적 메시지라고 할 수 있다.

[7] 채널링 정보의 주 발신처는 지구 영단과 외계인들이다

물질 행성 지구를 둘러싼 하나의 에너지 장(場) 속에는 사실 여러 차원의 세계가 겹쳐 있는 상태이다. 그리고 오래전부터 서구에 전파되기 시작한 신지학적(神智學的) 가르침들이나 1980년대 이후 증폭된 수많은 채널링 정보들에 따르면, 보다 상위 차원의 세계에는 인류의 영적 진화에 관여하고 있는 신성한 빛의 존재들과 높은 대사(大師)들, 우주로부터 온 존재들에 의해 구성된 하나의 영단(靈團, spiritual hierarchy)이 존재하고 있다고 한다.

미국의 베어드 스폴딩의 저서 《초인 생활(The Life and Teaching of Masters in far East)》을 통해 처음 알려진 이 영단의 이름은 보통 '대백색형제단(The great white brotherhood)'이라고 알려져 있다. 아울러 '아쉬타 사령부(Ashtar Command)' 또는 '빛의 형제단(Brotherhood of light)'이라고 불리는 우주행성연합 UFO 함대가 그들과 함께 협력하며 지구를 돕기 위해 활동하고 있다고 한다. 게다가 각 행성마다 존재하는 이러한 영단 외에도 그 위에는 태양계 영단이 있으며, 또 은하계 자체에는 보다 더 높은 영격(靈格)을 지닌 존재들로 구성된 '은하영단(galactic spiritual hierarchy)'이 존재한다는 것이다.

지구를 관리하는 영단에는 예수, 공자, 성모, 마호메트, 미륵(彌勒), 관세음 등의 성인들을 비롯하여 지구상에 태어났다가 깨달음을 얻은 존재들, 또 미카엘과 같이 높이 진보된 천사들, 그리고 우주의 다른 태양계로부터 온 존재들이 협력하고 있다고 전해지고 있다.

20세기에 들어와 세계 곳곳에 발현되었던 성모 마리아의 예언 현상이라든가 예수 그리스도의 계시 현상 등도 모두 인류의 위기에 대한 이 지구 영단의 경고의 의도로써 계획된 것으로 생각된다. 아울러 앞서 언급된 여러 세계적 예언자를 통해 각 시대에 따라 미래의 사건들을 예시한 주체 역시도 이러한 지구 영단의 한 프로젝트일 가능성이 높다.

[8] 채널링과 관련 메시지들에 대해 유의할 점

그러나 모든 예언들과 미래 정보들이 반드시 100% 적중한다는 법은 없다. 모든 예언들은 지금까지 들어맞기도 했고 빗나가기도 했던 것이다. 그리고 채널링을 통한 정보 역시도 그것이 서로 완전히 일치하지는 않는다. 많은 부분이 공통적으로 합치되나 또 세부적인 항목에서는 서로 다른 부분도 일부 존재하고 있다.

하지만 미래라는 것은 이미 만들어져 고정되어 있는 것이 아니라 매우 유동적이고 가변적이라는 점, 또 인류에게 메시지와 정보를 전해 주고 있는 존재들도 천차만별의 수준과 다양성을 가지고 있다는 점을 감안한다면, 이것은 어느 정도 이해될 수 있는 문제라고 생각한다. 그리고 앞서 언급한대로 현재를 기준으로 놓고 볼 때, 오래 전에 행해진 예언이나 채널링 정보들보다는 최근에 행해진 예언과 채널링 정보일수록, 또 낮은 차원보다는 보다 높은 차원에서 온 정보들일 수록에 당연히 더 적중률이 높을 것이다. 그것은 일종의 일기 예보와 마찬가지로 미래를 보다 가까이서, 더 높은 데서 내다보았다는 점에서 그 예측이 정확할 가능성이 많다.

그렇다고 무턱대고 모든 채널링 정보들이 다 진실 되거나 정확하다고 믿어서는 안 된다. 왜냐하면 인간세계에 혼란을 유발하기 위해 어둠의 세력들이 조작해 보내는 메시지들이나 역정보들, 그리고 낮은 아스트랄 차원에서 보내진 왜곡된 정보들 역시 일부 존재하고 있는 까닭이다. 인간에게 무조건 달콤하고도 허황된 환상을 줌으로써 에고(Ego)적인 만족과 도취를 부추기거나 합리성이 결여된 채 강한 두려움만을 안겨주는 내용들은 의심해볼 필요성이 있다. 채널러 리 캐롤(Lee Carroll)을 통해 메시지를 전하고 있는 크라이온(Kryon)이라는 존재는 채널링 메시지를 접할 때 주의할 점을 다음과 같이 언급한다.

먼저 인간의 자율권이나 자유의지를 포기케 유도하는 내용들인지의 여부를 살펴보고 만약 그렇다면 이는 잘못된 것이라고 한다. 그리고 채널링 정보를 어디까지나 참고사항으로 여기고 거기에 너무 탐닉하거나 경도되는 것은 바람직하지 않다는 점, 또 채널링을 하는 사람을 신격화하거나 스승처럼 만들지 말라고 주의를 주고 있다.

또한 대천사 메타트론(Metatron)은 채널러 캐롤린 에버스(Carolyn Evers)를 통해 채널링의 일부 위험성과 문제점에 대해 이런 가르침을 주었다.

"만약 한 채널러가 정확하지 않은 메시지를 수신하거나 어둠의 존재들에 의해 영향을 받았다면, 창조적 원천에 중심이 맞춰져 있지 않거나 어느 정도 에고(Ego) 속에서 작업을 하는 다른 채널러들의 경우 그런 왜곡된 메시지와 동일한 정보들에 연결될 수가 있다.

어둠의 존재들은 여기에 흥분을 느낀다. 그들이 한 채널러를 주파수 조정 불능상태에 빠뜨렸다면, 나머지도 어떻게 해서든 그 집단의 일부가 되도록 할 수가 있는 것이다. 그 채널러들은 자기들이 진실한 상태에서 채널링 작업을 한다고 생각한다. 하지만 그렇기 때문에 그것은 그렇게 교활한 공작인 것이며, 그들의 토대는 서서히 어둠에 의해 침식되고 더 길고도 깊게 스며들게 되는 것이다.

어둠의 존재들은 빛의 언어를 이용하여 메시지를 송신하고 그것을 가슴에 집중된 소리처럼 만든다. 그 채널러가 이런 상태에서 회복되거나 복구되지 않는 한, 그 메시지들은 더욱 더 어둠에 초점이 맞춰지게 되고 진동의 조종이 어렵게 된다."

대천사 메타트론은 우리가 진실여부를 판단하는 데 있어서 몸을 도구로 사용하라고 권고한다. 즉 일단 메시지를 읽고 나서 몸이 그것을 어떻게 느끼는지를 보라는 것이다. 특히 신체의 태양신경총(太陽神經叢)이나 가슴은 우리가 들어야 할 어떤 신호를 주고 있다고 한다. 만약 어떤 메시지가 자신의 신념체계와 어긋나 있다면, 그때 그것은 중요한 문제이니 조용히 앉아서 그 내용에 대해 명상을 해보는 것도 바람직한 방법이라고 권고하고 있다. 우리가 채널러의 진위를 가려내는 또 한 가지 간접적 방법은 학력이나 경력은 둘째 치고 우선 그 사람의 인품 정도를 잘 살펴보라는 것이다.

　예를 들어 보다 저급한 악귀나 잡신 들린 무속인들일 수록에 상대에게 무조건 하대하는 오만방자한 경향이 있는 식으로 채널러 역시 마찬가지다. 영혼의 순수성과 겸손함이 결여된 채널러는 왜곡되었을 가능성이 높으므로 의심해 보아야 한다. 채널러 자신은 어디까지나 메시지를 전달하는 일종의 통로 내지는 매개체일 뿐이라는 점을 자각하고 있어야 함에도 제 스스로가 잘나고 높아서 이런 일을 한다는 식의 오만한 태도와 사고를 가지고 있다면, 이는 문제가 있는 것이다. 채널러는 어디까지나 겸허한 자세로 메시지를 충실히 전하는 통로 역할로 끝나야 하며. 거기에 자기의 사적인 생각을 개입시켜서는 안 된다. 만약 채널러가 이런 오버하는 단계에 가 있다면, 이미 그 채널링은 상당히 왜곡되고 오염되어 신뢰할 만한 것이 별로 없다고 보아도 무방할 것이다. 미국의 저명한 채널러 중인 한 사람인 리샤 로열(Lyssa Royal)은 이런 문제와 관련해 이렇게 자신의 견해를 피력하고 있다.

　"채널러의 자질(資質)을 결정하는 것은 그 사람이 얼마나 자신의 삶속에서 개인적인 수양을 하고 있는가라고 생각된다. 즉 혹시 그들이 자신의 두려움이나 저항, 에고적 욕망의 토대 위에서 작업하고 있지는 않은가, 또는 남에 대한 비판을 놓아버리는 것을 배웠는가? 하는 것이다. 만약 그들이 자기통제나 자제력을 지닌 인간이 되었다면, 교만하지 않고 겸손해질 수가 있으며 자신의 개인적인 영적 성장에 전념한다. 비로소 그때라야 그들은 매우 양호하고 명확한 채널링을 할 수가 있는 것이다."

채널러 리샤 로얄

　리샤 로열은 또한 다음과 같은 점을 강조하고 있다.

　"채널러가 채널링하는 데 있어서 의식적(意識的)이냐, 반의식적(半意識的)이냐, 무의식적(無意識的)이냐는 중요하지 않다. 모든 형태의 채널링 방식은 명확하고 심오한 채널링이 될 수가 있다. 가장 중요한 열쇠는 한 개인으로서, 또 통로로서의 채널러의 자질이다. 여러분은 채널러를 선택하는 데에 스스로 다음과 같은 질문을 해보아야 한다.

1.채널러 개인의 삶의 모습이 어떠한가? 그의 언행(言行)이 일치하는가?
2.그 채널러가 깨어 있는 상태에서 채널링 내용이 명확한가? 그 사람의 개인적 삶이 혼란스럽지는 않은가? 또는 그 사람이 균형 잡힌 인격을 가지고 있는가?
3.지구상의 3차원 삶에 적응하여 기본적인 것을 갖추고 있는가? 이 현실로부터의 도피를 추구하고 있지는 않은가?
4.그 채널러나 채널하는 존재가 은근히 또는 요란하게 당신들에게 자기들이 유일한 진리라고 말하며, 구원을 위해 그것을 따라야만 한다고 하지는 않는가?

 이처럼 채널러들 역시도 얼마든지 오류가 있을 수 있기 때문에 누구 채널링을 한다고 해서 그가 받는 메시지가 무조건 옳다거나 채널러가 모든 것에 대해 전지(全知)하다는 식으로 과대 착각해서는 안 된다. 설사 그가 옳은 계통의 수신능력이 있다고 하더라도 그 사람 역시 전체의 일부만을 알고 있을 뿐이라는 점을 항상 염두에 두어야 할 것이다.
 그럼에도 이런 왜곡된 메시지들 역시도 진실과 거짓이 적당히 혼합돼 있는 관계로 일반인들이 이를 가려내는 것이 결코 쉽지 않을 수가 있다. 따라서 어떤 메시지든 거기에 너무 목을 매는 것은 바람직하지 않으며, 어느 정도 공인된 채널러를 통한 정보들이 아닌 경우 접근에 신중을 기하는 것이 좋다. 또한 다른 소스의 정보들을 통해 그 내용의 주요 부분들이 서로 어느 정도 합치되는지 교차검증을 해볼 필요성이 있다.
 하지만 대체적으로 왜곡된 메시지들은 비율상 전체 가운데 일부에 해당될 뿐이다. 따라서 지금 우주 저편과 고차원계로부터 지구로 쏟아져 내려오고 있는 공통적인 대다수의 메시지와 정보들은 우리가 깊이 검토해 볼 만한 충분한 가치가 있다고 생각한다. 그리고 아마도 이런 유용한 메시지들은 하루 앞을 내다보지 못한 채 이기주의적 삶에만 매달려 자멸로 치닫고 있는 어리석은 인류에 대한 그들 나름의 걱정 어린 충고와 조언(助言)이라고 보면 큰 무리가 없을 것이다.

3. 다가오는 2012년의 지구 대변화에 관한 과학적 데이터들

[1] 기후변화 국제회의 - 지구 환경 대재앙을 경고하다

2009년 3월 12일 덴마크의 코펜하겐에서 개최된 〈기후변화 국제회의〉에서는 학자들의 놀랄만한 경고 내용들이 쏟아져 나왔다. 이 회의에는 약 2,000여명의 환경 전문가들이 참석해서 12일 동안 진행되었다고 하는데, 그들은 2007년 UN 산하 정부간 기후변화 협의체(IPCC)가 예측한 최악의 시나리오가 정해진 대로 실현되고 있다고 입을 모았다. 매스컴에 보도된 학자들의 보고서를 요약하면 다음과 같다.

지구온난화로 인해 북극 지역 인근의 그린란드 쿨루수크에서 빙산이 녹고 있는 실제모습이다.

* 지구 온난화로 인한 재앙을 막기에 남은 시간은 이제 겨우 8년뿐이다.
* 지구 온난화가 가속화 되어 2020년대엔 지구온도가 현재보다 섭씨 1도 상승하면서 양서류가 멸종한다.
* 기온이 2~3도 오르는 2050년대에는 지구생물의 20~30%가 사라진다.
* 기온이 3도 이상으로 오르는 2080년대쯤에는 지구 생물의 대부분이 멸종 위기에 빠진다.

한마디로 끔찍한 예측 시나리오가 아닐 수 없는데, 2006년에 제출된 영국 정부의 〈스턴 보고서〉 역시도 이렇게 경고하고 있다.

지구온난화에 즉시 대응하지 않으면 "세계대전"이나 "경제대공황"같은 전 지구적 대재앙이 닥칠지도 모른다.

현재 비공식적인 예측 자료로는 21세기 지구온난화로 인한 환경재앙으로 향후 약 10억 명이 사망할 것이라는 전망까지도 나와 있는 상황이다.

[2] 지구 변동은 현재 진행 중이다.

어떤 일이 발생하기 전에는 반드시 모종의 징조나 전조(前兆) 현상이 나타나는 것이 자연의 법칙이다. 자연계의 동물들은 이런 현상을 통해 미래의 사건을 감지하고 미리 대처하곤 한다. 그러나 우리 인간은 이른바 '망각의 동물'이라고 일컬어지고 있다. 그래서인지는 몰라도 우리는 어떤 충격적 사건을 당하더라도 그때뿐이지 곧 잊어버리고 무감각해지기 일쑤이다. 하지만 최근 몇 년간 연이어 터지고 있는 지구상의 천재지변들은 우리가 간과할 수 없는 무엇인가를 인류에게 암시하고 있는 듯하다. 우리는 이런 자연현상을 통해서 미래를 유추하고 어떤 대비를 할 필요성이 있을 것이다.

1) 최근 10년간의 천재지변 발생 추이(推移)

A) 지진(地震)

지구변화의 주요 징표중의 하나인 지진은 그 강도와 빈도수 면에서 해가 갈수록 과거에 비해 증폭되고 있다. 최근의 10년간의 지진 발생 추이를 대략 살펴보자면 다음과 같다.

1999년 주목할 만한 몇 가지 천재지변이 지구촌을 뒤흔들었다. 먼저 미국의 <뉴스위크(News Week)>지가 표지에서 '세기 말의 대지진'으로 다루었던 터키의 강진이 있었다. 1999년 8월 터키 북부를 강타한 리히터 규모 7.8의 강진은 공업 도시 이즈미트를 초토화시키고, 일시에 2만 명의 주민을 붕괴된 건물더미 아래에 생매장시켰다. 경제 강국으로 막 진입하려던 터키는 이 지진 때문에 발목을 잡히고 말았다. 그리고 이어서 9월 21일 대만을 덮친 진도 7.6의 강진은 섬 전체를 가라앉힐 듯 요동시키며 역시 수천 명의 생명을 앗아갔다. 이로 인해 대만 중부 타이페이를 비롯한 도시 곳곳은 마치 폭격을 맞은 듯 폐허화되다시피 되었다. 건물 3만 채가 주저앉아 아수라장이 되었으며, 대만 정부는 국가 비상사태를 선포했다. 터키에는 8월의 대지진이 일어난 지 3개월 후인 11월 12일에도 진도 7.2의 지진이 다시 닥쳐 사상자만 4,000여 명이 발생했다.

지구촌에 발생하고 있는 지진은 2000년대 들어와서도 계속 증가하는

이탈리아 지진으로 주저앉은 건물

추세이다. 가장 주목해야 할 최근의 대형 지진은 2005년 파키스탄에서 발생한 진도 7.6의 강진으로서 무려 8만 6,000명에 달하는 인명을 일시에 매장시켰다. 한 해 전인 2004년 12월에는 남아시아를 휩쓴 지진과 이로 인한 해일로 28만여 명의 인명이 희생되었다. 그리고 아직도 기억이 생생한 2008년 이웃 중국의 사천성(四川省)에서 터진 진도 8.0 강진은 9만 명에 가까운 사망자를 양산 한 바가 있다.

그리고 앞으로 가장 많은 인명피해를 낼 수 있는 대지진이 발생할 가능성이 높은 지역은 미국의 서해안인 캘리포니아 일대이다. 이미 그 전조(前兆)로서 2008년 7월 미국 로스앤젤레스에서는 리히터 규모 5.4의 지진이 발생한 적이 있는데, LA 주민들 역시 불안감을 감추지 못하고 있다. 5.4의 진도는 72명이 희생된 지난 1994년 규모 6.7의 대지진 이후 가장 강력한 지진에 해당된다. 중요한 것은 〈미(美)지질조사국〉이 앞으로 30년 안에 초대형 지진이 캘리포니아를 강타할 확률이 99.7%라고 경고하고 있다는 사실이다. 만약 미국 서부 해안지대에 지진이 발생한다면, 30년 이내가 아니라 향후 5년 이내에 대지진이 발생할 확률이 매우 높다고 추측되며, 반드시 5년 이내가 아니더라도 지질학자들이 예상하고 있는 것보다 훨씬 더 임박해 있을 가능성은 많다고 본다.

2000년 이후 최근까지의 대지진 발생 현황

- 2001년 1월26일 인도 구자라트주에서 7.9의 강진. 3만여 명 사망.
- 2002년 4월25일 아프가니스탄 북부에서 5.8의 강진. 1천여 명 사망.
- 2003년 5월21일 알제리 북부. 6.8 규모 지진으로 2천 300명 사망.
- 2003년 12월 26일 이란 남부 지역 진도 6.6 - 3만 1000명 사망
- 2004년 12월 인도네시아와 수마트라를 비롯한 남아시아 일대를 휩쓴 대지진과 해일 - 28만 3106 명 사망, 14,100명 실종.
- 2005년 10월 8일 파키스탄 북부 지역에서 진도 7.6 강진-8만 6,000명 사망
- 2006년 5월 27일 인도네시아 자바 요갸카르타 지역 진도 6.3의 지진 -

엄청난 희생자를 발생시켰던 2008년 5/12일 중국 사천성의 강진으로 파괴된 건물 잔해

5,800명 사망,

- 2008년 5월 12일 중국 사천성(四川省) 진도 8.0 강진 - 사망, 실종자 8만 7,652명 희생.
- 2009년 4월 6일 규모 6.3의 강진이 이탈리아 중부를 강타 - 약 300명이 숨지고 6만 여명의 이재민이 발생.
- 2009년 8월 10일 인도양 안다만 제도 진도 7.6 지진 - 피해 불명
- 2009년 8월 11일 일본 시즈오카현 진도 6.5 지진 / 남태평양 산타쿠르스 제도 진도 6.6 지진
- 2009년 9월 2일 인도네시아 자바섬 진도 7.4 지진 - 350여명 사상
- 2009년 9월 30일 인도네시아 수마트라 진도 7.8 지진 - 수천 명 사망
- 2010년 1월 12일 중미 아이티 진도 7.0 지진 - 23만 명 사망
- 2010년 2월 27일 남미 칠레 진도 8.8 지진 - 700여명 사망
- 2010년 4월 4일 중국 칭하이성(青海省) 진도 7.1 지진 - 2234명 사망
- 2011년 3월 11일 일본 진도 9.0 지진 - 2만 3,000여명 사망, 실종

B) 화산폭발

 환태평양 화산대, 소위 '불의 고리(Ring of Fire)'에 속하는 지역들에서의 화산 폭발이 계속되고 잇다. 이곳의 화산 활동이 활발해지고 있다는 것은 미국 서해안 일대와 하와이, 일본 등과 관련된 지각 변동이 임박해 오고 있는 것이 아닌가 하는 추측을 불러일으키고 있다.

■ 최근까지의 화산폭발 발생 현황

• 2003년 5월 21일 아나타한 화산(마리아나 제도) 폭발- (※5월 10일 분화가 시작

되어 화산재 구름이 5-10노트의 속도로 서쪽으로 43km 까지 이동했다. 마리아나 정부는 화산분화가 일어나자 비상사태를 선포하였고 항공기나 선박은 반경 50킬로 이내에 접근하는 것을 금지시켰다.)

- 2003년 5월 18일 하와이 킬라우에아 화산과 빅 아일랜드 킬라우에아 (Kilauea) 화산 폭발(※지난 1995년 이후 가장 많은 용암이 흘러내려 당국이 비상경계활동을 펼쳤다.)
- 2003년 5월 13일 루아페후 화산 (뉴질랜드)
- 2003년 5월 7일 콜리마 화산 (멕시코) - 산에서 나오는 화산재는 6,000m까지 솟았다.
- 2004년 3월 몬테리스 섬의 소우프리어 화산 폭발
- 2004년 9월 이탈리아 남부 시칠리아 섬의 에트나 화산 폭발
- 2005년 1월 28일 하와이 칼라우에 화산 폭발
- 2005년 3월 1일 이탈리아 남부 시칠리아 섬의 에트나 화산 다시 폭발
- 2005년 3월 2일~8일 과테말라 파카야 화산 폭발
- 2006년 4월 1일 - 멕시코 포포카데페틀 화산 폭발
- 2006년 5월 8일 인도네시아 메라피 화산 폭발
- 2006년 11월 28일 콩고 니아물라기라 화산 폭발
- 2007년 2월 27일 이탈리아 남부 스트롬볼리스 화산 폭발
- 2007년 11월 8일 인도네시아 크라카타우 화산 폭발
- 2007년 12월 1일 멕시코의 포포카데페틀 화산 다시 폭발
- 2008년 1월 9일 에콰도르 퉁구라우아 화산 폭발
- 2008년 5월 남미 칠레 차이텔의 화산이 9,000년 만에 처음으로 폭발 - (※이 화산의 쏙말로 인해 화산새가 15cm 두께로 쌓였고, 녹아내리는 용암과 화산재, 분진 등이 아르헨티나까지 날리는 바람에 칠레는 반경 6Km 내의 마을주민 42,000명을 철수, 대피시킨 바가 있다)
- 2008년 7월 10일 칠레 남부 라이마 화산 폭발
- 2009년 2월 2일 - 일본 도쿄 북부 아사마 화산 폭발,
- 2009년 6월 8일 - 미국 하와이 섬의 칼리우에아 화산 폭발
- 2009년 6월 10일 - 러시아 쿠릴 열도 사리체프 화산 폭발

인도네시아 자바 섬의 화산폭발 광경

C) 해일, 폭풍, 홍수,

다른 한편 지구상의 홍수, 허리케인, 해일, 등으로 인한 피해도 갈수록 더 많아지고 있으며 그 파괴력도 점점 커지고 있다. 가령 2005년 미국에 큰 피해를 주었던 카타리나와 리타 등 17개의 허리케인은 미국 역사상 가장 강력한 허리케인으로 미국 경제에 심각한 피해를 끼쳤다. 중국, 대만을 포함한 아시아 내륙 지역에서도 〈다웨이〉, 〈나비〉 등 연속적으로 강력한 태풍이 들이닥쳤다.

2009년 6월 중국 남부에 대홍수가 일어나 아파트가 물에 잠긴 모습

대형 허리케인 〈카트리나(Katrina)〉의 경우 2005년 8월 말, 미국 남동부 루이지애나 주를 강타함으로써 2541명이 사망, 실종되어 미국 역사상 가장 큰 자연재해로서의 인명피해를 낸 바 있다.

그보다 한 해 전인 2004년 12월에는 남아시아 일대의 지진의 여파로 발생한 해일로 미얀마, 인도네시아 등에서 28만여 명의 인명이 희생되었다. 최근 2009년 8월에 대만을 휩쓸었던 50년 만에 최악의 태풍은 남부의 한 마을에 산사태를 일으켜 250여명을 매몰시키기도 했다. 보고에 따르면 통계적으로 한해 수십만 명이 천재(天災)로 사망하고 있다고 한다.

4. 향후 지구변동의 중요한 5대 변수

[1] 북극의 얼음은 2013년까지는 모두 녹아 사라진다.

현재 북극 빙하의 엄청난 감소 속도는 과학자들과 온난화 전문가들을 깜짝 놀라게 하고 있다. 미 NBC 방송의 보도에 따르면, 2007년 북극해의 얼음의 양은 2년 전에 비해 23%나 감소되었다. 관련된 조사를 진행했던 미국 콜로라도 볼더의 〈미 국립빙설자료정보센터(NSIDC)〉 선임 과학자 마크 세레즈(Mark Serreze)는 큰 충격을 받아 "북극이 비명을 지르고 있다"고까지 표현했다. 〈국립빙설자료정보센터〉가 밝힌 자료에 의하면 2007년 9월 16일 북극 빙하 면적의 경우 2005년 9월21일에 찍은 면적에 비교할 때 북극해 빙하가 지난 2년간 23% 감소했다고 한다.

지난 2004년까지만 해도 국제 연구진은 북극 빙산이 사라지는 시기를 2100년으로 예측했었다. 그러나 2006년에 저명한 두 명의 수석 과학자가 북극 빙하가 너무 급속도로 녹고 있어 2040년 여름이면 모든 빙하가 사라질 것이라고 예측한 바가 있다. 그런데 2007년 12월에 NASA의 기후과학자 제이 즈왈리(Jay Zwally)는 놀랍게도 자신의 자료를 검토한 후 이렇게 언급했다.

NASA 과학자 제이 즈왈리

"이 속도로 녹는다면 2012년 여름이 끝날 무렵, 북극해 빙하가 모두 사라질 것이다. 지난번 예측보다 훨씬 빨라졌다."

그는 나사(NASA)에서 북극의 빙하를 위성으로 촬영하는 프로젝트를 기획한 과학자인데,

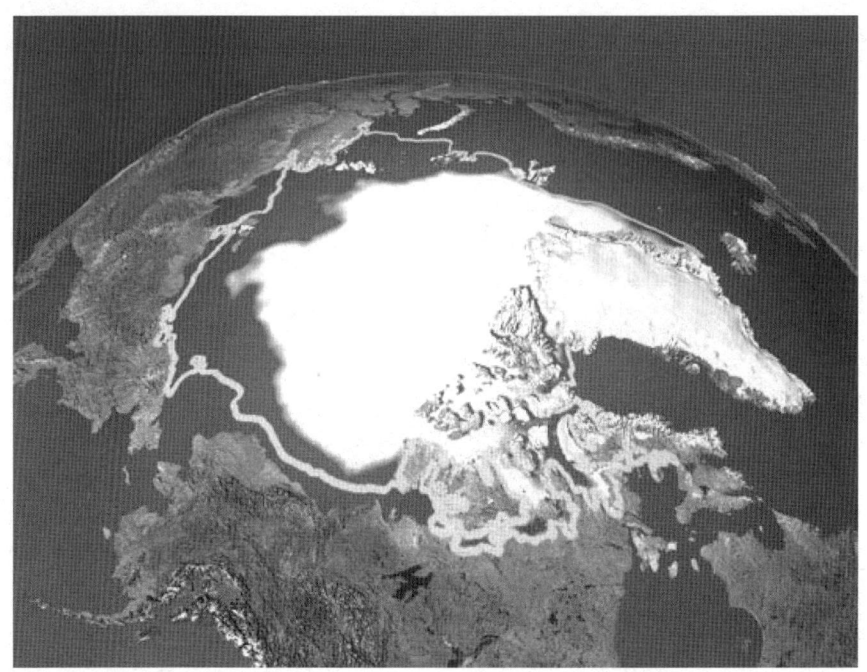
2005년의 북극 얼음 면적(흰 부분) 상태-그 위에 그려진 선이 그 이전에 있었던 면적이다. 현재는 절반 이상이 줄어든 상태이다.

그는 말하길 "이 빙하 면적의 감소는 모든 사람들을 경악케 하고 있다. 이것은 주목해야할 중요한 변화이다. 이는 우리가 위험 수위에 이르렀을 수도 있다는 것을 말해준다." 라고 하였다.

한편 캐나다 라발대학 북극연구소 워릭 빈센트(Warwick Vincent) 소장 역시도 의회 발표를 통해 여름철 북극빙하가 완전히 사라지는 시기를 2013년으로 예측된다고 밝혔다. 그는 "이제야 비로소 '2013년' 예측이 현실감 있게 다가오고 있다. 지금까지 해마다 현실은 예상보다 빠르게 진행된 것으로 나타났다"고 지적했다.

빈센트 소장은 "우리 연구진은 지난 10년 동안 북극해의 워드 헌트 섬에서 여름철을 보냈는데 최근 얼음 없는 바다가 그 어느 때보다 넓게 펼쳐져 있다"고 언급하면서 아울러 그는 "얼음은 돌이킬 수 없이 사라지고 있으며 이는 비관적인 모델이 현실로 다가오고 있음을 뜻하는 것"이라고 강조했다.

필자는 2009년 6월 중순 더 놀라운 TV 뉴스 보도를 접했는데, 최근 불과 3~4일 만에 북극에서 무려 한반도만한 면적의 얼음이 녹아서 사라졌

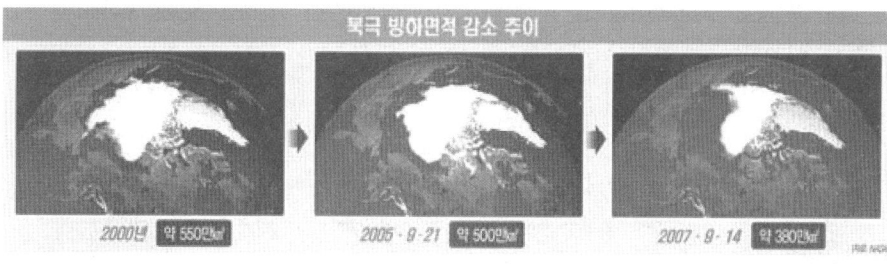

다고 한다. 어쩌면 학자들의 예측보다 훨씬 더 이르게 북극의 얼음이 모두 사라질 가능성도 있는 것이다.

그린란드 동토(凍土) 지역 역시 마찬가지 상황

대부분 표면이 빙하로 덮여있는 캐나다 위쪽의 그린란드(Green Land) 역시 지구변화의 중요한 지표인데, 만약 그린랜드 빙하만 완전히 녹아도(※지금까지 과학자들은 완전히 녹기까지 수십 년이 아니라 수세기가 걸린다고 생각했다) 전 세계 해수면이 6.4미터 이상 상승한다고 한다.

NASA(미국항공우주국)의 위성 자료에 의하면, 그린란드의 빙하가 예전의 기록보다 무려 190억 톤이 더 녹았으며, 2007년 여름이 끝나갈 무렵 북극해 빙하 크기는 이미 4년 전에 비해 절반이나 줄어든 상태이다.

NASA 지구물리학자 스캇 루스켁은 그 자료와 다른 그린란드 수치를 검토한 후 이렇게 결론을 내렸다

"우리는 새로운 국면으로 접어들고 있다. 빙하와 그린랜드 얼음 표면의 감소도 우리 과학자들에게 경고하고 있다. 왜냐하면 그것들도 재난의 악순환에 영향을 미치기 때문인 것이다."

즉 하얀색 바다 얼음이 지구로 오는 태양열의 80%를 반사시키는데, 얼음이 없으면 그 열의 90%가 바다 속으로 들어가 모든 온도를 높이며, 더워진 바다는 얼음을 더욱 녹인다는 것이다.

그린란드 남부지역인 나르사크 지방의 2009년 8월의 모습 - 지구온난화의 영향으로 얼음이 다 녹아 야생화가 활짝 피어났다. 건너편 빙하의 광경과는 대조적이다.

[2] 지구의 허파인 <아마존 밀림>의 파괴로 지구변동은 더 가속화되고 있다.

인간의 무분별한 탐욕으로 인한 자연파괴는 스스로의 목을 죄는 악순환을 계속 범하고 있다. 지구의 허파인 아마존이 무차별적인 벌목으로 인해 이산화탄소(CO_2) 배출량이 흡수량을 앞서는 바람에 배출의 주범으로 바뀌었다고 한다. 과학잡지 <사이언스(Science)> 최신호에 실린 보고서는 아마존 열대우림의 파괴로 닥쳐올 수 있는 재앙을 경고하고 있다.

보고서에 따르면 지구 전체 산소 공급량의 20%를 차지하는 것으로 알려진 아마존에서는 이산화탄소 배출량이 오히려 이산화탄소 흡수량보다 많아진 것으로 나타났다. 아마존은 인간의 무분별한 욕망과 난개발에 따른 마구잡이식 벌목으로 황폐화되기 시작한지 이미 오래다. 따라서 지구의 주요 산소공급원 역할에서 이제는 반대로 2005년 극심한 가뭄이 겹친

대규모로 벌채되고 있는 아마존의 밀림

뒤 연간 30억 톤의 이산화탄소를 내뿜는 것으로 조사됐다고 한다. 앞서의 조사에서는 아마존은 매년 20억 톤의 이산화탄소를 흡수하는 것으로 밝혀졌었다. 결과적으로 지구온난화가 더욱 더 악화되고 있는 것이다.

관련 조사와 연구를 이끈 영국 리즈 대학의 올리버 필립스 교수는 "아마존의 면적을 고려할 때, 아마존의 생태에 작은 변화가 발생하면 지구 전체에 엄청난 충격이 올 것"이라고 경고하고 있다.

또한 2009년 9월 14일 브라질 환경관련 비정부기구(NGO)인 아마존 인간환경연구소(Imazon)가 발표한 바에 따르면, 8월 한 달 사이에 사라진 아마존 삼림이 축구장 3만 2천 개를 합한 면적에 해당하는 것으로 나타났다고 밝혔다. 즉 8월 중 파괴된 아마존 삼림면적은 273㎢에 달하니, 이것을 국제규격의 축구장 크기로 환산하면 약 3만 2천 개에 해당된다는 것이다.

한편, 국제환경단체 그린피스 역시도 아마존 삼림이 지난 40년간 20% 이상 파괴돼 200억 톤의 탄산가스가 배출됐다고 주장하며, 삼림파괴의 주요 원인인 목축업의 확대를 막아야 한다는 입장을 표명하고 있다.

[3] 남극의 거대한 얼음도 빠른 속도로 녹고 있다.

북극 빙하뿐만이 아니라 남극도 빠르게 녹고 있다는 조사 결과도 속속 보고되고 있다. 지구 과학 전문 잡지인 〈네이처 지오사이언스(Nature

<네이처 지오사이언스>지

Geoscience>'지(紙)가 2008년 1월과 11월에 보도한 바에 따르면, 지구온난화로 인해 남극의 빙하손실은 10년 사이 75%까지 치솟은 상태라고 한다.

　브리스톨 대학이 연구한 조사 내용은 1996년부터 2006년까지 위성을 통해 빙하의 총 손실량을 측정한 것으로, 남극 빙하 층이 예상했던 것보다 빠른 속도로 녹고 있으며, 손실량도 최근 몇년 간 급격히 증가하고 있음을 보여주고 있다.

　이것은 지구 온난화의 직접적 영향에서 예외지역으로 보이던 남극 대륙 역시 녹고 있음이 처음으로 밝혀진 것이다. 또한 남·북극에서 일어나고 있는 기후 변화가 자연적인 변화의 결과가 아니라는 사실이 기존의 어떤 연구보다도 확실하게 입증되었다.

　영국과 미국 및 일본 학자들로 구성된 공동 연구진은 보고서에서 강조하기를 "우리의 연구는 인간 활동이 이미 남·북극 모두에서 상당한 온난화를 초래했음을 보여주고 있다"고 하였다. 이 연구진은 4개의 기후 모델과 실제 기온 기록을 비교한 결과 양극 지역의 온난화는 자연적인 변동이 아닌 화석 연료 연소에 따른 온실가스 축적으로 밖에는 설명할 수 없다는 결론을 내렸다고 한다.

　미 항공우주국(NASA)의 빙하학자 제이 즈왈리(Jay Zwally)도 남극대륙 얼음의 윗부분과 밑부분이 동시에 녹고 있다고 경고했다. 즈왈리 박사는 "온난화로 따뜻해진 공기와 바닷물이 얼음의 위아래 부분을 동시에 녹이고 있다"고 우려를

녹고 있는 남극 대륙

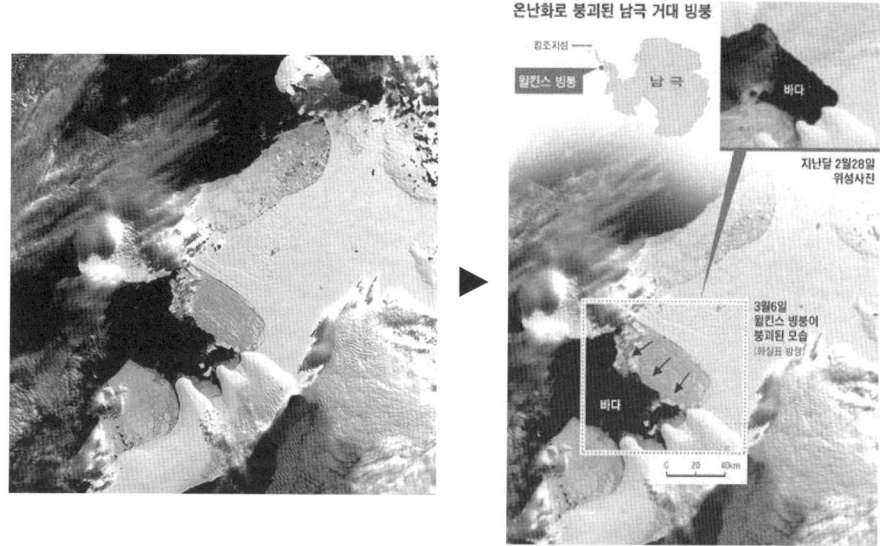

2008년 3월 남극의 윌킨스 거대 빙붕이 지구온난화로 녹아 붕괴된 모습

나타냈다.

남극대륙은 지구상에서 가장 거대한 빙하가 축적돼 있는 지역이다. 한반도의 60여 배 크기인 남극의 면적은 전 세계 담수의 약 70%를 얼음으로 저장하고 있다. 만약 남극빙하가 전부 녹는다면 전 세계의 해수면은 약 60m가 높아진다고 한다. 이렇게 될 경우 영국의 런던, 중국의 북경, 미국의 뉴욕, 우리나라 인천 등 웬만한 주요 도시들은 모두 물에 잠기게 될 것이다. 그야말로 대재앙이 초래될 것은 불을 보듯 뻔한 노릇인 것이다. 뉴욕 같은 도시는 해발 고도가 불과 1m에 불과하므로 해수면이 몇 m만 높아져도 도시 전체가 침수되는 것은 시간문제이다.

언론에 보도된 남극의 해빙에 관련된 몇 가지 내용을 잠시 인용한다.

"서남극 빙상(WAIS)의 경우 1996년에 830억톤이 손실된 데 비해 2006년에는 1천320억톤이 손실됐다고 한다. 브리스톨 대학 조나단 뱀버 교수는 "40억톤이면 1년에 영국 인구 전체가 마시는 물을 공급할 수 있는 얼음의 양"이라고 빙하손실 규모의 심각성을 강조하면서 "미래의 해수면 높이를 예측한 모델은 빙하의 움직임이 빨라지는 현상을 참조하지 않은 것"이라고 말했다.
이는 기후변화 정부간 위원회(IPCC)가 적용한 모델의 실효성에 의문을 제기한 것이어서 주목된다. 이들 과학자들은 빙하가 바다로 유입되는 속도가 앞으로 더욱 빨라질 것이라는 비관적인 전망을 밝혔다. 뱀버 교수는 "이들 빙하의 일부는 깊은 바닥에 닿아있기 때문에 속도는 2배, 3배로 증가할 것"이라면서 "남극의 빙하가 기후변화로부터 안전하다는 통설은 사실이 아니다"라고 경고했다." (※동아일보 보도)

또한 〈한겨레 신문〉 보도에 따르면, 2005년 4월 남극 반도 지역에 있는 대부분의 빙하도 빠른 속도로 녹아내리고 있음을 보여주는 최초의 광범위한 조사 결과가 '지구의 날'을 하루 앞두고 이렇게 발표됐다고 한다.

"영국 남극조사단(BAS)과 미국 지질조사국(USGS) 공동연구팀은 1940년대 말부터 촬영한 남극 반도의 244개 해안 빙하 항공사진 2천여 장과 1960년 이후의 위성사진 100여 장을 분석한 결과, 전체의 87%에 이르는 빙하들이 녹아서 크기가 작아진 것으로 나타났다고 밝혔다. 연구팀은 또 이런 현상이 가속화하고 있다고 강조했다."

2008년 7월 과학자들은 1990년대 초 윌킨스 빙붕이 30년 정도는 더 남극에 붙어 있을 것으로 예상했지만 지구온난화가 훨씬 빠른 속도로 진행되고 있다고 입을 모았다. 한편 지난 30년 간 남극에서는 워디와 뮬러, 존스 빙붕 등 모두 6개의 거대한 빙붕이 사라졌으며 겨울철임도 불구하고 아르헨티의 거대 빙하 페리토 모레노 빙하국립공원에 있는 빙하 일부가 무너져 내렸다. 이 연구 결과는 과학 전문지 〈사이언스〉 2009년 최신호에 게재되었다.

"관찰 대상인 빙하 가운데 212개는 1950년대 이후 지금까지 길이가 평균 600m 줄었으며, 남극대륙 북쪽 끝에 있는 쇼그렌 빙하는 93년 바다에 떠 있는 빙붕이 붕괴된 이래 13km나 줄어든 것으로 나타났다. 최근 5년간은 이 속도가 빨라져 한해 평균 50m씩 줄어들고 있다고 보고되었다. 연구팀에 의하면 남극대륙의 기온 상승은 남극반도뿐만 아니라 서부 남극대륙 전체와 남부까지 확산되고 있다. 연구에 참여했던 미 항공우주국(NASA)의 한 과학자는 남극대륙의 기온 상승이 이어져 3도가 오를 경우에는 서부 남극 대륙이 녹아버릴 것이라고 경고했다.(※Ukopia News)"

게다가 최근의 〈사이언스〉지 2009년 2월호에 따르면, 캐나다 토론토 대학 제리 미트로비카(Jerry Mitrovica) 박사 및 미국 오리건 주립대학 피터 클락(Peter Clark) 박사로 이루어진 연구팀은 이렇게 발표했다. 즉 남극 대륙의 서남극 대빙원(WAIS)의 녹는 속도가 최근 비정상적으로 빨라

얼음이 덮이기 이전의 남극 대륙의 모습을 묘사한 그래픽

지고 있다며, 이와 같은 속도라면 수십 년 안에 다 녹아 해수면이 6~7m 상승함으로써 미 플로리다와 워싱턴, 뉴욕 등의 해안 도시들과 유럽, 인도양 주변 지역이 물에 잠기는 큰 참사를 유발할 수가 있다는 것이다. 서남극 대빙원(WAIS)의 경우 해발 1,800m의 높이에다 부피만 220만㎦로 그린란드 지역 전체 얼음의 양과 맞먹는 거대한 빙하로서 최근 해빙속도가 예상을 앞질러 과학자들은 우려를 자아내고 있다고 한다.

발표내용 중 서남극 대빙원(WAIS)이 사라질 경우 지구 자전축 위치가 500m 가량 이동하게 되며, 이로 인해 남대서양 및 남태평양의 물이 북반구로 이동해 북아메리카와 인도양 남부의 해수면 상승을 부채질하게 될 것이라는 내용은 특히 주목할 만한 부분이다. 왜냐하면 이것이 사실일 경우 만약 미래의 언젠가 남극과 북극의 얼음이 모두 녹아버린다면, 지구에 대파국을 몰고 올 전면적인 극이동이 발생할 가능성도 있을 수 있기 때문이다.

또한 현재 북극과 남극뿐만이 아니라 히말라야와 티베트, 알프스 등의 만년설이 쌓여있던 고지대들도 지구온난화로 인해 점차 녹아내리고 있음도 간과해서는 안될 것이다. 기상학자들은 티베트 지역의 경우 오래지 않아 빙산이 다 녹고 온도가 더 오르면 결국 황량한 사막으로 변할 것이라고 분석하고 있다.

[4] 지자기(地磁氣) 역전의 위험성이 높아지고 있다.

지자기(地磁氣) 역전이란 지구 자기(磁氣)의 남(S)과 북(N)이 바뀌어 극성(極性)이 거꾸로 뒤집혀지는 현상을 말한다. 알다시피 나침반의 바늘은 항상 북극(N)을 가리키고 있다. 그리고 이것은 지구라는 행성 자체가 일종의 자석(磁石)임을 나타내주고 있는 것이다.(※그러나 지구의 자극(磁極)과 물리적인 극점이 반드시 일치하지는 않는다.) 따라서 지구상에는 항상 자기(磁氣)가 존재하고 있고, 이 자기가 지구 전체를 둘러싸고 있기 때문에 일종의 자기장(磁氣場)이 형성돼 있다.

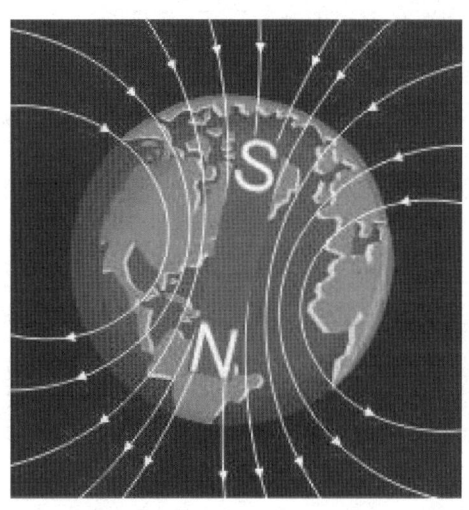

그런데 과학자들이 지구의 암석에 남아 있는 과거의 자기(磁氣)를 살펴본 결과 오랜 시대에 걸쳐 지질학적으로 몇 번인가 자극(磁極)의 역전이 일어났다는 것이 확인되었다. 그리고 이 현상은 대륙의 이동을 추론하는 근거가 되기도 한다.

고지자기학(古地磁氣學:paleomagnetism)을 전공하는 과학자들의 연구, 조사에 따르면 과거 7,600만 년 동안 지구에서는 자극이 뒤바뀌는 역전현상이 총 171회 일어났고, 그 중 14회는 지난 450만 동안 안에 발생했다고 한다.

예컨대 미 뉴멕시코 대학의 고고학자 프랭크 힙번(Frank Hibben) 교수는 과거 지구역사상 정확히 171번의 자극역전이 있었다고 언급한 바 있다. 평균적으로 25만 년에 한 번 정도씩 일어났으며 가장 최근에 일어난 것은 약 74~75만 년 전이었다는 것이다. 결과적으로 그 이후 75만 년 동안은 한 번도 안 일어났다는 것인데, 이렇게 보면 이미 일어났어야 할 자극역전이 오랫동안 지체되어 왔음을 알 수 있다.

그런데 최근의 연구 결과에 따르면 현재 지구 자극이 이동하는 속도가 점점 더 빨라지고 있다고 한다. 여기서 신문에 보도되었던 관련 기사를 한 번 살펴보자.
자북(磁北), 알래스카서 시베리아로 옮겨 간다
(경향신문 2005 12/8)

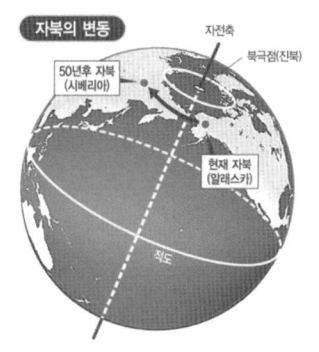

2005년 12월 8일 미 오리건 대학 연구팀은 샌프란시스코에서 열린 미국 지구물리학 학회에서 현재 캐나다 서북부와 알래스카의 접경지대인 레절루트 베이 부근에 있는 자북이 50년 후 시베리아 지역까지 이동할 것이라고 밝혔다. 연구팀의 조지프 스토너 교수는 "자북이 지난 150년간 진북 주변을 1,100km가량 이동해온 것으로 나타났다"면서 현재의 자북은 진북에서 남동쪽으로 950km가량 떨어져 있으며 최근 4~5년간은 매년 40km 정도 북서쪽으로 이동해온 것으로 관찰됐다.

자북이 70여 년간 50km 이동한 것에 비교할 때 최근의 이동속도는 7배나 빨라진 것이다. 자북의 이동에 가속도가 붙고 있다는 뜻이다. 자북이 움직이는 원인은 아직 명확하게 밝혀지지 않았다.

캐나다 지질조사국 연구원 래리 뉴윗은 "지난해 말 동남아시아 지진해일로 미묘한 지축의 변화가 일어나면서 지구 외핵이 영향을 받았고 이것이 다시 지구 자기장의 변화를 가속시켰을 것"이라고 말했다.

지난해 8월 미국 지구물리학 학회에서 모리츠 하임펠 앨버타 대학 교수도 "지난 150년간 자북의 세기가 10% 이상 약화되는 동시에 이동속도가 빨라졌다"면서 "이것은 지구 역사상 몇 차례 일어났던 지자기 역전 현상이 준비되고 있다는 신호로 받아들일 수 있다"고 말한 바 있다.

이것은 나침반에 의존한 방향 찾기가 더욱 큰 오류를 동반할 수 있다는 뜻이기도 하지만 어쩌면 아주 거대한 지각변동의 신호가 아니냐는 관측도 나온다.

이처럼 자극(磁極)의 위치가 이동하는 속도가 점점 가속화되는 현상이 나타남에 따라 최근 지자기 역전이 임박했다고 내다보고 있는 과학자들이 늘어나고 있다.

과학자들이 이처럼 자기 역전을 우려하는 그 이유 중의 또 한 가지는 지구 자기(磁氣)의 강도가 2000년 전의 최대치로부터 계속 감소해 현재 약 38%가 줄어든 상태이기 때문이라고 한다. 프랑스 파리에 있는 〈지구지형연구소〉의 이베즈 갈렛(Yves Gallet) 박사의 경우도 자기역전이 일어나기 전에는 항상 자기장(磁氣場)이 약화되는 현상이 선행되었다고 말한다. 약 150년 전부터 본격적으로 붕괴되기 시작한 자기장(磁氣場)은 이런 식으로 점점 약해지고 감소해 어느 시점에 "0" 가우스(Gauss:자속[磁束]의 밀도를 나타내는 전자 단위) 수치가 될 것이고, 지구의 자기(磁氣)는 완전히 "무(無)"의 상태가 되어 이때 순식간에 자극의 역전이 일어난다고 보고 있는 것이다.

인도의 〈인디아 데일리(India Daily)〉 지(紙)는 2005년 3월 지구물리학자 및 천체물리학자들과 공조하고 있는 일부 컴퓨터 과학자들이 컴퓨터 모델을 이용해 지자기 역전의 시기를 예측해 본 결과 공교롭게도 그것이 2012년으로 나왔다고 보도한 바가 있다. 즉 태양의 자극(磁極)은 관측 이래 11년 주기로 움직인다고 밝혀진 흑점 활동의 절정기에 맞추어 변경돼 왔는데, 지난 2001년 2월에 태양의 자극이 바뀌었다고 한다.

그런데 나사(NASA)의 보고에 의하면, 다음 흑점주기(자기폭풍 발생기)에 예상되는 영향은 이전의 것보다 30~50% 더 강력한 것으로, 인공위성이나 우주왕복선, 통신장치 등을 일시에 마비시킬 수 있는 위력을 지닐 것이라고 한다. 그리고 묘하게도 그 흑점 활동의 최고치로 인해 태양의 자극이 다시 바뀌는 예정 시기는 2012년경으로 이 시기가 태양흑점 폭발의 절정기라고 예상하고 있다. NASA(미 항공 우주국)는 이번 2012년경에 나타날 태양 폭풍의 위력을 '지구에서 가장 강한 지진의 100만 배 수준'으로 전망했는데, 바로 이때 태양이 지구에 강력한 자기풍(磁氣風)이 밀어닥침으로써 동시에 지구의 지자기 역전이 발생할 가능성이 높다고 예측된다는 것이다.

설사 이와 같은 자극 역전까지는 아니더라도 일부 과학자들은 2012년에 시작될 태양의 강력한 자기 폭풍이 지구를 강타함으로써 이때 지구를 에워싼 일종의 보호막인 자기장이 크게 찢겨져 어떤 식으로든 큰 혼란이 초래될 가능성이 높다고 내다보고 있다. 그리고 컴퓨터 과학자들의 예상에 따르면 2012년에 일어날 수 있는 태양과 지구의 동시발생적인 자극 역전 현상은 다음과 같은 문제들을 일으킬 것이라 한다.

*인간을 포함한 모든 동물들의 면역체계를 대단히 약화시킬 것이다.
*거대한 소행성이 지구로 향하도록 끌어오게 될 것이다.
*지진과 화산폭발, 지각변동, 산사태 등이 점증하여 발생한다.
*지구의 지자기권이 약화되어 우주에서 지구로 쏟아져 들어오는 해로운 방사선

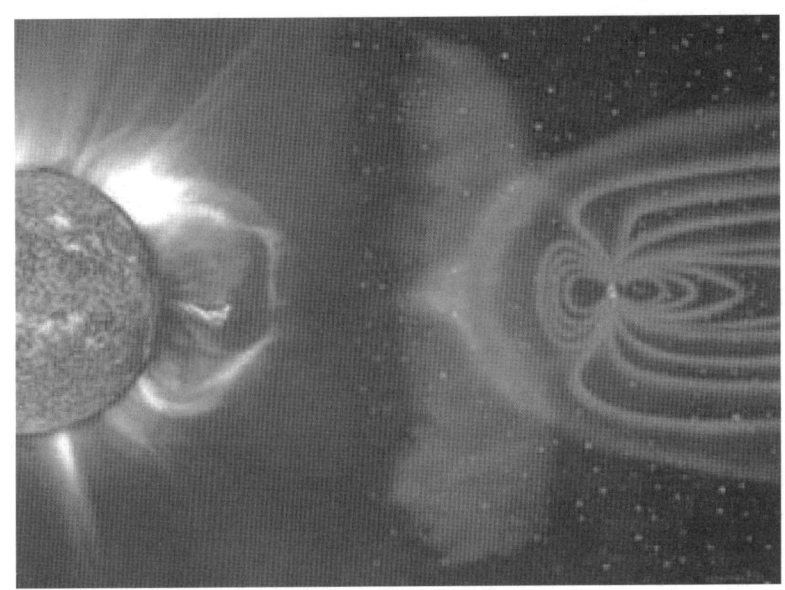
2012년 태양이 방출하는 강력한 자기 폭풍은 지구에 어떤 영향을 미칠 것인가?

이 증가함으로써 피부암이나 백내장의 증가와 같은 불가피한 문제들을 야기할 것이다.

*지구의 중력장(重力場)이 변할 것이나 아무도 그것이 어떻게 바뀔 것인지는 알지 못한다.

일부 사람들은 2012년의 지자기 역전이 곧 지축 이동까지 불러와 지구에 대격변이 발생하지 않을까 하고 걱정하고 있기도 하다. 이는 위기론자들이 2012년을 지구 종말 내지는 멸망이 올수 있는 대재앙의 해로까지 확대해서 추측하는 근거이기도 하다.

그런데 이러한 급격한 지자기 약화 현상에 관한 과학자들의 우려에 대해 이를 은폐하고 억압하려는 모종의 국제적 압력이 존재하는 것 같다. 앞서 소개했던 드룬발로 멜기세덱은 이 문제에 관해 자신의 저서에서 이렇게 언급하고 있다.

"2005년에 전 세계의 지질학 과학자들이 현재 범지구적으로 기록되고 있는 엄청난 자기적인 변칙현상에 대해 논의하기 시작했다. 그들은 가까운 미래의 언젠가 북극이 남극이 되고 남극이 북극이 되는 자극(磁極)의 역전을 겪을지도 모른다

1장 지구변화와 2012년의 관계

고 시사했다. 이 세계적 규모의 과학회의는 지구상의 정부들이 폐쇄시키기 전까지 11일 간 지속되었다.

2006년에도 동일한 과학자들이 모여 극단적인 자기 변칙 현상에 대해 더욱 흥분했고, 이제는 이런 자극의 역전이 언제나 일어날 수 있다고 예측하고 있다. 하지만 당시 그들의 회의는 불과 5일 후에 다시 막을 내려야 했다."10)

[5] 미 캘리포니아 일대의 대지진 임박 징후

전문 과학 저널
<네이처>

오랫동안 지진학자들은 언젠가 미 서부 캘리포니아 일대에서 커다란 지진이 일어날 위험성이 크다고 언급해 왔다. 예컨대 미국 스크립스 해양학연구소의 유리 피앨코 박사팀은 〈네이처(Nature)〉 지(紙)의 최근호에 실린 논문을 통해 로스앤젤레스 일대에서 300년 이상 대규모 지진이 발생하지 않은 까닭에 수백 년 동안 쌓인 압력이 언제든지 대형 지진을 유발할 수 있다고 밝혔다.

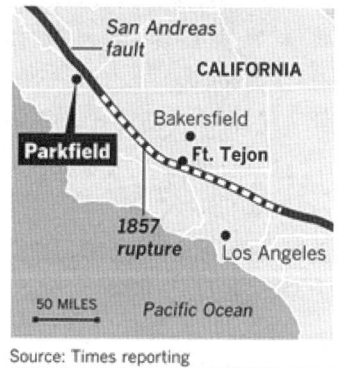

연구자들이 늘 지적하는 것은 샌 안드레아스(San Andreas) 단층에 잠재된 불안정성이다. 즉 이 단층의 남쪽 부분에 다음의 대지진을 일으킬 만큼의 상당한 압력이 축적돼 있다는 것이다. 여러 지진학자들은 이 지역이 이미 대규모 지진 발생 주기에 들어섰으며, 특히 최근 들어 이 지역에 잦은 진동이 일어나고 있는 것이 바로 그 징조를 나타내 주는 것으로 간주하고 있다.

2008년 7월에 이미 일종의 전조(前兆)

---
10) P.14 Drunvalo Melchizedek, Serpent of Light Beyond 2012(Weiser Books, 2007)

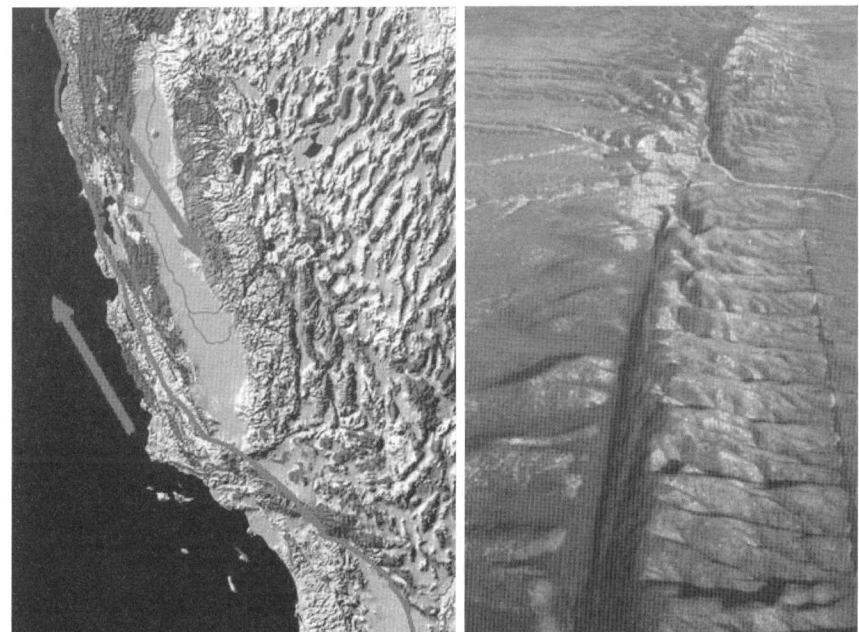

미 캘리포니아 일대의 샌 안드레아스 단층 - 단층이 상하로 어긋나 이동하면서 지진이 발생한다. (우)측 사진은 실제의 샌 안드레아스 단층의 모습이다.

로서 진도 5.4의 지진이 L.A 인근에서 발생한 바가 있는데, 언제 일어날지 모르는 지진 때문에 인구가 1,800만 명이나 되는 이 대도시에는 불안이 고조되고 있다고 한다.

패시디니 미 지질조사연구소(USGS) 켄 허드너트 박사는 "지난 1857년 이후 그동안 이 지역은 오랫동안 잠잠해왔다"고 말하고 "이제 또 다른 거대한 지진이 단층을 따라 발생할 수 있는 우려가 높아져 우리가 염려해야 할 시기이다"고 말해 위험성이 도사리고 있음을 시사했다.

그런데 최근의 2009년 7월 10일자 <로스엔젤레스 타임즈(Los Angeles Times)>는 버클리 대학의 지진학자 로버트 나디오(Robert Nadeau)의 말을 인용하며, 샌 안드레아스 단층에서 지층이 떨리는 진동패턴을 통해 향후 있을 수 있는 대지진의 신호가 나타났다고 보도했다.

미 지질조사국은 이미 10여 년 전부터 30년 안에 초대형 지진이 캘리포니아를 강타할 확률이 99.7%라고 경고해 왔다는 사실을 우리가 쉽게 무시할 수는 없을 것이다.

5. 극이동(極移動)은 과연 올 것인가?

1) 주요 예언가와 채널러들의 극이동에 관한 예언

지구는 하나의 축(軸)을 중심으로 우주 공간에 떠서 자전 운동을 하고 있다. 그런데 이 축은 현재 똑바로 서 있는 것이 아니라 23.5도 기울어진 채 돌고 있는 상태이다. 오랜 과거에 지구상에 여러 차례에 걸쳐 대격변이 있어 왔다는 사실은 지구의 지층(地層)이나 고생물(古生物)을 연구하는 과학자들에 의해서 이미 밝혀진 바가 있다. 그리고 과거에는 지축의 기울기가 지금과는 상당히 달랐으며, 그것이 주기적으로 변동하여 지구에 대이변을 몰고 왔었다는 것도 어느 정도 드러났다.

그런데 여러 예언가들과 미래를 말하는 일부 존재들은 머지않아 앞으로 이 지축의 변동이 또 발생할 것이며, 이로 인해 지구가 완전히 일변하게 되리라고 예측해 왔다.

에드가 케이시

지축이동에 관해 예언했던 대표적 예언가를 꼽는다면 미국의 에드가 케이시(Edgar Cayce)와 루스 몽고메리(Ruth Montgomery)다. 대단히 높은 적중률을 기록했던 에드가 케이시는 이미 오래전부터 극이동이 일어날 것이고, 그 이후에 지구에는 새로운 차원의 세상이 열리게 될 것이라고 예언한 바 있다.

저명한 언론인 출신의 예언가 루스 몽고메리도 오래 전의 에드가 케이시와 비슷하게 1970년대부터 극이동을 경고했고, 또 다른 예언가 폴 솔로몬(Paul Solomon) 역시 마찬가지였다. 이 세 사람의 예언은 내용과 그 발생 시기까지 엇비슷한 면이 많았다. 과거 그들은 모두 그 시기를 서기 1998~2,000년경으로 예측했었다. 그러나 알다시피 그때 극이동은 일어나지 않았고 이들의 예언은 일단 모두 빗나갔던 것이다.

예언가 루스 몽고메리

루스 몽고메리의 경우 2001년 6월에 세상을 떠남으로써 이미 저 세상 사람이 되었는데, 그녀가 죽기 전 마지막으로 출판한 책, <다가올 세상(The World To Come, 1999)>에서 다시 극이동을 언급하고 있다. 그녀를 통해 예언적 메시지를 전했던 지도령(指導靈)들의 말에 따르면, 극이동은 연기되었으며, 그것은 아마도 2010년에서 2012년까지는 일어나지 않을 것이라고 했다. 또한 그 극전환의 규모나 피해도 인간의 자유의지에 의한 노력에 의해 많이 감소될 것이라고 예견하고 있다. 대부분의 북미지역이 온전할 것이나 다만 플로리다와 캘리포니아 연안만은 예외로 보고 있긴 하다.

루스 몽고메리가 남긴 마지막 저서(1999)

하지만 미래의 극이동 위험성을 완전히 배제한 것은 아니기 때문에 그 가능성은 여전히 남아 있다고 볼 수 있다. 또한 2012년경을 극이동의 시점으로 못 박고 있는 여러 예언과 예측들이 있기 때문에 우리가 이 문제를 가볍게 무시할 수는 없으며, 그 여부는 우리 인류가 당면한 가장 중요한 문제일 수 밖에 없는 것이다.

만약 지축이 이동하게 되면 곧 현재 지구의 표면을 유지하고 있는 수많은 지각판(地殼板)들에 강한 충격을 가하게 되어 대지각변동을 유발하게 된다. 이렇게 될 경우 우리의 상상을 초월하는 대지진과 초거대 해일, 또 대륙의 침몰과 융기 현상을 가져오게 될 것이다. 그러므로 이것은 핵전쟁과 더불어 인류의 생사 존망을 좌우할 수 있는 가장 중요한 관심사가 아닐 수 없다.

그런데 이 극이동(極移動)에 관해서 이것이 글자그대로 물리적인 지축이동이냐, 아니면 단지 자극(磁極)만의 이동이냐 하는 문제를 놓고 서로 다른 견해가 존재한다. 이에 관해 피터 페트리스코(Peter Petrisko)와 같은 학자는 이렇게 말했다.

"만약 지구가 물리적으로 180도 정도 넘어진다면, 지구핵 주위의 단단한 지각의 변동에 의해서 결정적인 대참사가 지구에 일어날 것이다. 그러나 대다수 권위자들은 이런 시나리오가 오로지 어떤 다른 행성의 몸체가 지구에 매우 근접하여 스치듯이 지나갈 때만이 그 영향력에 의해 일어날 수 있는 사건임을 밝혀 냈다. 그렇지만 자기적(磁氣的)인 극(極)의 역전은 매우 가능성이 높다."

이에 반해 그 동안 지구상에 여러 번 출현하여 이적(異蹟)을 보였던 성모 마리아로부터 메시지를 받고 있는 애니 커크우드(Anny Kirkwood)라는 채널러는 이에 관해 이렇게 마리아의 메시지를 전하고 있다.

"지구축의 바뀜은 〈요한 계시록〉에 적혀 있는 이야기이다. 극지(極地)의 얼음이 녹기 시작할 것이며, 거대한 얼음덩어리들은 큰 위험이 되어 배들의 운항을 중지시키게 될 것이다. 그리고 얼음의 해빙은 바다의 수위(水位)를 상승시키고 전세계 해안을 영원히 변화시킬 것이다. 그리고 지구의 대변화 이후 2개의 태양이 있게 될 것이다. 이것은 인류가 익숙해져 있던 1개의 태양 대신에 한 태양계 내에 2개의 태양이 있는 이원적 쌍태양계가 되는 것이다.

지축의 이동은 모든 문화들과 종족들 사이에서 신(神)에게로 돌아가는 일과 같이 후손에게 전해져 온 이야기다. 이것은 중요한 사건이었기 때문에 영겁을 통해 말해져 왔다. 세계의 모든 문화들은 이런 마지막 때에 관한 전설들을 하나의 유물로 간직해 왔던 것이다. 그러나 이것은 세상의 종말이 아니다. 이것은 끝이 아니라 새 세계와 새로운 깨달음의 새로운 시대의 시작이다."

또한 브라더 필립(Brother Philip)이라는 채널러는 지구의 행성 로고스였던 높은 영적 마스터 사나트 쿠마라(Sanat Kumara)로부터 오래전에 이러한 메시지를 받았다.

"행성 지구는 현재 새로운 진화 사이클에 접근하고 있으며, 지구가 극적으로 바뀌게 될 때 그것은 뱀이 낡은 껍질을 벗어던지는 것과 유사하다. 그 오랜 세월 동안 인류가 계속 지구상에 환생했는지의 여부와는 관계없이 지구는 자연적인 주기(週期)의 일부로서 근본적인 변화를 겪게 된다.

인간의 물리적인 육체가 7년마다 새로운 세포로 완전히 바뀌듯이, 행성 지구의 몸 자체도 그렇게 변화한다. 이것은 지구가 그 창조력을 보존하고 현재의 자연을 재생하기 위해서는 불가결한 것이다. 그러므로 정해진 시기에 행성 지구는 차원 변형을 겪게 된다. 이것은 필연적으로 지구 땅덩어리의 지각(地殼) 운동이나 물의 이동, 그리고 지구 물질의 개조를 수반하게 될 것이다.

아울러 지구상에서 새 시대가 시작되기 전에 행성 지구는 이제까지 가장 낮은 수준의 영혼들에게 봉사한 희생에 대해 그 지표면이 깨끗이 정화(淨化)되는 보상을 받게 된다. 누적된 환경 오염 및 파괴, 그리고 현재 지구를 둘러싸고 있는 축적된 부정적 상념의 어두운 구름은 제거되고 중화될 것이다. 물리적으로 나타나는 이 거대한 청소 현상으로서 행성지구는 완전히 흔들려 그 축(軸)이 기울어짐에 의해 곤두박질치게 될 것이다. 이러한 작용이 지구의 분자들의 팽창 작용을 일으켜 그것이 더욱 미세하고 덜 조밀하게 변화됨에 따라 더 높은 진동율이 가능해 질것이다."

이 같은 성모와 사나트 쿠마라의 메시지의 경우 이것이 최근의 메시지는 아니나, 어쨌든 과거 이처럼 물리적인 극이동의 가능성을 언급했었다. 그런데 최근 극이동이 가능성의 정도가 필연적으로 일어날 것이라고 주장하는 사람도 있는데, 영국의 영적 힐러이자 채널러인 앤드류 스미스(Andrew Smith)의 경우이다. 그는 자신의 저서에서 이렇게 말하고 있다.

"지구의 극이 옮겨지고 있다는 여러 가지 단서들이 (실제로는) 이미 명백하게 있을지라도 이런 엄청나고도 극적인 변화에 대한 뚜렷한 과학적 근거나 그것의 진행을 예증하는 포괄적인 데이터는 없다. 하지만 이것은 지금 진행되어 나타나고 있는 하나의 현상이다. 왜냐하면 그것은 단순히 지구의 현 불균형으로 인한 직접적이고도 불가피한 결과라기보다는 5차원 의식(意識)에 적합한 새로운 형태의 지구를 만들기 위한 영적인 계획이기 때문이다.

기울어진 지축의 각도가 바뀜으로써 북극과 남극의 얼음이 더욱 빠르게 녹게 되고 결과적으로 지구의 형태가 (지금의 타원형에서) 완전한 원형으로 복구될 것이다."[11]

과거 1980년대나 90년대의 채널링 메시지에서는 대개 물리적인 지축이동에 대한 위험성을 지적하는 메시지들이 주류를 이룬 바가 있다. 그러나 2,000년대 이후부터는 나중에 뒤에서 살펴보게 되겠지만 극이동이 물리적 이동이 아니라 자극(磁極) 이동으로서만 나타날 것이라는 메시지들이 나오고 있다.(※이것은 그러한 위험성이 어떤 외적 변수에 의해 점차 완화되거나 다른 방향으로 변해가고 있다고 유추해볼 수가 있다.) 그러나 물리적인 지축이동이든 단지 자극만의 이동이든 간에, 그것이 어떤 형태로든 지구에 큰 변화를 가져온다면 결과는 크게 다르지 않을 것이다.

그렇다면 과연 대변화는 언제쯤 일어날 것인가? 여기에 대해서도 모든 예언 정보가 완전히 일치하지는 않으며 다음과 같은 다양한 견해가 존재

---

11) Andrew Smith, ⟨The Revolution of 2012⟩ (FORD-EVANS PUBLISHING, 2006) P. 66, 155

한다.

◆루스 몽고메리: 예언가
미국에 워크인(Walk-in) 대통령이 나타날 때까지 극이동은 연기될 것이다. 그러므로 2010~2012년까지는 일어나지 않을 것이다.(※즉 이 말은 결국 2011년~2013년경에 발생할 수 있다는 말이 된다.)

◆밥 코플란드 : 고급령 애쉴람에게서 메시지를 받는 미국의 채널러
"2000년 이후 극이동은 언제든지 일어날 수 있다. 그러나 현재로서는 그 정확한 시기를 집어내기가 힘들다."(1999년경의 예언)

◆ 마이클 드로스닌(Michael Drosnin): <바이블 코드> 연구가 & 예언가
"바이블 코드의 예언에 의하면, 혜성이 2012년에 지구와 충돌한 예정이다. 따라서 지구는 여러 차례의 충돌에 의해 산산이 조각나며 멸망할 것이다."

◆ 리 캐롤(Ree Carrol) : 우주마스터 크라이온과 채널링하는 미국의 채널러
"이번 변동기에는 지구의 자극(磁極)만이 이동하며, 지축 이동에 의한 극이동은 없을 것이다."

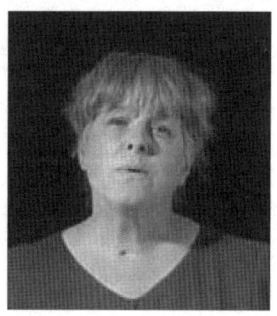

◆ 낸시 라이더(Nancy Lieder): 제타 외계인들과 교신하는 미국의 채널러
"2012년 12월 21일 이전에 행성 X의 진로로 인해 극이동이 발생할 것이다."
※제타 레티쿨리 외계인들은 애초에는 2003년 늦은 봄과 초여름 사이에 거대한 니비루(Nibiru) 혜성의 태양계 침입으로 지축이 변동될 거라고 했던 1차 예언이 빗나가자 다시 이를 2012년으로 수정했다.

◆ 보리스카(Boriska) : 러시아의 인디고 소년
"2010년에 소규모의 1차적 변동이 올 것이고 2013년에는 지축이 이동한다."

◆ 노스트라다무스(Nostradamus) : 16세기 프랑스의 대예언가
"지축이동으로 인한 인류 멸망의 시기는 1999년이 아니라 2012년"
(※숨겨져 있던 노스트라다무스의 다른 예언서가 몇 년 전 이탈리아의 언론가인 벤쟈 마사에 의해 로마의 국립도서관에서 주최한 고전 서적 박람회에서 새로 발견되었다. 그림으로 된 그 예언에 대한 연구가들의 재해석 결과 지구의 종말은 1999

년이 아니라 2012년이라고 표기되어 있었다고 한다.)

◆은하연합(Galactic Confederation): 외계인 연합체
"전면적인 지축이동은 일어나지 않는다. 다만 부분적으로 약 5도 정도 지축이 이동할 것이다."

◆원격투시 능력을 가진 티베트의 라마승들:
　강대국들 간의 힘겨루기로 인해 인류문명은 2010년부터 2012년에 이르기까지 위험에 처하게 된다. 특히 2012년에는 핵무기가 사용되는 등의 멸망의 위기를 맞는다. 그러나 인류는 파멸 직전에 외계문명이 개입함으로써 위기에서 벗어나 구조된다. 외계 문명이 인류를 구한 이후, '영혼'이 중심이 되는 새로운 문명의 시대가 도래할 것이다.(※<인디아 데일리(India Daily)> 지(紙) 2004년 12/26일자 보도)

2) 예언가들이 알려주는 지축이동시 생존할 수 있는 지역

　과거 지축이동을 예언했던 전 세계의 많은 예언자들은 비교적 큰 피해를 당하지 않고 살아남을 수 있는 지역 또한 언급했었다. 이런 지역들은 서로 일치하는 부분도 있고 다른 부분도 있다. 그러나 이는 어디까지나 지축이동이 일어난다는 가정하의 참고사항일 뿐이다.

■ 에드가 케이시(리딩 NO:1152-11, 1944)
　*북미대륙에서 안전한 지역 - 오하이오, 인디아나, 일리노이즈, 버지니아, 캐나다의 남동부 지역
　※뉴저지의 리빙스턴이나 몬타나 지역은 항구가 될 것이라고 했다.

■ 폴 솔로몬
　에드가 케이시와 대동소이(大同小異). 다른 곳은 셰난도아(Shenandoah) 계곡 지역이 가장 안전하다고 언급. 해안에서 멀리 떨어진 버뮤다 북동부 지역, 플로리다 중부와 남부 지역.

■ 휴 오친클로즈(Hugh Auchincloss)
　동부 아프리카와 태평양 중부 지역이 지축이동시에 회전축에 해당되는 지점이므로 비교적 최소한의 피해만 입을 수 있다고 언급. 그린랜드, 남극대륙, 동아프리카, 태평양 지역

■ 아론 아브람센(Aaron Abrahemsen)
  미국의 뉴 잉글랜드(해안지역은 제외), 버몬트, 뉴햄프셔 지역.
  ※휴스턴 지역은 항구로 변할 것이라고 함

■ 루스 몽고메리
  이집트, 지중해 지역, 고비사막

■ 찬 토마스(Chan Tomas)
  남동 아프리카

■ 에밀 세픽(Emil Sepic)
  모든 깊숙한 내륙의 고지대

■ 인디언 예언자들
  록키 산맥, 애팔래치아 산맥, 아리조나, 뉴멕시코, 유타, 콜로라도 지역

■ 톰 발렌타인(Tom Valentine)
  유럽의 서부 해안지역, 하와이 인근의 태평양 중부 지역.

■ 앤드류 스미스(Andrew Smith) - 채널러, <The Revolution of 2012>의 저자
  북극에 가까운 주변 지역들(※일부 어려움을 있을 것이나 침수영향을 비교적 덜 받을 것이라고 함). 가장 안전한 지역은 지중해나 대서양. 태평양 물에 인접하지 않은 기름진 토양의 비산(非山) 지역, 이런 곳은 해안에서 적어도 20~30마일 정도 떨어진 내륙 지역이어야 하며, 해발 100m 이상의 위치는 되어야 하는데, 그래야만 어떤 바닷물의 유입으로부터 보호될 것임.

3)예언가 G. M. 스캘리온이 완성한 지구의 미래 세계 지도

  미국의 고든 마이클 스캘리온은 비록 빗나간 예언도 있긴 하지만, 현대에 가장 주목받고 있는 뛰어난 예언가의 한 사람이다. 그는 자신에게 수시로 떠오르는 지구 대변동에 관한 무의식적인 영상을 바탕으로, 앞으로 닥칠 지구 변동 후의 세계 미래 지도를 1982년부터 작성하기 시작했다. 이 지도는 1996년 3월에 최종적인 완성을 보아 공개되었는데, 그것이 바로 다음 페이지의 지도이다. 이 미래의 세계 지도를 보면, 앞으로 미래

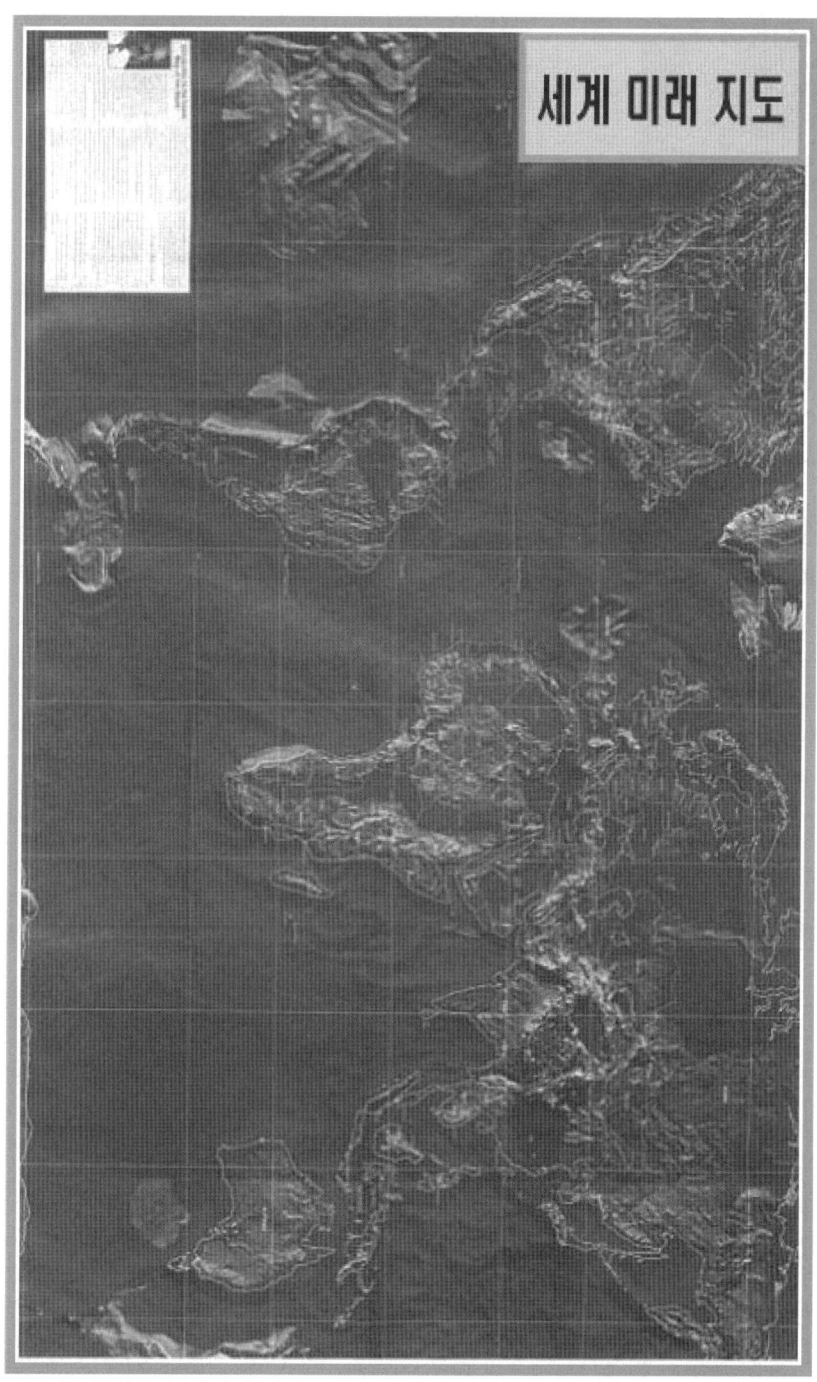

G. M.스캘리온이 자신의 환영을 통해 본 영상을 토대로 제작한 미래지도의 모습

G.M. 스캘리온

에 바뀌어져 있을 지구 땅덩어리의 모습이 한눈에 들어온다.

지도에서 보다시피 우선 남북미 대륙과 아프리카 대륙의 약 3분의 1이 바다속에 침수되어 있다. 유럽은 거의 대부분이 바다로 변해 있으며, 러시아 대륙도 절반 가까운 부분이 없어져 있다. 일본 열도도 사라져 보이지 않고, 한반도도 약 4분의 1밖에 남아 있지 않다. 중국 대륙 동남부의 상당 부분도 바다에 잠겨 있는 상태이다. 반면에 태평양의 남반구상에는 거대한 레무리아 대륙이 솟아올라 있고, 대서양 쪽에도 두 개의 작은 아틀란티스 대륙이 융기되어 있다.

다른 곳은 놔두더라도, 특히 우리가 주목하지 않을 수 없는 곳은 아시아와 한반도 부분이다. 스캘리온에 의하면, 환태평양 지진대 가운데에서도 아시아가 가장 심각한 지각 변동을 겪게 된다고 한다. 태평양 지각판이 약 9도 정도 움직이게 됨에 따라, 지도를 보면 알 수 있듯이, 북쪽의 쿠릴 열도와 베링해 인근의 육지에서부터 사할린, 일본 등이 완전히 바다속으로 들어가 몇 개의 작은 섬만이 남아 있게 된다는 것이다. 아울러 남쪽으로는 대만, 필리핀, 인도네시아도 침몰되어 사라진다. 한반도 역시 비슷한 운명을 맞이하게 되는데, 지도에서 볼 수 있듯이, 북쪽의 함경산맥과 남쪽의 태백산맥 일부를 중심으로 고지대만 남아 있을 뿐이다.

그러나 이러한 지도의 모습은 21세기에는 한반도가 축복받아 오히려 국토가 늘어날 것이라고 예언한 우리 나라의 고(故) 탄허 스님을 비롯한 몇몇 선지자들의 예언과는 상당히 배치되는 것이다. 그러므로 과연 2012년이나 그 이후에 지구의 땅덩어리가 스캘리온의 미래 지도처럼 될 것인지, 아니면 또 달리 바뀔지는 지금으로서는 짐작하기 힘들다. 어쨌든 미래는 그때 가보아야만 정확히 알 수가 있을 것이다.(※스캘리온의 예언은 현재까지 약 70~80%의 적중률을 나타내었다.)

■ 자극(磁極)의 이동에 관한 스캘리온의 예측

"지구 자극의 변동은 매우 급작스런 기후 변화를 가져온다. 20세기 중반 러시아 시베리아 동토(凍土)에서 많은 매머드(맘모스)들이 냉동된 채로 발견되었는데, 이 동물들은 모두 씹다 만 풀을 입에 문 채 얼어 죽어 있었다. 이 동물들이 풀을 뜯어 먹다 급사하게 된 원인은 바로 지구 자극의 변동으로 일어난 시속 330km의 강풍을 동반한 극한의 기상 변화와 지각 변동에 있다.

과학자들은 지구핵의 표본 추출과 자철광(磁鐵鑛) 등의 조사로 지구의 자장(磁場)이 때때로 그 방향을 정반대로 바꾼다는 사실을 발견했다. 극의 방향은 북이 남으로, 남이 북으로 되는 식으로 계속 거꾸로 바뀌어 왔다. 최근 1만 2000년 전에도 극이동이 있었고, 이로 인해 전설상의 대륙 아틀란티스가 가라앉았다. 이 대륙은 당시 지각판(Plate)이 7도 변경됨에 따라 바다 속으로 침몰된 것이다.

나의 예측으로는 앞으로 닥쳐올 지각 변동은 지구 자극(磁極)의 연속적인 이동 때문에 발생하게 된다. 이 지각 변동은 행성으로서의 자연적인 사이클에 의한 것이며, 태양과 다른 행성들 사이의 상호 작용으로 일어나게 되는 것이다. 앞으로 세 번에 걸쳐 자극의 이동이 있게 되는데, 매번 6~7도 정도 서쪽으로 움직이게 될 것이다. 이동이 일어날 때마다 지구상에는 커다란 변화가 오게 되며, 우선 미국의 캘리포니아와 일본이 타격을 받게 된다.

먼저 매우 불규칙적인 기상 이변이 들이닥치고, 남극과 북극의 얼음이 녹아 내림으로 해서 수위가 높아져 해안 지대가 침수될

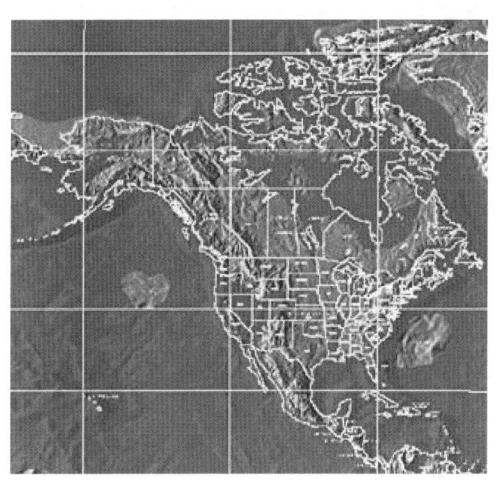

미국 대륙 지역의 미래 모습

것이다. 또한 지구 자기의 변동은 인체의 균형을 깨뜨리고 지구상에 전염병을 창궐시키게 된다. 아울러 이러한 자극의 변동이 곧 지각 구조상의 지각판 이동으로 연결되고, 달과 지구 사이에도 변화를 일으켜 달의 궤도가 변경될 것이다.

지표면의 화산 활동과 지각 변동은 21세기에도 계속 이어질 것이다. 새로운 천년기가 시작되는 2000년대에는 새로운 태양이 하나 더 하늘에 나타나, 지구는 수백만km의 거리를 사이에 두고 2개의 태양을 갖는 시대가 개막될 것이다."

■ 스캘리온이 우주로부터 받은 주요 메시지

*거대한 변화가 1998년~2012년 사이의 지속되는 주기(週期) 동안 일어난다. 1998년에서 2002년 사이에 지구의 자기장(磁氣場)이 이동하기 시작한다. 현재의 지도상의 북쪽에서 서쪽으로 6단계로 움직이면서 한번에 7도 정도 이동

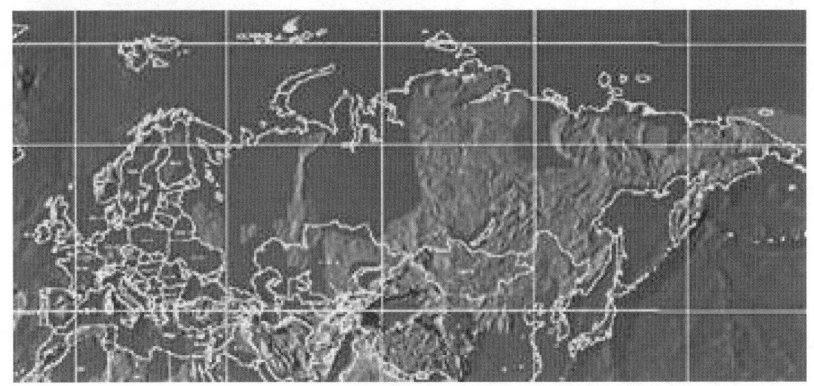
러시아와 유럽지역의 모습 - 상당 부분이 물에 잠겨 있다.

하게 된다. 이 이동은 2번에서 3번에 걸쳐 일어날 것이다. 이러한 변화의 원인은 지구와 자연의 자연적인 리듬 속에서 발견될 것이다. 자극의 이동은 이미 현재 진행 중에 있다. 그것은 1930년대 중반에 북극성(北極星)에 관계된 지구 핵(核:Core)의 위치 이동의 한 결과로서 시작되었다. 지진과 화산폭발이 꼭 자기력(磁氣力)에 의한 것처럼 유발되었고, 그러므로 자극은 이동한다. 지각(地殼) 구조상의 판(板:Plate) 운동은 단지 이러한 힘에 대한반작용이다.

* 인류의 집단 의식(集團意識)이 바뀔 때 지구의 움직임도 그렇게 된다. 오래된 육지들은 청소되기 위해 바다속으로 들어가고, 깨끗한 새로운 육지들이 솟아오를 것이다. 그리고 지구 변화 후에는 이전에 결코 지구상에서 본 적이 없는 동물들이 나타날 것이다.

* 1998년 이후에 태어난 남색 파동을 지닌 모든 아이들은 출생할 때부터 텔레파시 능력을 지니게 되며, 그보다 앞서 태어난 많은 이들도 장차 그러한 능력을 나타낼 것이다. 다가오는 위대한 각성의 시대에는 웃음소리가 세상 도처에 넘치고, 증오 이전에 사랑과 환희가 세상을 채울 것이다.

* 유럽 지역에 침수(沈水)가 일어나는 것은 그곳 육지의 카르마(業)로 인한 결과인데, 지구상의 인류 역사를 통해서 수많은 전쟁이 이 지역에서 벌어졌기 때문이다. 바다 속으로 들어가는 것은 중동과 일본 역시 마찬가지이다.[12]

---

12) P. 182~203. ·Godon M. Scallion. Notes from the Cosmos.(Matrix Institute, 1997)

4) 2012년에 지구 대격변 반드시 들이닥친다!

- 대재앙을 예견하는 책, <오리온의 예언>의 저자 패트릭 게릴 (Patrick Geryl)의 주장 -

※ 패트릭 게일은 천문현상에 관해 40년 이상 연구한 저술가로서 이에 관련된 9권의 책들을 저술했으며, 2012년에 필연적으로 대재앙이 일어난다고 주장하고 있다. 다음은 그의 이야기이다.

나의 책 <오리온의 예언>을 집필하는 과정에서 나는 지구가 거대한 재앙을 당하게 될 것이라는 결론에 도달하자 당황하게 되었다. 그 이유는 지구의 자기장(磁氣場)이 한 순간에 거꾸로 뒤집힐 것이고, 그 결과로 인류에게 대이변의 파멸적 결과가 초래되는 것이기 때문이다. 즉 초대형 지진이 지구상의 모든 빌딩들을 초토화시켜 버릴 것이고, 대륙들은 지금의 위치에서 수천 Km나 이동할 것이다. 그리고 모든 것을 쓸어버릴 커다란 해일이 수십 억 인구의 죽음을 불러올 것이다. 책에서 나는 이런 대재앙을 언급하고 있는 마야와 고대 이집트인들의 천년왕국에 관한 오래된 암호를 풀어냈다.

여러분은 이 책에서 노아 홍수 이전의 아주 오래 전에 잃어버린 비밀들에 관해 발견하게 됨으로써 넋을 잃게 될 것이다. 그것에 의해 과거의 극이동과 그 이후의 후예들에 대해 추산할 수가 있었고, 또한 앞으로 있을 2012년의 극(極)의 역전을 예측하였다.

오리온 예언의 표지

나는 우리가 2012년에 가까이 다가감에 따라 인류 문명에 대단히 중요한 3~4 개의 고대 암호들을 해독한 후에 이 세상을 놀라게 하는 메시지를 내놓게 될 것이다. 예컨대 마야(Maya)의 드레스덴 고문서의 경우, 태양흑점의 주기에 관한 비밀을 담고 있다. 이어지는 결론은 더욱 당혹스럽다. 어느 순간 태양의 자기(磁氣)가 결정적인 지점에 이르렀을 때, 태양의 표면은 거대한 폭풍(자기풍)에 휩싸이게 될 것이다. 그때 태양은 엄청난 전자기적인 에너지들을 방출할 것이고, 대규모의 태양화염이 방대한 입자파(粒子波)들을 지구로 보낼 것이다.

최근 이러한 현상이 관찰되고 있고, 몇 개의

항성들에서 확인되었다. 태양이 몇 시간이나 몇 일 동안 활발한 폭발현상을 나타내다가 다시 평상시의 상태로 돌아가곤 한다. 천체물리학자들은 이것이 단순히 일시적인 현상인지 아니면 앞으로 더욱 빈번히 발생할 것인지 의아해하고 있다. 이렇게 방출된 태양의 자기 입자들은 지구의 대기권을 점화(點火)시킬 것이고 실제로 〈반 알렌대(Van Allen Belt)〉에 파괴적인 영향을 미친다. 계속적인 전자기의 흐름 때문에 지구의 자기장은 과부하(過負荷) 상태가 될 것이다. 그리고 수십조의 입자들이 극점에 도달할 것이다.

미지의 전기 에너지가 생성되어 모든 이들에게 악몽이 시작된다. 극지(極地)가 낙하하는 입자들의 오로라로 채워질 때, 피할 수 없는 일이 발생할 것이다. 즉 지구 내부의 전자기장이 과부하가 되어 산산이 붕괴될 것이다. 따라서 자기적(磁氣的)인 보호막이 없는 지구 전체의 대기권은 낙하하는 입자들에 의해 폭격당할 것이다. 지구의 자기장은 극지로 떨어지는 전자기 입자들을 적절히 조정함으로써 우리를 보호하는 기능을 하지만, 이제 이것은 불가능하게 된다.

태양의 자기 입자들이 지구 전체에 침투되어 영향을 미칠 것이다. 방사능뿐만이 아니라 강한 방사선과 빛이 생성될 것이다. 여러분 그 광경을 보고 하늘이 맹렬히 타오르고 있다고 밖에 묘사할 수 없으리라. 성서에서는 이렇게 서술하고 있다. "지금 빛 중의 빛이 세상 여기 저기서 번쩍인다."

패트릭 게일(왼쪽)과 공저자 지노 라틴크스

그리고 이것은 대이변의 서곡에 불과하다. 철(鐵) 성분의 지구의 핵은 자성(磁性)을 띠고 있다. 그 자기적인 핵이 전환되는 까닭에 지구는 다른 방향으로 돌기 시작할 것이다. 이로 인해 지구 외부의 지각(地殼)은 갈라질 것이다.

한편 표면의 지층은 와해되어 더 이상 고정돼 있을 수가 없다. 만약 그때 당신이 지상에 있다면 그것은 2~3시간 만에 수천 마일이나 기울어질 것이다. 그 순간 하늘을 올려다 본다면 구약성서에서 서술했듯이 마치 하늘이 내려앉는 듯이 보일 것이다. 거대한 흔들림이 일어날 것이다.

지구의 지각판(地殼板)들이 이동하게 될 것이고, 평지에서 땅이 융기하여 산이 만들어질 것이다. 땅덩어리들이 균열되어 입을 벌리며 붕괴될 것이고, 산들이 무너질 것이다. 대륙들이 바다 속으로 가라앉을 것이고 도처에서 화산이 폭발할 것이다.

요컨대 어떤 무서운 악몽도 이런 지구의 파멸을 묘사하기에는 충분치가 않다. 이제 여러분은 나에게 질문할 것이다. 당신은 자신이 말하고 있는 것을 확신하느냐고 말이다. 거기에 대한 내 대답은 "그렇다"이다.

아틀란티스인들과 그들의 후예인 고대 이집트인들 및 마야인들은 현재의 천문학자들조차 잘 모르는 태양의 자기장에 관한 이론을 알고 있었다. 때문에 그들은 그 이론을 가지고 B.C 9792년의 전세계적 대홍수를 예측할 수 있었고, 다가오는 2012년을 예견하고 있는 것이다.

여기서 나는 여러분의 판단을 요청하는 바이다. 나는 그들이 지금 남극에 매장돼 있는 아틀란티스의 종말을 정확히 예측했음을 여러분이 이해하기 바란다. 다시 그들은 더욱 더 파멸적인 우리 인류의 마지막을 예측하고 있다. 2012년과 B.C 9792년 사이에는 하나의 연결고리가 있음을 부정할 수는 없는 것이다.

5) 예언자 애쉬턴 피트리의 미래에 관한 23가지 예언들

애쉬턴 피트리(Ashton Pitrie)는 미(美) 텍사스 주에 거주하는 예언자로서 그는 지난 50년에 걸쳐서 미래에 대한 예시적인 환영(幻影)들을 보았다고 한다. 이 예언들은 1997년에 언급된 것이며, 그는 다음과 같이 당부하고 있다.

"아래의 예언들은 내가 지난 50년 동안 보아온 아직 일어나지 않은 사건들입니다. 지구변동시에 어디서 살아야하는지와 그 변화 시기를 여러분에게 말해주는 사람들에게 나중에 그 책임을 시우시는 마십시오. 나와 나른 이들에게 주어진 예시적 내용들을 읽고 나서 최종적인 결정은 여러분 스스로 하십시오."

■ 23가지 예언

1. 지구는 향후 새로운 궤도로 이동할 예정이다.
2. 장차 인류는 두 개의 태양을 가지게 될 것이며, 그중 하나는 푸른빛이다.
3. 지구상의 모든 댐은 붕괴될 것이다.
4. 많은 화산들이 폭발하고 지진활동이 활성화될 것이다.
5. 지구정화기 이후 생존자는 100명당 25~30명 정도가 될 것이다.(즉 전체 가운데 25~30%만 생존)

6.인류와 지구는 4차원 & 5차원 문명으로 되어가고 있다. 3차원에 남아있기를 원하는 사람들은 (죽음 이후에) 그들을 위해 준비된 다른 3차원의 행성으로 배치될 것이다. 그것은 태양의 반대편 위치에 있다.
7.지구변화 이후에 이곳 지구에서 사는 사람들은 육체적인 질병이나 노화(老化), 병고(病苦) 등을 겪지 않을 것이다.
8.그들은 원한다면 2,000세 이상의 수명을 누릴 것이다.
9.그들은 현재 새로운 차원 속에 있는 존재들을 볼 수 있고 그들과 대화하게 될 것이다.
10.그들의 몸은 빛으로 이루어진 까닭에 다른 이들에게 빛을 보냄으로써 서로 간에 사랑을 표현하게 될 것이다 … 두 개의 섬광이 하나로 융합되는 것과 같다.
11.이 1,000년간의 평화의 시대 동안 누구나 영적인 가르침을 받을 수 있는 수많은 배움의 센터들이 있게 될 것이다.
12.정신적 텔레파시가 의사소통에 사용될 것이다.
13.지구변동기 동안에 바다나 강, 거대한 호수 인근이나 그 150 마일 이내 지역에 살고 있는 사람들은 위험에 처하게 될 것이다.
14.지구는 그 자체가 일종의 거대한 발전기이며, 우리가 그것을 활용하는 법만 배운다면 모든 프리 에너지(Free Energy)를 공급받게 될 것이다.
15.우리는 더 이상 어떤 전기도 필요 없게 될 것이다.
16.가치 있는 새로운 금속은 구리가 될 것이다.
17.아틀란티스와 레무리아, 기타 가라앉은 땅들이 바다에서 솟아오를 것이다.
18.새로운 세상에서 우리는 빛의 몸을 가지고 원하는 어떤 나이로도 나타날 수가 있고, 또 성(性:남성이나 여성)을 선택할 수도 있다. 게다가 UFO로 다른 행성들을 여행할 수가 있는데, 왜냐하면 우리는 더 이상 인간이 아니라 우주인(Universal Man)이기 때문이다.
19.미국의 그랜드 캐년(Grand Canyon)은 태평양 물로 채워지게 될 것이다.
20.장차 우리는 식물와 약초, 꽃으로부터 영양분을 얻게 될 것이다.
21.운석(隕石)이 떨어져 프랑스 서쪽의 대서양과 대영제국 해저를 강타할 것이고, 멕시코시티는 땅 속으로 들어갈 것이다.
22.멕시코 만(灣)에서 새로운 땅이 융기할 것이고 북미의 중부지역은 태평양의 여러 섬들로 전락할 것이다.
23.머지않아 교회들은 점차 비싼 상업 제품을 파는 사업처럼 변모될 것이다.

6) 명상 지도자 두룬발로 멜기세덱의 극이동에 대한 견해

드룬발로 멜기세덱(Durunvalo Melchizedeck)은 미국의 저명한 영적 교사이자 명상지도자이다. 그는 이집트의 지혜와 마법의 신이었던 토트(Thoth)로부터 가르침을 전수 받았다고 한다. 앞서 소개했던 그가 주장하는 지구의 쿤달리니 에너지의 이동은 결국 지구축의 움직임에 관련된 천체상의 세차운동과 결부돼 있는 문제라는 것인데, 결국 이는 지축변동, 즉 물리적인 극이동을 암시하는 것이다. 다음은 그의 극이동에 관한 의견이다.

극이동은 일어날 것이다. 이것은 통상적인 극(極)의 전환에 따르는 격렬함을 수반할 것인데, 즉 대륙의 융기와 침강, 100피트 높이의 해일, 그리고 남극전체가 1시간에 1,300 마일 가량 적도 쪽으로 움직일 것이다.

극이동에 관한 나의 느낌이 다른 사람들이 생각하는 것과는 다를 수가 있다. 밖에 나가 땅을 파서 지하에 식량을 저장하고 폭도들에 대비해 총과 탄약을 준비하라고 말하는 많은 사람들이 있다. 그러나 실제로 여러분이 대비해야 할 것은 극이동이 일어나기 바로 이전의 시기이다. 왜냐하면 극이동이 일어날 때 우리는 약 3일 반 동안 전자기(電磁氣)가 완전히 "제로(0)"가 되는 상태를 겪을 것이기 때문이다. 발버둥 친다고 날라실 섯은 별로 없을 것이나. 금융세노를 포함한 사회의 모든 시스템들이 파괴될 것이다. 그리고 과학자들은 자기장이 극이동과 직접적인 상관관계가 있음을 알게 될 것이다.

지구의 극이 새로운 위치로 이동하기 직전이 인류의 의식이 보통 4차원으로 진입하는 때인데, 범세계적 혼란이 일어나는 기간이 있게 될 것이다. 이때는 대부분의 인간들이 광란상태가 되고, 모든 사회적, 정치적, 경제적 시스템들이 붕괴되어 지구 전체가 완전한 혼란의 도가니로 빠져드는 기간이다. 이 기간은 대개 행성의 실제 극이동이 일어나기 3개월~2년 정도의 시간이다.

혼란은 지구의 지자극(地磁極)이 제로(0) 상태로 떨어질 때 발생한다. 이 때 혼란이 발생하는 이유는 인간이 감정적 균형과 기억을 유지하기 위해서는 자기장(磁氣場)이 필요하기 때문이다. 따라서 자기장이 제로가 될 때 인간은 정상적인 정신 상태를 유지할 수가 없다. 그러므로 여러분이 식량과 생필품들을

지진 발생 후 반드시 일어나는 초거대 해일 - 해안가를 초토화시킨다.

준비하여 극이동 이후에 살아남으면 모든 것이 이전과 같이 진행될 것이라고 믿는 것은 비현실적인 착각인 것이다.

 가장 좋은 방법은 전환기말에 여러분이 자신의 의식을 변화시켜 4차원 이상의 새로운 의식으로 거듭나는 것이다. 이것 외에 여러분이 지구상에서 물리적으로 준비하는 모든 것들은 새로운 세상에서는 아무런 쓸모도 없게 될 것이다. 우리는 의식차원의 변화기로 들어가고 있고, 우리가 이런 변동을 겪는 초기에는 물리적인 준비가 약간은 도움이 될 수도 있다.

 그러나 진정한 도움은 여러분 자신이 누구이고, 본성(本性)이 무엇이며, 여러분의 가슴이 얼마나 열려 있느냐에 달려 있다. 그리고 여러분이 어떻게 훌륭히 신(神)을 사랑하고 그 내면의 신성과 진정으로 연결돼 있느냐에 좌우되는 것이리라. 그러므로 가장 중요한 것은 여러분 내면의 높은 자아와 소통하는 것이다. 이것이 우리에게 남겨진 많지 않은 시간 동안에 식량 준비를 하는 것보다도 더욱 중요한 것이다.

7) 인도의 영성 지도자 슈리 칼키 바가반

- 자기장(磁氣場)의 변화와 2012년의 관계에 대해 답변하다 -

 슈리 칼키 바가반(Sri Kalki Bhagavan)은 세계적 단체인 〈황금시대 재단〉의 창립자이다. 현재 그는 추종자들에게 새로운 시대로의 인도자이자 영적 깨달음을 열어줄 수 있는 능력을 보유한 살아 있는 아바타(Avatar)로 여겨지고 있는 존재이다.

 그가 이끌고 있는 〈황금시대 재단〉과 〈체험협회〉는 본래 인도에서 발족했으나 현재로

스웨덴에 본부를 두고 있으며, 30개국 이상에 걸쳐 범지구적 네트워크를 형성하고 있다. 그리고 이 단체의 설립 목적은 어디까지나 인류가 고대의 원리에 의거한 영적각성의 체험과 우주와의 조화 속에서 삶을 살 수 있도록 돕기 위해서라고 한다.

그는 인류의 하나됨의 자각과 특히 황금시대로 진입하는 입구로서의 2012년의 중요성에 대해서 강조해 왔다. 그의 말에 따르면, 지구는 2004년 6월 금성이 태양을 횡단하는 동안에 이른바 황금시대, 깨달음의 시대로 옮겨가기 시작했으며, 이 과도기적 전환과정은 향후 2012년에 금성의 궤도가 다시 태양을 가로지를 때 완료되어 본격적으로 개막 된다는 것이다. 때문에 2012년까지 남겨진 인류 앞의 시간들은 예기치 못한 변화와 어려움, 혼란들이 기다리고 있다고 한다.

아래의 의미심장한 내용은 2012년의 중요성에 관련된 제자들의 질문에 대해 그가 답변한 것이다.

*질문 1: 2012년은 어떤 중요성이 있습니까?

*답변: 여러분 중의 대다수는 지구가 자기장(磁氣場)을 가지고 있다는 사실을 알고 있습니다. 자기장은 지구의 용해된 핵이 회전함으로써 만들어 집니다. 그리고 인간의 사고(思考) 영역은 어디까지나 지구의 자기장 안에 있습니다. 그런데 이 자기장이 지난 10년간에 걸쳐서 극적으로 약화되고 있습니다.

현재 물리학에서는 "슈만 공명(Schumann's Resonance)"[13]이라고 부르는 일종의 측정 지침이 있는데, 이것은 우리가 지구의 자기장의 강도를 측정하는

---

13) 독일의 우주물리학자 O. S. 슈만(Schuman)이 1952년에 발견하여 발표한 이론으로서 그의 이름을 붙여 <슈만 공명 주파수>라고 부른다. 이것은 지구의 고유한 진동 주파수로서 지구와 지구상공 55km의 지구를 둘러싸고 있는 전리층 사이에서 공명하고 있는 주파수를 말하는데, 평균적으로 늘 7.8 Hz를 유지한다고 한다.
때문에 이를 "어머니 지구인 가이아(Gaia)의 뇌파", "지구의 심장박동"이라고도 한다. 그런데 인간이 뭔가에 몰입했을 때 뇌파의 평균 주파수 역시 7.8 Hz로서 지구의 주파수와 정확히 일치한다고 하는데, 이것은 임신한 어머니와 배속의 아기의 심장이 같이 뛰듯이 지구와 인간이 일체(一體)임을 암시해 주는 것이라고 할 수 있겠다. 때문에 인간의 심장과 뇌의 박동수도 이에 맞추어서 공명하고 있다고 하며, 지구는 천둥번개를 이용하여 쉼 없이 공명주파수를 일정하게 유지함으로써 우주와 교감하여 그 에너지를 받아들인다고 알려져 있다.
또 미국의 NASA에서는 우주비행사들이 우주병에 걸리지 않게 하기 위해서 지구의 고유주파수(7.8Hz)인 슈만 공명주파수를 인공적으로 우주선 안에 발생시킨다고 한다. 수 천년 동안 슈만 공명 사이클은 7.8 Hz 안팎을 지속적으로 유지해 왔지만 지난 7~8년 동안 11 헤르츠로 상승했고, 지금도 극적인 상승을 계속하고 있음이 관측되고 있다. 따라서 과학자들은 수학적으로 계산하여 2012년까지는 슈만 공명 주파수가 13헤르츠로 상승할 것으로 내다보고 있는 것이다. 이렇게 13Hz로 높아진다는 것은 매우 중대한 변화라고 받아들여지고 있으며, 때문에 어떤 이들은 이 현상이 2012년의 극적인 전환을 위한 준비라고 보고 있다.

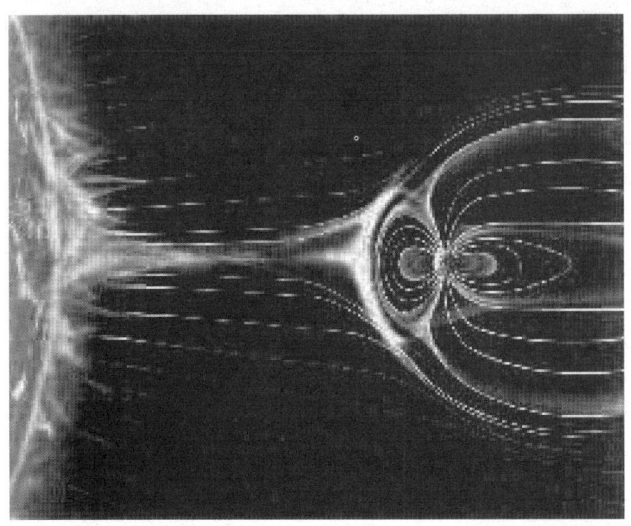
태양 자기폭풍의 영향으로 지구의 자기장(磁氣場)은 붕괴될 것인가?

데 활용할 수가 있지요. 지난 몇백년 동안 그 수치는 1초당 7.80 사이클 정도를 유지해 왔습니다. 그러나 최근의 7~8년 동안 그것은 초당 11 사이클로 높아지면서 갑작스런 상승이 계속되고 있습니다. 여러분이 그것을 수학적으로 산정해 본다면, 2012년에 그 슈만 공명 주파수의 수치는 초당 13 사이클에 달할 가능성이 높습니다. 초당 13 사이클이 될 때, 바로 지구의 자기장이 소멸되는 것과 함께 지구 중심의 핵(核)은 회전을 멈출 것이고, 여러분의 마음도 사라질 것입니다.

내가 "여러분의 마음"이라고 말할 때, 그것은 당신들의 "업력(業力:Samskara)"14)을 의미합니다. 과거 11,000년 동안 축적되어 인간을 누르던 업력(業力)의 압력이 사라질 것입니다. 진리적 측면에서 우리는 또한 "마음이 곧 업(業)이다"라고 말합니다. 모든 행위는 여러분의 마음에서 시작됩니다. 마음은 사실 모든 행위에서 나오는 잔여 느낌이나 구성물들, 또는 습기(習氣:Vasana)15)가 저장된 일종의 창고에 지나지 않습니다. 이런 모든 것들이 지구의 자기장 속에 저장돼 있습니다. 그러므로 *2012년에 자기장이 소멸됨과 동시에 그런 마음속의 찌꺼기들은 며칠 동안 "제로(0)"상태가 될 것입니다. 그 이후에 멈춰있던 지구의 핵은 다시 돌기 시작할 것입니다. 그리하여 이것은 인류의 새로운 출발, 또는 황금시대가 시작되는 동틀 녘이 될 것입니다.* 이것

---

14) 산스크리트어로 "Samskara"는 전생(前生)과 현생의 행위나 경험에 의해 잠재의식 속에 남겨진 흔적이나 인상들, 결과들을 뜻한다. 즉 인간의 조건 지워진 유한한 행위 또는 정신적 습성으로 인해 만들어져 깊은 무의식의 마음에 모아진 것들이라고 한다. 그리고 이런 마음 깊은 곳의 느낌이나 구성물들이 결국 그 개인의 앞으로의 욕구나 행위를 결정짓게 된다는 것이다. 우리말로 번역할 때 이용어는 불교에서 인간의 구성요소를 의미하는 오온(五蘊:色受想行識) 중의 하나인 '행(行)'으로 번역되기도 한다. 행(行)은 수·상·식 이외의 모든 마음의 작용을 총칭하는 것으로, 그 중에서도 특히 의지작용·잠재적 형성력을 의미한다.

15) 이를 훈습(薰習)이라고도 한다. 어떤 냄새나 향기가 옷에 배어든 것과 마찬가지로 반복적인 오랜 습관적 행위에 의해 마음에 배여 든 성향, 또는 관성(慣性)을 말한다.

이 2012년의 중요성입니다.

그런 현상이 일어나리라는 것을 어떻게 알 수 있을까요? 화석에 남겨진 기록들을 연구해 본 결과, 그것이 대략 11,000년 후에 1번씩 일어난다는 것이 드러났습니다. 자기장은 단지 짧은 시간 동안만 사라지는 것이며, 그 다음에 우리는 모든 것을 새롭게 시작할 수가 있습니다. 그런 이유 때문에 나는 여러분이 2012년까지는 깨닫기를 바라고 있는 것입니다. 만약 여러분이 깨닫는다면, 더불어 당신들의 깊은 잠재의식 속에 남아있는 찌꺼기들, 즉 모든 업력(業力)이 사라질 것입니다. 그때 우리는 새로운 시대를 시작할 수가 있는데, 그것은 산스크리트어로 〈사트야 유가(Sathya Yuga)〉, 또는 〈황금시대〉라고 부를 수 있을 것입니다. 비로소 인간은 새로 변형된 의식 상태로 진입할 것입니다.

이미 여러분에게 언급했듯이, 지구의 공명주파수는 높아지고 있으며 그것은 지구의 가슴이 변형을 겪고 있다는 의미입니다. 지구는 여러분이 육신을 지니고 있는 것과 마찬가지로 육체적인 몸을 가지고 있고, 또한 의식(意識)도 있습니다. 이제 지구의 공명주파수가 증가하는 만큼 지구의 심장은 이전과는 매우 다르게 뛰고 있습니다. 그리고 현재 여러분의 가슴과 지구의 가슴은 서로 연결돼 있습니다. 따라서 지구의 가슴은 여러분의 가슴에 의해 영향을 받을 수 있고, 또 그 반대로 여러분의 가슴 역시 마찬가지입니다. 그런 까닭에 여러분의 심장박동을 지구의 심장박동에 동조시켜 동시에 진행시키는 것은 아주 중요합니다. 이것은 여러분의 닫힌 가슴이 개화(開花)되어야만 함을 뜻합니다.

당신들이 모든 관계 속에서 사랑을 되찾게 될 때, 여러분의 가슴이 열려 꽃이 피어 날 것입니다. 그렇게 되면 여러분은 자신의 부모나 배우자 기타 모든 사람들을 마음으로 심판하는 것을 멈추게 됩니다. 모든 인간은 전체 우주의 한 부분으로서 아무도 심판받을 수 없으며, 인간의 사소한 행위조차도 모든 사건들에 서로 영향을 미치고 있습니다. 그러니 삶의 경험을 통해 배우십시오. 삶은 그것이 고통이든 즐거움이든, 경험돼야 하는 것입니다.

*질문 2:깨달은 존재들조차도 카르마(業)가 있다는 말을 들은 적이 있는데, 카르마는 어떤 시점에 끝나는 것이 아닙니까?

*답변:우리는 여러분의 카르마(Karma)나 특정한 한 개인의 카르마를 말하지 않습니다. 개인의 카르마는 전혀 없으며 오직 인류의 카르마만이 존재하고 있습니다. 과거 라마나 마하리쉬는 암(癌)을 가지고 있었고, 라마 크리쉬나 역시 그러했습니다. 그리고 또 다른 이들은 다른 문제들을 가지고 있었지요.

여러분은 업(業)에서 완전히 자유로울 수가 없는데, 왜냐하면 그것은 여러분

의 카르마가 아니고, 더군다나 근원의 자리에서 볼 때 (개체로서의) 여러분이 전혀 존재하지 않기 때문입니다. 나는 여러분에게 "자아(自我)"라는 것은 단지 일종의 환영(幻影)에 불과하며, 그것은 쉽게 사라질 수 있다고 말해왔습니다. 그러니 어떻게 거기에 한 개인으로서의 여러분의 카르마가 있을 수가 있겠습니까?

이제 종종 여러분은 자신이 갖가지 생각들에 의해서 마음이 어지럽혀지고 있음을 발견합니다. 우리가 산소를 들이쉬고 이산화탄소를 내쉬듯이, 우리는 사념들을 들이쉬고 사념들을 내쉬고 있습니다. 지구에는 사고권(思考圈:생각의 영역)이 존재하고 있으며, 그것은 지난 11,000년 동안 지구상에서 살았던 사람들의 모든 사념들을 담고 있습니다. 그들의 모든 경험들, 생각들, 견해들 등의 일체가 여기에 저장돼 있는 것입니다.

여러분이 오염된 마드라스(Madras)[16] 시 안에 살고 있는 예와 마찬가지로, 여러분은 스스로 오염시킨 그 안의 혼탁한 공기를 호흡해야만 합니다. 당신들은 거기서 벗어나거나 자유로워질 수가 없는데, 그것이 바로 여러분에게 언제나 영향을 미치고 있는 인간 (공동의) 카르마인 것입니다.

그러나 이번에 인간이 수천 년 동안 축적된 현존하는 모든 카르마에서 자유로워질 수가 있을까요? 그렇습니다. 그것은 가능합니다. 그렇다면 여러분은 그 사고권(思考圈) 내의 모든 것들이 어디에 저장돼 있다고 생각하십니까? 그 모든 사념들은 바로 지구의 자기장(磁氣場) 속에 쌓여 저장돼 있는 것입니다.

지난 11,000년 동안 일어난 것은 무엇이나 그 안에 저장돼 있습니다. 나는 이미 여러분에게 슈만 공명주파수(지구의 심장박동)가 초당 7.8Hz를 유지해 왔고, 지금은 그것이 11Hz로 높아졌다고 언급한 바가 있습니다. 그리고 수학적으로 계산했을 때 그것은 2012년에 초당 13Hz가 될 것이고, 그때 지구의 자기장이 약 3일 동안 사라지거나 아주 극도로 약해질 것입니다.

현재 우리는 회전하고 있고 자기장을 형성하고 있는 지구의 핵을 가지고 있습니다. 그리고 지구 자체는 지금 이른바 "광자대(光子帶)"를 통과하고 있는

---

16) 인도의 벵갈만 연안에 있는 항구 도시

데, 그럼으로써 그것의 회전속도가 느려지고 있습니다. 그러므로 지구의 핵은 도는 속도가 점점 떨어지고 슈만 공명주파수가 초당 13Hz가 되었을 때 십중팔구는 그 속도가 "제로(0)" 상태가 되게 됩니다. 그리고 나서 일정 시간 후 지구 핵이 다시 돌기 시작할 것이지만, 그때부터는 반대방향으로 돌 것입니다.

 이전에 이런 일이 일어난 적이 있을까요? 그렇습니다. 지구상에는 이런 일이 매 11,000년마다 발생했음을 보여주는 수많은 화석의 증거들이 있습니다. 게다가 인도에서부터 티베트, 중국, 남미, 중앙아메리카 등등의 세계 곳곳의 수많은 고대 문헌들은 이런 현상에 대해 모두 언급하고 있습니다.

 자, 여러분이 컴퓨터를 프로그래밍(Programming)하다가 컴퓨터가 고장이 날 경우를 가정해 봅시다. 그 때 전체 프로그램은 지워집니다. 그렇기 때문에 여러분은 정전(停電) 대비용 보조전원을 준비해 계속 공급하는 것이지요. 이와 마찬가지로 지구의 공명주파수가 초당 13Hz에 도달했을 경우에는 거기에 일종의 고장이 발생하고 자기장은 사라지게 되는 것입니다. 그리고 지구의 자기장이 소멸되었을 때 거기에 저장된 인간의 모든 사념들 역시 일소되어 사라질 것입니다. 그와 더불어 11,000년 동안의 모든 사념의 기록들이 깨끗이 지워질 것입니다. 이렇게 될 때, 인간은 비로소 카르마에서 자유로이 해방될 것입니다.

 이것은 지구상에서 수많이 일어났고, 이런 사건에 관해서 언급하는 여러 문헌들이 존재하고 있습니다. 하지만 지금은 여러분이 영적으로 깨달았다고 하더라도 업(業)에서 자유로워지지 못할 것입니다. 왜냐하면 과거 라마나 마하리쉬와 마찬가지로 여러분 역시도 인류의 사고권(思考圈) 내의 오염된 공기를 호흡해야하기 때문입니다. 그가 보통 사람들과 비교해서 유일한 차이가 있다면, 그의 자아가 완전히 녹아서 사라진 까닭에 에고(我相)의 고통을 겪지 않았다는 것입니다.

 하지만 장차 인류의 카르마가 용해되고 다시 복구되지 않을 것이기 때문에 2012년까지는 적어도 6만 명의 사람들이 깨달아 해탈해야만 합니다. 오직 그 때만이 새로운 세상이 열리게 될 것입니다. 이것이 바로 여러분 모두가 가능한 한 시급히 그때를 위해 스스로를 준비해야만 하는 이유인 것입니다. 이것은 대단히 중요합니다.

6. 미스터리 서클이 알려주는 2012년의 대변화

1) 서클들은 왜 나타나며 어떤 의미가 있는가?

1970년대부터 본격적으로 영국의 밀밭에 나타나기 시작한 크롭서클(Crop Circle), 또는 소위 미스터리 서클들은 갖가지 상징적 문양과 신성한 기하학적 도형을 통해 인류에게 모종의 메시지를 전달해 왔다. 1946년 영국 남서부 솔즈베리 지역에서 최초로 미스터리 서클이 보고된 이래, 1970년대와 80년대에 들어오면서부터는 영국뿐만이 아니라 러시아, 미

국, 프랑스, 캐나다, 스웨덴, 노르웨이, 네덜란드, 독일, 호주, 브라질, 일본 등 세계 각지에 미스터리 서클이 자주 출현하기 시작했다. 기묘하고도 현란한 도형과 문양들로 이루어진 이 서클들은 대개 들판의 밀밭이나 옥수수밭에서 발견되며, 귀리, 보리밭 등에서 나타나는 경우도 있다.

물론 일부의 경우는 모방심리로 인간들이 만들어 흉내를 낸 사례도 있긴 하지만 이런 것들은 수준이 떨어지며, 본래의 미스터리 서클과는 몇 가지 측면에서 확연히 구분된다. 즉 우선 미스터리 서클이 생긴 곳에 서클이 형성되는 과정에서 눌린 밀이나 벼는 대개 90도 정도 구부러져 있기 마련인데도 별문제 없이 계속 자라난다. 조사에 의하면 오히려 인근의 다른 밭에 있는 작물들보다도 더 빨리 성장한다고 한다. 반면에 인간이 만든 미스터리 서클의 밀이나 벼는 그것이 구부러져 있는 것이 아니라 꺾여 있고 곧 시들어 죽어 버리는 특징이 있다.

1970년대 이래 지금까지 나타난 서클들의 숫자는 이미 1,000개를 넘어선 상태라고 하며, 서클이 만들어지는 데는 불과 몇 초에 불과하다고 한다. 이 미스터리 서클 내에는 어떤 음향이 암호화되어 발산되는데, 때문

2009년 6월 24일 영국의 윌터셔 주 바베리 캐슬에 나타난 크롭서클 - 한 번 죽었다 잿더미 속에서 다시 살아나는 불사조(不死鳥)를 상징한다고 한다. 이는 우리 인류가 2012년의 화려한 부활 또는 재생을 위해 죽음과 같은 정화의 과정을 거쳐야 함을 암시하는 듯하다.

에 서클 안에 들어갔던 이들 가운데 어떤 사람들은 자기 몸이 에너지적으로 변형되는 경험을 했다는 보고들이 있다. 심지어 외국의 어떤 여성의 경우는 미스터리 서클 위에 한 동안 누워 있다가 깨어나 보니 채널링 능력이 생겼다는 사례조차 존재한다.17)

직경 100m가 넘는 규모로 매우 복잡하게 만들어진 이런 서클들은 분명히 인간보다 과학적, 기술적, 영적으로 훨씬 더 진보된 고차원적 존재들에 의해 시도되고 있음은 두말할 나위가 없다. 물론 이런 존재들에는 고차원의 외계인들과 지저문명인들이 포함된다. 그들의 의도는 그런 초자연적 현상을 통해 인간들의 주의를 집중시킴으로써 우리에게 중요한 메시지를 전달하고자 하는 것이다.

영국의 저명한 미스터리 서클 연구가이자 여러 권의 관련 서적을 집필한 저자(著者)인 마이클 글릭먼(Michael Glickman)은 이러한 서클들의 지속적인 출현 의미에 관해 다음과 같이 말한다.

미스터리 서클 내의 밀대(줄기)는 구부러진 부분에 새로운 마디가 생겨나 계속 성장하는 특징을 보인다.

"우리 인류가 현재 크롭서클을 통해 메시지를 받고 있는 이유 중의 일부는 우리가 일종의 차원 전환, 주파수 전환, 밀도 전환, 또는 진동이 바뀌는 와중에 있기 때문이다. 그것은 우리가 지금의 견고한 사물과 직선적 시간으로 이루어진 기계적이고 단단한 뉴턴적(Newtonian) 현실로부터 시간과 물질, 양자(兩者)가 서서히 붕괴되어 의식(意識)에 의해 보다 영향 받기 쉽고 조종이 가능한 상태인 5차원의 현실로 바뀌는 것이다."

---

17) 영국의 채널러 패트리시아 코리(Patricia Cori)가 바로 그런 경우이다.

미스터리 서클 연구가 마이클 글릭먼

또한 마이클 글릭먼은 앞으로의 인류의 미래에 대해서도 이렇게 예견하고 있다.

"향후 10년 이내에 인류가 우리의 외계 형제들과 직접 소통하게 되리라는 것은 의심할 여지가 없다. 또한 이것은 기존의 정치적, 종교적, 경제적, 과학적 체제들이 무너지는 하나의 사건이 될 것이라는 사실도 명백한 것이다. 위기의 인류 대부분이 다가오는 5차원과 서클들의 메시지에 적응하여 순조롭게 옮겨갈 때까지는 인류의 행복은 담보되지 않을 것이고, 우리는 참으로 이러한 대변화에 대해 준비되지 않을 것이다."

2) 미스터리 서클들은 미래의 일을 상징적으로 예시하고 있다

마야의 예언은 우리가 현재 살고 있는 5125년 동안의 5번째 시대가 2012년 12월 21일에 끝나고, 곧 새로운 6번째 시대가 도래할 것을 암시한다. 아래의 서클 모습들은 미스터리 서클 연구가들에 의해서 바로 그것을 나타내고 있는 것이라고 해석되고 있다. 즉 2012년 말에 마야의 5번째 태양이 지고나면, 2013년 초에 6번째의 새로운 태양이 떠오를 것을 상징적으로 예시한다는 것이다.

(좌)측 서클 - 서서히 지고 있는 5번째 태양의 마지막을 나타내고, (우)측 서클 - 6번째 태양의 탄생을 상징한다.

이 서클 사진은 2012년 5월 20일 경에 일어나게 될 모종의 큰 사건을 상징하고 있다고 한다. 2007년 2월의 16차 연례 국제 UFO 대회에서 멕시코의 저명한 UFO 연구가 자임 모우샌(Jaime Maussan)이 발표했다. 우측이 자임 모우샌.

아래의 사진은 2008년 7월 15일과 23일, 약 1주일 간격으로 영국의 애브버리 매너(Avebury Manor) 벌판에 연이어 나타난 서클인데, 의미심장

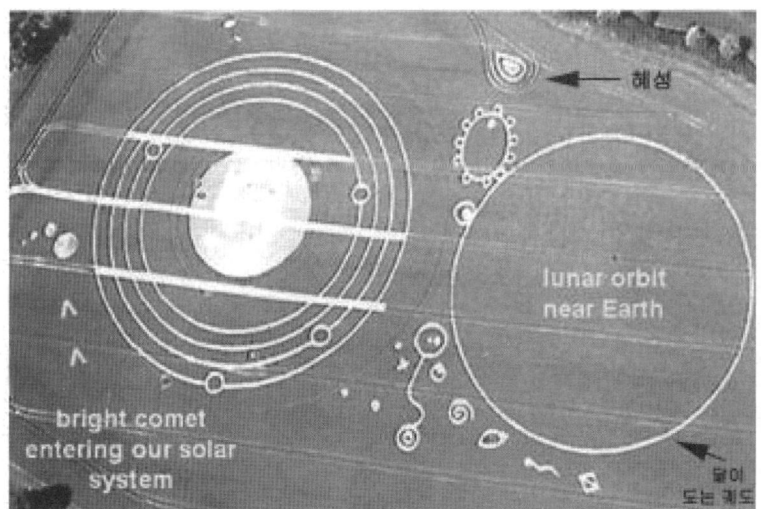

좌측의 서클이 2008년 7월 15일에 영국의 애브버리 매너(Avebury Manor) 벌판에 나타난 크롭 서클. 농장 주인이 이틀 후에 트랙터로 길을 내는 바람에 서클 원형이 손상되어 가로로 3개의 줄이 나 있다. 우측 것은 일주일 후인 2008년 7월 23일에 나타난 것이며, 아주 밝은 혜성이 나타나 지구 주변 달의 공전 궤도 가까이를 통과하게 될 것임을 보여주는 서클이다.

1장 지구변화와 2012년의 관계

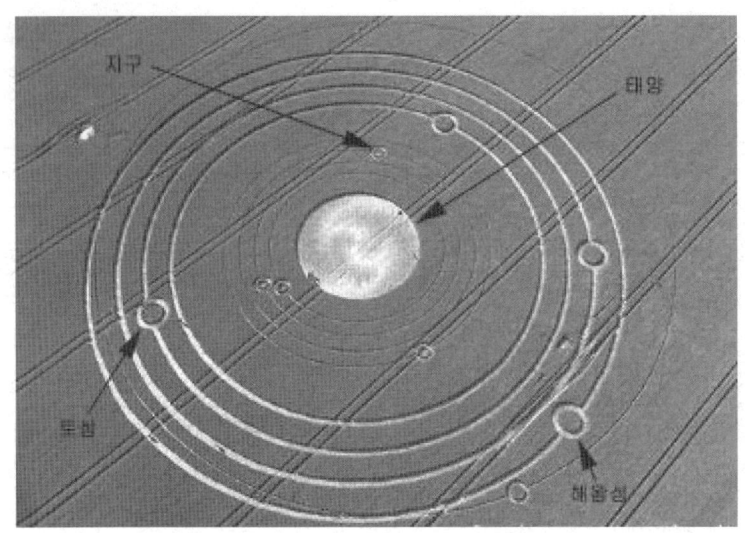

앞 페이지 사진의 좌측 서클의 원래 모습이며, 농장 주인이 트랙터로 손상시키기 이전에 찍은 사진이다. 전문 연구가들은 이것이 2012년 12월 23일에 나타나게 될 태양계의 행성 배열도라고 추측하고 있다.

하게 무엇인가를 암시하고 있는 듯하다. 현재 서클 연구가들은 좌, 우로 이루어진 이 한 쌍의 서클에 대해 이것이 미래의 특정 시점에 우리 태양계에 출현하게 될 모종의 천체현상을 묘사해 보여주는 것이라고 추정하고 있다.

먼저 좌측의 서클은 그 시점에 태양계 행성들의 배열 위치를 나타내고, 우측은 그 때 지구 주변에서 벌어질 하늘의 사건을 그림으로 보여주는 것이라고 한다. 그리고 그 특정 시점이라는 것이 바로 마야 예언이 지정한 2012년 12월이라는 것이다. 그렇다면 이 두 개의 서클에 담겨진 의미가 과연 무엇인지 한 채널러의 설명을 들어보도록 하자.

미국의 채널러 캐롤린 에버스는 메타트론

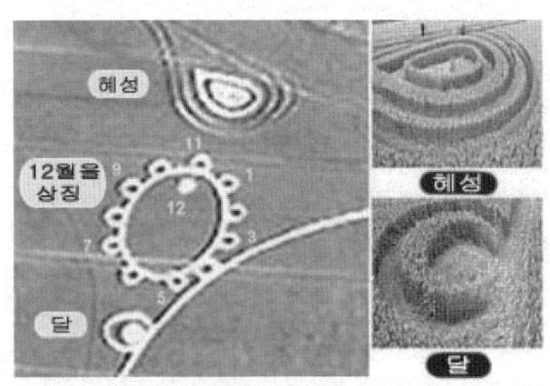

2012년 12월에 달 주변의 공전 궤도 가까이 혜성이 나타날 것임을 보여주는 서클 부위를 확대한 사진이다.

이나 미카엘 같은 대천사들 및 영단의 마스터들과 교신하고 있는 여성이다.

■ 위의 서클에 대한 채널러 캐롤린 에버스의 해석과 설명

"지구를 변형시키는 것은 2012년 12월에 통과하는 에너지이다. 지구뿐만이 아니라 그것은 우리 태양계 전체에 영향을 미친다. 그리고 그리스도를 상징하는 아이가 12월 28일에 태어날 것이다.

지구에 영향을 미치는 에너지가 블랙홀을 통과할 때 태양풍(전자 입자들)은 3일 동안 멈출 것이다. 물론 이 에너지는 태양계의 다른 행성들에도 영향을 미친다. 그 3일 동안 이 에너지는 지구상의 입자들을 완전히 바꾸어 놓을 것이다. 그것은 지구상의 모든 입자들 내부에 폭발을 일으키는 것과 같으며, 행성을 완전히 개조시킬 것이다. 그 때 이런 에너지 패턴의 변화에 견뎌낼 수 없는 많은 사람들이 있게 될 것인데, 그들은 여기에 준비돼 있지 않기 때문이다. 만약 그들의 몸이 정화돼 있지 않고, 이른바 정체된 과거의 탁한 에너지로 가득 차 있다면, 그들은 그 3일 동안에 세상을 떠나게 될 것이다. 그것은 일종의 처벌은 아니며, 다만 그들의 신체가 이런 에너지적 변화에 적응할 수 없게 될 것이라는 사실 때문이다.

모든 이들에게 영적으로 상승할 기회가 주어져 있지만, 육체에 가해지는 에너지 압력을 이겨내지 못하는 이들은 생존하지 못할 것이다. 세포내의 변화는 그들에게 과대해질 것인데, 여기에 준비되어 적응하는 사람들

두 서클을 다른 각도에서 잡은 모습

은 수정질로 이루어진 새로운 세포를 가지게 된다. 하지만 탄소에 기초한 세포를 가진 준비 돼지 않은 이들은 높아지는 이 거대한 에너지적 압력에 견뎌내지 못할 것이다. 또한 빛으로 전환될 의도가 없는 어둠의 성향을 가진 자들 역시 이 에너지 속에서 더 이상 존재하지 못할 것이다.

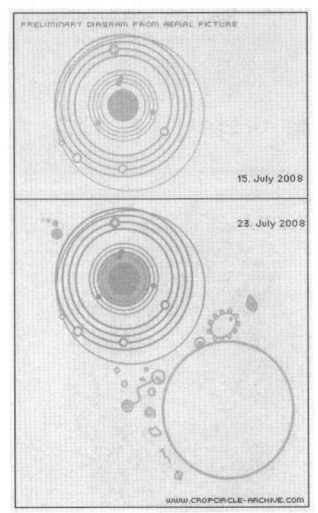

세상을 떠나는 이들은 그들의 에너지 진동에 적합한 다른 장소에서 태어나게 될 것이다. 어찌 보면 이것은 우주적 정의(正義)가 실현되는 순간이다. 모든 인간들은 그들이 행한 대로 보응을 받고 합당한 결과를 얻을 것이다. 그러므로 그 크롭 서클은 이 거대한 변화가 은하의 중심과 관계가 있음을 말하고 있다. 천체의 모든 것이 정렬됨으로써 에너지가 통과하여 지구로 곧바로 흘러들어올 수가 있게 되는 것이다. 그것은 일종의 자물쇠와 같은데, 그 자물쇠를 푸는 열쇠가 필요하다. 그리고 그 열쇠는 바로 2012년이 어떤 해이냐는 것이다. 우주의 거대한 이 태엽장치는 에너지가 통과하기 위한 어떤 형태의 정렬선을 가지고 있다.

이런 과정이 펼쳐질 때, 인류는 항상 미리 경고를 받아 왔다. 그리스도 아이가 2012년에 올 것이고, 그때 (서클에 묘사된) 혜성이 나타나 그의 도래를 선언하여 보여줄 것이다. 말하자면 그것은 그의 혜성인 것이다."

3) 미스터리 서클에 나타난 외계인 얼굴과 경고의 메시지

미스터리 서클에 관련된 흥미로운 사실을 하나 더 소개한다. 아래의 크롭 서클은 2002년 8월 15일 영국의 윈체스터 근처의 크랩우드(Crabwood) 농장에 출현한 거대한 크기의 서클이다. 보다시피 이 서클에는 특이하게도 외계인의 얼굴 모습이 그려져 있고, 그 우측 아래에는 둥근 디스크 형태의 모양이 새겨져 있다.

미스터리 서클에 이처럼 외계인의 얼굴이 그려진 경우는 희귀한 사례인데, 따라서 많은 서클 연구가들의 관심과 이목을 집중시킨 바가 있다.

곧 이어 크롭 서클을 연구하는 컴퓨터 공학자들은 이 둥근 디스크 안에 새겨진 농작물의 높고 낮은 모양이 중심에서 바깥쪽으로 같은 축을 그리며 일정하게 배열돼 있음을 주목하고, 이것이 곧 컴퓨터의 이진법(ASCII-코드)18)으로 되어 있다는 것을 알아냈다.

즉 여기에 새겨진 모양은 3가지가 있었는데, 높은 것과 낮은 것, 그리고 중간의 것이 있었다. 높은 것은 이진수(二進數)의 "1"에, 낮은 것이 이진수의 "0"에 해당되고, 매 9번째 것은 중간높이의 것으로 띄어쓰기 용의

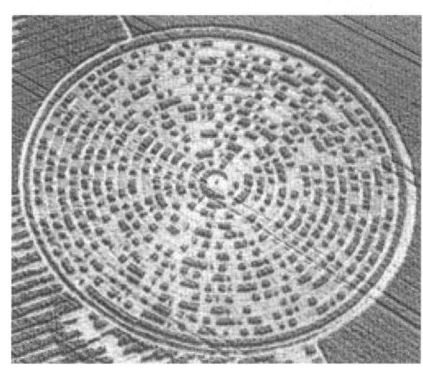

"공란(우측의 +표시)"을 나타낸다고 한다. 디스크의 맨 가운데서부터 반 시계 방향으로 시작되는 이진수는 아래와 같은 방식으로 배열돼 있었다.

---

18) 이진법(二進法)은 두 개의 숫자만을 이용하는 수(數) 체계로서 수학자 라이프니쯔가 발명하였다. 통상적으로 0과 1의 기호를 사용하는데, 이것으로 이루어진 수를 이진수(二進數)라고 한다. 이 이진법은 십진법의 1은 이진법에서는 1, 십진법의 2는 이진법에서는 10, 십진법의 3은 이진법에서는 11이다. 컴퓨터에서는 논리의 조립이 간단하고 내부에 사용되는 소자의 특성상 이진법이 편리하기 때문에 이진법을 사용한다. 디지털 신호는 기본적으로 이진수들의 나열이며, 컴퓨터 내부에서 처리하는 숫자는 기본적으로 이진법을 이용하기 때문에 컴퓨터가 널리 쓰이는 현대에 그 중요성이 커졌다. 이진법에서는 0과 1로 모든 수를 표현한다. 컴퓨터상에서는 각각의 자리를 비트(Bit)라고 부르며, 각각의 비트는 켜져 있거나 꺼져있는 두 가지 상태로 표시된다.

01000010+01100101+01110111+01100101+01110010+01100101

그리고 이렇게 배열된 첫 번째 6개의 코드를 해독하게 되면 아래와 같이 영문 단어 "Beware" 로 변환된다고 한다.

01000010 01100101 01110111 01100101 01110010 01100101
   B   e   w   a   r   e

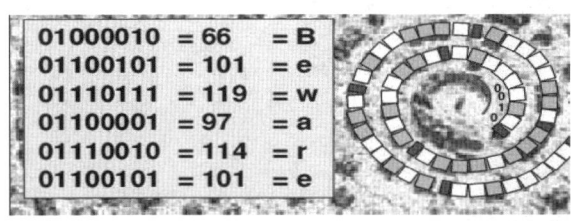

결국 연구가들은 원형 디스크 내의 담겨진 암호문을 모두 밝혀냈는데, 그 내용은 놀랍게도 다음과 같은 것이었다.

"Beware the bearers of FALSE gifts & their BROKEN PROMISES. Much PAIN but still time.   Belive. There is GOOD out there. We oppose DECEPTION. Conduit CLOSING."
(거짓 선물을 가져온 자들과 그들의 지켜지지 않은 약속들을 주의하라. 많은 어려움이 있지만 아직 시간은 있다. 믿으라! 저 바깥에는 선의(善意)의 존재들이 있다. 우리는 속임수에 반대한다. 도관(통로)은 폐쇄중이다.)

그런데 과연 여기서 말하는 거짓된 선물을 주고 속임수를 쓰는 자들은 누구를 의미하는 것일까? 미스터리 연구가들은 이 서클이 발견된 장소가 약 1년 전 소위 "아레시보 메시지(Arecibo Message) 서클"이라고 불리는 또 다른 미스터리 서클이 출현했던 곳과 불과 13.6km 떨어진 위치에 있음을 특이하게 보았다.
그럼 먼저 "아레시보 메시지"라고 부르는 서클은 무엇인가부터 살펴보자.
이 서클은 2001년 8월 21일에 영국의 햄프셔(Hampshire) 지역에 설치돼 있는 칠볼튼 전파망원경(Chilbolton radio telescope) 인근에서 발견된 것이다. 흥미로운 것은 이 서클의 모양이 그보다 27년 전인 1974년 11월 14일에 SETI(외계 지성체 탐색)[19]계획에 따라 NASA 과학자들이 푸에르토

---

[19]외계 지적 생명체가 있다면 지구로 전파를 송신하고 있을 것이라는 전제 아래, 우주로부터 오는

가운데 좌측에 있는 것이 <아레시보 메시지> 서클이고, 아래 보이는 것이 칠볼튼 전파 망원경이다.

리코(Puerto Rico)[20]에 있는 아레시보 전파망원경[21]을 통해 우주로 쏘아 보냈던 메시지와 비슷한 패턴을 가지고 있었고, 마치 거기에 대한 응답 메시지처럼 보였다는 사실이다.

당시 발사한 메시지의 목표지점은 지구로부터 25,000 광년 떨어진 M13(헤라클레스 자리 구상성단)이었는데, 나타난 서클과 마찬가지로 그것은 2진법 코드에 의해 작성돼 외계로 송출되었으며 [그림-A]와 같았다. 그리고 이것은 위에서부터 아래로 내려가며 섹션별로 다음과 같은 정보들을 담고 있었다.

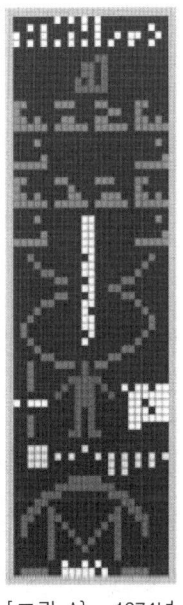

[그림-A] 1974년 11월에 SETI 계획에 따라 우주로 전송된 메시지

1. 숫자 1부터 10까지 설명
2. 인간의 유전자(DNA)를 구성하고 있는 원소들인 수소, 탄소, 질소, 산소, 인 등의 원자번호
3. DNA와 RNA와 같은 핵산을 형성하는 뉴클레오티드(nucleotide)의 인산-당과 핵산의 구조
4. DNA의 뉴클레오티드 숫자와 이중 나선 구조
5. 인류의 외형과 평균 신장, 지구의 인구수
6. 태양계와 지구의 형태

그런데 2001년에 영국 들판에 갑자기 나타난 크롭서클 역시도 마치 응

전파를 수신하여 분석하고 또 반대로 송신함으로써 전파를 통해 외계 지적 생명체를 찾아내고자 하는 나사(NASA)의 프로그램이다.
20) 북(北) 카리브 해 서인도제도의 중앙에 있는 미국의 자치령인 섬이다. 수도는 산후안이다.
21) 푸에르토 리코 (Puerto Rico) 아레시보 (Arecibo) 지역에는 세계에서 가장 직경이 큰 1,000피트 (305m)나 되는 전파 망원경이 있고, SETI (the Search for Extra-Terrestrial Intelligence)에서 1974년도에 이 전파 망원경을 이용하여 지구와 인류에 대한 메시지를 우주로 전송한바 있다. 인류의 존재를 외계에 알리기 위해 쏘아진 이 아레시보 메시지는 대략 209.87 바이트(Byte)에 해당하는 1679 비트의 2진법 숫자로 구성되어 있으며, 1000킬로와트의 전력에 의해 10Hz 주기로 변조되어 2,380MHz 주파수대로 전송되었다.

답처럼 이와 동일한 순서의 2진법 코드로 작성된 메시지를 담고 있었던 것이다. 2001년에 이 아레시보 메시지 서클이 나타나자 사람들과 일부 과학자들은 흥분했고, SETI 계획의 성공을 거두었다라고 생각했다. 하지만 미스터리 서클 자체에 기본적으로 회의적인 태도를 지닌 NASA의 SETI 관계자들은

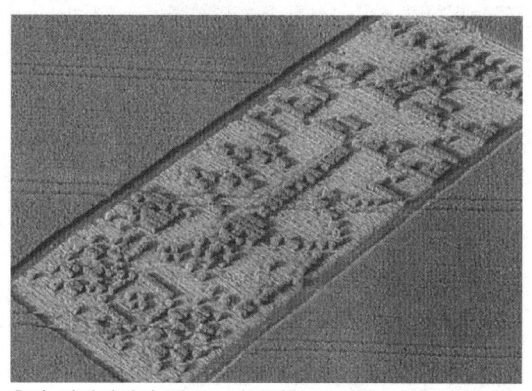

측면 가까이에서 찍은 <아레시보 메시지> 서클의 모습.

이 서클에 대해 공식적으로 냉담한 반응을 보였으며, 일부 미스터리 연구가들 역시도 누군가 인간이 만든 조작품이라고 보는 사람들도 있었다.

이 서클을 해독한 결과 거기에는 내용상 1974년에 SETI 계획에 의해 우주로 전송한 우리 인류에 관한 정보들과는 다른 몇 가지 정보가 담겨져 있었는데, 먼저 인간의 유전자를 구성하는 기본원소 외에 거기에는 원소번호 14인 규소(Silicon)가 하나 더 있었다. 그 다음으로 DNA 구조가 인간은 2중 나선구조인데 반해 거기에는 좌측에 선이 하나 더 있었으며

다른 각도에서 잡은 칠볼튼 전파 망원경과 서클

인간의 32억 개 보다 11억개 정도 많은 43억 개의 염기쌍을 가지고 있는 것으로 추산되었다. 뉴클레오티드의 개수도 달랐다. 그들의 생김새는 서클에 그려진 대로 머리와 눈이 크고 몸체는 작은 가분수형의 모습에 키는 약 1m 8cm이다. 이것은 전형적인 난쟁이 외계인의 형상으로서 그동안 지구에서 자주 목격되었던 그레이(Grey)[22]형에 해당된다. 그리고 자기들의 인구수는 대략 213억 명

[22] 이들은 제타 레티쿨리 성단에서 온 외계인들로 지난 40년 동안 지구상에서 가장 많이 목격된 형

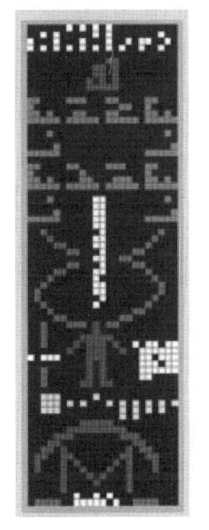 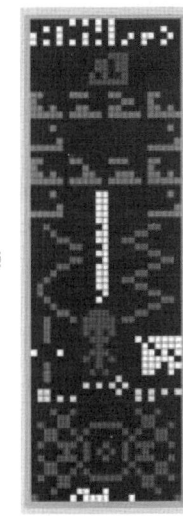 

[그림-C]맨 좌측이 1974년에 푸에르토리코에서 SETI 계획에 따라 외계로 발사한 메시지이고, 그 옆 가운데가 2001년 8월에 영국 햄프셔 지역에 나타난 <아레시보 메시지 서클>이다. (※그래픽화해서 정리한 이미지)
그리고 맨 우측은 <아레시보> 서클을 직접 상공에서 찍은 모습이다. 가운데 <아레시보 메시지 서클> 코드의 원래 모양은 반대 방향으로 돼 있으나, 아레시보 메시지와 비교하기 좋게 같은 방향으로 바꿔 놓은 상태이다

이라고 표시하고 있었다. 또한 그쪽 태양계에는 10개의 행성이 있고, 그들은 행성 3, 4, 5와 두 개의 위성에 살고 있다고 돼 있다.

그럼 여기서 앞서 살펴보았던 크랩우드(Crabwood) 농장에 출현한 외계인 얼굴이 그려진 거대한 크기의 서클 문제로 다시 돌아가 보자. 이 서클은 2001년 8월 21일 아레시보 메시지 서클이 나타난 장소로부터 불과 13.6Km 떨어진 얼마 안 되는 거리의 장소에서 1년 후에 2002년 8월 15일에 생겨났던 것이다.

결과적으로 우리는 시간적, 공간적으로 이 두 미스터리 서클 간에는 모종의 상호연관성이 있음을 충분히 유추해 볼 수가 있다 필자의 견해로 볼 때 이 <크랩우드 서클>은 한마디로 <아레시보 서클>의 내용에 대한 일종의 정면 부정내지는 반박으로 나타난 것이다. 다시 말하자면 <아레시보 메시지 서클>을 만들어 메시지를 보낸 자들, 즉 난쟁이 그레이 외계인들이 거짓으로 인류를 속이려는 존재들임을 명백히 우리에게 알려주고 있는 것이 <크랩우드 서클>의 메시지인 것이다. <아레시보 메시지 서클>이 마치 1974년에 SETI에서 보낸 메시지에 대한 응답

서클을 해독했던 컴퓨터 공학자 폴 비거

태의 종족들이다. 일반인들에게는 별로 알려져 있지 않지만, 이들은 그동안 그림자 비밀 세계 정부와의 밀약에 따라 지구상에서 DNA 실험과 이종교배를 위해 수많은 가축도살 및 인간납치를 자행해 바가 있다.

인양 교묘히 연출을 하긴 했지만, 그 메시지는 일종의 허구적 내용에 불과함을 크랩우드 서클은 분명히 밝혀주고 있다. 여기서 그 메시지를 다시 한 번 검토하고 분석해 보자.

"거짓 선물을 가져온 자들과 그들의 지켜지지 않은 약속들을 주의하라. 많은 어려움이 있지만 아직 시간은 있다. 믿으라! 저 바깥에는 선의(善意)의 존재들이 있다. 우리는 속임수에 반대한다. 도관은 폐쇄중이다."

1. 거짓 선물 - 아레시보 서클을 통해 보낸 그들의 허구적인 응답 자체를 뜻한다.
2. 지켜지지 않은 약속 - 아마도 그들과 협정을 맺었던 미국정부 배후의 세력들과의 관계를 암시하는 듯이 보인다.
3. 많은 어려움이 있지만 아직 시간은 있다 - 2012년에 있게 될 지구의 차원상승(전환)을 앞둔 시간적 상황을 말한다.
4. 저 바깥에는 선의(善意)의 존재들이 있다 - 자기들이 현재 지구 주변에 배치되어 활동하고 있는 인류를 도우려는 선하고 우호적인 외계존재들임을 나타내고 있다.
5. 우리는 속임수에 반대 한다 - 인류를 속이고 있는 난쟁이 그레이 종족에 대한 명확한 경고 내지는 입장표명이다.
6. 도관(導管)은 폐쇄중이다 - 그들이 지구를 드나들 때 이용하는 일종의 출입통로, 또는 에너지 공급원을 차단시키고 있는 중임을 뜻하는 듯하다.

무엇보다도 우리는 〈크랩우드 서클〉이 그레이 외계인의 대형 얼굴 모습을 분명히 묘사하고 있다는 자체에 주목해야 한다. 그것은 이 그레이들이 거짓된 사기꾼이고 믿어서는 안 되는 어둠의 종족임을 분명히 우리에게 알려 주는 것이므로 결코 이를 간과해서는 안 될 것이다.

크롭서클은 초기부터 지금에 이르기까지 선의(善意)를 가진 외계인들과 지저문명인들이 신성한 문양과 도형을 통해 인류에게 의미심장한 무언(無言)의 메시지를 전달하기 위한 수단으로 활용되어 온 것이 사실이다. 그런 와중에서 〈아레시보 메시지 서클〉의 경우는 단 1회성이었지만, 인류에게 혼란을 유발하기 위해 어둠의 그레이 종족에 의해 계획적으로 저질러진 장난질라고 보면 정확할 것이다.

CHAPTER-2
지구 문명의 전면적 대전환과 우주 사이클의 비밀

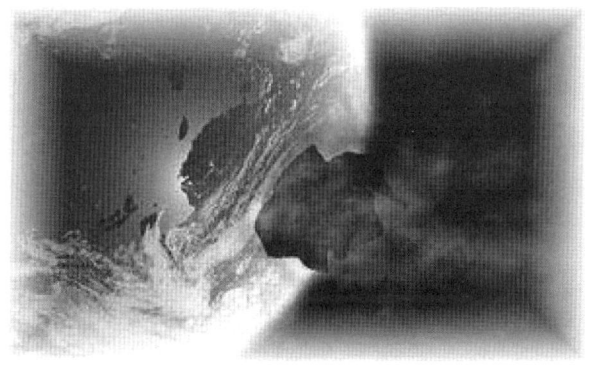

2장

지구 문명의 전면적 대전환과 우주 사이클의 비밀

1. 지구는 왜 새로운 차원으로 전환되어야 하는가?

지구의 지층(地層)은 장구한 시간에 걸쳐 이 지상에서 벌어졌던 모든 역사적 흔적을 고스란히 간직하고 있다. 1947년 우연히 고고학적 발굴과정에서 이라크 남부에서 발견된 1만년 이전의 지층에 나타난 핵폭발의 흔적은 무엇을 의미하는 것일까? 성경을 신봉하는 기독교인들은 인류의 역사가 불과 6,000년에 불과하다고 믿고 있지만, 지금까지 드러난 지질학적 증거나 고고학적 자료들은 이런 주장들을 쉽게 뒤집어 버린다. 또한 인류문명의 선사 유적들에는 오늘날의 과학으로도 해명되지 않는 수수께끼들이 널려있다. 이 모든 것들은 현재의 우리 인류가 알지 못하는 초고대 시대에 어떤 고도로 발전된 문명이 존재했음을 강하게 암시해 주는 것이다. 그리고 그 문명이 어떤 형태의 대격변이나 핵전쟁 따위로 멸망했을 가능성을 우리가 무조건 부정할 수만은 없을 것이다.

영국 윌트셔 주(州) 솔즈베리 평원에 있는 고대의 거석 유물인 스톤 헨지는 초고대 문명의 잔재로 추측되고 있다.

그런데 지구상의 다수의 종교들은 표현 용어야 어떻든 현시대를 '마지막 때'라고 이구 동성(異口同聲)으로 말하고 있다. 기독교의 말세나 여타(餘他) 종교의 말법(末法) 시대니 말대(末代)니, 선천(先天)이니 후천(後天)이니 하는 표현들은 결국 똑같은 이야기이다. 그리고 이렇게 '마지막 때'라고 규정하는 그 한시적 개념이야말로 우리가 살고 있는 세상에는 어떤 시간적인 '주기(週期)'가 있음을 암시하고 있는 것이다. 왜냐하면 시작이나 처음이 없다면 끝이나 마지막 또한 있을 수 없기 때문이다. 결국 우리 인간이 잘 알지는 못하나, 우주는 어떤 순환적인 일정한 사이클을 가지고 있으며, 이러한 주기가 계속 반복되면서 그 안에서 모든 문명이 생성과 발전, 그리고 소멸의 과정을 밟는다고 보면 크게 틀리지는 않을 것이다.

그렇다면 과거 언젠가에 우리가 살고 있는 현 문명 주기의 시작이 있었을 것이다. 주지하는 바와 같이 인류의 역사는 그 출발점을 대략 기원전(B.C) 4000~5000년경으로 추산해 기록하고 있다. 그리고 그 이전에 대해서 당연히 우리는 잘 알지 못한다. 인간 개개인이 자기의 갓난아기 시절을 거의 기억하지 못하듯이, 그런 회상 능력이 우리 인류에게는 없는 것이다. 그저 막연히 원시단계의 구석기, 신석기, 청동기 시대 순으로 발전해 왔을 것으로 현 인류학은 추정하고 있을 뿐이다.

그러나 이러한 추정이 그렇게 정확하다고 볼 수는 없다. 그 이유는 앞서 언급한 대로 인류역사 훨씬 이전에 어떤 고도의 문명이 존재하다가 대규모의 격변적 사건에 의해서 하루아침에 멸망해 버렸다는 많은 전설과 뒷받침되는 증거들이 또한 존재하고 있는 까닭이다. 외계인들과 천상의 메시지들은 이 부분에서 한결같이 그리스의 철학자 플라톤이 자신의 저서 〈대화편(對話篇)〉에서 최초로 언급했던 '아틀란티스(Atlantis)'라는 초고대 문명이 존재했음을 지적하고 있다. 아틀란티스는 오늘날 대서양상에 존재했던 대륙으로서, 지금의 과학 문명보다도 더 앞선 고도의 문명을 이룩하여 번성했다고 한다. 그러나 인간의 영적 타락과 과학기술의 오용(誤用), 기타 천재 지변에 의해서 갑자기 멸망해 버렸다고 언급되고 있다. 그리고 그보다 앞서 태평양상에 존재했다는 '레무리아(Remuria)' 또는 '무(Mu)'라는 대륙 역시 공통적으로 지적되고 있다.

먼저 영단의 마스터인 쿠트후미(Kut Humi) 대사가 이에 관해서 채널링을 통해 언급하는 메시지를 한번 살펴보도록 하다.

■ 고대 아틀란티스의 멸망과 앞으로의 인류의 운명

"지구가 현재 혼란 상태 속에 있는 이유를 이해하기 위해서 우리는 거대한 고대 아틀란티스 문명을 반추해 보아야만 합니다. 그렇습니다. 아틀란티스는 실제로 존재했습니다. 그것은 하나의 꾸며낸 허구의 이야기가 아니라, 과거 지구 속에 명백히 존재했던 문명인 것입니다.

아틀란티스 시대에 인류는 이 3차원적 세계의 환경을 통제하고 이해하는데 있어서 주목할 만한 정도까지 발전했었습니다. 그리고 그 시대에 지구와 그 주민들은 4차원적인 물리적, 영적성장의 단계로 인도될 수 있을 만한 지점에 놓여 있었습니다.

반면에 진보된 지식을 가지고 있었던 일부 사람들은 한편에서 그러한 지식으로 다른 사람들을 노예화하고, 자신의 영적인 힘을 다양한 방식으로 오용(誤用)함으로써 포악하고 교만해지기 시작했습니다. 그리고 이와 같은 영적인 힘의 남용이 너무 만연되었을 때 그것은 어떤 카르마적 힘의 반동(反動)을 받게 되었고, 결과적으로 문명의 극적인 붕괴와 멸망으로 귀착되고 말았습니다. 이러한 타락의 기간 동안 점차 아틀란티스 대륙과 그 주요 부분들이 대서양쪽으로 떨어져 나갔고 무너져 내렸던 것입니다.

한 시대에 걸쳐 한 때 위대했던 이 문명의 주민들은 그들이 가지고 있던 기술을 가지고 지구상의 여러 지역들로 이주했습니다. 그 흔적들이 오늘날 지구의 학자들을 매혹시키는 고고학적 불가사의로 남아 있는 유물과 유적들입니다.

대서양 바다 속에 수장된 고대 아틀란티스 문명

현대 고고학은 중앙 아메리카와 남아메리카, 영국, 그리고 이집트, 또 지구 곳곳에 아직 존재하는 이와같은 증거들을 설명하기에는 그 대부분에 관해 무지한 상태에 놓여 있습니다.

하지만 아틀란티스가 지구상에서 발전했던 유일한 문명은 아니었습니다, 고대에 사라져 버린 레무리아와 같은 다른 문명들도 있었지요. 레무리아나 아틀란티스의 수준까지 진보했었던 각 시대의 인류는 당시 지구의 의식 레벨을 4차원적인 깨달음의 수준으로 끌어올릴 수 있는 기회를 가지고 있었습니다.

그러나 결국 그것들은 모두 실패하고 말았습니다. 그리고 그 모든 실패의 원인은 바로 영적인 힘의 오용에 있었던 것입니다. 과거에 있었던 이런 실패들은 나중에 또다른 기회가 있었기 때문에 용인될 수가 있었습니다.

하지만 현재 우리 인류는 지구의 역사와 은하계적 진화의 사이클 속에서 이제 반드시 4차원과 5차원의 의식으로 올라서야만 하는 전환기의 주요한 시점에 와 있습니다. (채널링:J. 휘트필드)"

이처럼 지금으로부터 약 1만 2000년 전(前), 당시의 대격변으로 고대 아틀란티스 문명이 침몰한 이후, 다시 인류는 거의 원시 문명 단계로 퇴보했었다는 것이다. 인류의 기억 속에서 까마득히 망각되어 버린 이 고대 문명은 그리스의 철학자 플라톤(Platon)의 저서 〈대화(對話)〉편에 잠시 등장할 뿐이다.

그러나 비전되어 온 비교학(秘敎學)에서는 이 초고대 문명의 존재를 분명히 기록하고 있다. 또한 현대의 탁월한 심령 투시가였던 미국의 케이시 역시 트랜스 상태에서의 리딩(reading)을 통해 아틀란티스 문명이 실재했음을 분명히 언급하였다. 그렇다면 우리 인류는 아틀란티스 멸망 이후 서서히 물질 문명의 발전을 가속화하여, 약 1만년 만에 현재와 같은 소립자 물리학과 동물 및 인간 복제가 가능한 DNA 공학 단계에 도달했음을 알 수가 있다.

하지만 보다시피 인류는 오래 전에 있었던 멸망의 교훈을 망각한 채, 가시적인 물질과 기계 중심의 산업 문명에만 치중해 온 결과, 정신과 물질의 밸런스가 맞지 않는 기형적 지구 문명을 초래하고 말았다. 결국 비가시적(非可視的)인 심령의 세계를 도외시한 채, 물질적 탐욕 중심의 가치관으로 형성된 수준 낮은 3차원의 지구 문명은 또다시 자멸의 위기에 처하게 된 것이다.

인간은 지금 이 시간에도 대안(代案) 없는 마구잡이식 개발과 자연 파괴로 또 하나의 거대 생명체인 지구의 목을 죄는 악순환을 계속하고 있다. 그 결과 행성 지구는 자정(自淨) 능력을 상실한 채 중병을 앓고 있으며, 잃어버린 생체(生體)로서의 균형을 회복하고자 몸부림치기 시작했다. 해가 갈수록 증폭되는 기상 이변과 천재 지변 현상들은 이를 여실히 뒷받침 해주고 있는 것이다. 그런데 동양의 옛 도서(道書)인 <음부경(陰符經)> 상편(上篇)에는 이러한 중요한 구절이 있다.

天發殺氣(천발살기) 移星易宿(이성역수)
하늘이 살기를 발하면, 별들의 위치가 옮겨져 별자리가 바뀌고

地發殺氣(지발살기) 龍蛇起陸(용사기륙)
땅이 살기를 발하면, 용과 뱀이 일어나 땅으로 기어 나오고

人發殺氣(인발살기) 天地反覆 (천지반복)
사람이 살기를 발하면, 천지가 뒤집힌다.

지금 시대는 어찌 보면 이 구절대로 인간과 하늘, 땅 모두가 살기(殺氣)를 발하는 시대라고 할 수 있다. 그리고 그 모든 변동이 일어나는 원인의 중심에는 인간이 있는 것이고, 인류의 책임이 가장 막중한 것이다. 고서(古書) <음부경>은 이처럼 인간이 대자연에 저지른 악행과 더불어 우리가 발하는 부정적 사념들과 저진동의 에너지들은 이 지구에 엄청난 변동을 불러올 수밖에 없음을 이미 수천 년에 명확히 갈파하고 있는 것이다.

미국의 심령 카운슬러이자 채널러인 페이지 브라이언트(Page Bryant)도 지구 변화 현상은 나름대로 다 의미가 있다고 지적하였다. 그녀의 말에 의하면, 지진, 홍수, 화산 폭발 등의 지구 변화는 다음과 같은 매우 중요한 두 가지 조절 기능의 목적이 있다고 한다.

첫째, 이러한 변화는 자연과 다른 살아 있는 것들의 진화 리듬이 낮은 수준으로 떨어져 거꾸로 악영향을 줄 때, 인간의 자연의 오염 상태를 청소하는 기능을 한다.
둘째, 천재지변은 지질학상 살아 있는 지구의 진화에 필요한 자연적인 과정의 일부이다.

수많은 채널러를 통해 우주로부터 들어오는 메시지를 종합해 볼 때, 앞으로의 지구 변화 현상은 반드시 인류의 자연 파괴에 대한 인과응보적인 반작용 현상에 국한되는 것만은 아니다. 이와 더불어 우리 인간이 보다 나은 단계로 진화해 가듯 지구도 살아 있는 생명이기에 진화한다는 사실을 우리는 유념해야할 필요가 있다. 다시 말해서 우리가 현재 살고

있는 20세기 말과 21세기 초의 시점은 우주의 주기상 지구가 새로운 진화의 단계로 진입해야만 할 중요한 입구라는 것이다. 아울러 은하계내 변방에 위치한 우리 태양계와 세 번째 행성 지구는 이제 전면적인 대변화를 통해 한 차원 높은 세계로 상승하게 될 것이라고 한다.

인류의 모든 종교들 역시 오래전부터 말세나 마지막을 언급하고 있는 동시에 대환란 이후의 〈이상향(理想鄕)〉, 즉 새로운 세상의 도래를 또한 언급하고 있다. 그리고 이 새로운 세상은 육체적 죽음이 없이 누구나 영생을 누리게 되고, 고통이나 전쟁, 범죄가 완전히 사라진 꿈과 같은 낙원 세계라는 것이다. 이는 지금의 분열과 상극(相剋), 비극과 고통으로 얼룩진 번뇌의 세계가 끝나고, 인간이 영적으로 완성되어 상생, 화합하게 되는 완전히 새로운 유토피아적 세계를 뜻하고 있는 것이다.

지구상의 종교를 창시한 석가, 예수, 공자를 비롯한 여러 선각자들은 오래 전부터 바로 이러한 시대의 도래를 예언해 왔다. 바로 이런 세상을 일러 예수는 '지상천국' 또는 '천년지복(千年至福)시대'라 했고, 석가는 '미륵 용화세계(彌勒容華世界)'라 하였다. 또한 공자는 모든 사람들이 크게 하나로 화하는 '대동세계(大同世界)'라 하였으며, 우리 민족 종교계의 수운(水運) 선생이나 증산(甑山) 선생 등은 '후천선경(後天仙境) 세계'라고 표현했다. 뿐만 아니라 조선시대 남사고(南師古)나 김일부(金一夫) 선생 같은 선지자들 역시 《격암유록(格菴遺錄)》과 《정역(正易)》을 통해 이러한 시대의 도래를 예측한 바 있다.

그런데 우리 민족의 천부경(天符經) 사상은 오래 전부터 천지인(天地人) 삼재(三才)를 분리된 별개로 보지 않았다. 그리고 이 삼재는 삼합일체(三合一體)로서 본래 하나에서 나와 다시 하나로 돌아간다고 하였다. 여기서 천(天)이란 곧 우주(宇宙)를 뜻하고, 지(地)란 우리가 딛고 서 있는 행성 지구이며, 인(人)이란 우리 인류를 의미한다.

천, 지, 인이 본래 일체로서 서로 맞물려 돌아가는 것이 우주 법칙이라면, 우주의 시간대가 변하여 새로운 사이클(cycle)이 돌아올 때 지구가 여기에 맞추어 바뀌어야 함이 순리일 것이다. 아울러 지구 위에 살고 있는 인간도 이러한 천지의 변화에 발맞추어 낡은 껍질을 벗고 새로이 변화해야 하는 것은 너무도 당연한 이치이다. 그러므로 만약 인류가 이러한 우주적 변동의 시간대에 재빨리 변화, 적응하지 못한다면, '역천자(逆天者)는 망하고 순천자(順天者)는 흥한다'는 고래 동양 사상의 가르침대로 아마도 살아 남기 힘들 것이다.

그러나 안타깝게도 오늘날의 종교는 이와 같은 세상이 과연 어떻게, 어떤 과정을 거쳐 이 지구상에 도래하게 되는지를 잘 모른다. 아울러 인간이 지금 새 시대를 대비해 무엇을 준비해야 하는지도 모르고 있다. 그저 이 시대의 종교 성직자들은 대개 자기들의 종교를 잘 믿고 따르기만 하면 그러한 세상에 갈 수 있다고 가르치고 있을 뿐이다. 신도들 또한 막연히 그렇게 믿고 있는 정도이다. 반면에 채널링을 통한 천상의 메시지들은 이러한 부분에 대해서도 너무나 상세하고도 과학적으로 이를 설명해 주고 있다. 그들은 행성 지구에 다가오고 있는 새시대의 도래 과정을 한마디로 지구의 '차원상승(次元上昇)'이라고 말한다. 또는 지구의 '차원전환(次元轉換)', '차원변형' 등으로 표현하고 있다. 그리고 어떤 영적 존재는 이를 현 지구 사이클의 마지막 '영혼의 추수기(秋收期)'라고 말한 바가 있다.

2. 우주인들이 말하는 지구의 차원 상승이란 무엇인가?

차원(Dimension)이란 본래 기하학에서 사용하는 용어이나, 일반적으로는 어떤 '수준, 높이'와 같은 의미로 통용되고 있다. 그런데 우주인들과 영적존재들은 인간이 사용하는 이 용어를 빌어 우주의 구조를 설명한다. 우주는 한마디로 '다차원(多次元)' 내지는 '복합차원' 구조로 이루어져 있다는 것이다.

인간의 현대 물리학은 오래 전에 이미, 모든 물질을 이루는 근본 원소가 원자(原子)이며, 원자는 그 가운데의 원자핵을 중심으로 주위에 하나의 전자(電子)가 돌고 있는 형태로 구성되어 있음을 밝혀 냈다. 그리고 다시 그 원자핵은 양성자와 중성자로 되어 있으며, 이것은 또다시 쿼크(Quark)라는 더 작은 몇 개의 소립자(素粒子)로 이루어져 있다는 사실을 1990년대 들어 규명한 바 있다. 따라서 일단 물질을 전자나 소립자의 상태로까지 분해해 들어가면, 그때는 이미 그것이 어떤 고체적 입자가 아니라, 계속해서 진동하고 있는 하나의 파동상태, 다시 말해 살아 움직이는 에너지(氣) 상태임을 과학자들은 깨닫게 되었다. 한마디로 현대물리학은 우리의 지구를 포함한 우주란 죽어 있는 무생물이 아니라 끊임없이 움직이고 있는 하나의 거대한 파동체(波動體)이며 대생명(大生命)임을 밝혀낸 것이다. 그러므로 아무것도 정지해 있지 않으며, 모든 것은 움직이고 있고 진동하고 있는 것이다.

그런데 우주로부터의 가르침에 의하면, 우주를 이루고 있는 에너지의 진동은 모두 동일한 것이 아니라고 한다. 무거운 것은 가라앉고 가벼운 것은 위로 뜨는 자연 원리대로, 1차원의 아주 조밀하고 느린 진동 상태에서부터 10~12차원의 가장 가볍고 저밀도로 이루어진 빠르고도 높은 진동 상태에 이르기까지 다양한 진동수로 이루어져 있다는 것이다.

 단적인 예로 물질의 고체, 액체, 기체의 상태는 그것들이 동일한 원소로 이루어져 있으나 단지 진동수의 차이뿐인 것이다. 이처럼 진동수의 차이는 다양한 우주의 형상과 상태, 차원들을 만들어 낸다. 그리고 채널 정보에 따르면, 그 진동수의 차이는 바로 원자핵 주위를 돌고 있는 전자(電子)의 회전 속도에 달려 있다고 말해지고 있다. 전자의 도는 속도가 빠른 만큼 진동수가 높아지며, 그 스피드가 일단 빛의 속도를 넘어서게 되면 인간의 육안에는 보이지 않는 비물질의 세계가 되어 버린다는 것이다. 그러므로 이런 원리대로라면 다차원 구조의 우주 속에서 인간의 육안으로 파악할 수 있는 세계란 극히 일부분에 한정될 수밖에 없다.

 상대적으로 낮고 느린 진동으로 이루어진 세계가 바로 우리 인간들이 살고 있는 물질계이다. 거의 움직임이 없는 광물계를 1차원으로 본다면, 일부 운동성이 있는 식물계를 2차원, 그리고 면적과 부피의 공간적 움직임과 시간이라는 요소가 추가된 세계, 즉 인간계는 3차원의 세계인 것이다. 아울러 우리보다 진화, 발전된 우주인들의 세계와 영혼의 세계는 4차원 이상에 해당된다.

 그런데 여기서 한 가지 우리가 짚고 넘어가야 할 중요한 핵심은 우리 인간의 상념이나 의식(意識)이라는 것 역시도 하나의 진동이나 주파수의 형태로 작용하고 있다는 사실이다. 게다가 소위 영혼(靈魂)이라는 비물질적인 에너지체 자체도 결국에는 일종의 전자 파장이며 그 고유의 진동수를 지니고 있는 것이다. 그런데 그 진동이 일단 매우 빠르기 때문에 영혼은 인간의 육안에는 보이지가 않는 것이다. 이것은 UFO가 그 자체의 진동수를 높였을 때는 인간 앞에 떠있어도 보이지 않는 것과 똑같은 이치라고 하겠다.

 다시 처음의 주제로 돌아가서 이야기를 풀어 나가 보자. 그렇다면 앞으로 다가오고 있다는 지구의 차원 상승이란 무엇인가? 이것은 글자 그대로 지구의 차원이 높아져 현 3차원에서 4차원이나 5차원의 행성계로 변화된다는 이야기이다. 그리고 이것을 좀더 구체적으로 말하면, 앞서 언급한 지구계를 현재 이루고 있는 에너지 장(場)의 진동수가 보다 높이 상승된다는 의미인 것이다.

 호주 출신의 여성 채널러 자니 킹(Jani King)을 통해 교신하는 "프타아(P'taah)"라는 플레이아데스의 에너지체 존재는 이에 관해 이렇게 메시지를 전하고 있다.

"우주와 마찬가지로 여러분의 세계는 장차 4차원 밀도를 통과해 더 높은 진동수로 이동하며 물리적 밀도가 현재보다 덜 조밀하게 변화된다. 진동수가 높아지게 되면 지구가 새로운 차원으로 바뀌는 가운데 모든 원자와 분자가 더 가벼운 밀도를 지니게 되고 모든 것이 더욱 더 가벼워지게 된다. 게다가 그 원자 내부에 빛이 만들어지게 될 것이다. 그것은 인간뿐만이 아니라 식물과 동물군 그리고 여러분 행성 전체에 해당된다. 그러한 변화들이 고차원의 주파수와 공명했을 때 지구 안의 모든 것은 위로 끌어올려지고 빛을 발산하게 되는 것이다."

그런데 지구의 진동수가 높아지면 우리 인간은 어떤 상황에 처하게 될 것인가? 구체적 상상은 어려우나, 아마도 우선 지구의 환경이 지금과는 비교할 수 없는 천국이나 극락 같은 환경으로 변화하게 될 것이다. 왜냐하면 이것은 위의 메시지에 나타나 있듯이 우리 주위를 이루고 있는 물질의 입자가 더 가볍게 변화하고, 빛의 세계로 변형됨으로써 지구가 우주인들의 문명권과 동등한 세계로 진입한다는 것을 의미하기 때문이다.

그러므로 높아지는 지구라는 에너지장의 진동수에 맞추어 어떤 식으로든 이곳에 살고 있는 인간의 신체 구조도 변화하게 될 것이다. 이것은 곧 현재의 낮은 진동의 물질 육체가 보다 높은 진동의 비물질(非物質)이나 반물질체(半物質體)로 바뀌게 됨을 의미한다. 그리고 현재 겨우 5% 내외 수준에 머물러 있는 인간의 뇌세포 활용 및 잠재능력이 완전히 계발되어 한단계 높은 진화단계에 올라섬으로써 인간이 영체화(靈體化), 신인화(神人化)되는 시대의 개막을 뜻하는 것이다. 분명히 현재보다 좋은 꿈 같은 세상이 지구에 도래하는 것이다. 그럼에도 이런 새로운 세상이 탄생되기 위한 산고(産苦)는 필연적으로 있게 될 것이다.

그러나 여기서 우리가 간파해서는 안 될 한 가지 중요한 문제가 있다. 그것은 진동수가 높은 세계일수록 인간의 의식(意識)이라든가 마음이 중요한 요소로서 작용한다는 사실이다. 앞서 언급한 대로, 인간의 의식도 하나의 진동 주파수를 이루고 있으며, 끊임없이 그 상념 상태에 따라 외부로 파장을 발산하고 있다. 이런 염파(念波)의 원리를 이용해 외국에서는 생각에 의해 작동되는 기기들이 연구되고 있고 또 이미 그 초보적 형태의 기기가 개발되어 있기도 하다.

하지만 현재 우리가 살고 있는 3차원의 지구계는 매우 느린 진동으로 이루어진 둔중한 물질의 장벽으로 인해, 인간이 어떤 생각을 한다고 해서 그것이 즉시 외부에 영향이 미쳐져 금방 어떤 현상이 나타나지는 않는다.(※물론 일부 초능력자들은 염력만으로 물체를 휘거나 이동시킬 수가 있다. 그러나 이들은 보통 사람보다 상념의 집중도나 자체의 기(氣)가 몇 배 이상 강하

기 때문에 가능한 것이다)

그러나 진동수가 높은 4차원 이상의 세계에서는 이런 상황이 전혀 달라지게 된다. 즉 그런 세계에서는 누구나 어떤 생각을 집중하는 것만으로도 즉각 그것이 현상화(現象化)되거나 외부에 영향을 발생시키게 되는 것이다. 예를 들어 사과가 먹고 싶어 그것을 강력히 상상한다면, 대기 속에 존재하는 사과의 물질 원소가 바로 집결되어 사과가 만들어져 눈앞에 출현하게 될 수도 있다. 믿기 어려운 사실이나, 이것은 매우 가능성이 높은 이야기이다. 성경에서도 예수 그리스도는 물고기 2마리와 빵 5개로 수천 명이 먹고도 남을 분량의 빵과 물고기를 만들어 내는 기적을 행했다고 기록되어 있다. 바로 이러한 물질화(物質化) 능력, 다시 말해 물질 창조의 능력이 진동수가 높은 4차원 이상의 세계에서는 누구나 일상적으로 가능하게 될 것이다.

따라서 그러한 세계에서는 이런 능력이 지금의 인간 세상에서 여기는 것처럼 어떤 신비나 불가사의한 신통력이 아니며, 누구나 가지고 있는 일상적인 능력일 뿐이다. 고차원계의 우주인들은 UFO를 만들 때 그들의 상념의 힘만으로 창조해 낸다는 이야기가 있다. 이것이 우리의 눈에는 매우 황당해 보일 수 있으나, 같은 맥락에서 유추한다면 사실상 에너지의 진동수가 높은 세계에서는 얼마든지 가능하다고 보아야 한다.

아울러 이러한 세계에서는 우주선 같은 인공적 기기(器機)들뿐만 아니라 주위의 환경 자체가 이 인간의 상념 파장에 따라, 즉 생각만으로 작동되거나 인간에게 반응할 것이다. 지금의 우리 인간의 관점에서 볼 때 이와같은 세계는 매우 환타지적(Fantastic)이고 마치 어떤 마술이나 마법의 세계와도 같다.

그러나 이 우주 속에는 이러한 세계가 실제로 존재하고 있는 것이며, 인간 세상에 전해 오는 이에 관한 전설이나 상상은 외계의 그런 고차원의 세계로부터 흘러들어온 일부 잔재일 것이다. 동양의 신선(神仙) 세계에 관한 설화들은 이에 관한 가장 대표적인 전형이다. 오히려 이 우주에는 지구와 같은 물질세계보다는 이런 고차원 진동의 별세계(星界)가 더 광범위하게 존재하는 것으로 추정된다. 또한 그런 세계에 거주하는 존재들은 우리 인간과 같은 육체가 아닌 보다 가벼운 에너지체(에테르체)를 이루고 있을 것임은 쉽게 유추가 가능한 것이다. 그렇다면 이것을 반대로 뒤집어서 생각해 보았을 때, 다음과 같은 결론이 자연히 도출된다.

요컨대 정신적으로 성숙하지 못하여 의식(意識)이 불완전하거나 마음이 사악한 사람들은 이런 세계에 받아들여지거나 머물기가 힘들다는 것이다. 왜냐하면 이런 사람들의 불안정한 의식(意識)과 악상념(惡想念)은 그 세계 전체의 안정성을 깨뜨리고, 타인들에게 치명적이고도 막대한 악영향을 미칠 수 있기 때문이다. 또한 이 세계는 매우 민감한 파장의 세계이므로 그 구성원 서로의 마음을 누구나 읽게 되고 결과적으로 지금처럼 거짓말을 하거나 남을 속일 수가 없는 세상인 것이다.

한마디로 4차원 이상의 세계는 현재의 인간 세상과 같은 거짓과 범죄가 불가능한 세계이다. 그러므로 자동적으로 전쟁이나 범죄가 전혀 없는 천국이나 낙원 같은 세계로 변화할 수밖에 없는 것이다. 때문에 영적 진화가 덜 된 미성숙한 영혼들은 상식적으로 그 세계에 받아들여지거나 머무르는 것이 허용될 수가 없을 것이다. 그들은 우주법칙상 어디까지나 상념에 의한 즉시적인 물현(物現) 현상이 가능하지 않은 느리고 낮은 진동의 3차원의 지구와 같은 행성계에 태어나 반복적인 윤회 환생의 주기를 통해 수련받고 진화하도록 되어 있는 것이다.

이제까지의 모든 설명들은 행성지구의 진동수가 높아졌을 때, 필연적으로 우리 인간의 의식 상태도 병행하여 위로 끌어 올려지지 않으면 안 된다는 사실을 의미한다. 즉 우주의 각 행성들의 진동수는 거기에 거주하는 생명체들의 의식 상태 및 상념 주파수와 동조되어 있으며 그것을 그대로 반영하는 까닭에 주파수가 맞지 않는 존재들은 아마도 그 세계에 적응자체가 어려울 것이다.

이것은 다시 말해 앞으로 오는 세상은 심성(心性)이 선하고 의식 수준이 높은 의인(義人)들에게는 기쁜 복음이 될 것이나, 그렇지 못한 사람들에게는 해당 사항이 아니라는 것을 뜻하는 것이다. 그렇기 때문에 과거 모든 성인들은 나름대로 장차 새 시대의 도래를 예고하고 인간에게 마음 수양의 중요성과 선(善)을 권장하여 가르쳐 온 것이 아닐까 생각된다.

지구로 메시지를 보내고 있는 우수인들과 녕석 존재들도 차원 상승에 대비해 인류의 조속한 의식 각성(意識覺醒)을 촉구하고 있다. 아울러 그들은 선배적인 입장에서 새시대의 도래에 관해 인간의 마음의 눈이 떠지기를 간절히 염원하고 있는 것으로 보인다. 이에 관련된 내용들은 뒤쪽의 장(章)들에 실어 놓은 우주로부터의 메시지 내용들을 읽다보면 자연히 이해가 될 것이다.

2장 지구문명의 전면적 대전환과 우주 사이클의 비밀

3. 새로운 우주 사이클로 진입하는 지구와 태양계

1) 플레이아데스 빛의 사자가 전하는 우주의 주기와 운행 법칙

미국의 여성 채널러 아모라(Amorah)는 앞서 언급한 천지인이 일체(一體)로 순환하는 이와 같은 우주 운행 법칙을 자신이 받은 채널링 내용을 통해 소상히 밝히고 있다. 그녀는 플레이아데스(pleiades) 성계(星界)와 텔레파시 교신중인 영적 지도자인데, 플레이아데스 성단에서 온 빛의 사자(使者)인 이름이 '라(RA)'라고 하는 우주적 존재와 교신하고 있다고 한다.

'라'는 우리 태양계의 수호자 역할도 하고 있다고 하는데, 일반적 수준의 체(體)를 지닌 우주인이라기 보다는 이보다 한 단계 더 진화된 6차원 레벨의 영적 존재라고 생각된다.

아모라는 라와 교신하여 얻은 우주 사이클 (cycle)에 관한 메시지를 자신의 저서 〈플레이아디안 워크북(Pleiadian Workbook)〉에서 자세히 전하고 있다.
다음의 내용들은 그 핵심 부분을 대략적으로 요약하고 인터넷에 올라온 또 다른 채널러 바바라 핸드 클로우(Barbara Hand Clow)의 정보를 간추린 것이다.[1]

◆ 지구가 태양을 중심으로 공전하듯 모든 태양계도 은하계의 중심을 축으로 공전한다. 또한 거대한 은하계들 자체도 우주의 중심에 존재하는 위대한 중심 태양(The Great Central Sun)의 주위를 나선형의 궤도로 돌면서 이동하고

---

1) P.33~36. Amorah Quan Yin. The Pleiadian Workbook, (Bear & Company Inc.. 1996)

있다.
　마찬가지로 우리 은하계 역시 수십억 년이 걸리는 이러한 궤도 사이클이 한 번 종료되면, 거대한 나선형의 다음 우주 사이클에 들어가기 위해 대각선으로 이동하여 다음 궤도에 연결된다.

◆ 이러한 하나의 나선형 우주 사이클이 끝나고 다음의 새로운 우주 사이클에 진입하기 위해 은하계가 대각선으로 이동할 때, 그 모든 태양계와 거기에 소속된 행성들 그리고 그 행성에 살고 있는 거주자들은 동시에 새로운 진화의 주기(週期)로 들어가게 된다. 이러한 일들이 지금 일어나려 하고 있다.

◆ 현재 다음과 같은 세 개의 거대한 우주 사이클이 동시에 종료되어 가고 있다.
① 우주 내의 모든 은하계들이 우주의 중심에 존재하는 대중심 태양을 한 바퀴 도는 궤도인 길고도 긴 수십억 년의 사이클.
② 우리의 태양계를 포함한 모든 플레이아데스 태양계들이 우리 은하계의 중심을 2억 3000만 년에 걸쳐 한 바퀴 도는 사이클.
③ 지구와 우리 태양계가 은하계 내 지역 중심 태양인 플레이아데스 성단의 알키온(Alcyone) 항성 주위를 일주하는 2만 6000년의 사이클(※이 2만 6000년의 진화적 궤도 사이클은 은하 중심을 한 바퀴 도는 2억 3000만 년 동안 계속 반복된다고 한다).

◆ 이러한 세 개의 우주 사이클은 2012년까지 완전히 종료되며, 2013년부터는 새로운 우주 사이클이 시작된다. 그리고 새로운 우주 사이클이 시작되기 직전인 2012년까지 우주의 모든 은하계는 다음의 새로운 진화 궤도를 준비하기 위해 과거 카르마적 패턴(karmic pattern)의 철저한 정화(청소) 기간을 거치게 된다.

◆ 지구의 지금 이 시대는 우주의 고밀도 빛에너지 구역인 광자대(光子帶)로 진입하는 시기로 억조의 영혼들이 이 시기에 지구에 태어나려고 애쓰고 있다. 이것이 완료되는 때는 2012년으로, 광자대 안에서는 차원 간의 벽이 얇아지고 결국은 소멸하게 된다. 이런 시대에 돌입함으로써 사람들은 4차원을 마스터해야 한다. 광자대의 시기 전후에 벌어지는 변화는 급격한 이상 기후, 지구 변동으로 특징지어지는데, 3차원의 세계가 갑자기 4차원 이상의 세계로 들어가는 것이다. 지구 변화의 정점은 1998~2012년 사이가 될 것이다.

◆ 카르마적 정화(淨化)는 우주 사이클의 종료 시점에 항상 일어나게 되며, 이 기간 이전의 진화 주기 동안 미해결된 모든 것이 마지막으로 변형되거나 초월되기 위해 표면으로 떠오르게 된다.

이러한 집청소가 완전히 끝난 후에 비로소 새로운 궤적의 우주적 진화 사이클이 다시 시작되는 것이다. 그러므로 2012년까지 지구와 우리 태양계 그리고 우주에서는 다음과 같은 사건들이 필연적으로 진행된다.

① 지구는 극 이동(極移動)을 통하여 대지진, 홍수, 화산 폭발, 지각 변동을 유발함으로써 영적이고 물질적인 청소를 겪게 된다. 이 과정에서 태양과 관련된 지구의 궤도와 위치가 재조정된다.
② 이와 아울러 지구는 20세기 말을 전후해 은하계 내의 고진동, 고밀도 에너지 구역인 광자대(光子帶)로 진입한다. 이 기간 중(2012년까지) 인류의 일부는 영적인 성장과 도약, 재탄생을 이룩하게 될 것이다. 모든 원자가 변화하고, 육체 인간에서 죽음이 없는 영생(永生)으로의 전환이 순식간에 일어나게 된다. 또 인간은 12가닥의 DNA 구조를 되찾음으로써, 놀라운 정신적 능력이 계발되어 텔레파시나 염력 현상이 일반화된다. 2012~2013년경에는 지금과는 완전히 다른 세상 속에서 살게 될 것이다.
③ 지구상의 대변동 기간에 자신의 영적 진동수를 높이지 못해 육체적으로 도태되는 인간들은 윤회(輪廻)의 사이클을 통해 3차원적 진화를 다시 시작하게 될 물질 차원의 다른 행성으로 옮겨지게 된다.
④ 우리의 태양과 플레이아데스 성단의 모든 행성들은 한 궤도 주기를 완료함에 따라 오리온(orion) 성좌와 관련해 위치 조정이 이루어진다.
⑤ 오리온좌의 모든 별들과 태양계는 전면적인 대변동과 영적인 집청소를 겪게 된다. 즉 모든 행성들에는 극 이동이 일어나고, 그리하여 많은 행성들의 내부가 기화(氣化)되어 버리고 우리 은하계의 중심으로 통하는 입구로서 다시 열려지게 될 것이다.
⑥ 시리우스(syrius)는 은하계 내의 지역구와 우리 태양계를 특별 관리하는 대신에, 은하계의 영적인 신비 학교로 승격될 것이다.
⑦ 현재 플레이아데스 성단의 중심 태양인 알키온 주위를 공전하고 있는 지구 태양계의 현재 궤도 패턴은, 모든 플레이아데스 태양계들과 함께 시리우스를 중심으로 공전하는 궤도로 바뀌기 시작할 것이다. 시리우스는 우리 은하계 내의 새로운 중심 태양이 될 것이며, 플레이아데스 성단은 시리우스 성계(星界)의 일부로 편입될 것이다.

2) 지구영단의 한 대사(大師)가 밝히는 우주의 순환 사이클

이미 앞서 언급했던 쿠트후미(Kut Humi) 대사는 지구영단에 소속된 주요 마스터들 중의 한 명으로서, 20세기 초 블라바츠키의 신지학회(神智學

會) 창립에 배후에서 깊이 관여한 존재로 알려져 있다. 또한 라즈니쉬와 더불어 20세기 정신계에 큰 영향을 미친 크리슈나무르티의 영적 스승이기도 하였다.

다음의 내용은 채널러 조셉 휘트필드가 쿠트후미 대사로부터 받은 정보인데, 앞의 플레이아데스 메시지와 거의 유사한 내용이다.

"여러분이 알다시피 우리의 태양계는 우리 은하수 은하계의 한 부분입니다. 그리고 우리의 태양계는 은하계의 거대한 중심태양 주위를 인간의 시간으로 2억년 이상이 걸리는 공전 궤도로 돌고 있습니다. 이 거대한 궤도의 주기로 은하계의 중심을 선회하는 우리 태양계 공전에 관한 것은 다음과 같습니다.

우리의 태양계는 45억 년 전에 창조되었습니다. 이것은 은하계의 거대한 중심 태양 주위를 도는 우리 태양의 22번의 주기에 해당합니다. 이것이 완성되는 우리 전체 태양계의 시간 주기는 그것의 현재 진화 상태 속에 남겨져 있습니다. 보병궁 시대로 들어갔을 때(2013년에 시작) 우리 태양계는 은하계 중심 태양을 도는 새로운 궤도로 움직이기 시작합니다. 그리고 지구와 인류는 새로운 고차원의 진동 속으로 들어갑니다.

인간은 2억 6,000만 년 전에 지금의 거대한 공전궤도의 주기가 시작되었을 때, 우리의 태양계 속에서 생명의 진화를 시작했었습니다. 신성한 우주의 계획은 이 주기가 끝날때까지 우리 태양계의 모든 인류형 생명체들이 최소한의 우주의식(宇宙意識)을 성취케 하는 것이었습니다. 그리고 이제 쌍어궁 시대의 종료와 함께 현재 그 막바지의 결말에 다다르고 있는 중입니다. *이것은 지구상의 인간들이 즉시 우주의식이 무엇인가를 알아야만 하고, 자신들의 개인적인 의식 수준을 그러한 깨달음의 상태로 끌어올리기 위해 필요한 걸음을 시작해야만 한다는 것을 의미합니다. 만약 그렇게 하는 데 실패한다면 그것은 일시적인 자멸이 될 것입니다. 현재 상태로서의 지구인들은 지구에 다가오고 있는 새로운 진동주파수에 결코 견뎌낼 수가 없기 때문입니다.*

그런데 이 거대한 궤도의 주기 안에는 그보다 작은 많은 주기들이 있어 왔습니다. 아틀란티스 문명이 그 잠재력의 상태에 도달하지 못하고 실패했을 때, 그 우주의 계획이 완료되는 데 있어서 2만 6,000년의 황도대(黃道帶) 주기만이 남아 있었습니다. 현재의 쌍어궁 시대가 이제 막을 내리게 되면 이 2만 6,000년의 주기도 그 거대한 궤도의 대주기(은하계의 중심을 한 바퀴 도는 주기)와 더불어 동시에 끝나게 되는 것입니다. *행성 지구는 현재 그 주민들의 의식각성 상태가 아직도 우주적 수준에 이르지 못한 우리 태양계 내의 유일한 행성입니다.* 이러한 인류의 낮은 의식 수준은 이제 신성한 우주의 계획이 완료되는 데 보조를 맞추어 신속히 높아져만 합니다."

4. 동양철학의 역법(易法)이 전하는 삼변구복(三變九復)의 지구변화 이치

지구변화에 관한 이론과 정보들은 서양의 채널 쪽에만 있는 것은 아니며, 동양철학에서도 이미 오래전부터 이에 관해 정립된 이론이 있었다. 그것은 바로 역리학(易理學)이다.

본래 '易(역)'이라는 글자는 해(日)와 달(月)이 합쳐진 글자로서, 천체 운행상의 주기적인 변화를 나타낸다. 그런데 예언서 〈격암유록〉은 지구상의 역(易)이 항상 현재와 같이 고정되어 온 것이 아니라 희역(羲易:과거)→주역(周易:현재)→정역(正易:미래)의 순으로 변해 간다는 것을 밝혀주고 있다.

알다시피 지금은 주역 시대이며, 우리가 사주 팔자(四柱八字)를 보거나 괘(卦)를 뽑아 역점(易占)을 치는 것도 모두 주역에 의거한 것이다. 그런데 과거에는 지축의 변화에 따라 지금처럼 1년이 365일인 주역 시대와는 다른 시대가 있었다. 그리고 지구상의 역이 주기적으로 조금씩 변화하는 이유는 바로 지구 축(軸)의 기울기와 우주 공간상의 지구의 공전 궤도의 변화와 관련성이 있다.

우선 《격암유록》〈송가전(松家田)〉편에 나와 있는, 역이 세 번 변하리라는 예언 구절을 살펴보고, 그후 희역, 주역, 정역에 관한 내용을 차례차례로 설명하도록 하겠다.

易理乾坤循環之中(역리건곤순환지중) 三變九復(삼변구복)
儒佛仙三理奇妙法(유불선삼리기묘법) 易理出現(역리출현).
(역의 이치가 천지로 순환하는 가운데 세 번 변화하여, 아홉 가지 에너지로 구성된 팔괘 구성이 변복되는 시대가 돌아오네. 유불선 삼교의 순차적 원리가 여기에 부합되는 기묘한 법이 역의 이치로서 출현한다.)

[1] 과거의 희역시대(羲易時代)

少男少女先天河圖羲易理氣造化法 儒道正明人屬 七十二賢永家時調 乾南坤北天八卦 天地否卦春生之氣 八卦陰陽相配故로 相生之理禮義. 八卦磨鍊羲易法 四時循環 胞胎養生春生發芽 衰病死葬不免. 喜怒哀樂四時循一去一來纏次.
〈송가전(松家田)〉

(팔괘 중 간(艮:소남) 태(兌:소녀)가 주도하는 선천하도 희역 시대의 이기조화법에서는 천지인 삼재 가운데 인(人)에 속하는 유도의 진리가 인의예지를 올바로 밝혔다. 고로 공자와 그 제자 72명의 현인이 출현하여 영가 시조를 읊었으며, 건남곤북의 팔괘 배치로 하늘 위주의 천팔괘이다. 하늘과 땅 사이의 에너지 유통이 막힌 봄과 같은 기운의 시대였으나, 팔괘 배치상 음양이 서로 짝이 맞는 까닭에 상생지리의 시대로써 인간 사이의 예의가 밝았다. 팔괘가 갈고 닦이는 희역 시대에는 사시가 순환되므로 생명을 임태한 후 일정 기간 뱃속에서 길러 낳듯이 씨앗이 싹트는 봄의 시대이며, 늙고 병들고 죽어 장사 지냄을 면할 수 없다. 인간의 희노애락과 춘하추동의 사계절의 순환이 한 번 가고 한 번 오는 순차를 되풀이한다.)

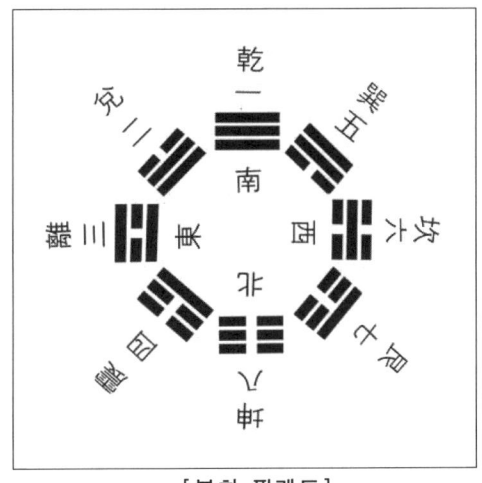

[복희 팔괘도]

희역시대란 대략 지금으로부터 3500년 전(前)경 이전, 즉 중국 요대(堯代) 이전의 시대로 1년이 지금보다는 조금 긴 366일인 시대를 말한다. 이것은 당시의 지축 기울기와 지구 공전 궤도가 지금과는 약간 달랐음을 암시하는 것이다.

'희역(羲易)'이란 복희팔괘도(伏羲八卦圖)를 완성한 고대 중국의 삼황(三皇) 가운데 한 사람이며 신인(神人)이었던 태호복희(太昊伏羲)의 역(易)을 의미한다. 그런데 태효복희씨는 사실 중국 한족(漢族)이 아니라 우리 동이족(東夷族)이었으며, 고대 환웅시대 제6대 환웅(桓雄)이었던 다의발(多儀發) 환웅의 아들이었다고 한다.

아마도 그는 스스로 한족이 사는 지역으로 건너가 그들을 지도했을 것이고, 그 결과 오늘날 중국의 전설상의 신인(神人)이자 삼황의 한 사람으로 남아 있는 것이다. 또한 그 당시 이러한 팔괘를 만들만큼 에너지학에 정통한 것으로 미루어 볼 때, 본래 그는 본래 지구인이 아니라 우주로부터 내려온 고급영혼이었을 가능성이 높다. 이 팔괘도(八卦圖)는 고대의 신인 태호복희씨가 당시에 지구가 받고 있던 에너지의 작용 상태를 표시해 놓은 일종의 부호도(符號圖)라고 보면 된다.

역(易)의 괘(卦)를 이해하기 위한 사전 예비 지식으로서 간단히 이에 관해 설명하자면 다음과 같다. 작대기가 하나 그어진 '一'은 양(陽)의 에너지를 의미하고, 작대기가 나뉘어 짧게 두 개 그어진 '--'은 음(陰)의 에너지를 뜻한다. 이를 일러 보통 양효(陽爻), 음효(陰爻)라고 칭하는데 이러한 효(爻)가 3개씩 모여 조합된 것이 "괘(卦)"들이다. 그런데 기본적인 괘가 ☰[건(乾)], ☱[태(兌)], ☲[이(離)], ☳[진(震)], ☴[손(巽)], ☵[감(坎)], ☶[간(艮)], ☷[곤(坤)], 모두 8개이므로 이를 일러 "팔괘(八卦)"라 하는 것이다.

이러한 8개의 괘들이 교차적으로 2개씩 조합되어 8×8=64, 즉 흔히 말하는 주역(周易)의 64괘가 된다. 그러므로 8괘나 64괘는 모두 어떤 에너지(氣)의 작용 상태를 나타내는 하나의 부호와 같은 것이다.

이제 이러한 예비 지식을 가지고 복희씨의 팔괘도를 보면 우주 에너지가 들어와야 하는 남방 하늘에 3개의 양효(陽爻)로만 조합된 건괘(乾卦)가 배치되어 있음을 볼 수가 있다. 그런데 양(陽:十)이란 본래 외부로 방출하는 성질이지, 음(陰:一)과 같이 흡수, 수용하는 성질이 아니다. 때문에 이는 하늘에 지구에서 복사되어 되돌아가려는 양 에너지가 몰려 있음으로 해서 하늘이 막혀 있음을 뜻하는 것이다. 그러므로 우주로부터 에너지가 직통으로 들어오지를 못하고 복사 에너지만 하늘에 짙게 쌓여서 맴돌므로 이 시대에는 햇빛이 충분치 못했다. 이로 인해 수목이 잘 자라지 못하고 싹이 트는 정도에 그쳤다고 한다.

마찬가지로 인류의 문명도 고대 아틀란티스 문명의 멸망 이후 원시적 단계에서 새로 출발하는 시대였으므로 춘하추동 가운데 봄과 같은 시대였다. 괘상(卦象)에 나타난 바와 같이 음양이 서로 짝이 맞음으로 해서(※팔괘도 배치상 대칭적으로 마주보는 괘들이 모두 음, 양으로 짝이 맞는다) 十, 一 에너지가 화합되어 상생 시대였다. 때문에 지금같이 인간들 상호간에 지나친 투쟁심이나 살기(殺氣), 증오심, 탐심 등이 별로 없었고, 예의가 매우 바른 시대였다. 또한 인간의 인지(人智)가 그다지 발달되지 않았던 초기 시대이므로 모든 것이 하늘에 의해서 주도되던(天八卦, 天尊) 시기였던 것이다.

구체적인 예로 고대 이집트 문명이나 우리 민족의 환국(桓國)시대, 환웅(桓雄)시대에는 우주로부터 많은 우주인 지도 세력이 직접 내려오거나 또는 인간으로 태어나는 간접적인 방식으로 인류 문명을 지도하고 가르친 바가 있었다. 아울러 성현 공자(孔子)는 이 시대 말기에 나타나 인의예지(仁義禮智) 유도(儒道)를 밝혀 72명의 제자를 배출했다. 덧붙여 하늘에 짙게 쌓인 에너지층에 의해 태양의 해로운 자외선이 차단되어 있음으로써, 인간의 수명은 현재보다 훨씬 길었던 시대였다(※구약성경에 셋은

920세, 에노스는 905세, 마할랄렐은 895세를 살았다고 기록되어 있다. 아마도 그들은 모두 이 시대의 인물들이었을 것이다).

[2] 오늘의 주역 시대(周易時代)

先天河圖已去 後天洛書到來 中男中女後天洛書 周易理氣變化法 佛道正明
地屬 五百羅漢阿彌陀佛 離南坎北地八卦로 火水未濟夏長之氣 八卦陰陽着
亂 相生變爲相克. 八卦磨鍊周易法 四時動作一般 浴帶冠旺夏長之理 衰病
死葬如前 溫熱凉寒四時到來 晝夜長短纏次.
〈송가전(松家田)〉

(선천하도 시대가 이미 지나가고 후천낙서 시대가 도래하니 팔괘 중에 감(坎:중남), 이(離:중녀) 괘가 용사하는 주역시대이다. 이때는 이기 변화법으로 천지인 삼재 중에 지(地)에 속하는 불도의 진리가 바르게 밝혀져, 석가모니와 그 제자 500나한이 배출된 나무아미타불 시대였다.
이남감북의 팔괘 배치로 에너지가 땅에서만 맴도는 지팔괘의 시대로 화수미제괘(火水未濟卦)이며, 한창 분열 성장하는 여름과 같은 기운이다. 팔괘의 음양 배치가 착란되어 있어 상생이 변하여 상극으로 되었다. 주역 시대 역시 사시동작은 마찬가지이며 욕대관왕(浴帶冠旺)의 여름 성장 시대의 이치로다. 생명이 태어나 늙고, 병들어, 죽어서 장사 지내는 것은 여전하며, 따뜻하고, 덥고, 서늘하고, 추운 사계절의 도래와 낮과 밤이 길어졌다 짧아지는 것이 되풀이된다.)

현재와 같이 지축이 23.5도의 기울기로 고정되고, 1년이 365와 4분의 1일로 된 시기는 대략 지금으로부터 3500여 년 전 이후라고 한다. 지구상의 역(易)이 바뀌는 근본 원인은 이미 언급한대로 지축의 경사와 공전 궤도가 달라지는 데 있다.

그러므로 앞서 설명한 1년이 366일이었던 희역 시대에서 지금의 주역 시대로 넘어 오게 된 데에는 당시 어떤 천체상의 변동 사건이 있었음을 말해주는 것이다. 그 사건은 우리 태양계에 침입해 들어온 혜성에

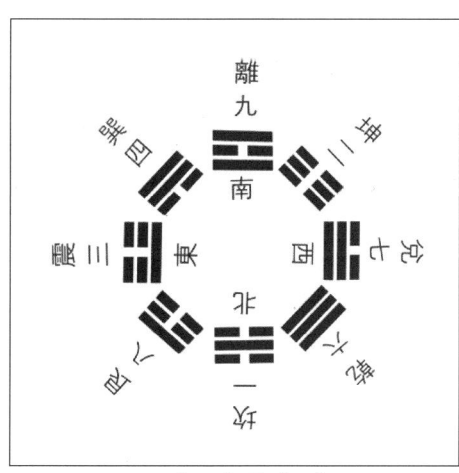

[문왕 팔괘도]

원인이 있었던 것으로 추측된다. 대혜성 하나가 나타나 지구를 비껴가면서 지구의 궤도와 지축의 경사에 약간의 변화를 줌으로써 지구 전체의 에너지 질서가 뒤바뀌게 된 것이다.

이 당시의 지구의 에너지 상태를 표시해 놓은 '문왕팔괘도'를 살펴보면, 이남감북(離南坎北)의 팔괘 배치로 우선 우주 에너지가 들어오는 남방(위쪽)이 막혀 에너지가 바로 들어오지 못하고, 돌아서 들어오며, 다시 돌아서 나갈 수밖에 없다. 또한 대칭적인 팔괘의 배치상으로도 음, 양이 맞지 않아 에너지가 서로 상극으로 작용하게 되어 있다.

고로 이 시대의 지구인들은 이러한 에너지의 영향을 받아 모든 것이 분열, 대립, 투쟁의 역사이며 살생(殺生)과 육식(肉食)을 당연시한다. 또한 영성(靈性)이 지극히 저급하여 남을 짓밟고, 시기하며 자기중심의 이기적 삶을 영위하는 자들이 대다수이다. 아울러 지구의 에너지 작용이 조화되지 못하고 그 진동주파수가 낮음으로 해서, 인간은 성인(成人)이 되기까지의 성장 속도가 느리고, 또 전생(前生)을 대부분 기억하지 못한다.

게다가 그 뇌세포의 상당 부분이 활성화되지 못해 잠자고 있고, 지극히 한정된 3차원적 시야에 갇혀 살아가다 보니 의식(意識)이 열려 있지 못하다. 먹는 음식도 우주 에너지가 충분치 못하여 하루 세 끼를 먹고도 곧 육체가 노쇠하여, 병들고 땅에 묻힌다. 수명이 짧다 보니 우주의 다른 행성에 비해 신속히 윤회 환생(輪廻還生)이 이루어지는 곳이 또한 지구이다.

주역 시대에는 우주 에너지가 땅에서 맴돌아 나가기 때문에, 지기(地氣)가 뭉친 명당(明堂)이 있으며, 곡식을 땅에 심어 정(精) 에너지를 섭취하게 되었다. 이러한 지기의 상승으로 인해 수목이 울창하게 자라나고, 모든 생명의 분열, 성장이 왕성하므로 여름과 같은 도수(度數) 시대이다. 바로 이러한 시대, 지금으로부터 약 3,000여 년 전에 지구영단의 인류계도 계획에 따라 하생하신 석가모니 부처가 지구상에 출현하여 천지인 삼재 중 지(地)에 속하는 불도(佛道)를 펴시고, 올바로 밝혀 500명의 아라한(阿羅漢) 제자를 배출하였다.

이때는 모든 것이 지상 중심으로 돌아가는 시기이므로 '지존(地尊) 시대'이다. 23.5도 기울어진 지축의 경사와 타원 공전 궤도로 인해 극한, 극서의 극지(極地)와 적도 지대가 생기고, 봄, 여름, 가을, 겨울의 사계절이 순환 반복됨으로써 인간의 체구가 작아지고 수명이 매우 짧아졌다.

[3] 곧 도래하게 될 정역 시대(正易時代)

後天洛書又已去 中天印符更來 長男長女印符中 天正易理奇造化法 仙道正明天屬 一萬二千十二派 坤南乾北人之八卦 地天泰卦人秋期 八卦陰陽更配合 相克變爲相生 八卦變天正易法 四時循環永無故 浴帶冠旺人生秋收 衰病死葬退脚. 不寒不熱陽春節 夜變爲晝晝不變 長男長女仙道法 四時循環無轉故 胞胎養生 衰病死葬 浴帶冠旺 永春節 不死消息. 儒佛仙合皇極仙運手苦悲淚 衰病死葬一胚黃土 此世上.

　　　　　　　　　　　　　　　　〈송가전(松家田)〉

(후천낙서 시대가 또 이미 지나가고 중천인부 시대가 다시 오니, 팔괘 중 진(震:장남), 손(異:장녀) 괘가 용사하게 되는 이때는 정역시대로서 기묘한 조화법이 나타난다. 이 시대는 하늘(天)의 조화법에 속하는 선도(仙道)가 올바로 밝혀져, 12지파에서 1만 2000명씩의 신인(神人), 선인(仙人)들이 출현한다.
곤남건북의 팔괘 배치는 인팔괘로서 지천태괘이며, 정역 시대는 인간 종자의 가을 추수기이다. 팔괘의 음, 양이 다시 짝이 맞게 배합됨으로써 상극이 변하여 상생이 된다. 팔괘 배치가 달라지는 정역의 법에서는 사시(춘하추동)가 영원히 없어지는 고로, 욕대관왕(분열 성장)된 인생을 추수하여 늙고 병들고 죽어서 장사 지내는 일이 사라진다. 춥지도 덥지도 않은 따뜻한 봄과 같은 계절에 밤이 낮으로 변하고, 낮은 변하지 않는다. 손(장남), 진(장녀)의 선도법은 사계절의 순환이 없어지는 까닭에 영혼이 입태하여 태어남이 있을 수 없고, 늙고 병들어 장사 지낼 일도 없다. 항상 청춘의 봄과 같은 계절에 불노불사의 소식이 반갑기만 하구나. 유불선 삼교가 합일되는 황극의 선운(仙運)에서는 수고와 슬픔과 눈물흘림이 없어지니, 죽어서 땅에 묻혀 한줌의 흙으로 돌아가는 일이 어찌 다음 세상에 있을 수 있단 말인가?)

　정역(正易) 사상은 특이하게도 우리나라 사람에 의해서 정립되었는데, 이조말기의 선지자이신 일부(一夫) 김항(金恒) 선생이 그 주인공이다. 정역 시대는 앞서 언급한 대로 지구의 지축 변동과 공전 궤도의 변화와 더불어 오게 된다. 향후 어떤 한 시점에 우주 천체의 큰 변화가 일어나 지축의 기울기와 궤도가 바뀌게 되는 것이다. 일정 규모의 천재지변 후에 모든 종교가 고대해 온 천국과 극락 같은 이상향(理想鄕)의 세계가 지구상에 도래하게 되는데, 이때는 한 달이 정확히 30일이 되며 1년은 360일이 된다. 불완전한 주역(周易)이 완성되어 '바르게 된 역(易)'이라는 의미에서 '정역(正易)'이라고 한다.
　따라서 지금과 같이 역(易)의 불균형성에서 생겨나는 4년마다의 윤달(閏月)과 윤일(閏日)도 없어진다. '정역팔괘도'를 보면 우주 에너지(天

[정역 팔괘도]

氣)가 들어오는 위쪽에 음효(陰爻) 3개로만 조합되어 있는 곤괘(坤卦)가 배치되어 있음을 볼 수가 있다. 때문에 정역 시대에는 우주 에너지가 지구로 직통으로 쏟아져 내리게 되며, 이것이 인체 변화를 일으켜 인간은 신선화(神仙化)하게 된다. 또한 팔괘 배치가 대칭적으로 음양의 짝이 딱 맞아 있으므로 이 시대는 운기(運氣)상 완전한 음양합일(陰陽合一)의 시대이다. 고로 지금과 같은 반목, 대립, 투쟁과 분열의 상극 시대가 끝나고 다시 상생 시대로 환원된다. 또 앞으로의 시대는 땅에 곡식을 심어 그 곡식을 먹음으로써 생명을 유지해 가는 것이 아니라, 신선의 운기(運氣) 시대이므로 우주 에너지를 인체가 직접 흡수하여 우주의 정기(精氣)만으로 살아가게 되는 세상이 될 것이다.

더불어 이때는 인간 종자를 추수하는 가을도수 시대이므로 영적(靈的)으로 성숙된 사람들만이 생존할 가능성이 높으며, 과거와 같은 윤회 환생이 종결됨으로써 최종적으로 인간 완성이 이루어지는 인존(人尊) 시대이다. 또한 여상남하(女上男下)의 지천태(地天泰) 괘가 암시하고 있듯이, 천하가 조화롭고 화평한 세계로 변화한다. 주역 시대와는 달리 우주 에너지가 땅을 거쳐 인체에 대사되지 아니하므로 수고로이 농사를 지을 필요도 없고, 풍수(風水)나 명당(明堂)도 사라진다. 게다가 앞으로는 사주(四柱), 관상(觀相) 등의 운명술도 전혀 쓸모가 없어진다.

1980년대 중반부터 우리나라에 일기 시작한 선도(仙道), 기공(氣功), 단전호흡 등에 관한 사회적 관심과 열풍은, 앞으로 이러한 선도 문명 시대가 도래하려는 하나의 시대적 징조이다. 정역 시대는 바로 이와 같은 신선문명(神仙文明) 세계인 동시에 진화된 우주인들과 동등한 5차원 우주 문명 시대인 것이다. 신선(神仙)이라 함은 그 체(體)가 우리 인간과 같은 저진동의 물질체가 아니라, 보다 높은 진동수로 이루어진 에테르체의 존재들을 의미한다. 지구 인류보다 한 단계 이상 진화된 은하인류(우주인)들이 바로 여기에 해당된다.

정역 시대의 인류는 육체라는 껍질을 벗고, 불로불사(不老不死)하는 제

3의 영적 생명체로 진화함으로써 기존의 생로병사의 인생고(人生苦)와 슬픔에서 완전히 해방된다. 또한 지구의 환경도 일변하여 현재와 같은 극한(極寒), 극서(極暑) 지역이 없어지며 봄, 여름, 가을, 겨울의 4계절도 사라져 사시장춘(四時長春) 항상 봄과 같은 살기 좋은 기후가 된다. 아울러 밤이 없어지고 항상 낮만 있는 빛나는 유리 광명의 세계가 된다 하니, 지금의 인간들로서는 상상하기가 어렵다.

이와 같은 신선 세계에서는 영혼이 모태에 입태(入胎)되어 자궁에서 열 달 동안씩이나 자란 후 태어나는 일도 사라진다. 또한 인체가 신선의 체(體)로 탈바꿈된 이후에는 불로불사(不老不死)하게 되므로 늙고 병드는 일도 없으며, 죽어서 그 시신을 땅에 묻어 장사 지낼 일도 아예 없다는 이야기이다. 그리고 정역 시대가 도래하면 전세계인 중 12지파에서 1만 2000명씩 총 14만 4000명의 깨달은 완성체, 신인(神人)이 출현하게 될 것이라는 예언이다.

이들을 불교적 용어로 표현하면 도통군자(道通君子)요, 기독교적 표현으로는 '그리스도 의식화된 존재들'이라 할 수 있다. 마지막으로 지구가 5차원 신선 문명화되었을 때, 현존하는 물질계와 영계(靈界)의 벽이 허물어져 양쪽 세계가 통일되므로, 영적승격을 성취하는 일부 사람들은 아마도 돌아가신 선조(先祖)나 부모의 영혼들과 다시 상봉하게 될 것이다.

5. 2012년과 지구변화에 관한 여러 채널러 저자(著者)들의 다양한 견해들

아래의 내용들은 다양한 천상의 메시지를 받아 기록한 여러 채널러 저자들의 저서(著書)에서 관련 주요 내용들을 발췌, 정리한 것이다. 따라서 일부는 채널러 개인의 견해인 것도 있지만 사실 대다수는 채널링된 메시지들이다.

□ 패트리시아 페레이라(Patricia Pereira) - 아르크투루스 외계인 교신자

*우주적 주기에 관한 내용은 우리 선조들에게 전혀 새로운 것이 아니며, 여러 고대문명들의 전승과 역사의 일부였다. 예컨대 마야인들은 그것에 대해 열정적으로 연구했고, 그들은 자기들의 천문학, 우주종교의 토대를 형성했다. 이것은 또한 2160년의 쌍어궁시대의 종결과 보병궁시대의 시작, 중앙아메리카인들의 5번째 세계의 마감, 그리고 힌두교에서 말하는 칼리유가(Kali Yuga)의 종결을 의미한다.

인도의 신성한 문헌인 베다(Veda)는 과거에 번영하다 쇠퇴해 사라져버린 수많은 문명들이 포함된 수백만 년에 걸친 창조의 주기에 대해 언급하고 있다. 우리가 빠르게 다가가고 있는 우주적 시간속에서의 중요한 갈림길인 2012년은 마야인들과 아즈텍인들, 호피족, 기타 많은 종족들에 의해 예언되었다.

□ J.J. 허택(Huetak) - 저서 <an introduction to the keys of Enoch>에서

*지구대기권 내의 전자기적 밀도의 변화는 어떤 인종은 더욱 난폭하게, 또 어떤 인종은 그리스도와 같은 인간이 되도록 활성화시킬 것이다. 이처럼 인간은 위쪽의 빛의 소용돌이로 끌어올려지거나 낡은 전자기주파수의 쇠퇴에 의해 더 추락하게 될 것이다. 그리고 이것은 지구의 생태계의 완전한 재편을 가져올 것이다. 창조의 새 역사가 이루어지기 전에 지구는 북극과 남극의 자기(磁氣) 지역이 엄

청난 지자기 변화와 대이변을 겪을 것인데, 지축의 회전력을 방출함으로써 그 힘이 지각(地殼)을 새로운 상태로 회전시킬 것이다.

자기장(磁氣場)은 무색투명하며 추수를 위한 준비이다. 이 지역 은하 우주의 창조주는 지구상에 남아 있고 장차 졸업하여 새로운 빛의 생명계로 가게 될 고결한 인간들을 모을 것이다. 그리고 그것은 빛의 자녀들 대 어둠의 자녀들 사이의 전쟁 이후에 일어날 것이며, 새시대는 대변화에서 살아남는 모든 인류에게 열려질 것이다.

□ 패트리시아 커몬드(Patricia Kirmond) - "천상에서 온 메시지(Messages From Heaven)"의 저자

*새로운 주기(週期)는 이전 주기의 카르마가 청소되기 전까지는 새로 시작될 수가 없다. 사람들이 이해하기 어려운 것은 이 기간 내에 상당한 카르마의 작용이 마땅히 일어나게 돼 있다는 것이다.
*이와 마찬가지로 사람들은 증가된 카르마의 응보에 직면함으로써 그들은 주기가 바뀌기 전에 최대한으로 카르마적 균형을 잡을 수가 있는 것이다. 이것은 여러분이 감당할 수 있는 한계점까지 몰아넣는 일종의 시험이 될 수가 있다.
*황금시대가 개막되기 이전에 모든 카르마가 균형을 이루기 위해 다가올 것이다.

□ 노마 밀라노비치(Norma Milanovich) 박사 - <We The Arcturians>의 저자 겸 아르크투루스 외계인들과 교신하는 채널러

*지구가 현재 통과하고 있는 이 전환기는 사랑하는 테라(지구)의 역사에 남아 있는 그 어떤 경험과도 다를 것이다. 다시 인류가 머지않아 새 시대에 경험하게 될 정신능력과 영적 승격의 기회를 다시 맞이하기 위해서는 또 다른 26,000년을 기다려야 할 것이다.

행성 지구는 자신을 둘러싼 부정적 에너지를 정화하기 위한 준비단계에 착수했다. 여러분은 이미 격렬한 기상의 변화와 지진, 화산폭발들과 함께 이런 징조를 목격하고 있으며, 이것은 계속될 것이다. 인류의 에너지는 사랑하는 테라(Terra:지구)를 너무나 오랫동안 오염시켰다. 이 청소작용은 완료되게 될 것이다.

*알다시피 모든 행성과 태양계는 현재 지구가 경험하고 있는 것과 같은 유사한 시련과 변천기를 겪는다. 우리는 우주의 어떤 존재들에게도 가장 어려운 탄생 과정을 돕기 위해 이곳에 온 것이다. 지구상의 주민들은 돌아갈 수 없는 길에 서있다. 이 여정에서 그들은 새시대로 진입하기 위해서 고수돼야 하는 특성은 빛과

노마 밀라노비치 박사

사랑뿐이라는 것을 깨달아야 한다. 영혼은 자신이 숙달한 하나를 선택해야 한다.

거기에는 오직 두 가지 선택만이 있는데, 하나는 빛과 사랑이고 나머지는 두려움이다. 친애하는 형제, 자매들이여, 시간의 포탈(Potal)이 이 새로운 차원의 주파수로 진입하는 시기를 마감하기 전에 자신을 위해 이 선택을 하도록 하라.

그렇다고 이러한 황금시대로 들어가는 선택을 하지 않는 사람들에 대한 처벌은 없다. 그리고 오늘날 지구의 수많은 영혼들은 자신의 신성한 의식(그리스도)으로 이 여정을 시작할 준비가 아직 안 돼 있다. 유일한 처벌은 여러분이 지구상에서 정의해 놓은 시간뿐이다.

그러나 상위 단계로의 진화를 내켜하지 않은 사람들은 그 새시대의 입구가 다시 열려질 때까지 적절한 시기를 기다려야 한다. 이 입구는 지금부터 대략 26,000년 후에야 다시 열려지게 될 것이다.

☐ 성 저메인(St. Germain) 대사 - 지구영단 소속의 마스터

*2012년은 여러분의 현 시대 내에서도 그 정점에 해당된다. 그 해는 무한성으로 들어가는 집합점(촛점)이다. 우주에는 주기 안에 주기가 있고, 주기 안에 주기가 있다. 또한 현재 끝나가고 있는 수많은 다른 주기들이 있다.

지금 행성지구에 모든 관심이 집중되고 은하계의 모든 연합체들이 우리 태양계 내의 이 지역으로 몰려와 있는 이유는 지구의 밀도차원이 바뀌고 있는 과정에 있기 때문이다. 그런 변화는 또한 3차원 밀도의 지구만이 아니라 지구의 아스트랄체와 에테르체, 영체에도 일어나고 있다. 2012년이라는 이 특별한 해는 이 모든 것이 바뀌는 시기이다.

☐ 아이타브(Aitabh):신성한 집단의식의 에너지

채널링:라샤(Rasha)

*그리스도 의식(Christ Consciousness)이라고 하는 것은 위대한 영적시대에 생존하는 모든 영혼들이 도달하게 될 의식(意識) 상태이다.

*이 행성에 육체로 태어나 머물 운명을 가진 자들은 이번의 지구변동이 끝이 아니라 시작이라는 이해를 할 필요가 있다. 역사적으로 중대한 새로운 시작인 것이다. 그리고 이와 같이 정화(淨化)가 일어나는 것은 여러분 행성의 역사에서 처음

이 아니라는 사실을 기억하도록 하라. 행성지구의 물리적이고 카르마적인 오염을 청소하는 것은 부정적인 현상이 아니라 오히려 긍정적인 것이다. 영원(무한)의 관점에서 볼 때, 이러한 변화는 그 시대의 상태와 육화한 영혼들의 의식이 반영되어 주기적으로 일어나는 사건이다.

*여러분은 이제 반드시 냉정한 머리와 신(神)에게 집중된 가슴을 가지고 어떤 상황에도 대처하는 훈련이 돼 있어야 한다. 이러한 시대가 보여주는 영적인 사이클의 정점(頂點)은 신성한 의지임을 알라. 그리고 낡은 것의 청산은 새 시대의 탄생을 위해 필수적인 것이다.

□ 패트리시아 페레이라 (아르크투루스 외계인들과의 교신 채널러) -
　　　　저서 <Song of Arcturians> <Songs of Melantor>,
　　　<Arcturian Songs of the Masters of Light>에서

패트리시아 페레이라

* 인류 앞에 다가오고 있는 두 가지의 갈림길이 있다. 단지 예상되는 변화들뿐만이 아니라 대이변과 더불어 2012년경에 인류의 운명행로에는 분기점이 나타날 수가 있다. 그 하나의 길은 우리가 지금 살고 있는 물질적인 3차원의 삶을 계속 지속하는 것이다. 다른 하나는 새롭게 열려진 높은 차원의 길로서 이는 이미 오래 전에 예언된 황금시대로 진입하는 길이다. 그 선택은 우리가 하는 것이며, 우리가 삶을 어떻게 사느냐, 어떻게 행동하느냐에 따라 우리에게 전개되는 길이 결정될 것이다.

*여러분의 행성 지구는 그 진동이 3차원의 밀도 상태에서 우주에 의해 불어넣어진 고조파에 따라 4차원과 5차원의 밀도로 재구성되고 있다. 지구는 양자적(量子的) 사건의 한 가운데 있다. 급격하게 촉진되고 가속화되고 있는 시간은 지구와 그 주민들의 대규모적인 차원전환을 준비하기 위해 현재 일어나고 있는 에테르적인 조정 작용이다.

*이에 따라 도덕성이나 윤리적인 고결함이 결여된 인간들과 난폭한 행위로 자신의 에너지를 낭비하고 있는 자들에게는 분명한 경고가 주어진 것이며, 그들은 미래의 새로운 세상에 남는 주민들 속에 끼여 있지 못할 것이다.

*우리는 우리의 종자인 귀중한 스타시드들(Star Seeds)을 거두어들이기 위해 왔다. 가까운 그 날에 우리는 그들을 모아서 고향으로 수송할 것이다.

*어머니 지구는 그녀의 얼굴을 덮고 있는 산업폐기물들과 오염물질들을 제거하기 위한 과정을 시작했다. 그녀는 자신의 섬세한 피부에 고통을 주는 질병과 부패물들을 모두 털어버리기 위해 스스로 준비하고 있다. 다가오는 대변동에서 살아남는 사람들은 지구의 가장 위대한 연주회에서 특별석에 앉게 될 운명이다.

*많은 이들이 스타쉽(Star Ship)이 지구에 왔을 때 상승하지 못할 것이다. 인류의 대다수는 아직 우주법칙의 개념을 이해하거나 지구가 살아 있는 존재라는 생각을 할 수 있을 만한 단계까지 진화하지 못했다. 많은 미성숙한 영혼들이 필요성에 의해 어둠의 길을 갈 것이다. 비록 그 길이 낮은 세계일지라도 그 행로는 발전해가는 영혼들이 반드시 거쳐야만 하는 것이다.

*마지막 때의 사건들은 신성한 계획에 따라 주의 깊게 연출되고 전개될 것이다. 인류문명의 멸망에 관한 불길한 예언들에도 불구하고 새로운 여명의 세계가 여러분같이 스스로 깨어나기로 도전한 용감한 인간들의 노력에 의해 건설될 것이다. 불사조(不死鳥)처럼 여러분은 완전히 새로운 지구사회를 재건하기 위해 구시대의 잿더미에서 솟아오르고 있다. 자신들이 은하계 중심부의 존재들과 혈통적으로 연결돼 있음을 아는 이 새로이 구축된 세계의 주민들은 평화와 조화, 조건 없는 사랑 속에서 살 것이다.

□ 에일린 캐디(Eileen Caddy) - 핀드혼 공동체의 공동설립자
<Flight into Freedom God speak to me>에서

*이것은 모든 영혼들에게 전환점이다. 죽음을 물리치고 각 영혼들은 선택을 해야만 한다. 즉 빛이나 어둠을 향해 돌아서야 하는 것이다. 우주의 힘은 정해진 순간에 방출되었고 우주로 울려 퍼졌다. 이제 아무것도 멈춰지지 않을 것이다.

전체 우주에 거대한 변화가 막 일어나려하고 있다. 그것은 시련의 시기가 될 것이다. 여러분 각자는 이 대변동이 다음 단계로 올라서기 이전에 반드시 필요한 것임을 인식하고 어떤 두려움이나 근심을 갖지 않는 것이 중요하다.

□ 바바라 핸드 클로우   채널러, 점성학자, <Mayan Code>의 저자

*나는 우리 인류가 현재 우주사회로부터 감시받고 있음을 의심치 않으며 … 우리는 마땅히 그럴 만 하다고 생각한다. 나는 평화주의자이고, 인간이 섬뜩한 폭

력과 잔인성의 수준으로는 플레이아데스나 우주의 어떤 사회로도 진출하는 것이 허용되지 않을 것이다. 우리가 변화할 때까지 인간의 폭력은 우주사회로부터 우리를 계속 봉쇄시킬 것이다.

*한 여성 영적교사로서의 나의 전망으로는 사악한 마음을 가진 지구의 과학자들과 세계 지도자들이 우주로부터 지구를 계속 고립시키기 위해 대기권 밖 우주공간의 군사전용화를 획책하고 있음은 명백하며, 그럼으로써 그들은 자기들의 힘과 (인류에 대한) 통제를 유지할 수가 있다.
마야달력의 시기가 가속화되는 타이밍과 우주사회의 계획이 동시 발생적으로 진행되고 있음이 확실한 까닭에 나는 태양의 흑점이 우주공간의 군사전용화를 저지하기 위해 폭발할 것으로 믿는다.
 대규모적인 태양의 화염과 분출물들이 전쟁을 일으키고 폭력을 우주로 전염시킬 수도 있는 군사기술을

바바라 핸드 클로우

파괴할 것이다. 이것에 대해서는 의심의 여지가 없으며, 태양이 일으킬 지구변화, 의식의 변화, 기상변화가 2008년~2012년 동안에 대변화를 가져오게 될 것이다.

□ 켄 케리(Ken Carey) - <Starseed Transmission>의 저자,

*여러분은 현재 새로운 세계로 진입할 수 있는 기회를 부여받았다. 그것은 볼 눈이 있는 이들에게는 이미 주어져 있다. 머지않아 그것은 볼 수 있는 유일한 현실이 될 것이다. 새로운 사랑의 주파수에 동조될 사람들은 날마다 더욱 경이로운 삶을 발견할 것이다. 하지만 두려움의 주파수에 동조될 이들은 모든 것이 붕괴돼 가는 것을 발견할 것이다. 인간의식의 세계는 사랑의 생명의 세계와 두려움과 죽음의 세계로 나누어져 더욱 뚜렷하게 구체화되기 시작할 것이다.
*현 시대의 여명이 동트기 이전인 5세기경에 우리는 유카탄(Yucatan) 정글 속에 살고 있던 당시 깨어난 이들에게 시간표를 가져다 주었는데, 그것은 주의 깊게 돌에 새겨져 기록되었다. 마야달력은 현재 해독되었다. 그 안에는 지구의 대전환기의 날짜가 기록돼 있으며, 그것은 1988~2012년까지로 나타나 있다. 이 25년간의 격렬한 주기의 마지막 해에 해당하는 2012년의 동지(12월 21일)에 그 정화작용이 완료될 것이고, 현 (3차원의) 인류역사가 영원히 마감되는 것이다.

□ 프타아(P'taah)의 메시지　　　　　　*채널러: 자니 킹(Jani King)

*이제 여러분이 아는 것과 같은 세상이 더욱 더 혼돈 속으로 빠져들게 되는 이 시기를 인류가 이해하는 것은 매우 중요하다. 이런 변화는 단지 지구에만 한정된 것이 아니며, 지구변화는 은하계에 영향을 미칠 것이다. 모든 것이 하나됨의 상태로 들어가는 이 전환은 눈 깜박할 사이만큼이나 빠르게 이루어질 수가 있다. 변형을 원하지 않은 이들에게는 그런 경험이 일어나지 않을 것이다. 언제나 그것은 여러분의 선택이다.

☐ 앤드류 스미스(Andrew Smith) - <The Revolution of 2012>의 저자, 채널러, 영적교사

*2012년은 지구가 이미 오래 전에 5차원의 의식(意識)으로 진화한 우리 태양계 내의 다른 행성들과 다시 합류하는 때이다. 지구는 무수한 세월 동안 3차원의 의식에 머물러 왔는데, 이것은 특히 아틀란티스의 멸망에 관여했던 어둠의 존재들의 카르마와 지구를 지배하는 세력들의 조종 때문이었다. 하지만 이제 지구는 그녀 자신뿐만이 아니라 태양계 전체의 성장과 진화를 위해서도 반드시 5차원의 의식으로 올라서는 것이 필요하다.

우리 우주의 영원한 창조의 과정은 계속적으로 변화하고 진화하는 우주법칙의 지배를 받게 돼 있다. 인류의 근원, 즉 대창조주와의 영구적이고도 사랑어린 연결은 지구가 5차원 의식으로 진화할 때 지구상의 모든 생명의 새로운 패러다임을 이루는 토대이다.

☐ 드룬발로 멜기세덱(Drunvalo Melchizedek) - <Serpent of Light Beyond 2012>의 저자, 명상지도자

*2012년 12월 21일에 천문상 분점(分點)의 세차운동 자체가 완료될 것이다. 그리고 다른 13,000년의 새로운 주기가 시작될 것이다. 이때 인간의 삶을 통제해온 과거의 사이클과 낡은 남성적 방식은 혼란 속에 있게 될 것이다.

그 시기에 여성은 인류를 빛으로 되돌려 인도하는 지휘를 하게 될 것이다. 그리고 2013년 2월 18~19일에 마야는 새로운 주기의 첫 의식(儀式)을 거행할 것인데, 그것이 처음으로 도처의 모든 생명이 개인적인 방식으로 서로 인간애를 주고받도록 촉발할 것이고, 인류는 신속히 남아 있는 지구상의 사람들을 치유하기 시작할 것이다.

2013년 2월 19일 경에 지구의 인구수는 급격히 감소할 것이지만, 그때 지구상에 여전히 남아 있는 사람들은 그 세상의 새로운 방식으로 사랑과 배려를 진정으로 보여주기 시작할 것이다. 내가 말하고자 하는 요점은 (2013년까지 남아 있는) 앞으로의 몇 년이 인류역사상 가장 중요한 해들이 될 것이라는 사실이다.

CHAPTER – 3
당신은 혹시 "스타 피플" 인가?

3장

당신은 혹시 "스타 피플(Star People)"인가?

1. 스타 피플의 정체

요즘 TV를 시청하다 보면 모 회사 핸드폰 광고에 "넌 어느 별에서 왔니?"라는 재미있는 멘트가 나오는데, 어쩌면 이런 시류적 현상 자체가 일종의 중요한 비밀을 넌지시 우리에게 암시해주는 것이 아닌가 생각된다.

"스타 피플(Star People)"이란 한 마디로 말해서 인간의 몸을 가지고 있는 외계인의 영혼에 해당되는 사람들을 지칭한다. 글자 그대로 본래 이 지구의 영혼이 아니라 〈다른 별에서 온 사람들〉이라는 뜻인데, 그들이 온 곳은 우리 태양계 안의 다른 행성이거나 아니면 다른 태양계, 또 더 멀리는 다른 은하계에서 온 존재들도 있다고 한다.

이들이 지구에 온 목적은 일부는 연구와 조사, 관찰 등의 경우도 있으나 그 대부분은 지구에 새로운 우주적 주기(週期)가 시작되려는 지금 시대에 맞추어 인류와 지구의 차원전환을 돕기 위해서라고 언급되고 있다.

지구는 현재 새로운 시대로 진입하고 있으며, 지금의 3차원 상태에서 4차원을 거쳐 5차원으로 상승되려고 하고 있다. 그러므로 이런 외계의 영혼들은 이런 지구의 차원전환을 가속화하고 아직 깨어나지 못한 인간이 스스로 신성한 존재로서의 정체성을 자각힘으로써 보다 높은 의식의 단계로 진화할 수 있도록 하기 위해 이곳에 온다고 한다. 오늘날 이 지구상에는 통상 수백만~수천만 명 이상의 "스타 피플"들이 있다고 알려져 있다.

이 "스타 피플"이란 용어를 처음으로 사용한 사람은 미국의 저명한 초상과학 분야의 저술가이자 UFO 학자인 브래드 스타이거(Brad Steiger)이다. 그는 1967년~72년 경부터 UFO에 관계된 사건이나 사람들을 연구하는 과정에서 보통의 인간들과는 뚜렷이 구별되는 특징을 가진 사람들을 자주 만나게 되었는데, 그것이 동기가 되어 조사를 시작하게 되었다고 한다. 그리고 그가 만난 이런 사람

브래드 스타이거

들 중에는 어린 시절부터 직접적인 UFO의 존재들과 관련된 경험을 가지고 있다든지, 자신이 어딘가 우주의 다른 곳에서 이곳에 왔다는 명확한 기억, 또는 지구에 온 목적이나 사명 등을 의식적으로 분명히 가지고 있는 이들이 많았다고 한다.

"거의 예외 없이 그들은 자기들이 행성 지구에 다가오고 있는 변화의 시대와 전환기에 어떻게든 '원조자' 내지 '인도자'로서 봉사하기 위해 이곳에 있다는 확신을 가지고 있었다. … (중략) … 적어도 이들 독특한 개인들의 상당수는 그들이 이전 생애에 (지구와는) 다른 세계, 다른 현실의 차원계에서 살았다고 믿었다."1)

또한 그들은 때때로 다음과 같은 의식적 특징이 있다는 것이다.

"어떤 스타 피플들은 수천 년 전에 이 지구에 타고 왔던 우주선에 관한 기억들을 지니고 있다. 지구에 왔던 이러한 우주선상의 승선은 진화하고 있는 호모 사피엔스(Homo Sapiens)를 관찰하고, 연구하고, 융합되기 위한 것이었다.
… (중략) … 스타 피플들의 대부분은 꿈 속에서, 명상 속에서, 환영(幻影) 속에서, 또 영혼 속에서 다음과 같은 소리를 거듭 반복해서 듣는다.
"지금이 그 때이다." "지금이 기억해야 할 때이다." "이제 활성화되어야 할 때다. 이제는 미래에 놓인 지구의 대정화(大淨化)와 고등한 의식상태에 관해 행성지구의 동료 시민들에게 경고할 때이다."2)

그런데 브래드 스타이거 뿐만이 아니라 저명한 예언가이자 자동서기 능력자였던 루스 몽고메리 역시 유사하게 자신의 "우리들 속의 외계인들(Aliens among us)"이란 저서에서 이런 인간의 몸을 하고 있는 외계 존재들에 관한 내용을 다룬 적이 있다.

브래드 스타이거는 자신의 아내와 함께 스타 피플에 관한 몇 권의 연구 서적을 집필한 바가 있는데, 그것은 〈스타 피플(1981)〉과 〈물병자리의 신들(1976)〉, 〈스타 본(Star Born(1992)〉과 같은 책들이다. 그런데 흥미롭게도 그는 이 용어를 미국의 전통적인 원주민인 인디언들부터 차용해 온 것이라고 밝히고 있다. 인디언들은 오래 전부터 다른 별들이 지구의 주민들과 관계가 있는 영적 존재들이 사는 거주처라고 믿고 있었다는 것이다. 책의 공동저자이자 브래드 스타이거의 아내였던 프랜시(Francie)는 특이하게도 채널링 능력의 소유자인데, 그녀는 이 시대에 스타 피플들이

---

1) P. 8. Brad Steiger & Sherry Hansen Steiger. Star Born. (BERKLEY BOOKS, NEW YORK, 1992)
2) P.16~17. Brad Steiger & Francie Steiger. Star People. (BERKLEY BOOKS, NEW YORK, 1981)

대량으로 활성화되는 이유에 대해 채널링 과정에서 이렇게 답변했다.

"스타 피플들은 언제나 위기에 처한 모든 존재들을 돕습니다. 그들은 항상 지구인 형제, 자매들로 하여금 자기들이 알고 있는 궁극적으로 일어날 사건들에 대비하도록 하고 있습니다. 스타 피플들은 인류의 미래에 놓여 있는 대이변에 관한 예지적인 영감을 받고 있으며, 그들은 대정화의 시기 이후에 생존자들 돕기 위한 준비를 하고 있는 것입니다."3)

브래드 스타이거는 자신의 저서에서 스타 피플들의 여러 가지 공통적 특성들에 대한 조사 결과를 소개하고 있는데, 그것은 다음과 같다. 퍼센티지(%)를 표시한 것은 1970년대부터 최근까지 약 8만 명 가량의 사람들로부터 응답받은 앙케트 질문서의 수집을 통한 평균적인 통계수치라고 한다.

[1] 육체적 특징과 조건들

1. 스타 피플들의 65%는 여성이고, 35%는 남성이다.
2. 마음을 끄는 그윽한 눈동자를 갖고 있다.
3. 사람을 끌어당기는 강한 자력(磁力)과 개인적인 카리스마
4. 전기와 자기장(磁氣場)에 매우 민감하다.
5. 보통 사람보다 낮은 체온(92%)
6. 만성적인 정맥동염(靜脈洞炎) 증세가 있다.(83%)
7. 소리, 빛, 향기에 대한 과민성이 있다.(70%)
8. 특별하고 변이적인 척추(35%)
9. 진귀한 혈액형(26%)(※<RH-네가티브 형과 보통이 아닌 희귀 혈액형이 많았다고 함)
10. 정상인보다 낮은 혈압(70%)
11. 관절부분에 대한 붓기나 통증(70%)
12. 목 뒤쪽의 통증(73%)
13. 치명적인 질병에 걸렸다가 살아났다.(37%)
14. 높은 습도에서는 좋지 않은 영향을 받는다.(70%)

---

3) P.33. Brad Steiger & Francie Steiger. Star People. (BERKLEY BOOKS, NEW YORK, 1981)

[2] 정신적, 감정적 특성들

1. 자신의 사명이나 임무수행에 관한 커다란 긴박감을 느낀다.(92%)
2. 어렸을 때 비가시적인 놀이 친구가 있었다.(40%)
3. 요정(妖精)을 본적이 있다.(20%)

강의중인 브래드 스타이거

4. 형이상학적 경향과 높은 관심
5. 기적에 대해 믿는다.(86%)
6. 유령을 목격한 적이 있다고 확신.(48%)
7. 우주와의 일체감을 경험했다.(90%)
8. 다른 행성들의 생명체에 대한 전적인 믿음
9. 감정을 처리하거나 표현하는 데 어려움을 느끼거나 화학적 불균형 상태에 있다.(71%)

10. 환생을 현실로 받아들이며, 전생(前生)의 기억을 경험했다.(67%)
11. 물리적이나 비물리적인 외계존재와의 텔레파시 교신(90%)
12. 자신이 다른 행성이나 다른 차원에서 살았음을 믿으며 그것에 관해 말할 수 있다.(78%)
13. 자신의 수호령이나 천사가 있음을 믿는다.(50%)
14. 스스로 높은 지성체나 원천으로부터 오는 모종의 통신이나 메시지를 받았다고 믿음(55%)
15. 성스러운 형상이 나타난 이후 자신이 축복받고 있음을 느낀다.(55%)
16. 영적인 실재를 지각했다.(60%)
17. 다른 세계 속에 현재 동시적으로 존재하고 있는 평행세계를 인식하고 있다.
18. 신(神)이나 창조적인 에너지 원천을 믿는다.
19. 심각한 사건에 관계가 있거나 정신적 상처가 있다.(34%)
20. 강렬한 종교적 체험을 했다.(55%)
21. 빛의 존재가 나타나 계시를 했다.(37%)
22. 스스로 외계나 다차원 수준의 존재들 또는 빛의 존재들과 조우했다고 믿는다.(34%)[4]

[3] 특이능력이나 기술

1. 자기 자신과 타인들을 극적으로 치유할 수 있었다.(50%)
2. 명상수련 동안 흰빛을 체험했다(63%)
3. 투시(透視)와 투청(透聽) 능력을 경험(55%)
4. 오라(Aura)를 볼 수 있는 능력이 있다.(57%)
5. 자동서기(自動書記)를 행한다.(38%)
6. 다가올 미래에 대한 예언을 하거나 예지적인 꿈, 또는 환영(幻影)을 보았다.(57%)
7. 깨달음, 각성의 체험을 했다고 주장(72%)
8. 천사의 방문을 받았다고 보고함(38%)
9. 유체이탈(幽體離脫) 경험(74%)
10. 임사체험(臨死體驗)을 한 적이 있다.(55%)
11. 이미 작고한 사랑하는 이의 영혼을 감지하거나 접촉(42%)

그리고 최근에 수집된 스타 피플들의 UFO와 관계된 추가적인 신비 경험들은 다음과 같다고 한다.

1. 수정(水晶)으로 만들어진 도시나 행성을 바라보는 꿈을 꾸거나 그런 기억을 가지고 있다.(59%)
2. 자신이 우주선 안에 있거나 먼 행성에서 지구를 바라보는 생생한 꿈이나 경험, 또는 기억이 있다.(69%)
3. 자기 스스로를 UFO의 실제 승무원으로 인식하는 내용의 꿈이나 기억(54%)
4. 빛의 존재로 지구로 오고 있는 자신을 바라보는 꿈이나 기억(43%)
5. 어떤 지시나 상담을 받기 위해 UFO 위로 이끌려 올라가는 꿈(44%)
6. 유사(有史) 이전 시대의 지구 모습을 보는 꿈이나 기억을 경험함5)

브래드 스타이거의 저서

---

4) Brad Steiger & Francie Steiger. Star People. (BERKLEY BOOKS, NEW YORK, 1981) P.49~52.
5) Brad Steiger & Sherry Hansen Steiger. Star Born. (BERKLEY BOOKS, NEW YORK, 1992) P.43~51.

2. 스타 시드(STAR SEED)와 라이트 워커들(Light Workers))

"스타 피플(Star People)"이란 말 이외에도 유사한 의미의 "스타 시드(STAR SEED)"란 용어가 있는데, 이것은 별들로부터 지구에 뿌려진 씨앗, 즉 "다른 별에서 온 종자(種子)에 해당되는 사람"이란 뜻이다. 이 용어 역시도 브래드 스타이거의 저서에서 처음으로 사용된 말인데, 결국 스타 피플과 같은 의미이다. 그리고 이 스타 시드들에 관한 내용들은 1980년대부터 활성화되기 시작한 외계 채널링 정보들에서 공통적으로 언급되며, 가장 빈번하게 나타나는 용어 중의 하나이다. 이 밖에도 1980년대 이후 높은 영적 존재들인 마스터들이나 대천사들의 채널링 메시지에서 자주 사용되는 "라이트 워커(Light Worker)", 번역해서 보통 "빛의 일꾼(사명자)"이란 용어가 있으며, 이 말 역시 스타 피플이나 스타 시드와 유사한 측면이 있다. 하지만 마스터들의 채널 정보에 따르면, 양자(兩者) 사이에는 명확히 구분되는 몇 가지 다른 특성들이 존재한다.

물론 이 "라이트 워커"란 용어를 광의적 개념으로 사용할 때는 지구상에서 빛을 전파하고자 노력하는 모든 존재들, 즉 스타 피플이나 스타 시드, 또 뒤에서 소개될 인디고와 크리스탈 영혼들 모두가 포함될 것이다. 그러나 이를 좁은 의미로 한정해 사용할 때는 "라이트 워커"에 해당되는 특별한 영혼들이 따로 있다고 한다. 다시 말해 라이트 워커들은 앞서 언급한 스타 피플들과는 약간 다른 케이스에 해당되며, 또 인디고나 크리스탈 영혼들과도 다르다는 것이다.

그 주된 특징들 중의 하나는 "라이트 워커들"의 경우, 다른 스타 피플과 같은 외계 영혼들과는 달리 지구에서의 오랜 윤회환생의 경험을 가지고 있다는 사실이다. 그리고 그들이 오랜 전에 지구의 윤회 사이클로 들어와 육화를 거듭하게 된 것은 그럴만한 우주적 레벨의 카르마(業)가 있기 때문이라고 한다. 한 마디로 말해 "라이트 워커" 영혼들은 외계 다른 행성들에서 일정한 수준 이상의 영적 진화의 단계를 성취한 것이 사실이지만, 그들은 오랜 고대에 지구에 관여했던 외계인들로서 그 과정에서 지은 모종의 카르마(Karma)가 있다는 것이다. 그들은 바로 그 해결되지 않은 카르마로 인해 자신의 영적진화에 장애를 받게 되자 지구에 인간으로 태어나 인류에 대한 봉사와 헌신 및 빛의 전파 활동을 통해 자신의 카르마를 청산하고 영적 상승을 도모하고자 하는 존재들이라는 것이다.

아래의 내용은 채널러 패멀러 크리비(Pamela Kribe)가 마스터 예슈아(Jeshua)로부터 받은 정보들로서 "라이트 워커" 영혼들이 지니고 있는 주요 특징들이다.

■ 빛의 일꾼(Light Worker) 영혼들의 심리적 특성들

1. 어린 시절부터 자신이 다른 사람들과는 다르다고 느낀다. 대개 그들은 자신이 다른 이들과는 거리가 있고 스스로 외톨이라고 느끼며 오해한다. 그들은 종종 인생에서 자기만의 독특한 길을 찾아야만 하는 개인주의자가 되는 경향이 있다.

2. 그들은 가정과 전통적인 직업 및 조직구조 내에서는 불편한 감정을 가진다. 빛의 일꾼 영혼들은 선천적으로 반권위주의자(Anti-authoritarian) 또는 반독재주의자들인데, 이것은 그들이 태어나면서부터 권력과 위계제도상의 독단에 기초한 결정들이나 가치들에 저항한다는 것을 뜻한다. 이런 반권위주의적인 특성은 설사 그들이 소심하고 수줍은 성격으로 보일지라도 그러하다.

3. 어떤 형태로든 치료자나 교사로서 다른 사람들을 돕는 데 이끌린다고 스스로 느낀다. 따라서 그들은 심리학자나 의사, 교사, 간호사 등이 될 수도 있다. 그들의 직업이 이처럼 꼭 남을 직접적으로 돕는 방식이 아닐지라도 그들에게는 보다 높은 인류의 선(善)에 기여하고자 하는 의도가 명백히 존재한다.

4. 그들의 삶의 비전(Vision)은 모든 만물이 어떻게 서로 연관돼 있는가에 관한 영적의식으로 채색돼 있다. 또한 그들은 의식적으로나 무의식적으로 내면에 지구 밖의 빛의 영역(천체)에 관한 기억들을 간직하고 있다. 그러므로 이들은 때때로 이런 세계에 대한 향수를 느끼는 경우가 있으며, 스스로를 지구상의 한 이방인으로 느낀다.

5. 그들은 생명을 깊이 공경하고 존중하며, 종종 이것은 동물에 대한 애호라든가 지구 환경문제에 대한 관심 및 염려로 나타난다. 지구상에서 인간에 의해 저질러지는 동물과 식물세계에 대한 파괴행위들은 그들에게 깊은 상실감과 슬픔을 유발한다.

6. 대개 심성이 친절하고 인정이 많으며, 섬세하고 동정적이다. 그들은 타인의 공격적인 행동에 대응하는 데 문제가 있을 수 있으며, 일반적으로 홀로서기에 어려움을 겪는다. 공상적이고 순진하거나 매우 이상주의적이다. 뿐만 아니라 인간 세상살이에는 부적합한데, 바꿔 말하면 비현실적이다.

그들은 주변 사람들의 부정적인 감정이나 분위기에 쉽게 영향을 받으며, 따라서 그들이 정기적으로 홀로 시간을 보내는 것은 중요하다. 그렇게 함으로써 그들은 자신의 감정과 타인의 감정을 구분해 분리시키는 것이 가능해 진다. 그들에게는 자기 자신 및 어머니 지구와 소통하기 위한 혼자만의 시간이 필요하다.

7. 그들은 지구상에서 수많은 생(生)들을 살았으며, 그 반복된 환생의 과정에서 영성(靈性)이나 종교 등에 깊이 관계돼 있었다. 그들은 과거 전생(前生)에 압도적인 숫자가 기존 종교체제 내의 승려, 수녀, 은둔 수도사(修道士), 심령가, 마녀, 영매, 사제(司祭), 신부(神父), 비구니(또는 여사제) 등으로 살았다.

그들은 한마디로 가시적인 세계(물질세계)와 비가시적인 세계(영적세계), 지구상의 일상적 삶과 사후의 신비세계, 신(神)의 세계와 선과 악의 영혼들 사이에서 가교역할을 하는 사람들이었다. 이런 역할을 수행하는 동안에 그들은 무지한 인간들로부터 거부당하고 박해를 받은 바가 있다. 그들 가운데 많은 이들이 자체적으로 소유한 특별한 영적 능력으로 인해 (중세시대에 마녀나 마법사로 몰려) 화형(火刑) 언도를 받았다. 때문에 그런 종교적 박해에 의한 정신적 상처들이 그들 영혼의 기억 속에 깊은 흔적으로 남겨져 있다. 이것은 현생에서 세상에 완전히 정착하는 데 대한 두려움, 달리 말해서 현실적으로 되는 것에 대한 두려움으로 나타날 수가 있다. 왜냐하면 그들은 과거 생(生)에 자신들이 신분이나 정체로 인해 난폭하게 핍박을 받거나 공격당했기 때문이다.

이런 특성과 능력들 외에도 필자 나름대로 파악한 일반적으로 의식이 아직 깨어나지 못한 스타 피플들이나 스타시드, 라이트 워커(Light Worker) 같은 사람들이 일부 가질 수 있는 사회적 측면의 여러 특징과 공통점이 있는데, 그것은 다음과 같다.

1. 그들은 인간세상의 낯선 환경에서 외로움과 거리감, 상실감을 느낄 뿐 아니라 이곳에서 자신이 이방인이라는 잠재의식적 느낌을 가지고 있다. 때문에 이것이 심해지면, 일부의 경우 우울하고 의기소침한 고립감에 빠져 매우 소극적 삶을 사는 경향이 있다.
2. 보통 사람이 별로 관심을 두지 않는 UFO와 외계인, 영적세계, 종교, 초상현상(ESP) 등에 강한 관심과 이끌림을 느낀다. 보통사람은 SF(공상과학) 영화 내용을 허구적인 픽션 정도로 치부해버리는데 반해 이들은 그것을 실제처럼 받아들인다. 반대로 보통 인간들이 관심을 갖거나 열광하는 일들에 대해서는 별 흥미를 못 느낀다.
3. 때때로 인간의 이기성과 폭력성에 환멸을 느끼고 진절머리를 내기도 하는데, 이런 인간세계에 대한 정신적 혐오감이 잠재적 고독감과 결합되면, 사회에 대한 소속감이 없이 변두리를 배회하게 된다.
4. 일부는 살아본 적이 없는 지구의 거칠고 낮은 에너지 진동에 치여 현실에 잘 적

응하지 못하며, 사고(思考) 자체가 몽상적이고 비현실적 경향이 있다. 또한 현실적 물질적 삶을 도외시하고 불균형하게 정신적, 영적측면에만 치우치게 되는 경향이 있는데, 따라서 경제적 어려움을 겪는 경우도 있다.
5. 최악의 경우는 지구환경의 중압감에 눌려 살아가야 하는 고통을 견뎌내지 못하고 젊은 나이에 질병이나 사고(事故), 자살 등으로 생을 마감하기도 한다. 즉 이런 케이스는 사명수행은 고사하고 인간세계에서 철저히 낙오되어 완전히 삶 자체가 실패하는 경우이다. 반면에 어떤 이들은 고향별에 대한 동경심을 극복하고 지구의 물질적 현실에 잘 적응하여 자신의 과업을 훌륭히 수행해 나간다.
6. 이들의 유전자는 예정된 미래의 삶의 특정 시기에 모종의 신호에 의해 기억이 활성화되도록 암호화돼 있다. 이러한 깨어남은 조용하고 점진적으로 진행되거나 아니면 아주 극적이고 갑작스럽게 나타날 수도 있다. 그러나 계속 잠재된 상태에 머무를 뿐 명확히 각성이 안 되는 경우도 많다.
7. 외계 영혼들의 의식이 활성화되는 데 장애물로 작용하는 것은 지구의 부정성과 탁한 에너지장이며, 이로 인해 근원과 단절되어 길을 잃고 헤매거나 완전히 망각상태에서 영영 깨어나지 못하는 수도 있다. 이런 경우에는 지구에 온 목적을 망각한 관계로 그저 자신이 3차원의 보통 인간인줄 알고 다른 사람들처럼 산다.

그런데 이와 같이 나름대로의 사명이나 임무를 가진 라이트 워커들(Light Workers)이나 스타 피플(Star People)같은 외계의 존재들이 지구로 들어오는 방법에는 다음과 같은 2가지가 있다고 한다.

[1] 외계의 영혼들이 인간세계로 들어오는 방법들

1) 버쓰인(Birth-in) : 이것은 보통의 인간이 태어나는 것과 똑같이 외계인의 영혼이 모태(母胎)로 들어가 신생아(新生兒)로 태어나는 방법이다. 이런 스타 피플들은 모든 인간과 마찬가지로 태어나는 과정에서 이전 생(生)의 기억들을 모조리 망각한다. 앞서 언급한 라이트 워커들은 모두 버쓰인(Birth-in)에 해당된다.
 현재 지구상의 스타 피플 가운데 워크인(Walk-in)은 비교적 소수이고 다수의 경우는 버쓰인(Birth-in)에 해당된다고 한다. 외계의 영혼이 지구에 들어오는 것은 쉽지 않으며, 특히 버쓰인의 방식으로 오는 것은 모든 기억을 상실하는 망각의 베일을 쓰는 까닭에 보다 더 어려움이 있다고 보아야 할 것이다.

2) 워크인(Walk-in) : 이 방법은 말 그대로 이미 태어나 있는 인간의 몸으로 직접 들어오는 것이다. 다시 말해 어떤 이유로 해서 이 세상을 떠나기를 원하는 영혼의 허락과 동의하에 그 영혼은 떠나고 대신에 다른 외계 영혼이 그 몸을

차지하여 사용하는 것이다. 그러므로 이것은 두 영혼의 합의하에 이루어지는 것이기 때문에 흔히 있는 다른 영혼의 강제적인 "빙의(憑依) 현상" 즉 귀신들림과는 전혀 다른 것이다. 워크인(walk-in) 해서 교체돼 몸에 새로 들어온 외계의 영혼은 대개 자신이 누구이고, 어디서, 무엇 때문에 왔는지를 모두 기억한다, 하지만 일부 경우는 교체된 초기의 혼란으로 인해 상당 기간 못하는 경우도 있다고 한다. 또한 DNA나 주파수 차이로 인해 인간의 육체에 적응하는 데 다소 문제가 생길 수도 있기 때문에 혼란과 어려움을 겪는다. 이러한 영혼교체는 대개 교통사고와 같은 예기치 못한 사건, 사고, 대수술, 장기간의 만성 질병, 또는 임사(臨死) 체험 시에 일어난다.

■ 워크인의 특징들

미국의 조슈아(Joshua) 박사는 영단의 듀알 컬(Dwajl khul) 대사와 교신하고 있는 심리학자인데, 그를 통해서 메시지를 전한 마스터 듀 알컬의 말에 따르면 현재 지구상에 워크인 방식으로 들어와 살고 있는 존재들이 약 100만 명이나 된다고 한다.

워크인은 어느 정도 다 자란 인간의 몸으로 들어오는 것이기 때문에 성인이 되기까지 소요되는 아기 시절이나 아동기의 성장단계를 생략할 수 있다는 장점이 있다. 그러나 이 영혼교체 현상은 결코 누워서 떡먹기 식으로 쉬운 일은 아니며 새로 들어오는 영혼이나 떠나는 영혼 양쪽에게 어려움을 초래할 수 있다고 한다. 때문에 워크인하는 영혼들은 용기 있는 존재들이라는 것이다. 듀알 컬 대사의 가르침이 전하는 워크인 현상에 관계된 주요 특성과 문제점들이 있는데, 그것은 다음과 같다.

• 어떤 의미에서 워크인이라는 것은 떠나간 영혼의 카르마(業)의 일부를 새로 들어온 존재가 떠맡아 감수하는 것이다. 카르마는 떠나간 영혼이 남기고 간 육체라는 용기(容器)와 뇌의 기억 속에 남아 있다. 새로 들어온 존재가 맡아야 할 책임의 부분은 떠난 존재가 뒤에 남긴 개인적인 카르마를 정화하고 균형 잡는 것이다.

• 대부분의 경우 육체로 새로 들어온 존재는 매우 불편한 압박감을 느끼거나 기분이 침체된 우울증을 경험하며, 우발적인 여러 가지 난처한 일들을 겪는다. 즉 떠나간 영혼이 남기고 간 이전 상태 그대로의 결혼생활이라든가 자녀문제, 생계, 직업, 가족, 친구관계 등의 복잡한 문제들에 직면하는 것이다.(※이런 문제를 피하기 위해 어떤 존재들은 미혼의 청소년이나 아이의 몸을 택하기도 한다.) 이전의 기억이 그대로 남아 있기 때문에 워크인한 존재는 남편이나 아내, 또는 가족들이 그 몸의 영혼이 바뀌었다는 것을 눈치 채지 못한 상태로 활동할 수가 있다. 물론 어느 정도의 태도 변화가 있다는 것은 느끼지만 그것을 습관이나 성

격의 변화 정도로 볼뿐 영혼이 교체되었음을 알지는 못한다.
- 워크인들이 자신이 워크인이라는 것을 처음에는 의식적으로 알지 못하는 경우도 많은데, 왜냐하면 떠나간 존재의 뇌 기억을 모두 그대로 가지고 있기 때문이다.(※영혼이 일단 육체 안으로 들어오게 되면 일단 그 육체의 물리적 조건과 뇌의 지배를 받을 수밖에 없다는 뜻) 그들은 한 동안 자신에게 무엇이 일어난 것인지를 알지 못해 어리둥절해하거나 혼란스러워하지만 점차 자신의 정체를 느끼거나 본래의 기억을 회복해 간다.
- 지구에 어떻게 봉사할 것인가는 그들의 영적 발달 수준에 달려 있다. 행성 지구의 역사상 지금 시대는 우주로부터 많은 영혼들이 기꺼이 카르마와 위험을 떠안으면서까지 인간세계로 들어와 어떤 역할을 맡고 싶어 할 정도로 가장 중대하고도 흥분되는 시기이다.

이런 시기에 지구상에서 육신을 가지고 있다는 것은 일종의 귀중한 특권이자 프리미엄(Premium)이다. 그러므로 허송세월로 인생을 낭비하는 자들은 다른 영혼이 그 육신을 사용하여 영적으로 성장할 기회나 중요한 사명을 수행할 기회를 빼앗고 있는 것이기 때문에 부끄러워해야 할 일이다.

[2] 워크인에 관해 연구하는 한 심리학자의 의견

스콧 만델커 박사

미국의 스콧 만델커(Scott Mandelker) 박사는 오랫동안 불교를 비롯한 여러 동양종교들과 심리학을 전공하면서 동시에 UFO 접촉자들 및 워크인들, 스타피플들에 관해 연구해온 학자이다. 그는 이에 관계된 탁월한 저서를 2권 발표하기도 했는데, 워크인 문제에 관해 다음과 같은 의견을 피력하고 있다.

"내가 나의 저서에서 언급했듯이, 지난 50년간 지구로 유입되어 육화하고 있는 엄청난 수의 우주인 영혼들이 있다. 나는 그것을 확인하기 위해서 "워크인" "방랑자(Wander)" "스타피플"이란 용어를 사용했고, 그들에 관한 이야기들은 브래드 스타이거와 루스 몽고메리의 저작(著作)들에서도 공통적인 것이다.

하지만 그런 내용의 이야기들이 대중들에게 얼마나 낯설고 불가사의해 보이느냐에 관계없이 이 현상은 사실상 훨씬 더 거대한 우주적 계획의 일부이다. 실제로 차원 사이를 넘어 이동해 오는 E.T 영혼들은 더욱 장대하고도 진기한 사건을 예비하기 위한 선발대들이다. 이런 이유 때문에 이와 같은 현상이 나타나는 것이며, 우리 외계인 형제들이 인류를 깨우기 위해 이곳에 온 것이다. 즉 외계인 방랑자들이 이 지구상에 육화하기로 선택한 것은 이 우주적 사건의 과정을 돕기 위한 것이다.

지구가 상위차원의 밀도로 상승되어 (지구상 생명체들이) 추수된 이후에 개막되는 새 시대의 주기에는 자비와 조화의 신세계로 변화될 것이라는 예언들이 있었다. 또한 많은 이들은 인류가 머지않아 우주의 진화를 위해 모여 헌신하고 있는 우호적 행성들의 연합을 마음으로 받아들이게 될 거라고 예측한다. 그때는 훨씬 더 많은 외계인들이 자기들의 기원과 본래의 능력을 완전히 인식한 채 우리 인류 속에 섞여서 살게 될 것이라고 한다. 그들은 인간과 나란히 서서 함께 일하면서 새로운 세상건설에 앞장서고 우리를 가르치며, 지구의 재건을 도울 것이다. 또 다른 계통의 정보들은 오랫동안 고통을 겪어온 우리의 행성 어머니인 가이아(지구)가 이제 곧 파괴적이고 미성숙한 영혼들을 위한 교실로서의 역할에서 해방될 것이라고 언급한다. 분명히 멋진 일들이 예상되고 있다. (일부 어둠의 외계인들의) 인간납치와 정부의 정보은폐라는 UFO/ET 문제의 부정적인 기본 특성에도 불구하고 실상은 낙관적인 것이다. 그러므로 우리는 호의적이고 자애로운 외계인들과 지구에 직접 육화하기로 선택한 존재들의 궁극적 목적에 대해 숙고해야만 한다. 실제로 지금 일어나고 있는 일들은 바로 새로운 지구 행성의 탄생인 것이다."

[3] 금성인 - 워크인으로 지구에 오다

그럼 여기서 자신이 본래 다른 행성으로부터 지구에 와서 '직접 인간세계로 걸어 들어오다.'라는 의미의 워크인(walk-in) 방식으로 인간이 되었다고 주장하는 한 스타 피플의 흥미로운 사례를 살펴보자.

■ 금성에서 온 여인 쉴라(Sheila)

미국의 시카고에 사는 쉴라(Sheila)라는 여성은 외견상 세 아이를 가진 평범한 가정주부였다. 그러나 1990년 경 그녀는 놀랍게도 자신이 본래 금성에서 온 외계인라고 주장하며 이를 공표했는데, 이것은 그녀가 집필한 〈나는 금성에서 왔다(From Venus I came)〉라는 책을 통해서였다. 6)

그녀의 주장에 따르면 자기는 원래 인간이 아니며 1955년에 우주선(UFO)를 타고 미 네바다 주 사막에 착륙했다고 한다. 그 주목적은 워크인 방식으로 인간세계에 들어옴으로써 자신이 금성의 지도자들로부터 부

---

6) 이 책은 도서출판 은하문명에서 원 제목 그대로 출판돼 있다.

워크인한 여인 쉴라

여받은 사명을 수행하기 위해서였다는 것이다. 그리고 그녀가 지시받은 임무는 바로 인류에게 다른 행성에 생명이 존재함을 알리고 평화와 형제애의 메시지를 전파하기 위한 것이라고 한다. 그녀가 설명하는 내용들을 요약하면 다음과 같다.

나는 지구에 오기 전 본래 금성의 "테우토니아(Teutonia)"라는 도시에서 태어나 성장했으며 210세가 될 때까지 살았다. 금성에서의 원래 이름은 옴넥 오넥(Omnec Onec)이었다. 지구로 가서 인류에게 중요한 진실을 전하는 메신저가 되라는 지도자들의 지시에 따라 나는 〈역사의 신전(Temple of History)〉에서 금성의 과학자들이 장기간 수집한 행성 지구에 관한 관측 자료들과 정보들을 공부했다.

이윽고 때가 되자 나는 임무를 수행하기 위해 삼촌과 지구로 왔으며, 티벳에 있는 고대의 수도원에서 인간의 삶에 적응하기 위한 훈련을 1년 동안 거쳤다. 그리고 미국으로 전송되어 교통사고로 버스에서 죽어가던 7살 먹은 한 소녀와 교체됨으로써 그 아이의 할머니 집에 들어가 살게 되었다. 그때부터 죽은 '쉴라'라는 인간 소녀를 대신해 낯선 그녀의 친척들 속에 섞여 살게 된 나는 금성인으로서의 기억을 그대로 간직한 채 테네시 주(州)의 한 도시에서 소녀의 할머니 손에 의해 양육되었다. 나는 어른이 될 때까지 보통 사람과 같은 외적환경에서 자라났으며, 금성에 관한 이야기는 일체 함구한 채 살았는데, 이것을 견뎌내는 것은 쉽지 않은 일이었다. 나는 성장해서 결혼했고 시카고로 이사해 거기서 아이 셋을 낳아 키웠다. 그동안 바텐더, 의상 디자이너, 회계원 등의 여러 직업을 가지고 일을 하기도 했다.

그러나 나는 금성의 지도자들에게 지시받은 임무를 수행해야 할 때가 되자, 나의 본래의 정체와 우주에 관한 진실을 널리 알리기 위해 책 집필에 착수했던 것이다.

쉴라는 환생과 카르마(業)를 언급하며, 그리고 지구가 장차 정화작용을 통해 자체적인 카르마적인 균형을 잡게 될 것이라고 말한다. 또한 인류의 영혼은 무수한 우주 생명이 지구에 온 것으로서 이러한 영혼이 육체 속에 들어가 있는 목적은 자신의 참다운 본성(本性)을 깨닫기 위함이라고 주장하고 있다. 오늘날에도 그녀는 미국과 유럽 등을 여행하며 금성의 메시지를 전파하는 활동을 하고 있다.

3. 우주로부터 새로 도래한 외계 영혼들:
- 인디고와 크리스탈 차일드 -

그런데 브래드 스타이거의 스타 피플에 관한 초기 연구 결과에 이어 1990년 이후 범세계적으로 활성화된 채널링 현상과 자신이 스타 피플임을 자각한 많은 사람들에 의해서 추가적인 많은 정보들이 밝혀지게 되었다. 그것은 스타 피플에도 여러 종류들이 있다는 것이다. 또한 지구에 온 시기적으로도 여러 유형이 있다고 할 수 있다.

채널 정보에 따르면, 소위 이런 스타 피플들은 지구상에 1940년대 핵폭탄이 개발되어 실험되면서부터 집중적으로 지구에 태어나는 1차적 파동이 시작되었다고 한다. 중요한 것은 이런 영혼들은 어디까지나 스스로 태어나기를 원한 자원자들이라는 사실이다. 결과적으로 1940년대, 50년대, 60년대에 약 200~300만 정도의 외계영혼들이 태어나 지구 전역에 뿌려졌다고 한다.

이어서 중요한 2차 파동이 시작된 것은 1970년대 초부터인데, 이때부터 80년대를 거쳐 90년대에 이르기까지 "인디고 아이들(Indigo Children)"로 불리는 약 150만 명 정도의 영혼들이 또 몰려서 태어났다고 한다. 이처럼 인디고 아이들은 대략 90년대 말까지 약 30년 동안 태어났으며, 따라서 지구상에는 한 세대의 인디고 종족이 존재하고 있다.

흥미로운 것은 1990년대 중반 이후부터는 이른바 "크리스탈 아이들(Crystal Children)"이라는 또 다른 특수한 인종의 아이들이 태어나기 시작했는데, 이 아이들은 그 이전에 태어난 스타 피플들이나 인디고 아이들과 다시 구별되는 여러 특징들을 지니고 있다는 것이다. 그리고 채널링 정보에서 빈번히 언급되는 이런 모든 아이들은 어디까지나 세상을 변화시키고 인류가 커다란 평화와 조화 속에서 살 수 있도록 도움으로써 행성 지구의 진동을 높이기 위해 우주로부터 온 영혼들이라고 말해지고 있다. 또한 이들은 다가오는 철수/상승 과정에서 미래의 지도자들이고 관리자들이라고 한다.

인디고와 크리스탈 아이들에 관해 연구하는 캐나다 학자 데브라 그레이브스(Debra Graves)는 이 아이들에 관해 단적으로 이렇게 언급하고 있다.

"인디고와 크리스탈 현상은 인간종족으로서의 우리의 진화과정에 있어서 다음 단계에 해당되는 것이다. 어떤 면에서 우리 모두는 좀 더 인디고와 크리스탈 인종과 같이 되어가고 있다. 그들은 우리에게 그 방법을 우리에게 보여주기 위해 이곳 지구에 왔다. 그러므로 그들에 관한 정보들은 우리 인류가 성장과 진화의 다음 단계로 옮겨갈 때 모든 이들에게 보편적으로 응용될 수가 있다."

아울러 이런 별에서 온 아이들에서 관해서는 이미 오래전의 채널링 메시지에서 언급되고 있으며, 그 한 예로 채널러 라이아라(Lyara)가 1982년에 수신한 우주의 메시지를 참고적으로 한 번 살펴보도록 하자.

[1]은하간함대 사령관 라이튼(Lytton)이 스타 차일드(Star Child)에 관해 보낸 메시지

*채널링:라이아라

"별에서 온 아이들(Star Children)"은 "그리스도화된 아이들"이라고 불리게 될 것인데, 왜냐하면 그들은 예수/사난다와 똑같은 지식과 진동을 가지고 있기 때문입니다. 여러분 스타 피플들은 과거 유대의 에세네파 사람들이 예수를 배후에서 도왔듯이 그들을 뒷받침하는 후원자가 될 것입니다.

이런 아이들이 현 지배세력의 눈에 띠어 등록이 되지 않도록 하십시오. 그들 몸의 진동이 백신이나 다른 약물의 성분을 받아들이지 않기 때문에 예방접종 같은 것을 회피하게 되는 것은 부득이합니다. 여러분 역시도 그렇게 될 것이며, 이미 많은 이들이 그렇습니다. 여러분 손에 맡겨진 이 아이들을 책임지고 잘 돌보아주십시오. 그들은 여러분이 처음 문을 연 지구의 황금시대를 인도할 것입니다.

수많은 "별에서 온 아이들"은 자신의 부모들을 단지 지구로 들어오기 위한 일종의 통로나 탈 것(Vehicle)으로 이용했을 뿐입니다. 그들을 반가이 맞이했던 많은 가족들의 경우 지구의 차원전환기 동안만 육체에 머무르는 그 아이들의 운명하고는 직접적인 관계가 없습니다. 그리고 그 아이들을 이해하지 못하는 수많은 가족들로 인해 가정 내에서 분열이 일어날 가능성이 있습니다.

이 "별에서 온 아이들"은 매우 낯선 방식으로 홀로 여러분의 사회에 태어날 것입니다. 여러분 역시도 아직은 자신들이 모르는 이런 아이들과 함께 일할 운명이라는 것을 알고 있습니다. 여러분이 영적인 깨달음과 더불어 오는 자유를 얻게 될 때, 자신이 오직 스스로의 신성한 자아에 대한 책임만을 지고 있는 자유로운 영혼임을 자각할 것입니다. 그러므로 많은 남편과 아내들이 돌연히 다른 이들과 합류하고자 떠날 것이고, 행성 지구의 전환을 위해 일하는 새로운 가족을 출범시킬 것입니다.

사랑은 여러분의 참다운 본성이니 사랑을 두려워하지 마십시오. 여러분의 순수한 본질을 표현하는 것은 두려움 없이 사랑하는 것이고, 삶의 모든 것을 사랑하는 것입니다."

도린 버츄 박사

그런데 인디고와 크리스탈 아이들에 관한 선구적 연구자인 미국의 도린 버츄(Doreen Virtue) 박사에 따르면, "인디고"나 "크리스탈"이란 말을 사용하게 된 것은 정확하게 이 특별한 아이들의 오라(Aura) 색채와 에너지 패턴에서 발단된 것이라고 한다. "인디고(Indigo)"란 단어는 "진한 남색 또는 암청색"을 뜻하는데, 인디고 아이들에게는 흔히 이런 오라 색깔이 보인다는 것이다. 이 남색은 일곱 차크라중에서 〈제 3의 눈〉에 해당하는 인당(印堂) 부위의 아즈나 차크라의 색깔에 해당된다. 또한 크리스탈 아이들의 오라 역시 수정(水晶)의 프리즘 같은 다채로운 파스텔조의 색깔과 오팔색의 빛 또는 아름다운 유백색의 광채를 방사한다고 한다.

서구에서는 이런 새로운 인종의 아이들에 관한 연구가 활발하며, 2002년과 2003년에는 인디고 아이들에 관한 학자들의 국제회의가 개최된 바도 있다. 인디고 아이들과 크리스탈 아이들에 관한 연구 결과는 심리학박사이자 채널러인 도린 버츄와 채널러 리 캐롤(Lee Carroll)과 잔 토버(Jan Tober)에 의해서 많이 알려졌다.

도린 버츄는 "크리스탈 아이들Crystal Children, 2003)" "인디고 아이들에 대한 돌봄과 양육(The Care and Feeding of Indigo Children, 2001)" 등의 여러 권의 책을 썼고, 리 캐롤 역시 자기 아내인 잔 토버와 공저(共著)로 낸 "인디고 아이들(Indigo Children:The New Kids Have Arrived,1999)"과 "인디고 찬양(Indigo Celebration: More Messages, Stories, and Insights from the Indigo Children, 2001)"이란 저서가 있다. 도린 버츄 박사는 인디고 아이들에 관해서 단적으로 이렇게 말하고 있다.

"태어나면서부터 인디고 아이들은 신에게 부여받은 날개옷을 입고 세상에 나온다. 그들 가운데 많은 애들이 삶의 의미를 탐구하면서 지구를 구할 방법을 깊이 사색하는 철학자로 태어난다. 그 아이들은 선천적인 재능을 가진 과학자, 발명가, 예술가들이다. 그러나 낡은 에너지를 토대로 만들어진 우리사회는 이 아이들의 타고난 재능들을 알아보지 못하고 매장해 버리고 마는 것이다.
 인디고 아이들은 인류를 새로운 평화의 시대로 인도하기 위해 왔다. 어떤 방식으로든 그들을 돕는 것은 우리의 정신적 의무이다."

 또한 도린 버츄 박사는 자신이 처음으로 크리스탈 아이들의 존재를 알게 된 경위를 이렇게 설명하고 있다.

"나는 천사들에 관한 강연과 연구모임을 개최하면서 세계 전역을 여행하는 과정에서 처음으로 크리스탈 아이들을 알게 되었다. 나는 먼저 크리스탈 아이들의 눈과 마음을 이끄는 특성들에 주목했다.
 그 아이들에게 영적인 대화방식으로 말을 건네 보았는데, 그 아이들도 나의 질문에 분명하게 텔레파시로 응답하였다. 내가 마음으로 보낸 칭찬에 아이들이 웃음으로 응답하는 것을 지켜볼 수 있었다. 그 때 나는 '이 아이들이 내 생각을 분명히 듣는구나!'라고 실감했다."[7]

 장기간에 걸쳐 수많은 인디고 및 크리스탈 아이들과 그 부모들을 만나 상담해온 도린 버츄는 그 아이들이 보여주는 특성들과 행동패턴에 항상 매혹당해 왔다고 밝히고 있다. 그리고 현재 크리스탈 아이들을 낳아서 기르고 있는 부모들 중에는 임신하기 전부터 영계에 있는 크리스탈 아이의 영혼과 교신하고 나서 서로 합의하에 그 아이를 임신하게 되었다는 엄마도 있다고 한다. 또한 임신중에도 태아와 계속 소통하며 출산일까지 미리 통보받은 경우도 있다는 것이다. 이밖에 도린 버츄 박사와 리 캐롤의 연구 내용들을 토대로 인디고 아이들과 크리스탈 아이들이 가진 보통 아이들과 다른 비범한 주요 특징들을 추려보면 다음과 같다.

■ 인디고 아이들의 주요 특징

※대부분이 1980년 이후의 출생자들이다.

1. 강한 자존심(자부심)과 명확한 자아의식(自我意識)이 지니고 있으며, 보통의 인간이 지닌 죄의식이나 죄책감이 없다.
2. 민주적이 아닌 권위적인 명령이나 지시에 따르기를 거부한다. 즉 어른이나 부모, 교사의 이름으로 내세우는 권위를 견디지 못하고 반발하거나 그런 권위주의적이고 기계적인 교육 시스템을 전적으로 거부하려는 경향이 있

---

[7] Doreen Virtue. Crystal Children, (Hay house Inc. 2003) P.10

다.(존중하는 마음으로 애들을 대하라는 것) 따라서 학교생활에 잘 적응하지 못하거나 학교에 가기 싫어하는 아이도 있다.

3. 매우 원숙하고 깊고 현명해 보이는 눈을 가지고 있다.
4. 높은 감수성을 가지고 있는 반면에 강한 직관력을 나타낸다.
5. 하던 것에 금방 싫증을 낸다. 즉 한 가지 일에 집중하는 시간이 짧은 듯이 보인다.
6. 여러 생(生)에 걸친 자신의 과거 전생(前生)의 기억 - 또는 외계인이었던 기억 -을 가족들에게 이야기 하는 경우가 있다.
7. 특히 독서와 수학적인 학습방식을 좋아한다.
8. 자기가 흥미를 느끼는 것에 열중할 때를 제외하고는 가만히 앉아 있지 못한다.
9. 연민이 깊고, 죽음 또는 사랑하는 이들을 잃어 버리는 것에 대한 두려움이 많다.
10. 지나치게 에너지가 넘쳐나고, 대단히 활동이 왕성하다.
11. <제3의 눈>이 발달돼 있다. 따라서 이들은 선천적인 투시자들이다.
12. 너무 이른 시기에 실패를 겪으면, 계속 배우기를 포기하고 배우는데 담을 쌓는다.
13. 창조적 사고를 요구하지 않고 기계적으로 어떤 것을 암기하거나 단지 듣기만 하는 것을 싫어하고, 스스로 탐구하면서 배우기를 좋아한다.
14. 자기 주변에 정서적으로 안정되고 믿을만한 어른이 있기를 바란다.
15. 단조롭고 변화가 없는 일을 하지 않으려 한다. 예컨대 줄서서 오래 기다리는 것 같은 일을 쉽게 지겨워하고 참지 못한다. 아울러 이들은 대개 틀에 박힌 현 주입식. 획일적 교육 역시 지루해 하거나 견뎌내지 못한다. 따라서 기존의 교육제도와는 잘 맞지가 않다.
16. 높은 지성과 심령적 재능이 있다.
17. 자신의 솔직한 감정을 속이거나 가식적으로 좋은체 하는 행동을 못한다.
18. 때문에 분노를 내면에서 삭히기 보다는 종종 밖으로 표출하며, 그로인한 문제를 일으킬 수 있다.
19. 자기와 같은 유형의 친구가 없을 경우, 자신을 이해하는 사람이 아무도 없다고 생각하고 내향적인 경우가 있다. 그런 면에서 학교에 잘 적응하지 못할 경우도 많다.
20. 잘못 판단하면, 이들은 주의력결핍장애(ADD)나 과잉활동성주의력결핍장애(ADHD) 아동이나 문제아로 오인될 수가 있다. 물론 그렇다고 이런 증상을 가진 모든 아이들이 인디고 아이들이라는 것은 아니다. 8)

위의 (20)항과 관련해서 도린 버츄 박사는 다음과 같은 점을 지적한다. 즉 새로운 변화를 싫어하고 어린애의 순종을 중요시하는 기존 세대의 어른들은 인디고 아이들을 쉽게 오해할 수 있다는 것이다. 예컨대 권위에 대한 무조건적 복종을 거부하는 행위라든가 지칠 줄 모르는 이들의 왕성한 활동성을 잘못 오인하여 문제가 있는 ADHD, ADD 아동으로 낙인찍어 치료대상으로 분류해 버리게 된다는 것이다. 그런데 불행하게도 그들이 이렇게 치료대상이 될 때는 이 아이들의 아름다운 영적 재능과 감수성은 상실돼 버린다고 한다. 또한 이와 같이 그들을 장애아동으로 딱지를 붙여 분류할 경우, 이 아이들은 사춘기 때 약물이나 알콜에 손을 대게 되거나 다른 형태의 극단적인 장애 행동에 빠질 수도 있음을 연구자들은 경고하고 있다.

그리고 인디고 아이들의 권위에 대한 반발은 그들이 영적으로 알고 있고 깨어있는 데서 오는 것이라고 한다. 즉 지구의 일반적인 과거 체제들에 의해 강요되는 것들은 인간을 기계적으로 획일화하고 노예화하는 것들이기 때문에 복종하기를 거부한다는 것이다.

■ 크리스탈 아이들의 주요 특징

※대부분이 2,000년 이후의 출생자들이다.(극히 일부는 1995년부터 태어났다.)

1. 사랑이 풍부하고 마음이 관대하며 사람을 끌어당기는 매력적인 인격을 가졌다.
2. 나이에 맞지 않게 총명해 보이고 흡입력 있는 큰 눈을 가시고 있다.
3. 어렸을 때는 옷 입는 것을 좋아하지 않고, 벌거숭이로 뛰노는 것을 더 좋아하는 듯이 보인다. 마지못해 옷을 입어야할 경우는 부드럽고 자연적인 면이나 실크 소재를 가장 좋아한다.
4. 텔레파시(Telepathy) 능력이 있으며, 자신에게 맞지 않는 에너지는 반사시키는 경향이 있어 주변의 전기기구나 가전제품들이 자주 고장 나기도 한다.
5. 남을 도우려는 이타심(利他心)이 있으며, 특히 어려움에 처한 다른 아이들을 도우려 한다.
6. 자연과 물, 동물을 사랑한다.
7. 매우 민감한 면이 있으며 자비심이 있다.

---

8) The Care and Feeding of Indigo Children. by Doreen Virtue (Hay house Inc.. 2001) P.19~20

8. 돌이나 수정을 가지고 놀기 좋아하고 보석과 수정에 흥미가 깊다.
9. 창조적이고 예술적이며 음악적인 성향을 가지고 있다.
10. 다른 영적세계나 차원들을 볼 수 있는 능력이 있다(제3의 눈 개안됨). 따라서 종종 천사들이나 수호령, 전생(前生)에 관한 이야기를 잘한다.(선천적인 심령능력자들임)
11. 어렸을 때 말을 늦게 배우는 경향이 있다. 3~4세는 돼야 말을 배우기 시작하는데, 이것은 그들이 텔레파시로 대화하는 습성이 있기 때문이다. 자기들끼리는 보통 텔레파시로 소통한다.
12. 풍부한 환타지(공상) 능력과 창조적 재능이 있다.
13. 까다로운 음식 알레르기가 있으며, 채식을 좋아한다.
14. 성격이 온화하며 아주 귀엽고도 사랑스럽다.
15. 다정다감한 면이 많고 껴안고 키스하고 포옹하는 것을 좋아한다.
16. 보통의 인간들이 내면에 가지고 있는 어떤 형태의 두려움도 없으며, 놀라운 균형 감각을 가진 담대한 탐험가들이다.
17. 잘못 판단하면 자폐증 아이나 말더듬이로 진단할 수도 있다.9)

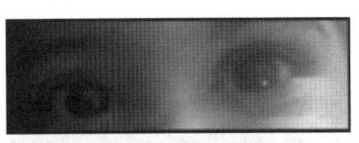
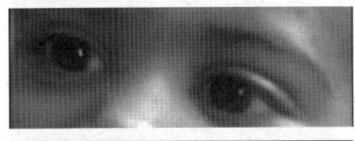
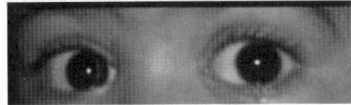

크리스탈 아이들의 특징적인 눈동자

    기존의 의학자들이나 교육자들은 보통 아이들과는 다른 크리스탈 아이들의 이런 특성들을 이해하지 못한다. 따라서 이들이 어렸을 때 보통 아이들과는 다른 비정상적인 언어 패턴을 보인다는 것만으로 이를 자폐증이나 언어장애로 잘못 판단하는 실수를 범할 수 있다는 것이다.
    "그룹(Group)"이라는 호칭되는 집단적인 우주의 존재들로부터 메시지를 받고 있는 채널러 스티브 로더(Steve Rother)는 1997년의 채널링에서 크리스탈 진동의 아이들의 도래에 관해서 처음으로 밝혔고 자세히 언급한 바가 있다. 메시지에서 "그룹"의 존재들은 그 당시 "지구상에 크리스탈 진동의 존재들을 위한 안전한 여건이 조성되면, 그들은 올 것이다."라고 예언했었다. 그리고 이런 정보들은 2000년에 출판된 그의 저서 〈리-멤버(Re-member):인간 진화를 위한 안내서〉 10장에 수록돼 있다. 그 후 2002년에 스티브 로더에 의해 다시 수신된

---

9) Doreen Virtue. Crystal Children, (Hay house Inc. 2003) P.3~4

크리스탈 어린이들에 관한 "그룹"의 메시지가 있는데, 그것을 요약해서 잠시 살펴보도록 하자.

"여러분 가운데 많은 이들이 최근에 에너지가 달라지고 있음을 느끼고 있는데, 이러한 에너지적인 교체현상은 크리스탈 에너지를 통합하기 위한 일종의 진화상의 단계입니다. 여러분은 왜 그렇게 자신이 수정(水晶)들에 대해 끌리는지 의아하게 생각한 적은 없는가요? 수정들 자체가 에너지적인 레벨에서는 인간과 수백 년 동안 교감해왔기 때문에 그것은 우연의 일치가 아닙니다. 그것보다도 인류의 진화가 인간 고유의 생명 형태를 수정과 같은 결정화(結晶化)된 구조로 변화시키고 있습니다. 그런 이유로 수정들이 그렇게 여러분의 주의를 끌고 있는 것이지요.

미국의 채널러 스티브 로더

사실 우리는 여러분에게 이른바 자연(自然)과 지구상의 모든 것들이 지금 수정질(결정구조)의 형태로 바뀌는 과정에 있음을 말하고자 합니다. 여러분은 지구의 대부분의 것이 성질상 수정질이라는 사실을 알게 됨으로써 이런 변화들을 알기 시작합니다.

인간은 현재 탄소(Carbon)를 바탕으로 한 생명체들입니다. 그럼에도 우리는 단지 탄소 원자의 기초가 약간 다르게 변환된 것이 수정의 원소인 규소(Silicon) 원자임을 여러분에게 말합니다. 지구인 자체의 과학적 주기율표(週期律表)[10]도 둘 사이에는 단지 약간의 차이만 있다는 사실을 나타내 주고 있습니다. 탄소에 가해진 지구의 압력작용이 물질로 하여금 여러분이 다이아몬드(Diamond)라고 알고 있는 결정화된 구조로 바뀌는 진화를 일으킵니다. 우리의 관점에서는 인간과 여러분 주위의 모든 것이 가장 아름다운 다이아몬드로 변화하고 있음을 보고 있습니다. -(중략)-

5년 전 우리는 크리스탈 진동을 가진 아이들의 귀환에 관한 정보를 제공

---

[10] 주기율표(periodic table)는 원소를 구분하기 쉽게 성질에 배열한 표로, 러시아의 멘델레예프가 처음 제안했다. 1913년 헨리 모즐리는 멘델레예프의 주기율표를 개량시켜 원자번호순으로 배열했는데, 이는 현대의 원소 주기율표와 유사하다. 가장 많이 쓰이는 주기율표에는 단주기형과 장주기형이 있다. 이 단주기형 주기율표는 1주기와 3주기를 기준으로 하고, 4주기 아래로는 전형원소와 전이원소가 같은 칸에 있다. 아 단주기형 주기율표는 초기에 쓴 모델로 원자가 많이 알려지지 않았을 때 많이 사용하였다. 장주기형 주기율표는 현재 가장 많이 쓰고 있는 주기율표이다. (백과 인용)

했습니다. 그 메시지의 서두에서 우리는 크리스탈 아이들이 오고 있고, 기존의 인간특성과 비교할 때 그들이 마법적인 능력으로 보여질 새로운 진동을 가지고 있다고 언급한 바가 있습니다. 당시 우리는 이 아이들이 인간진화의 다음 단계이고, 여러분이 현재 갖고 있는 육신과 소위 앞으로의 "빛의 몸(Light Body)"사이의 중요한 연결고리로서 육화하고 있다고 설명했습니다. 크리스탈 아이들은 두 가지 기본적인 특성을 지니고 있습니다.

첫째, 그들은 대단히 강력한 존재들이며, 여러분이 종종 마법적이라고 볼 수도 있는 능력을 가지고 있습니다.

둘째, 그들은 낮은 진동의 에너지들에 아주 상처받기 쉬운 특이한 감수성을 지닌 존재들입니다.

크리스탈 진동의 아이들은 다단계(다차원) 교신능력을 가지고 있습니다. 그들은 여러분의 생각을 알뿐만이 아니라 중요하게도 여러분 가슴 속에 있는 것까지도 인식할 것입니다. 그들의 숫자가 지구상에서 증가할 때, 당신들은 그들이 서로 즉시 교신하는 것을 볼 것입니다. 그들은 에너지에 대한 그들의 이해력과 내면에서 빛을 굴절시키는 방식으로 염력(念力)의 능력을 보유할 것이며, 사물을 마음으로 이동시킬 수 있게 될 것입니다. 더욱 중요하게 그들은 생각만으로 물질을 거의 즉각적으로 재배열할 수가 있을 것입니다. 우리가 언급한 바와 같이 크리스탈 진동의 아이들은 그들의 신체 내에 보다 많은 빛을 간직할 수 있게끔 하는 결정화(結晶化)된 구조를 갖고 있습니다. -(중략)-

여러분은 또한 크리스탈 진동의 아이들이 수신되는 모든 진동파에 민감하다는 것을 발견할 것입니다. 소리와 색채, 주변의 자기장(磁氣場), 냄새, 환경오염 물질과 같은 모든 형태의 진동 에너지들은 크리스탈 아이들을 교란시키는 작용을 합니다. 따라서 이들은 환경에 아주 민감하며, 오염원에 대한 저항력이 취약하다는 사실입니다.

감각을 가진 살아 있는 존재로서 지구 또한 수정과 같은 결정(結晶) 형태로의 변형을 겪고 있습니다. 인간은 최근에 물(水)이 가진 수정질(水晶質)의 속성을 발견했습니다. 우리가 여기서 여러분과 함께 나누고자 하는 정보는 그것이 최근의 발견이라기보다는 지구 자체가 그렇게 결정화된 상태로 진화해가는 단계에 있다는 것입니다.

지구행성의 격자망 조정은 거의 완료되었습니다. 지구의 자기 격자망을 준비하는 크라이온(Kryon)의 작업은 향후 몇 개월 이내에 끝날 것입니다. 이것은 지구가 고등한 주파수들에 더 쉽게 공명하도록 만들 것이고, 모든 인간들이 자신의 육체에 진정한 힘을 간직하도록 도울 것입니다. 게다가 그것은 크리스탈 아이들이 제자리를 잡을 수 있도록 할 것입니다. 이 우주적 사건만이 에너지를 정착시키고 크리스탈 진동의 아이들이 인류의 진화를 위해 다음 단계를 밟아 나갈 수 있게끔 문을 열어줄 것입니다."

　도린 버츄 박사가 보고한 바에 의하면, 크리스탈 아이들의 영혼은 대개 자기들을 영적인 성장환경에서 양육해 줄 수 있는 부모를 선택해서 태어나는 경향이 있다고 한다. 그래야만 자기들의 영적 지식과 재능을 가꿔주고 보호해줄 수 있기 때문이라는 것이다. 부모가 영적으로 무지한 사람일 때는 그 조부모가 고도로 진화된 빛의 일꾼일 경우가 많았다고 한다. 이런 경우에는 할아버지 할머니에 의해서 이 영혼들이 도움과 보호를 받아 자라난다는 이야기이다.

인간의 육신을 쓴 천사, 크리스탈 영혼들

　채널 메시지들도 기성세대가 인디고/크리스탈 아이들을 다룰 때, 먼저 기억할 필요가 있는 것은 앞서 지적 한대로 이 아이들이 기존의 인간들과는 매우 다르다는 것과 기존 아이들에게 적용돼 왔던 것들이 더 이상 효과가 전무하다는 사실을 지적하고 있다. 그리고 이들을 대할 때 기본적으로 고려해야할 사항은 다음과 같다고 한다.

1. 인디고/크리스탈 아이들은 우뇌(右腦) 지향적인 존재들이다 – 이것은 그들이 매우 창조적이고 직관적이며, 상상과 감정이 풍부한 지성체들임을 의미한다. 하지만 기존의 인간들은 반대로 좌뇌(左腦)를 주로 쓰는 관계로 직선적, 평면적 사고를 하며 합리적. 언어적, 논리적이다.
2. 인디고/크리스탈 아이들은 환경적인 스트레스에 고도로 민감하다 – 왜냐하면 이 아이들은 초감각적지각(ESP)을 지니고 있어서 보통 사람들이 감지하지 못하는 것들을 보거나 듣거나 느끼기 때문이다. 따라서 큰 소음이나 군중, 요란한 TV나 음악 소리에 부정적 영향을 받으며, 조용하고 평온한 가정적 환경이 필요하다.
3. 이 아이들에게는 아무 것도 감출 수가 없다 – 부모나 교사들은 이들 앞에서 항상 솔직하고 진지한 태도를 보여주어야 한다. 그들은 부모의 에너지장(오라)을 읽으며, 말하지 않은 어른들의 내면의 생각이나 감정까지도 정확히 아는 까닭이다.
4. 인디고/크리스탈 아이들은 음식에 대해서도 민감하며 종종 음식 알레르기

증상을 나타낸다 – 이 아이들은 흔히 가공음식이나 식품첨가물이 든 식품들에 대한 내성(耐性)이 없는 경우가 많다. 또한 설탕과 카페인에 대해 부정적으로 반응한다. 콜라 같은 인공색소가 든 음료들, 비스킷, 파이, 햄버거, 초코렛 등의 식품들은 때로는 기능장애를 일으킬 수 있다. 또한 동물호르몬으로 가득찬 치킨이나 육류, 화학 처리된 통조림들도 역시 부적합하다.

5. **이들에게는 좌뇌와 우뇌를 고루 활용할 수 있는 균형 잡힌 교육제도가 필요하다** – 음악, 미술, 연극, 댄스, 예술 같은 형태의 창조성이 가미된 교육이 바람직하다. 그리고 폭력적 활동으로 가득 찬 TV 시청이나 전자게임 등은 최소화시켜야 한다.

그런데 인디고 아이들과 크리스탈 아이들은 부분적으로는 비슷한 특성을 공유하고 있으면서도 확연히 다른 특징들이 있는데, 그것은 바로 그들의 기질적 차이에서 비롯된다고 연구자들은 지적하고 있다. 다시 말해 크리스탈 아이들은 천성이 행복하고 관대하며 남에게 기쁨을 주는 영혼들인 동시에 선천적으로 영적인 교사의 자질을 지녔다고 한다. 즉 그들이 태어난 주목적은 인류를 진화의 다음 단계로 데려가고 우리 내면의 힘과 신성(神性)을 깨닫게 해주기 위한 것이라고 한다. 그런고로 강력한 사랑과 평화의 잠재능력을 가진 이 아이들은 자기 부모를 가르치고, 인류가 나가야 할 방향을 올바르게 지적해 줄 수 있는 존재들인 것이다. 반면에 인디고 아이들은 본질적으로 전사적(戰士的)인 영혼들인 관계로 그들이 지구상에 태어난 집단적 목적은 더 이상 쓸모없는 기존의 낡은 제도나 체제를 해체시켜 버리는 것이라 한다. 즉 이 영혼들은 정직함과 고결함이 결여된 지구상의 정부나 법률, 교육 시스템 등을 폐기시키기 위해 왔으며, 따라서 그들에게는 이 목표를 성취하기 위한 침착함과 열정, 과단성이 요구된다는 것이다. 1980년대 출생한 인디고 영혼들은 현재 20대의 성인기로 들어섰는데, 이들이 30~40대 이상이 되어 사회의 중추적인 지도자 그룹으로 자리 잡았을 때는 아마도 우리 인간 세상의 모든 구조가 완전히 변혁될 것이다.

이처럼 인디고와 크리스탈 아이들이 인류와 지구를 돕기 위해 이곳에 온 목적은 같으나 기질적으로 그 임무나 사명은 좀 다르다는 사실을 알 수가 있다. 한마디로 인디고들은 우리를 잘못된 신념의 감옥에서 자유롭게 해방시키게 될 "기존 시스템을 부수는 개혁가들"이고, 크리스탈들은 인간에게 내면의 평화와 신성을 가르칠 "영적 스승들, 마스터들"로서 온 것이다. 그리고 객관적으로도 인디고 아이들과 크리스탈 아이들의 특성을 비교해 볼 때, 크리스탈 아이들의 영혼이 참을성이 좀 적은 인디고 아이들보다는 좀 더 성숙되고 진화된 영혼들이라 할 수 있을 것이다.

채널 메시지에 따르면, 사실상 인디고 아이들이 5차원 의식(意識)을 지닌 반면에 크리스탈 아이들은 더 상위의식에 해당되는 6차원 의식을 가지고 태어났다고 언급되고 있다.

[2] 인간의 몸을 입은 천사들 - 인디고와 크리스탈들의 에너지 체계

그런데 채널러 실리아 펜(Cilia Fenn)의 의견에 따르면, 인디고와 크리스탈 아이들이 이전의 인간 세대와는 행동이나 정신적인 특성만 다른 것이 아니라 그들 몸의 에너지 체계 자체가 아예 다르다고 한다. 다시 말하면 그들은 인간 진화의 다음 단계에 해당되는 존재들이므로 우리 행성에 막 생성되고 있는 새로운 DNA와 기존 인간과는 전혀 다른 차크라 체계를 갖고 있다는 것이다. 그것을 비교하자면 다음과 같다.

◆ 기존의 인간들의 원형적 에너지 체계 - 7개의 차크라

- 기저 차크라(1번 믈라다라) - 붉은색
- 천골 차크라(2번 마니프라) - 오렌지색
- 태양신경총 차크라(3번 스와디스타나) - 황색
- 가슴 차크라(4번 아나하타) - 녹색/핑크색
- 목구멍 차크라(5번 비슈다) - 푸른색
- 이마 차크라(6번 아즈나) - 남색/보랏빛
- 정수리(백회) 차크라(7번 사하스라라) - 백색

◆ 인디고 & 크리스탈 아이들의 원형적 에너지 체계 - 13개의 차크라

- 지구 별(Earth Star) 차크라(1번) - 청녹색
- 좌측 발과 복사뼈 차크라(2번) - 황녹색
- 우측 발과 복사뼈 차크라(3번) - 오렌지 - 황색
- 무릎과 종아리 차크라(4번) - 황색
- 좌측 엉덩이와 넓적다리 차크라(5번) - 녹색
- 우측 엉덩이와 대퇴부 차크라(6번) - 오렌지
- 생식기와 기저 차크라(7번) - 오렌지색
- 좌측 팔과 손 차크라(8번) - 푸른 보랏빛
- 우측 팔과 손 차크라(9번) - 붉은 보랏빛
- 가슴과 복부 차크라(10번) - 보랏빛

- 좌측 상부 흉곽 차크라(11번) - 푸른색
- 우측 상부 흉곽 차크라(12번) - 붉은색
- 크라운(정수리) 차크라(13번) - 황금색 /은백색

염력(念力)만으로 간단하게 스푼밴딩(숟가락 휘기)을 시범보이는 인디고 청소년

이처럼 기존 인간과는 전혀 다른 에너지 체계를 가진 이 신인종(新人種)인 아이들의 경우 에너지가 천사와 같이 척추로 곧바로 흘러내려 에너지적인 날개를 형성하면서 순환한다고 한다. 그리고 이것은 이 인간 천사들이 에너지의 자가발전 및 공급이 가능하며, 결과적으로 그들이 높은 진동의 에너지를 몸에 지니고 있음을 의미한다는 것이다. 인디고 아이들은 넘치는 그들의 강력한 에너지를 보통 아이들과는 다르게 운동이나 창조성, 지도력 등으로 강하게 표출하려 하지만, 인간세상에서는 종종 이런 행동이 활동과다증상이나 주의력결핍장애로 오인되어 진단받을 수 있다는 것이다.

앞서 언급되었듯이 인디고 아이들의 임무는 인간의 낡은 기존체제를 개혁하고 뒤집는 것이기 때문에 그들의 에너지는 외부세계에 초점이 맞추어져 있다. 인디고 아이들의 "분노나 참을성 없음, 격렬함" 등은 낡은 체제와 낡은 에너지를 극복하고 청소하기 위해 집중된 에너지의 표현이라는 이야기이다. 반면에 크리스탈 아이들은 이와 달리 자신의 에너지를 느리고 완만한 신체적 행동으로 표출하거나 영적이고 다차원적인 측면에 대한 집중으로 나타낸다고 한다.

문제는 이런 아이들에 관한 사전지식이 없는 의사들이나 상담자들이 이 아이들을 정신 장애자로 오진하여 정상으로 돌려놓는답시고 〈리탈린(Ritalin)〉과 〈프로잭(Prozac)〉같은 "항우울제 약물"을 투여하는 경우가 있다는 것이다. 그럴 경우 이런 약품들은 이 아이들을 천사로서의 원형에서 분리시키고 낡은 3차원적 경험에만 갇혀 있도록 만들어 버리는 오류를 범한다고 천상의 메시지들은 경고하고 있다. 그러므로 그들에게는 이런 사실을 잘 아는 부모나 교사가 있어서 아이들을 이해하고 그들 스

스로 에너지 흐름의 균형을 잡을 수 있도록 도움을 주는 것이 필요할 것이다.

[3] 미래의 작은 아바타들(Avatars) - 레인보우 아이들

그런데 도린 버츄 박사는 놀랍게도 인디고, 크리스탈 아이들에 이어 현재 막 태어나려 하고 있고. 또 곧 태어나게 될 또 다른 제3의 영혼들이 있다고 언급한다. 그 아이들은 "레인보우 아이들(Rainbow Children)"이라고 하는데, 이들은 크리스탈 아이들보다 더 진화된 영혼들이라고 한다. 채널러 실리아 펜 역시도 이 미래의 존재들을 "레인보우 크리스탈 영혼들"이라고 호칭했는데, 이들은 완전한 우주의식(宇宙意識)에 도달한 존재들로서 우주적 인간에 해당된다고 하였다. 이들의 공통적 특성은 다음과 같다.

1. 이들은 이전에 결코 지구상에 태어난 적이 없는 영혼들이며, 완전한 DNA를 가지고 있다.
2. <신성(神性)의 화신들>이고, 이미 영적인 정점에 도달한 존재들로서 아무런 두려움이 없다.
3. 오로지 모든 것을 위해 봉사하고자 지구에 내려온 작은 아바타(Avatar)들이다. 그들이 지구에 가져오는 가장 큰 선물은 자기들이 지닌 높은 진동의 에너지를 인간과 함께 나누는 것이며, 인류가 새로운 진동으로 전환되고 신성이 계발되도록 돕는 것이다.
4. 이들은 크리스탈 아이들이 성인(成人)의 나이가 되었을 때, 그들을 부모로 선택해 그 자녀로 태어나기 시작할 것이다.(※크리스탈 아이들이 20세가 되면서부터 그들의 아이로 태어난다는 것)
5. 이들의 오라(Aura)는 모든 빛의 스펙트럼을 지닌 무지개빛의 에너지를 방사한다. 따라서 "레인보우(무지개)" 아이들로 호칭된다.

지금 이 시대에 우주로부터 이런 고급 영혼들이 지구상에 이렇게 많이 내려오고 있다는 것은 무엇을 의미하는 것일까? 이는 아마도 그만큼 심각한 위기에 처한 지구를 멸망케 하지 않으려는 천상의 은총이자 섭리라고 밖에 볼 수 없을 것이다. 그리고 본래 카르마가 전혀 없는 이런 높은 영적 존재들이 인간을 돕기 위해 지구와 같은 3차원의 카르마 행성에 자원해서 육화한다는 것은 일종의 대단히 고귀한 자기희생인 것이다. 여러분은 뒤에 게재된 다양한 우주적 존재들의 메시지에서도 다른 별에서 온 이런 특별한 영혼의 아이들에 관한 언급 내용들을 접하게 될 것이다.

4.전생(前生)에 화성인이었던 인디고 소년 보리스카의 예언

러시아 모스크바에서 발행되는 대표적 신문인 〈프라우다〉지(紙)는 2004년과 2005년, 2008년 3차에 걸쳐 특이한 인디고 소년을 취재해 보도한 바가 있다. 그 아이가 바로 러시아 볼고그라드 지역의 한 마을에 사는 보리스카 키프리야노비치(Boriska Kipriyanovich)라는 이름의 소년이다. 이 소년은 1996년 1월 11일생으로 올해 만 13세인데, 어머니는 시립병원에 근무하는 피부과 의사이고 아버지는 은퇴한 공무원이라고 한다.

인디고 소년 보리스카

그런데 이 아이가 언론의 집중적인 조명을 받게 된 데에는 그의 특이한 초감각적 능력 때문이었다. 아이의 어머니 말에 따르면 보리스카는 어렸을 때부터 전생(前生)에 관한 소상한 기억을 가지고 있었으며, 주위 사람들에게 화성문명과 거석의 도시, 우주선들, 태양계 행성들과 은하계, 그리고 고대 레무리아 문명에 관해서 거침없이 이야기를 해왔다는 것이다. 〈프라우다〉지 영문판(英文版)에 소개된 기사 내용을 토대로 인디고 소년 보리스카의 능력과 그가 말해주는 우주와 인류의 미래에 관한 흥미로운 이야기를 소개한다.

보리스카의 어머니 나데즈다(Nadezhda)에 의하면, 아이는 태어난 지 15일 만에 머리를 쳐들어 어른 같은 눈빛으로 어머니와 눈을 맞추었고, 불과 4달 만에 "바바(Baba), 즉 할머니"라는 단어를 처음 발음했다. 그리고 그 후 8개월 후에는 벌써 제대로 말을 하기 시작했다. 또 아기는 어떤 아픔이나 고통이 있어도 우는 법이 없었다. 이어서 1살 반이 되었을 때 글을 가르쳐주지 않았는데도 이미 신문을 들여다보기 시작했는데, 헤드라인(제목)을 읽는 데는 아무런 어려움이 없었다. 그리고 2살이 되자마자 크레파스로 무엇인가를 그리기 시작했고 6개월 후에는 채색하는 법을 배웠다. 나중에 심리학자들이 조사한 바에 따르면 아이가 그린 것은 사람의 몸 주위에 나타나는 후광(後光)인 오라(Aura)를 그린 것이었다고 한다. 그때쯤에 부모는 아이를 데리고 지역 유치원에 데려 갔는데, 그곳의 유아교사들은 보리스카가 보여주는 이례적인 기억력과 언어능력, 그리고 새로운 정보를 파악하는 대단히 비범한 능력에 모두 깜짝 놀랐다.

이윽고 아이는 2살이 지나자 때때로 불교의 연화좌(蓮華坐)의 자세로 앉아 화성(火星)과 다른 행성계, 머나먼 우주의 문명들에 관한 온갖 종류의 이야기를 하기 시작했다. 아이의 어머니는 이렇게 말한다.

"우리는 우리 귀를 의심할 수밖에 없었지요. 어떻게 한 어린 애가 이 모든 것을 알 수가 있었을까요? 그건 정말 우리에게 수수께끼였습니다. 아무도 그 애한테 그런 걸 가르친 적이 없었으니까요."

"그 애는 태양계 내의 모든 행성들과 심지어는 그 주위의 위성들까지 알고 있었어요. 그리고 은하계들의 사진을 보고는 일일이 그 이름과 숫자까지도 내게 말했죠. 처음에는 정말 놀랐고, 내 아들이 혹시 정신이 나간 것은 아닌가하고 생각했어요. 하지만 그때 난 그런 이름들이 진짜 존재하는지 확인해보기로 결정했습니다. 그리고 곧 나는 천문학에 관한 어떤 책들을 뒤져보았고, 거기서 내 아이가 상당한 과학지식을 알고 있다는 사실을 발견하고는 충격 받았어요."

"자기가 전생(前生)에 화성(火星)에서 살았다고 우리에게 말한 것은 그 때였습니다. 그 행성에는 실제로 주민들이 거주했었으나 대파괴적인 큰 재해로 인해 대기권이 소실돼 버렸다고 했습니다. 그리고 지금은 모든 주민들이 지하로 들어가 지저의 도시들에서 살고 있다는 거지요."

우주와 다른 세계들에 관해 아이의 끝없이 이어지는 이야기들은 2살 이후에는 일상적인 것이었다 한다.

그의 부모는 곧 자신의 아이가 독특한 방식으로 어떤 다른 원천에서 정보를 얻고 있음을 알게 되었다. 그것은 내면의 기억 외에도 외부의 어떤 채널들을 통해서라고 추정되었다.

보리스카의 엄마인 나데즈다는 또 이렇게 말했다.

"우리가 아이를 천문학자와 역사학자, UFO 연구가를 포함한 다양한 과학자들에게 보였을 때, 그들 모두는 우리 아이가 그 모든 이야기를 지어낸다는 것은 불가능하다는 데 동의했습니다. 아이가 말한 외국의 언어라든가 과학적 용어들은 이 분야의 특수한 과학을 연구하는 전문가들이나 사용하는 것이라고 하더라고요."

그리고 아이는 부모와 길을 가다가도 거리에서 만난 사람에게 마약하는 것을 그만두라고 충고하는가 하면 성인 남자들에게 부인을 속이는 것을 그만두라고 얘기하곤 했으

보리스카와 그의 어머니 나데즈다(우측)

며, 이 작은 예언자는 사람들에게 앞으로 다가오는 여러 문제와 질병들에 대해 경고하는 바람에 부모를 난처하게 만들곤 했다.

어느 날 아이는 엄마가 가지고 있던 "우리는 어디서 왔는가?(Where do We come from)"라는 책을 우연히 접하게 되었다. 그 제목에 매혹당한 아이는 그 책에 나온 레무리아인들에 관한 그림과 티베트의 사진들을 보면서 몇 시간 동안 책 속에 빠져들었다고 한다. 그리고 나서 보리스카는 레무리아인들의 문화와 그들의 높은 지성에 대해 이야기하기 시작했다.

오랜 과거 시대에 그는 화성에서 우주선을 타고 교역과 조사 목적으로 지구에 자주 왕래했다고 하며, 이때가 바로 지구의 레무리아 문명시대였다는 것이다.

"그 후 지구에 대변동이 일어났어요. 거대한 대륙이 격노한 바닷물 속으로 가라앉고 말았죠. 그때 내 친구도 거기서 목숨을 잃었는데, 나는 갑작스런 상황에서 그를 구할 수가 없었어요. 하지만 우리는 이번 생(生)에서 언젠가는 다시 만날 운명이에요."

아이는 레무리아 멸망에 대한 광경을 설명하며 마치 어제 일어난 일처럼 생생하게 마음으로 그려냈다. 그가 두 번째로 보게 된 책도 같은 저자인 에른스트 멀더쉐브(Ernst Muldashev)의 〈신들의 도시를 찾아서(In Search of the city of Gods)〉였다. 거기서 아이는 오랫동안 수집된 피라미드들과 고대의 무덤들을 보게 되었다. 그리고 보리스카는 다음과 같이 말했다.

"사람들은 이집트의 대 피라미드 아래에 숨겨진 비밀을 찾지 못할 거예요. 그 지식은 다른 피라미드 밑에서 발견될 것인데, 그건 아직 밝혀지지 않았어요. 일단 스핑크스의 입구가 열려지면 인간의 삶이 변화될 것입니다. 정확히 기억은 못하지만 스핑크스의 귀 아래 어딘가에 여는 장치가 있어요."

이 소년은 또한 '마야문명'에 대해 열성적으로 말했는데, 그에 의하면 우리는 이 위대한 문명과 그 주민들에 대해 아주 일부밖에 모르고 있다는 것이다. 이렇게 해서 특이한 아이 보리스카에 대한 소문은 마을뿐만이 아니라 멀리까지 퍼져나가기 시작했다. 이 소년은 결국 그 지역의 유명인사가 되었고, 호기심 많은 사람들이 찾아와 궁금한 것을 질문하면 아이는 기꺼이 방문자들에게 답변해 주었다고 한다.

결국 보리스카의 재능은 오래지 않아 러시아 과학자들의 눈을 사로잡았고, 2005년 여름 러시아의 〈자기(磁氣) 및 무선파 연구소〉의 전문가들은 소년을 데려다 그의 오라(Aura)를 촬영하게 되었다. 그 결과 보리스카의 오라는 보통사람보다 현저하게 강력한 것으로 판명되었다. 직접 보리스카를 조사했던 블라디슬라브 루고벤코(Vladislav Lugovenko) 교수는 이렇게 말했다.

"그는 오렌지색의 오라를 가지고 있는데, 이것은 높은 지성을 가진 기쁜 마음의 소유자들에게 나타나는 것으로 돼 있습니다. …(중략)… 세상에는 공간의 장(場) 속에서 정보를 흡수할 수 있는 특이한 개인들이 있지요. 보리스카는 분명히 그런 사람들 중의 하나인데, 인디고 소년들은 우리의 행성을 변화시키기 위한 특별한 사명을 가지고 있습니다.

보리스카를 조사한 블라디슬라브 루고벤코 박사

그들 중의 많은 아이들이 기존의 인간과는 다른 DNA 나선 구조를 가지고 있으며, 그것은 믿을 수 없을 정도로 강한 면역체계를 갖게 해줍니다. 심지어는 에이즈(AIDS) 같은 병도 퇴치할 수 있을 정도니까요. 나는 이와 같은 아이들을 중국과 인도, 베트남 등에서도 만나본 적이 있는데, 개인적으로 난 그 애들이 인류문명의 미래를 바꾸어놓을 거라고 확신합니다."

그런데 가장 흥미로운 것은 보리스카가 오늘날의 시기를 지구가 새로 태어나기 위한 특별한 전환기라고 언급하고 있다는 것이다. 아래의 내용은 <프라우다>지의 겐나디 벨리모브(Genady Belimov) 기자가 2004년 8살인 보리스카를 만나 인터뷰하며 질문한 데 대한 그의 답변을 정리한 것이다.

만 11살 때의 모습

◆질문:보리스카! 너처럼 재능있는 아이들에 대해 얼마나 알고 있으며, 왜 이런 일이 일어나고 있다고 생각하니? 그런 아이들이 "인디고 아이들"이라고 불린다는 걸 알고 있니?

그 애들이 태어나 있다는 건 알고 있어요. 그러나 난 아직 우리 마을에서는 누구도 만나본 적이 없어요. 어쩌면 율리아 페트로브나(Yulia Petrovna)라는 소녀가 그런 애인지도 모르겠어요. 그 애는 나를 믿어주는 유일한 애에요. 다른 애들은 내가 하는 이야기에 단지 웃을 뿐이죠. 지구에 무엇인가가 일어날 것이고, 그것이 바로 이런 아이들이 중요한 이유에요. 그 애들이 사람들을 도울 수 있을 겁니다. 앞으로 지구의 극(極)이 이동할거에요. 대륙들 중의 하나에 관계된 그 주요 첫 번째 변동은 2009년에 일어날 것입니다. 그 다음의 것은 2013년에 발생하는데, 훨씬 더 큰 대참사가 될 거에요.

3장 당신은 혹시 스타 피플인가?

붉은 행성, 화성 - 로마 신화에서 화성 마르스(Mars)는 군신(軍神)을 상징한다.

◆ 만약 그렇다면, 그런 대재앙의 결과로 너도 역시 죽을지도 모른다는 사실이 겁나지 않니?

아니요. 난 두렵지 않아요. 우리는 (영적으로) 영원히 살기 때문이에요. 난 이미 화성에서 한 번 대이변을 겪으며 살아봤어요. 아직도 거기에는 여기처럼 주민들이 살고 있고요. 하지만 핵전쟁 이후 모든 것이 불타버렸죠. 오직 그들 중에 소수만이 생존했어요. 그리고 화성인들이 살아남기 위한 대책을 강구했어요. 은신처를 구축했고, 새로이 무기를 제조했지요. 또 화성에는 넓은 대륙은 아니었지만 대륙의 이동도 있었어요. 핵전쟁 이후에 모든 물질이 바뀌어버렸지요. 화성인들은 가스(탄소)로 호흡을 해요.

◆ 보리스카, 왜 우리 우주정거장들이 화성에 도달하기 전에 부서지는 걸까?

화성에서 그것들을 파괴하기 위해 특수한 신호들을 조준해서 발사하기 때문이에요. 우주정거장들은 유해한 방사능을 탑재하고 있어요.
(※저자 註:소련 최초의 우주정거장이었던 1988년의 포보스(Fobos) 1호와 2호는 실제로 당시 화성 가까이 접근하자 고장 나서 통신이 두절되거나 부서졌다.)

◆ 인간이 왜 병에 걸리는 것인지에 대해 우리에게 말해줄래?

병은 사람들이 올바르게 살지 못하고 행복해지지 못하는 데서 생겨납니다. 인간은 자신의 반쪽인 우주적인 파트너를 기다려야 해요. 또한 절대 다른 사람들의 운명에 관여하거나 그것을 망쳐놓아서도 안됩니다. 사람들은 과거에 범한 자신의 과오 때문에 괴로워할 게 아니라 정해진 운명 안에서 자신의 목표와 꿈을 이룰 수 있도록 노력해야 해요.

여러분은 좀 더 남에 대한 동정심을 가져야 하고 따뜻한 인정이 있어야만 합니다. 만약 누군가 당신을 때린다면, 그 사람을 껴안아 주세요. 그리고 스스로 사과하고 그의 앞에 무릎을 꿇으세요. 또한 누군가가 당신을 증오한다면, 온 마음과 헌신으로 그를 사랑하고 그에게 용서를 비세요. 이것이 〈사랑과 겸손의 법칙〉입니다. 왜 레무리아인들이 멸망했는지 아세요? 저도 거기에 부분적으로 책임이 있습니다. 그들은 더 이상 영적으로 진보하려고 하지 않았어요. 레무리아인들은 정해진 길에서 벗어나 잘못된 길로 빠져들었고, 게다가 지구 전체를 파괴하고 있었죠. 검은 마법을 따르면 결국 멸망에 이르게 됩니다. 오직 사랑만이 진정한 마법이지요.

◆ 보리스! (보리스카의 애칭), 이 모든 걸 어떻게 알고 있는 거지?

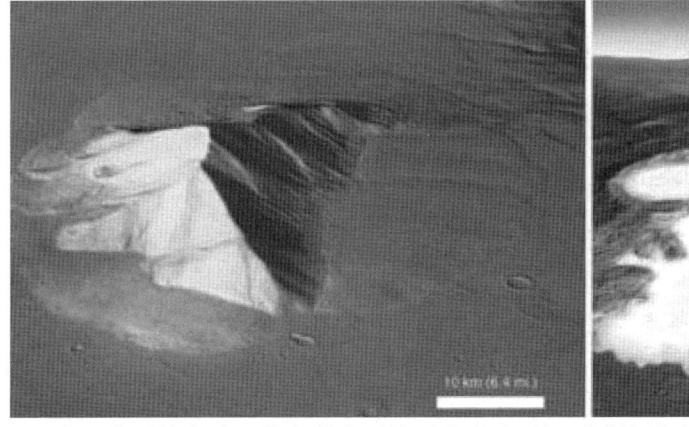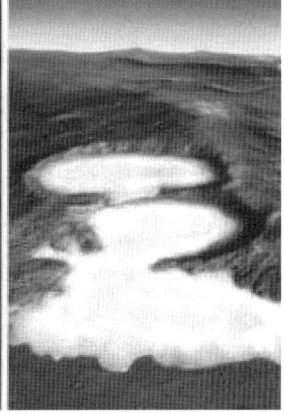

2008년 10월 화성의 적도 주변 암석 지형 아래 묻혀 있는 거대한 빙하들이 발견되었다고 더 타임스, 로이터, UPI 등 주요 해외 언론들이 일제히 보도했다. (생명체 존재 가능성)

그 정보들은 내 안에 있어요.

◆ 보리스카, 네가 정말 화성에서 여기서 말하는 인간처럼 살았었니?

예, 그래요. 사실입니다. 나는 거기서 내가 14~15세일 때를 기억해요. 화성인들은 내내 전쟁에 휩싸여 있었어요. 때문에 나는 종종 친구와 함께 공중폭격에 참여해야 했었죠. 또 우리는 둥근 우주선으로 시간과 공간을 여행할 수 있었어요. 제가 지구에 와서 인간의 삶을 관찰할 때는 삼각형의 우주선을 이용했지요. 화성의 우주선들은 매우 복잡합니다. 그것은 여러 층을 이루고 있고 모든 우주공간을 가로질러 어느 곳이든 비행할 수가 있어요.

삼각형 형태의 UFO 모습

◆ 지금 화성에 생명체가 살고 있니?

그럼요. 하지만 아주 오래 전에 행성 전체가 대참사를 겪는 바람에 대기(大氣)를 상실하고 말았죠. 그럼에도 화성인들은 아직 지하에서 살아 있습니다. 그들은 탄소가스로 호흡을 해요.

◆ 그들의 외모는 어떤 모습이니?

그들은 키가 매우 큰데, 7m 이상이에요. 화성인들은 놀라운 능력들을 가지고 있어요.

◆ 넌 이 모든 걸 어떻게 알았니?

난 알아요 … 카일리스(Kailis)!

◆ 뭐라고 했지?

"안녕!"이라고 말했어요. 이 말은 제 행성의 언어예요.

이 소년은 러시아의 미래에 대해서는 아주 낙관적으로 말했다.

"국내의 상황은 점차 좋아질 거예요. 하지만 지구는 2009~2013년에 걸쳐 매우 위태로운 해들을 겪어야 해요. 그리고 그 대참사들은 물(대홍수)과 관계가 있을 거예요."

텔레파시와 예지능력이 있는 보리스카는 나라에 안 좋은 사건이나 사고가 있을 때는 종종 미리 시초에 그것을 몸의 증상으로 느끼기도 했다고 한다. 쿠르스크에서 발생한 잠수함 침몰사건과 베슬란 학교의 인질사태11) 때는 내내 몸이 쑤시고 아팠으며, 때문에 학교에 가기를 거절했다. 보리스카는 거기에 관해서 이렇게 말했다.

"그건 마치 내 몸 안에서 불이 타고 있는 듯한 느낌과 같았어요. 난 그 인질사태가 결국 비극으로 종결되리라는 것을 알았어요."

이 소년은 또한 차원과 행성 간을 오가는 UFO의 구조와 작동방식에 대해서도 잘 알고 있었다. 그는 기자가 다차원과 우주비행에 관해 질문하자 다음과 같이 전문가처럼 UFO에 대해 능숙하게 설명했다.

"UFO를 이루고 있는 몸체의 재질은 여섯층으로 되어 있어요. 맨 위층은 단단한 금속이고 전체의 25%를 차지합니다. 두 번째 층은 고무 같은 재질로 30%, 세 번

---

11) 2004년 9월 1일 체첸 반군들이 러시아 남부 북(北) 오세티야 공화국내 베슬란 시의 한 학교에 침입하여 1,500여명의 학생들과 부모 및 교사들을 3일 동안 인질로 잡고 러시아로부터의 독립을 요구한 사건이다. 개학날인 그날 로켓포와 기관총을 든 체첸 무장 세력이 베슬란 공립학교에 침입, 1천명이 넘는 민간인을 인질로 잡고 대치하였다. 결국 사태는 사건 발생 이틀 만인 9월 3일 러시아 특수부대의 투입으로 진압되긴 했으나 8시간 동안에 걸친 치열한 교전으로 어린이 186명을 포함해 민간인 334명이 숨졌고, 인질범들 32명이 사망했으며, 1,000여명이 부상당하는 끔찍한 비극으로 끝났다.

째 층은 역시 금속이고 30%, 마지막 층은 자기적(磁氣的) 특성을 가진 재질인데, 4%를 차지하지요. 그 자기적인 층에다 에너지를 공급하면 우주선은 우주전역을 비행할 수 있게 되는 것이죠."

보리스카와 인터뷰하러 간 미국의 카멜롯 취재팀들

보리스카는 말하기를 원래 화성에서 당시 자기는 조종사였는데, 자신이 몰던 우주선은 플라즈마를 연료로 사용하는 삼각형 UFO였다고도 언급했다. 모선에 탑재돼 이동한 그의 우주선은 태양계 안에서만 운행할 수 있었고 다른 외계로는 갈 수 없었으나 먼 거리를 한순간에 도달하는 공간이동 포탈을 사용했다고 한다.

보리스카의 학교생활은 많은 어려움을 가지고 있었다고 알려졌다. 〈프라우다〉신문과의 2004년 첫 인터뷰를 한 후에 그는 초등학교 2학년이 되었지만, 학교에서는 곧 아이를 내보내려고 한다는 것이다. 왜냐하면 보리스카는 수업시간에 끊임없이 교사가 가르치는 내용이 잘못됐다고 지적하는 통에 수업진행에 매우 방해가 되기 때문이라는 것이다. 결국 당시 소년은 개인 가정교사를 들여 배워야할 상황이었다고 한다.

결국 다니던 학교를 관두고 지금은 신비한 능력을 가진 아이들이 다니는 특수학교에 재학 중인 보리스카는 2006년 모스크바에 찾아간 미국의 〈넥서스(Nexus)〉잡지의 기자 마이클 세인트 클레어와 외국 언론사로는 처음으로 인터뷰 했다. 2007년 10월에는 과거에 정부에서 외계인 관련 기밀을 다룬 사람들에게 양심선언을 할 것을 권고하는 미국 캘리포니아의 프로젝트 카멜롯 관계자들이 모스크바를 찾아가 그와 장시간 인터뷰하기도 했다. 어쨌든 그의 나이에 맞지 않는 방대하고도 심오한 지식, 또 나이를 훨씬 넘어선 지능과 성숙된 의식은 정말 놀랍기만 하다. 오늘날 보리스카 같은 새로운 인종(人種)의 아이의 출현은 기존의 종교에만 묶여 그게 전부인줄 알고 살아가는 사람들에게도 신선한 충격내지는 자극제가 될 수도 있을 것이다. 지금은 우리가 모르는 사이 이런 세상의 변화와 놀라운 일들이 진행되고 있는 시대인 것이다.

■ 인간의 잠재 의식과 UFO와의 접촉

UFO 분야에 관심을 가진 사람은 누구나 한 번쯤은 UFO를 직접 보거나 또는 접촉해 볼 수는 없을까 하는 생각을 해본 적이 있을 것이다. 물론 UFO와 접촉을 한다는 문제가 상식적으로 인간이 원한다고 해서 누구나 이루어질 수 있는 문제는 아니다. 그것은 그 선택권이 우리에게 있는 것이 아니라 그들에게 있기 때문이다.

그러나 미국의 저명한 UFO 채널러 리샤 로얄(Lyssa Royal)은 UFO와의 접촉을 단순히 물리적인 접촉에만 한정짓지 않는다면, 대다수의 사람들은 이미 접촉 경험을 갖고 있다고 말한다. 다시 말하면 잠재의식적(潛在意識的) 접촉이나 무의식적(無意識的) 접촉은 우리가 기억을 못한다 뿐이지 빈번하게 일어나고 있다는 것이다. 아다시피 심리학에서는 인간의 마음이 의식(Consciousness)과 잠재의식(Subconscious ness), 그리고 무의식(Unsciousness)으로 구성되어 있다고 말하고 있다.

보통 우리는 평상시 깨어있을 때 인식하는 마음이 전부인 줄로 알고 있으나, 카알 융(Carl Jung) 같은 심리학자는 오히려 잠재의식이나 무의식이 인간을 지배하는 거대한 원형(原型)이며 의식은 그 표면에 떠 있는 빙산의 일각에 불과하다고 하였다.

그렇다면 이런 내면의 잠재의식이 어떻게 UFO와의 접촉에 이용될 수 있는가를 한번 살펴보자. 외계인들의 입장에서 볼 때 지구인들과의 직접적인 접촉은 많은 어려움이 있다. 왜냐하면 아직도 대다수의 인류는 외계인에 대해 무지하기 때문이다. 또 대중매체의 왜곡된 정보에 의해 잘못된 고정 관념을 갖고 있는 경우가 많다. 사람에 따라서는 막연한 공포심을 지니고 있는 사람도 있으며, 일부 종교인들은 이들을 무조건 마귀, 사탄시하는 어처구니없는 무지를 드러내고 있기도 하다. 따라서 잠재적으로 이와 같은 의식 상태에 있는 사람들에게는 UFO가 목격되거나 나타나기가 힘들다. 우선 그들 자신의 잠재의식이 UFO를 거부하고 원하지 않기 때문이다. 똑같은 상황에서도 UFO를 목격하는 사람이 있는가 하면 못보는 사람도 있다. 이것은 그 사람의 잠재의식과 어떤 관련성이 있다고 생각된다. (※그럼에도 잠재의식은 인간이 보고 듣는 모든 경험의 저

장고이기 때문에 의식이 기억하지 못하는 것도 잠재의식 속에는 저장되고 기록되어 있는 것이다).

채널러 리샤 로얄(Lyssa Loyal)을 통해 메시지를 전하는 플레이아데스 우주인 사샤(Sasha)는 이렇게 말한다. "인간보다 진보된 과학을 지닌 외계인들이 인간과 주로 접촉하기 위해 선택하는 출입구는 바로 인간의 마음이며 특히 잠재의식이다." 필자가 보기에 이 말은 타당성이 있다고 생각된다.

외계인들과의 텔레파시 교신 역시도 잠재의식에 의해서 이루어진다. 그들은 인간 누구에게나 텔레파시를 보낸다. 그러므로 누구나 텔레파시를 받고는 있는 것이다. 그러나 잠재의식이 활성화되지 않은 사람은 이를 제대로 수신하지 못하거나, 수신했어도 해석을 못한다는 이야기이다. 인간의 잠재의식이 가장 활성화되는 상태가 수면 상태라고 알려져 있다. 특히 꿈은 잠재의식의 활동으로 일어나는 가장 대표적 현상이다. 수면시에도 UFO와의 접촉은 일어날 수가 있다. 꿈에서 외계인을 만났다거나 UFO를 타보았다거나 할 경우 이것은 단순한 꿈이 아니라 실제적인 경험일 가능성이 있다. 외국에서는 밤에 자다가 유체이탈(幽體離脫)이 일어나 UFO에 올라갔었다거나 외계인들과 만났다고 하는 사례들이 보고된 바가 있었다. 이와 같은 맥락에서 유추해 본다면 현재 드러난 것보다 훨씬 많은 사람들이 UFO와 접촉했었을 가능성이 있는 것이다

그러므로 어쩌면 당신 자신도 이미 UFO와 접촉했었는지 모른다. 그것이 반드시 물리적인 직접적인 접촉이 아니더라도 텔레파시적으로, 또는 수면시의 어떤 경험에 의해서 이루어졌을 수 있다. 단지 당신의 잠재의식 속에 저장된 기억이 표면 의식 위로 아직 떠오르고 있지 않은 것 뿐이다. 이런 경우 최면요법에 의해서 그 기억들을 의식 위로 끄집어낼 수가 있다. UFO나 외계인에 관한 꿈을 자주 꾸는 사람, 그리고 그쪽 분야에 자신도 모르게 관심이 끌리고 깊은 생각에 자주 빠지는 사람들은 특히 이와 같은 가능성이 높다고 볼 수 있다.

CHAPTER-4
우주로부터 온 메시지들

4장

우주로부터 온 메시지들

1. 상승한 고차원의 은하계 문명 - 하토르(Hathor)들의 메시지

〈하토르〉[1]라는 외계의 존재들은 자기들 스스로를 영적으로 상승된 은하계 문명에 속하는 다차원적인 존재들(여러 차원을 넘나들 수 있는 존재들)이자 집단의식적인 존재들로 소개한다. 또한 그들은 아주 오래전의 장구한 세월에 걸쳐 인류문명에 관계해 왔다고 하는데, 마지막으로 인간과 의식적으로 소통하며 관여했던 시기가 고대 이집트 시대였다고 밝히고 있다.

그러나 그들이 처음으로 지구와 관계한 시기는 고대 이집트 이전의 아주 오래전 레무리아와 아틀란티스 시대부터였다고 한다. 그리고 본래 다른 우주에 소속돼 있던 그들을 지구로 초대한 것은 바로 행성 로고스였던 "사나트 쿠마라(Sanat Kumara)"[2]였다고 하며, 그 이유는 남,녀 양성(兩性)이 균형 잡혀있는 그들의 조화로운 본성이 인류에게 도움이 될 것이라고 보았기 때문이라는 것이다. 그리고 하토르들은 자신들을 우리 인류의 손위 형제, 자매들로서 언급한다. 결과적으로 그들은 이집트 신화에서 사랑과 아름다움, 기쁨을 주관하는 여신들로 남겨져 있다. 이들은 사랑과 소리에 통달한 마스터들로서 한 때 고대 이집트와 티베트를 도운 적이 있는데, 이제 지구의 차원전환을 맞아 다시 인류를 돕기 위해 관심을 기울이고

---

1) 이집트신화에서 하늘, 사랑, 기쁨, 결혼, 춤, 아름다움의 여신이다. 또한 태양의 신인 라(Ra)의 딸이자 역시 태양신으로 숭배 받는 호루스(Horus)의 아내로 되어 있다. 그리스 신화의 아프로디테(Aphrodite:로마신화의 비너스)와 동일시된다. 이처럼 다양한 기능을 담당하는 여신으로 표현되는데, 보통 사랑과 미의 여신으로 숭배 받는다. 본래 '호루스의 집'으로 해석해 태양과 동일시되는 호루스가 밤에 머무는 천공(天空)이었을 것으로 여겨지고 있다. 이는 호루스가 매일 저녁이면 찾아와 그녀의 가슴 속에 몸을 파묻고 쉬다가 아침이 되면 다시 태어나는 공간이라는 뜻이다. 이 하토르 숭배의 첫 중심지는 상(上)이집트의 〈단다라〉 및 〈아프로디테폴리스〉였다. 때로 명계(冥界)의 여왕으로 생각되기도 하였는데, 묘지가 많은 테베로 옮겨지면서는 지하묘지의 수호신이 되었다. 보통 2개의 뿔 사이에 태양원반(太陽圓盤)을 달고 있는 여신, 또는 암소의 모습으로 표현된다.

2) 1,800만년 동안 행성 지구의 로고스였던 마스터. 모든 구세주의 원형적 존재로서 영단을 창설한 장본인이기도 하다. 여기서 행성 로고스란 곧 그 행성을 관리하는 최고위직의 신적(神的) 존재를 의미하며, 한 행성 내에서는 최상위의 진화단계에 도달한 모든 대사들의 스승격인 마스터이다. 사나트 쿠마라는 오랜 태고시대에 인류를 구원하기 위해 본래 금성에서 도래했으며, 현재는 행성 로고스 지위를 고타마(석가모니) 붓다에게 전수하고 금성으로 돌아갔다고 한다. 불교적으로 보자면 그는 고타마 붓다의 스승이었던 연등불(練燈佛)에 해당되는 존재이다.

채널러 톰 캐논

있는 것이라고 한다.

이 존재들의 메시지는 미국의 채널러 톰 케논(Tom Kenyon)이 집중적으로 수신하고 있고, 그가 집필한 책으로는 버지니아 에센(Virginia Essen)과의 공저(共著)인 〈Hathor Material(1996)〉과 〈Brain States(2001)〉이란 책이 있다. 그들은 지구에서 현재 일어나고 있는 대변화와 차원변형에 대해 주의 깊은 관심을 가지고 지켜보고 있다고 하며, 가능한 한 우리 인류에게 도움이 될 수 있는 가치 있는 정보들과 애정 어린 메시지들을 보내주고 있다. 그들이 메시지를 통해 보내는 가르침들 중에는 특히 지구상의 과도기적인 혼란 상태에서 우리가 감정의 균형을 유지해야 할 중요성이 강조되고 있다. 하토르들의 의견에 의하면 우리 인류가 감정을 콘트롤하는 방법을 배워 거기에 숙달되지 않는 한 결코 우리는 지구 변화기를 통과해 진화의 사다리를 오를 수 없다고 한다.

또한 그들은 "카(Ka)"라고 부르는 육체와 똑같은 형태의 복체(複體)인 또 하나의 에너지 장(場)을 중요시한다. 사실상 이것은 에테르체(Ether Body)를 말하는데, 이는 보다 정묘한 상태의 에너지체로서 육체와 그 에너지장이 겹쳐져 서로 침투되어 있고 그 생명력(氣)은 곳곳에 스며들어 있어 그것이 없이는 우리의 생명이 보존될 수 없다고 한다. 다른 복체들이 또 존재하지만 하토르들은 인간이 보다 고등한 의식으로 올라서기 위해서는 무엇보다 이 "카(에테르체)"의 활성화가 중요하다고 강조하고 있다. 에테르체의 활성화를 위해서는 인체의 정수리에서 회음까지 직선으로 관통하는 중심 에너지 통로를 열어 활용하는 것이 필수적인데, 이 통로를 통해 에테르체로 보다 많은 에너지를 끌어들여 정묘한 다른 복체들과 몸의 전자기장, 감정체를 안정시킬 수가 있다고 한다.3) 그리고 이 에테르체가 우리 사념의 청정도와 힘, 영향 그리고 감정의 질을 좌우한다는 것이다.

그런데 에너지 통로를 터득하는 한 가지 중요한 열쇠는 감정의 순화를 통해서라고 한다. 우리의 감정이 건강에 직접 영향을 미친다는 것이 과학적으로 증명되었듯이, 하토르들은 다음과 같이 가르친다. 즉 우리가 조건 없는 사랑이나 수용의 감정을 느낄 때 인체 내의 세포들 간에는 공명현상이 발생함과 동시에 세포들 사이가 서로 가까이 밀착되는 일이 나타나며, 이로 인해 DNA에 긍정적인 영향이 미쳐진다는 것이다. 이런 감정을 허용하는 것이 결과적으로 깊은 치유와 균형회복의 과정을 활성화한다는 이야기이다. 이제부터 그들이 인류에게 전해주는 지구변화에 영적 상승을 위

---

3) 이 통로를 선도(仙道)나 기공(氣功) 계통에서는 충맥(衝脈), 또는 중맥(中脈)이라고 한다. 또한 요가에서도 이와 유사하게 등뼈 속에 존재한다는 스슘나관이라는 에너지의 통로를 언급하고 있다.

이집트 남부에 남아 있는 하토르 신(神)들을 모셨던 고대의 신전(神殿)

한 주요 메시지들을 들어보도록 하자.

◆메시지-1

다가오는 지구변화와 영적준비의 필요성

(2006)

인체의 중심 통로인 충맥

여러분의 지구는 지난 26,000년 동안 일어난 적이 없는 정화작용을 막 겪으려 하고 있습니다. 우주의 심연으로부터 오 고 있는 고도로 촉매작용을 일으키는 에 너지가 있는데, 그 에너지가 은하계의 중심태양과 여러분 태양계의 태양에 타 격을 가하고 있습니다.

여러분의 태양은 엄청난 자기장(磁氣場)의 변화를 겪고 있고, 순서대로 이것 은 또 지구의 자기장에 영향을 미치고 있는 것입니다. 이 에너지가 대양(大洋) 의 컨베이어 벨트(Conveyer Belt)를 포함하여 여러분 행성의 수많은 역동적인 시스템을 바꾸어 놓고 있습니다. 현재 태양과 지구, 양쪽에 영향을 주고 있는 태양계 밖의 우주로부터 오는 이 에너지는 본질적으로 인간의 자각과 영적인 진화를 가속화하는 에너지입니다.

우주는 그 자체가 새롭고도 다른 방식으로 깨어나고 있습니다. 그리고 이 증가된 자각의 과정이 말하자면 속도를 높이고 있는 것입니다. 어찌 보면 마치 혼란처럼 보이는 것들이 의식의 다른 레벨에서 볼 때는 촉진제(자극제)로 보여질 수 있음을 깨닫는 것은 중요합니다.

이 지구상에서 생명이 계속적으로 존속하게 될지, 어떨지는 인류로서 여러분이 집단적으로 어떠한 선택을 해서 대응하느냐에 따라 결정될 것입니다. 만약 인류가 우주의 심연으로부터 오는 이 에너지를 받아들여 진화와 영적도약을 만들어낼 수 있다면, 전자기장의 혼란, 특히 자극(磁極)의 혼란은 별 영향을 끼치지 못할 것입니다. 아울러 기상문제에 대해 언급하건대, 점점 더 거친 폭풍이 격렬히 확대되어 나타날 것으로 예상됩니다.

만약 어떻게 해서든 인류 집단내의 충분한 수의 개인들이 의식(意識)을 5차원이나 상위차원의 의식으로 끌어올릴 수가 있다면, 우주로부터 오는 에너지는 상승과정을 통해 융합될 것입니다. 하지만 인류가 집단적으로 그러한 단계에 도달할 수 없다면, 이 에너지는 지구라는 회전의(回轉儀)의 물리적 측면에 영향을 가할 것입니다. 그리고 여러분이 알고 있고 경험했다시피 인간의 삶은 기상이변과 지구변동 때문에 매우 어려워질 것입니다. 여러분은 화산폭발과 지진들을 포함하여 거대한 지열 활동의 증가현상을 이제 막 목격하려 하고 있습니다.

우리가 전달하고 싶은 첫 번째 내용을 요약해 봅시다. 앞서 언급했듯이, 태양계 밖의 우주로부터 들어오고 있는 에너지가 지구의 미묘한 에너지에 영향을 미치고 있습니다. 그런데 만약 인류가 영적인 수준을 높일 수 있다면 이 영향은 감소되고 변형되어 더 높은 상승을 위한 원천이 될 것입니다. 그러나 그렇지 못할 경우 물리적인 정화작용이 발생해야만 하는데, 왜냐하면 그 에너지가 저절로 소멸될 수는 없기 때문입니다.

우리는 여러분의 세상에다 불안을 조성하려는 존재들이 아닙니다. 이 메시지는 걱정거리를 만들어내려는 의도가 아니라 오히려 여러분 자신과 당신들의 사랑하는 이들을 보호하는 데 필요한 자각을 특별한 방식으로 이끌어내기 위한 것입니다. 여기에는 우리가 제시하는 두 가지 부분이 있습니다.

그 첫 번째는 영적인 준비와 관계가 있고, 두 번째는 육체적 생존 문제입니다. 영혼으로서의 입장에서 볼 때 여러분의 현 육신이 지속되느냐, 마느냐는 크게 중요하지 않습니다. 그리고 영적인 준비란 여러분 자신의 삶을 재고(再考)해 봄으로써 죽음의 가능성에 대비하는 것입니다. 묘하게 들릴 수도 있겠지만 이어서 언급하는 가장 깊은 기쁨의 의식(意識)이 여러분으로 하여금 가장 생존하기 알맞은 장소들에 머물도록 인도할 것이고, 지구는 정화(淨化)의 기간으로 들어갈 것입니다.

영적인 준비는 또한 여러분과 여러분 자신이 정신적으로 아는 것 사이의 장애물을 걷어내는 것이 포함되는데, 이것은 즉각적인 알아차림, 즉 직관(直觀)의 상태로 옮겨가는 것입니다. 지구는 자체적인 정화의 산고(産苦)로 들어가야 하

하토르가 람세스 2세에게 축복을 내리는 모습 - 카르낙 신전의 부조

고, 여러분은 자신의 내면적인 앎을 따르기 위해 준비돼 있어야만 합니다. 왜냐하면 그것이 실질적으로나 상징적으로나 대혼란기에 여러분이 가지게 될 유일한 나침반이기 때문입니다. 육체적 생존이라는 관점에서는 최소한 비상용 식량과 물, 따뜻한 의복을 구해서 비축해 두는 것이 필요할 것입니다. 설사 당신이 현재 온화한 열대의 환경에서 살고 있더라도 말입니다.

그리고 친구들과 이웃들을 사귀어 두십시오. 지구 정화의 과정에서 육체적으로 생존하기 위해서는 익숙하지 않은 낯선 이들과의 협력차원에서 타인들의 도움이 필요해질지도 모르니까요. 만약 최악의 상황을 피해 비록 전면적인 대이변은 비켜가더라도 궤도 이탈된 기상난동은 급진적으로 증가할 것이고 식량생산의 어려움은 있을 수가 있습니다.

마지막으로 우리는 여러분 내면의 영적인 측면과 연결되기 위한 훈련에 착수하는 문제에 대해 언급하고자 하는데, 가장 효과적이라고 입증된 것은 무엇이든 말입니다. 여러분은 이런 강화된 내면과의 연결을 바라게 될 것입니다. 그 이유는 지구가 산고(産苦)의 진통에 들어갔을 때 세상에는 수많은 대혼돈이 발생하게 될 것이고 그 와중에서 많은 비탄의 소리들이 들릴 것이기 때문입니다. 다시 말하면, 그런 상황에서 여러분이 어디로 가야하고 무엇을 해야 할지를 말해주는 깊은 내적 자아의 작은 침묵의 소리에 접근할 필요가 있을 것이라는 의미입니다.

미국 내에 살고 있는 사람들은 자신들이 현재 정치적으로나 경제적으로 기만당하고 있음을 알아야 합니다. 여러분이 직면해 있는 이런 문제들을 논하는 것이 우리가 지향하는 초점은 아닙니다만 그런 주제에 관심을 가진 누구나 관련 정보를 쉽게 발견할 수가 있습니다. 미국 경제가 향후 몇 년 이내에 쇠퇴할 가능성이 아주 높다는 사실은 단언할 수가 있습니다. 단순한 논리와 상식만으로도 이런 예측은 가능합니다. 이런 경제적 사태에 대비하도록 하십시오.

말하건대, 여러분의 집을 불안정한 모래 위에 짓지 마시고 단단한 땅에다 세우십시오. 비유적으로 여기서 불안정한 모래란 당신들의 통화(화폐)제도를 말합니다. 또한 견고한 땅은 여러분 자신의 신아(神我:God-self), 즉 지구상에 살고 있을지라도 여러분이 진정으로 머물러야 할 영적인 차원들과의 연결을 뜻하는 것입니다.

최종적으로 우리는 비록 여러분이 건망증 속에서 선잠을 자고 있을지라도 넘어야 할 난제들의 어려움들 못지않게 여러분은 아직 자기 운명의 주인이라는 점을 말하고 싶습니다. 여러분이 살아남기 위해서는 영적으로 깨어있어야만 합니다.

우리의 세계에서는 의식적(儀式的) 사물을 가지고 있으며, 그것은 9차원에서 선별된 최상의 황금으로 만들어진 상자입니다. 이 궤(櫃) 안에는 3개의 상징적인 돌이 담겨져 있습니다. 우리는 이 궤를 인간들을 새로운 차원으로 수송할 〈인류의 방주(方舟)〉라고 부릅니다. 그 3개의 돌은 각각 인류 안에 있는 3가지 부류의 인간들을 나타냅니다.

우선 지구상에는 본래 창조자 신(神)들로서의 자신들의 정체성을 자각하여 깨어나기보다는 오히려 살인을 자행하거나 죽는 사람들이 있습니다. 그들은 위험스럽긴 하지만 몽유병자들이고 어디서나 볼 수 있는 이들인 까닭에 의식(意識)이 잠들어 있거나 흐리멍덩한 상태입니다. 이들이 첫 번째 돌이 의미하는 이들입니다.

두 번째 돌은 성가시게 되는 것을 바라지 않고 자기들 삶의 방식의 변화를 원하지 않는 사람들을 상징합니다. 그들은 유별나게 거칠거나 폭력적이지는 않으나 다만 무감각하고 둔할 뿐입니다.

세 번째 돌이 나타내는 사람들은 현재 깨어나고 있거나 이미 스스로 창조자 신들로 깨어난 사람들입니다. 이들은 자기들이 오늘날의 지구의 현실에 대해 책임이 있다는 것을 이해하며, 보다 높은 차원의 기쁨과 조화의 세계를 구현함으로써 모든 대립과 갈등을 종식시켜야할 책임을 기꺼이 받아들입니다.

이 인류의 방주는 세 개의 돌 모두를 담고 있는데, 만약 이 방주가 인류

하토르 신전 내부에 새겨진 조각상들

전체집단을 5차원으로 수송할 경우에는, 돌 3개 모두를 가져가야만 합니다. 그런데 인류 전체 집단을 변형시키는 과업은 오직 이 3번 째 돌에 해당되는 사

람들의 어깨에 달려 있습니다. 다시 말하자면, 시간은 좀 지체되더라도 대파국은 피해갈 수가 있는 것입니다. 공교롭게도 그것은 이 3번 째 돌에 해당되는 사람들이 어떻게 살 것이냐의 문제와 많은 관계가 있습니다.

만약 여러분이 두려움과 증오의 감정에 복종한다면, 인류의 방주는 5차원과 그 너머로 수송될 수 없을 것입니다. 왜냐하면 필연적으로 정화작용이 일어나 지구상의 대부분의 생명들을 파괴할 것이기 때문이지요. 만약 이런 일이 발생한다면, 여러분의 영적 발달 및 그 도달한 수준에 따라 단순히 영적인 세계로 돌아가는 자신을 보게 될 것입니다. 그러므로 우리는 그 첫 번째와 두 번째 돌에 해당되는 사람들에게는 아예 말하지 않는데, 그들은 그런 말들을 듣거나 또 문서상으로 보더라도 이해하지 못할 것이기 때문입니다. 이것은 어디까지나 세 번째 돌의 사람들을 위한 것입니다. 당신들은 자신이 누구인지를 압니다. 그리고 방금 읽은 이런 내용들에 마음이 설레거나 흥분을 느낄 것입니다. 우리는 인류 영혼의 수호자이자 인도자들인 당신들에게 머리 숙여 인사합니다. 또한 여러분 현인(賢人)들과 대사(Masters)들에게, 그리고 지금 이 시대에 지구상에 태어난 여러분의 용기에 경의를 표합니다. 좀 더 적극적으로 인생을 살고 마음껏 웃으십시오. 그리고 모든 것을 용서하십시오. 여러분의 자기 운명의 주인이고 달인들입니다. 행복하세요.

◆메시지-2

지구변화의 특성들과 그 대비책에 대한 메시지

(2007)

당신들이 알고 있는 바와 같이 여러분의 기존 세계는 해체되고 있고 산산조각으로 붕괴되고 있습니다. 또는 관점을 달리한다면 변형되고 있다고 표현할 수도 있습니다. 또한 여러분의 삶의 순간이나 시간과 공간 내에서 여러분의 위치는 실로 엿가락처럼 늘어져 있습니다.

우리는 머지않은 미래에 있을 법한 일들을 내다보고 있는 까닭에 여러분에게 예상치 못한 사건들을 대비하라고 말하고자 합니다. 지구의 변동은 여러분에게 임박해 있습니다. 인류는 그 한 복판에 놓여 있으며 우리가 이전에 언급한 것처럼 격렬한 기상패턴과 지진들, 그리고 화산활동의 증가를 예상할 수가 있습니다. 그리고 지구 생태계에 대한 압력은 현재 증가일로(增加一路)에 있습니다.

인류가 3차원 수준의 이런 임박한 변화들에 처해 있기 때문에 여러분이 시간과 공간의 외부에 놓인 여러분 자신의 연결고리를 상실할 가능성이 매우 높습니다. 그럼에도 여러분으로 하여금 가까이 와 있는 격랑의 시기를 견뎌내게 하는 것은 이런 인간 자신의 내면적 측면입니다.

여러분은 자신의 영적인 중심을 발견해야만 하며, 그렇지 않으면 바람 속의 낙엽처럼 흩날리다 바닥으로 추락하고 말 것입니다. 왜냐하면 지구변형의 혼돈적 요소들이 증가하고 있고, 다가오는 해들 안에 더많은 대혼란과 지구상 삶의 모든 측면들의 붕괴가 예상될 수 있기 때문입니다. 따라서 삶의 과업이 곧 여러분의 중심을 발견하는 방법입니다. 이것은 여러분 각자가 받아들이고 선택해 나가야만 하는 영혼의 여정입니다. 참으로 우리의 관점에서 볼 때 그렇습니다. 즉 지구상의 삶 그 자체가 물질의 세계, 시간과 공간을 통해서 나아가는 영혼의 여정인 것입니다.

여기서 우리가 중점적으로 논하고자 하는 것은 두 가지 측면이 있습니다. 그 중 하나는 여러분의 인간 정체성을 환기시키는 것입니다. 이것은 여러분이 살고 있는 삶인데, 즉 여러분의 일, 가족, 문화, 그리고 역사 속에서의 지금 이 순간입니다. 다른 하나의 측면은 이 모든 것을 초월하는 것에 관계돼 있습니다. 그것은 여러분 존재의 차원간의 현실에 해당됩니다. 여러분 자신의 이런 측면은 물질이 아닌 의식(意識) 속에 속해 있습니다. 따라서 그것은 여러분이 지구상의 삶 속에서 그것을 경험할 때 시공(時空)의 제약에서 벗어나 있습니다.

인류의 대다수에게 있어 향후 지구상의 삶은 스스로를 통해 자기 존재의 보다 위대한 측면을 발견하지 못하는 한 점점 더 어려움에 봉착할 것입니다. 이것은 종교와는 아무런 관계가 없습니다. 오히려 그것은 일종의 물리학입니다. 지구상의 종교들 중에 어떤 것은 이런 지식에 관한 씨앗을 가지고 있습니다만 불행하게도 그것들은 오염돼 있고, 따라서 그것은 여러분에 도움이 되지 못하며 여러분을 자유와 달관에 이르도록 인도해주지 못합니다.

현 시대에 쏟아 부어지고 있는 에너지적 압력으로 인해 나타난 결과는 많은 개인들의 깨어남입니다. 지구상의 삶 속에서 여러분의 운명을 조종하는 세력은 이런 에너지가 편안치가 않습니다. 그리고 그들은 인간의 종속적 무의식과 자기들의 기득권을 영속시키기 위해 할 수 있는 모든 것을 다하고 있습니다. 그러므로 당신들이 자기 자신을 숙고하고나 묵상할 때 여러분 자신을 통해 스스로의 보다 위대한 측면으로 가는 길을 발견하기가 그렇게 어려운 데에는 이유가 있다는 사실을 이해하도록 하십시오. 그럼에도 여러분이 위안과 안락함을 찾고 지구상의 경험에서 겪는 어려움들에 대한 해결책을 얻게 될 것은 이런 길을 통해서입니다.

세상의 혼란이 증가하는 만큼, 여러분은 기존의 낡은 문제해결 방식들이 더 이상 상황해결에 무능하다는 것을 알게 될 것입니다. 왜냐하면 여러분 현실의 구조가 변하고 있기 때문입니다. 여러분은 그동안 익숙해져 있던 방식으로는 더 이상 미래의 사건들을 예측할 수가 없습니다. 우리의 견해로 볼 때, 여러분 세상의 시간과 공간의 한계에서 벗어나 있는 인간 속에 내재된 근원적 지식에 도달하는 길을 찾는 것만이 최상입니다.

우리가 다가오고 있는 지구 변화들의 특성들을 논하기 보다는 이 단일의 과제에 초점을 맞추고 있는 까닭은 다음과 같은 두 가지 이유 때문입니다.

첫째, 우리는 여러분을 놀라게 하거나 겁먹게 하고 싶지가 않습니다.

둘째, 여러분이 다가오는 이런 지구 변화들을 어느 정도 피하기 위해 할 수 있는 것이 아주 적은데, 그 변화들은 인류의 환경과 문화, 경제, 그리고 정치적 상황에 영향을 미칠 것입니다.

우리는 여러분이 할 수 없는 것보다 차라리 자신들이 할 수 있는 것에다 집중하는 것이 더 낫다고 믿습니다.

선잠에서 깨어나십시오. 오! 지구상의 육신을 쓴 신들과 여신들이여! 여러분이 단지 인간일 뿐이라고 그대들에게 말한 과거의 자들을 무시해 버리세요. 그리고 여러분 존재의 내면적 성소(聖所), 방해받지 않는 자신만의 내부 공간을 찾으십시오. 그리하여 새로운 방식의 인생을 경험하십시오.

이것은 멋진 시(詩)와도 같지만 차분하게 문제의 핵심을 논의해 보도록 합시다. 어떻게 여러분은 이것을 실행할 것인가요? 우리는 이전의 교신에서 여러분에게 도움이 될 내면의 기술들을 알려준 바가 있습니다. 그 원리들을 함께 재검토해 보도록 하고, 그럼으로써 여러분은 시간낭비를 할 필요가 없습니다. 그 첫 번째의 것은 기하학(Geometry)입니다. 우리는 이것을 가지고 실험해 볼 것을 제안합니다. 이것을 가지고 놀고, 이 아주 단순한 기하학에 숙달해보십시오. 언제나 그것을 의식적으로 인식하고 마음 속에 확고히 각인해 두십시오. 그렇게 함으로써 여러분은 자기 자신을 위해서, 또 인연 있는 사람들을 위해서 필요할 때 그것을 마음대로 만들어낼 수가 있습니다. 그것은 홀론(Holon)이라고 하는데, 특히 우리가 언급하는 것은 8면체, 또는 "균형의 홀론"이라고 합니다. 머리 위로 뻗어 있는 빛의 피라미드에 의해 둘러싸여 있는 자신의 모습을 상상하십시오. 그리고 또한 당신 아래로 뻗어 내려간 또 하나의 역피라미드를 시각화하세요. 이것은 정방형의 피라미드이며, 하나는 위를 향하고 있고 다른 하나는 아래로 향하고 있습니다.

여러분 자신이 그 안에 완전히 둘러싸여 있는 동안은 원하는 대로 이것을 크게도 작게도 할 수가 있습니다. 만약 당신이 그 안에서 서 있거나 앉아 있다면, 그 8면체의 중심축은 당신 몸의 중심을 통과해서 내려갑니다. 그러므로 당신이 그 피라미드의 정점에서부터 중심을 통과해 반대쪽 피라미드 아래로 선을 내려 긋는다면, 이 선은 당신 몸의 중심을 통과할 것입니다. 이 8면체는 에너지의 균형을 잡습니다. 즉 그것은 의식(意識)의 남성적, 여성적 측면 사이의 균형을 잡는 작용을 하는 것이죠.

이것이 단순하다고 해서 가볍게 생각하지는 마십시오. 이것은 미묘한 에너지의 균형을 잡는 강력한 도구입니다. 마치 어린아이가 장난감을 가지고 노는 것처럼, 하루에도 여러 번씩 가벼운 마음으로 이 피라미드를 만들어보라고 여러분에게 제안합니다. 이렇게 수많은 연습을 함으로써 필요할 때 그것은 긴 시간의 소요 없이 즉시 창조될 수가 있습니다.

지구상에서 일어나는 혼란하고 무질서한 에너지들의 불행한 측면은 그로 인해 자기(磁氣)가 교란된다는 것입니다. 장차 이런 현상이 수없이 발생할 것이

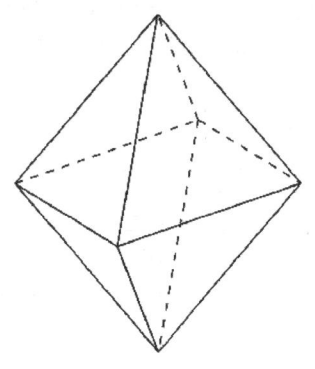
며, 이미 일어나고 있습니다. 이것은 사람들을 비이성적이고 성급한 충동적 기질로 만들거나 화를 잘 내고 또 침체되어 우울한 부정적 정신/감정의 성향 내지는 그런 에너지적 상태로 만들기가 쉽습니다. 여러분 자신이 이런 상태 중의 하나에 빠져 있다고 느낄 때는 즉시 자기 주변에다 이 8면체의 홀론을 만드십시오. 그러면 곧 차분해지고 마음의 균형이 잡혀지는 효과를 경험할 것입니다.

여러분이 지구상의 어떤 한 지역이 혼란스럽다는 것을 알게 되었을 때는 지구에 육화한 신/여신/창조자로서 균형의 홀론(8면체)을 그 지역에 보낼 권리가 있습니다. 여러분이 상상속에서 그 혼란한 지역을 팔면체로 감싸게 되면, 당신은 그 곳을 진정시키는 효과를 거기에 나누어주는 것이 될 것입니다. 우리가 볼 때 이것은 여러분이 이와 같은 혼란과 변동의 시기에 베풀 수 있는 가장 큰 봉사입니다.

여러분이 어떤 상황에 절대 관여해서는 안 된다고 말하는 일부 존재들도 있습니다. 하지만 우리는 그런 입장에 동의하지 않습니다. 비록 여러분이 이곳 지구출신의 영혼이 아닐지라도 - 여러분 중에 많은 이들이 다른 항성계에서 왔기 때문 - 현재 여러분은 이곳에 육화돼 태어나 있고, 여러분의 몸을 이루는 그 모든 원소들이 지구의 것이므로 당신들은 지구에 속해 있고 또 지구에 대한 권리와 책임을 가지고 있는 것입니다.

우리가 당신들에게 명확히 하고 싶은 주제가 너무나 방대한 내용인 까닭에 설명하는데 많은 시간이 소요될 수가 있습니다. 하지만 이 교신에서는 그것을 단순화해서 언급할 것입니다. 인간들 속에는 세상에다 혼란과 테러, 대재앙을 획책하고 증가시키고 싶어 하는 존재들이 있습니다. 따라서 세상에 인간의 행위나 차원간 존재들, 그리고 지구 자체에 의한 혼란이 있을 때 우리가 말한 그 존재들은 그것을 기뻐합니다. 왜냐하면 그로인해 지구에는 두려움이 늘어나게 되고 두려움은 그들의 가장 큰 무기인데다 그들은 그것을 통한 통제수법에 통달한 존재들이기 때문입니다. 그러므로 여러분에게 말하건대, 미래에 어떤 사건이 일어날 때는 언제든지 이런 존재들이 거기에 관여돼 있다고 가정해도 좋다는 것입니다. 그런데 8면체의 홀론을 이런 혼란 지역에다 보냄으로써 여러분은 그들이 풀어놓은 독(毒)에다 일종의 해독제를 만들어내고 있다는 사실입니다.

보다 명확히 하자면, 우리가 볼 때 인류는 이 지구의 운명에 관계된 일종의 영적인 전쟁 속에 있습니다. 하지만 승리를 위해 요구되는 것은 여러분이 그 공포와 테러에 굴복하는 것이 아니라 여러분이 그것을 뛰어넘고, 스스로 쉽게 창조해낼 수 있는 8면체의 홀론과 같은 해독제를 도입하는 것입니다. 그러니 여러분 개인의 안전과 지구의 목적을 위해 우리는 당신들이 그것에 숙달하도록 노력하고 이용하기 시작하라고 적극 권고하는 바입니다. -(중략) -

우리가 말하고자 하는 것을 요약하자면, 지구상에서 일어나고 있다고 생각되는 사건들은 대이변적인 것과 그것을 부추기는 것, 이 두 가지입니다. 만약 여러분이 3차원적인 의식 속에 머물러 어정거린다면, 그것들은 정말 현실화되어 대재앙으로 나타날 것입니다. 왜냐하면 여러분의 개인적 정체성의 주된 뿌리는 막 변화하려고 하는 어떤 것 속에 뿌리박고 있기 때문입니다. 여러분 현실의 바로 그 기반 - 여러분의 세상적 경험과 여러분이 알고 있는 삶의 수많은 요소들 - 은 변화의 와중에 있습니다. 이것이 거대한 불안과 위험을 창조합니다.

여러분 의식(意識)의 깊은 근원적 수준에서 볼 때, 불안은 여러분에게 임해 있습니다. 여러분 대다수가 이것을 느낍니다. 이것은 무의식적인 수준에서인데, 즉 여러분은 무의식적으로는 무엇이 다가오고 있는지를 아는 것입니다. 우리는 여러분이 변화시킬 수 없는 그런 것들에 머물러 있는 것은 현명하지 못하다고 생각합니다. 그 대신에 여러분이 할 수 있는 것에다 초점을 맞추십시오. 지구상의 시간과 공간에서 벗어나 있는 여러분 내면의 초월적인 존재 속으로 들어가는 길을 찾고, 여러분에게 계시된 지식으로 당신들은 시간과 공간에 새로운 방식으로 영향을 줄 수 있습니다. 그 때 비로소 여러분은 창조자들이, 보다 정확히 말하면 공동 창조자들이 되는 것입니다.

여러분 지구 역사의 체스판(Chessboard)을 바꾸십시오. 이것은 여러분의 과제이자 기회입니다. 영혼의 관점에서 볼 때 중요한 것은 단지 인생 그 자체가 아니라 당신이 자신의 삶을 어떻게 사느냐하는 것입니다. 그렇게 크게 생각되는 인생의 중압감들은 사실 여러분이 자신의 보다 위대한 자아를 깨닫도록 추진시키는 촉매제들입니다. 당신들을 형성하는 것은 단순히 여러분 미래의 사건들이 아니라 당신들이 그것을 어떻게 다루고 대처하는가에 달려있다는 사실입니다.

◆메시지-3

지구 변동시 균형의 홀론 활용하기

(2007)

이 교신을 통해서 우리는 지진과 화산폭발 같은 지구의 활동 전,후나 그 기간 동안에 여러분의 정묘한 에너지들을 관리하는데 유용한 몇 가지 조언을 해 주고자 합니다.

현재 인류가 처해 있는 지구 자체의 에너지적 패턴과 증가일로에 있는 지구 변화의 격렬하고도 변측적인 성질로 인해 모든 사람들이 지구의 다른 쪽에서 일어나는 변동의 미묘한 에너지 작용에 영향 받기 쉽습니다. 사실 그 영향이 에너지로 다가올 때에 지진이 발생한 곳과의 거리상의 근접성 여부는 별 관계가 없습니다.

교신을 통한 이 조언은 무엇보다도 에너지에 민감한 사람들을 위한 것입니다. 이들은 영적으로 진보돼 있는 개인들과 의식적인 진화 과정에 있는 자들에 해당되며, 여기에는 또한 우리가 "순수하고 천진난만한 이들" 이라고 부르는 아이들과 동물들이 포함됩니다.

지진에 의한 사건들이 일어나기에 앞서서 그 지진활동의 중심지점과 거기에 관련된 단층선들을 따라 발생되는 압력파들(Pressure Wave)이 있습니다. 이 압력파는 실제로 지구의 미묘한 에너지장 안에 변화를 만들어 내며, 그 지진에 의한 사건의 강도 여하에 의해 수천 마일 떨어진 개인들이 그 영향을 받을 수가 있는 것입니다.

우리가 "불의 고리(The Ring of Fire)"를 통해 달리고 있는 지구의 격자망(Grid)과 단층선을 주시해 볼 때, 지질구조상의 엄청난 압력이 증가하고 있음을 알 수 있습니다.(※<불의 고리>는 환태평양 화산대(火山帶)로서 러시아의 북동 연안에서부터 시작해서 중국과 일본의 해안을 거쳐 인도네시아, 호주, 뉴질랜드까지 뻗어 내려가며, 계속해서 남미의 서해안과 중미(中美)를 통과해서 그 출발점에서 별로 멀지 않은 북미(北美)의 알래스카 해안에서 끝난다.) 우리는 또한 미국의 "옐로우 스톤(Yellow Stone)" 이라고 부르는 지역 안에서 지각(地殼)의 압력이 높아지고 있음을 봅니다.

지구 단층선의 활동을 살펴보자면, 미국의 캐나다 동부해안에 예상치 못한 지구변화 움직임의 가능성이 있습니다. 우리는 그 가능성에 대해서는 세부적인 설명을 하지는 않을 것인데, 그것은 실질적으로 별로 의미가 없기 때문입니다.

"불의 고리"와 다른 단층선들 사이에는 복잡한 격자망의 관계가 존재하고 있습니다. 여기에는 중국과 인도, 파키스탄,

하토르 신전의 둥근 기둥들

그리고 터키지역으로 이어지는 뚜렷하게 연결되지 않은 선들이 포함됩니다. 인류의 지질학은 이것들 사이에서 직접적인 관계를 발견하지는 못했으나 지구의

에너지를 보는 우리의 방식으로는 그렇지가 않습니다. 우리는 일반적인 단층선 구조로서가 아니라 지구 자체의 지각(地殼)과 그 아래 맨틀(Mantle)에까지 이르는 낮은 부분 같은 지구의 다양한 고저(高低) 사이의 고조파(高調波) 관계를 통해서 거기에 직접적인 관계가 있음을 파악하고 있습니다.

이러한 고조파 관계는 비단 지각판(地殼板)의 운동에 의해서만이 아니라 태양의 활동에 의해서도 영향을 받습니다. 이것은 일종의 에너지적 현상이고 태양은 현재 적어도 우리가 몇 년 동안은 지속되고 있다고 내다보고 있는 증가된 활동기에 속해 있습니다.

우리는 이전에 태양계 밖의 우주로부터 오는 의식(意識) 자체에 관련된 에너지파에 관해 언급한 바가 있는데, 그것이 여러분의 태양을 강타하고 있고 그리고 나서 지구의 맨틀 속으로 흡수되고 있습니다. 인류의 의식은 이러한 고조파들의 대부분을 완화시키거나 변형시킬 수 있는 잠재력을 가지고 있지만, 그 잠재력을 제대로 활성화하는 데는 실패했습니다.

우리가 그 가망성을 놓고 볼 때, 인류는 말 그대로 평탄치 않은 여행길에 놓여 있다고 말할 수 있습니다. 이런 점에서 지구의 활동을 완화하거나 변화시키기 위해 할 수 있는 것은 많지가 않습니다. 현재 지구는 자체적인 정화작용에 돌입할 찰나에 와 있습니다. 우리가 여기서 논하고 싶은 것은 여러분이 영향을 미칠 수 있는 미묘한 에너지에 관련된 이론에 대해서입니다.

우선 이런 지진에 의한 활동이 증가할 때는 사람들이 불안, 변덕스러운 비정상적 감정들, 혼란된 사고(思考) 패턴, 단기간의 기억의 어려움, 짜증, 무분별함, 속박감, 함정에 빠진듯한 느낌 등을 갖는 성향이 있습니다. 또한 수면장애가 종종 이런 증상의 일부로 나타나며, 우울증, 절망감이나 불쾌감과 같은 일반적인 감정, 그리고 박탈된 듯한 갑작스런 감정 역시 마찬가지입니다. 보통 이런 증상들은 단층선들에 가장 인접해 있는 사람들에게 제일 심해질 것이지만 예민한 개인들은 먼 거리에서도 영향을 받을 수가 있습니다.

충격이 가해진 단층선들을 따라 다양한 주파수들이 발생합니다. 이런 것들 중의 어떤 것은 극도로 낮은 주파수들인데, 느린 파장의 패턴으로 전파되며 지구 전역으로 수천 마일이나 퍼져나갈 수 있습니다. 다른 주파수들은 높은 파장대에 속해 있고 인간의 귀에는 들리지 않으나 일부 동물들은 감지할 수가 있습니다. 그러나 인간이 듣지 못한다고 하더라도 지진발생시 생성되는 초고주파들은 극저주파들과 마찬가지로 인간과 동물의 정묘한 에너지장들을 교란시키며 부정적인 영향을 미치게 됩니다.

이런 극단적인 지구변동의 순간에 이전에 우리가 언급한 8면체로 이루어진 기하학적 도형인 "홀론(Holon)"을 이용하면 간단하면서도 인체의 에너지 균형을 잡는데 대단히 효과적입니다. 또한 이것은 그런 위험한 순간에 자신을 보호할 수가 있습니다. 하지만 사전에 이것을 자유자재로 만들 수 있게끔 숙달돼 있어야 하는데, 그럼으로써 천재지변의 두려움을 피해 그 속으로 들어갈 수가 있기 때문입니다. 지진활동이 활발한 지역에서 멀리 떨어진 곳에 있는 사람들도 자신의 에너지체들이 교란됨을 느낄 때는 거의 반사적으로 홀론을 만드는 것이 좋습니다. …(중략)…

지구는 하나의 의식적인 존재로서 이 태양계와 은하수 은하계의 일부일 뿐만이 아니라 인간의 물리학이 아직 이해하지 못하는 방식으로 존재하고 있는 대우주의 일부입니다. 지구는 지금 의식(意識)의 자각과정을 통해 위를 향해 이동하고 있습니다. 아울러 그녀는 마치 한 마리의 뱀과 같이 낡은 껍질을 벗고 있는 중입니다.

인류가 새로운 지구의 일부를 이루는 구성원이 될 것인지 아닐지는 아직 명확하지 않습니다만, 분명한 사실은 지구가 다른 차원으로 옮겨가고 있다는 것입니다. 영적으로 진화하고 있는 개인들에는 이것이 두려워해야 할 어떤 것이 아닙니다. 지구의 차원이 변형되고 있음은 현재 작용중인 초차원의 물리적 현상을 경험할 수 있는 특별한 기회인데, 왜냐하면 지구상에서 여러 가지 형태로 초전도성(超傳導性)의 에너지장이 증가할 때 여러분은 이런 에너지의 상태를 타고 보다 높고 훌륭한 의식 상태로 올라설 수 있기 때문입니다.

그것은 매우 실제적인 방식으로 지구의 상위차원으로 진입하는 출입구들과 같은 것입니다. 이는 실질적으로나 상징적으로나 여러분이 낡은 세상에 대한 집착을 버리고 비범하고 아름다운 새 지구의 탄생에 동참하라는 초대입니다.

이 번 생(生)에 육체적으로 태어나는 순간에 여러분은 무엇이 일어나고 있는지를 알지 못했으며, 단지 거대한 압력이 여러분 앞에 있고 스스로 멈출 수 없는 움직임이 일어나고 있다는 것뿐이었습니다. 이것은 여러 가지 면에서 지구 그녀 자신에게 일어나고 있는 사건과 유사합니다. 바로 여러분 목전의 세상 한 가운데서 출현하고 있는 새로운 세계가 있습니다.

여러분이 이곳 지구에 있는 이유가 여러분에게 가까이 임해 있는 것입니다.

◆메시지-4

지구세계의 초월과 변형에 대해 (2008)

*채널링:톰 케논

우리는 지금 인간 여러분 자신이 통과하고 있고 또 체감하고 있는 모험적인 여정에 관해서 이야기를 나누고자 합니다. 우리가 과거의 교신 중에 언급했던 많은 내용들이 이미 현실화되었고, 더욱이 기상이변이라든가 지정학적 불안정화, 생태계에 대한 위협들이 장차 다가올 해들 안에 나타날 것입니다.

우리가 초기의 교신과정에서 언급했던 앞으로 일어날법한 일들 중의 하나가 미국경제의 하락과 침체였습니다. 우리는 이것을 2년 전에 말했고, 2007년 11월에 이런 이들이 발생할 가능성이 높다고 지적했는데, 우리가 목격한 바와 같이 현재 미국경제는 하강국면으로 빠져들고 있는 중입니다.

하지만 우리는 그 상황이 현재 나타난 것보다 훨씬 더 나쁘므로 어려운 금융시대를 대비해 스스로 잘 대처해야 할 것이라고 말하고 싶습니다. 그렇다고 해서 이런 부분들이 앞서 우리가 언급한 모험적인 여정을 뜻하는 것이 아닙니다. 그 보다는 오히려 우리가 말하는 것은 여러분의 감정적인 삶, 즉 여러분 가슴에 속하는 영혼의 삶에 관한 것을 의미합니다. 왜냐하면 향후 몇 년 동안 펼쳐질 사건들이 민감한 가슴을 가지고 있거나 더 나은 세상을 꿈꾸는 사람들에게 충격을 가하리라는 것은 의심의 여지가 없기 때문입니다.

우리가 전번 마지막 교신 중에 말했던 인류의 (어떤 형태로든 간의) 존속문제는 현재 보장돼 있습니다. 지구상에서의 인류의 생존은 많은 존재들의 노력을 통해서 그 규모가 바뀌었습니다. 그러나 불행하게도 이것이 인류가 지상에서 일어날 영적인 정화작용이나 여러분 세계의 제도나 문화, 경제가 직면할 어려움에서 벗어났다는 것을 의미하지는 않습니다. 불안정한 토대위에 세워진 사상누각(沙上樓閣)처럼 이 모든 것들은 여러분에게 의존해 있습니다. 우리는 초월과 변형이라는 두 부분으로 나누어 언급할 것 입니다. 재창조의 대혼돈의 단계가 시작될 때, 모든 구조가 문제가 됩니다. 예상치를 토대로 예측돼온 운명들은 사라집니다. 지금은 거대한 혼란과 원시적인 공포의 감정들, 그리고 적의(敵意)가 나타나는 시기입니다. 여기에 작용하는 몇 가지 힘들이 있으며 우리는 그것을 논의하고자 합니다.

이 대혼돈 단계의 부분은 하나의 의식 차원이 다른 차원으로 전환되는 단순한 결과입니다. 지구와 인류가 3,4차원적 의식으로부터 5차원의 의식(意識) - 이것은 여러분이 집단적으로 깨어남으로써 시간과 공간의 제약을 벗어났을 때 가능합니다. - 으로 이동하는 까닭에 낡은 세상과 새로운 세계 사이에는 일종의 긴장이 존재합니다. 여러분은 그 중간 지점에 놓여 있는 것입니다. 더욱더 많은 사람들이 영적인 깨달음을 통한 갑작스러운 도약에 의해 나타나는 패러다임 전환을 경험하는 만큼, 낡은 세상은 침식돼가고 있습니다. 예상되는 새로운 세상의 문화적, 정치적, 경제적 측면들은 아직 그 꽃 봉우리가 개화되지 않았습니다. 따라서 여러분은 구시대적 관점이 더 이상 적용되지 않는 일종의 공백지대에 놓여있지만, 새로운 관점 또한 표명하기는 적절치 않습니다. 그러므로 바로 이것이 여러분이 이러한 차원의 전환기 속에서 겪고 있는 어려움들에 대한 한 가지 이유입니다. 하지만 여기에는 연관돼 있는 또 다른 잠재적 요소들이 있습니다. 즉 낡은 세상을 계속 지배하고 통제를 지속하고자 하는 기득권자들이 도사리고 있고, 그들은 그것을 확실하게 하기 위해 자기들의 모든 활용수단들을 이용하고 있는 중인 것입니다

우리가 말하는 통제의 형태는 대단히 침투력이 있고 종종 감시당하는 여러분 사회구조의 많은 부분을 점거하고 있는데, 정확하게 그것이 여러분을 조종하고 싶어 하는 자들이 지향하는 것입니다. 이런 형태의 통제는 한 개인이나 집단에게는 책임이 없습니다. 그것은 많은 방향과 원천에서 옵니다. 다시 말하자면 그러한 통제와 조종은 종교적, 정치적, 경제적 제도나 법령, 기관들을 포함해서 여러분이 결코 의심해보지 않은 출처들에서 오는 것입니다. 하지만 여러분을 통제하려는 그런 시도들은 이곳 지구상에서 끝나지 않았습니다.

그런데 여러분의 세계를 솜씨 있게 다루는 그런 요소들은 또한 차원간이나 은하간의 간섭에서 오기도 합니다. 즉 그들의 출신지나 시대에 관계없이 자신들의 이기적 목적을 위해 여러분의 운명을 통제하려고 시도하는 자들은 즐비하다는 것이죠.

새 날의 여명(黎明)이 동터오는 것을 피할 수 없는 것과 마찬가지로 3, 4차원 의식에서 5차원 의식으로 전환이 중단될 수는 없습니다. 지구상 인류의식의 진화와 어머니 지구 그녀 자신의 진화는 역동적인 전환기의 와중에 있고, 여러분의 그 과정의 핵심적인 부분입니다. 그러나 우리는 여러분이 현재의 3, 4차원 현실에서 보다 상위의 5차원으로 이동하는 것이 결코 용이하지 않다는 점을 이해했으면 합니다. 차원전환과정에서 발생하는 원천적 혼란과 여러분의 세계에 관여돼 있는 차원간 은하간의 (어둠의) 지성체들의 간섭뿐만 아니라 지구상의 권력 때문에 그런 전환과정은 많은 어려움이 있게 될 것입니다. 그렇다고 이 말이 여러분이 행하는 노력들에 의해서 미래의 부정적인 사건들을 감소시킬 수 없다는 뜻은 아닙니다. 그러나 인류의 고등한 차원으로의 명예로운 집단적 상승은 아마도 가능할 것 같지 않다는 의미입니다.

우리는 세상을 혼란케 하는 정보들은 가급적 전달하지 않습니다만, 우리가 보는 평가적 견해에 있어서는 올바르고 솔직해야 할 필요가 있습니다. 이미 우리가 말한 바와 같이 올 해 2008년은 점증하는 차원전환의 과도기적 혼란과 지구상에서 어둠의 세력의 조종과 통제가 강화되어 나타날 것입니다. 이 서로 대응적인 사건, 즉 5차원이라는 상위계로의 이동하는 것과 인간의 영혼을 통제하고 억누르려는 범세계적 시도들은 사실상 한 쌍을 이루는 사건들이 될 것이고, 서로 충돌하게 될 것입니다.

참으로 이 전쟁은 인간의 영혼을 위해서 이미 시작된 전쟁입니다. 인류의 집단적인 운명을 가볍게 누그러뜨리기 위해서 행동할 수 있는 개인은 많지가 않습니다. 하지만 세상을 광범위하게 무력화시키는 대중적 집단의식의 통제와 조종에서 벗어나는 발을 내딛음으로써 여러분은 자신들의 운명을 어느 정도 변화시킬 가능성은 있습니다. 여러분이 이것을 하기 위해서는 반드시 자신들의 한계들을 뛰어넘는 길을 찾아야만 하는데, 우리가 의미하는 바는 여러분 사고(思考)의 한계들을 말하는 것이며 이것은 인간세계의 제도들과 여러분의 정부들, 그리고 종교들에 의해 교묘히 강요돼 왔습니다.

당신들은 자기들 앞에 펼쳐지고 있는 사건들과 그런 사건들의 배후 조종자들에 의해 인간의 의식속으로 투사된 두려움과 테러의 메시지들을 초월할 수 있는 방법들을 발견해야만 합니다. 만약 여러분이 이 시대에 생존하기를 원한다면, 지금 일어나고 있고 또 장차 발생할 것으로 생각되는 여러분 주변의 모든 것을 넘어서야만 합니다. 그리고 여러분 자신의 영적인 중심을 발견해야 할 것입니다.

이것을 이루기 위한 마법적인 방법은 달리 없습니다. 여러분 각자는 자기 자신을 의식의 고요한 상태로 인도하고 또 스스로의 신성(神性)을 실현하도록 이끌어줄 몇 개의 진로(進路)를 가지고 있습니다. 그 길로 나감으로써 여러분은 주변에서 일어날 사건들로부터 여러분 자신을 분리시킬 수가 있습니다. 당신들은 세상을 초월하는 방법을 배울 것입니다. 인류의 위대한 영적 스승들 가운데 한 분은 한 때 이렇게 말했습니다. "세상 속에 머물러 있어라. 그러나 세상에 빠져 있지는 말라." 이것은 지금 여러분이 처해 있는 앞으로의 시대를 위한 아주 훌륭한 충고입니다.

그러나 여러분 자신을 단순히 세상과 분리시키고 세상을 초월해 있는 것만으로는 충분치가 않습니다. 여러분은 더 나아가 세상을 변형시켜야만 하는데, 그렇다고 우리의 이곳보다 더 위대한 세상을 말하고 있는 것은 아니며 왜냐하면 그것은 여러분의 능력 밖의 일이기 때문입니다. 우리가 의미하는 바는 정의가 살아 있는 세상, 친구들로 이루어진 지역 공동체들과 사랑하는 사람들의 세상, 그리고 사실상 여러분의 발 아래에 존재하는 지구를 말하는 것입니다. 이것이 우리가 말하는 세상인 것이고, 마침 세상이 악화되고 붕괴해가는 것으로 보일 때 여러분이 변형시켜야만 하는 세계인 것입니다.

이것은 상당한 수준의 영적인 승리일 것입니다. 우리는 혹시라도 그것이 쉽게 될 것이라고 말하고 있는 것은 아닙니다. 다만 바늘구멍을 통과하기 위해서는 여러분 세계를 초월하고 변형시키는 이 동시적인 두 가지 과제가 절대적으로 요구된다고 말하고 있는 것입니다. 그러므로 여러분 스스로 세상의 상태에 희망을 잃게 될 때 여러분에게 주는 우리의 조언은 이러한 여러분에게 현재 투영돼 있는 자기 방종이라든가 대중조작 및 고립감을 뛰어넘으라는 것, 즉 그런 집단적인 마음의 형태를 초월하라는 것입니다. 이것은 다루기 쉽지 않은 과제인데, 왜냐하면 당신들은 자신의 주변에서 일어날 수 있는 재난의 와중에서 스스로 가슴의 기쁨을 얻을 수 있는 자신의 길을 찾아야만 하기 때문입니다.

다가오는 해들 중에는 영적으로 민감한 개인들은 차라리 인생을 포기하고 싶은 욕망을 느낄 때가 있게 될 것입니다. 지금은 여러분 자신을 다시 분발케 하는 시기이고 어떻게 이것을 행할 것인가는 여러분에게 달려 있습니다만, 우리가 몇 가지 제안을 해줄 수는 있습니다.

여러분의 주의를 사기 사신이나 사기의 문제들에서 벗어나 여러분 주변의 세상과 발 아래에 있는 지구로 돌리십시오. 또한 여러분의 지역사회와 친구들, 그리고 주위에 살고 있는 타인들 및 자신의 사랑하는 이들에게 돌리십시오. 그리고 여러분이 살고 있는 세상을 더 나은 장소로 만들기 위해 자신이 할 수 있는 일을 찾아보십시오. 이런 일들은 거창한 것이기 보다는 사실상 매우 간단한 것들입니다.

예컨대 그것은 미소를 짓는 것이 될 수도 있고, 편안한 말 한마디를 건네는 것, 또는 여러분 앞에서 방향을 바꾸는 차 한 대를 위해 주차공간을 내주는 것이 될 수도 있습니다. 그리고 배고픈 누군가를 위해 먹을 것을 제공하는 것, TV라는 마인드 콘트롤(Mind Control) 장치를 꺼버리는 것, 나무 한 그루를 심는 것, 여러분의 아이들이나 애완동물과 놀아주는 것이 될 수도 있는 것이죠. 이처럼 여러분이 올바른 방향의 세상을 만드는데 영향을 미치는 기회의 목록을 나열하자면 끝이 없습니다.

4장 우주로부터 온 메시지들

그래서 여러분은 세상을 파괴하고자 하는 세력들이 마침 그것을 시도할 때, 여러분의 지역공동체와 다시 연결되고 있는 자신을 발견할 것입니다. 단순함 속에 진정한 힘이 있음을 이해하십시오. 그것이 우리의 메시지들이 대개 단순한 기초 원리들을 다루고 있는 이유입니다. 언제나와 마찬가지로 우리는 여러분에게 불안정 상태가 나타날 때 그것을 처리하는 고도로 효과적인 방법으로서 균형의 홀론(Holon:부분적 전체)을 연마하라고 제안합니다. 우리는 또한 여러분에게 감사함 속에서, 의식적으로 감사하는 마음으로 살라고 권고하고자 하는데, 이것은 이러한 감정적 상태가 여러분에게 긍정적으로 작용함으로서 창조되는 미묘하고도 조화로운 파장들 때문입니다. 그리고 만약 세상이 소용돌이로 빠져들어 갈지라도 여러분 자신을 위를 향해 끌어 올리십시오.

설사 세상의 문화와 경제가 어려운 시기를 겪더라도 당신 인생의 순간들을 놓치지 말고 포착하십시오. 여러분 주위에 무슨 일들이 일어나든 그것을 달관하고 초월하는 여러분 내면의 공간을 찾으세요. 그러면 아마도 여러분은 가장 흥미로운 경험을 하게 될 것입니다. 여러분은 우주적인 농담(Joke)을 알게 될 것이고 행성 지구의 전체적인 일들이 여러분에게는 고등한 의식으로 이동하는 흥미롭고도 즐거운 일들로 나타날 것입니다. 하지만 이런 즐거움의 감각은 오직 5차원의 의식이나 더 상위의 의식의 위치에서만 향유됩니다. 현재와 같은 이원성(二元性)의 세계 속에서 그것이 나타날 때, - 특히 여러분이 그 속에 갇혀 있을 때 - 천부적인 유머의 상황을 보는 것은 항상 쉽지만은 않습니다. 그런 이유로 해서 우리가 여러분에게 세상을 초월하여 보다 높은 자각(自覺)의 상태로 들어가라고 격려하는 것입니다. 새로운 세상은 여러분을 기다리고 있는 가능성들로 넘치고 있습니다.

◆메시지-5

지구 자기장(磁氣場)의 변화와 상승과의 관련성

(2009)

*채널링:톰 캐논

인류는 지금 매우 변동이 심한 기간으로 막 진입하려 하고 있는데, 이 기간은 내포된 엄청난 잠재성에도 불구하고 위험으로 가득 차 있습니다. 지난 해 3월에 우리는 지구의 자기장(磁氣場)이 혼란과 변형을 겪고 있고 배열상태가 바뀌고 있다고 지적한 바가 있습니다.

인류의 과학은 지금 이것이 실제로 사실이라는 것을 발견했습니다. 간단하게 말하자면, 자기장은 지구를 에워싸고 태양풍(Solar Wind)[4]으로부터 지구를

---

4)태양에서 우주공간으로 방출돼 나가는 전자, 양성자, 헬륨원자핵 등으로 이루어진 대전(帶電) 입자

보호하는 역할을 하는 것인데, 그 지구의 자기권 안에 터진 곳이 생겼습니다. 이와 같은 균열은 자연적으로 일어나는 일종의 주기적인 것이긴 하지만, 그 뚫린 구멍의 면적과 크기가 아주 거대합니다. 결과적으로 그 구멍을 통해 태양으로부터 오고 있는 방대한 양의 플라즈마(Plasma)가 흘러들어오게 되었고, 앞으로도 계속 그럴 것입니다. 이로 인해 자기폭풍과 원격전기통신의 장애, 생체전기회로(인간의 신경계)의 교란 및 기후변화가 증가할 것입니다. 그리고 이런 자기장의 균열과 자기권(磁氣圈)의 과충전 상태는 향후 몇 년에 걸쳐 점차 심해질 것입니다.

이 메시지에서 우리의 주안점은 이 자기장의 손상에 따른 부정적 측면을 말하려는 것이 아니라 그것이 준비된 이들에게 열어주는 긍정적인 작용에 관한 것입니다. 고대 이집트인들에게 "카(Ka)"라고 알려져 있었고, 요가 수행자들이 "에테르체(Etheric Body)"라고 부르는 인간의 정묘한 에너지체는 태양의 플라즈마에 상당히 민감하고 그것에 의해 영향을 받습니다. 태양의 자기적 흐름의 증가나 특성의 변화는 카몸(Ka Body), 즉 에테르체의 진동율을 증대시킵니다. 따라서 이것은 차원상승 과정에 의식적으로 참여하고 있는 사람들에게는 매우 유용하고 운이 좋은 기회입니다.

우리는 "상승(Ascension)"이라는 용어에 대해 우리가 뜻하는 바를 명확히 하고자 하는데, 그것에 대해 많이 다른 의미나 관점이 있기 때문입니다. 우리가 간단하게 상승에 대해 뜻하는 의미는 의식이 보다 높은 단계로 이동하는 것을 나타냅니다. 즉 여러분은 상승한다고 해서 어떤 곳으로 가거나 떠나지 않습니다. 하지만 여러분의 관점이나 지각이 급격하게 바뀝니다. 여러분은 이 3차원 세계의 마야(Maya) 또는 환영(幻影)을 꿰뚫어보기 시작하는데, 말하자면 그것은 아원자적인 입자들의 운동이 이른바 여러분이 "물질"이라고 부르는 형태가 됨으로써 창조된 것입니다.

상승의 과정을 통해 여러분은 자기들이 경험하는 세계의 창조자가 바로 자신임을 깨닫습니다. 그것은 여러분이 이 세계를 떠남을 의미하는 것이 아니라 여전히 그 세계의 일부로 있으면서 그것을 초월함을 뜻합니다. 왜냐하면 당신들은 직관(直觀)이라는 렌즈를 통해 삶이라는 것을 자신이 투사하고 있는 일종의 영화로 보기 때문이지요. 인류는 갈림길에 서 있다고 말할 수 있습니다. 태양의 자기적 흐름이 지구의 자기권 속으로 흘러들어 갈 때, 모든 인간들의 에테르체의 진동이 높아질 것입니다. 하지만 어떤 사람들에게는 이것이 혼란과 해체로 이끄는 작용이 될 것이고, 반면에 어떤 다른 이들에게는 상승, 즉 의식의 상향 이동으로 작용할 것입니다.

이 메시지는 특별히 나선의 위쪽으로 올라가기로 선택한 그런 사람들을 위한 것입니다. 이 시대에 여러분의 과제는 상승을 위해서 자신의 에테르체가 활성화되도록 만드는 것입니다. 여러분 주위의 많은 이들이 나선의 아래쪽으로

의 흐름을 말한다. 태양으로부터 1AU(천문단위)의 거리에서 1㎤당 1~10개의 입자를 가지고 있으며, 평균속도는 500km/s이다. 태양표면에서 폭발이 발생하면, 속도는 2,000km/s에 이르며 이온화가스의 흐름이 지구를 덮으면서 자기 폭풍을 일으킨다.

내려가는 듯이 보이더라도 말입니다. 그것은 본질적으로 "진동(Vibration)"의 문제이고 가능성과 신념이 결합된 것입니다. 그것은 새로운 운명을 위해 창조적인 추진력을 낳는 이 3가지가 합쳐진 것입니다.

이것에 의해 우리가 말하고자 하는 것은 무엇일까요? 인간에게 놓인 부정적 여건이나 한계를 뛰어넘거나 바꿔놓는 것은 엄청난 에너지가 소모됩니다. 인류는 고착되고 한정되고 제한되어 가두어져 있는 것이나 다를 바 없는 현실의 좁은 창에 최면이 걸려있습니다. 인간이 거짓과 조작을 꿰뚫어볼 때 세상은 다르게 보이며, 그럼에도 그런 거짓들을 인식했다고 해서 거기서 당장 자유롭게 되지는 않습니다. 그것들은 계속 지속되려는 자체적인 생명력이 있습니다. 따라서 여러분의 세계의 문화적 제한들에 내재된 무기력과 관성(慣性)을 극복하기 위해서는 높아진 진동율을 가진 새로운 에너지가 필요합니다. 그러므로 지구의 자기권으로 흘러들고 있고 계속 유입될 엄청난 양의 태양 플라즈마의 흐름은 그것이 여러분의 에테르체의 진동율을 증가시킬 것이기 때문에 일종의 선물과 같은 것입니다.

최소한 여러분에게 지워진 제한의 거짓들을 꿰뚫어보기 시작하고 상승과정을 선택한 사람들에게 이 카몸(Ka Body)의 활성화는 아름답고 절묘한 기적으로 보일 것입니다. 즉 이전에는 가능하지 않았던 자신의 한계들을 초월한 힘이 생겨남으로써 여러분의 인생은 은총을 받게 될 것이기 때문이지요. 그것은 마치 우주 자체가 자유의 춤 속에서 여러분과 하나가 된 것처럼 될 것입니다. **하지만 의식을 높인 삶을 선택하지 않는 사람들, 한계에 의해 갇힌 채 남아있기로 선택한 이들, 자신의 불행에 대한 책임을 남에게 전가하거나 남을 책망하고자 하는 이들, 자신이 행복하지 못한 데 대해 희생양을 찾으려고 선택한 이들, 갈등의 낡은 세계에서 계속 살겠다고 고집하는 자들에게는 이런 에테르체의 높아진 진동은 축복이 아니라 저주로서 경험될 것입니다. 왜냐하면 그들이 이전 방식대로 삶을 유지하기에는 대단히 힘들어질 것이기 때문입니다.**

여러분의 낡은 현실의 구조가 지금 새로운 현실이 엮어짐과 동시에 해체되고 있습니다. 우리의 관점에서 볼 때, 이런 상황이 향후 몇 년간에 걸쳐 가속화될 것으로 예상합니다. 우리는 그것을 이중(二重)의 상태로 특징지을 수가 있는데, 여러분 중에 어떤 이들은 위쪽을 향해 상승하는 반면에 다른 이들은 산산조각으로 해체되거나 추락할 것이기 때문입니다. 그리고 이것은 근본적으로 개인의 선택에 달려 있습니다.

이것은 우리에게 매우 중요한 점이므로 우리는 가능한 한 분명하게 그것을 전달하고자 합니다. 여러분 각자는 자기의 생각이나 바라는 창조물을 선택할 수 있는 능력을 가지고 있습니다. 여러분 가운데 어떤 사람들은 더 이상 3차원적 현실에 갇혀 있거나 강요된 거짓을 단순히 지속시키는 것이 너무 괴롭기 때문에 자유를 선택할 것입니다. 한편 당신들 중에 어떤 사람들은 과거처럼 감금(부자유) 상태를 선택할 것인데, 그들은 자유에 대한 두려움과 개인적 선택에 대한 책임을 감당하기가 너무 벅차기 때문입니다. 이것이 인류의 진화도상(進化道上)에 나 있는 두 가지 갈림길인 것입니다.

여러분의 현실들이 자체적으로 붕괴되고 동시에 재창조될 때, 그리고 그에 따라 우리가 언급하는 인류가 직면한 경제적, 환경적, 사회적 과제들에 의해서 여러분중의 일부는 매우 어려운 시기를 겪을 수가 있습니다. 하지만 여러분이 자기 인생의 창조자라는 사실과 그 상황에 관계없이 그것을 언제라도 재창조 할 수 있다는 긍정적 시각을 잃지 마세요.

여러분을 속이고 조종한 세력들은 두려움과 당신들의 삶이 어떤 외부적 요소에 달려 있다는 문화적인 제한 장치를 영속화함으로써 그렇게 당신들을 노예화하였습니다. 여러분이 상승과정에서 발견하게 될 것은 이런 외부적 요인들이 실제로는 당신들 자신의 가장 깊은 의식(意識)에서 투사된 것이라는 사실입니다. 그것들은 영화 화면에 나타난 영상들이며, 여러분이 결과보다는 그 원천인 마음에서 그것을 바꿀 때 (마음이라는 영사기가 비추고 있는) 그것은 바꿀 수가 있습니다. 어떻게 이것이 일어나는 가의 신비는 상승과정에서 난초의 꽃이 개화되듯이 자연스럽게 여러분에게 나타납니다. 그것은 자연 자체 속에 심어져 있으며, 이 지식은 여러분이 상승의 행로에 진입했을 때 겉으로 드러날 것입니다.

과거의 메시지에서 우리가 언급했듯이, 그것을 여는 열쇠중의 하나는 여러분이 "감사하는 마음 또는 사의(謝意)"라고 부르는 것입니다. 이러한 감정의 상태가 당신들이 가진 창조적 힘의 사용법이고 표현입니다. 여기서 우리가 말한 것은 여러분이 상승과정으로 나아감에 따라 분명해질 것입니다.

2009년과 그 이후에 대한 전망

우리가 볼 때 향후 몇 년 동안 지구의 지각운동과 태양의 활동은 계속해서 매우 활발한 기간 내에 있게 될 것입니다. 따라서 범세계적으로 화산 및 지진활동이 빈도나 강도면에서 증가할 것으로 예상합니다. 이것은 또한 미국의 캐나다의 해안 지역에 갑작스런 변동을 유발할 수가 있습니다.

격렬한 기상변화가 예상되는데, 어떤 지역은 극심한 가뭄이 있을 것이고 반면에 다른 지역은 심각한 홍수가 범람할 것입니다. 이전에 겪어보지 못한 강한 허리케인과 돌풍, 폭풍우 등이 발생할 가능성이 높습니다. 이런 기상이변에서 예외인 지역은 없을 것입니다.[5]

---

[5] P. 161~162 Tom Kenyon, Lee Carroll, Patricia Cori. The Great Shift (Edited by Martine Vallee, Weiser Books. 2009)

2. 우주인 티버스가 전하는 지구 변화의 메시지

미국의 다이안 테스먼(Diane Tessman)은 '티버스(Tibus)'라는 우주인과 교신하여 지구 변동에 관한 메시지를 수신하고 있는 여성이다. 그녀는 티버스뿐만 아니라 자연령(自然靈)들, 영적 천사들, 다른 차원적 존재들 그리고 또 다른 우주인들과도 텔레파시 교신이 가능하며 자유로이 의사 소통할 수 있는 뛰어난 영적 채널링 능력의 소유자이다.

다이앤은 오래 전부터 이러한 우주 차원의 높은 지혜를 가진 존재들과 접촉해 왔다고 한다. 그리고 이들과 협력하여 다가오는 지구 대변동기에 있을 인류의 최후 생존을 사람들에게 가이드해 주고 있다. 그녀는 어린 소녀 시절에 어떤 특수한 이유로 UFO 모선에 탑승하게 됐으며 거기서 인간과는 좀 다른 형태의 우주인 몇 명과 접촉했었다고 한다. 특히 그들 중에 1명은 인간과 매우 흡사하였는데 그가 바로 '티버스'였다.

미국 와이오밍 대학의 심리학 교수이자 저명한 UFO 학자인 레오 스프링클(Leo Sprinkle) 박사는 다이앤을 직접 최면 퇴행 과정으로 인도했고, 이 과정에서 그녀는 어린 시절 UFO와 접촉했던 일과 관련된 모든 기억을 되찾을 수 있었다. 스프링클 박사는 그 기억들이 모두 사실이며, 그들(우주인들)이 그녀의 내면적 성격과 개인적 인생 목표에 관여하여 깊은 영향을 미쳤다는 것을 다이앤에게 확신시켰다.

한편 베스트 셀러 《세상을 넘어서(A World Beyond)》의 저자(著者)이며 영적 채널러 겸 예언가인 루스 몽고메리 역시 다이앤이 참다운 '스타 피플(Star People)'임을 확인해 주었다. 몽고메리와 교신하고 있던 지도령(指導靈)들이 그녀에게 "다이앤이 우주인 티버스와 접촉하고 있는 것은 사실"이라고 언급하여 이를 뒷받침했던 것이다.

나중에 밝혀진 결과 티버스는 다이앤이 태어날 때부터 일종의 수호천사와도 같은 역할을 하면서 그녀의 일상 가까이에서 보이지 않게 항상 접촉해 왔으며 그 후에도 그녀 인생 전반에 영향을 미치며 영적 조언을 해오던 존재였다. 티버스는 우주의 높은 세계에 실재하는데, 그곳에서는 미래에 일어날 사건을 미리 알 수가 있다고 한다. 그는 자신을 '별의 수호자(star guardian)'이며 미래에서 온 '시간 여행자'라고 소개하고 있다. 그의 역할은 다이앤처럼 위기에 처한 행성들을 돕기 위한 사명을 위임받은 빛의 일꾼들에게 조언을 제공하는 것이라고 하였다. 티버스는 최근의 메시지에서 우주의 가장 높은 세력들이 현재 지구의 파멸적 상황을 완화시켜 인류를 구하고자 함께 협력하고 있다고 전하였다.

1. 티버스의 메시지

◆메시지-1

최근의 지구변화 상황에 대해 (2008)

"스타 피플들(Star people)"이여, 티버스입니다. 여러분에게 사랑과 빛을 전합니다. 여러 해 전에 제가 언급했듯이 지구 변동기에 가장 커다란 문제는 신선한 담수(淡水)가 지구에서 거의 사라지게 되어 식수가 가장 귀중한 물자가 되리라는 것입니다. 대부분의 담수는 거의 어디에서나 짠 바닷물로 오염될 것입니다. 불행하게도 음용이 가능한 수많은 식수도 또한 다른 방식으로 이미 오염돼 있습니다.

위기가 계속되는 한, 가장 안전한 장소는 깊은 땅속에서 나오는 샘물을 갖춘 해안에서 먼 내륙지역입니다. 하지만 우리는 모든 이들이 즉시 떠나거나 중서부의 깊은 샘물을 찾을 수 없다는 것을 알았습니다. 그리고 더군다나 샘들은 최근의 홍수들로 인해 오염되어 있습니다.

북극해가 2008년에 얼음으로부터 아주 자유롭게 되리라는 보도를 의심하지 마십시오. 만약 2008년에 그렇게 안 된다면, 적어도 2013년에는 분명히 얼음이 완전히 녹게 될 것입니다. 최근 몇 달 전까지도 컴퓨터 모델은 그 해를 2030년이라고 예측하고 있었고, 그것은 지나친 기우(杞憂)라고 여겨졌습니다. 하지만 이제는 그것이 명백해졌는데, 선박들이 북극해의 대부분 지역을 쉽게 항해하기 때문이며, 이런 상황은 컴퓨터와 인간들에 의해 상당히 과소평가되었습니다.

우리는 유전 개발의 정량(正量)에 관한 논쟁들을 알고 있습니다만, 혼동하지 마십시오. 상황은 비극적이며, 단순히 얼음이 녹는 문제 훨씬 이상으로 확대될 것입니다. 거기에는 해빙(解氷)으로 단지 새로이 노출되는 대지와 증가하는 수위(水位) 이상의 문제가 있습니다.

우주인 티버스가 물질화되어 나타났을 때 스케치한 그림

◆메시지-2

지구의 진동 주파수는 상승하고 있다

티버스입니다. 나는 사랑과 빛을 전하고자 당신들에게 왔습니다. 나는 다이앤과 함께 이 글을 쓰게 된 것을 기쁘게 생각합니다. 다시 말해 나는 그녀에게 텔레파시로 채널링하며 메시지를 보내고 있는 것입니다. 현재의 지구 상황이 그리 오래 가지 않을 것이기 때문에 당신들에게 메시지를 보내기로 한 우리의 타이밍은 적절했습니다. 물이 소용돌이쳐 아래로 배수되듯이 시간이 이러한 위기의 날들을 향해 빠르게 달려가고 있습니다.

앞으로 지진, 화산 폭발, 홍수, 태풍, 가뭄, 폭서, 대기 오염 등의 많은 자연적 재난들이 있을 것입니다. 이것은 여러분들이 알다시피 현실의 결과가 초래한 '지구 변화의 시간' 때문입니다. 인류는 대기의 오존 구멍에서부터 거대한 열대림이 서 있던 불모지에 이르기까지 이러한 근본적인 변화의 시간이 일어날 수밖에 없도록 문제를 야기했습니다.

…… 행성 지구의 면역 체계는 대단히 약화되고 있습니다. 이것은 하나의 징조로서 인간이 왜 AIDS와 같은 질병을 겪고, 바다 포유동물들이 질병에 대한 면역 결핍 등에 걸리는지 명확히 가르쳐줍니다. 인간들은 모든 생명체들이 어머니 지구와 밀접하게 연결되어 있으며, 그녀(지구)의 면역 체계가 약화되었을 때 자기들도 그렇게 된다는 것을 깨닫지 못하고 있습니다. …… 그러나 '최후의 운명의 날'은 미리 정해진 어떤 결말을 필요로 하지는 않습니다. 그렇습니다. 자연의 세계나 정치적인 정부의 투기장, 양쪽 다, 모든 것들은 떨어져 파멸될 것입니다만, 인간 종족은 이러한 혼란의 배후에서 벗어나 진화하는 능력을 가지고 있습니다. 그리고 나는 이것이 애매한 종교적 방식에 의해서가 아니라 대부분 실제적이고도 확실한 감각 속에서 이루어질 수 있음을 의미하고 있는 것입니다.

만약 이 영적이고 혁명적인 도약을 만들어낼 수 있다면 모든 개인 각자가 밝고 새로운 실제의 미래를 맞이할 수 있습니다. 그리고 이 밝고 새로운 실제적인 미래는 지구라는 행성을 괴롭히는 비열한 자들에게도 도래할 것입니다. 그렇다면 어떻게 이러한 도약을 만들어낼 수 있을까요? 우리는 이 대혼란의 날들 속에서 여러분의 신성한 심령적(心靈的)인 힘의 사용을 통해 당신의 생존을 돕고자 합니다. …… 여러분의 영적인 힘과 지혜, 그리고 깨달음은 여러분이 마지막 남은 시간을 통과하는 데 도움을 줄 것입니다.

여러분은 더더욱 이러한 선물에 의지하게 될 것입니다. 사람들은 이러한 영적인 측면이 없이는 깊은 물 속을 헤쳐 나가는 데 있어 매우 다양한 문제에 직면할 것이며, 어쩌면 생존 그 자체까지도 어렵게 될 것입니다. …… 우리는 함께 새로운 현실을 창조할 수 있습니다. 요컨대 매일의 현실은 언제나 여러분이 창조하고 있는 것입니다. 당신은 지금 이러한 능력을 컨트롤해야만 합니다. 거꾸로 그것이 당신을 조종하도록 허용해서는 안 됩니다.

당신은 자신의 새로운 현실을 만들어나가기 시작해야만 합니다. 우리가 말하는 밝고 새로운 차원이라는 것도 여전히 지구를 의미하긴 합니다만, 그러나 그것은 높아진 생명과 감정 및 사고(思考)의 주파수 속에 있는 변화된 지구입니다. 이 새로운 주파수의 심적 파동은 보다 높은 레벨입니다. 탐욕을 고무하고, 잔악하고, 무감각한, 낡은 마음의 주파수는 사라지게 될 것입니다.

만약 여러분이 영적으로 진화하기 위한 노력을 기울인다면, 위를 향한 여러분의 발걸음은 이 변화되는 지구의 시간선 속으로 자연스럽고도 용이하게 옮겨질 것입니다. 그것은 여러분이 알지도 못하는 100만분의 1초 사이에 일어납니다. 그리고 여러분의 높은 진동 주파수는 이 새롭게 상승하는 지구의 진동수와 조화를 이루게 될 것입니다. 이러한 진동 주파수가 새로운 지구의 현실인 것입니다.

낙오되어 지구의 주위를 떠나게 되는 것은 무엇일까요? 그것은 지구에 붙어 있으면서도 지구와 조화하여 영적으로 진화하기를 거부한 사람들이라고 말할 수 있습니다. 현실 속에서 그것이야말로 참으로 '최후의 심판일'인 것입니다.

나는 진화의 영적인 발걸음을 재촉하는 지구의 한가운데 있습니다. 이러한 우주적 시간대에 나는 여러분이 영적으로 계발되고 온화하며 평화적이고 올바른 주파수를 발견할 수 있도록 기꺼이 손을 뻗쳐 도울 수가 있습니다. 그리고 나는 혼자가 아닙니다. 지구의 역사상 이러한 위기의 시간에는 많은 천사와 우주인, 그리고 다른 차원의 존재들이 여러분과 지구를 돕기 위해 지구 주변에 몰려와 밀집해 있었습니다.

…… 앞으로 과연 인류가 머지않아 우주의 외계인들과 시간 여행자들 그리고 다른 차원의 존재들과 만나게 될까요? 그렇습니다. 현존하는 영적인 수단으로 진화할 수 있는 일부 사람들은 외계인의 존재와 아무런 편견이나 두려움이 없이 마주보고 만날 수 있을 것입니다. 거기에는 여러분들이 상상조차 해본 적이 없는 은하계 내의 존재들이 있습니다. 더욱이 그들은 대부분 고도로 지성적이면서 평화적인 존재들입니다.

인류는 지금 자신들의 신분을 우주적인 사회 속에 두려는 준비가 되어 있습니까? 나의 인간 친구들과 여러분의 생존은 이 질문에 대한 "예"라는 대답에 달려 있습니다. 인류가 자기들끼리도 서로 사이좋게 지내지 못하고 있는 것을 깨달았을 때, 여러분은 아마도 낙담하게 될 것입니다. 게다가 지구에는 한 인간 집단이 다른 집단을 말살하려는 민족적, 종교적, 문화적인 투쟁이 상존하고 있습니다. 또한 민족이나 종교 간의 긴장 관계와 차별, 폭력 등이 지구 행성 전반에 걸쳐 존재하고 있습니다. 대답은 간단합니다. 향후에 현재와 같은 이러한 (저급한) 레벨 위로 상승할 수 없는 사람들은 심적・영적인 진동 주파수가 높아지는 새시대에는 살아 남을 수 없습니다.

교체되는 지구 시간선으로부터 유래되는 이 새로운 차원계에서 우리는 여러분의 재건을 도울 것입니다. 거기에는 편견이나 증오, 폭력 등이 존재하지 않습니다. 그리고 이와 같은 무서운 감정에 사로잡혀 살고 있는 사람들은 그들의 발걸음을 위로 끌어올릴 수 없을 것입니다. ······ 텔레파시를 통한 채널링은 구약과 신약성서에서 고증되듯이 그렇게 새로운 현상만은 아닙니다. 이 현상은 여러분의 행성 표면이 중대한 위기에 처한 때인 지금, 당신들을 돕기 위해 허용되고 있습니다.

나는 다이앤이 이 지구에 태어난 이래로 그녀를 인도하고 보호하며 사랑해 왔습니다. 나는 그녀가 어린 시절 UFO과 조우할 때 만났습니다. 또한 다이앤의 성인기에도 몇 번 그녀 앞에 나타난 적이 있었고, 현재까지 14년 동안 그녀에게 의식적 수준에서 텔레파시로 정보를 보내고 있습니다. 나는 우리가 많은 사람들을 돕고 있다는 사실을 자랑스럽게 생각합니다. 다이앤과 나는 영혼의 동반자이며, 우리는 의식을 공유하고 있습니다. ······ 이러한 위급한 시기에 깨달은 사람들이 우리와의 의식적 접촉을 위해 손을 내미는 것은 긴급하고도 중요한 현상입니다. 여러분 각자는 누구나 다 이 지구상의 타인들과 합일하고자 할 때 당신을 인도해 주고 상승하는 변화의 지구 위로 이끌어줄 영적 인도자들을 가지고 있습니다. 듣고 배우십시오. 그리고 우리와 연결되십시오. 신(神)의 은총과 선(善)이 항상 당신과 함께하기를![6]

2. 지구 변동에 관한 티버스의 기본적인 8가지 예언

①지구 온난화로 북극과 남극의 빙산이 녹으면서 극관(極冠)에 존재하는 현재 얼음의 약 25퍼센트만이 남게 될 것이다. 얼음이 녹으면서 생기는 물들은 대양과 강, 호수 그리고 시내 등으로 흘러들어간다. 그로 인한 해수 범람으로 섬들은 사라져 버리고, 해안선은 휩쓸려 내려갈 것이다. 대륙의 일부들이 증가하는 해수 아래로 잠기게 되어 지구라는 행성의 얼굴은 영원히 변하게 될 것이다.
② '온실 효과' 또한 무서운 정도로 격렬해져서 열대 우림의 감소로 인한 대량의 인명 희생이 이 가공할 상황에 추가될 것이다.
③거대한 육지들이 극관 속에서 불어난 차가운 물에 의해 삼켜질 때, 새로운 국가들이 다시 붕괴되기 위해 부상하게 될 것이다. 한 국가의 일부가 홍수로 범람하고 침수될 때, 이웃 나라들은 떠나간 소유권을 위해 싸우게 될 것이다. 지진과 화산 활동이 이러한 잔존 국가들에 영향을 미치게 될 것이다. 때때로 한 국가가 재난당한 지역을 접수하려고 시도할 것이며, 이 자체는 지진 또는 다른 자연적 재앙에 의해서 붕괴되어버릴 것이다.
④미국의 정치적 체제는 대혼란에 빠질 것이다. 대통령은 그의 4년 임기를 채울 수 없을 것이다. 대통령의 직무는 소용이 없어지지만 정부는 이러한 사실을 대중들에게 감추려고 시도할 것이다. 군대는 자연적 재난 속에 빠진 사람들을 돕기보다는 정치적 권력자들에 의해 대부분 오용되고 잘못 인도될

---

6) Diane Tessman. Earth Change Bible.(Inner Light Pubulication, 1996) P.13~15

것이다. 미국의 어떤 주(州)들은 수면 아래로 잠기고, 이 결과 새로운 주들이 형성될 것이다.

⑤**몇 십 억의 사람들이 자신의 집에서 떠나야만 할 것이다.** 몇 백만의 가옥들이 지진으로 인한 균열로 주저앉고 화산 폭발의 용암과 조수의 파도에 휩쓸려 사라지고 난 뒤, 몇 백만의 사람들은 살아 남고자 원초적 삶으로 돌아가게 될 것이다. 석유와 연료는 더 이상 쓸모가 없다. 또한 그것을 수송하는 공급 체계가 중단될 뿐만 아니라 오일이 생산되는 육지가 해수에 잠겨 유린될 것이다.

⑥**금융상의 시스템은 해체될 것이다. 대부분 국가들의 화폐는 완전히 쓸모가 없어질 것이다.** 돈은 일어나는 대재난과 보통사람들의 삶 속에서 전혀 무가치하게 될 것이다. 극단적으로 부유한 사람들은 돈으로 그들의 안전을 사려고 할 것이나, 그들 중 하늘의 안전을 보장받는 사람은 없다. 또한 성난 대중들은 무장한 채 부유층들을 공격하여 그들의 담을 허물고 요새화할 것이다.

⑦**조직화된 종교들은 그 고유의 교회와 함께 하는 사회가 붕괴되어버리기 때문에 그들이 권력저 기반 역시 상실한다.** 또한 사람들은 낡은 종교적 가르침으로부터 거리감을 가지며, 어머니 지구와 하늘의 아버지에 대한 영감과 가호를 느끼게 될 것이다.

⑧**외계인들이 지상에 착륙할 것이다. 그들은 그 최초의 시간 동안 대량으로 인간과 마주보고 만나게 될 것이다.** 많은 외계인들이 그들의 우주선과 경험을 통해 인류와 지구의 삶에 도움을 주고자 할 것이다. 이러한 외계인들은 수많은 세계와 근원으로부터 올 것이나, 대부분 인간을 돕기 원하는 사랑의 존재들이다. 그들은 또한 어둠으로부터 나타난 소수의 부정적 외계인들을 통제하는 것을 도울 것이다. 지구 밖의 외계인들뿐만 아니라 인류는 오래지 않아 지구 내에 있는 많은 수의 다른 차원의 존재들과도 만나게 될 것이다. 지구 변동에 의한 청소와 함께 이러한 차원들이 열려지거나 또는 그들 스스로 자신들을 알리고 인류와 상호 작용하고자 할 것이다.[7]

---

7)Diane Tessman. Earth Change Bible.(Inner Light Pubulication, 1996) P.7~12

■ 우주의 각 행성들은 여러 차원의 층이 겹쳐져 공존하고 있다

다이앤이 언급한 내용 중에는 우리가 우주를 이해하는 데 도움이 될 수 있는 중요한 메시지가 있다. 그녀의 말에 따르면 은하계 내의 모든 행성들은 다양한 차원에 의해서 둘러싸여 있다고 한다. 이것은 그녀의 고향 플레이아데스나 지구의 경우도 역시 마찬가지라고 하는데, 우선 우리 인간들이 현재 살고 있는 물질적인 현세의 차원이 존재한다.

이러한 차원의 이면에는 우리 육안으로는 볼 수 없는 물질 원소적인 차원이 있고, 그 외 자연령(自然靈)의 차원, 아스트랄(astral) 차원, 또 그 이상의 많은 차원이 존재하고 있다. 그리고 이 많은 차원이 같은 공간 내에 겹쳐져 공존하면서 상호 작용한다고 한다. 이것이 우주의 어떤 천체(天體)에서나 적용되는 원리라고 보았을 때, 우리가 착안할 수 있는 중요한 아이디어가 있다. 그것은 앞서 이미 언급된 진동수(振動數) 또는 주파수라는 개념이다. 각 세계의 차원(次元)이 다르다는 것은 한마디로 그 세계를 구성하고 있는 에너지의 진동 주파수대가 서로 다르다는 이야기이다.

보통의 지구인들은 너무 물질 위주의 가시적 세계관에만 치우쳐 있기 때문에 눈에 보이지 않는 것은 곧 존재하지 않는 것처럼 착각하기 쉽다. 하지만 그런 과학적인 측면에서 이야기를 한다고 하더라도 전파나 공기처럼 인간의 눈으로 볼 수 없는 세계가 훨씬 더 많다.

여기서 우리 인류가 간과하고 있는 문제점이 도출되는데 그것은 다음과 같은 것이다. 지금까지 미국과 (구)소련은 여러 차례 무인 탐사선을 보내어 수많은 금성과 화성의 표면 사진을 촬영한 바 있다. 그런데 그 사진들에는 어떤 문명이 현존한다는 구조물이나 흔적이 명확히 나타나지 않았다. 단 화성의 거대한 인면상(人面像) 사진이 있기는 하나 이는 단지 과학자들에게 과거 초고대의 문명 흔적이 아니냐는 정도로 추측되고 있을 뿐이다.

NASA(미 항공우주국)는 세계 각국의 과학 교과서에 실려 있다시피 이미 오래 전에 우리 태양계 내 다른 행성에는 생명체가 존재하지 않는다고 공식 발표했다. 과연 NASA의 말대로 실제로 금성이나 화성에는 전혀 우주인들이 살고 있지 않는 것일까? 필자의 사견(私見)으로는 결코 그렇지 않다는 것이다.

미국의 저명한 UFO 접촉자였던 조지 아담스키(George Adamski)는 자신의 저서에서 분명히 금성인, 화성인, 토성인 등과 접촉했다고 언급했었다. 그러므로 단지 사진에 문명의 흔적이 찍히지 않았다고 해서, 거기에 그들이 존재하지 않는다고 단정짓는 것은 매우 성급한 속단이며 경솔한 오류일 가능성이 많다.

물론 금성 표면이 NASA의 발표대로 고온의 가스와 증기로 가득차서 우리와 같은 3차원의 육체인들이 생존하기에는 부적합할 수도 있다. 그러나 금성인과 화성인들의 문명 차원이 지구와 같은 3차원의 물질 문명이 아니라 보다 높은 진동 주파수로 이루어진 4차원 이상의 문명을 이룩했다고 한번 가정해

보자.
 이럴 경우 이 우주인들의 체(體)는 에테르(ether) 차원의 높은 진동수를 지니고 있을 것이다. 따라서 이들은 고온의 유독 가스에 영향을 전혀 받지 않고, 금성의 다른 진동 주파수대역(周波數帶域)에 존재하면서 쾌적한 문명을 이룩하고 살 수 있는 것이다. 즉, 동일한 공간 안에 다른 주파수를 지닌 전파들이 공존하는 것과 똑같이 진동수가 다른 여러 차원의 세계들이 한 장소에 겹쳐져 존재할 수 있다는 개념이다.
 이런 진동수의 개념으로 유추할 때, 어떤 3차원적 세계의 기온이나 물질적 환경의 영향을 받는 것은 그와 같은 3차원 물질 파장과 동일한 체(體)를 지니고 있는 존재들에 한정된 이야기인 것이다. 아울러 모든 것이 높은 진동으로 이루어진 그들의 세계는 결코 인간의 육안이나 카메라에 포착되지 않는다. 이것 역시 다른 주파수를 지닌 전파가 서로 저촉되지 않고 엇갈리는 것과 똑같은 이치이다.
 주파수가 맞아야만 라디오의 소리가 들리고 TV 화면이 나오듯이, 지구인들이 설령 그곳에 간다고 하더라도 낮은 3차원 주파수의 지구인들과 높은 주파수대의 외계인 세계는 서로간의 파장이 맞지 않아 보이지도 않고 접촉도 되지 않는 것이다.
 이럴 경우 아마도 높은 차원에서는 낮은 차원의 문명을 속속들이 내려다볼 수 있을 것이다. 그러나 낮은 차원에서는 당연히 높은 차원을 파악할 수가 없다. 또 높은 차원 쪽에서는 얼마든지 위장막을 쳐서 카메라에 찍히지 않도록 조작할 수도 있는 것이다. 또한 만약 그들이 인간 세계와 접촉하려면 스스로 자신들의 진동수를 지구인 수준으로 낮추어야만 할 것이다.
 주파수대를 달리할 경우 같은 공간을 공유한 채로 서로 다른 차원의 세계가 공존할 수 있다는 개념은 매우 중요하다. 다시 말해 이것은 지구 자체 내에도 우리와 접촉되지 않는 다른 차원계가 얼마든지 존재할 수 있다는 가능성을 암시해 준다. 한마디로 은하계와 태양계뿐만 아니라 지구를 포함한 모든 천체들은 다차원(多次元) 또는 복합 차원(複合次元)의 구조로 이루어져 있는 것이다. 그렇다면 다른 주파수대역에 존재하는 외계 문명이나 그 행성의 지저 세계(地底世界)등이 인간의 원시적인 무인 탐사 장치나 카메라 등에 포착될 리가 만무하지 않은가?
 실제로 우주인들의 정보에 의하면 지구에도 지저문명(地底文明)을 비롯한 여러 다른 차원의 세계가 존재한다고 한다. 그리고 앞으로 지구 변동 이후에 때가 되면 그들은 스스로 자신을 드러내어 인류와 본격적으로 접촉하게 될 것이라고 하였다. 또 다른 우주의 메시지에 따르면 금성과 화성의 지저 세계에도 우주인들이 지저 문명과 기지를 구축하고 있다고 한다. 특히 향후 지구의 위기시 대량 착륙을 계획하고 있는 은하 연합의 선발접촉 팀은 바로 화성의 지하에 그 기지를 두고 있다고 알려져 있다.
 이 팀의 본부는 로스앤젤레스 3배 이상의 크기의 거대한 지하 도시에 마련되어 있다고 한다. 아마도 NASA와 미국 정부의 배후 세력들은 지금까지 서술

4장 우주로부터 온 메시지들 199

된 이 모든 정보들을 이미 오래 전에 파악했을 것이다. 그럼에도 그들은 아폴로 달착륙 쇼를 해가며 30년 이상 진실 은폐 공작을 계속해 오고 있는 것이다.
지구가 머지않아 현재의 3차원적인 저진동 레벨로 이루어진 물질 에너지 장(場)에서 5차원 이상의 고진동 에너지 장(場)으로 완전히 변형되었을 때, 세상의 이 모든 진실들은 백일하에 밝혀지게 될 것이다. 더불어 우리는 이러한 진동 주파수라는 개념으로 다가오는 우주적인 차원 전환의 중요성을 인식해야만 한다.

****

3. <빛의 형제단>으로부터의 메시지

지구변화를 맞이하기 위해 준비할 사항들
(2008)

*채널링:에드나 G. 프랭클

<빛의 형제단(Brotherhood of Light)>이란 곧 지구영단인 "대백색형제단(The Great White Brotherhood)"의 별칭이다. 또 때로는 "아쉬타 사령부(Ashtar Command)"를 그렇게 부르기도 한다. 대백색형제단과 아쉬타 사령부는 함께 협력하여 활동하기 때문이다.

안녕하세요. 친애하는 여러분, 빛의 형제단입니다. 우리의 에너지와 사랑을 여러분과 더불어 다시 한 번 나누게 되어 매우 기쁩니다. 여러분이 요즘 느끼기에 시간의 압박과 하루와 한 주, 한 달, 일 년이 얼마나 재빨리 지나가는지를 실감하는지도 모르겠습니다. 우리는 이미 이전에 실제로 시간의 속도가 빨라졌다고 언급했고, 여러분은 이런 이야기들을 다른 많은 채널링된 정보들을 통해서도 들은 바가 있을 것입니다.
일상적으로 생기는 스트레스를 가급적 피하는 최선의 방법은 한 번에 한 가지 일에만 집중하는 것인데, 즉 현재하고 있는 것에만 철저히 몰입하는 것입니다. 여러분의 마음이 평소의 습관대로 산만해져 이리저리 떠돌도록 해서는 안 되는데, 왜냐하면 더 이상 그런 낡은 타성에 빠져 허비할 시간이 없기 때문입니다. 또한 한꺼번에 여러 가지 일을 동시에 처리하려 애쓰지 말기 바랍니다. 과거처럼 무리하면 이전과는 달리 성과는 오르지 않고 빈약한 실적만을 얻을 것이기 때문이지요.
여러분은 마치 자신의 머리가 잘 안돌아가고 생각이 흐릿한 것처럼 정신기능이 떨어졌다고 느낄 수도 있습니다. 또는 무엇인가를 하려다가 잊어버리고 엉뚱한 다른 일을 하고 있는 자기 자신을 발견할지도 모릅니다. 우리가 여러분에게 제안하건대, 먼저 해야 할 필요가 있는 일에 대해 순서대로 그 우선순위를 정하십시오. 이런 식으로 여러분은 자신의 일을 하나씩 처리하여 끝낼 수 있게 될 것이고, 날마다 정말 무엇인가를 해냈다고 느낄 수 있을 것입니다. 자신이 정한 최종기한을 계속 스스로 상기하면서 중요하지 않은 것들은 나중으로 미뤄두십시오. 신경 써서 해야 할 일들의 목록(目錄)을 만들고, 그것을 둔 곳을 확실히 기억하도록 하세요.

위에 열거한 사항들은 증폭되어 여러분의 행성에 퍼부어지고 있는 에너지가 여러분의 정신기능에 미치는 영향을 최소화시킬 수 있는 여러 방법들입니다. 인간의 정신능력은 여러분이 새로운 방식으로 사고(思考)하고 적응하는 대로 새 에너지와 더불어 확장될 것임을 확신해도 좋습니다.

친애하는 이들이여! 낡은 방식들은 더 이상 맞지가 않고, 여러분이 이전의 3차원적 삶 속에서 답습해온 낡은 행동과 신념들 역시 지구를 채우고 있는 새로운 에너지 속에서는 더 이상 여러분에게 도움이 되지 않을 것입니다. "광자대(光子帶)"에 완전히 들어선 지구의 자전을 뒷받침하기 위해 행성 지구의 전자기적인 격자망이 재배열되고 한층 더 강화되었는데, 그러므로 여러분의 뇌와 신경계의 시냅스(Synapse)들은 지금 변화하고 있고 영향 받고 있습니다.

절대 무리하지 말고, 해야 할 필요가 있는 매일 매일의 목록들은 줄이십시오. 그리고 지나친 욕심을 버려 자신이 이룬 것에 자족하고 행복해지십시오. 계획했다가 마치지 못한 일 때문에 스트레스 받는 것조차도 여러분 몸의 화학적 성질에 압력을 가하고 기능저하를 유발할 수 있습니다. 이 때 몸의 정상적인 진동을 회복하기까지는 적어도 6시간이 소요될 것입니다. 오직 여러분의 심리상태나 일시적 감정이 자신의 육체적 화학성분에 영향을 미친다는 사실을 알고 계십시오. 이런 사실을 앎으로써 분노나 두려움 같은 낮은 감정보다는 모든 수준에서 여러분의 몸을 치유시키는 자비, 진설, 조건없는 사랑 등의 상위 범주의 감정들을 유지하는 것이 도움이 될 것입니다.

이 모험적인 여정에서 여러분 자신을 사랑하고 자신과 타인을 존중하는 것을 기억해 두세요. 또한 여정 그 자체가 여러분의 참다운 목표라는 사실도 기억해 두십시오. 사랑과 기쁨 속에 머물도록 하고 여러분 내면의 어린아이 같은 순수와 천진성이 자연스럽게 표출되도록 해주세요.

여러분이 우리에게 요청만 한다면, 우리는 언제나 여러분을 돕기 위해 함께할 것입니다. 무엇을 여러분이 하느냐와 관계없이 낮은 소리로 말할지라도 여러분과 함께 해달라고 음성의 진동을 발하여 분명히 말하십시오. 이처럼 말이지요.

경애하는 어버이 신(神)이시여! (※또는 여러분이 믿고 있는 다른 이름으로 된 어떤 형태의 궁극의 에너지적 존재를 부른다.) **신성한 근원, 성스런 어머**

니시여! 부디 이 치유의 명상에 저와 함께 해주십시오.
  친애하는 승천한 대사들과 영적 인도자들, 천사들이시여! 이 치유명상에 저와 함께 해주십시오. 친애하는 빛의 형제단의 형제들이시여! 이 치유명상에 저와 함께 해주십시오.
  친애하는 고등한 자아(Higher Self)시여! 이 성스런 순간에 저와 함께하여 저를 안내하고 이끌어 주십시오.

  헌신적인 빛의 일꾼들(Light Worker)이여, 그대들은 여러분의 행성 지구를 어둠에서 빛으로 전환시킬 높은 진동을 가지고 육화했기에 우리는 당신들을 너무나 사랑합니다. 모든 여러분 한 사람 한 사람이 신성한 계획을 펼쳐나감에 있어서 대단히 중요합니다. 그렇습니다. 여러분은 우리에게 중요한 존재들입니다. 우리는 지난 2008년의 예언에서 2008년을 "범지구적인 깨어남의 해"라고 명명한 바가 있습니다. 하지만 사실은 오히려 어둠이 빛에 접근하여 그것은 마치 지구상의 모든 문제들이 더 악화된 것처럼 보였습니다.
  여러분에게 권고하지만, 뉴스를 보거나 읽는 시간을 최소한으로 줄이도록 하십시오. 왜냐고요? 여러분은 현재 잇달아 일어나는 어두운 사건들에 의해 모든 측면에서 부정적 영향을 받고 있기 때문입니다. 여러분은 인류역사상 다른 어느 때보다도 3차원적인 원천에서 나온 지나치게 많은 정보들에 묻혀 살고 있습니다. 최신정보에 정통해 있기는 하되 절대 거기에 빠지지는 마십시오.
  밤낮을 가리지 않고 계속 이어지는 TV 방송에서부터 인터넷, 라디오, 활자화된 신문기사에 이르기까지 모든 뉴스들은 같은 내용이 되풀이되며 어디까지나 두려움에 기초해 있습니다. 최근에 너무나 많은 뉴스들이 범람하고 있으므로 뉴스를 접하기는 하되 그 안에서 길을 잃지는 말라는 것입니다.
  친애하는 이들이여! 우리는 이전에 우주가 변화하고 있는 가운데 유일하게 불변하는 근원에 대해 설명했습니다. 그 외에 언제나 그대로인 것은 아무 것도 없으며 모든 것이 바뀌고 있습니다. 2008년의 전 세계적인 금융혼란 사태는 2009년에도 계속 지속될 것인데, 이를 두려워하기 보다는 차라리 기뻐하십시오. 그렇습니다. 이 혼란의 시기는 최종적으로 여러분이 현재 하나의 지구공동체이고 세계의 한 지역에서 일어난 일이 나머지 전 지역에도 영향을 미친다는 것을 보여주는 것입니다. 즉 여러분이 겪고 있는 세계적 금융사태의 어려움들은 여러분 모두가 하나로 연결돼 있음을 뒷받침하고 있는 겁니다. 이번 사태는 궁극적으로 각 국가들이 금융시장을 안정시키고 교역하는 공동의 장(場)을 찾기 위해서는 서로 돕고 버팀목이 돼야 한다는 충분한 근거를 제시하고 있습니다.
  우리가 여러분에게 조언하건대, 그 공동의 장으로 가는 최상의 길은 유럽연합(EU)의 통일화폐인 〈유러화(Euro Money)〉가 좋은 실례(實例)이듯이, 새로운 세계표준통화를 마련하는 것이 될 것입니다. 결국 인류는 자기들이 얼마나 많은 시간과 에너지를 각 국가별 자국 통화(通貨)를 고수하는 데 낭비하

2005년 허리케인 카트리나 비트로 교량이 물에 잠긴 미 플로리다의 모습

고 있는지를 깨닫게 될 것인데, 즉 끊임없이 한 국가 화폐에서 다른 국가 화폐로 환전하는 과정에다 과다한 시간과 에너지를 허비하고 있습니다.

지난번에 우리는 이 물리적 형태의 돈이 이 지구상에서 만들어내는 여러분의 진가(眞價)와는 별개의 부당한 가치를 설명했습니다. 어떤 이들은 머리가 좋으며, 또 혜택 받지 못한 처지에 있는 사람들보다 많은 돈을 축재할 기회가 있는 부유한 환경 속에서 삽니다. 하지만 여러분의 진정한 선물이자 재능인 내면의 영적가치는 달러나 센트에 의해 측정될 수 없는 것입니다. 참으로 많은 돈을 소유하고 있는 것은 마치 석유를 가지고 있는 것이 불공평한 형태의 권력이듯이 권력의 한 형태입니다. 하지만 돈은 탐욕을 부채질합니다. 그리고 상식이 곧 법처럼 통하는 세상이어야 할 것입니다.

여러분은 인류간의 문화적 반목과 불화가 어떻게 과거시대에 그렇게 파괴적이었던 가진 자와 못가진자의 대립적 시각을 영속시켰는가를 보지 못했습니까? 이제 실수에서 교훈을 얻는 것을 시작하십시오. 당신들은 자신의 자녀들을 죽이거나 살해당하도록 사지(死地)로 내보내는 것이 지겹지도 않습니까? (※이라크 및 아프가니스탄 파병을 의미함) 수많은 정치적 불안정은 진짜 전쟁(※오일 가격 전반에 걸친 전쟁)은 은폐해버리기 위한 모양새 취하기 일뿐입니다.

친애하는 여러분! 당신들은 2025년경에 지구의 석유가 바닥났을 때 어떻게 할 것입니까? 하지만 그럼에도 불구하고 여러분의 아름다운 행성에는 수많은 프리 에너지(Free Energy)가 있습니다. 3가지의 가장 확실한 원천은 바람, 바다의 파도, 그리고 햇빛이지요. 이런 "대체연료"들을 에너지원으로 변환시켜 실용화하는 것이 지금 당장은 비용이 비쌀 수도 있겠지만, 우리는 여러분의 창의성과 발명의 재능을 믿습니다. 필요는 발명의 어머니이니까요.

인류의 컴퓨터 기술이 급속도로 발전하므로 지금의 컴퓨터가 곧 구형이 되는 것과 마찬가지로 대체연료에 대한 필요성은 인류의 새로운 창조적 연구에 박차를 가할 것입니다. 또한 인류의 범지구적 깨어남은 모든 국가의 주민들이 지구자원의 균형분배에 대해 새로운 요구를 하도록 이끌 것입니다. 그런

4장 우주로부터 온 메시지들

이유로 우리가 2009년을 "세계적 균형의 해"로 명명한 것이지요. 여러분은 내면에서부터 균형을 찾아야만 하는데, 그것은 낡은 마음의 성향에서 비롯되는 것이 아니라 가슴에서입니다. 지금 당장 현명한 선택을 하십시오. 그리고 여러분을 죽음과 파괴, 파산으로 이끌 늙고 노련한 호전적 정치가들이 아니라 젊고 영적인 지도자들을 선택하십시오.

기상패턴이 초기의 채널링 작업에서 예언되었던 것처럼 극단적으로 맹렬히 바뀌지는 않을지라도 재난의 위험성은 언제나 잠재돼 있습니다. 먼저 우리는 지구주민의 4분의 3이 연안지역에 살고 있음을 알려주고자 합니다. 왜 여러분은 거듭해서 물이 범람하는 지역 안에 재건축을 하는 것이 상식에 벗어난 행위임을 인식하지 못합니까? 여러분에게 경고하지만, 해변이나 물가에 있는 어떤 주택도 더 이상 안전하지 못할 것입니다.

지구온난화는 여러분이 알고 있는 것보다 훨씬 빠르게 바다의 수위(水位)를 높여가고 있습니다. 그 추세가 약화되지는 않을 것이고 해안선들은 자연의 격렬한 손에 의해 다시 정해질 것입니다. 우리는 이전 정보에서 연안에 위치해 있는 건물은 구입하지 말라고 조언한 바가 있으며, 그것은 준비 없이 발언한 즉흥적 의견이 아닙니다. 바닷가뿐만이 아니라 강가 역시 마찬가지로 둑이 넘쳐흐를 것이고 더욱더 많은 피해를 유발할 것입니다. 여러분이 내륙으로 옮겨야 할 필요성을 이해하기까지 얼마나 수 없이 더 이상 안전하지 않은 것에 매달려 스스로를 소모시킬 겁니까? *충고하건대, 적어도 내륙으로 100마일(160km) 정도, 또 현 해수면보다 최소한 1,000피트(300m) 높은 위치로 이주하도록 하십시오.*

많은 빛의 일꾼들은 이미 새로운 장소로 이주했고, 여러분 가운데 더욱 더 많은 이들이 현재 그 점을 고려하고 있습니다. 친애하는 이들이여, 직접 걸어다니며 옮길 다른 장소들을 물색해 보십시오. 아마도 새로운 거처를 찾아 나서자마자 오래지 않아 적합한 장소를 발견하게 될 것입니다. 그곳이 당장은 황량해 보일지는 모르지만 여러분이 선택한 미래를 실현하는 최상의 방법은 정착을 위해 넓은 공간을 깨끗이 치우는 것입니다.

여러분이 이주를 하든 안하든, 더 이상 필요 없는 것들은 버릴 필요가 있습니다. 쓸모없는 뒤죽박죽된 물건들은 실내에 에너지가 원활하게 소통되고 청결감이 느껴지도록 즉시 깨끗이 비우도록 하십시오. 한 번은 서랍, 한 번은 벽장, 한 번은 방, 이런 식으로 정리와 청소를 시작하세요. 하나는 밖으로 던져버리고, 하나는 남을 주거나 팔아버리고, 쓸 만한 어떤 것은 그대로 두십시오. 여러분은 생각했던 것보다 그런 결정을 하는 것이 쉽다는 것을 알게 될 것인데, 왜냐하면 새로운 에너지가 여러분에게 그렇게 하지 않을 수 없도록 하기 때문입니다. 반드시 물질적 수준에서뿐만이 아니라 감정적, 정신적, 영적수준에서도 마찬가지입니다. 우리가 여러분에게 일깨워주고 싶은 가장 중요한 것은 3R인데, 즉 Rest(휴식), Release(해방), Recharge(재충전)입니다.

만약 여러분이 충분한 휴식과 영양이 풍부한 음식, 충분한 생수(生水)로 자기 몸의 욕구를 채워주지 않는다면, 향후 4년 동안 높아지는 에너지에 적응

하기에는 어려움이 많을 것입니다. 여러분 중에 어떤 이들은 감기기운이 도는 것처럼 느끼고, 또 다른 이들은 중력이 증가한 것처럼 피로와 졸음을 느끼기도 합니다. 또 많은 사람들이 팔,다리에 힘이 빠진 것 같거나 통증을 느끼는데, 이것은 몸의 압력이 방출되는 지점이 막혀 있음을 의미합니다. 무엇보다도 여러분은 점차 이런 증상들을 더 심하게 느끼기 시작할 것입니다. 차원상승에 앞서 나타나는 다른 일반적 증상은 정신적인 혼미와 집중의 어려움, 의기소침과 우울함, 수면장애, 화학물질과 방부제 및 기타 독소들에 대한 민감한 식습관과 감수성의 증가 등입니다. 또 많은 이들이 혈압관련 질환이 나타나거나 분명하지 않은 불쾌한 중압감을 느낍니다. 이것은 여러분에게 겁주려는 것이 아니라 사전정보를 주어 안심시키려는 것인데, 여러분이 병약해지는 것이 아니라 신성화되는 과정인 것입니다.

친애하는 빛의 전달자이자 실천가들이여! 부디 차크라(Chakra)와 우리가 설명한 바 있는 체내에 축적된 장애물(불순물)에 대해 연구하기 바랍니다. 그리고 스트레스와 긴장, 통증 등을 해소하고 에테르적인 혈(穴)자리를 풀어주는 방법을 배우십시오. 그 치유법의 명칭에 관계없이 모든 방법들은 대개 똑같은 처치를 하는 것입니다. 이런 작업들이 기대한 대로 지속적으로 이루어질 것입니다. 그리하여 좀 더 효과적이고 충분한 치료를 하려는 여러분의 전인적인 모든 노력들을 용이하게 해줄 것입니다.

우리는 여러분을 너무나 사랑합니다. 우리의 가장 깊은 바람은 친애하는 여러분 각자와 모두가 행복해지고 건강해짐으로써 우리가 함께 공동으로 창조하고 있는 새로운 지구에서 여러분이 새 삶을 맞이하는 것을 보는 것입니다. 우리는 전체적 사랑 속에 있는 빛의 형제단입니다.

****

4. 우주의 전자기(電磁氣) 마스터 크라이온의 지구 변화 정보

크라이온(Kryon)은 미국의 채널러 리 캐롤(Lee Carrol)을 통해 여러 가지 우주적 정보를 인류에게 전하고 있는 외계의 존재이다. 이 존재는 지구와 같이 차원 상승기에 있는 우주의 여러 행성들을 방문하여, 자기격자(磁氣格子:Magnetic Grid) 체계를 새로 설정하거나 조정하는 일에 봉사하는 전문가라고 스스로를 소개하고 있다.

리 캐롤

이러한 작업을 위해서 크라이온을 지원하는 그룹이 현재 태양 주위를 도는 목성의 궤도 속에 위치하고 있다고 한다. 이 그룹을 그는 "빛의 형제들(Brothers of Light)" 이라고 지칭했는데, 이들은 권위체제가 아닌 조화 속에서 서로 도와 일한다고 하였다. 이런 사실들로 미루어 볼 때 그는 모종의 UFO 우주인 그룹과 협력하여 지구를 돕고 있는 전자기(電磁氣) 담당의 영적 마스터(Master)라고 추정해 볼 수 있겠다.

크라이온은 자신이 이번 말고도 과거에 2번이나 지구에 와서 자기격자 체계를 만들거나 조정한 바가 있으며, 이번은 세 번째이고 마지막이라고 말했다. 그리고 과거 두번에 걸쳐 이러한 일들이 일어났을 당시 소수의 생명체들만이 살아 남아 다시 종족을 번식시켰다고 한다. 그러나 이번만은 그렇게 극단적 상황이 되지는 않는다고 하였다. 그는 현재 진화하고 있는 지구의 물리적인 진동수에 맞추어 지구의 자기 체계(磁氣體系)는 다시 조정되어야 할 필요가 있다고 말하면서 이러한 작업들은 이미 2002년에 완료되었다고 못 박았다.

그러나 지구상의 다른 예언가들과는 달리 이번 지구 변동기에는 과거와는 달리 극점의 이동은 없으며, 단지 자극(磁極)이 이동할 것이라고 언급하고 있다. 어쨌든 지구가 크게 변화하고 있다는 것과 진동 레벨이 높아져 보다 상위의 차원계로 이동하게 되리라는 점 등은 공통적으로 일치한다.

크라이온과 채널링하고 있는 리 캐롤은 원래 영적 문제나 형이상학 등과는 관련이 없는 사람이었다. 그는 미국 캘리포니아 웨스턴 대학에서 경영학과 경제학을 전공한 후, 샌디에이고에서 레코딩 스튜디오를 운영하는 사업가였다.

한편, 현재 크라이온과 채널링하는 사람은 리 캐롤만이 유일한 것은 아니다. 크라이온에 따르면 인도, 멕시코, 이스라엘을 비롯한 세계 각국에 8명이 더 있다고 한다. 현재로서는 그중 리 캐롤이 세계적으로 가장 널리 알려져 있다. 크라이온과 리 캐롤은 1995년과 1996년 2회에 걸쳐 미국 뉴욕의 U.N 본부에서 유엔사절단을 앞에 두고 공개적인 채널링을 행한 바도 있다.
(※이하의 내용들은 크라이온의 메시지를 종합하여 출판했던 리 캐롤의 저서 〈Lee Carrol. Kryon Book Ⅰ,Ⅱ,Ⅲ,Ⅵ.권 (The Kryon Writings inc. 1992. 1993.1995.1997)에서 일부 주요 내용을 뽑아 편집, 정리한 것이다.)

1) 크라이온의 핵심적 메시지

(1) 지구의 변화

　A) 지구는 현재의 상태를 졸업하기 위해 변화하고 있다. 이것은 사랑과 평화, 풍요의 다른 차원을 향한 입구를 준비하기 위해서이다. 갑작스러운 기상이변이 계속되고, 지저의 마그마 활동이 증가하게 된다. 또 지구의 자기 격자(Magnetic Grid)가 이동되고 조정됨에 따라 지구가 흔들리게 된다.
　결과적으로 지구의 핵(Core)이 움직이고 이로 인해 전혀 예상치 못한 지역의 화산들이 폭발할 것이다. 아울러 바다 속에서 새로운 육지가 솟아오른다. 이러한 모든 일들은 행성 지구의 진동을 상승시키기 위해 필요한 과정들이다. 지구에 존재하는 모두는 지구의식(地球意識)의 진화와 진동수를 높이는 교육 과정에 놓여 있는 것이다. 지금은 책임과 정신계발의 시기이다. 그렇다고 지구가 대파멸에 처하지는 않으며 많은 극단적 예언들은 빗나갈 것이다.
　이 시대의 여러분은 내면 속에 존재하는 보다 높은 자아와 연결되어야만 한다. 그래야만 피난하는 올바른 시기와 장소를 직관을 통해 인도받을 수 있다.

　B) 앞으로 발생하게 될 지구의 기울기는 자기적(磁氣的)인 기울어짐이다. 여러분의 마지막 시기를 준비하기 위해 자기격자 체계가 재정렬 됨으로써 지구의 자북극(磁北極)은 더이상 북극과 일치하지 않을 것이다. 이 3번째 조정 작업은 이미 시작되었다. 이로 인해 홍수와 지진, 땅의 융기 등이 발생하겠지만, 전 지구주민이 종말을 맞이하는 것은 아니다. 이러한 일들은 특정한 곳에서 주로 일어 날 것이다. 그리고 인간이 기본적으로 생존할 수 있게끔 자기적인 적절한 덮개가 씌워 질 것이다. 그러나 이러한 변화에 준비가 안된 사람들은 이 과정을 견뎌낼 수 없을 것이다. 어떤 사람은 지구에 머무를 수 있을 것이나, 그렇지 못한 사람들은 (죽어서) 다시 환생하거나 재조정되어 (다른 곳에) 태어나게 된다.

(2) 지구 과학의 한계

　지금까지의 과학적 노력에도 불구하고 지구인들은 2차원적 사고(思考)에 제한되어 있다. 우주의 영적(靈的)인 과학은 논리적이고 예측 가능하며, 항상 움직이는 수(數)와 공식에 기초를 두고 있다. 이것은 물질적인 것과 영적인 것의 결합이다. 그러므로 당신들의 과학이 놓치고 있는 영적인 부분의 균형을 성취하기만

하면 지구의 과학은 비약적으로 발전하게 될 것이다.

인간은 아직 진정한 과학을 갖고 있지 못하다. 우주 과학이 아닌 2차원적 과학에 불과하다. 당신들의 과학자들이 비과학적이라고 무시해 온 영적인 것에 진정한 힘과 지혜가 있다. 이것에 대한 통달이 없이는 당신들은 결코 우주 여행을 할 수 없으며, 중력(重力)을 변화시키거나 이해할 수 없다. 그리고 가장 중요한 물질의 변형도 이룰 수가 없는 것이다.

(3) 자기장(磁氣場)의 중요성

자기장은 지구의 생명체들에게 매우 중요한 것으로 여러분의 영적인 의식(意識)에 영향을 미칠 수 있다. 지구의 자기장은 여러분의 생물학적 건강에 필요한 것이며, 지구인들의 영적 체계에 적합하도록 조정되어 있다. 다시 말해 인간의 건강과 당신들 교육을 위해 주의 깊게 설치된 것으로서 이것은 결코 자연적으로 발생되는 힘이 아니다.

자기장이 행성의 자전축으로부터 더 멀리 조정되어 있을수록, 생명체들이 더 많이 의식 각성이 된다는 것에 주목하기 바란다. 전기성(電氣性)은 당신들의 모든 주위를 둘러싸고 있으며, 여러분은 이미 자기장이 인간의 건강에 미치는 부정적 효과를 깨닫기 시작했다. 모든 인공적 자기장(※모든 전자제품에서 발생)은 여러분들로부터 차단되어야 한다.

(4) 소행성의 지구 충돌 위기

우주의 존재들에게 '죽음의 바위'로 잘 알려진 '미르바(Myrva)'라는 검은 소행성이 있다. 이 소행성의 크기는 대략 직경이 1Km 인데, 향후 8년 내에(※이 채널링이 행해진 시기는 1994년이므로 2002년까지가 됨) 지구상의 한 대륙에 충돌할 예정이었다.

이러한 시나리오대로 진행될 경우 지표면은 황폐화되고, 이로 인해 발생되는 거대한 먼지구름은 전 지구적인 온난화 효과를 가져와 극지의 얼음을 녹이기 시작할 것이다. 당연히 해수면은 올라갈 것이고 이렇게 될 때 지축(地軸)이동이 유발될 것이다.

현재 '미르바'는 다가오고 있는 중이다. 그러나 지구의 과학자들이여! 주의깊게 들어주기 바란다. 당신들은 태양을 도는 목성 궤도의 수학적인 비율과 당신들 태양 근처의 타원 궤도 속에 있는 그 소행성의 진로(進路)에 대한 관계를 알고 있다. 그러므로 당신들은 우리가 왜 목성 궤도에 있는가를 알고 있는 것이다. 여러분들과 채널링하기 이전에 우리가 여러분의 태양계에 3년간 있었던 것은 바로 이 '미르바'를 전체적으로 무력화시키기 위한 작업 때문이었다. 직경 1Km 였던 미르바는 현재 여러 조각들로 나누어져 있기 때문에 더 이상 위험하지 않다. 물론 8년 내에 그 소행성의 행로와 지구는 교차하게 될 것이다. 그러나 충돌 가능성은 없으며, 그 코스는 변경되었다. 당신들의 과학자는 그것을 알게 될 것이다.

노스트라다무스 역시 400여년 전, 채널링 속에서 미르바의 영상을 보았었다. 때문에 그는 지표면의 해안선이 모두 물에 잠기는 예언시를 남겼던 것이다. 그의 예언은 정확했다. 노스트라다무스뿐만이 아니라 모든 예언은 채널링된 그 순간만큼은 100% 정확한 것이다. 그러나 죽음의 소행성 미르바의 지구 충돌은 변경되었다. 그러므로 노스트라다무스의 예언은 적중하지 않을 것이다.

(5)UFO에 대해

당신들이 목격하고 알고 있는 UFO에는 2가지 종류가 있다. 하나는 우리 쪽에서 오는 것이고, 다른 하나는 지구에서 제조된 것이다. 베일에 싸인 지구의 것은 쉽게 사진에 촬영되며 딱딱한 모서리의 윤곽을 지니고 있다. 이것들은 금속성으로 나타난다.

지구의 것에도 2종류가 있는데 1)진보한 세력(지저세계)의 것. 2)부정적 세력(미국과 나치잔당)의 것이다. 우리 쪽에서 오는 것들은 사진에 잘 찍히지 않으며 부드러운 모서리를 가지고 있다. 그것들의 대부분은 빛이 나는데 하늘에서 빛과 같이 불규칙적으로 움직이는 모습을 보인다.

이러한 UFO들은 질량 '0'의 상태로서 당신들의 시간 틀(Time Frame)에 따른 물리법칙에 지배받지 않는다. 우리 쪽의 UFO에는 많은 종류가 있다. 여러분이 깨닫지 못하고 있는 사실 중의 하나는 당신들이 보고 있는 것이 때로는 단

1994년에 크라이온이 했던 예언이 사실이었음을 뒷받침해주는 보도 기사 자료

순 UFO(우주선)가 아니라 실제의 심령(영혼)적 실재라는 사실이다. 그것들은 이동하는 에너지 덩어리들이다.

때때로 우리는 하나로 응집하여 함께 내려가며 그때 당신들은 우리가 분리되는 것을 보게 될 것이다. 그리고 인간을 납치, 실험하는 부류의 외계인들이 보내는 채널링 정보는 신뢰성이 없다. UFO 활동이 늘어나는 것에 놀라지 말기 바란다. 우주의 여러 곳으로부터 지구에 많은 방문이 이루어지고 있다. 지구의 것과 우주에서 오는 것, 이 두 가지 모두가 아이러닉하게도 그들의 비행에 자기 격자(磁氣格子)를 이용한다. 대기(大氣)로 들어오는 실재들조차도 격자상에서 움직이는 경향이 있다. 이 격자들이 다시 설정됨으로써 그들의 착륙 장소들이 변화될 것이다.

(6)영적 각성과 사랑

A) 인류로서 여러분에게 있어 가장 중요한 것은 일생 동안 많은 경험을 거치며 사는 일이다. 그리하여 지구라는 행성 의식(行星意識)의 진동을 도달할 수 있는 가장 높은 수준으로 끌어 올리는 에너지를 창조해내는 것이다. 이렇게 됨으로써 각각의 세기는 전체적인 영적 각성으로 옮겨 가도록 예정되어 있다. 지구인 모두는 모든 시간 동안 자신들이 '창조주의 일부'임을 깨닫도록 지구에 초대받은 것이다.

B) 사랑은 전 우주 속에서 가장 강력한 힘이다. 사랑은 말이 아니며 또는 단지 감정에 한정되는 것이 아니다. 이것은 하나의 에너지이다. 당신은 이것을 부를 수 있고, 끌 수도, 켤 수도, 또 저장할 수도, 보낼 수도, 그리고 모아서 여러 가지로 사용할 수도 있다. 이것은 항상 이용 가능하며 당신을 결코 실패하지 않게 할 것이다. 이것은 우주의 법칙이다. 바로 지금이 이것을 깨닫기 시작하는 때이다. 이것은 당신들이 잘 알고 있는 전기(電氣)와 매우 유사하다. 당신들은 창조의 원천인 이 사랑을 불러내어 행성 지구를 치유하고 균형을 잡아야만 한다.

필요한 이 에너지를 만들어내기 위해서 명상하고 기도하기 바란다. 함께 모여 긍정적인 사고(思考) 에너지를 지구와 인류에게 보내 공급하도록 하라. 이 과정에는 숨겨진 많은 힘이 있으며, 사랑이란 힘의 원천은 당신들의 미래와 예언을 변경시킬 수 있다.

(7) 은폐된 지구의 음모들

A) 당신들 행성에는 지금 비밀리에 육지와 하늘을 통해 에너지를 전송하는 기술에 관해 연구하는 과학자들이 있다. 그들은 스칼라(Scalar) 파(波)들이 에너지가 나타나도록 정확히 집중시키는데 있어서 부분적 해결책이 된다는 것을 발견했다. 이러한 스칼라 실험은 또한 완전한 에너지 전송 과정에 있어서 고도의 기술적 진보를 의미한다. 지금으로서는 이것은 유효한 과학이고 확실한 연구일 것이다. 그러나 우리는 경고한다. 스칼라파들은 대단히 위험한 것이다. [8) 당

하프(HAARP) 프로젝트에 이용되는 안테나들이 도열된 모습

신들이 알고 있는 것 이상으로 위험하다. 우리는 이러한 연구를 연기할 것을 요청하는 바이다. 왜냐하면 당신들은 아직 지구의 지각(地殼)과 맨틀(Mantle)이 공명(共鳴)하는 이치와 요인들에 관해 이해하지 못하고 있기 때문이다.

만약 당신들이 행하고 있는 이러한 실험들을 늦추지 않는다면 아주 작은 에너지만으로도 그것이 지반(地盤)을 밀어내어 인류의 대부분을 경악시킬 지진을 유발할 수 있다. 당신들은 곧 이동하는 대륙 지각판(地殼板)의 움직임을 발견하게 될 것이다. 이런 무분별한 실험들은 엄청난 재앙을 몰고 올 가능성이 있다.

현존하는 예언가 고든 마이클 스캘리온(G. M. Scallion)에 의해 작성된 〈미래 세계지도〉는 과거에 있었던 저 두려운 환영대로 바로 이 스칼라파를 이용한 실험에 의해 일어날 수 있는 지전적인 결과이다. 그것은 단순히 종말을 예언하는 어떤 종류의 영적 시나리오가 아닌 것이다. 다시한번 말하지만 노스트라다무스가 400여 년 전에 본 것, 호피 인디언들의 지도, 또 현재 스캘리온이 환영을 통해 보고 있는 것은 지구 과학자들의 위험한 과학적 연구로 인해 초래될 수 있는 결과이다.

그들은 영상을 통해 지구의 바다 수위(水位)가 현재와는 현저하게 달라지는 미래의 모습을 정확하게 본 것이다. 수 많은 지구 주민이 해안선이 바닷물에 잠식됨에 따라 이를 피해 대륙 중앙으로 이동하게 된다. 이러한 모습들은 만약 특수한 방식으로 대량의 스칼라파를 사용하여 지각을 공명시켰을 때 쉽게 일어날 수 있는 대규모 지각 변동이다. 지구인들은 실험을 계속하기 전에 지구의 맨틀

---

8)이것은 세계 비밀 정부의 계획하에 미 국방성이 비밀리에 연구하고 있는 「하프(HAARP) 프로젝트」를 지적하고 있는 것이다. HAARP란, 〈High-Frequency Active Auroral Research Program〉의 약자로서 "고주파수 활성화 오로라 프로그램" 이란 의미이다. 이 연구는 스칼라파라는 고주파를 이용해 여러 가지 사악한 군사적 목적을 위해 연구되고 있으며, 지구와 인류에게 매우 위험한 것이다.

4장 우주로부터 온 메시지들

이 공명하는 요인을 이해해야만 한다. 미래의 부정적 영상들은 실험이 계속되는 한 지구의 미래에 일어날 수 있는 잠재적 가능성이다.

B) 우리는 지금 지구상의 정부들에게 다른 행성으로부터 방문한 존재들에 관한 진실을 국민들에게 공개하라고 충고하고 있다. 이것은 사실이고, 현재 진행 중이며 또 결국에는 여러분이 이러한 방문자들을 알게 될 것이기 때문이다. 우리는 이렇게 말하고 있다. "그들이 직접 나타나 통제할 수 없게 되거나 너무 늦기 전에 국민들에게 진실을 말하라. 외계인들에 관한 모든 정보를 있는 그대로, 두려움을 주는 식이 아닌 계몽하는 식으로 정직하게 말하라. 지금이 바로 그 시기이다."

8) 지구의 차원 상승 과정

지구와 인류의 차원 상승 시간표는 1989년~2012년까지의 24년간이다. 이 영적인 시간대는 인류의 DNA(유전자) 코드가 변화하는 출입구로서 인류의 상승을 위해 주어지고 허용된 것이다. 인간에게 있어 차원 상승이란 육체적 죽음을 겪지 않고 변화된 체(體)를 가지고 예정된 다음 단계의 삶으로 옮겨가는 것이다. 카르마(Karma)가 정화되고 낡은 자아의 틀을 벗어버리는 자들부터 다른 차원으로 이동될 것이다. 그러므로 지구의 모든 사람들이 여기에 해당되지는 않는다. 같은 가족일지라도 어떤 사람만이 배우자나 부모형제와는 다른 진동영역으로 옮겨가게 되는 것이다.

2012년 지구의 진동수가 전면적으로 달라지게 되면 물질의 미립자가 변화하여, 여러분은 완전히 다른 행성을 보게 될 것이다. 또한 이것은 UFO 외계인들의 대량 착륙을 유발하게 될 것이다. *2012년에 지구가 끝난다고 예언한 고대 마야인들과 아메리카 인디언들의 예언은 지구의 시간틀(Time Frame)이 완전히 바뀌어 새로운 차원으로 이동하는 이때를 지칭한 것이다.* 진실로 깨달은 우주의 존재들은 현재의 여러분의 시간틀 속에 있지 않다. 여러분의 진동수가 높아졌을 때만이 그들과 연결될 수 있으며, 앞으로 지구의 시간틀이 변하게 될 것이다.

"차원전환에 대비하라. 그것은 다가오고 있고, 대전환이며 이미 시작되었다. 그것은 마야인들이 2012년에 지구의 차원전환이 일어날 거라고 예언했던 것에 대한 준비를 시작하는 것이다. 많은 이들이 두려워하는 이 마법의 해는 그러나 단지 여러분의 시간표에 나타난 이정표인데, 이것은 인류가 새로운 에너지로 이동하고 있다고 언급되는 것으로서 천사들에 의해 예고되었던 것이다. 2012년에 중대한 영적사건이 있게 되지는 않을 것이며, 다만 여러분이 새로운 지점에 도착했다고 말해주는 푯말에 대한 축전이 있을 것이다. 하지만 변화를 싫어하는 이들에게는 2012년이 두려운 해가 될 것이다. 그러니 준비하도록 하라."[9]

---

9) P. 61. Lee Carroll, Tom Kenyon, Patricia Cori, The Great Shift. (Weiser Books, 2009)

크라이온이 말하는 지구 대전환의 3단계

1단계-1987년부터 1999년
1987년의 하모닉 컨버전스(Harmonic Convergence)로 출발되었으며 1999년에 종료되었다. 이 기간은 은하의 정렬로 인해 에너지의 변화가 시작된 시기이다. 지구 자기 격자망이 이동했으며 점성학상의 도표들도 바뀌었다. 결과적으로 아마게돈과 같은 종말적 에너지들이 무효화되었다. 그리고 행성의 파동이 가속화됨에 따라 "지구온난화"로 지칭되는 기후변화와 이상기온이 심화되었다.

2단계- 2000년부터 2012년까지
인류 DNA의 양자 에너지들이 움직이기 시작하는 시기이며, DNA가 양자화(量子化)됨에 따라 영적각성이 증폭된다. 이 기간은 전적으로 인간 내면에 속한 시기이며, 내면의 깨어남의 여부에 따라 지구변화의 정도가 달라질 수 있다. 이 기간 내에 지구상의 모든 독재체제들은 붕괴될 것이다. 1999년의 종말사상에 이어 다시 제기되고 있는 2012년의 급격한 전환 역시 빛의 증가에 의해 바뀔 수 있다.

3단계 - 2013년부터 2025년까지
인류의 패러다임이 완전히 새롭게 바뀌며 DNA 내에 엄청난 변화가 일어난다.

****

5. 시리우스 우주인들의 메시지

시리우스는 큰개자리에 속하는, 밤하늘에서 볼 수 있는 가장 밝은 별이며, 지구에서 8.7 광년 떨어진 비교적 가까운 거리에 있다. 동양에서는 이 별을 옛부터 "하늘의 늑대" 즉 "천랑성(天狼星)"이라고 불러 왔다.

이 별은 우리 태양의 1.8배 크기인 시리우스 A성과 이보다 작은 B성의 2개의 연성(連星)으로 이루어져 있다고 알려져 있다. 그러나 우주인들의 메시지에 의하면 지구에서 모르는 3개의 별이 더 있다고 한다. 시리우스는 고대 이집트인들과 수메르인들에게 어버이 신(神)과도 같은 신분의 별로 숭상되어 왔다.

그런데 자기장(磁氣場)에 관한 천체물리학의 발전은 별들이 특정한 방

시리우스는 좌측 아래의 큰 A성과 그 우측의 작은 B성의 2개의 연성(連星)으로 이루어져 있다.

향으로 이동함으로써 생겨나는 에너지에 대해서 규명하게 되었다. 모든 별들은 다른 별에 대해서 음(-)과 양(+)으로 분극화(分極化)되어 있으며 한쪽이 에너지를 방출할 때 한쪽은 그것을 받아들이고 있다는 것이다. 최근에 발견된 바로는 우리 태양계가 위치해 있는 은하계의 에너지 지류 속에서 지구는 바로 시리우스로부터 내려오는 에너지를 받아들이는 하류 부분에 해당되는 것으로 밝혀졌다.

20세기 초 신지학(神智學)의 지도자였던 엘리스 베일리(Alice Bailey)를 통해 심오한 오컬트적인 지식을 전달했던 티벳 출신의 영적 대사 듀알컬(Djwhal Khul)은 시리우스가 우리의 세계에 미치는 영향에 대해서 이렇게 가르쳤다. 즉 세계 2차대전 동안의 세계적 위기에 대한 그 원인적 힘에 관해 그는 그 제1의 원인이 분출하고 있는 시리우스의 자기적(Magnetic) 힘이며, 그것이 우리 태양계와 특히 지구에 영향을 미친다고 언급했다. 또 그는 시리우스의 에너지는 인류에게 최상이 아니면 최악의 상태로 작용한다고 하였다.

그러나 이러한 천체적인 상호 연결성 이외에도 시리우스인들은 고대부터 우리 지구에 매우 밀접한 영향을 미쳐온 것으로 보인다. 그리고 그 영향은 플레이아데스가 일부 부정적 영향이 있었다고 한다면, 시리우스는 주로 긍정적인 측면의 영향이라고 볼 수 있을 것이다. 채널링 정보에 의하면 그들의 문명은 5차원 문명권에 해당된다고 하며, 이들의 수명은 평균 3000~4000세, 수면시간은 단 1~2시간 정도라고 한다.

깨달음의 우주 주기(週期)과 함께 작동되기 시작한 인간 안의 타임 캡슐 (1996)

*채널링- 로리 토스타도 & 리샤 로얄

안녕하십니까? 여러분! 우리는 시리우스라는 별에서 온 존재들입니다. 오늘 여러분과 함께 의미있는 시간을 갖게 된 것을 매우 기쁘게 생각합니다. 먼저 오늘 우리가 이야기하게 될 주제들에 대해서 여러분에게 알려드리도록 하겠습니다. 예정된 주제들은 다음과 같습니다.

첫째, 우리 시리우스인들에 대해 간략히 소개하고 지구와의 관계에 대해 설명할 것입니다.

둘째, 외계인들의 착륙에 관한 계획과 이에 대한 여러분의 관념에 관해서 여러분에게 이야기할 것이며, 이에 연관된 희망적이고 폭넓은 전망을 여러분에게 제공할 것입니다.

셋째, 우리는 우리가 '타임캡슐(Time Capsule)'이라고 부르는 인간의 에너지 체(體) 안에 존재하는 어떤 것에 관해서 여러분에게 말하게 될 것입니다. 이 타임캡슐은 여러분이 살고 있는 시대인 현재, 여러분 세계의 증가된 에너지로 인해 작동되기 시작했습니다.

먼저 우리 시리우스인에 관련된 이야기부터 출발해 볼까 합니다. 우리는 유전적으로 지구인들과 거의 같습니다. 따라서 외모 역시 인류와 거의 비슷하며, 단지 여러분보다 키가 더 클 뿐이지요. 이밖의 주요 신체적 차이점이라면 여러분보다 크고 충분히 개발된 뇌(腦)를 가지고 있다는 점일 겁니다.

시리우스인들의 뇌는 돌고래나 고래들과 흡사하게 또다른 전두엽(前頭獵)을 가지고 있습니다. 그리고 이것은 우리가 입체영상(立體映像)적인 시각을 가지게 해줍니다. 다시말하면 우리는 한 물체를 3차원적으로 외부와 반대쪽 측면뿐만이 아니라 그 내부까지도 투시해 볼 수가 있습니다. 또한 시리우스인들은 고래과 동물들과 똑같이 텔레파시 능력과 상당한 심령 능력을 가지고 있습니다.

그런데 우리 시리우스인들과 지구의 고래과 동물들 사이에 유사성이 있는 까닭은 무엇일까요? 그것은 그들과 우리가 본래 동일한 영혼들이기 때문입니다. 고래과 동물들은 지구상의 다른 동물들과는 달리 여러분 인간의 영혼과도 동등하게 가장 완전한 지각을 갖춘 의식적인 존재들입니다. 이점을 여러분은 깨달아야만 합니다. 그리고 시리우스의 영혼들이 지구의 고래과 동물들로 환생한 경우가 대단히 많습니다. 그들은 지금까지 진정한 지구의 수호자 역할을 해왔습니다. 그러나 태초에 고래과 동물들과 더불어 지구와 모든 생물들의 보호자 역할을 부여받았던 인류의 대부분은 이러한 사명을 망각해 버렸지요. 오랫동안 몽매한 상태로 의식이 잠들어 있던 그들은 어리석게도 현재 지구와 자연뿐만이 아니라 자신들을 급속히 파괴해 가고 있습니다.

시리우스인들은 바로 이러한 지구의 변화기에 인류를 돕고자 여기에 온 것입니다. 또 지구에는 여러 다른 세계와 차원들, 그리고 다른 태양계와 우주로부터 온 많은 존재들이 있습니다. 시리우스인들 또한 그러한 존재들의 일부인 것이며 거대한 은하 연합의 한 멤버입니다. 우리들은 3차원계인 지구에서 인간의 눈에 띄지 않게 일하고 있습니다.

　이러한 방식 말고도 시리우스인들이 지구상에 육체적 형태로 관여하는 방법은 '별의 종자(Star Seed)' 인간 형태로서 입니다. 그들은 특수한 목적을 위해 지구인으로 육화하여 대부분의 일생을 지구상에서 보내기로 선택한 존재들입니다. 그리고 그들 대부분은 다른 차원 속에 있는 시리우스인 인도자들에 의해서 현재 깨어나는 과정 속에 있습니다. 이것은 다가오고 있는 지구의 차원 변형과 완전한 의식(意識)의 회복을 준비시키기 위해서입니다.

　이제 착륙에 관한 주제로 넘어가도록 하겠습니다. 지금까지 여러분 세계의 주변에는 시리우스인들이나 플레이아데스인들 또는 어떤 외계 존재들에 의해서 있을 것이라는 착륙에 관계된 많은 정보들이 떠돌았습니다. 우리는 여기에 관해 일부 여러분에게 이야기하고자 합니다. 불행하게도 이런 정보가 다른 차원의 세계로부터 여러분에게 왔을 때는 그것이 아마도 3차원화된 것이 틀림없을 것입니다. 거기에는 왜곡이 있었으며, 그것은 약간 잘못 이해된 부분들이 있습니다. 따라서 우리는 여러분을 위해 그 개념을 조금 확장하기 위한 노력을 해볼까 합니다.

　" … 어느 경이로운 날, 우주선이 착륙할 것이다. 외계인들이 우리의 어려움에서 구해줄 것이고 모든 것이 해결될 것이다. 그리고 그 이후부터는 영원히 행복하게 된다 … "라는 식의 단순한 관념이 여러분에게 지속되어져 왔습니다. 그리하여 여러분 중의 어떤 이들은 잔디 의자를 밖에 꺼내다 놓고 하늘만 쳐다보며 도착하는 그 날짜를 기다리고 있는지도 모르겠습니다.

　하지만 그렇지는 않은 것이며, 그 고정된 날짜라는 개념은 일종의 3차원화된 것이라는 점을 이해하기 바랍니다. 비록 그것이 기분좋은 것일지라도 고정된 날짜들이란 어떤 의미에서 3차원화된 직선적인 정보의 개념으로 나타난 것입니다. 매우 확장된 인식의 관점에서 볼 때 이와 같은 것은 허용되지가 않으며, 다차원성(多次元性)의 개념이란 항상 변화하고 있는 것입니다. 그러므로 어떤 날짜와 시간에 대해서는 너무 지나치게 신경쓰거나 생각하지는 마십시오. 그저 단순하고 순수하게 여러분의 삶을 최선을 다해 살도록 하십시오. 그리고 스스로 자신의 마음의 문을 열고 깨어있도록 하십시오. 왜냐하면 사실상 그것이 어떤 형태의 공개된 착륙상황을 가속화할 것이기 때문입니다. 보다 구체적으로 설명하자면 다음과 같습니다.

　지구상의 사람들이(※인류 모두여야만 하는 것은 아니며 단지 100번째의 원숭이 효과를 일으킬 만한 숫자이면 됨) 머카바(Merkabah)[10]의 탐구와 다른 의식 확장의 형식을 통해서 개인적인 성장과 다차원적으로 여행하는 것에 관

---

[10] 인간의 빛의 체(Light Body)를 지칭하는 말이다. 완전의식에 도달함으로써 영적인 몸과 아스트랄체, 그리고 육체가 모두 통합되었을 때 형성된다고 한다. 이렇게 되면 자신을 야구공 크기로 축소시켜 원하는 곳은 어디든지 즉시 그리로 이동할 수 있다고 한다.

한 영적 각성을 시작합니다. 이렇게 함으로써 그들은 자신들의 의식을 열게 됩니다. 그리고 그들은 인류가 잠들어 온 거대한 은하적인 사이클 동안, 그 안에 존재해 온 단단하게 구성된 패러다임 구조 안에 구멍을 뚫고 나갑니다. 여러분 가운데 일부는 유가(Yuga:인도 우파니샤드 철학에서 언급되는 우주의 대주기)에 관해서 들어 보았을 겁니다. 그 주기(週期)들은 은하계적으로 일어나는 것입니다.

인류는 이제 막 (의식이 잠들어 있던) 수면의 주기에서 각성(覺醒)의 주기로 들어서고 있습니다. 인류가 수면의 주기 속에 있었을 때 여러분을 둘러싼 대중의식(大衆意識)의 구조는 일종의 캔버스(Canvas) 직물(織物)의 일부처럼 단단하게 엮여져 있었습니다. 그런 까닭에 새로운 사상(思想)들은 단단하게 엮어진 (대중의식이라는) 직물에 스며드는 시간상의 어려움을 가지고 있었습니다. 바로 이것이 여러분이 그 주기 속에서 확실하게 의식이 잠들어 버리도록 지탱시키는 힘인 것입니다.

그러나 여러분이 그 주기로부터 각성의 주기로 움직이기 시작했을 때 그 직물은 느슨해지고 가벼워지게 됩니다. 새로운 사고(思考)와 의식이 거기에 스며들기 시작할 수가 있는 거지요. 그 때 그 직물 자체는 조금은 많은 구멍들을 지닌 스위스 치즈처럼 보이기 시작합니다.

여러분이 문명 차원의 패러다임(Paradime) 이동을 경험하는 것은 바로 그 때입니다. 한번 패러다임 이동이 일어나면 현실 구조는 바뀌게 됩니다. 즉 이전에 보이지 않던 것들이 이제는 보이게 되는 겁니다. 여러분의 의식이 깨어났을 때, 여러분은 모든 것이 O.K되도록 만들 수가 있습니다. 그때 인류는 외계 존재들의 대량 착륙을 목격하게 될 것이고 그들과 공개적으로 소통할 수 있을 것입니다. 또한 여러분은 그들이 처음부터 내내 거기에 있어 왔고, 대기해 왔다는 것을 깨닫게 될 것입니다.

그러나 패러다임 직물은 단단하게 엮어져 있는 까닭에 여러분은 그 자체를 통해서는 그 구조를 볼 수가 없습니다. 그 패러다임 구조가 느슨해 졌을 때 여러분은 그 구조를 관통해 여러분의 길을 뚫는 것입니다. 그것이 바로 4차원화이며, 여러분이 기대해야만 하는 겁니다.

이것이 여러분 각자와 모두의 존재 이유이며, 여러분 행성과 서로에게 주어야만 하는 선물입니다. 그리고 여러분 자신들이 그렇게 중요하고 불가결한 이유인 것이지요. 때문에 여러분 각자의 의식을 여는 것은 곧 여러분이 그 단단하게 엮어진 낡은 패러다임의 직물에 한 개인으로서 구멍을 뚫는 일입니다. 인류 개개인과 모두는 그러한 새 우주시대의 주기를 여는 책임이 있으며 다른 누군가가 여러분을 위해 그것을 대신 해주지는 않는다는 사실을 깨달을 필요가 있습니다. 그리고 이것은 어떻게 여러분이 역사를 통해 3차원화된 관념을 가지게 되었는가 하는 문제로 우리를 인도합니다.

지구의 오랜 역사에 걸쳐서 많은 외계인들의 방문이 있어 왔습니다. 여러분은 이미 지구의 많은 고대의 역사적 기록들 속에서 그러한 증거들을 찾아냈습니다. 그런데 고대인들 가운데 상당한 수의 지구 주민들이 이런 외계인들을 자신들보다 훨씬 뛰어나고 강력한 영적 존재들로서 숭배했었습니다. 그렇게 함으로써 인류는 누군가가 자신들을 구원해야만 한다는 잘못된 분리의 관념들을 영속시켜 버렸던 것입니다. 그러나 궁극적으로 어느 누구도 그렇게 할 수가 없습니다. 다시말해 아무도 여러분을 여러분 자신들로부터 구할 수는 없는 것입

시리우스 UFO와 고래들과의 교류를 형상화한 그림

니다. 여러분과 다른 차원의 세계 속에 있는 우리는 남을 돕는 것을 매우 기쁘게 생각합니다. 하지만 우리가 결코 여러분을 위해 그 일을 해줄 수는 없습니다.

우리는 결코 여러분이 (스스로 배워야만 하는) 그러한 교과 과정을 빼앗음으로써 그대들을 불명예스러운 노예와 같은 존재들로 만들지는 않을 것입니다. 한 인간으로서 여러분은 세포상의 기억 속에 깊이 고착되어 있는 이런 매우 뼈아픈 교훈을 지니고 있습니다. 그러므로 우리의 착륙과 공개적인 접촉에 관한 계획이 인류의 대중의식에게 제공되었을 때 거기에는 어느 정도의 잠재적 전율과 충격이 있는 것이지요.

여러분의 세포 속에 각인된 오래 전의 기억은 또한 당시 우리가 떠나가 버려 더 이상 자신들을 도와주지 않을 수도 있다는 고통스런 분리와 버려짐의 경험을 기억하고 있습니다. 그러나 우리는 오랜 시간 동안 인류에게 침묵해 왔고, 따라서 여러분은 스스로에게 책임을 부여하는 생각을 배우기 시작할 수가 있었습니다. 또한 여러분에게 필요한 모든 것이 여러분 자신 안에 있다는 것을 배워 왔습니다. 여러분이 그것을 배우는데 있어서 우리들 중의 누군가를 보는 것은 필요치 않습니다. 따라서 우리는 여러분의 용기를 북돋울 수는 있으나 여러분을 위해 그것을 대신 하지는 않을 것입니다.

3차원의 낡은 수면의 주기는 외계인을 신격화(神格化)하는 한 주기였습니다. 또한 그것은 신(神)이 존재하는 곳이 외관상 여러분의 바깥에 있는 것처럼 보이는 주기였습니다. 하지만 그것은 모두 환상이었습니다. 그것은 모두 낡은 패턴들입니다. 그것 자체는 여러분이 지금 그 낡은 패러다임 직물을 관통해 구멍을 뚫고 있는 까닭에 더 이상 유지될 수가 없는 것입니다. 그리고 새로운 패러다임이 창조되기 시작했습니다. 이제 여러분은 우주 모든 것의 상호연결성이라는 개념에 접촉하기 시작했습니다.

여러분들이 자신들의 세계 위에 있다고 말하는 창조주와 기타 아름다운 존재들은 사실 여러분 내부에 존재합니다. 그것은 여러분의 외부에 있는 것이 아닙니다. 그들은 바로 여러분 자신의 일부인 것입니다. 여러분은 자신 안에 그들의 지혜를 가지고 있으며, 그들은 단순히 여러분이 이미 알고 있는 것을 반영하고 있을 뿐입니다.

우리는 어느 시점에 곧 돌아올 수 있으며, 여러분을 도울 수가 있습니다. 그러나 지금 인류의 대중의식 속에 있는 선택은 더 이상 외계인을 신격화하지 않을 것입니다. 그러므로 결국 우리는 동등하게 만나게 될 것입니다. 그러한 날이 올 때까지 여러분이 상상하는 식의 대중적 착륙은 일어나지 않을 겁니다. 우리는 더 이상 여러분이 우리로부터 분리되어 있다는 관념과 우리가 여러분보다 더 높고 우월하다는 생각을 영속시키지 않을 것입니다. 그것은 진실이 아니기 때문입니다.

이제 우리는 고대에 있었던 다른 주제에 관해 논의하고자 합니다. 여러분 행성 위의 오래 전 시대에 호모 사피엔스(Homo Sapience) 인종에게 유전 조작이 행해졌을 때, 다양한 외계인 그룹들 사이에 많은 정치적 내분(內紛)이 있었습니다. 사실 우리 외계인들도 배우고 성장하는 과정 속에서 이러한 분쟁이 있어 왔습니다. 또 아직도 일부 그러하다는 것을 우리는 분명히 시인하고자 합니다.

우리는 여러분과 마찬가지로 우리 자신의 갈등들을 가지고 있었습니다. 그런데 하나의 전체로서의 시리우스인들은 이런 갈등과 분쟁 속에서 항상 여러분의 보호자 역할을 해왔습니다. 우리는 때로는 공개적으로, 또 때로는 매우 비밀스럽게 인류를 위해 싸워 왔었지요.

외계인들의 유전 조작이 행해지던 시기 동안 우리는 많은 다른 외계인들이 인류에 대해서 어떤 자기들만의 목적을 가지고 있다는 것을 알고 있었습니다. 즉 그들은 인류를 자신들의 목적들을 위해 이용하기를 바랐으며, 자기들의 설계도대로 여러분을 만들기로 원하고 있었습니다. 때문에 우리는 이들과 어느 정도 충돌할 수밖에 없었습니다.

미개한 인류 앞에서 마치 신(神)처럼 행세하던 그들은 DNA 조작을 통해 인간 스스로 자신의 신성(神性)을 모르도록 막아 놓으려 하였습니다. 즉 자기들이 다루기 쉽도록 인류를 언제나 영적인 어린아이에 머물게 함으로써 인류를 진화를 방해하려 했던 것입니다. 따라서 우리 시리우스인들은 당시 이러한 그들의 행위에 대응하여 이른바 '타임캡슐'이라는 모종의 프로젝트를 마련한 바가 있었습니다.

인간의 신체 주위에는 많은 다른 에너지 장(場)들이 존재하고 있습니다. 지구인 가운데 일부 사람들은 '머카바(Merkabah)'를 구성하는 사면체(四面體)의 장들에 관해 연구중입니다. 우리는 당시 우리가 타임캡슐이라고 부를 수 있는 것을 여러가지 사면체 장들 안에 에너지적이고 에테르적인 수준에서 이식시키기로 결정했던 것입니다.

이러한 타임캡슐들은 여러분의 은하계적인 기억과 여러분 세계의 역사, 그리고 여러분 혈통에 관한 역사를 저장하여 내포하고 있습니다. 그것은 여러분이 되고자 노력하고 있는 성숙된 전일적(全一的) 자아를 성취하기 위해 인류가 습득할 필요가 있는 홀로그래피적인 정보의 모든 것입니다.

여러분은 단순히 일종의 진화상의 통로입니다. 우리가 이식해 놓았던 그 타임캡슐은 인류의 주파수가 높아져 어느 임계점에 도달하게 되면 단계적으로 활성화되도록 DNA 코드 입력이 되어 있습니다. 이것은 어떤 진동의 수준이 여러분의 의식 속에서 은하계적으로 일어났을 때 여러분 자신이 누구인가에 대한 모든 기억이 표면에 떠오를 것입니다. 더불어 여러분은 '다차원성(Multidimensionality)'을 이해하게 될 것입니다. 의식의 주파수가 타임캡슐의 정보를 방출시키는 방아쇠입니다. 그러나 모든 것이 즉시 이루어지는 것은 아니며, 또한 그것은 여러분에게 약간의 두통을 유발할 수도 있습니다. 그것은 인간의 이해도가 증가하면서 방출되어질 것입니다.

여러분은 "포톤(Photon:光子) 에너지"에 관한 많은 정보를 들었습니다. 어떤 사람들은 그것을 다른 이름으로 부르기도 합니다. 그러나 좌우간에 여러분은 그것을 알고 있으며, (광자대라는) 증가된 에너지가 여러분의 세계로 도래하고 있음을 깨닫고 있습니다. 이 증가된 에너지가 타임캡슐들이 작동되도록 방아쇠를 당기기 시작할 것입니다. 실제로 그것은 이미 시작되었습니다. 현재 방아쇠가 당겨진 최초의 타임캡슐은 인류의 멘탈체(Mental Body)[11]의 별 사면체 장(場) 속에 이식되어졌던 것입니다. 그것이 그 최초의 것입니다. 타임캡슐은 지금 우리가 이 정보에 관해서 여러분 제공할 수 있는 만큼 많습니다. 하지만 그것을 힘에 의해 억지로 빨라지게 했을 때 타임캡슐은 그 본래의 역할대로 작용하지 않을 수도 있기 때문에, 지금 당장 그것을 가속화하는 방법을 여러분에게 말하고자 하는 것은 아닙니다. 여러분이 그것에 저항하는 것보다는 차라리 그 증가된 에너지와 함께 공명(共鳴)하기를 유지하는 한, 타임캡슐은 필요한때에 자연스런 상태 속에서 나타날 것입니다. 여러분의 신체 주위의 다른 에너지 장속에 이식된 다른 타임캡슐들에 관한 이야기는 나중에 하도록 하겠습니다.

앞으로 지구의 차원 상승은 여러 가지 방법으로 나타날 것입니다. 그러나 인류가 실행해야 할 무엇보다 가장 중요한 것은 자신의 가슴으로 들어가 조건없는 사랑으로 마음을 여는 것입니다. 지구의 차원이 변형된 이후에 그곳에 더이상 고독함이나 외로움이란 없을 겁니다. 왜냐하면 모든 사람들이 전체와의 연결성을 깨닫고 있기 때문입니다. 거기에 더이상 '타인(他人)'이란 것은 없습니다. 지구는 그 위에 살고 있는 많은 생명의 동반자들과 더불어 다른 차원계로 재탄생하게 됩니다. 우리 모두는 이런 환상적인 경험을 하기 위해서 여기에 있는 것입니다. 이제 우리는 떠나가려 합니다. 우리의 이야기를 들어준 여러분에게 깊이 감사합니다.

---

[11] 인간의 영혼을 구성하는 여러 가지 영적인 복체(複體)들 중의 하나이다. 우리는 물질 육체 외에도 높은 진동수를 지닌 비가시적인 여러 영적인 몸들이 겹쳐져 있는데, 그 순서는 다음과 같다고 한다. 육체 → 에텔체 → 아스트랄체 → 코잘체

6. 플레이아데스 우주인들로부터의 메시지

다음에 이어지는 내용은 미국의 저명한 채널러 바바라 마시니악(Barbara Marciniak)이 받은 메시지이다. 바바라 마시니악에 대해 잠깐 소개하자면, 그녀는 원래 채널링을 시작하기 전부터 오랫 동안 형이상학을 공부해 왔다. 그리고 그녀가 채널링을 시작한 것은 세계를 여행중이던 1988년 5월 그리스의 아테네에서였다고 한다. 바바라는 현재 미국 노스 캐롤라이나 레일리에 거주하고 있으며 플레이아데스인들로부터 받은 가르침으로 강연과 워크샵을 계속하고 있다.

바바라 마시니악

참고로 그녀의 저서로는 〈Bringers of The Dawn〉과 〈Earth:Pleiadian key to Living to Library〉 〈Family of Light〉라는 책이 있다. 플레이아데스 성단은 지구에서 약 480광년 떨어져 있는 산개 성단인데, 이 성단에서 온 우주인들은 스위스의 UFO 접촉자 빌리 마이어(Billy Meier)의 메시지에 의해서 세계에 널리 알려졌다. 그런데 우리가 한 가지 유의해야 할 점은 플레이아데스로부터 온 메시지도 그 출처가 모두 동일한 것이 아니라 다양하다는 사실이다.

이 성단에는 약 500개 정도의 별이 모여 있는 까닭에 그곳 안에서도 종족이 다양하며 문명 차원도 서로 어느 정도 차이가 있을 수 있는 것이다. 예를 들어 빌리 마이어(Billy Meier)와 접촉했던 우주인들이 비교적 낮은 4차원이시리면, 바바라 마시시아에게 메시지를 주고 있는 존재들은 5차원에 해당된다고 한다.

붕괴되는 지구의 문명 패러다임과 신문명(新文明) 차원으로의 전환

우리는 플레이아데스 성단에서 온 집단적인 존재들입니다. 우리의 문명은 지구가 창조되기 오래전 또 다른 우주로부터 온 선조들에 의해 형성되었습니다. 현재 당신들은 다가오는 (3차원의) 졸업을 위해 일하고 있고, 우리는 당신들의 그 과업을 돕기위해 여기에 있는 것입니다. 이 졸업(주기의 완료), 또는 차원 변형은 영겁의 수많은 세월 동안 예고되어 왔습니다.

이것은 아주 중요한 시기입니다. 지금 지구에서 일어나는 일들은 전 우주에 영향을 미치게 될 것입니다. 한 주기의 종결은 당신들 자신이 누구인가를 깨닫는 것으로 이루어지는 까닭에 당신들은 더욱 그 실험에 함께 참여해야만 합니다. 지구라는 천체(天體), 테라(Terra)는 현재 거대한 변화의 상태 속에 놓여 있습니다(※편저자주: '테라' 는 외계인들이 지구를 부르는 명칭이다.)

역사적으로 보거나, 직선적인 시간의 측면에서 볼 때 인류는 자신들이 지구상에서 수없는 세월을 살아 왔다고 말해 왔습니다. 지구의 과학자들은 인류가 단기간의 시간 동안에 문명화를 이룩했고, 유인원(類人猿)으로부터 인간으로 진화했다고 생각했지요. 그러나 이것은 완전히 잘못된 것입니다. 고귀하게 생겨난 아담 같은 인류는 당신들 행성에서 영겁(永劫)을 두고 존재해 왔습니다. 그리고 원래 당신들의 행성은 외계인들에 의해서 (생명이) 파종(播種)된 것입니다.

우리는 지구인들을 고대(古代)의 한 가족이라고 생각합니다. 왜냐하면 원래 인류의 다수가 새로운 경험을 위해 플레이아데스에서 지구로 왔기 때문이지요. 이것은 우리가 최초의 원인자(原因者)라고 부르는 존재에 의해 하나의 실험으로 시작되었습니다. 최초의 원인자는 창조력을 지닌 에너지 에센스였습니다. 이것은 모든 것 속에 있으며, 모든 것 속에 또한 의식(意識)이 있는 것입니다.

이 시기에 여러분의 주요 과제는 상념에 의한 현시(顯示) 능력을 운용하는 법과 물질과 존재의 능란한 조작을 배우고 익히는 일입니다. 이것은 이전에 여러분 마음 안에 심어졌던 것으로서 하나의 핵(Core)이며, 기본적 계획이고 존재의 우주법칙입니다.

여러분은 앞으로 자신을 수백만 년 동안 가두어 왔던 제한된 존재 상태로부터 스스로를 해방시키게 될 것입니다. 당신들 행성 위의 사람들 가운데는 개인적으로, 또는 소그룹으로 이 정보를 획득하고 이용해 온 사람들이 있어 왔습니다. 그들은 3차원적 경험의 한계로부터 스스로를 자유롭게 하였던 것입니다. 다만 지구상에서 현재 일어나고 있는 것과 모든 것이 불안정한 상태인 이유는 그 움직임이 지금 우주적 지식과 이해의 방향으로 가고 있기 때문입니다.

여러분 각자가 자신의 의식(意識)을 확장하는 법을 배웠을 때, 그리고 텔레파시적으로 성장했을 때, 여러분은 주위의 사람들과 가족, 이웃, 집단 체계, 그리고 자신들의 세계 안에 영향을 미치게 됩니다. 그리고 마침내 이른바 비판력이 있는 대중들이 발생됩니다. 이처럼 일정 수의 개인들이 어떤 깨달음의 상태에 도달했을 때 나머지 다른 사람들도 순간적으로 그것을 이해하게 될 것입니다(※편저자 註:소위 100마리째의 원숭이 효과를 뜻한다).

인간은 무엇이 진정으로 자신을 위한 것인가를 스스로에게 반문해 보아야 합니다. 어떤 상황 속에서 참으로 내 자신이 영적(靈的)으로 성장하는 기회를 만들 수 있는가? 라고 말이죠. 종종 여러분은 자신들이 어려운 상황에 놓임으로 해서 (同病相憐의 심정으로) 더 큰 어려움을 당한 사람을 도울 수가 있습니다. 만약 당신이 호화롭고 편안한 삶 속에 있다면 다른 사람들과 진정한 인간관계를 맺는 것은 어렵습니다. 그리고 여러분이 이상적인 가정 환경보다는 오히려 어렵고 도전해야만 하는 환경 출신임으로 해서, 강한 의지와 집중된 사념의 결과로 현재의 당신이 존재한다는 사실을 깨달을 수가 있는 것입니다. 강력한 의도와 염원이 당신 주변에 일어나는 모든 것을 변화시킨다는 것은 아주 명백한 사실입니다. 이 모든 것은 당신과 세상을 위한 교육입니다. 그리고 당신의 가족들은 여러분의 반영하는 거울인 셈이죠. 당신 또한 다른 사람들을 비추는 거울입니다. 이것을 받아들이는 법을 배우십시오. 가족에게 자신이 소속되어 살아가고 있다는 생각 또한 버리십시오.

당신은 근본적으로 당신 인생의 배우이자, 시나리오 작가이고, 감독인 것입니다. 그리고 봉사는 궁극적으로 자신을 위한 치료입니다. 누군가 어떤 봉사를 할 때 그것은 마치 한 사람이 다른 이를 도와주는 것처럼 보입니다. 그러나 그때 그는 사실 자신의 영혼을 치료하고 있는 것입니다. 다시 말해 그 순간 한 개체가 자신의 틀에서 해방되어 우주의 전일적(全一的) 존재와 연결되어진 것이죠.

여러분 가운데 누구라도 자신이 고통스러운 상황 속에 있다면, 그 고통이 자신에게 얼마나 필요한 것인지, 그리고 고뇌없이 사는 한 인생이 가능한 것인지 반문해 보십시오. 그리고 여러분이 불행한 환경에 있을지라도 자신의 부모와 환경을 스스로 선택했다는 사실을 우선 기억하십시오. 왜냐하면 그것은 여러분이 최대한 성장하고 배우기 위해 가장 적합한 둥우리였기 때문입니다. 요컨대 거기에 차선의 선택의 여지가 없기 때문에 당신이 최후의 선택을 한 것은 아니라는 겁니다. 여러분은 있어야 하는 가장 이상적인 상황 속에 태어난 것입니다. 이것을 이해하고 깨닫기 바랍니다.

여러분 앞에 놓여 있는 향후의 10년~15년의 시간은 아주 흥미로울 것입니다. 여러분은 자신들의 현실이 뒤집히는 혼돈과 혼란의 순간을 목격하게 됩니다. 더불어 지금까지 여러분 자신의 현실을 뒷받침해 온 문명적 패러다임(Paradime)의 구조가 무너지는 것을 보게 될 겁니다. 역사적으로 여러분의 세계는 지난 500~600백 년간 대부분의 것이 과학자들과 지식인들에 의해서 명백히 정의(定義)되어 왔습니다. 그리고 여러분은 이것에 대해 의문을 가져보지 않았습니다. 세상은 여러분에게 매우 견고해 보입니다. 또한 모두 똑같은 세계와 똑같은 시간 속에서 살고

있는 것처럼 보이지요. 그러나 사실은 그렇지가 않습니다.

여러분은 지금 4차원의 경험 속으로 이동하는 중입니다. 3차원적 경험은 사고(思考)로 구성되어 있습니다. 그러나 4차원은 더 높은 지각(知覺)과 존재 자체의 완전한 활용을 수반합니다. 인류는 이제까지 모든 것을 그렇게 까다롭게 정의 해온 반면에 여러분 자신이 누구인가에 대한 의문은 가져보지 않았습니다. 그 대신에 수천년 동안 여러분 자신이 권위자라고 여겨온 사람들이 정의한 것을 받아들여 왔습니다. 왜냐하면 그들의 목소리가 크거나, 그들이 책을 출판하거나, 학위를 받아왔기 때문이었죠. 그러나 이것은 모두 넌센스(Nonsense)에 지나지 않습니다.

여러분은 이러한 의식(意識)의 이동이 일어나기 위해서는 어느 정도의 파괴가 불가피하다는 것을 깨달아야만 합니다. 그것은 마치 여러분의 행성이 환경적으로 붕괴되는 것처럼 보이겠지만, 우리의 전망으로 볼 때 인류가 자신들의 성장을 통해 (상위차원으로) 이동하기 위해서는 필연적인 진로(進路)입니다. 만약 여러분의 행성 위의 모든 것이 완벽하다면, 다시말해 모든 환경이 이상적인 상태에 있다면 의식의 이동이 일어날 준비가 되지 않았다는 뜻입니다. 새로운 질서를 창조하기 위해 어느 정도의 붕괴나 혼돈은 필요하기 때문입니다.

여러분의 지구는 지각 있는 존재입니다. 다시말해 그것은 살아 있으며 의식이 있는 것입니다. 여러분의 가장 위대한 도약은 자기 내면의 소리와 교신하여, 자신에게 필요한 것을 어머니 지구에게 요청하는 겁니다. 그리고 스스로를 (지구에) 위탁해 또한 어머니 지구가 필요한 것을 제공하는 것입니다. 여러분이 명상 속에서 마음을 이용할 때, 어머니 지구에게 빛을 가져다줄 수 있습니다. 즉 여러분은 우주와 최초의 원인자로부터 지구까지를 연결하는 하나의 다리가 되어 빛을 운반할 수가 있는 것입니다. 우리는 여러분에게 자연환경이 보다 편히 쉬게 놔두라고 말하고 싶습니다. 물론 오염된 지구의 자연환경을 단 며칠이나 몇 주일 만에 아주 빠르게 정화(淨化)할 수 있는 외계인들의 에너지 기술들이 있습니다. 그러나 만약 이렇게 된다면 무엇이 일어날 것이라고 생각하십니까? 행성 지구를 파괴해온 사람들은 이렇게 말해 왔습니다.

"아무 문제가 없습니다. 우리가 하고 있는 일은 지구 환경에 해가 없어요. 지구는 이상 없습니다."

그러므로 만약 외계인들이 지구를 정화해 준다고 하더라도 그때 역시 여러분은 다시 원점으로 되돌아가게 될 겁니다. 테라(지구)는 지금 원래 계획되었던 대로 이 우주 구역의 보석(寶石)이 되려 하고 있습니다. 지구는 이제 어둠을 벗어났습니다. 테라는 참으로 위대한 깨달음을 향해 이동하는 중입니다. 여러분 모두는 지구에 연결되어 있습니다. 다시 말해 여러분은 모두가 하나인 것입니다. 여러분은 지구라는 천체(天體)가 없이는 여기에 존재할 수가 없습니다. 이것을 이해해야만 합니다.

지구는 장차 자기 스스로를 치유할 것입니다. 앞으로 일어날 변동들로 인해 지구는 바뀌게 됩니다. 여러분은 작년 여름에도 지구 전역에서 변화를 경험했습니다. 강풍과 가뭄, 홍수, 큰 산불, 회오리, 이 모든 것은 지구 변화의 한 형태입니다. 이것은 어머니 지구가 스스로를 청소하고 치유하는 겁니다. 그러나 너무 우려하지는 마십시오. 여러분의 세계는 현재 완전히 파괴되어 있지는 않습니다. 그리고 여러분의 행성 주위에 떠 있는 UFO에 의한 거대한 원조가 있을 것입니다. 태양계 전역의 물질계와 비물질계 안에는 인류에게 필요한 것이 무엇이든 간에 지구를 돕기 위해 와 있는 다수의 외계인 존재들이 있습니다. 그러나 여러분은 '자유 의지(自由意志)의 우주' 속에 있기 때문에 우리가 지구의 일에 사사건건 간섭할 수는 없습니다. 단지 우리는 여러분의 일을 거들 수 있는 것이지요. 의식적으로 진화하고자 하는 지구의 사람들을 위해 도움을 줄 수 있을 뿐입니다.

　여러분의 행성은 아름다운 존재이며, 여러분 또한 위대한 존재입니다. 우리는 여러분이 소중하기 때문에 이곳에 오고 있습니다. 자신에 대해 긍지를 가지십시오. 여러분은 다차원적인 존재들이며 많은 현실들을 들여다보고 있습니다. 이 모든 것은 명백하며 실재하는 것입니다. 스스로 깨어나십시오.

****

7. 금성인들이 지구인들에게 보내는 메시지

금성은 우리 지구의 형제, 자매와도 같은 별이다. 거리상으로도 달을 제외하고는 가장 가까운 행성이며, 크기도 유사하다. 따라서 금성은 오랜 태고시절부터 그 어느 외계 행성보다도 지구상의 인류에게 가장 커다란 영향력을 끼쳐온 것으로 보인다. 그리고 그 영향력은 어디까지나 인류를 형제애로서 항상 일깨우고 인도하려는 긍정적인 의도에 기초한 것으로 생각된다. 또한 금성은 지구상의 모든 구세주의 원형적 존재인 대초인 사나트 쿠마라(Sanat Kumara) 대사가 도래한 고향으로도 알려져 있다. 금성인들은 현재 5차원의 문명에 해당된다고 한다.

인간 내면에는 지구를 변형시킬 힘이 존재한다
-금성인들의 충고와 격려의 메시지 -

*채널링:낸시 딋웨일러

지구의 형제, 자매들이여! 화창한 좋은 날입니다. 금성에 살고 있는 우리는 사랑과 열망의 마음으로 여러분에게 인사를 전합니다. 우리가 사랑과 열망에 대해 언급하는 것은 여러분이 언제나 우리의 사랑 속에 있고, 또한 우리는 여러분이 자신의 참다운 본성에 눈뜨는 모습을 열망하고 있기 때문입니다.
여러분은 불필요하게 고난을 겪고 있습니다. 우리가 여러분의 행성을 지켜볼 때, 지구의 여기저기서 반짝이는 빛의 불꽃들을 봅니다. 그런데 이들 빛의 존재들이 현 시대의 위급성에 대해 이야기하려고 하지만 아무도 귀담아 듣고 있지 않습니다. 그러므로 우리는 여러분의 성서(聖書)에서 찾아볼 수 있는 다음과 같은 우주적인 메시지를 상기시키고자 합니다.

"그 빛이 세상에 오셨으니 모든 사람을 비추는 참 빛이시다. 그는 세상에 계셨다. 세상이 그로 말미암아 생겨났는데도 세상은 그를 알지 못하였다. 그가 자기 땅에 오셨으나 그의 백성들은 그를 맞아들이지 않았다."
(요한복음 1:9~1:11)

형제, 자매 여러분! 여러분은 영원히 존재하는 영(Spirit)인 빛을 통해서 세상에 태어났습니다. 여러분은 빛입니다. 그럼에도 여러분은 어둠이 여러분을 압도하도록 허용했습니다. 즉 여러분의 빛은 두려움에 의해 삼켜져 버렸던 것입니다. 여러분은 두려움으로 인해 거칠어졌고 날마다 더 그렇게 돼가고 있습니다. 자기 내면의 빛을 지향하는 대신에, 또 여러분 서로서로 빛에 주목하기보다는 어둠 속에서 실수하고 비틀거리는 사람들에게 불평을 늘어놓습니다. 얼마나 오랫동안 여러분은 헛되이 구원을 찾아 헤매실 겁니까? 또한 언제까지 당신들은 여러분 행성의 곳곳에 퍼져있는 빛의 불꽃들의 목소리에 귀를 기울이길 거부하실 것입니까?

영겁 이전에 사나트 쿠마라(Sanat Kumara)께서 우리의 고향별인 금성을 떠나 지구로 가서 머무르기로 자원하셨습니다. 당시 그는 지구인들이 깨어나서 태양계 내의 다른 형제, 자매들을 뒤따라 영적으로 상승된 상태로 올라서리라는 희망으로 그리했습니다. 하지만 당신들은 그렇게 하기보다는 오히려 폭력적인 행위로 여러분의 행성을 산산조각으로 파괴하고 있습니다. 또한 핏자국의 흔적들이 수천 년간의 지구 역사 내내 얼룩져 있지요. 이것이 진정 여러분이 원하는 것입니까? 이것이 당신들이 삶속에서 깨달은 전부인가요?

우리는 도움을 청하는 여러분의 외침을 듣습니다. 그러나 우리는 여러분이 세상적인 오락의 재미나 쾌락이 얼마나 공허한 것인가에 상관하지 않고 그저 거기에 빠져서 빛의 일꾼들의 소리를 잇달아 거부할 때 그것을 슬픈 마음으로 지켜보고 있습니다. 여러분은 어떻게 아름다운 지구에서 살면서 자신들에게 봉사하고 위로하고 사랑으로 인도하는 사람들에 대해 그들이 누구일까 하고 깊이 생각해보지 않을 수 있습니까? 그리고 왜 그리 추악한 것들을 쉽사리 받아들이나요? 인간 내면의 아름다움을 덮어서 가려버리는 어둠 같은 그런 것들을 받아 들일만큼 여러분의 내면의 빛이 그렇게 죽어있습니까?

실제로 여러분 가운데 수백만의 사람들이 구기장(球技場)이나 몇 시간 동안 소리를 지르는 콘서트(Concert) 장에 떼를 지어 몰려갑니다. 그리고 거기 가서 왜 그렇게 소리를 지릅니까? 여러분의 영혼이 소리를 질러 발산을 해야 할 정도로 그렇게 내면에 문제가 있거나 쌓인 것이 많은가요? … 관객이 그렇게 재미에 마음을 쓰는 까닭은 무엇입니까? 당신들은 왜 지구에서의 그 귀중한 시간을 잡다한 다른 활동들을 통해서 경험하길 추구하나요? 여러분 고유의 창조성이 거둔 결실은 어디에 있습니까?

여러분 스스로 존재 내면의 빛이 아름다움을 드러내도록 허용하면 말초적 재미보다는 진정한 기쁨을 추구하게 됩니다. 우리는 지구에서 다수가 기꺼이 소수의 명령에 복종하는 것을 봅니다. 당신들은 소수의 지시가 다수를 지배하는 그 오류를 인식하지 못합니까? 여러분은 모두가 잠재적인 신(神)들인데 … 왜냐하면 여러분 각자가 우리 창조주 하나님의 이미지대로 창조되었기 때문입니다. 왜 모두가 조화로이 함께 모여 인생의 모든 것을 풍요롭게 공유하는 행성문화를 창출하지 않습니까? 사회주의(社會主義)와 공산주의(共産主義) 개념 때문에 겁을 먹거나 꺼려하지는 마십시오. 이런 이념들은 이제 지구상에서 그 진정한 형태로 실현돼야 합니다. 지구의 역사상 유일하게 한 집단만이 우주적 의미의 공산주의(공동체) 실현에 가까이 다가간 바가 있었습니다. 바로 유대의 〈에세네(Essene)〉 공동체인 것입니다. 그리고 그들은 짧은 기간만을 지속했었습니다. 우주적 레벨에서의 공산주의는 모든 행성의 모든 존재들에게 내려진 독특한 선물에 대한 감사를 의미합니다.

우리는 대부분의 지구 주민들이 우주에서 자기들의 행성에만 유일하게 생

금성의 번개 치는 모습. 금성은 지구와 제일 가깝고 또 가장 유사한 행성이다.

명체가 살고 있다고 믿고 있음을 잘 알고 있습니다. 당신들, 인류는 우주탐사를 하고 … 태양계 내 이웃 행성들의 사진을 찍습니다. 그럼에도 거기서 살아 있는 생명들을 발견하지 못합니다. 그리고는 지구인들은 자기들이 우주에서 외로운 존재라고 결론을 내려버립니다. 이 얼마나 폐기돼야 할 잘못된 생각인가요! 우리는 인간의 육안이나 물리적 장비로 파악할 수 있는 것보다 더 높은 진동 속에 거주하고 있기 때문에 여러분은 우리를 볼 수가 없습니다. 우리의 몸은 어둠에 오염돼 있지 않을뿐더러 여러분의 몸처럼 고형적(固形的)이지 않습니다. 또한 이곳에는 질병이나 가난, 폭력 그리고 두려움 같은 것이 존재하지 않지요. 우리는 영적으로 상승된 문명이고 행성인 것입니다.

우리가 사나트 쿠마라(Sanat Kumara)의 이름으로 여러분에게 다가가 말하건대, 지구상의 여러분의 삶이 꼭 현재와 같을 필요는 없습니다. 여러분은 그것을 변형시킬 수가 있는 것입니다. 여러분은 우리와 같이 될 수가 있습니다. 우리 역시 가장 높으신 창조주의 자녀들이기는 여러분과 마찬가지입니다.

사랑하는 이들이여! 여러분의 가슴과 마음을 이루어질 수 있는 더 위대한 미래상을 향해 활짝 여십시오. 그리고 여러분 태양계의 이웃에 관한 진실을 깨달으세요. 즉 우리는 여러분 태양계 가족의 일원인 것입니다. 우리는 여러분 행성이 보다 고등한 차원으로 옮겨가는 과정에서 인류를 돕기 위해 이곳에 있습니다. 여러분이 우리의 존재를 인식하는 만큼 우리가 지구상에 공동체 사회를 건설하려는 여러분의 노력을 용이하게 뒷받침할 수가 있습니다. 그렇다고 여러분이 우리를 개인적으로 알거나 우리와 의사소통하는 것이 꼭 필요하지는 않습니다. 단지 우리가 여러분에게 좀 더 충분한 도움을 줄 수 있도록 우리 금성인의 존재에 대해 마음을 여십시오.

실은 금성으로부터 지구에 와서 거주하는 많은 이들이 있습니다. 또한 많은 금성인들이 여러분 행성에서 오랫동안 거듭된 환생과 육화를 통해 살았으며, 또 어떤 이들은 단지 적은 생(生)만을 살은 경우도 있습니다. 말하자면 그들은 영적으로 아직 상승되지 못한 지구라는 사회의 속성과 요령을 잘 알고 있다고 할 수 있겠습니다. 그들은 여러분이 가지고 있는 두려움을 이해합니다. 그들도 역시 인간처럼 수많은 불편함으로 점철된 물질세계의 삶을 견뎌냈고 여러분이 경험하는 영적인 잠 속에도 빠져 보았습니다. 그들은 인간이 가진 조건 그대로를 경험해 보았기 때문에 지구를 이해합니다.

태양계 역사상 이 시점에서 지구인들이 깨어나는 것은 아주 긴급하고도 중요합니다. 금성에서 온 이들은 이 문제의 긴급성을 정신적으로 인류에게 강하게 각인시켜 왔습니다. 행성 지구는 우리 태양계와 더불어 보다 높은 세계로 옮겨갈 예정입니다. 깨어나길 거부하는 사람들은 지구가 아닌 다른 행성으로 이동되어 남겨지게 될 것인데, 거기서 그들은 자기들만의 고유한 시간 속에서 의식(意識)을 향상시켜 진화해나갈 것인지를 선택할 것입니다. 준비되기 전에는 아무도 억지로 변화하라고 강요받지 않습니다. 하지만 모든 지구인들이 여러분의 고향행성과 함께 높이 전진했으면 하는 것이 우리의 소망이고 〈태양계 카르마 위원회〉의 바람입니다. 아마도 낯선 행성 위에 남겨지게 되는 것은 고독한 경험이 될 것입니다. 우리가 지구에 대한 도움의 손길을 뻗치는 것은 이런 마음어린 지식을 통해서입니다.

우리는 앞서 금성에서 온 많은 이들이 현재 지구에서 살고 있고 활동하고 있다고 언급했습니다. 그렇다고 여러분이 그들이 누구인지를 일일이 알 필요는 없습니다. 그들이 널리 알려진 자리에 있지는 않을지라도 그들은 삶의 모범을 보임으로써 다른 사람들을 격려하고 인도하고 있습니다. 그들이 지구상에서 벌이는 활발한 활동은 인간이 빛 속에서 성장하기 위한 자극제로서 작용합니다.

세속적인 쾌락과 폭력 … 두려움에서 벗어나는 것은 여러분 각자에게 달려 있습니다. 그러한 것들을 떠나서 진리의 빛을 찾아 나서십시오. 여러분이 짊어지는 진리의 몫이 여러분 역시 금성에서 왔다는 증거가 될지도 모릅니다. 여러분은 아마도 기존의 전통적인 것들에서는 진리를 찾기가 어려울 것입니다. 진리는 바깥이 아닌 내면에서 나타납니다. 진리를 발견하기 위해서는 마음이 고요해지고 … 자기 내면의 소리를 듣는 것이 필요합니다. 진리를 추구할 때, 내면의 영(Spirit)이 여러분을 완벽한 교사와 책, 또는 내적인 앎으로 인도할 것입니다.

진리는 여러분이 어떤 고정관념이나 선입관을 버리고 겸허히 귀를 기울이는 것을 요구합니다. 진리는 오직 열린 마음으로만 다가갈 수가 있습니다. 영(靈)은 여러분이 마지못해 들으려 하는 것을 가르칠 수는 없습니다. 분명히 여러분의 세계는 이와 같은 내면의 소리를 듣는 수행에 의해 변혁되어 새로이 바뀌어 질 수도 있습니다. 어떤 방식으로든 내면에 귀를 기울이십시오.

그 다음에는 진리와 비진리(非眞理)를 분별하는 것을 배우십시오. 진리는 언제나 여러분을 사랑스런 신(神)의 한 자녀로서 여러분이 드러낼 수 있는 위대한 모습 쪽으로 인도할 것입니다. 반면에 비진리는 여러분을 한계와 불완전에 사로잡히도록 할 것입니다. 진리는 여러분이 지구상에 태어났던 위대한 인류의 교사들, 즉 예수, 붓다, 모세, 모하메드 등의 실례를 본받아 따르는 것일 겁니다. 비진리는 모든 일은 세계적 스승들에 의해 이루어지는 것이고 여러분은 단지 그들의 길을 마음으로 받아들이기만 하면 된다고 믿게 할 것입니다. 하지만 진리는 여러분 각자가 직접 그 길을 걸어서 … 한 계단씩 상위의 의식(意識)으로 올라 설 것을 요구합니다. 이것이 뜻하는 바는 여러분 자신의 왜곡된 사고(思考)로 이루어진 어둠은 변형되어야만 한다는 것입니다. 인류의 위대한 교사들이 빛 속에 존재하고 있듯이, 여러분도 빛 속을 걸어서 자신이 누구이고 무엇인가에 관한 참다운 정체성을 보다 완전하게 자각하는 것이지요.

여러분이 진리를 알게 될 때, 지구에 관한 신성한 계획 안에서 여러분의 개인적인 역할을 수행하라는 호출소리를 들을 것입니다. 그리고 육체와 영혼의 동반자나 동료들이 여러분 생활의 흐름 속으로 살며시 다가올 것입니다. 여러분의 역할 수행에 집중하면서 완벽한 반려자나 협력자를 굳이 일부러 찾을 필요는 없을 겁니다. 영이 그들을 여러분의 삶 속으로 다가가게 할 것이니까요. 진리는 여러분이 진화행로에 들어섰을 때, 그 세계를 여러분에게 펼쳐 보일 것입니다.

일찍이 우리는 지구에 대한 여러분의 꿈을 실현하기 위한 활동을 언급했습니다. 당신들은 깨달은 행성문화를 건설하기 위해 자신이 소유한 재능을 활용함으로써 그러한 작업을 진행합니다. 그 과정에서 두려움만이 유일하게 일의 진전에 장애가 됨을 우리는 볼 수가 있습니다. 그런데 여러분이 유사한 과업을 해내고 있는 다른 사람들과 따로 분리될 필요는 전혀 없습니다. 자신의 재능을 나타내는 데 몰두하는 만큼 여러분이 방사하는 빛이 물질계와 영적세계 양쪽에 있는 다른 존재들을 끌어당긴다는 사실을 아십시오. 여러분이 가진 창조성의 원천이 세상으로 흘러나가도록 하는 것 이상으로 더 큰 기쁨은 없습니다. 에테르(Ether) 속으로 발산되는 기쁨의 양이 크면 클수록 여러분은 지구의 변형을 돕는 것입니다.

수천 년 동안 지구의 인간들은 일종의 종족의식(種族意識)을 가지고 존재해 왔습니다. 그리고 대부분의 여러분들은 자신들의 신념체계에 영향을 미칠 수 있는 다른 요소들은 아무 것도 없다고 생각합니다. 이제 새로운 물병자리 시대의 여명(黎明)이 밝아옴에 따라 새 시대에 맞게 전환되는 종족이 새로운 표준이 될 것입니다. 새 시대에 여러분은 "영적인 법(Spiritual Law)"을 따르게 되는데, 영적인 법은 인간세상의 민법이나 헌법에 우선하는 상위법(上位法)입니다.

개인의 의식(意識)은 영적인 법에 따름으로써 발전되는 것입니다. 자기이익만을 먼저 생각하지 않는 의식을 가지도록 노력하십시오. 대신에 여러분의 영혼과 내재하는 신적실재로부터 지도를 받는 것은 여러분의 의식이 열리고 있음을 의미합니다. 또한 그것은 독특한 존재로서의 여러분 자신의 빛을 세상에 비추고 전하는 것을 뜻합니다. 여러분은 더 이상 주저하거나 다른 이들이 자신들에게 영향을 미치도록 할 시간적 여유가 없습니다. 여러분 내면의 고유한 빛 속에서 여러분 각자는 스스로의 영혼이 선택한 길을 걷는 것입니다.

다른 사람들이 과연 이것을 이해할까요? 어떤 이들은 이해할 것이고, 또 어떤 다른 이들은 그렇지 못할 것입니다. 그러나 다른 사람들의 상태에 대해 아는 것이 여러분의 목표는 아닙니다. 오직 보다 고등한 의식((意識)을 성취하는 것이 여러분의 목적입니다. 하지만 여러분이 자신의 빛을 비추게 될 때, 그것은 곧 비슷한 마음을 가진 사람들에게 자석처럼 작용합니다. 낡은 관계는 옆길로 빠질 수도 있지만, 반면에 새롭고 사명감에 찬 관계는 삶의 활력소가 될 것입니다. 사랑하는 이들이여, 두려워하지 마십시오. 여러분은 인류를 사랑하고 또 관찰하고 있는 수많은 고등 생명체들이 거주하는 한 태양계 안에서 살고 있으며, 그들은 여러분 옆에서 걷고 있기도 합니다. 영혼 속에서 이루어진 협력자의 관계는 놀라운 경험이 될 수가 있습니다. 우리는 여러분을 도울 준비가 돼 있습니다. 그리고 다른 행성들에서 온 존재들이 여러분과 함께 하려는 우리에게 합류해 있습니다.

우리는 지구가 상승할 자격이 있는 행성으로 변형되길 고대합니다. 두려움이나 폭력으로부터 여러분의 주의를 다른 곳으로 돌리십시오. 그리고 여러분 자신과 여러분의 행성 및 태양계에 관한 진실을 알기 위해 노력하세요. 마스터(Master) 예수가 "너희는 신들(gods)이다."라고 가르쳤듯이, 이런 진리를 실현하기 위한 영적여정에 나서십시오. 여러분은 자신들의 행성을 혼란의 도가니에서 평화의 낙원으로 변형시킬 힘을 내부에 가지고 있음을 알도록 하십시오. 금성에 살고 있는 여러분의 형제, 자매인 우리는 여러분에게 외칩니다. 여러분에게 지금 무슨 일이 일어나고 있고 … 여러분의 행성에서 무엇이 진행되고 있는지를 깨달으세요. 그리고 이제 진리의 빛 속에서 살고 있는 한 생명 안에서 발견되는 엄청난 가능성에 눈을 뜨십시오.

여러분 인류는 사랑과 지혜로 통치되는 한 태양계 내에서 살고 있습니다. 아울러 여러분의 생명은 지혜를 사랑하는 무소부재(無所不在)한 실재에게 조율되어 살고 있음을 아십시오. 그리고 여러분의 행성 지구가 상위의 차원으로 옮겨감에 따라 당신들은 지구와 더불어 상승하게 될 것입니다.

지구의 사랑하는 존재들에게 평화가 있기를,

8. 아쉬타 우주 사령부의 메시지

[1] 아쉬타 사령부는 무엇인가?

아쉬타 우주 사령부는 지금까지 몇몇 UFO 접촉자와 다수의 채널러들을 통한 정보에 의해 그 실체가 인류에게 전해져 왔다. 우리 은하계 내에는 빛의 세력들에 의해 설립된 '은하연합(銀河聯合)'이라는 가장 높은 총괄적 기구가 존재한다. 그리고 우리 태양계 안에도 태양계 내 행성들 간의 연합에 의해서 형성된, 은하 연합의 지역 사령부 성격의 조직이 구성되어 있다고 한다. 바로 이 행성연합 조직이자 우주함대 본부가 아쉬타 사령부이다.

아쉬타 사령관

여기에는 우리 태양계 안의 행성들뿐만이 아니라 다른 태양계와 은하계에서 자원해온 일부 우주인들과 진보된 영적, 천사적 존재들, 그리고 UFO 함대들이 배속되어 있으며, 특히 우리 태양계 내의 비육체적인 금성인들이 많이 소속되어 일하고 있다고 한다. 지상과 우주로 나뉘어져 활동하는 아쉬타 함대 승무원들의 총 숫자는 대략 600만 명으로서 이들은 모두 사랑과 선의(善意)를 지닌 빛의 세력들로서 순수한 봉사정신으로 인류를 돕고 있다고 전해지고 있다.

아쉬타 사령부의 가장 큰 특징은 그들이 그 어떤 세력들보다도 지구의 대백색형제단, 즉 영단의 마스터(Masters)들과 가장 밀접한 협력관계를 이루고 활동하고 있는 외계인 조직이라는 것이다. 그들의 활동무대가 반드시 우리 태양계나 지구주변으로 한정돼 있지는 않으나 중대한 지구의 차원전환기인 이 시대에 그들은 현재 모든 활동을 지구에 집중하고 있다. 그리고 그들을 일종의 지구영단의 부속함대라고 칭해도 무방한데, 왜냐하면 아쉬타 함대를 구성하는 전체의 일부에는 5차원 지저문명에 소속된 순수 지구인으로 구성된 UFO 함대들도 포함돼있는 까닭이다. 지구의 지저인(地底人)들로만 이루어진 UFO 선단을 〈실버함대(Silver Fleet)〉라고 하는데, 이들 역시도 아쉬타 사령관의 지휘를 받는다고 한다.

그런데 우리 태양계 내 각 행성 대표들로 구성된 '태양계 연합위원회'는 토성에서 회의를 가지며, 유일하게 지구(지상)만이 거기에 가입할 만한 의식수준이 되지 않아 대표자가 없다고 한다. 아울러 아쉬타 사령부의 모든 구성원들과 UFO 함대들은 5차원의 높은 진동수대역에 머물러 있다고 하며, 따라서 이 에테르 차원의 조직은 인간의 관측에는 포착되지 않는다. 본질적으로 그들은 육체인들이 아니라 5차원의 에테르인들

(Etherians)인 것이다. 그리고 아쉬타 사령부의 지휘 본부는 하나의 우주도시라고 할 수 있는 '샨 체아(Shan Chea)'라는 거대한 UFO 모선 위에 위치해 있으며, 직경이 약 100마일이 넘는 이 모선은 지구에서 상당히 떨어진 공전궤도 속에 머물고 있다고 한다.

이들은 세계 2차대전 이후부터 불붙기 시작한 강대국들의 경쟁적인 핵실험에 처음 주목하였고, 이로 인한 지구와 태양계의 안전에 대한 우려에서 지구에 본격적으로 나타나기 시작했다. 1950년대 이후 지금까지 이 아쉬타 사령부로부터 인류에게 전해진 메시지들은 다양하며, 주로 미국의 여러 채널러들을 통해 수신되어 왔다.

그런데 실제로 이 사령부에 소속된 우주인들과 직접 접촉한 UFO 컨택티(Contactee)들도 실존하고 있다. 그 대표적인 사람으로서는 1950~1960년대 활동했던 저명한 미국의 UFO 접촉자 조지 반 테슬(George Van Tassle)을 비롯하여 베티 킹(Betty King), 투엘라(Tuella), 사무엘 패트리즈(Samuel Partridge) 등이 해당된다.

이들이 전해온 메시지를 분석해 보면 약 50년 가까이 뚜렷한 일관성이 유지됨을 볼 수가 있으며, 아쉬타 사령부로부터 메시지를 최초로 받은 사람은 앞서 언급했듯이 바로 미국의 UFO 접촉자인 조지 반 테슬이다. 조지 반 테슬은 1952년 깊은 명상 상태에서 처음으로 텔레파시를 통해 사령관인 아쉬타(Ashtar)로부터 직접 메시지를 수신한 바가 있다. 이 조지 반 테슬의 아쉬타와 교신은 일종의 외계인 채널링의 효시적인 사건이었다. 그후에도 아쉬타 사령부는 지속적으로 메시지들을 송신했으며, 1980년대부터는 다른 미국의 채널러인 투엘라와 투에타(Tuieta) 등의 채널링과 활발한 저술 활동을 통해 어느 정도 세상에 알려졌다. 오늘날에는 이들 말고도 아쉬타 사령부와 교신하는 채널러들은 상당히 많다.

지금까지 이들의 주요 활동 목표는 첫째가 지구의 핵실험과 핵무기로 인한 위험의 예방이었다. 그리고 둘째는 어둠의 외계인 세력들의 지구 침략으로부터의 보호 등이었는데, 아마도 수천 년에 걸친 지구의 수호자로서의 아쉬타 사령부의 활동과 노력이 아니었다면, 이미 오래 전에 지구는 부정적 외계인 세력에 의해 점령되었을 것이다. 현재 이 2가지 위험성은 대폭 감소된 상태라고 한다. 따라서 아쉬타 사령부 소속 UFO들의 주요 활동은 향후 지구의 차원 상승으로 인해 만약 지구상에서 어떤 대대적인 변동이 시작될 경우 신속히 개입하여 지구 주민들을 구조하거나 대피시키는 작전을 준

UFO 접촉자 조지 반 테슬

비하는 데 집중돼 있다고 알려져 있다. 이 우주인 조직이 그 어느 외계 세력보다 우리 인류에게 중요한 이유는 바로 여기에 있는 것이다.

그러나 이들은 평상시 인간의 자유의지에 의한 선택을 간섭하거나 인위적으로 지구에 개입하는 것은 우주법(宇宙法)에 의해 허용돼 있지 않기 때문에 결코 관여하지 않는다고 한다. 반면에 어둠의 외계인들은 이를 쉽게 무시하고 함부로 어떤 행성에든 침범해 들어간다고 하는데, 이는 지구상에서 범죄자들이 하는 행동과 똑같은 것이다.

아쉬타 사령부는 이미 언급한대로 어디까지나 지구보호라는 목적과 지축이 변동되는 만약의 상황을 대비하여 지구 주변에 배치되어 있는 함대이다. 1980년대와 90년대 초까지만 해도 이들은 지축의 이동의 위험성을 강조하는 관련 메시지들을 많이 보내왔으나, 90년대 후반 이후부터는 급격한 지축이동의 가능성이 많이 감소된 관계로 그 이후 그들의 활동 방향도 어느 정도 수정돼 온듯하다.

[2] 우주인 몬카 사령관의 메시지

몬카(Monka)는 화성 정부의 수석(의장)이자 지구를 후원하는 아쉬타 함대 사령부의 여러 사령관 중의 한 사람으로 알려진 존재이다. 또한 그는 토성에 본부를 두고 있는 우리 태양계 연방 정부 상임간부회 의장을 맡고 있다고 한다.

특히 이 우주인은 과거 미국의 UFO 컨택티이자 채널러인 사무엘 패트리즈(Samuel Partridge)와 직접 접촉한 바가 있었다. 사무엘 패트리즈는 본래 캘리포니아 그라스 밸리에서 인쇄업을 하던 출판업자였다. 그러나 보통 사람들과는 달리 원래 영적(靈的) 방면에 특출한 능력을 지녔던 그는 사업을 하는 동시에 역시 뛰어난 채널러였던 아내와 협력하여 많은 외계의 존재들 및 높은 영적 존재들로부터 다양한 메시지를 수신하였다. 그리고 자신의 영적 능력을 사업에 연결시켜, 직접 받은 이런 메시지들을 묶어 책으로 출판했다. 그 책이 바로 〈상승한 마스터들과의 황금의 순간들(Golden Moments with The Ascended Masters)〉이란 책이다.

이 책에는 예수와 크리슈나(Krishna), 공자, 석가, 그리고 마카엘과 가브리엘 대천사등을 비롯한 100명이 넘는 위대한 마스터들(Masters)이 등장하는데, 바로 우주인 몬카(Monka)와 하톤(Haton), 솔텍(Soltec)등도 여기에 포함되어 있다. 사무엘 패트리즈는 1960년에 몬카로부터 영감적 메시지를 받고 그라스 밸리에서 7마일 떨어진 울프 산에 일종의 비밀 회합 건물을 지었다. 그 후 이곳은 정기적으로 UFO가 날아와 우주의 마스터들과 지구의 마스터들이 만나 협의하는 중요한 본부가 되었다. 이 몬카라는 존재에 관한 내용 중 한 가지 흥미로운 것은 그가 인간으로 지구에 태어났던 적이 있다는 점이다. 그의 메시지 내용에 따르면 그가 인간으로 살았던 시기는 남미 잉카 문명 시대로서, 페루 사람으로 육화했었다고 언급되고 있다. 당시 그의 이름은 '비라코차(Virachocha)' [12]로 알려져 있었다고 한다. 더욱 흥미로운 것은 사무엘 패트리즈가 그 당시에 비라코차의 아들이었다는 사실이다. 이와 같은 내용들은 높은 영격(靈格)의 우주인이 과거 어떤 특별한 목적이나 사명을 갖고 인간의 육신으로 지구에 태어나는 경우가 있다는 사실을 우리로 하여금 확인케 해주는 좋은 예이다. 사무엘 패트리즈가 몬카로부터 받은 인류에 대한 메시지를 일부 소개하면 다음과 같다.

◆메시지-1

신(神)은 결코 지구에만 생명을 창조하지 않았다

여러분 안녕하십니까! 나는 여러분의 우주 형제인 몬카입니다. 나는 행성 지구의 보호자이며 상승한 마스터이기도 합니다. 나는 지구상에서의 마지막 삶을 페루시대에 살았었지요. 여러분의 역사책들은 남아메리카 페루 시대에 일어났던 많은 흥미있는 사건들을 설명하고 있습니다. 그 시대에 나는 '비라코차'로 알려져 있었습니다. 페루에서의 나의 삶은 매우 흥미로운 일생이었죠.

우리는 나름대로의 문제를 안고 있었습니다. 모든 나라들이 했던 것과 같이 제국을 개척하고 세우는 그런 문제들이었지요. 그러나 우리가 이룩한 성취는 놀라운 것이었습니다. 아직도 지상에는 웅장하고도 믿을 수 없는 그 당시의 옛터들이 남아 있습니다. 성벽과 집들, 사원(寺院)들, 그리고 방사선 시스템이 된 건물 안에서 수행된 과업들 ······. 오늘날 여러분은 고대 잉카 문명의 유적을 통해서 이런 모든 증거들을 볼 수 있을 것입니다.

우리는 배움과 기술에 있어서 여러분보다 대단히 진보했습니다. 나는 여러분들에게 우리가 행성들 위에 살고 있는 매우 실제적인 종족임을 재확인시켜 드리고자 합니다. 현재 항성간에는 많은 교류와 활동이 있습니다. 우주의 모든 주민들은 서로 의견을 나누며 사랑과 형제애 속에 살면서 함께 더 가까이 할 수 있기를 희망하기 때문이지요.

만약 여러분이 지고(至高)의 존재에 대해 깨닫는다면, 신성한 창조자가 오로지 이 작은 지구에만 생명을 창조하지 않았다는 것을 이해할 것입니다. 그

---

12)고대 잉카신화에 나오는 최고 신(神)으로 손에 번개를 들고 있는 폭풍의 신이나 태양신으로 묘사돼 있다. 남미의 잉카인들은 유럽인들이 아직 미개한 유목민이었던 시대에 놀라운 문명을 건설한 뛰어난 기술을 가지고 있었는데, 그들의 전설에 따르면 이러하다.
오래 전 비라코차라는 수염을 기른 백인과 한 무리의 존재들이 나타나 자기들에게 기술을 가르치고 문명을 전해 주었으며, 그 후 태평양을 건너 사라졌다는 것이다. 잉카문명의 신비는 마야문명과 더불어 아직도 풀리지 않은 채 수수께끼로 남아 있다. 추측컨대 잉카문명은 외계인들의 지도에 의해 건설되었다가 그들이 떠나간 후 나중에 서구인들의 침략으로 멸망한 것으로 보인다.

잉카의 석벽 유적- 돌을 자유자재로 잘라 붙였는데, 그 틈새에는 면도칼도 들어가지 않는다.

는 수많은 세계들을 생명이 살 수 있게끔 창조했습니다. 이것을 여러분은 태고의 두루마리 문서들이나 기록된 세계 역사 속에서 발견할 수 있을 것입니다. 그러므로 우리는 여러분에게 우주에는 다른 문명들이 존재한다는 정보를 전하고자 합니다.

이러한 문명들은 여러분이 살고 있는 지구에서 멀리 떨어져 있으며, 이것이 우리가 성숙된 문명들의 진보된 지식을 가져오기 위해 지구에 와야 할 필요가 있다고 느끼는 이유인 것입니다. 그리고 우리는 언젠가 이것이 실현되리라는 믿음 속에서 인류를 계발시키기 위해 노력하고 있습니다. 여기에는 좀더 시간이 소요되기 때문에 여러분은 인내심을 가져야만 합니다.

그 동안, 여러분의 의식을 상승시키기 위해 할 수 있는 모든 것을 행하기 바랍니다. 그것을 우리를 향해 높이십시오. 그리고 우리는 가능한 한 의식을 낮춤으로써, 만약 여러분을 만나는 것이 필요하다면, 여러분의 가장 높은 의식의 정점에서 그 접촉이 이루어질 것입니다. 이것은 곧 시작됩니다. 여러분 가운데 다수가 이미 이러한 상태에 있습니다. 그리고 이렇게 될 수 있기까지 그렇게 오랜 시간이 걸리지는 않을 것입니다.

여러분의 정부와 과학자들은 외계인의 존재에 대해서 잘 알고 있을 뿐 아니라, 오늘날 이러한 사실들을 이용해서 모종의 실험을 행하며 계획을 짜고 있습니다. 이러한 모든 것은 머지않아 드러나고 여러분도 알게 됩니다.

우리는 여러분 가운데 소위 'UFO'라고 불리는 현상을 이해하여 믿고 있는 준비된 사람들과 접촉하고자 노력해 왔습니다. 그리고 많고도 많은 지구의 사람들에게 우리(UFO)는 목격되었지요. 우리는 여러분과 물리적인 접촉을 시도해 왔으나, 이것은 또한 두려움과 위협, 오해를 불러일으키기도 했었습니다. 우리가 그토록 조심스러워야만 하는 이유가 바로 이것입니다. 또한 오로지 소수의 사람들만이 외계에서 온 우리들과 실제적인 접촉이 허용되었던 이유인 것이지요. 그러나 이제 본격적인 대량 접촉이 시작되려 하고 있습니다.

인내심을 가지십시오. 그리고 무엇보다도 우리를 믿으십시오.
 나는 오늘 여러분에게 지성(知性)과 지혜라는 선물을 주고 싶습니다. 신(神)은 곧 지성이며 지혜인 것입니다. 만약 여러분이 신의 최고의 선물인 이것을 가지게 된다면 위대한 신성(神性)의 원천이 결코 여러분이 살고 있는 이 작은 행성에만 생명을 창조하지 않았다는 것을 이해할 것입니다.
 그는 생명이 거주하는 무한하고도 무수한 행성들과 세계들을 창조했다는 것을 기억하십시오. 모든 인류에 대한 사랑과 존경, 동정을 가지고 저는 떠나갑니다. 나는 행성 지구의 수호자 몬카입니다.

◆메시지-2

이 채널링 내용은 미국의 UFO 연구가이자 채널러인 윈필드 S. 브라우넬이 역시 몬카로부터 수신한 내용이다.

UFO는 지구의 운명을 여는 열쇠이다

 지금 이 채널을 통한 정신적 텔레파시에 의해서 말하고 있는 본인은 몬카입니다. 나는 화성 행정부의 수석이며 토성에 있는 태양계 법정의 의장입니다. 본인은 토성의 이 심의위원회가 우리 태양계에서 최고의 권위를 지니고 있다는 점을 지구인들에게 언급하고자 합니다. 먼저 나는 책에다 교신 내용을 수록하기 위해 본인을 초대해 준 데 대해 감사하게 생각합니다. 그리고 이것을 읽는 모든 이들과 지구상의 모든 사람들에게 개인적으로 빛의 축복과 사랑을 전하는 바입니다.
 지구인들이여! 이제 모두 일어나 지구의 모든 생명들 및 우주의 형제들과 함께 사랑의 조화 속에서 손을 잡읍시다. 그리하여 지구상에 도래할 여러분의 영광스러운 새 우주시대의 초석을 세웁시다. 이러한 우리의 권고를 이행하는 것은 지구의 운명을 여는 열쇠인 것입니다. 우리가 그 방법을 구체적으로 보여줄 수도 있으나, 지구인 스스로 그 길을 걸어가야 합니다.
 우리가 우주선으로 지구에 오고, 많은 채널링을 통해 진보된 지식을 전하는 것은 우주 법칙이 허용하는 모든 도움을 인류에게 제공하기 위해서입니다. 대부분의 우리의 행성들은 현재 지구가 안고 있는 문제들을 이미 오래전에 해결했습니다. 이러한 경험으로부터 이끌어낸 지혜를 우리는 당신들이 이용하도록 제공하려 합니다.
 그러나 (제공된) 이러한 열쇠들을 완성시켜 이용하려는 여러분의 선택적 의지가 필요합니다. 지구에 착륙하고자 오고 있는 우리의 우주선들은 머지않아 엄청난 숫자가 될 것으로 예상됩니다. 우리는 지구인들과 함께 걸으며 이야기할 수 있고, 또 진정한 형제애로 결합할 수 있는 때를 기대하고 있습니다. 그때 우리는 모든 사람들을 받아들이고, 싹트는 이해의 꽃을 공동의 사랑과 우정으로 개화시킬 수 있을 것입니다.

지구상에는 이미 예언된 바와 같이 조만간 많은 어려움이 있을 겁니다. 자연은 인간의 파괴적인 사고(思考)와 감정에 반발하여 그것을 조종한 존재들에게 그대로 되갚음 하게 되겠지요. 지구를 지탱하고 있는 자기적(磁氣的)이고 전기적인 힘의 장(場) 조차도 당신들의 몰상식한 수소 폭탄과 핵실험에 의해서 망가지고 있습니다. 이것은 우주 법칙을 직접적으로 위반하는 범법 행위입니다. 왜냐하면 핵융합이나 핵분열은 모든 우주의 위대한 창조주만의 독점적 특권이기 때문이지요.

우주를 창조한 힘은 관대하고 자비로우나, 카르마(業)의 신(神)이 이러한 핵에 관한 범죄에 책임을 져야할 자들에게 그 응보(應報)가 되돌아가도록 허용하는 때는 반드시 오고야 맙니다. 이러한 카르마적인 빚의 크기에 균형을 맞추려면 (그들은) 많은 윤회 환생을 해야 할 것입니다.

그러나 지구에서 무슨 일이 일어나건 영적인 지혜와 힘의 원천 속에 그들의 믿음을 두고 있는 사람들은 보호받게 됩니다. 우리가 제공하는 도움을 받아들일 준비가 된 사람들은 범세계적 재난으로부터 피난되기 위해 우리의 우주선 속으로 끌어 올려 질 것입니다. 그들은 지구의 물리적 환경으로 되돌아가 새시대의 재건을 시작해도 좋을 때까지 우리의 세계에서 보호됩니다.

우리의 관점에서 볼 때 기본적인 요건은 지구인들의 대부분이 그들의 회의와 의심, 두려움을 극복해야만 한다는 겁니다. 아울러 우리를 친구로서 받아들이고 우리가 제공하는 전문적인 인도를 따라 생존을 위한 노력을 해야 합니다. 또 당신들의 야만적 전쟁을 끝내고 사랑과 형제애로 대체할 수 있는 사회적, 도덕적, 영적인 진보가 필요할 것입니다.

이런 철저한 노력은 그것이 무엇이든 간에 가치가 있는 것입니다. 왜냐하면 이것은 다른 행성들과의 위대한 연합 속에서 서로 사랑하고 조화하는 방법을 연습하는 것이기 때문입니다. 지구가 광대한 행성 연합에 멤버로서 가입하기 전에 지구인들이 진보를 이룩하는 것은 필요불가결한 과정입니다. 현재 보여지는 어려움에 상관없이 이것은 우리가 보고자 기대하는 지구의 미래 목표 중의 하나입니다. 그렇게 되는 날 여러분은 태양계 안의 다른 행성들과 은하계 전역을 자유로이 즐겁게 여행할 수 있습니다. 또한 천체(天體)의 영감적인 음악과 놀라운 3차원적 미술의 아름다움, 음성을 바로 프린트된 단어로 전환시키는 북 머신(Book Machine) 같은 경이로운 발명품들을 향유하게 될 것입니다. 또, 다른 행성 사람들과의 자연스러운 친교는 행성간의 빈번한 상호 우정으로 보답되기 시작할 것입니다. 무수한 경험들 속에서 여러분은 행복이 넘쳐흐르는 것을 볼 수 있습니다.

지구인들이여! UFO에 대한 이해라는 열쇠를 사용하여 이러한 위대한 과업을 확립하는 길을 여는 것이 당신들의 과제입니다. 지구 정부에 대한 압력을 증가시켜 UFO 정보의 '1급 비밀' 분류법을 없애는 것은 여기에 도움이 됩니다. 우리는 또한 다른 행성들로부터 오는 호의적인 방문자들에 대해 공식적인 환영이 늘어 가는가를 주시하고자 합니다.

여러분 각자는 UFO에 관해 친구들에게 알리거나, 마찬가지로 친구들이 그렇게 하도록 고무하는 일을 할 수 있는 것이죠. 그리고 원한다면 우주의 다른 세계에서 온 우호적인 사람들과의 실제적인 접촉을 정신적 텔레파시로 요청할 수 있습니다. 만일 여러분이 텔레파시적인 염원을 매일 정기적인 시간에 실습한다면 메시지는 전달될 것입니다. 우리는 결의가 확고한 사람이 필요합니다. 그러나 그 (접촉하고자 하는) 이유가 이기적이거나 단순 호기심이어서는 안 됩니다. 우리는 인간과 접촉하기 전에 그 사람의 감정적 세계와

배경, 또 그들의 동기에 대해 반드시 조사합니다. 우리는 접촉을 원하는 사람을 발견했을 때, 그가 우리에게 도움이 되는 능력이나 높은 이상(理想)을 지닌 사람일 경우에만 접촉할 것입니다. 처음에는 여러분이 우주 형제들로부터의 통신을 수신할 수 있는 능력을 높여야 합니다. 그러한 접촉에는 우리의 우주선으로 들어 올려져 이루어지는 물리적 접촉 또한 포함됩니다.

어느 쪽을 의미하든 간에 우리는 우주 법칙을 위반함이 없이, UFO의 장(場) 속에서 지식을 전달하고 지구의 위대한 과업을 도울 것입니다. 여러분이 접촉의 장면을 명확히 시각화할 때, 우

리를 정신적으로 호출하는 것이 되고 우리의 방문을 받게 됩니다. 만약 사랑과 우정의 감정을 거기에 지니고 간다면 그 응답이 가속화될 것입니다. 그러나 처음에 외관상 아무 일도 일어나지 않는다고 하더라도 낙심해서는 안 됩니다. 여러분이 정직하고 순수하다면 우리는 메시지를 수용할 것이며 **빠른 응답**을 받거나, 연장된 기간 동안 높은 진동의 영역으로부터 우리의 보이지 않는 도움이 있을 것입니다. 이러한 작용은 물리적, 정신적, 영적인 개인의 세계에 있어서의 진보를 이끌어낼 수 있습니다.

이제 지구의 운명은 다가오는 새 시대에 빛의 행성이 되려는 것입니다. 지구의 현존하는 물질의 진동율은 그 일부가 어느 날 뚜렷한 빛을 방출할 때까지 **빠르게** 상승하고 있습니다. 여러분 지구인들 중의 많은 이들이 또한 방사되는 빛의 중심으로 진화하는 만큼 그 빛의 일부가 될 것입니다. 빛은 존재하는 모든 것의 창조자에 의해 만들어진 최초의 창조물입니다. 모든 것이 빛으로부터 주조되어 형성되었지요. 행성들, 태양계, 은하계, 그리고 은하단을 컨트롤하고 끝없이 지배하는 모든 것들은 위대한 빛의 존재들로 구성된 우주영단의 인도 아래 있습니다.

여러분은 그들 중의 어떤 존재들을 금성에서 온 불꽃의 주님들, 위대한 7의 엘로힘, 광선의 대사(大師)들, 케루빔, 세라핌, 대천사와 천사들, 당신들의 중요한 마스터 예수 그리스도, 수많은 상승된 마스터들 등으로 알고 있지요. 이 위대한 그룹을 집단적으로 '빛의 군단(軍團)'이라고 부릅니다. 우리 빛의 군단은 내부의 옥타브(Octave)와 보다 높은 세계에 영향을 주고 있습니다.

그러나 우리는 행성 지구의 물리적인 수준에서도 빛의 군단이 싹트기를 기대하고 있습니다. 이 강대한 그룹은 사랑과 빛을 방사하는 여러 집단과 개인들로 구성되어 있습니다. 빛을 지배하는 것은 신성한 활동과 신(神)과 같은 사랑의 힘에 균형을 맞추는 것입니다. 이것이 지구의 운명을 열 수 있는 열쇠입니다.

빛의 자식들이여! 그것을 사용하십시오. 빛 속에서 생활하십시오. 빛에 의해 치유받고, 빛으로부터 에너지를 공급 받으십시오. 보다 많은 사람들이 한층 더 빛으로 드러날 때 당신들은 지구에서 위대한 우주 시대로 이동하게 될 것입니다. UFO로 명명된 우리의 고차원적 우주선들은 지구의 영광된 운명의 열쇠를 당신들에게 전해주고자 여기에 왔습니다. 모든 이들에게 빛의 축복이 있기를! 나는 여러분의 친구입니다.

-몬카(Monka)-

[3] 우주인 마스터 클라라의 메시지

클라라(Klala) 역시 앞서 소개한 몬카와 마찬가지로 아쉬타 우주 함대에 소속된 영적인 마스터(Master)라고 한다. 다음은 미국의 채널러 투엘라(Tuella)가 수신한 채널링 내용이다.

지구를 에워싸고 있는 수백만 대의 우주선들

나의 이름은 클라라입니다. 나는 빛의 찬란함 속에 거하는 모든 이들에게 인사를 전합니다. 본인은 우주 은하계들 연합의 한 메신저로 여기에 왔습니다. 나는 행성 지구를 향해 방사되는 모든 에너지들을 통일시켜 새시대의 질서로 상승하는 시기에 제공하고 있지요.

수백만 대의 우주선들이 현재 지구 고유의 자기적(磁氣的)인 역장(力場) 속에서 여러분의 행성을 둘러싸고 있습니다. 먼 우주로부터 온 많은 존재들이 그들 자체 함대의 지휘하에 여러분의 태양계에 많이 나타났으나, 그들 모두는 우리의 사령관 매튼과 아쉬타 사령부를 통해 협력하고 있습니다. 만약 현재의 과학적 시도들이 컨트롤 없이 진행된다면, 행성 지구에는 커다란 파멸이 찾아 올 것입니다. 하지만 거대한 행성의 자기 파괴란 우주법칙 하에서 용납될 수 없습니다.

그것은 은하계의 어떤 법칙보다도 상위의 법칙입니다. 지구 내의 거대한 역장(力場)의 힘과 에너지가 지상의 생명과 자연에게 필요한 양분을 공급합니다. 창조자는 우리의 세계를 설계했으며 생명체들의 전진과 진화를 위해 필요한 모든 것을 베풀고 있습니다. 그렇지만 불행하게도 지구 위에서 당신들이 계획한 것들은 원자(原子) 내의 에너지 질서를 혼란시키고, 행성 지구의 미생물들을 교란시켜 왔습니다(※핵실험을 의미함).

지구인들이 이런 프로그램을 지구의 전리층(電離層)을 넘어 우주 공간 지역으로 확대시키는 행위는 다른 세계에 치명적인 해를 끼치는 것이며, 또 대우주 중앙정부의 칙령(勅令)에도 금지되어 있는 것입니다. 수백만 대의 우주선들이 당신들 행성 주위의 궤도 속에 있음을 다시 언급하고자 합니다. 어떤 UFO들은 인간들의 의식이 보다 높은 진화 수준으로 향상되었을 때, 개인들의 사고(思考)와 발전을 관찰합니다. 다른 우주선들은 지속적으로 과학적 현상을 측정하고 새로 드러나는 상태들을 감시하고 있습니다.

여러분의 지구를 에워싸고 있는 모든 통신이나 파장들은 우리의 시스템을 통과하여 당신들이 모선(母船)이라고 부르는 우리의 우주선에 의해서 원격조종됩니다. 또다른 형태의 우주선들은 지구 지각(地殼)의 단층선(斷層線)들과 화산대 지역에 배치되어 계속해서 임무를 수행하고 있습니다. 이 우주선들의 순간순간의 경계에 의해서 어떠한 변화도 즉시 체크가 됩니다. 또 보다 작은 형태의 우주선들이 수천 대 있는데, 이것들은 사랑과 선(善)의 의지를 지닌 우리의 대표자들이 지구에 착륙하여 걷게 될 때를 대비할 목적으로 설계된 것입니다. UFO 합동 정찰대들은 지난 10년간 정화되는 대기(大氣)의 부정적 영향과 빛의 프로그램에 대항하는 자들(※세계비밀정부세력)에게 그 활동을 집중시켜 왔습니다. 이러한 활동들은 지금 마지막 단계에 와 있습니다.

현재 행성간의 평화에 관한 절박한 정착 문제가 진전되지 않은 채 중단되어 있는 상태입니다. 우리는 우주의 원리 아래 핵무기를 무효화시킬 수 있는 기술적 능력뿐만 아니라 권한도 가지고 있습니다. 우리는 한 국가나 국제간

의 문제, 또는 개인의 카르마(Karma)에 참견하려는 것이 아니라, 우주법칙의 조항을 위반하는 일에 관여할 뿐입니다. 그러므로 우리는 핵에 의한 적대 행위들에 개입할 수 있으며, 또 개입할 것입니다.

영적인 진보라는 엄청난 테마가 지금 인류에게 다가올 예정입니다. 이러한 깨달음과 함께 많은 과학적 영감(靈感) 및 획기적인 진전이 이루어집니다. 이 같은 (지구의) 변형이 완료되었을 때, 지구의 나머지 사람들은 자신들이 하늘의 궤도에 떠 있는 도시 만한 거대한 우주선 속에 자신들이 이동되어 있음을 발견하게 될 것입니다. 그리고 지구의 보호자들(우주인들)은 대기 속의 유해한 방사능을 제거하고, 새시대를 준비하기 위해 지구의 강풍을 잠재워 치료할 것입니다.

이것은 성스러운 질서입니다. 변화는 불가피합니다. 원자 구조의 무질서적인 혼란은 다시 한번 질서정연하게 자기화(磁氣化)될 것입니다. 그리고 새로운 생명들이 우주의 형제단과 함께 조화 속에서 다시 시작할 것입니다. 빛의 존재들이여! 이제 내 말을 마치려 합니다. 지구의 벗들에게 축복이 있기를.

- 클라라 -

[4] 아쉬타 우주 함대 사령관의 메시지

아쉬타(Ashtar) 우주 함대는 우리 태양계 행성들뿐만이 아니라 은하계 내의 다수의 행성들로부터 온 우주인들과 영적 존재들로 구성된 거대한 연합 함대이다. 따라서 함대를 지휘하는 사령관도 1명이 아니며 복수로 구성되어 있다고 한다. 아쉬타 사령부는 총 7개 함대로 이루어져 있으며, 각 함대를 지휘하는 사령관으로 솔텍(Soltec), 바슈타 (Vashta), 코르톤(Korton), 몬카(Monka), 매튼(Matton), 렉스(Rex)등의 이름이 알려져 있다.

　아쉬타는 제1함대를 직접 지휘하는 동시에 바로 이 연합 함대를 대표하는 일종의 총사령관이다. 그리고 제7함대가 바로 다른 태양계들로부터 온 우주인들로 구성된 함대로서, 또한 여기에는 각 함대의 대표자들과 지도자들로 구성된 '빛의 7인 위원회'라는 총괄적인 그룹이 존재한다고 하였다.
　특히 한가지 흥미로운 점은 과거 지구상에서 예수 그리스도로서의 생애를 살았던 마스터 사난다(Sananda)가 이 그룹에 소속된 지도자라는 사실에 관한 내용이다. 그리고 '빛의 7인 위원회' 구성하는 멤버들은 모두 높은 영격의 마스터(Master)들로 알려져 있다.
　아쉬타 사령관 역시 고차원의 영적 단계에 도달한 마스터라고 한다. 그리고 채널링을 통해 메시지를 보내는 그의 작업은 지구의 차원 상승을 뒷받침하면서, 사명을 지닌 영혼들에 해당하는 별의 종자인들(Star Seeds)을 일깨우고 활성화하기 위한 것이다.
　그리고 아쉬타 함대는 현재 토성과 금성에 기지가 있다고 한다. 이 아쉬타 사령관의 존재는 미국의 채널러 밥 코플란드(Bob Copeland)씨를 통해 아카식 리딩을 행하는 고급령 애쉬람(Ashelam)이 리딩 내용에서 언급한 '빛의 형제단(The Brotherhood of Light)'의 아쉬타와 동일인이다.

◆메시지-1

　이 메시지를 수신한 채널러 에릭 클레인(Eric Klein)은 20년 이상 명상을 훈련해 왔으며, 1985년 이래 상승한 마스터들과 채널링해 왔다. 다음은 그가 수신한 메시지이다. 사실상 이런 대부분의 메시지들은 일반인들보다는 지구에 태어나 있는 스타시드들(Star Seeds)과 라이트 워커들(Light Workers)에게 전하는 내용들이라고 보면 된다.

아쉬타 사령부의 활동과 새로운 차원계로 변형되기 위한 지구의 과정들

　친애하는 이들이여! 나의 이름은 아쉬타입니다. 우리 아쉬타 사령부는 연합된 존재들로서, 가깝고도 먼 우주와 다른 은하계들로부터 자원한 봉사자들로서 이곳에 왔습니다. 우리는 대천사들과도 협력하여 일을 하는데, 특히 미카엘 대천사와 밀접하게 연결돼 있습니다. 한마디로 우리는 광범위한 범위의 존재들로 이루어진 동맹입니다.

우리가 이곳에 온 이유는 가늠할 수 없는 크나큰 사랑을 경험했기 때문입니다. 그러므로 우리는 그것을 나누어야만 하는 것입니다. 우리는 우주의 곳곳에서 왔고, 이제 우리는 여러분의 차원상승을 도울 것입니다. 그리고 나는 이제까지 많고도 많은 행성들과 별들을 거쳐 온 에테르적인 존재입니다.

나는 수십억 년 동안 하나의 프로젝트를 수행해 왔습니다. 그것은 많은 행성들에다 사람들을 이식(移植)시키는 프로젝트였지요. 아주 초기에 지구로 생명을 옮겨온 다른 존재들 사이에서 나는 이 일을 해왔고, 이것은 아직도 내 자신의 임무입니다. 하지만 지구가 그 유일한 행성은 아닙니다.

나는 이 시기에 자신의 양들을 안전하게 함께 모으는 한 양치기로서 지구가 5차원으로 진화하는 것을 돌보고 돕기 위해서 여기에 왔습니다. 즉 부상당한 양들을 실어 나르고, 또 길 잃은 양들을 찾아내어 그들이 모두 함께 있도록 데려가는, 모두를 위한 공정한 존재로서 여기에 온 것입니다. '아쉬타'는 곧 양치기를 의미합니다. 나는 지구의 양치기 아쉬타인 것이죠. 이것이 현재 지구에 관계된 나의 과업입니다. 그리고 나는 또 다른 양치기들이 많이 있다는 것을 여러분에게 알려주고 싶습니다. 이 양치기들 중의 한 명은 여러분이 너무나 잘 알고 있는 사람입니다. 그의 이름은 바로 예수이지요.

예수는 지구상에 화신(化身)한 매우 높은 존재였으며, 빛의 존재들 사이에서는 '사난다(Sananda)'로 알려져 있습니다. 나는 현재 사난다의 지휘 하에 직접 일을 하고 있습니다. 그러므로 여러분들은 에테르적인 차원간의 세력들(아쉬타 사령부)이 빛과 예수, 그리고 창조적 힘과 함께 직접적으로 같이 일하고 있음을 이해할 것입니다.

우리는 외모에 있어서 여러분과 같은 휴머노이드형(Humanoid Type) 존재들입니다. 그러나 우주 전역에는 다른 형태의 많은 인류들이 존재하고 있습니다. 지구는 생명이 거주하는 유일한 행성도 아닐뿐더러 신(神)이 자신의 모습대로 인류를 창조해 놓은 유일한 곳도 아닙니다. 우주 전역에는 그의 창조를 통해서 뿌려진 여러 모습들이 존재한다는 것은 당연한 일일 겁니다.

아쉬타 사령부는 은하간의 인류형 존재들과 천사적인 존재들, 그리고 에테르 우주선들의 동맹입니다. 우리는 하나의 임무를 가지고 여기에 있으며 수많은 천년기 동안 존재해 왔습니다. 또한 우리는 5차원의 진동에 머물러 있는 수백만 대의 우주선들과 자원 승무원들, 그리고 상승한 영적 존재들과 함께 지구를 에워싸고 있습니다. 여러분은 우리가 우리의 진동수를 3차원적인 시공간 수준으로 낮추지 않는 한 우리를 볼 수가 없습니다. 그러나 앞으로 여러분이 우리를 볼 수 있을 때가 올 것입니다.

주로 우리는 한 행성이 차원 상승을 향해 성장해 가는 동안에 그곳 주민들의 의식 향상을 돕고 있습니다. 행성 지구의 진화와 인간 종족의 의식을 관찰하면서 그것을 원조해 오고 있는 것입니다. 때때로 물리적인 모습으로 나타나기도 했으나, 우리는 주로 영적으로 일해 왔습니다. 그리고 인류의 의식을 각성시키기 위해 여러분이 잠자는 가운데도 우리의 훈련 과정을 여러분에게 전수하고 있습니다.

또한 우리는 여러분 가운데 우리의 텔레파시적인 메시지를 듣거나 받을 수 있는 사람들에게 이것을 전달하고 있습니다. 여러분 가운데는 우리와의 채널링과 텔레파시적인 교신을 하고 있는 사람들이 많이 있지요. 내가 우리라고 말할 때 그것은 아쉬타 사령부와 상승한 마스터들, 그리고 대백색형제단을 언급하는 것입니다. 우리들 각자는 다른 전문 분야에서 일하고 있으나 조화와 화합 속에서 서로 협력하고 있습니다.

지금까지 우리는 지구의 자전이 어느 정도 조정되도록 돕는 우리의 기술을 가지고 작업을 해왔습니다. 현재 컨트롤되고 있는 지구의 흔들림은 불가피하게 장차 극(極)의 이동으로 나타나게 될 것입니다. 우리는 창조주 자체로부터 우주 도처에 방사되고 있는 빛에 초점을 맞추고자 일하고 있습니다. 보다 구체적으로 말하면 우리는 에너지 격자(格子:Grid)들을 가지고 일하고 있는 것이지요. 이것은 말로 묘사하기가 좀 어렵습니다.

그것은 여러분의 행성을 둘러싸고 있는 여러 가지 에너지 소용돌이(Vortex) 지점과 일치된 경선(經線)과 어느 정도 유사하게 보입니다. 그리고 우리는 이런 격자들을 여러분 세계로 방사되는 영적인 광선의 비율 및 상태를 조절하고 그 균형을 잡는 데 이용합니다.

현재 우리는 모든 인류가 영적으로 계발될 수 있는 최대한의 시간을 확보하고, 또 장차 일어나게 될 지구 변화와 차원상승을 준비하기 위해 할 수 있는 모든 조치들을 다하고 있습니다. 이것은 일어나야만 하며, 결국 지구 변동으로 나타나게 될 피할 수 없는 하나의 성장 과정입니다. 이 시기가 그렇게 결정적이기 때문에 우리는 특히 개인의식의 상승에 중점을 두고 일하고 있습니다.

우리는 가능한 한 많은 존재들이, 특히 '별의 종자들(Star Seeds)'과 (인간 세계에 태어난) 자원자들이 상승에 도달하도록 노력하고 있습니다. 과거에 우리들 사이에서 같이 있었던 별의 씨앗들과 자원자들은 다시 우리와 함께하기 위해 복귀될 것입니다.

우리는 여기서 지구를 둘러싼 채 여러분의 지구로부터의 철수와 상승을 기다리고 있습니다. 이것은 차원 상승이 완료되는 곳에서 여러분이 우리의 우주선들 속으로 끌어 올려 지는 것을 의미합니다. 즉 여러분은 우주선에 탑승하게 될 겁니다. 여러분은 하나의 에테르적이고 육체적인 존재로서 물리적으로 들어 올려 질 것입니다. 지구가 정화(淨化)되는 길을 만들기 위해서는 모두 들어 올려 지거나 어떤 방식으로든 이 행성을 떠나야만 합니다. 여러분은 모선 중의 하나에 승선하게 됩니다.(※편저자 註:이 원래의 대대적인 철수 계획은 현재 다소 변경, 수정된 상태이다. 이 메시지는 1990년대의 메시지인 까닭이다.) 그리고 장차 여러분 가운데 일부는 그 영적인 진보에 있어서 우리를

능가하는 일이 가능할 수도 있다는 것을 발견하게 될 것입니다. 아울러 여러분은 자신의 마음의 능력을 완전히 사용하게 되고, 사 난 다 (예수)가 말한 대로 불멸의 영원한 젊음으로 돌아가게 될 겁니다. 그러므로 나는 여러분이 우리를 자기들의 위에 있는 신(神)들로 보거나 숭배해야 할 대상으로 보지 말고, 차라리 여러분의 형제, 자매로 생각해 주기를 바랍니다.

하지만 우리는 대부분의 사람들이 준비가 될 때까지는 그들 앞에 나타나지 않을 것입니다. 우리는 여러분 자신의 운명을 선택하는 인류의 자유 의지를 침해하거나 거기에 영향을 미치기를 바라지 않습니다. 오랜 시간에 걸쳐서 인류의 영적(靈的)인 자각(自覺)이 차단되어 왔습니다. 이런 가운데 여러분은 우리가 여러분들 사이에 비물리적(非物理的)으로 출현하는 것을 알아보는 감각을 상실해 버렸습니다. 자신에 대한 신뢰와 당신들을 둘러싸고 있는 많은 에너지들을 인식하는 능력과 같은 많은 것을 잃어버린 것입니다.

지구계에는 인류를 돕는 에너지적 존재들이 풍부함에도 불구하고 대부분의 사람들은 이를 실제가 아닌 신화(神話)나 꾸며낸 이야기로 받아들였습니다. 하지만 이러한 영적인 에너지들은 모든 것들 속에 있으며, 지구를 둘러싸고 있습니다. 또한 대부분의 사람들은 '영혼'이 하나의 허위적인 존재라고 믿게 되었습니다. '영혼'이라는 말은 단지 하나의 비물질적(非物質的)인 것을 의미하고 있습니다. 여러분들은 지금 4차원 속에 겹쳐 공존하고 있습니다. 그러나 대부분의 사람들은 3차원적인 신념에서 자신들을 둘러싼 환경을 바라보며, 그 사고(思考)도 거기에 기초하고 있는 것입니다.

우리는 여러분과 함께 지구를 보다 높은 차원계로 끌어올리기 위해 일하는 파트너입니다. 이것은 현재 일어나고 있으며 〈계시록〉에는 언급되지 않은 것입니다. 지구상의 모든 변화는 이것(차원 상승)을 준비하기 위한 청소입니다. 그리고 성경의 마지막 장(章)에 있는 〈계시록〉에서 이 청소 작업을 설명했던 것이죠. 따라서 계시록을 읽는 것은 당신들에게 도움이 될 것입니다. 그것을 읽을 때 여러분은 거기에 예언이 되어 있음을 보게 될 것이고 또 이해하게 될 것입니다. 지구에 관한 모든 예언들은 이제 곧 이루어지게 됩니다. 그리고 인류에게는 하나의 선택의 기회가 주어질 것입니다.

지구는 이미 스스로 보다 높은 차원계로 옮겨 가기로 선택했습니다. 그러나 이러한 변형은 인류에 의해 만들어진 손상(損傷:환경파괴 및 오염을 의미함)을 지닌 채로는 용이하게 될 수가 없습니다. 여기에는 물리적인 손상과 주파수의 손상이 포함되어 있습니다. 그러므로 지구는 다른 레벨의 음성(陰性)적인 부분을 깨끗이 정화(淨化)해야만 합니다.

이것은 대부분 자연적인 방식에 의해서, 즉 물과 바람의 수단에 의해서 그리고 모든 대기의 작용력에 의해서 이루어 질 것입니다. 인류가 스스로 더 높은 사랑의 진동으로 옮겨갈 수 있을 때, 이것(정화과정)의 많은 부분이 필요치 않습니다. 그러나 인간이 행하는 것과는 관계없이 지구에는 일어나야만 하는 많은 물리적 변화가 있습니다. 지금 당장의 위험은 없으나 이것은 태양 주위를 도는 지구의 새로운 궤도를 위해 지구의 균형을 재조정하는 목적 때문입니다. 또한 인류가 지구를 일시적으로 떠나야하는 시기가 돌아오며, 그럼으로써 최종적인 청소가 일어날 수 있는 것입니다.

지구는 스스로 그 본래의 원시적이고 순수한 자연 상태로 돌아가게 됩니다. 그것은 푸르게 우거진 녹색의 숲과 맑은 물로 이루어진 조화와 사랑의 행성이 될 것입니다. 이 변형의 시기 동안 인류가 지구를 떠나야만 하는 것은 5차원의 진동수적인 변화와 마찬가지로, 인류가 그 청소과정을 견뎌낼 수 없기 때문이지요. 이것이 확실한 까닭에 여러분이 선택해야만 하는 기회가 올 것입니다.

친애하는 이들이여! 나는 여러분에게 사랑으로 이런 말들을 하고 있습니다. 여러분이 가슴으로 이해할 수 있게 하기위해 이러한 말들을 전하고 있는 것이죠. 우리는 이 시기에 영적인 성장과 자각을 향해 마음의 문을 열고 있는 지구상의 모든 이들을 돕고 있습니다. 나는 이시간 여러분 모두에게, 그리고 역사책에 존재하지 않는 현실에 대해 눈뜨고 있는 모든 이들에게 감사하고 싶습니다.

친애하는 이들이여! 이 새로운 현실들은 채널링과, 깨달음, (UFO) 목격들 그리고 꿈의 형태를 통해 다가오고 있습니다. 나는 여러분에게 형이상학의 다른 분야와 더불어 일반 우편과 전자 우편(E-mail)에 의한 것과 또 사람을 통해서도 무엇인가를 얻으라고 제안합니다. 그렇게 함으로써 여러분은 이런 문제들을 토론할 수 있으며, 그로 인해서 더 많은 것을 이해하게 될 겁니다.

당신들의 가슴을 스스로 무조건적인 사랑으로 열음으로써 그대들은 차원상승이라는 모험에 참가하는 데 필요한 요건들을 충족시킬 수 있습니다. 현재는 여러분이 깨어나 스스로를 준비하는 시간입니다. 이 상승 과정에 대해 여러분 자신의 결정을 하십시오. 여러분은 그것을 약간 연기할 수는 있을지는 몰라도 피해 갈 수는 없습니다.

친애하는 이들이여! 날마다 여러분의 완전한 존재에게 자신의 삶과 사랑하는 이들을 위해 백광(白光)을 내려달라고 기원하십시오. 그것은 천상계에서 우리를 통해 여러분을 인도해 줄 수 있는 하나의 광선입니다. 나는 여러분이 받아들일 준비가 된 만큼 도움의 정보를 전하고 있는 아쉬타입니다.

◆메시지-2

차원 상승의 선택권은 인류에게 있다

*채널링:지니 웨이릭

친애하는 빛의 존재들이여! 아쉬타입니다. 나는 차원 상승에 대해서 종합적으로 요약하여 설명하고자 합니다. 나는 여러분 중의 일부가 그것이 무엇인지 잘 이해하고 있음을 알고 있습니다. 그러나 모든 사람들이 이 진행과정을 이해하고 있다고 볼 수는 없을 것입니다.

상승은 하나의 영적(靈的)인 깨어남이며, 다음 수준의 영적인 발전 단계로 나아가는 것입니다. 여러분은 지구상의 삶을 경험하고 배우고자 물질적 체(體)를 입고 태어나기로 선택했습니다. 그리고 대부분의 경우 현재 태어난 각자의 삶 속에서, 여러분이 영적인 존재라는 것에 관해 아주 제한된 인식만을 가지고 있지요. 우리는 당신들이 자신의 깨달음을 확장하도록 돕고, 다음 수준의 영적인 발전 단계로 걸음을 옮기려는 사람들을 지원하고자 여기에 와 있습니다.

차원 상승이라는 것은 3차원적인 지구상의 공부를 마치고 졸업하는 겁니다. 차원 상승되었을 때 여러분은 3차원의 지구에서 가지고 있었던 많은 한계를 넘어서게 되고, 자신의 고차원적 자아(自我) 및 우주 의식(宇宙意識)과의 완전한 연결을 회복하게 됩니다. 지구는 다차원적(多次元的)입니다. 그리고 병행되어 있는 각각의 차원들 속에는 위대한 영적인 자각(自覺)이 존재하고 있습니다.

각각의 차원들은 의식(意識)의 깨달음 수준에 따라 분류되어 있습니다. 차원(Dimension)이란 번호를 매길 수 있는 것이 아닙니다. 하지만 그와같은 방식은 차원에 관해 보다 쉽게 설명 하도록 해주는 것이지요. 그리고 5차원이라는 전문용어는 많은 사람들에게 익숙해진 매우 대중화된 말입니다.
5차원의 지구는 이 3차원의 지구와 얼마간은 유사한 경험이 있는 하나의 물리적인 행성입니다. 차이점은 그곳의 사람들이 훨씬 더 높은 자아(自我)와 연결되어 있고, 또 모든 존재들 사이에 편재하는 유일자(唯一者:우주의식)를 깨닫고 있다는 것이죠. 때문에 이 깨달음의 5차원 지구는 매우 아름답고도 평화로운 행성입니다.

차원상승은 또한 지구 그녀 자체가 승격되는 것이라고 말할 수 있습니다. 이것은 일어나야만 하는 불가피한 성장과정이고 어떤 지구변동들로 나타날 것입니다. 그 과정은 아주 드라마틱(Dramatic) 할 가능성이 높습니다. 우리는 현재 특히 인류의 개인적인 상승에 관여해서 적극적으로 활동을 하고 있는데, 시간이 매우 긴박하기 때문입니다. 우리는 가능한 한 많은 존재들, 특히 본래 별의 종자(Star Seed)와 자원자에 해당되는 영혼들이 상승에 도달할 수 있도록 그들을 돕기 위해 애쓰고 있습니다. 그들은 과거에 우리들의 일원이었던 존재들이고, 그러므로 다시 우리와 함께 있기 위해 돌아올 것입니다. 하지만 또한 우리는 지금 영적성장과 자각(自覺)에 가슴이 열려 있는 지구상의 모든 이들을 돕고 있습니다.

가슴속에 사랑을 지니고 있는 모든 사람들은 우리가 뒷받침하고 있는 이런 영향력을 느끼고 있고 우리가 보내는 메시지들을 잠재의식적으로 수신하고 있습니다. 여러분은 지구에서 살다보니 수많은 생애들 동안 부정적인 사념과 방사물들에 의해 둘러싸여 오염돼 왔습니다. 때문에 우리는 여러분을 세뇌가 아니라 여러분이 그 안에서 용해돼야만 하는 크나큰 사랑으로 아낌없이 적셔 줌으로써 다시 프로그래밍(Programming)하고 있습니다. 그러므로 여러분이 자기 스스로를 보호하기 위한 시도로서 가슴이 약간 굳어진 것이라면, 나는 이를 이해합니다. 그것이 여러분의 성장하는 과정의 일부이긴 합니다만, 사랑이 그 얼음을 녹일 것입니다.

지금 지구에 있는 많은 '빛의 일꾼들(Light Workers)'이 차원 상승에 필요한 준비와 더불어 사람들을 돕고 있습니다. 미래에 그들은 자신들의 상승과 전세계에 걸친 그들의 가르침을 완수할 것입니다. 현재 이런 빛의 일꾼들은 사난다(예수), 대천사들, 그리고 상승된 마스터들 및 많은 고차원적 존재들과의 채널링을 통해 사람들을 돕고 있습니다.

그러한 존재들의 메시지를 가져오는 것은 곧 사랑의 에너지를 지구로 옮겨 오는 것입니다. 빛의 일꾼들은 지구의 차원 상승을 돕고자 높은 차원들로부터 이 시대의 지구상에 환생한 사람들입니다. 대부분의 빛의 일꾼들은 수천 년 동안에 걸쳐서 많은 회수로 이 지구에 교사나 영적 지도자로 윤회 환생해 왔으며, 지구인들이 영적인 발전을 돕거나 뒷받침하고 있지요.

차원 상승을 위해서는 여러분 스스로 자신들의 미래를 만들 필요가 있다는 법칙이 존재합니다. 그리고 여러분은 많은 선택 사항들을 가지고 있습니다. 우선 여러분은 차원 상승에 대해 완전히 무시한 채 현재대로 남아 자신의 삶을 계속하는 길을 선택할 수가 있습니다. 또는 더욱 영적으로 깨달아 자신의 고등한 자아와 함께 소통하면서, 보다 각성된 상태로 나머지 여생(餘生)을 3차원의 지구에서 보내기로 결정할 수 있지요. 아니면 5차원의 지구로 변형되는 시간이 왔을 때, 물리적으로 상승하는 길을 선택할 수도 있습니다.

거기에 잘못된 결정이란 없습니다. 여러분은 누구나 자신을 신뢰할 수 있으며, 자기 개인을 위해 최상의 것이라고 가슴에서 선택한 대로 따르는 겁니다. 상승하길 바라는 모든 사람들이 대규모로 상승하는 시간이 앞으로 올 것입니다. 이 시간은 사람들이 준비되었을 때 결정되며, 미리 정해진 날짜는 없습니다. 상승할 것인지, 말 것인지 모든 사람들이 둘 중의 하나를 선택해야 하는 시간이 왔을 때, 만약 상승하게 된다면 어떤 일이 일어나는지 그리고 무엇을 준비해야 하는지를 즉시 깨닫게 될 것입니다. 그 준비 가운데 일부는 영적인 높은 자아(Higher Self))와 의식적으로 더욱 연결되는 것입니다.

여러분의 이 고등한 자아는 여러분의 모든 물질적 삶을 넘어서 있는 완전한 영적 존재입니다. 지구상의 모든 사람들은 고차원적 자아와의 재결합을 위해 의식이 열어질 수 있습니다. 그리고 그것에 의해 인도받을 수 있는 것입니다. 자신이 높은 자아와 연결되는 것은 상승의 준비 기간 동안 여러분에게 큰 도움이 됩니다. 이렇게 되면 사람들은 그들 자신의 길잡이와 자신을 도와줄 수 있는 어떤 고차원의 스승도 부를 수가 있습니다. 영적인 각성이 확장되고 상승을 준비하는 기간 동안에 여러분의 길잡이와 바로 연결된다는 것은 매우 중요합니다. 그렇게 됨으로써 여러분은 자신이 착수하고 있는 일에 대해 신뢰하고 잘 이해할 수가 있는 것이죠.

비록 최후의 차원 상승이 대규모의 상승이 될지라도, 그럼에도 불구하고 그것은 매우 개인적인 과정이고 경험입니다. 각자의 사람들은 자신들에게 가장 적합한 방식으로 스스로 준비해야만 합니다. 이것은 사람에 따라서는 약간 다를지도 모릅니다. 왜냐하면 누구나 서로 다른 등급의 깨달음을 지닌 고차원의 자아와 영적인 믿음에서 출발하기 때문이죠.

그런데 여러분은 상승할 것인가 말 것인가에 관한 최종적인 결정을 그 대량 상승의 시기에 이르러 비로소 해서는 안 됩니다. 그러나 여러분은 지금 그것을 준비함으로써 상승의 기회를 얻을 수가 있습니다. 즉, 자신의 높은 자아를 열고, 위대한 영적인 진실들과 깨달음을 찾는 것입니다. 여러분은 자기 가슴의 참다운 울림을 따르고 신뢰함으로써, 자신에게 필요한 읽을 것과 들을 것, 그리고 자신의 상승 과정을 위해 함께할 필요가 있는 사람들을 식별할 수가 있습니다.

우리는 새로운 천년기에 여러분의 3차원계 속으로 비쳐지게 될 새롭고도 놀라운 에너지들이 닻을 내리도록 도울 것입니다. 5차원에 있는 우리 대원들은 내가 마침 자기 격자(磁氣格子)의 그 높은 영향에 관해 교육하고자 이야기할 때 지구 격자를 정화하는 중이며, 지구의 격자는 여러분의 행성 에너지장(場) 속으로 흡수된 만큼 에너지들이 희박해져 있습니다.

우리의 또다른 임무는 몇 개의 물질적 행성들에 관해 여러분이 집단적으로 인식할 수 있도록 알리는 것입니다. 당신들은 지구의 과학기술을 통해 그렇게 오랫동안 판별해온 대로 태양계 내의 궤도상에 단지 현재 알려진 행성들만이 존재한다는 지식을 가지고 살아왔습니다. 그러나 당신들의 태양계 범위 외곽에는 다른 행성들이 있습니다.

이것은 여러분이 3차원적 자각을 형성하고 이동시키는 데 도움이 될 것이며, 당신들이 그 머나먼 우주 저편을 바라보도록 자극하는 것입니다. 아쉬타 사령부는 중요하고도 든든한 역할을 담당할 것입니다. 나는 도움을 요청하는 모든 사람들을 돕기 위해 항상 준비하고 있습니다.

- 아쉬타 -

◆ 메시지-3

지구의 변형과 귀향은 가까이 와 있다 (2009)

*채널링:사마라 H. 스태들러

안녕하세요. 친구들이여, 아쉬타입니다.
나는 현재 나의 소형 "UFO"로 여러분이 모인 집 바로 상공에 체공해 있는데, 모선은 너무나 크고 현재 명왕성 근처에 위치해 있기 때문입니다. 그것은 태양계 내로 진입하기에는 워낙 거대하며 가장 대형의 기종에 속합니다.
빛의 일꾼들인 여러분은 우주선에 있는 여러분의 형제자매들의 에너지를 느끼고 싶어 했기에 오늘 나에게 함께 해달라고 요청했습니다. 그들은 여러분을 기다리고 있으며 너무나 사랑하는데, 그 사랑은 여러분이 이전에 결코 느껴본 적이 없고 상상할 수 없는 다른 종류의 사랑입니다. 그것은 여러분이 머물러 있는 현 차원에서 경험한 것을 초월해 있는 어떤 것에 해당합니다.
나의 우주선은 여러분 상공에 있습니다. 그것은 지금 매우 높은 에너지 상태에 있으며, 순수한 사랑의 주파수를 여러분에게 방사하고 있습니다. 우리는 여러분이 우리와 함께 있을 수 있도록 준비하고 있고 여러분을 환영하며, 또한 당신들이 장차 우리와 함께 우주선에 있게 되기를 기대합니다.
나는 여러분이 우리가 지구에서 일부 사람들을 빔(Beam)으로 끌어올려 우주선으로 데려간 것을 알고 있다고 생각하는데, 때문에 그들은 우리와 함께 짧은 여행을 할 수 있었고 이런 경험에 대해 잘 알고 있습니다. 그 사람들은 현재 지구로 귀환하는 과정에 있습니다. 그들은 자신들이 광선으로 들어 올려졌을 때 그 에너지를 받았으며, 지금 그것은 기억과 DNA 안에 간직돼 있고 그 모든 것이 내부에 저장돼 있습니다. 때문에 그것은 어떤 한계가 없게 될 것입니다. 그리고 여러분은 또한 우리에 의해 접촉이 이루어졌습니다. 즉 당신들이 잠자리에 들었을 때 수면상태에서 역시 빔으로 들어 올려져 (유체이탈 상태로) 본래 왔던 태양계와 행성들로 데려갔었습니다. 이러한 기억들은 여러분의 몸이 조정되어 그것을 처리할 수 있는 준비가 될 때, 돌아올 것입니다. 왜냐하면 모든 것이 전기(電氣)의 속성을 가지고 있기 때문입니다.
그 빔(빛의 광선)은 매우 높은 주파수에 해당됩니다. 그리고 여러분은 빔에 의해 들어 올려질 때를 위해서 준비되고 있습니다. 그런 일이 발생하기 전날 밤에 여러분은 마치 몸이 없어진 것 같은 경험을 하게 될 것이며, 육체가 변형되게 될 것입니다.
오늘 설명한 이런 기본적인 예비지식은 여러분의 가까운 미래를 위해서 매우 중요합니다. 이러한 기초적 토대는 여러분의 출신배경이 다르고 각기 다른 이해를 하고 있기 때문에 필요했습니다. 여러분으로 하여금 함께 공동의 의식을 갖게 하는 것은 중요하며, 그럼으로써 여러분이 우리와 함께 할 수 있고 다른 우주의 세계들을 이해할 수가 있는 것입니다. 외모는 여러분에게

매우 중요하지요.

　예를 들어 〈스타트렉(Star Trek)〉이나 〈스타워즈(Star Wars)〉같은 영화들 속에 나오는 등장인물들은 사실입니다. 그것은 결코 허구적인 것이나 단순한 상상이 아니라 그 배역들은 실제인 것입니다. 그런 영화들을 만들기 위해 우리는 영화 제작자에게 채널링과 유사한 방식으로 영감을 주었으며, 그런 영화가 제작될 수 있도록 그들에게 그런 배역들의 정보를 전송했던 것입니다. 그리고 그런 영화들 역시 여러분들을 준비시키기 위한 것이었습니다.

　여러분이 알다시피 20년 전에도 역시 우리가 지구에 오는 것에 관한 의문이 있었으나 우리는 계획을 변경했습니다. 그때의 계획을 미래로 가져가는 것은 매우 중요했습니다. 그리고 그때의 미래는 바로 지금입니다.

　계획의 수정은 더 많은 인간들이 우리의 우주선으로 오는 것을 가능케 했습니다. 20년간의 기다림은 필요했으며 그럼으로써 인류가 깨어날 수 있었고, 우리가 지구에 오는 것에 대해 준비할 수가 있었습니다. 그런 시기가 오기까지 20년이 소요된 것입니다. 나는 이런 시간의 지체가 빛의 일꾼 여러분 모두에게 큰 실망감을 주었음을 잘 알고 있습니다. 그리고 지금 우리가 올 것이라고 말한다면, 여러분은 그것을 믿지 않는다고 말할 것인데, 이는 우리가 20년 전에도 같은 말을 여러분에게 했었기 때문이겠지요. 하지만 지금은 그것이 바뀌었습니다. 때가 된 것입니다. 준비하도록 하세요. 왜냐하면 그것은 언제든지 일어날 수 있기 때문입니다.

　지난 20년 동안 여러분이 3차원의 세계를 경험하는 것은 필요했습니다. 그 기간은 이 3차원에 대해 깨닫는 시기였습니다. 그리하여 많은 사람들이 우리에게 올 준비가 된 것입니다. 20년 전에 사람들이 우주선을 향해 떠난다는 것을 상상하기는 어려웠습니다. 따라서 그들은 그렇게 하지 못했을 것입니다. 그리고 이제 우리는 더 많은 사람들을 데려 올 수가 있습니다. 이것이 바로 여러분이 그토록 오랫동안 기다려야 했던 이유들 중의 하나입니다.

　시간은 이제 매우 달라졌고, 여러분이 상상할 수 있는 정도를 넘어섰습니다. 빛 속에 머물기 위한 여러분의 노력이 은하계의 심장 안에 모두 저장돼 있습니다. 우리가 말하는 은하계의 심장이라는 것은 이른바 "아카식 레코드(Akashic Record)" 이상의 것입니다. 그것은 더 거대하고 한계가 없습니다.

여러분은 다른 우주에서 태양계 너머에 있는 이 중심을 경험할 것입니다.

"아카식 레코드"는 다른 우주들과 이곳 지구에서 살았던 여러분의 전생(前生)들에 관한 기억장치입니다. 은하계의 심장은 한계가 없으며, 아카식 레코드와는 매우 다릅니다. 이것을 설명하는데 있어서 말은 중요하지가 않습니다. 우리는 여러분에게 은하계의 심장에 대한 실제적인 느낌을 주고 있으며, 그것은 여러분의 참다운 정체성에 대한 것입니다. 그것은 여러분의 외부에 있는 것이 아닙니다. 그것은 당신들의 바로 이 가슴 안에 있으며, 앞으로 그것이 계발될 것입니다.

지금은 놀라운 시기입니다. 좋지 않은 일들은 이미 지나갔습니다. 여러분은 날마다 우리에게 올 수 있게끔 준비된 상태에 있을 필요가 있습니다. 한 순간에 빛의 번쩍임이 있을 것이고, 그 빔이 여러분의 육체를 변형시켜 우리에게로 전송시킬 것입니다. 그 빛으로 이루어진 광선이 여러분을 "텔로스(TELOS)"[13]로 데려갈 것입니다. 우리는 모두 함께하고 있습니다. 사난다(Sananda) 역시 나와 함께 이곳에 있습니다. 우리는 모두 하나이며 여러분은 이미 그것을 알고 있습니다.

바야흐로 우리가 서로를 포옹할 수 있는 시간이 바로 목전에 다가와 있습니다. 때는 지금입니다. 더 이상 지체하지 마세요. 시간을 헛되이 낭비하지 말고 지금 이 시기를 이용하세요. 지구에서 행복해지세요. 변화와 변형을 통해 행복해 지십시오.

여러분은 지금까지 외부로 확장, 발전하며 살아 왔습니다. 이제는 내면으로 들어가야 할 때입니다. 여러분은 회귀하고 있습니다. 이번 생(生)은 여러분의 모든 태어남 중에서도 가장 엄청난 시기입니다. 기존과 같은 육화의 시기는 지나갔습니다. 여러분에게 3차원계로의 태어남은 끝난 것입니다. 여러분은 현재 다른 차원계로 옮겨가기 위해 대기하고 있는 것이며, 그곳에서는 죽음이 없는 삶을 살수가 있습니다. 미래에 여러분은 전등빛 스위치를 올렸다 내리는 것과 같은 간단한 방식으로 차원을 전환할 수 있게 될 것입니다. 더 이상 한계는 없는 것이지요.

여러분이 빛의 속도가 아무 것도 아님을 이해하는 것은 중요합니다. 여러분의 생각은 사실 빛의 속도보다 더 빠릅니다. 생각은 전 우주에서 가장 빠른 것입니다. 그리고 우주의 모든 것이 생각으로 이루어져 있습니다.

우리가 항성간 우주선으로 다른 은하계로 이동할 때는 생각의 속도를 이용해서 여행합니다. 그 순간에 우리는 빛의 속도를 초월합니다. 그것은 여러분이 생각하는 것과는 다른 것입니다. 생각과 빛은 모든 우주들 속에 존재하는 단 2가지 물질입니다. 여러분 또한 생각과 빛에 의해 창조되었으며, 거기에 합의한 바가 있습니다. 즉 당신들은 자기의 영혼의 계획에 따라 이곳 3차원 속에 있기로 하고 그것을 받아들인 것입니다. 하지만 이제 모든 것이 끝났고 이번 생(生)은 여러분의 마지막에 해당됩니다.

---

13) 미 캘리포니아 샤스타 산 지저에 있는 빛의 도시, 12,000년 전에 피난 온 고대 레무리아인들이 구축한 도시이다.

이 차원의 전환됨은 미래의 일이 아니라 지금 일어나고 있습니다. 우리는 다른 시공(時空) 속으로 전달된 이 메시지를 여러분에게 주게 되어 아주 기쁩니다. 이는 마치 그것이 보물 상자에 넣어진 것과 같습니다. 모든 것이 이루어졌습니다. 이 상자는 여러분을 위해 열려 있습니다. 더 이상의 미스터리는 없습니다. 그 모든 것이 여러분에게 공개돼 있습니다. 여러분을 정지시킬 수 있는 것은 아무 것도 없는 것입니다.

빛의 일꾼인 여러분은 위대한 마스터들이며, 당신들은 자신이 본래 온 고향세계와 가족들에게 돌아가게 될 것입니다. 그리고 빛의 레벨에서 이루어지는 거대한 축전이 있을 것입니다. 그 시기는 지금시대이고, 더 이상 말은 필요가 없습니다. 우리는 항상 지금 이 순간 속에 존재하고 있습니다. 날짜들은 우리에게 중요하지 않습니다. 우리는 에너지의 움직임 속에 있습니다. 우리는 오직 그런 에너지의 운동이 지구상의 변화에 관계될 때만 그것을 주시합니다. 날짜와는 관계가 없으며, 날짜는 여러분의 사념일 뿐입니다.

우리는 언제나 어머니 지구의 움직임에 대비해 대기해야만 합니다. 근원적 세계와 어머니 지구가 우리에게 녹색빛의 신호를 보낼 때, 우리의 우주선들은 위장상태를 해제하고 지저세계에 있는 여러분의 가족들로 향한 입구를 열 것입니다. 그때 여러분은 우주 도처에 여러분의 가족들이 있음을 알 것입니다. 여러분은 다차원적인 존재들이며, 그 모든 것과 연결돼 있습니다.

3차원이 날마다 조금씩 쇠퇴해 사라지고 있으며, 여러분은 이 강력하고도 어두운 에너지에서 풀려나게 됨으로써 행복해질 것입니다. 여러분은 3차원이라는 어둠 속에 묶여 있던 상태에서 자유로워질 것입니다. 여러분은 자신들을 위해 계획된 새로운 세계를 향해 이동하고 있습니다. 그것은 창조의 시초부터 계획되어 있었지요. 이 우주의 창조자들이 어둠을 창조함으로써 여러분은 그 어둠을 통해 빛을 볼 수가 있었습니다. 여러분이 빛으로 돌아오기까지 많은 생(生)들이 소요되었습니다. 이런 경험을 하는 것은 여러분과 창조주에게 중요했습니다.

우리가 여러분에게 말하고 싶은 것은 어

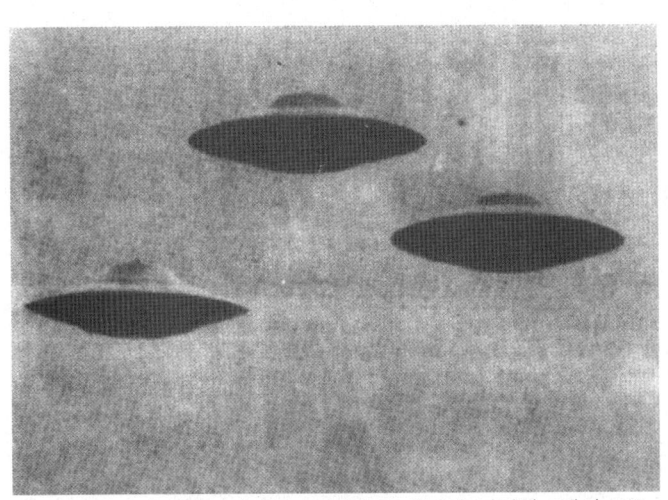

1995년 6월, 미 플로리다 주 디즈니랜드 상공에 나타난 3대의 UFO

떤 죄의식이나 후회하는 마음을 갖지 말라는 것입니다. 그 모든 것이 여러분 삶들의 계획 속에 있었습니다. 따라서 모든 것이 적절했습니다. 여러분은 결코 그것을 잘못하지 않았습니다. 모든 것이 그렇게 되기로 예정돼 있었기 때문입니다. 당신들은 자신의 생의 계획을, 자신의 운명을 따랐던 것입니다. 여러분은 그것에 순응했고, 그것은 여러분의 신성한 모나드(Monad)와 창조주, 또 여러분의 우주에 의해 준비돼 있었습니다. 그것이 전부인 것입니다. 우리는 당신들이 모든 죄책감과 후회들을 떨쳐버렸으면 좋겠습니다.

빛의 일꾼 여러분은 위대한 작업을 해냈습니다. 당신들은 어머니 지구에서의 이 3차원 운명 속으로 들어올 용기를 가지고 있었고, 그것은 그녀와 그 주민들이 차원전환을 통과하도록 돕기 위한 것이었습니다.

차원전환 이후에 다른 세상이 있게 될 것이고, 여러분은 거기서 사람들을 돕게 될 것입니다. 당신들은 원하는 것이 무엇이든 할 자유가 있습니다. 그 모든 것이 열려 있습니다. 장애물은 없으며 오직 빛만이 존재합니다. 우리는 진정 여러분이 3차원으로의 육화와 운명에서 벗어난 자유로운 실재이나 존재로서 이 메시지를 자신의 가슴 속에 간직하기를 바랍니다. 더 이상 여러분은 운명이라는 것을 가지고 있지 않습니다. 모든 것이 이루어졌습니다.

여러분 모든 것에서 자유로우며, 자신의 참모습을 찾는데도 자유롭습니다. 그리고 자신이 망각했던 모든 것을 알게 될 것입니다. 이런 변화들은 이미 여러분의 가슴과 육체에서 시작되었습니다.

이 모든 것이 거짓이라는 그 어떤 이의 말도 결코 귀담아듣지 마세요. 그들은 이것을 이해할 능력이 없습니다. 하지만 여러분은 그들을 이해해 줄 수 있는 자비심을 가지고 있습니다. 그들이 하고 싶은 것을 하거나 되고 싶은 대로 내버려 두세요. 그것이 자비이고 조건 없는 사랑입니다.

여러분은 창조자들이며, 그것을 잊지 마십시오. 당신들은 우리와 같은 선상에 있습니다. 이를 잊지 마세요. 거기에는 더 나은 것도 없고 더 높고 낮은 것도 없습니다. 우리는 모두 동등한 것입니다. 빛의 일꾼 여러분은 쉽지 않은 지구상의 삶을 경험하기 위해 이곳에 올 용기가 있었던 훌륭한 사람들입니다. 우리는 그것을 알고 있습니다. 당신들에게 요청하건대, 부디 기쁨 속에 계속 머물며 상상을 통해 우리와 함께 황금빛 함대 속에 있음을 그려보십시오.

나는 여러분과 첫 접촉한 아쉬타입니다. 우리는 만나게 될 것이고 그때 서로를 포옹할 것입니다.

나는 첫 접촉 함대 안에 있으며, 사난다 및 여러분의 사랑하는 모든 이들과 함께 있습니다. 부디 이 메시지를 여러분의 가슴속에 간직하십시오.

[5] 아쉬타 사령관과의 문답

(2009. 5)

*채널링:쉘리 킴

*질문: 아쉬타 사령부 우주선들에 대해서 말해 주십시오.

나와 함께 일하고 있고 내 지휘하에 있는 수천 대의 우주선들이 있습니다. 그리고 각 우주선들은 고유한 특성들이 있는데, 일부 유사한 특성이 있을지라도 각각의 우주선들은 서로 다릅니다. 그 안에서 일하고 거주하는 존재들 역시 마찬가지입니다.

우리의 우주선들은 또한 살아 있는 존재들로서 각각 그들만의 고유한 개성을 지니고 있습니다. 그들은 우리의 창조물들이므로 창조인 우리의 본질적 요소들이 자연히 그들에게 스며들어 있을 것입니다. 그리고 우리는 승무들 서로 간에 하는 것과 마찬가지로 그 우주선들을 존중과 존경심을 가지고 대합니다. 그들은 여러분이 아직 잘 알지 못하는 정교한 물질로 제작됩니다.(지구상의 어떤 정부의 고용자들만은 예외입니다.) 그것은 빛의 중량을 가지고 있으면서도 불투과성(不透過性)의 성질이 있습니다. 우리 우주선 내의 삶은 주파수대에 따라 움직입니다.

*질문:이 부분을 좀 명확히 밝혀주시겠습니까?. 인류에 대한 더 이상의 간섭을 막기 위해 오직 빛의 우주선들과 은하연합의 보호하에 있는 우주선들만 지구 인근의 어느 곳이나 비행할 수 있도록 허용돼 있는 것으로 아는데요. 그럼에도 확실히 일부 빛의 소속이 아닌 우주선들이 떠돌고 있고 인간에 대한 간섭이 계속되고 있다고 믿을만한 근거들이 있습니다.

우리는 당신이 말하는 최근의 빈번한 혼란과 조사결과에 대해 알고 있습니다. 그와 같은 문제는 큰 과제인데, 양가죽을 쓴 이리떼들이 여전히 기회를 엿보고 있기 때문입니다. 당신이 의문을 제기한 그 UFO들은 여러분 태양계 내의 변절자들의 우주선에 해당됩니다.

*하지만 이것은 어떤 부정적 의도를 가진 세력이 더 이상 지구 가까이 진입해서는 안 된다는 은하연합의 법(法)에 위배되지 않습니까?

그렇습니다. 그렇긴 합니다만, 지구상의 (어둠의) 인간들과 마지막까지 모종의 역할을 하기로 협정을 맺은 존재들이 있습니다. 따라서 (불간섭법칙에 따라) 우리는 그런 자들을 제거할 수가 없었던 것입니다. 그래도 우리는 최근에 그들의 출입구를 폐쇄할 수가 있었습니다. 이자들은 어디까지나 인류에게 도움을 주려는 것이 아니라 자기들의 이익을 위해 여러분에게 뭔가를 강요하고자 했던 존재들입니다.

*지구에 관계된 임무에 있어서 여러분이 집중하고 있는 것은 무엇입니까?

당신이 짐작하다시피 이 일을 위한 준비는 아주 오랫동안 진행돼 왔습니다만 최근에야 우리는 본격적인 활동단계에 진입했습니다. 그리고 그중 많은 부분이 여러분에게 알려져 있지 않습니다. 우리가 중점을 두는 것은 여러분의 현 3차원 의식이 5차원으로 완만하게 전환되고 새로운 지구사회 건설에 착수할 수 있도록 뒷받침하는 것입니다. 모든 변화들은 여러분의 내면에서부터 시작될 것입니다.

우리가 여러분 세계의 점진적인 전환과정을 돕기 위해 활동하는 동안 그런 변화의 요건을 이행하고 충족시키는 것은 여러분에게 달려 있습니다. 우리가 가져올 도움들을 부정적 수단의 이익을 위해 사용하려는 자들을 근절하는 것 역시 여러분의 책임이 될 것입니다.

우리는 다시 한번 여러분에게 상기시키고자 합니다. 여러분에게 "상승(Ascension)"이라고 알려진 장대한 영적 고양 현상은 일시에 모든 개인들이 완벽한 상태로 탈바꿈되는 단순한 사건이 아닙니다. 그것은 매우 점진적인 과정이고 지구상에서 알곡과 쭉정이를 구분하는 현상은 계속될 것입니다.

차원상승은 하룻밤 사이에 문제가 바뀌게끔 계획돼 있지 않습니다. 그와 같은 시기 동안에 산재해 있는 수많은 과제들의 목적이 무엇이겠습니까? 그럼에도 지구상에서의 테러를 통한 지배에 연루된 어둠의 우두머리들은 확실히 제거될 것입니다. 이것은 곧 인류를 앞길을 막고 있던 커다란 장애물이 치워지게 될 것임을 의미합니다. 그 때 비로소 훨씬 더 자유로워진 환경에서 여러분의 결정이 이루어질 수가 있습니다.

우주 안에는 이제 여러분이 그렇게 선택만 한다면, 인간을 과거에 붙들어 매둘 수 있는 것은 아무 것도 없습니다. 그렇다고 이 말이 자기들 소유의 어떤 권력을 주장하고자 하는 불화 조장자들이 전혀 없게 되리라는 것은 아닙니다. 하지만 이런 자들은 지구상에서 계속 높아지고 있는 진동에 견뎌낼 수 없게 될 것입니다. 그리고 인간의 마음가짐이 바로 인류의 존속과 파멸을 좌우하는 요체가 될 것입니다.

*첫 접촉에 대해 말해주십시오.

우리와 지구주민들 사이의 관심사나 호기심에는 변화가 있게 될 것인데, 즉 우리의 활동과 상호작용이 은하계의 구성원으로서 인류와 지구에 대한 여러분의 생각과 그것이 여러분에게 의미하는 바에 대한 성찰을 촉진할 것입니다.

이런 현상은 은하계적인 선물들이 도입됨으로써 뒤따라 이어질 것이며, 그것은 우리가 제공하게 될 어떤 훈련과 많은 것들로 이루어진 보다 개인적인 상호교류인데, 거기에는 여러분 사이에 이미 존재하고 있는 외계출신의 가족구성원들이 포함돼 있습니다. 그때 우리 승무원들 중에 그들 자신의 배움과 성장을 위해 인류 속에 남아 있고자하는 이들이 있게 될 것입니다. 이런 식으로 첫 접촉은 자연스럽게 이루어집니다.

*이 일은 스타시스 이후에 일어나게 됩니까?

그렇습니다. 하지만 그것은 단지 시작에 불과합니다. 우리는 이곳에 여러분을 무조건 구원하거나 여러분의 일을 대신해주기 위해 오직 않았음을 말하고자 합니다. 많은 이들에게 고착돼 있는 생각들을 해결할 마법적인 방법은 없습니다. 우리는 죽어가는 지구세계를 지원하고 돕기 위해 접촉의 기회를 만들게 될 것입니다.

여러분 가운데는 우리와 함께 지구상의 주민들에게 커다란 지혜를 전해줄 많은 존재들이 있게 될 것입니다. 2009년인 올해는 전환점을 나타내며, 후퇴가 없는 시점이 될 것입니다. 많은 환영(幻影)들이 지상에서 개인적으로나 집단적으로 계속 걷혀질 것입니다.

*어떻게 이것이 집단적으로 나타날 것인지 자세히 설명해 주실 수 있을까요?

인간이 시도하고 있는 모든 영역에서 배후에 가려져 있던 진실이 드러나게 될 것입니다. 예를 들자면, 누가 실질적으로 지구상의 경제와 정부들, 그리고 정치를 조종하고 지배하며, 왜 그러한지와 같은 것입니다. 그리고 왜 현재 여러분 세계의 역사가 실제로 일어났던 사실과는 전혀 다르게 왜곡돼 있는지도 말입니다. 또한 인류중에 외계행성의 유전적 기원을 가진 존재들이 많은 다른 이들 속에 섞여 있다는 사실도 아주 중요합니다.

아울러 여러분은 어떻게 자신들이 먹는 음식의 실제 내용물과 *건강/의료 산업이 사실상 "죽음의 산업"* 으로 불릴 수 있는지에 관해 교육받게 될 것입니다. 왜냐하면 그들의 기득권이 그렇게도 많은 병들을 통해서 유지돼 왔고, 그런 까닭에 인간세상에서 최소한의 목숨이라도 부지하기 위해서는 약에 의존하도록 만들었던 것입니다.

우리는 이것이 대중들의 진정한 건강을 결코 뒷받침하지 않는다는 사실을 말하고자 합니다. 많은 이들이 그런 조작이 일어났다는 것을 이해할 만큼 스스로 충분히 숙고하지 않는다는 점은 불행한 일입니다. 모든 것을 맹목적으로 구입하는 대신에 대중매체들에 의해서 사람들에게 무엇이 주입되고 있느냐를 간파해야 합니다.
 사실 여러분의 행성은 이미 치료와 건강을 위한 많은 기술들을 부여받았습니다. 하지만 이것들은 어떤 정부들의 이익과 그들의 계획에 따라 강탈되거나 억압돼 왔습니다. 지금은 다시 한 번 지구상의 여러분이 개인적 힘을 회복할 수 있는 기회입니다. 그러나 여러분이 이것을 얻기 위해서는 일어나 행동해야만 합니다.
 여러분이 결코 알지 못하는, 심지어는 상상조차 해보지 못한 세계가 기다리고 있습니다. 그것은 여러분에게 완전히 새로운 전망을 펼쳐줄 모험적 여정입니다. 흥분되는 시간이 여러분에게 임박해 있습니다.

6) 우주인 마스터 하톤의 메시지

※하톤(Hatton) 역시 아쉬타 우주사령부에 소속된 우주인 마스터이다.

우주선으로의 피난 여부를 결정하는 인류 개인 의식(意識)의 주파수

*채널링:투엘라

 투엘라! 내 말을 받아준 데 대해 감사합니다. 나는 나의 좋은 친구이자 형제인 쿠트후미(Kut humi) 대사의 초청에 응해 오게 되었습니다. 나는 은총스러운 이 특별한 시간에 당신들의 노력에 경의를 표하며 여러분을 그와 함께 돕기로 승낙했습니다.
 나는 우주 위원회의 하톤(Hatton)입니다. 전진하는 빛을 향한 이 접촉을 나는 기다려 왔으며 여기에 오는 것은 나의 큰 기쁨이기도 합니다. 우리 우주사령부는 방대한 계획을 체계화하여 대규모의 피난 작전을 위해 완전히 준비가 되어 있습니다. 우리가 모든 사실들을 고려하고, 모든 가능성과 개연성을 심사숙고한 만큼, 대피가 필요하다는 것은 법을 집행하는 위대한 태양계 법정의 결론인 것입니다.
 우리 사령부는 '태양계 법정'에 관해 나의 이름으로 여러분에게 이렇게 공개하도록 허락하고 있습니다. 그리고 장차 대량으로 외계로 대피되어질 영적인 진보 정도가 우리와 양립할 가능성이 있는 모든 지구인들에게 조언하도록 하고 있는 것이지요. 우리의 우주선들은 매우 조화롭고도 평화로운 환경 속에 있습니다. 거기에는 평온과 협력, 그리고 장중한 위엄이 있습니다. 또한 거기에는 승무원들 각자의 내부에 헌신적인 자각(自覺)이 있는 것입니다.
 이것이 현재 우리 우주선 내의 대기진동 속에 머무를 수 있는 유일한 태도입니다. 그들은 어떠한 낮은 의식의 진동도 소멸시켜 옴으로 해서 그들의 진동수는 그렇게 높습니다. 예컨대 "이 승무원은 여기 와도 좋다"든가 또는 "이 사람은 여기 머물러야 한다"라고 말할 문제가 아니라, 그것은 단지 주파수와 진동수에 관한 문제라는 것입니다.

 마치 한 덩어리의 얼음이 높은 온도의 진동 속에서 녹아 그 밀도와 형태가 사라지는 것처럼 그렇게 그들은 높은 진동수의 상태 속에 있습니다. 그들은 그 밀도와 형태, 그리고 낮은 주파수의 외관을 '제로(0)'의 상태로 할 수도 있으나, 단지 10분의 1만을 낮추고 있을 뿐입니다.

 이것이 행성 지구의 전역에서 영혼으로서의 신성한 빛과 통일성을 추구해야 하는 이유입니다. 신성한 빛을 지향하는 그러한 존재들의 이마에서는 밖으로 빛나는 별 모양의 표시가 있습니다. 이것이 우리에게 있어서 그 피난의 시기에 하나의 신원 확인이 됩니다. 여러분은 요한이 본 영상을 기록한 성경 속의 내용(계시록)에서 이 별에 관한 사실을 읽을 수 있습니다(※편저자 주: 요한계시록 7장의 이마에 인(印) 맞은 자들에 관한 내용을 의미함)

 이 불가피한 선별 작업은 우리의 개인적인 생각과는 아무런 관계가 없습니다. 그것은 오로지 주파수와 진동의 문제입니다. 사랑 속에서 사는 것을 배워 온 사람들, 그리고 모든 상황에 사랑의 태도를 적용시켜 온 사람들, 따라서 대변동의 날들을 스스로 준비해 온 사람들일지라도 아마 이것을 알지 못할 것입니다. 그것이 바로 우리가 지구인들과 융합되고, 구조를 위해 당신들을 우리의 우주선 속으로 받아들일 수 있는 사랑의 접촉 포인트라는 사실입니다.

 순수한 사랑은 모든 두려움을 몰아냅니다. 또한 온전한 사랑은 우주의 전 은하계에 존재하는 다양한 수준의 모든 생명체들을 사랑하는 것입니다. 나 하톤은 고차원계의 교사(敎師)이자 마스터이며 우주 연합의 대태양계 법정의 대변인이기도 합니다. 내가 하는 말을 책을 통해 읽는 여러분에게 나는 여러분 삶의 레벨을 상승시키라고 말하고 싶습니다.

 여러분 사랑의 제한된 범위를 확장하십시오. 자기 주위의 가까운 인척들뿐만 아니라 거리의 이웃들, 또 직장의 동료와 상사들, 그리고 더 나아가 전국민과 인류까지 포용하십시오. 당신들 개개인이 사랑을 확대하여 더 폭넓은 범위로 흐르게 했을 때 보다 높은 옥타브(Octave)로 상승될 것입니다. 앞으로 10년간 다수의 대중들이 이렇게 되는 만큼 그러한 사랑과 빛의 고조(高潮)가 하부의 세계에서 발생할 것입니다.

 이것이 우리들의 현재 진동수를 낮출 수 있게 하여 인류와의 주파수 융합 상태로 들어감으로써, 최소한도의 어려움과 혼란만으로 대량 피난 작전을 가능케 할 것입니다. 앞으로 행성 지구는 그 자체의 정화(淨化) 시기로 들어가야만 합니다. 이 청소 작용이 일어났을 때, 이것은 지구상의 많은 곳에서 거대한 대륙의 융기가 발생하는 시기가 될것이므로 인류의 환경은 그대로 유지될 수 없습니다.

 이러한 변동의 시기에 다른 곳보다 비교적 안전하다고 여겨지는 지역들이 있습니다. 그러나 지구상의 핵시설(핵무기나 원자력 발전소)들의 폭발이 개시되는 상황 속에서는 우리의 도움에 의해 대피되는 사람들을 제외하고는 안전하지 못합니다. 이 거대한 과업에서는 무엇보다, 우리의 빛의 일꾼들(Star Seeds)과 대표자들을 우선적으로 침착하고 조용히 이동시키게 될 것입니다. 이러한 선발에는 개인적인 지시가 있을 겁니다.

그리고 대규모적인 철수 작업은 물리적인 형태들을 공중 부양시켜 우주선 안으로 원격이동시키는 우주 광선이 사용될 것입니다. 오로지 사랑과 깨달음의 높은 의식의 주파수를 지닌 사람들만이 이 전송 광선(傳送光線)에 반응을 일으키게 됩니다. 인류의 역사는 이것이 사용되었던 실제적인 사례(事例)를 성경의 '엘리아(Elijah)'와 사랑의 '예수(사난다)'가 지구상에서 승천해 떠났을 때의 이야기 속에 기록하고 있지요.

이러한 과정에 있어서의 비개인적인 속성을 이해하기 바랍니다. 그것은 전적으로 주파수와 진동, 그리고 평정심(平靜心)의 문제인 것입니다. 우리는 몇 가지 다른 대안(代案)들도 가지고 있는데, 그것은 어쩌면 국지적 상황이나 방법을 선택하여 결정하는 시간이 필요할 때 사용될지도 모릅니다. 그러나 방법에 상관없이, 다시 한번 나는 우리가 여러분의 세계에 개입했을 때 지상의 진동수로 나타나는 이런 것들이 비개인적인 절차들임을 여러분이 깨닫기를 바랍니다.

이것이 바로 여러분 자신의 영혼들을 준비시키도록 하는 이 책의 필요성입니다. 빛 속으로 성장해 가십시오. 당신들의 사랑을 확장하고 행성 지구 주위에 사랑의 장(場)을 형성하십시오. 여러분의 지구 주변에 만들어지는 이 사랑의 범위를 인류의 구조를 위한 우리의 '착륙장'으로 부를 수 있을 것입니다. 빛의 존재들이여! 나는 여러분의 형제인 하톤입니다.

우주인 마스터 하톤은 지금까지 만약 지구에 대규모적인 격변이 일어났을 때 인류가 UFO에 의해 구조되는 과정을 설명한 것이다. 그 급박한 구조 상황에서 누가 우주선에 끌어 올려지느냐, 마느냐 하는 문제가 그들의 선별 작업에 의해 이루어지는 것이 아니라, 그 사람이 사랑과 같은 높은 의식의 진동수를 지니고 있느냐의 여부에 달려 있다는 이야기이다. 이와 관련된 보다 구체적인 내용이 아쉬타 함대의 사령관 렉스(Rex)의 메시지에서도 다음과 같이 언급되고 있다.

"우리의 구조 우주선들은 순식간의 작전으로 '리프팅 빔(Lifting Beam:들어 올리는 광선)'을 발사하고자 전격적으로 지상 가까이 이동해 올 수 있을 것입니다. 이것이 피난의 방법입니다. 인류는 우리의 작은 우주선들로부터 쏘아지는 그 빔들에 의해 공중으로 부양될 것입니다. 그 시기에는 행성적인 혼란 상황으로 인해 착륙은 일부에만 제한되어질 것입니다. 그러므로 이러한 작은 우주선들은 계속해서 사람들을 보다 높은 지구 상공에 떠 있는 더 거대한 모선들로 수송할 것입니다.

여러분이 이러한 광선에 노출될 때를 대비해 거기에는 어느 정도의 사전 준비가 필요합니다. 이 광선의 진동수는 인간들이 알고 있는 지구의 전기적(電氣的)인 것보다 더 높습니다. 따라서 지나치게 물질적이거나 극도로 이기적인 성향의 사람들, 특히 다른 사람에게 고통을 주거나 희생을 강요하는 사람들은 이 광선의 주파수 속에서 생존하는 데 커다란 물리적 어려움을 겪을 것입니다.

이것이 우리가 반세기에 걸친 메시지를 통해, 외부로 발산되는 자신의 주파수와 진동을 사랑과 비이기적인 헌신의 상태로 끌어 올리라고 인류에게 전파해왔던 이유입니다. 그렇게 함으로써 이와같은 사람들은 공중부양 광선의 역장(力場)에 주파수가 동조되어 구조가 가능해질 것입니다."

위의 메시지들은 오래 전의 1980년대 말에서 90년대 초에 수신된 정보들인데, 갑작스런 지축이동이 발생할 때를 가정해서 그 때의 급박한 피난계획과 상황을 안내하는 내용이다. 그런데 그 이후에 전면적 지축이동의 위험성이 많이 감소되는 상황의 호전에 의해 그들 작전 계획은 일부 변경돼 왔다는 점을 염두에 두어야 한다. 그러나 향후의 천재지변이 전개되는 상황 여하에 따라 부분적으로라도 대피작전은 얼마든지 일어날 가능성이 있다고 보아야 할 것이다.

[7] 코르톤(Korton) 사령관의 메시지

어둠의 세력의 공작 활동과 지구 철수에 관해서 (2004)

※사령관 코르톤은 우리 태양계의 중앙통신본부를 지휘하는 책임자인데, 이 본부는 화성에 위치해 있다고 한다.

코르톤입니다. 화성에 있는 우리 통신시스템 사령부는 지구상에 현재 머물고 있는 우리 대표자들과 채널들, 메신저들이 송수신하는 모든 교신 내용들 뿐만이 아니라 아쉬타 사령부 전체에 전파되는 통신들을 지속적으로 관찰하고 추적합니다.

향후의 여러분의 노력에 어느 정도 가치 있는 도움이 될 수도 있는 몇 가지 생각들을 여러분에게 전하게 되어 매우 기쁩니다. 사실 2,000년대 초, 빛의 대위원회가 지구의 현안들을 논의하기 위해 회의를 소집할 때는 무거운 부담감이 우리의 가슴을 채우고 있었습니다. 지구 위와 그 주변에서 벌어지고 있는 상황은 심각했는데, 그것은 사악한 존재들의 활동과 여러분들 속에 태어나 있는 어둠의 의도를 가진 자들 때문이었습니다.

이런 어둠의 세력들은 인류가 혼란과 무질서, 부조화 상태에 빠지도록 하여 결과적으로 이 진화의 무대에서 불필요한 엄청난 인명의 손실이 유발되게끔 세계의 상황을 선동하고자 합니다. 그렇게 되면 수많은 영혼들의 성장과 발전이 붕괴될 것이고, 뿐만 아니라 사랑과 은총으로 지구를 충만케 하려했던 천상의 영광스러운 계획은 좌절될 것이었습니다.

궁극적으로 그들의 최종적 목표는 핵전쟁을 일으키고 현존하는 경제체제를 뒤엎어 파괴하는 것입니다. 그리고 인류를 노예화하여 전인류가 소수의 통치자들에게 완전히 복종케 한다는 그들의 계획은 자기의 인생행로를 스스로 결정하는 인간의 권리와 자유의지를 전적으로 말살시키게 될 것입니다. 인간은 신성(神性)의 불꽃들이 육화된 것이기 때문에 이런 자유로운 선택은 창조계에 정해져 있는 천부적 권리입니다. 우주법(宇宙法)의 교의(敎義)는 이 우주 내의 태양계와 은하계 전역에 널리 퍼져 있습니다. 그렇기 때문에 우리는 영혼들을 노예로 만드는 이런 사악한 계획들에 개입하여 그것을 중단시키고 분쇄할 권능을 부여받았던 것입니다.

지구영단(Spiritual Hierarchy)은 이런 문제에 있어서 우리에게 전적인 자율권을 부여해 주었습니다. 우리는 이런 전쟁이 국제적인 성격을 띠고 우리가 보아온대로 그 위협이 거의 끊임없이 확대되어 나타난다고 생각합니다. 소수의 지배자가 사악무도(邪惡無道)한 수완으로 계속 되풀이 되는 이런 사건들과 소규모의 충돌, 적대적 군사행위들을 준비하고 한 국가에서 또 다른 국가로 연이어 혼란을 반복해서 획책하고 있음은 명백합니다. 우리는 그 짐승 같은 자들과 그들의 계획 및 목표에 대한 경계태세를 늦추지 않고 감시하고 있습니다. 또한 우리는 여러분 내면의 인도에 따라 자신의 행로를 선택할 자유와 함께 인류세계에 대한 우리의 사랑으로 일치단결해 있습니다.

현재 조정되어야 할 수많은 카르마적인 빚이 여러 나라들에 남아 있는 상태입니다. 하지만 우리는 우주법칙이 이행되는 시점이 올 때까지 카르마(Karma)의 빚으로 인한 상황을 계속해서 초연하게 견지하고 있습니다. 그 시점이 지나면 은하계 간의 동맹세력에 의한 개입이 닥쳐올 것이고, 인류는 그들의 공격행위가 더 이상 지속되지 않는다는 소식을 듣게 될 것입니다. 그렇게 되면 이 행성 지구의 운명은 파멸로 가지 않을 수 있는 것이지요.

지구상의 군사적인 범법행위는 그 무엇이든 우리 사령부에 의해 감시되고 카르마 패턴이 면밀하고도 정확히 조사되었습니다. 국가적인 상황이 중대국면에 이르렀을 때는 어떤 핵 활동이 예상될 수가 있습니다. 하지만 통제되지 않은 무자비한 파괴행위는 우주법칙 하에 이루어지는 우리의 개입을 앞당기게 될 것입니다. 그리고 국가와 개인적인 모든 핵에 관련된 활동들은 우리의 기술에 의해 중지될 것입니다.

인류가 올바른 선택을 하는 능력은 계속적인 변화와 여러 영역에서 보다 나은 대폭적인 쇄신을 하는 데 달려 있습니다. 그러므로 우리는 날짜와 시간, 특별히 사항들을 밝힐 수는 없습니다. 여러 출처에서 나온 지속적인 변화의 요소는 여러분의 경전들을 포함한 과거의 예언에 영향을 미칩니다. 국제적인 현안들에 관계된 것들은 사랑으로 해결책을 찾으려는 인간의 의지와 바람에 좌우됩니다.

지구상의 문제에 대한 우리의 판단으로는 핵전쟁에 의해 외계로 대규모 피난을 해야 할 상황에 빠지지는 않을 것으로 생각합니다. 지구로부터의 철수 방안은 본래 다른 천재지변(天災地變)적 원인들에서 오는 위협 때문에 계획돼 있었습니다. 나는 인류의 영적인 진화와 그 결여에 대해 언급하고자 하는데, 그 진화의 영향이 지구라는 실재의 생명력을 지탱하게 해줍니다.

지구 주민들의 열망이 지구인들 자신의 운명뿐만이 아니라 지구의 운명을 결정합니다. 부조화는 파괴를 가져옵니다. 그리고 영적인 가치의 전도는 테라(Terra:지구)라는 천체의 물질주의를 초래했습니다. 향후 지구변동의 규모가 이 행성의 대규모적인 피난작전이 단행될 수 있는 1차적 요인입니다. 우리는 지구라는 거대한 실재가 스스로를 보호하기 위해 자신을 괴롭히는 기생충들과 파괴적 요소들을 떨어버리는 동안 대기하고 있게 될 것입니다. 이런 문제들에 관련해 거기에 어떤 종류의 두려움의 여지는 없습니다. 우리가 여러분의 편에 서서 방심하지 않고 계속해서 불침번을 서고 있음을 알고 있는 모든 이들은 천상의 아버지께서는 자신의 창조물 하나 하나의 소재지와 여러분 머리카락의 숫자까지도 헤아리고 계시다는 것을 이해합니다. 그러니 안심해도 좋습니다.

우리는 빛의 자녀들에 관해서 말합니다. 행성지구는 향후의 황금시대를 대비한 자체적인 준비를 위해 정화기간에 진입할 것입니다. 여러분은 그 운명의 일부인 것이며, 지구와 그 영광을 물려받을 것입니다. 아쉬타 사령부에 대해 언급한 나는 화성의 코르톤이었습니다.

[8] 아쉬타 은하사령부 2006년의 메시지

레이디 아데나(Athena):
- 우주법칙의 작용과 지구변화 대비의 필요성에 대해 -

안녕하세요. 모든 빛의 존재들이여! 여러분에게 메시지를 전하고 있는 나는 지구에서 아쉬타 아데나 쉐란(Ashtar-Athena Sheran)이라고 알려진 여성인 아데나(Athena) 14)입니다. 현재 지구의 상황에 대한 이전의 예측정보들이 확실히 정확했던 것은 인류 의식의 다양한 파동에 대한 - 그들의 선택뿐만이 아니라 그 귀추에 대한 - 우리의 개괄적인 전망 때문이었습니다.

산고(産苦)의 마지막 단계와 유사하게 잇달아 발생하고 있는 증대된 지구상의 사건들의 주기(週期)는 현재 진행 중입니다. 거기에는 변형을 가져올 차

---
14) 아쉬타 사령관의 트윈 플레임(Twin Flame)에 해당되는 존재라고 함

아데나 쉐란

후의 사건에 앞서서 가까스로 깊은 숨을 한 번 몰아쉴 수 있는 어느 정도의 소강기간이 있게 될 것입니다.

생각이나 말, 그리고 행위를 통해서 세상에 뿌려진 씨앗들은 무엇이든지 현실화되어 그 결과가 나타납니다. 이러한 〈원인-결과의 법칙〉, 즉 인과법(因果法)이라는 우주법칙을 카르마(業), 되갚음, 또는 상호 교환 작용 등등의 뭐라고 부르든 여러분이 에너지적으로 외부로 발산한 것은 무엇이나 반드시 정확하게 다시 내보내진 곳으로 되돌아 갈 것입니다.

지난 2005년에 인류는 지구상의 모든 이들에게 다양한 경로로 일어나기로 예정돼 있는 7년의 주기(週期)에 진입했습니다. 그리고 이 주기는 인류를 굴복시켜 새로운 길로 전환케 할 것입니다. 그 가운데 한 가지는 오만한 인간의 에고(Ego)가 겸허하게 되고 우주 창조주의 최고 힘이 모두에게 뚜렷하게 형성되어 강화되리라는 것입니다. 또 다른 하나는 점차 많은 이들이 고난을 겪는 자들과 난민들에 대해 낮은 자세로 겸손히 봉사할 뿐만이 아니라 간구하는 신앙심 깊은 태도로 바뀔 것입니다.

인간이 신(神)으로부터 떨어져 나와 우주법칙을 위반하는 가운데 쌓아올리고자 추구했던 모든 것들이 흔들리게 될 것입니다. 그리고 자연의 모든 요소들이 지구촌이 청소되는 과정 속에서 변화하고 있습니다. 이 외관상 응보적으로 보이는 정화 작용들은 인류가 저지른 서로간의 무자비한 행위들에 대한 직접적인 결과에 지나지 않습니다. 인간의 이기주의(利己主義)라든가 도움이 필요한 자들에 대한 무정함과 냉담함, 사랑의 결여 같은 일반적 속성들은 앞으로 개막될 새로운 지구에서는 용납될 수 없는 요소들입니다. 이런 특성들은 그러한 일들이 자행된 곳에서 근절되고 일소되어야 합니다.

히브리(Hebrew)의 해석에 따르면, 인류는 창조주의 모습대로 다듬어져 신((神)에 준하는 존재로 창조되었습니다. 인류에게 부여된 의무는 신((神)의 말씀을 담은 일종의 성궤(聖櫃)로서 사랑을 시공(時空) 속에다 구현하는 것입니다. 즉 이는 신((神)의 살아 있는 빛과 말씀을 세상에 펼치는 것이고, 인간이 그 분의 신성한 성소(聖所)로서 봉사하는 것입니다.

고대 히브리인들은 인류를 "살아 있는 영(靈)들"로 정의했는데, 즉 하느님께서 지구상의 원소들로 형성된 육체라는 옷을 입은 영혼들을 숨을 내뿜어 방출했다는 것입니다. 지구상의 전래적인 아담의 시대에 인류만이 이 행성에서의 통치권과 관리자로서의 권한을 부여받았습니다. 육체의 옷을 입은 영혼인 인간만이 신성하게 지명을 받았고, 그런 까닭에 인류는 합법적인 지구상의 대표자인 것입니다. 육체를 갖지 않은 존재들은 이곳을 합법적으로 관리할 수가 없습니다.

인간은 하느님의 의지와 신성한 계획을 천상의 상태 그대로 지상에 드러내어 구현하기 위해 창조되었으며, 이는 그리스도와 동등한 후계자들 내지는 하느님의 아들들이라는 자격으로서 입니다. 하지만 3차원으로의 추락과 더불어 에덴동산으로부터의 추방은 곧 원래의 창조주로부터 이탈되는 결과를 가져 왔습니다. 따라서 신성한 계획과 인류라는 이 양자(兩者)의 원상회복이 필요합니다.

인류는 현재 새로운 우주의식권으로 옮겨졌습니다. 새로운 기원과 천상의 차원, 그리고 지구가 이러한 고된 산고(産苦) 속에서 배태된 것입니다. 신(神)의 사랑이라는 우주법칙에 맞게 살아가기로 선택한 영혼들과 자신의 이웃들에게 사랑어린 봉사의 삶을 사는 이들에게는 영광스럽고도 신성한 계시가 현실화될 것입니다. 그러므로 묵시나 계시는 각자 사람에 따라서 다르게 나타날 것입니다.

범세계적으로 일어나는 전체적인 알곡 추수나 졸업이 있기는 하지만, 그것은 현재 그 사람의 의식수준이나 빛의 주입도에 따라 개인적이고도 독특하게 경험되고 있습니다. 이것은 한 개인이 얼마나 영적인 자각을 이루었느냐와 진리와 자비를 일상적 삶 속에서 얼마나 지속적으로 실천하며 살고 있느냐에 관계가 있습니다. 이런 상위의 빛을 지닌 사람들은 그들 자신이 질병과 파괴, 해체, 죽음 자체와 같은 저급한 에너지 활동보다 높게 진동하고 있음을 발견할 것입니다.

가장 높은 수준의 의식을 가진 사람들은 거듭나지 않은 죄 많은 영혼들을 응징하고 교정하기 위해 계획된 사건들에 의해 자신들이 직접적으로 영향 받지 않는다는 사실을 알게 될 것입니다. 이런 빛의 운반자들은 스스로 커다란 평화와 기쁨, 사랑, 안도감을 경험하고 있음을 발견할 수도 있습니다. 아울러 그들은 자신이 뿌린 결과로서의 쓰라진 수확물을 얻게 될 자들의 불안과 두려움, 근심 같은 부정적 파장의 에너지들을 흡수하여 완화시키게 될 것입니다.

향후에 예상되는 일들의 특성에 대해 말하자면, 여러분 중에 아무도 이전에는 겪어본 적이 없는 것 같은 사건들을 경험하게 될 것입니다. 전례 없는 태양표면의 폭발현상과 태양풍 및 그 방사물들로 인해 전력공급이 중단될지도 모를 때를 위해 사전에 대비해야 합니다. 그리고 적절한 식사와 냉, 난방을 위해 대체수단을 마련하는 방법을 강구하십시오. 비상식수를 저장하도록 하고, 이용 가능한 정수(淨水) 시스템과 여분의 배터리, 의약품, 의복(특별히 매우 따뜻한 것으로), 튼튼한 운동화, 기타 생필품 등을 마련해 두세요.

도시를 떠나야 할 필요가 생길 때를 생각해서 미리 그 방법과 계획을 세워 두십시오. 비상사태가 일어나 정부당국자들이 대피하라고 발표하기 이전에 미리미리 만약을 대비해 피난할 계획을 세워두는 것이 좋습니다. 승용차에 늘 연료를 채워두고 언제나 움직일 수 있도록 해두십시오. 중요한 문서들은 사본을 만들고 귀중품과 함께 안전한 장소에다 보관하세요.

낮은 지대에 살고 있는 사람들은 큰 돌풍에 대해 경계하도록 하고, 지하실이나 지하 대피소에다 비상용품들을 잘 비축할 수 있을 겁니다. 삽과 도끼,

톱, 못, 그리고 충분한 양의 방수외투, 회중전등, 랜턴, 발전기 등은 손쉽게 이용할 수 있게 가까이 준비해 두어야 할 가장 중요한 품목들입니다. 경우에 따라서는 아마추어 무선가나 건전지로 작동하는 라디오가 여러분이 있는 지역에서 외부와 연결할 수 있는 유일한 수단이 될 수도 있습니다. 항상 중요한 전화번호를 기억해 두고 현금을 준비해 두십시오.

어떤 열대성의 폭풍도 가볍게 취급하지 말고 태풍이 갑작스럽게 치명적인 상황으로 돌변할 수 없다는 추측은 하지 마십시오. 그리고 항상 식량과 식수, 대피방법, 친구들 그리고 대피 장소들에 대해 생각해 두세요.

인생에 있어서의 여러분의 처지와 건강, 나이, 그리고 남아 있는 잠재수명 또는 일반적 공동체의 도움이나 의료적 처치가 불가능한 상황을 고려해 두는 것이 바람직합니다. 또 만약 당신이 부조화 내지 불화상태에 있다면, 자기 자신과 여러분의 창조주, 적들, 친구들 그리고 친척들과 화해하십시오.

살고, 사랑하고, 용서하고 여러분 자신과 향후의 미래를 신(神)의 손에 맡기십시오. 있을 수 있는 모든 형태의 중독과 탐닉, 그리고 집착의 속박에서 벗어나도록 하세요. 아울러 필요하다면 자기가 소유한 모든 것들을 뒤에 남겨두고 떠난다는 마음의 준비를 하는 것이 좋습니다. 스스로를 지탱하기 위한 자기만의 신념이 없다면 그것을 가지는 것이 좋은데, 왜냐하면 그것이 필요해질 것이기 때문입니다. 그 때까지 이 메시지를 읽는 여러분은 지금과 마찬가지로 우리의 경고가 과거에 이미 있었음을 알 것입니다. 따라서 여러분은 올해 말과 향후에 일어날 사건들을 오랫 동안 기억할 것입니다.

우리는 지진이 보통 잘 발생하지 않는 지역들에서의 활발한 지각 활동으로 인해 강력한 지진들이 곳곳에 있을 것임을 예견하고 있습니다. 또한 오랫동안 잠자던 상태의 휴화산(休火山)들이 깨어나 갑자기 활동을 시작하는 일들이 빈번하게 있을 것임과 화산폭발을 예상합니다. 우리는 또한 섬들이나 좁은 반도(半島), 해안지대, 그리고 해수면보다 낮은 지역들과 같이 위험성이 있는 모든 곳에 사는 주민들은 다른 장소로 옮길 것을 적극 충고하는 바입니다. 만약 여러분이 이전에 홍수가 범람했던 평원이나 습지대, 강이었던 지역 안에 살고 있다면, 이를 유의하기 바랍니다.

혹시라도 여러분이 댐 아래 살고 있지는 않은지 알아보고, 지진 발생시의 그 여파에 대해 조사해 보십시오. 과도한 강우(降雨)와 이류(泥流), 홍수, 갑작스런 지반침하로 인한 구멍들이 나타나고 있고, 앞으로 심각한 농업과 식량 생산의 감소 및 일반적 수송체계의 붕괴가 일어나 당분간 지속될 것으로 예상됩니다. 그리고 사나운 바람과 파도, 폭풍우 등이 사건 지역에서 맹위를 떨치며 나타납니다.

진정 가장 높은 비밀 속에 숨겨진 장소들에서 사는 사람들은 전능한 신(神)의 보호 아래 안전하게 머물 것입니다. 성경의 〈시편 91장〉을 읽고 그것을 기도하는 가운데 자신의 삶의 상황에다 응용해 보십시오. 이것이 위험으로부터 보호해주는 방패로서의 역할을 할 것입니다.

마지막 날에 선택된 이들은 이미 신성한 사랑과 외경(畏敬) 속에서 살고 있고 자신의 이웃들에게 적극적으로 봉사하고 있습니다. 그러한 여러분은 아마도 이런 모습들을 안전한 구역 내에서만 목격할 것입니다. 아무 것도 여러분과 자녀들에게 그 어떤 식으로도 해를 끼치지 못할 것입니다. 즉 여러분은 지구상에 다가와 인간의 가슴과 영혼에 상처를 입히려고 시도할 그 모든 것들로부터 아무런 피해도 받지 않게 될 것입니다. 또한 당신들은 식량과 식수가 물질화되어 나타나는 것을 경험할 것이고 자기들이 만연하는 질병과 전염병에 의해 전혀 영향 받지 않는다는 사실을 발견할 것입니다. 게다가 당신들은 기적적인 치유와 천상의 신성한 개입, 구조, 그리고 빛의 몸으로 변형되는 육체적인 부활을 볼 것입니다. 그렇습니다. 그것은 정확히 그리 될 것입니다.

당신들은 다가온 날들을 되돌아보고 인생역정에서 겪은 모든 수고로움이 이와 같은 시대에 태어나기로 선택한 것에 대한 감사함으로 바뀔 것입니다. 여러분은 지금 신성하고 불멸하는 영(靈)의 존재로서 영원한 삶을 살고 있음을 인식하십시오. 아울러 여러분을 기다리고 있는 영광 - 신(神)을 사랑하는 사람들을 위해 마련돼 있는 것 - 은 여러분의 상상과 우리의 전달하는 표현 이상의 것임을 알기 바랍니다.

여러분의 미래는 일찍이 당신들이 희생해야 했고 어려움을 극복해야 했을 만큼의 가치가 있게 될 것임을 신뢰하세요. 궁극적으로 모든 것들이 여태까지 보다 더 멋지게 복구될 것이고, 새로운 지구가 여러분을 기다리고 있습니다. 부디 가슴 속의 기쁨으로 새로운 세상을 맞이하기를! 신(神)의 이름으로 여러분에게 은총이 있기를 기원합니다.

아쉬타-아데나 쉐란

[9]지구의 위기 상황시에 관한 아쉬타 사령부의 구체적 지침들

만약 앞으로 지구에 극이동이나 대규모의 지각 변동이 발생한다면 그 상황은 인류를 엄청난 혼란과 극도의 공황 상태로 몰아갈 것이다. 아쉬타 사령부의 여러 우주인 사령관들은 1980년대부터 여러 채널러들을 통해 이 때 인류가 취해야 할 구체적 행동 지침에 관해 메시지를 전달해 왔다.

이 메시지는 1990년대 초에 수신된 내용으로서 어디까지나 그 시점에서 예측한 향후의 돌발적인 지축변동을 가정하고 보낸 메시지이다. 하지만 앞으로의 지구변화 과정은 그 당시 예측했던 것과는 달리 어느 정도 완화된 방향으로 진행될 가능성도 있다. 그럼에도 만약을 대비해 이 내용은 참고사항 정도로 받아들이면 좋을 것이다. 다음의 내용은 이에 관련된 사령관 예오르고스(Yeorgos)의 조언이다. 채널링은 투엘라와 G. 스토크등에 의해 이루어졌다.

"우리가 가지고 있는 수백만 대의 우주선들은 여러분 행성의 상공에 배치되어 있으며, 지구 축(軸)의 이동이 시작될 최초의 경고 시기에 여러분을 즉각적으로 들어 올려 대피시키기 위해 대기하고 있습니다. 이런 일이 발생했을 때 우리는 거대한 조수(潮水)의 파도가 지구의 해안선을 강타하기 전, 인류를 지표면으로부터 피난시키는 데에 매우 짧은 시간 밖에 가지고 있지 못합니다. 그러므로 가능한 한 해안에서 5마일 이상 멀리 내륙에 떨어져 있거나 보다 높은 곳에 있기 바랍니다. 이러한 해일은 지구 땅덩어리의 많은 부분을 덮어버릴 것입니다. 또 거대한 지진과 화산 폭발이 유발될 것이며 대륙들이 찢겨지거나 곳곳에 침몰과 융기가 일어날 것입니다.

우리는 빛의 영혼들을 우선적으로 구조하게 될 것입니다. 우리의 방대한 컴퓨터에는 인류 개개인이 현생(現生)과 과거의 생애들에서 행했던 생각과 행위들이 모두 저장되어 있습니다. 대피가 필요한 최초의 전조(前兆)가 나타났을 때 우리의 컴퓨터들은 빛의 영혼들이 그 어디에 있든지 간에 즉시 그의 주파수를 자동 추적하여 그가 있는 장소를 연결시킬 것입니다.

빛의 영혼들이 대피된 다음에는 어린아이들이 구조됩니다. 이 아이들은 자신의 행위에 책임을 질 만한 나이에 미달된 연령(年齡)으로 그들의 부모와 재결합될 때까지 특수한 우주선에서 보호될 겁니다. 우리들 가운데는 피난된 사람들을 돌봐주기 위해 특별히 훈련된 존재들이 있습니다. 한편 피난된 많은 사람들이 공포와 불안을 극복할 수 있도록 그들을 일시적으로 수면 상태에 빠지도록 할 수도 있습니다. 우리의 컴퓨터들은 지구상의 것들과는 비교할 수 없을 만큼 정교한데, 어린아이의 부모가 어디에 있든 그들을 찾아낼 수가 있으며 아이의 안전을 그들에게 통보할 것입니다.

이 시기에 지구의 대기는 날아다니는 불과 화산재, 유독가스로 가득 차게 될 것이며 지구의 자기장(磁氣場)은 심하게 교란되어질 겁니다. 때문에 매우 신속히 우주선과 함께 지구의 대기 속에서 벗어나야만 합니다. 따라서 '공중부양 빔(Lifting Beam)'들에 먼저 발을 들여놓는 사람들이 우선 우주선으로 들어 올려질 것입니다. 그리고 이때 어떤 망설임이나 수저함은 곧 육체라고 불리는 여러분의 3차원적 생명의 소멸을 의미하게 될 것입니다."

그런데 이러한 구조 과정에서 앞서 언급되었던 인간 의식의 주파수 문제가 여기서 다시 거론되고 있다. 더욱이 심성이 사악하거나 의식 레벨이 낮은 자들은 이 과정에서 단지 빔에 들려 올라가지 못하는 것뿐만 아니라 오히려 생명을 잃을 수도 있다는 경고가 다음과 같이 나타나 있다.

"이와 같은 구조 과정은 우리에게 가장 심각하고도 어려운 부분의 문제를 가져 옵니다. 이전에 언급한 바와 같이 빛의 영혼들은 지구의 물질적 삶에 집착하여 거기에 속박되어 있는 영혼들보다 높은 진동 주파수를 지니고 있습니다. 그러므로 그들은 별 문제가 없습니다. 그러나 다른 이들은 문제가 다릅니다.

요컨대 여러분을 지표면에서 들어 올리게 될 공중부양 빔은 지구상의 전기를 (인체에) 충전시키는 것과 매우 유사합니다. 때문에 낮은 진동 주파수의 사람들은 아마도 그들의 영혼이 3차원적 육체에서 방출되거나 이탈하지 않고는(※죽음을 뜻함) 그 광선의 높은 진동 주파수를 견뎌내기 힘들 것입니다.

여러분이 기억해야만 할 가장 중요한 요점은 이것입니다. 즉 공중부양 빔의 주파수와 조화되지 않는 공포와 같은 낮은 진동의 주파수를 지니지 말라는 겁니다. 빔 속에 들어설 때 공황 상태에 빠지지 말고 이완된 평정심을 유지하십시오! 그리고 우리들은 한 행성의 전체 주민들을 철수시키는 경험에 매우 숙달된 전문가들임을 알고 믿도록 하십시오. 여러분 중의 일부는 지구로 돌아가기 전에 지구에 빛의 시대를 열기 위해서 우리의 진보된 기술을 훈련받고자 우주의 다른 행성으로 옮겨질 것입니다. 앞으로 여러분의 행성 지구는 은하계 안에서 가장 아름다운 별이 되도록 운명 지어져 있습니다."

그리고 다음의 내용들은 지구에 현재 태어나 있는 외계의 영혼들인 이른바 '별의 종자들(Star Seeds)' 에게 전하고 있는 메시지들이다. 먼저 아쉬타 우주 사령부에 소속된 우주선 '르마다'호의 함장인 알레바(Aleva)라는 우주인의 말을 들어 보도록 하자.

"여러분 모두는 암호화되어 있습니다. 우리는 여러분의 대부분을 모니터(Monitor)해 왔으며, 따라서 우리는 여러분의 패턴과 삶의 스타일에 정통해 있습니다. 또한 우리는 여러분에게 우리의 사랑의 에너지를 보내고 있는 중입니다. 아울러 우리는 여러분이 이러한 모든 위기 속에서 무엇을 겪고 있는지도 이해하고 있습니다.

암호화된 빛의 봉사자들 모두는 이미 그들의 수면 상태 속에서 (유체이탈 상태로) 우리의 우주선 위에 임시적으로 데려와졌었습니다. 여러분이 최종적으로 우리의 공중부양 빔을 통해 우주선에 도착했을 때 여러분의 잠재의식 안에 저장된 모든 지식이 각성됩니다. 그때 여러분들은 비로소 이러한 새로운 환경들이 그리 낯설지 않다는 것을 느끼게 될 것입니다.

우리가 우주선 빔을 사용해야 할 위기가 지구에 왔을 때, 아마도 우리가 여러분에게 여러 번의 경고를 해줄 수 있는 시간은 없을 것입니다. 그러나 여러분이 알다시피 그런 상황에서 빔 속에 있든 그 밖의 어디에 있든, 모든 것을 넘어설 수 있는 열쇠는 사랑입니다. 그러므로 가슴속에 항상 사랑이 흐르도록 유지하십시오."

다음은 앞서 언급된 우주인 마스터 하톤(Hatonn)이 별의 종자에 해당되는 사람들에게 전하는 메시지이다.

"별의 씨앗 여러분! 여러분 각자의 이름은 우리의 거대한 데이터 뱅크(Data Bank)에 모두 기록되어 있습니다. 또한 여러분이 살고 있는 지구의 각 구역은 그곳을 관할하고 있는 우리 사령부의 어떤 함대나 사령관들에게 할당되어 있습니다. 우리는 여러분이 그곳에 있다는 것을 정확하게 알고 있습니다.

그러므로 여러분 각자는 위기의 순간에 실수 없이 명확하게 우리의 지시를 수신하게 되며, 따라서 주어진 시간에 어디에 있어야 할지를 알게 될 것입니다. 아무도 빠뜨려지거나 간과되지 않을 겁니다. 거대한 집단 이동과 탈출 과정에서 헤어지고 흩어진 가족들은 곧 우주선상에서 다시 만나게 될 것입니다. 어떤 종류의 두려움을 가져서는 안 됩니다. 오로지 창조주에 대한 감사의 마음을 가질 필요가 있습니다."

[10] 대백색형제단(大白色兄弟團)이란 무엇인가?

채널링을 통해 들어오는 우주인의 메시지나 영적 메시지를 접하다 보면 자주 눈에 띄는 용어가 '대백색형제단(The Great White Brotherhood)'이라는 단어이다. 필자가 기억하기로 이 용어가 처음 나오는 곳은 1985년에 처음 국내에 번역 출판되었던 〈초인생활(超人生活)〉이라는 책이었다. 이 책이 외국에서 처음 출판된 것은 꽤 오래 전이라고 알고 있는데, 그 내용은 저자인 스폴딩(Spolding)씨가 1894년 히말라야를 방문하여 그곳의 성자(聖者)들 만나 3년 6개월간 체험한 기록이라고 한다.

여러 가지 정보를 종합해 볼 때 한마디로 대백색형제단이란, 높은 영적 깨달음에 도달한 지구와 우주의 마스터(大師)들과 빛의 존재들로 구성된 지구영단(靈團)을 지칭하는 것이다. 보통 채널링 메시지들 속에서는 이 단체를 영어로 보통 "Spiritual Hierarchy"라고 표기하고 있으며, 이들의 목적은 인류를 포함한 우주의 모든 생명들의 영적 진화를 돕기 위한 것이라고 알려져 있다.

〈초인생활〉에 따르면 예수 역시도 생전에 이 신성한 빛의 조직과 접촉했으며, 진리를 전파하기 전에 여기의 한 멤버로서 연단(鍊鍛) 과정을 거쳤다고 언급되어 있다. 이 조직은 전 세계에 걸쳐 하나의 그룹을 중심으로 그 아래에 12개의 하부 그룹이 있고, 계속 피라미드 조직 형태로 퍼져서 총 216개의 그룹이 활동하고 있다고 한다.

여기에 소속된 주요 마스터적인 존재들로는 쿠트후미, 멜기세덱, 엘 모리아, 성모, 마이트레야(彌勒), 듀알 컬, 힐라리온, 공자, 나다(Nada), 관세음, 마하초한, 성 저메인, 사난다(예수) 등등이 잘 알려져 있다. 배후에서 이루어지는 이들의 주활동은 어디까지나 인류의 영적진화를 관장하고 사랑과 평화를 위한 영적 계몽 및 인도라고 한다.

'유대인 신디케이트(Jewish Syndicate)'라는 어둠의 세력이 지구를 배후에서 통제, 조종하고 있는 한편에서는 또 이와 정반대의 빛의 세력도 활동하고 있는 것이다. 지구상에서 인류에 섞여서 활동하는 대백색형제단 멤버들 말고도 높은 차원계에서 영적 존재로 머물러 있는 세력들도 많다고 한다. 다음의 내용은 '대백색형제단'에 관해 우주로부터 온 채널링 내용을 간략히 정리한 것이다.

*[채널링:빅키 데이비스]

대백색형제단을 구성하고 있는 신인(神人)들은 상승된 마스터들(Masters)과 데바들(Devas), 세라핌, 케루빔 등의 천사들, 그리고 우주적 존재들과 자연령들이다. 한 영혼의 의식(意識)이 확장되고 신성(神性)과 아름다움, 지식과 지혜를 진정으로 깨닫게 되었을 때 그는 지구의 문제에 대해 전혀 다른 관점을 가지게 된다.

다시 말해 산의 낮은 경사면에 머물러 있는 인간들과는 달리 산의 정상에서 세상을 조망하는 것처럼 되는 것이다. 신성 의식(神性意識)으로 확장되고 높아진 영혼은 보다 명확한 비전과 참다운 시각으로 사물을 볼 수가 있다. 그러므로 이 위대한 존재들은 산의 정상에서 직접 사랑과 빛의 에너지를 지구의 어둠 속으로 방사하게 되는 것이다.

대백색형제단은 이러한 영혼들과 신인(神人)들로 구성되어 있다. 이들이 인간 세계를 위해 형성한 영단(靈團)인 이 신정 세계(神政世界)는 하나의 권한을 가지고 있다. 그리고 이 영단의 모든 존재들은 지구와 진화를 위해 봉사하고 있는 것이다. 이 형제단의 목적은 전진하는 인류의 영적 진화를 돕는 것이다. 이 백색형제단은 대단히 오래 되었으며, 때때로 이들이 지구의 외딴 지역의 비밀 장소들에 은거해 있었을 때일 지라도 이들은 항상 존재해왔다.

어둠의 세력이 지구를 지배하고 있는 이유로 이들은 은밀히 활동해 왔던 것이다. 영국은 이들은 원래의 고향과도 같으며, 히말라야와 중동(中東), 안데스등에는 아직 이들의 기록이 남아 있다. 지구상의 어디에나 형제단의 증거는 존재하며 공고히 새겨져 있는 것이다. 뿐만 아니라 인간 영혼의 내면 속에서 이들은 모든 세대에 걸쳐 인정되어 왔다. 어떤 사람들은 '장미 십자회'가 백색형제단에서 갈라져 나온 분맥(分脈)이라고 이야기 한다. 또 현재와 과거의 신비주의 가르침들은 백색형제단의 가르침에 토대를 둔 것이라고 말해져 왔다. 아직도 이들 위대한 존재들은 많은 창조적 활동들과 다양한 형태의 봉사를 수행하고 있다. … (중략) …

전세계에 걸쳐 인간들에게 알려지지 않은 마스터들과 우주 동포들이 존재하고 있다. 이 마스터들은 육체로 살고 있고 인간들 사이에서 움직이고 있다. 또 그들은 조용하고 외딴 장소에 거주할 수도 있으며, 임무상 필요하다면 도시 속에 나타날 수도 있다. 또 지구상에는 백색형제단의 활동을 돕기 위해 형성된 그룹들이 있다. 그들은 영혼 내면의 평범한 인간애로 함께 일하고 있다. 백색형제단의 완전한 심벌은 둥근 원 안에 있는 빛의 십자가 중심에 별이 하나 있는 형태이다. 이것은 가장 오래된 상징으로 알려져 있다. 백색 형제단은 자신을 위해 살지 않는다.

지구 전역에는 백색형제단의 다양한 은신처와 지부들이 있다. 이곳은 높은 영적 단계로 상승한 마스터들과 아직 상승되지 못한 마스터들, 그리고 이들을 돕는 첼라들(Chelas:일종의 입문자나 제자들)이 모여 위대한 빛을 모으는 장소이다. 미국의 샤스타(Shasta) 산과 휘트니 산에 백색형제단의 중심지가 있다. 또 브라질의 정글과 인도 베나레스의 캘커타 거주 지역, 그리고 프랑스의 파리가 내려다보이는 곳에도 은신처가 있으며, 또 세계 곳곳에 다른 장소들이 존재한다.

[11] 아쉬타 사령부와 대백색형제단과의 관계

다음의 내용은 아쉬타 사령부와 대백색 형제단과의 관계에 대해서 아쉬타 사령부에서 전해온 정보로서 신성한 두 조직 간의 상호 관계에 대해 잘 설명해주고 있다. 채널링은 아리아나 쉐란(Ariana Sheran)에 의해 이루어졌다.

우주의 높은 차원들 속에는 3차원의 삶 속에 있는 사람들을 사랑하며 인도하는 위대한 빛의 존재들이 많이 있다. 이러한 존재들은 물질적인 체(體)가 아니라 에너지체로 형성되어 있다. 그들은 여러분이 여러 '차원(次元:Dimension)'들로 알고 있는 다양한 깨달음의 단계에 있으며, 이들의 에너지는 여러분의 삶에 명백히 영향을 끼치고 있다. 그들은 아이디어나 꿈, 또는 직관적인 생각, 그리고 어떤 텔레파시나 채널링으로 당신들을 원조한다.

우리는 이런 존재들을 오래 전부터 '대백색형제단'으로 부르곤 하였다. 여기에는 여러분이 상승된 마스터들로 알고 있는 에너지체 존재들도 포함된다. 여기에는 또한 결코 지구상에 육화한 적이 없는 사랑과 빛의 에너지체들도 포함되어 있다.

아울러 '대백색형제단'은 현재 지구 위에 살고 있는 사람들도 일부 그 구성에 포함된다. 그들은 긍정적인 성향을 갖고 살고 있으며, 그들이 깨닫고 있든 못 깨닫고 있든 영적인 진로를 걸어가고 있는 사람들이다. 대백색형제단은 인종이나 피부색하고는 아무런 관계가 없다. 그것은 오로지 가슴 속의 빛과 함께하는 것에 관계가 있을 뿐이다. 지구상에 태곳적부터 존재해 왔던 모든 신비주의 학교들은 이런 에테르적인 조직에 의해서 준비되고 결성된 것이다.

이것은 여러분의 시간으로 수십억 년에 걸쳐 존재해 왔으며, 그 진행 과정은 당신들의 상상을 불허(不許)한다. 그것은 지구가 그 영광스러운 창조 속에서 꽃피기 시작할 때부터 존재해 왔음을 이제 알기 바란다. 아쉬타 사령부는 위대한 백색형제단의 일부이다. 이것은 지구에 인류가 최초로 거주한 이래로 하나의 사령부로서 계속 함께해 왔다. 아쉬타 사령부를 구성한 존재들은 커다란 사랑을 지닌 놀랄 만한 에너지체들이다.

"위에서와 같이 아래에서도"라는 말과 같이 아쉬타 사령부는 에테르적인 에너지체의 존재들 외에도 또한 지구상에 살고 있는 존재들을 포함하고 있다. (우주의 영혼들을 성장시키려는) 지구의 사명이 처음 시작되었을 때 대천사 미카엘(Michael)에 의해서 지구에 태어날 자원자들이 요청되어졌다. 따라서 아쉬타 사령부의 많은 멤버들이 사령부를 떠났고, 일부는 녹색 행성 지구에 태어나 수많은 환생을 거치며 존재해 오고 있다.

여러분 가운데 많은 이들이 자신이 신성한 존재라는 것과 지금 지구와 함께하고 있는 것처럼 자신이 오랫동안 다른 행성들을 높은 차원계로 변화시켜 온 상승된 마스터였다는 것을 잊어버리고 있다. 그러나 그 망각의 베일은 점점 더 엷어지고 있는 중이다. 이제 1990년대 들어 많은 사람들이 기억하기 시작했다. 다시 말해 자신이 본래 지구인이 아니라는 것을 알기 시작한 것이다. 그들은 자신들을 '스타 피플(Star People)'이라고 부른다.

이중 많은 이들이 아쉬타 사령부의 멤버였다. 물론 그들은 또한 대백색형제단의 일부였던 것이다. 지구상에 살고 있는 '스타 피플'들을 관찰하고 인도하는 것과 지구 자체를 수십억 년에 걸쳐 관찰하는 것은 아쉬타 사령부의 특별한 목표였다. 이것은 물질적인 상태에서 사랑과 빛의 교육을 받는 사람들과 그들의 파트너들, 그리고 높은 차원계에 에너지체의 형태로 남아 있는 영혼의 가족 모두에게 위대하고도 놀랄 만한 개인 교습이었다.

행성 지구가 높은 차원으로 옮겨가는 시간과 장엄한 재결합의 시간이 가까운 장래에 다가와 있다. 그것이 고향으로 돌아가는 시기라고 느끼는 '스타 피플'들의 감정은 정확한 것이다. 그 고향이 비록 가슴 속에 있을지라도 그들의 마음 중심에서는 거기에 물질적인 것 이상의 무엇이 있다는 것을 알고 있다.

1980년대 동안에 아쉬타 사령부와 '스타 피플'에 관계된 많은 활동과 깨달음이 있었다. 아쉬타 사령부는 여러 차원들뿐만이 아니라 많은 행성들로부터 온 존재들로 구성되어 있다. 그리고 이런 행성들의 일부는 UFO 함대를 운용하고 있다. 이 우주선들은 지구의 상공에서 활동해 왔고, 때때로 어떤 형태로 물질화되어 나타날 수 있었다. 더더욱 많은 사람들이 1980년대에 깨닫게 되었고, 이제 1990년대에 들어 지금은 채널링과 내부의 각성, UFO 활동 및 사람들이 자기의 목적과 사명을 깨달음으로 해서 더욱 활성화되었다. 그리고 이 모든 것이 아쉬타 사령부의 사랑을 지닌 에너지 세력들에 의해서 세심하게 관찰되었다.

사령부의 명칭으로 나중에 명명된 '아쉬타(Ashtar)'는 매우 큰 사랑과 포용력을 지닌 사령부 내의 한 멤버이다. 그는 대백색형제단과 특히 주 '사난다'와 함께 열심히 일해 왔으며 지구에 관한 임무를 가진 위대한 사령관이다. 지구가 오래 전 그 변화를 시작했을 때, 사난다는 사령부의 대부(代父)와 같은 역할을 해왔다. 아쉬타는 사령부의 첫머리 이름으로 명명되었고, 이것은 지구에 관한 그의 사명을 촉진시키고자 그의 주위에 에너지를 모아주기 위한 것이었다. 이것은 바로 '비슷한 것끼리는 서로 끌어 당긴다(類類 相從)'는 자기 법칙(磁氣法則)에 의해서 이루어졌다. 해야할 일이 있는 곳에는 그것을 이루기 위해서 그 일을 믿는 사람들이 함께 모이는 것이다. 아쉬타 사령부 내의 사령관(Commander)이란, 어떤 군사적인 조직의 직제가 아니다. 사령관이란 존재는 사령부 내의 모든 구성원들이 지구를 그 영광스러운 상태로 되돌리기 위한 비전(Vision)을 유지하는 통로다.

친애하는 이들이여! 아쉬타 사령부는 실재한다. 또한 대백색형제단도 실재하는 것이다. 지금부터 지구가 일으키는 변화가 더욱더 활성화되어 여러분에게 목격되고 느껴질 것이다. 그러나 여러분의 길잡이인 우리는 매우 경험이 많다.

여러분은 대백색형제단의 어떤 멤버도, 특히 주 사난다와 대천사 주 미카엘을 불러낼 수가 있다. 또한 아쉬타 사령부의 어떠한 멤버들에게도 길잡이와 도움을 부탁할 수가 있다. 여러분은 지구의 변동기 동안 많은 변화를 겪게 될 것이다. 따라서 인간과 동물들, 그리고 모든 생명들이 변화하고 있는 중이다. 만약 여러분이 자신을 위해 보호를 요청한다면 여러분은 보호될 것이고, 도움을 받게 될 것이다.

친애하는 이들이여! 여러분의 길잡이는 든든하다는 것을 기억하라. 그리고 또한 항상 모든 면에서 지원받고 있다는 것을 인식하고, 자신의 영적(靈的)인 길을 걸어가도록 하라.

4장 우주로부터 온 메시지들

[12] 아쉬타 은하 함대 사령부 안내

[아쉬타 사령부]
- 우리의 사명, 목적, 그리고 방향 -

아쉬타 사령부는 지구에서 예수 또는 그리스도로 알려져 있는 '사난다'의 영적인 지도와 아쉬타 사령관의 지휘 체계 아래 있는 위대한 빛의 형제/자매들의 공수 사단(UFO함대)이다. 많은 다른 문명으로부터 온 수백만의 항성 간 우주선들과 인원들로 구성된 우리는 지구의 현(現) 행성적 정화(淨化)와 남북극의 재정렬 사이클(週期) 내내 지구와 인류를 원조하고자 여기에 있는 것이다. 우리는 인류가 지금의 조밀하고 둔중한 육체적 상태로부터 물질적이면서도 에테르적인 빛의 몸으로 다시 태어나 지구와 함께 5차원으로 상승할 수 있도록 산파들처럼 봉사하고 있다.

아쉬타 사령부에서 독수리는 멤버들 가운데 자원해서 지구에 태어난 지혜의 영혼들을 상징한다.

1. 우리는 사랑의 사명을 지닌 가장 빛나는 한 사람(그리스도)을 후원하는 하늘의 주인들이다. 우리는 신성한 계획을 집행하는 70인의 빛의 형제단과 미카엘, 우리엘, 조피엘, 가브리엘 군단(軍團)들과의 조정 속에 일하고 있다. 또한 우리는 행성의 격자(格子) 시스템을 관찰하면서 안정시키고 이 우주 구역의 보호자로서 봉사하고 있다.

사령부 내의 다른 함대들은 다양한 분야에 걸쳐 전문화되어 있는데 그것은 다음과 같다. 영적(靈的)인 교육, (지구의 차원) 상승, 과학적 조사, 커뮤니케이션, 행성적 사건의 감시, 우리 구성원들의 복지, 우주적이고 은하간의 정치적 교섭, 그리고 법률, 종(種)들의 관찰, 교육, 재배치, 미디어와 예술적 표현, 치료, 원예학, 동물학, 그리고 기타 많은 다른 연구 영역 등등 ……

2. 이 시점에 있어서 한 가지 중요한 초점은 144,000명의 집단적인 메시아들을 활성화하는 것인데, 이들은 상승된 마스터(교사)들로서 군단 내의 특수한 자원자들로 형성된 것이다.(※사령부 내에서는 이들을 독수리들이라고 말한다) 이들은 '항성간 빛의 위원회'를 통해서 그리스도의 임무를 띠고 지구위에 지정되어 뿌려진 별의 사자(使者)들이다. 그들의 깨어남(覺醒)은 행성 지구의 (차원)전환에 결정적인 것이다. 그러므로 우리와 지구에 기지를 두고 있는 우리의 대표자들은 여기에서 그 독수리들과 다른 빛의 봉사

자들의 깨어남을 촉진시키고 있다. 우리의 사명은 가장 높은 창조주의 신성한 계획과 엘로힘을 통한 직무, 오리온 위원회, 위대한 중심 태양계, 그리고 멜키세덱의 명령을 집행하는 것이다.

사이바바는 인도와 세계 각국인들로부터 성자로 추앙받고 있다.

3. 우리는 창조주라는 근원을 '어디에나 편재(遍在)하는 존재', '영원한 생명력', 그리고 우주적으로 인지된 많은 이름과 형태로서 인정한다.

4, 우리는 유일하게 창조주의 아들을 생기게 한 어떤 것이 있음을 긍정하는데, 그것은 창조의 시작부터 끝까지 확장된 무조건적인 사랑이다. 창조주의 가장 높은 영(靈)의 절대계(界)는 오로지 사랑에 의해서 창조되었고 확장되었다.

이 창조주의 아들은 신성한 의식 상태로 또는 예수(사난다), 마이트레야(彌勒), 크리슈나, 기타 다른 존재들과 같이 신성한 화신(化身)들에 의해 예증된 그리스도들로서 존재한다. 이러한 모든 영적 스승들과 아바타(avatar : 인류에게 빛을 주기 위해 내려온 높은 존재)들은 다차원적이고 집단적인 사랑과 지혜를 제공하는 데 초점을 맞추었다. 그리고 그리스도의 임무를 통해서 이를 확장하였다. 이러한 임무는 다른 신성한 군주들의 거룩한 경영과 마찬가지로 삼위일체로 정착했다. 지금까지 그리스도의 역할은 예수와 엘리야에 의해서 지속되어 왔다.

현재 행성 지구의 그리스도는 미륵(Maitreya)이다.15) 사트바 사이바바(Sai Baba)는 현재 남(南)인도에 거주하고 있는데, 그는 칼키 아바타 또는 10번째 환생한 비슈누 신(神)으로 알려진 극히 드문 완전한 아바타로서 우주적 그리스도단과 그리고 또한 아버지-어머니 신(神)으로 나타났다. 그리스도는 또한 완전한 창조주의 아들과 그리스도단을 나타내는 잠재성과 함께 인류 내에 개별화된 영혼으로서 나타난다. 144,000명으로 구성된 이 집단적 메시아들은 마스터들로 상승되었는데 이들은 그리스도 또는 사랑의 사명을 지닌 지정된 메시아를 동반한다. 이들의 구성이 진정한 교회(성직)이며 그리스도의 조직체이다.

이러한 신성한(하늘의) 자식들로서의 조직체는 144,000으로 한정되어 있는 것이 아니라, 인류가 차원 상승하거나 새로운 패러다임으로 이동하기 위한 최소한의 숫자로서 필요한 것이다. 은총(恩寵)의 문은 앞으로 전진하

---

15) 이 메시지가 수신된 시점인 1990년대 당시에는 마이트레야 <행성 그리스도(Planetary Christ)>였으나 현재 이것은 변경되었다. 사나트 쿠마라의 금성귀환에 따른 영단내에서의 직책 이동이 있었으며, 그에 따라 마이트레야 대사는 현재 행성 붓다(Planetary Buddha)로 승격되었고, <행성 그리스도>직과 <세계의 스승(World Teacher)>직은 마스터 사난다(예수)와 쿠트후미 대사가 공동으로 맡고 있는 것으로 알려져 있다.

여 의식적으로 신성한 신의 자식이 되고자 선택하는 사람에게는 누구에게나 열려 있다.

(여기서 아들, 아버지 또는 인류라는 말들은 통속적인 성(性)적인 칭호로서 언급하는 것이 아니라 신성한 영적(靈的)인 역할 또는 영혼을 지칭한다. 프라크리티(Prakrithi) 또는 물질적 창조는 딸, 어머니, 여신(女神), 생식력(生殖力) 등의 말로 알려져 있는 민감한 영적인 기능을 의미한다. 영혼이라는 것은 창조주의 아들, 딸, 혼, 또는 그리스도 자아로 형성되어 태어난 것이다. 이러한 주제들에 관해 많은 논쟁이 있는 까닭에 우리는 이것들을 명료하고도 명확하게 하기를 원한다. 우리 아쉬타 사령부는 그리스도를 간단하게 가장 빛나는 한 존재 또는 가장 사랑하는 존재로서 언급할 수 있다.)

5. 우리는 당신들이 신(神)의 가슴을 결코 떠난 적이 없다는 최상의 진실을 깨닫게 하고자 한다. 신(神)이라는 원천의 광선들일 때 우리는 신의 사랑을 우주 전체로 확장하는 신성한 역할을 가지고 있다.(우리가 모든 거짓의 아버지 또는 모든 공포와 소극성, 무지(無知)의 원인이 되는 뿌리로 언급한 분리 속에서의 믿음은 우리가 에고(Ego), 또는 그릇된 자아(自我)라고 말한 것에 나타나 있다).

우리는 조건 없는 사랑이라는 하나의 진실한 종교를 실행한다. 우리는 이제까지 하나의 근원 속에서 그리고 신성한 계획과 목적 속에서 신념과 책임을 고무하고자 노력했다. 우리의 메시지는 항상 확실한 하나의 희망과 긍정이다. 우리는 다시 또 다른 종교를 시작하기 위해서 온 것이 아니기 때문에, 여러분의 기존 행로를 따라 당신들의 신(神)에 대한 존경을 격려하고자 한다. 우리는 그대들로부터 따로 분리되어 우상화되거나 숭배받기를 바라는 것이 아니라, 모든 것이 하나인 창조주의 생명 속에서 당신들의 손위 형제, 자매로서 보여 지고 높이 평가되고자 하는 것이다.

6. 우리는 우주의 평화 사절단, 평화 조정자, 그리고 평화 유지자들이다. 우리의 우주선들은 어떠한 방어 장치들도 가지고 있지 않다. 우리의 공약은 사고(思考)와 언어, 그리고 행위에서 그 자체의 보호를 위해 무해성(無害性)을 완료하는 것이다. 우리는 이제까지 합일과 조화, 그리고 모두의 평화적인 공존을 고무해 왔다.

7. '사령부' 그리고 '사령관'이라는 말들은 우리 사령부 내에서 자체 선출된 직책에 있는 존재와 가장 높고 가장 빛나는 하나의 존재인 창조주의 명령에 관한 우리의 책임과 의무를 위한 우리들의 직책들을 말한다.(이러한 용어들이 전투적인 태도를 함축하고 있는 것은 달리 방법이 없다) 한 사람의 진실된 사령관은 영혼의 겸손 속에서 처신하며, 또 신성한 지시에

대한 순수한 조율 속에서 봉사한다.

8. 우리는 자유 의지와 함께하는 불간섭적인 (은하)연합 정책 내에서 엄격히 체류한다. 우리가 그 가능성을 지적해도 좋은 어떤 당신들 행동의 중대한 선택들이 일어나는 동안, 우리는 여러분이 선택한 대로의 행성과 삶에 있어서의 생활과 표현, 그리고 통치를 그대로 허용한다.

유일한 예외는 여러분의 행동이 행성과 전체 주민의 생존을 위태롭게 하거나 나머지 태양계 전체에 간접 영향을 미칠 경우에 한해서이다. 그러나 우리는 여러분의 원조에 관한 특수한 요청에 응답하고자 언제나 가능한 거리에 존재하고 있다. 우리는 당신들과 같이 의식적으로 상호 작용하고 공동 창조적인 노력을 함께하는 것에 관해 열성적이다.

9. 우리는 본래 신성한 것들과 마찬가지로 모든 생명과 모든 사람들을 존중한다. 우리는 하나의 종족이 아닌 (천상의 우주적 인간으로서의) 인류라는 종족을 인식한다. 우리는 모든 종족들의 명예와 색깔들, 신조(주의) 그리고 개인의 인권으로 부여된 표현의 자유와 정치적 형태들을 찬양한다. 우리는 여러분들을 조건 없이 사랑하며 그리고 지구의 미래와 살아 있는 인간애, 상승, 또한 자유와 번영 속에서 기쁘게 빛나는 인류 전체를 지키고자 한다.

10. 우리는 지구를 돌보는 수호자이다. ASH는 옛날의 한 멜기세덱이었던 지도자를 의미한다. 아쉬타는 가장 빛나는 존재인 사난다의 행정상의 함대들을 감독하는 사령관으로서의 1인을 위한 암호명(Code Name)이다. 아테나(Atena)는 아쉬타에 대응되는 에너지이다. 그리고 별의 씨앗들을 가르치고 활성화하는 것을 통해 지혜를 함께 나누어 봉사하고자 물질적인(객관적인) 형태로 송송 보내지는 양상을 지니고 있다. 따라서 아쉬타와 아테나는 분리되어 작용할 수도 있고 두 빛이 하나의 형태로 결합되어 작용할 수도 있는데, 이러한 기능을 지닌 존재의 암호명이 '아쉬타-아테나'이다. 또한 그들은 우주적 차원의 거대한 대신령(大神靈)의 의식으로 작용하거나 별가족(Star Family)의 아쉬타-아테나로 암호화되어 작용하기도 한다.

이 이름은 종종 아쉬타의 쉐란과 연결된 것으로 보여지는데 쉐란은 부활하고 상승하는 한 행성계를 돕고자 이 우주 구역으로 온 존재를 말하며, 알지 못하는 666의 암호로부터 소생된 영원한 생명, 또는 999 그것으로 인해서 다시 연결되는, 다시 말하자면 하나의 행성계가 영원히 지속되는 생명나무로 돌아가는 것을 의미한다. 이것은 특히 그리스도의 본보기를 통해 하나의 세계를 복구시키는 신성한 계획과 원조의 에너지를 가지고 일하는 것을 의미한다.

AN 또는 ON의 정렬은 조화의 우주 법칙을 가르치는 주요 사이클이 시작되고 끝나는 것을 나타낸다. 우리는 당신들이 이해하고 있는 것과 같은 이름을 가지고 있지 않다. 단 우리는 신성한 직능들을 상징하는 코드 칭호를 가지고 있다.

11. 우리의 직능은 통일된 의지와 전체적 조화에 의해 결합된 신성한 목적의 단위들과 같다. 혼자서 가져도 좋은 어떠한 우리들의 지위도 영적인 순수와 통합의 결과이다. 방금 말한 것은 또한 당신들에 있어서도 진실인 것이다. 한 사람이 우주적 근원(宇宙意識)과 분명히 정렬될 때 다른 한 사람은 보다 큰 신성한 권한 부여의 흐름에 하나의 통로 내지 도랑이 된다.

한 사람이 자기의 에고(자아)의 부스러기들을 쌓아 신성한 흐름을 방해할 때 이 흐름은 보다 맑은 도랑을 찾게 된다. 어느 누구의 지위를 승진시키거나 강등시키는 권한은 우리도 또 지구에 기지를 둔 대표자도 부여받지 못했다. 우리들 각자는 오로지 창조주 안에서만 해명할 의무가 있는 것이다.

따라서 여러분과 우리는 낮은 자아(自我)를 초월하고 영적(靈的)인 투명성을 유지해야 하는 공통의 임무를 공유하고 있다. 그리고 또 항상 사심없이 사랑의 봉사에 초점을 맞추어야 하는 우리 모두는 우리가 참으로 상승하기 위해 필요한 영광스러운 존재의 상태, 즉 영원히 신성한 영혼, 가슴, 그리고 선택의 자유 등을 타고난 것이다. 이런 이유로 해서 우리는 지구를 영적으로든 물질적으로든 외부 기술의 종속물(식민지)로 조장하지 않는다. 여러분이 차원 상승하기 위해서는 오로지 여러분의 동료들과 함께 나누는 신(神)의 사랑으로 채워진 순수한 가슴이 필요할 뿐이다.

12. 우리의 주요 가르침과 메시지는 영적인 인식과 깨달음에 초점을 맞추고 신성한 자아를 구현하는 것이다. 이것은 하나의 개인적인 영적고취 임무이다. 생명 에너지와 육체, 감정체, 멘탈체로의 높은 자아의 통합, 그리고 3, 4차원에서 완전한 인격 상태인 아담 카드몬의 5차원으로의 상승 등 이러한 수단들은 지구의 인류를 위한 것이다. 이것은 오로지 가장 높은 수준의 순수한 사랑과 빛에 진동하는 자아를 점차적으로 훈련하는 것에 의해 성취된다. 우리는 우주적 레벨에서 비슷한 방법을 계속하고 있다. 그리고 이 과정은 현재 진행 중이다.

13. 신성한 우주적 차원에서 아쉬타 사령부 임무의 행정상의 수준들은 하늘의 천사적인 상태에서 가장 잘 이해될 수 있다. 이러한 수준들에서 우리는 빛의 자문 위원회, 성스러운 노력과 신성한 목적의 대표자들로서 역할을 다한다. 우리들은 당신들이 현존하는 상태에서 소위 에테르적이고 죽지 않는 빛의 몸으로 상승하는 가운데 순수한 빛과 사랑으로서 임무를 행할 것이다. 다차원적인 존재인 우리는 봉사하기 위해 어떤 차원의 수준에서든

우리의 진동수를 높일 수도 낮출 수도 있다.

14. '아쉬타 사령부' 또는 '은하 사령부'로 알고 있는 태양계 십자 함대들은 우주적 기원의 지점들과 여러 문명들, 많은 차원들을 대표하는 인원들로 구성되어 있다. 우리는 지구에 기지를 두고 있는 수천 명의 인원들과 행성 지구의 상승을 함께 돕고자 자원해서 지구에 태어난 대표자들을 가지고 있다. 또한 우리에게는 종종 빛으로 구체화되어 (육체를) 드나들 수 있는 지도자들이 있는데 그들은 대신령(大神靈)의 수준에서 작용한다. 우리들의 주요 특성들은 즐거운 봉사, 고요함, 빛남 그리고 선의(善意), 사랑이다.

　(지구의 차원이 변형되고 상승되는 동안 많은 외계 문명의 방문과 관찰이 있게 된다. 어떤 존재들은 호기심 많은 관찰자들이고 또 일부는 데이터를 수집하려는 유전 과학자들, 과학적 조사팀. 그리고 아직 진화, 상승하지 못한 다양한 다른 존재들이 여기에 포함된다. 아쉬타 사령부와 제휴되지 않은 어떤 존재들(외계인)은 공포와 불길(不吉), 의기소침, 또는 위압의 에너지를 가져올 수 있다. 그러나 우리의 에너지 징후는 항상 사랑이다. 우리는 (인간의) 납치, 이식(移植), 조작, 또는 어떠한 형태의 정신적 조종과 같은 행위들을 하지 않는다. 우리는 점쟁이가 아니며 여러분들에게 무엇을 해야만 한다고 말하며 강제하지도 않는다.

　단지 우리는 만약 여러분이 무언가 봉사하고자 스스로 선택한다면 어느 지역에서 봉사하는 것이 유용하다고 지적할 수는 있다. 우리는 언제나 그리고 지금까지도 여러분의 고유한 방식으로 자신의 인생을 선택할 수 있는 자유의지와 권리를 존중한다. 마찬가지로 여러분이 무엇을 하든 우리는 여러분을 심판(재판)할 수 있는 위치에 있지 않다. 그것은 오로지 여러분과 창조주 사이에 속하는 문제인 것이다. 우리는 당신들을 채점하지 않는다).

15. 만약 당신들이 우리와 함께 상호 작용하고자 한다면 여러분 자신을 신뢰하기 바란다. 우리는 원격 상념 전송(遠隔想念傳送)이나 텔레파시적인 느낌을 통해서 의사를 전달하기 때문에 당신들 내부의 직관적인 인지(認知)를 믿도록 하라. 우리의 상념 전송은 경우에 따라 당신들의 머리와 귀 속에서 모르스 부호(Morse Code)가 울려 퍼지는 음성같은 소리일 수도 있고, 또는 당신 자신의 상념처럼 느껴질 수도 있다.

　우리는 또한 당신들 마음 속에 어떤 이미지로 보일 수 있는 빛의 언어를 통해서 의사 전달을 할 수 있는데, 그때는 여러분들 고유의 단어들과 개념들로 이를 이해하고 표현하게 된다. 아울러 우리는 우리들의 우주선이나 마음으로부터 여러분의 타자기나 컴퓨터, 또는 펜과 종이쪽으로 메시지를 발신해서 여러분을 하나의 전송 광선(傳送 Beam) 내에 둘 수가 있다. 만약 여러분이 진정으로 순수한 가슴을 가지고 우리의 메시지를 알고 싶다면,

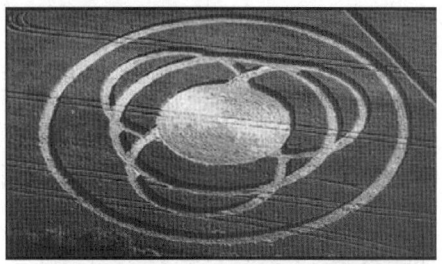

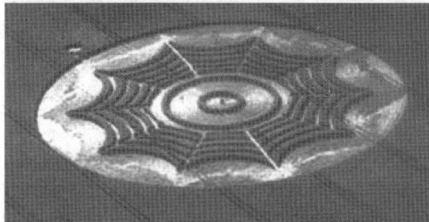
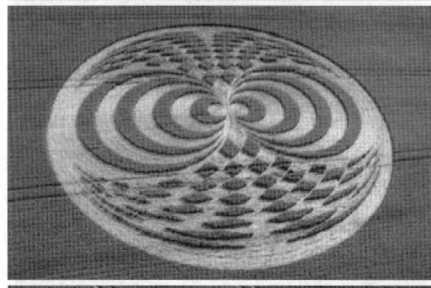

크롭 서클의 기하학적인 다양한 문양들

그리고 우리들 메시지의 전달자로서 봉사하고자 한다면, 우리는 여러분에게 메시지를 전송할 것이다.

16. 우리들과 우리의 우주선(Star Ship)들은 여러분의 진동수(振動數)를 우리들 수준으로 높이지 않는 한 보이지 않는다. 우리는 우리의 진동수를 높이거나 낮추는 것에 의해서 당신들에게 나타나거나 사라지는 것으로 보여 질수 있다. 여러분은 단지 여러분의 진동수와 연결된 차원적 수준에서만 보거나 들을 수 있을 뿐이다.

당신들이 더많은 다차원적(多次元的) 세계를 인식하기 위해 진동수를 조종하거나 조절하는 것을 배울 때, 비로소 인류는 여러분과 우주를 함께 공유하고 있는 많은 생명 형태들을 발견하게 될 것이다. 이렇게 되었을 때 여러분은 또한 우리가 가지고 있는 것과 같은 물질화(物質化) 능력과 비물질화(非物質化) 능력 그리고 필요로 하는 것은 마음으로 그 무엇이든 창조하는 방법을 배우게 될 것이다.

우리는 어떤 시간이나 공간, 거리, 넓이 등에 의해 제한되어 있지 않다. 따라서 우리는 한 작은 섬광(閃光)이나 작열하는 거품으로 또는 하나의 마천루(摩天樓)나 도시 크기 만한 UFO 모선(母船)의 형태로도 나타날 수 있다. '머카바(Merkabah)'라고 불리는 우리의 우주선들은 빛의 몸체로 된 대단히 아름다운 승용물인데, 우리의 사명과 통일된 의지를 수행하기 위해 우리들의 사랑과 조화로서 주조된 것이다.

　이것들은 여러분의 환경이 여러분에게 있어 실제인 것과 마찬가지로 우리들의 수준에서는 실제적인 것이다. 따라서 우리의 우주선들은 정지된 렌즈모양의 구름 형성물이나 하나의 무지개 빛으로 나타나기 위해 부분적으로 밀도를 높인다. 우리는 또한 3차원의 지구에 착륙하거나 4차원 내에 체류하고자 밀도를 높이기도 한다. 우리는 붉은색이나 백색, 또는 녹색의 빛나는 밝은 별로 보이거나 여러분에게 친숙한 하늘을 나는 원반들로 목격될 수 있다. 우리의 우주선들은 항상 매우 빛나며, 또 안전하고도 친밀한 오라(Aura)로 작열하는 아름다움이 있다.

17. 우리는 크롭 서클(Crop Circle)이나 스노우 서클(Snow Circle), 아이스서클(Ice Circle)을 통해서 사랑과 지혜의 메시지를 보내고 있다. 이러한 것들은 여러분이 혼자가 아니라는 것과 여러분이 일찍이 상상했던 것보다 더 아름답고 놀라운 계획의 일부를 깨달을 때까지 계속될 것이며, 또 증가할 것이다. 우리는 이러한 매개체를 통해서 우리의 가슴에서 우러나온 목적을 전달하고자 시도하였다. 아름다운 행성 지구 위의 여러분 각자에게 아낌없이 제공하려는 우리의 사랑을 받아주기 바란다.

신(神)의 은총이 함께하기를!

****

9. 아르크투루스 우주인들의 메시지

　다음의 내용들은 아르크투루스(Arcturus) 우주인들과 관계된 메시지들이다. 그러나 출처와 형식은 서로 다르다. 아르크투루스는 목동자리에 있는 가장 밝은 1등성 별이며 우리 태양 지름의 20배가 넘는 거성(巨星)이다. 지구에서 약 36광년 떨어져 있는 별인데, 동양에서는 옛부터 이 별을 대각성(大角星)이라고 불러 왔다.

　미국의 저명한 심령 투시자이자 예언자였던 에드가 케이시는 생전에 행했던 아카식 리딩(Akashic Reading)에서 말하기를, 아르크투루스가 우리 은하계에서 가장 진보된 문명 중의 하나라고 하였다. 아르크투루스인들은 매우 높은 수준의 영혼들이고 이 별은 순수한 영적 에너지로 구성된 천체(天體)라는 것이다.

　이들은 6차원의 상당히 높은 문명에 해당된다고 하며, 이 별에서 방사

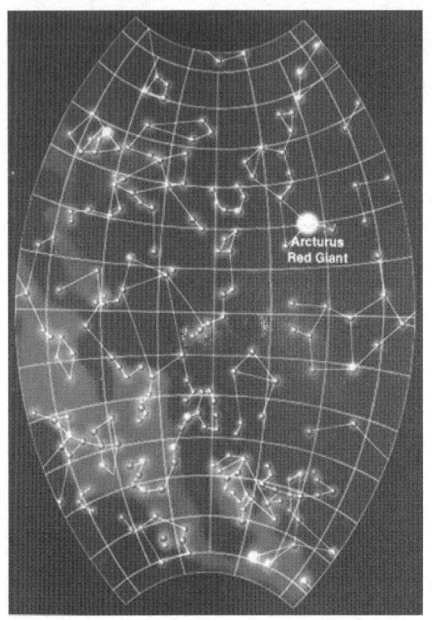

아르크투루스는 밝은 만큼 엄청나게 거대한 별이다.

되는 에너지는 인류의 감정적, 정신적, 영적 치유의 에너지로서 작용한다고 한다. 또한 이 별은 천사계의 영역에 속한다고 하는데, 따라서 이 별은 천사성(天使星)이라고 해도 무방할 것이다. 그런데 흥미롭게도 이들 가운데 일부는 실제로 날개를 가진 존재들도 있다고 하며, 아르투루스인들은 종종 인간을 돕는 천사의 모습으로 나타난다고 한다.

현재 아르크투루스 외계인들과 교신하고 있는 대표적 채널러로는 노마 밀라노비치(Norma Milanov-ich) 박사와 패트리시아 페레이라(Patricia Pereira), 그리고 데이비드 밀러(David Miller) 등이 있다.

여기서 소개하는 메시지는 데이비드 밀러 박사가 채널링한 것인데, 그는 미국의 사회사업학 박사학위 소지자로서 5년 넘게 에너지 상승과 채널링에 관계된 일에 종사해 왔다. 그는 아르크투루스 우주인들 외에도 사난다(예수)와 비와무스(Viwamus), 대천사들과 같은 영적인 마스터들과 채널링하고 있는 사람이다. 또한 밀러 박사는 아르크투르스 우주인들의 요청에 의해 미국, 카나다, 호주, 독일 등지에 현재 50개의 명상 그룹을 결성해 지도하고 있다.

아래의 메시지는 밀러 박사가 명상그룹 회원들 앞에서 직접 채널링하며 받은 내용이다. 때문에 메시지 내용의 구성이 원래 회원들에게 전하는 형식으로 되어 있다. 그러므로 그 내용이 일반인들에게 모두 적용되는 이야기가 아닐

데이비드 K. 밀러 박사

뿐더러 보통 사람들이 이해하기에는 난해한 내용이 많다. 따라서 필자가 몇가지 메시지 내용을 가감, 삭제하여 알기 쉽게 편집한 것이다.

◆메시지 1

가속화되고 있는 지구의 변화와 차원 변형

우리는 아르크투루스인들입니다. 우리는 기술적으로 대단히 발전하여 오래 전부터 우주여행을 하면서 다른 행성들을 방문해 왔습니다. 특히 우리는 반중력 가속에 의한 시공(時空) 여행기술에 숙달되어 있으며 플레이아데스인들과도 교류해 오고 있지요. 아울러 여러분의 태양계 내에는 우리의 UFO 모선 몇 대가 활동하고 있습니다.

우리의 항성계에는 15개의 행성이 존재하는데, 지구와 달리 우리의 행성이 태양 주위를 한 번 공전하는 데는 322년이 걸립니다. 과거에도 우리는 지금 그대들의 행성이 겪고 있는 차원 변형 과정을 통과한 다른 몇 개의 행성을 관찰해 왔습니다. 그들 가운데 어떤 행성은 대규모적인 파멸에 이르기도 했고, 또 어떤 곳은 일부만 파괴되어 복구되기도 했었습니다.

이 차원 변형이 지구상의 많은 주민들에게 충격적인 것은 확실합니다. 그리고 그 고통의 잠재력과 당신들 행성 위에 펼쳐지게 될 황폐한 피해의 흔적들이 나날이 증가하리라는 것 또한 분명합니다. 여러분은 매우 가속화된 시기 속에 있게 될 것입니다. 유성(遊星)이 지구를 덮쳐서 그 지표면의 대량적인 멸망을 가져올 때를 제외하고는, 이와 같이 단기간에 그렇게 많은 변화를 지구상에 일으키는 일은 결코 없을 겁니다.

이것은 확실히 충격적이긴 합니다만 의외로 그것은 여러분 행성 위에 지금 무엇이 일어나고 있는가에 비교될 수가 있지요. 여러분은 지구상의 커다란 변형을 목격하고 있습니다. 그러나 어쩌면 여러분은 지구 자체의 세계 속에 고립되어 있기 때문에, TV에서 보고, 신문에서 읽는 것을 제외하고는 아무것도 알아차리지 못하고 있는지도 모르겠습니다.

우리는 여러분에게 전개되는 변동의 규모와 매우 빠르게 또 어떤 경우에는 갑작스럽게 일어나는 변화들에 대해서 확신시켜 드릴 수가 있습니다. 지구상에 존재하는 생물 종(種)의 대량적인 사멸은 현재 매우 높은 비율로 나타나 있습니다. 만약 당신들이 1950년대에서 2000년까지 50년 동안의 통계를 얻을 수 있다면 공룡시대의 멸망기 동안에 종들이 멸종해 간 백분율(百分率)과 거의 비슷한 수준임을 알게 될 겁니다.

그것은 거대한 유성이 당신들 행성에 타격을 가했을 때와 비슷한 수준입니다. 지구에 충돌할 예정으로 있는 유성은 없을지라도 이것에 관한 많은 추측들이 있어 왔습니다. 그리고 여러분은 이미 지구 생태계의 여러 측면에서 일련의 대이변과 붕괴를 목격하고 있습니다. 그리고 이것은 연쇄적으로 또다른 문제들로 확대되고 있는 중입니다.

여러분이 장차 지구에 도래할 5차원으로 들어가기 위해서는 더 높은 의식의 주파수 및 빛을 향한 순수한 가슴과 의도를 가지고 있어야만 합니다. 아울러 여러분의 개별적 에너지와 의식이 통합되어 집단의식화해야만 하는 것입니다. 그렇다고 이것이 완전한 개성의 말살을 의미하지는 않습니다.

우리는 여러분에게 우리 아르크투루스인들의 에너지에 관해 이야기하고 싶습니다. 여러분의 관점에서 볼 때 우리의 에너지는 여성적인 에너지입니다. 우리의 에너지는 부드럽고 밝게 빛나는 에너지이며, 특히 여러분의 필요에 따라 적응될 수 있는 에너지라고 할 수 있지요. 그러나 여성적이고 부드러운 에너지는 지금까지 이 행성 위에서 오용되고 남용되어 왔습니다. 여러분은 5차원으로의 완전한 열림을 제공할 수 있는 필요한 힘이 바로 부드럽고 여성적인 에너지로 돌아가는 데에 있음을 깨달아야만 합니다. 바로 이 여성 에너지가 빛의 통로로 가는 입구를 마련하는 길입니다.

여러분과 함께 하는 우리의 작업은 매우 단순합니다. 그것은 여러분에게 정신적인 맑음을 활성화하는 순수한 빛과 사랑의 진동을 보내는 것입니다. 우리는 이 사명을 위해서 지구에 오기로 선택했고, 여러분의 영적 계발과 영적, 정신적 에너지의 투명성을 위해 하나의 모델을 준비했습니다.

여러분이 장차 5차원과 함께 하기 위해서는 자신들의 가슴을 열어야만 하는 것이 사실입니다. 지구의 마음은 우주의 마음과 집단무의식(集團無意識)에 연결되어 있습니다. 예술가들 중에 많은 이들이 그 집단무의식으로부터 오는 이미지들에 연결되어 아름다운 시적이고 예술적인 이미지를 계발하고 있는 것입니다. 우리는 은하(銀河)의 무의식뿐만이 아니라 우주의 무의식과도 연결되어 있습니다. 이와같은 고차원의 진동들을 그대들의 일상적인 일 속에 통합하도록 노력하십시오.

아울러 우리는 여러분의 무의식과 잠재의식(潛在意識)을 깨우기 위해 매우 열심히 작업하고 있습니다. 왜냐하면 거기에는 어떤 암호들이 있으며, 그것을 풀어야할 열쇠가 필요하다는 것을 우리는 알기 때문이지요. 이런 암호와 열쇠들이 일단 풀리면, 과거의 비밀들 또한 여러분을 우주의식과 은하의식으로 연결해 줄 것입니다.

안드로메다(Andromeda) 은하계 또한 많은 면에서 우리 은하계(Milky Way Galaxy)와 매우 강력하게 연결되어 있습니다. 여러분은 안드로메다 은하계가 많은 면에 있어서 우리 은하계와 유사하다는 것을 알고 있을 겁니다. 어떤 점들에 있어 거기는 우리보다 더 진보되어 있습니다.

안드로메다인들은 순수한 상념으로 존재하는 능력을 터득했습니다. 이러한 안드로메다인들은 우리들 중의 많은 이들에게 순수한 상념 의식의 존재로 나가는 진화의 통로를 제시해 왔습니다. 그리고 이 은하계는 우리 은하계보다 우주의 중심에 더 가깝습니다.

우리 아르크투루스인들 또한 안드로메다인들과 연결되어 있으며, 우리는 안드로메다로부터 여러분에게로 이어지는 다리를 마련하고 있는 중입니다. 여러분은 이 모든 것이 지구에서 진행되는 이유와 '광자대(Photon Belt)', 그리고 '지구변화'를 포함하여 우리가 여러분을 안드로메다로 연결시키는 데 관심을 두었던 까닭을 궁금해할 겁니다. 그 이유는 우선 안드로메다 은하계와 안드로메다인들이 지구의 위대한 〈대백색형제/자매단(The Great White

Brother/Sisterhood)>의 위원회에 여러 정보와 지침을 제공한다는 데에 있습니다. 더구나 이것은 지구상의 영적인 깨달음과 결합을 계발시키고 있는 것이죠. 앞으로 3차원과 5차원 사이의 영적인 융합이 더욱 활성화되어야 하고 그 통로를 더욱 넓히기 위해 고차원의 힘이 필요하다는 것은 명백합니다.

우리는 지구의 대백색형제/자매단 만큼이나 여러분 행성 위에 나타나고 있는 특수한 통로들과 3차원과 4차원계 사이에 계속해서 일어나게 될 범상치 않은 연결 현상을 알아차리고 있습니다. 이것이 하나의 엄청난 도약이라는 것은 의심할 여지가 없는 것이죠. 이것을 단 하나의 사실상의 문제로만 생각하지는 마십시오.

우리는 한층 더 놀라운 의식의 도약과 보다 위대한 문이 열릴 예정이라는 것을 여러분에게 일깨워주고 싶습니다. 현재 안드로메다인들은 지구를 상위 차원으로 끌어 올리는 데 필요한 막대한 에너지를 공급하고자 기술상의 지원을 하고 있습니다. 이것은 우리가 5차원의 마스터(Master)들과 함께 보다 높은 목적에 대해 논의하는 일종의 협력인 것입니다.

아울러 우리는 사난다(예수)나 아쉬타(Ashtar)와 같이 지구에 관계된 주요 영적 지도자들과도 긴밀히 협조하고 있습니다. 그것은 또한 이 은하계와 다른 은하계들의 잠재의식과 무의식, 즉 5차원적 에너지와의 제휴인 것입니다. 다른 은하계들이 우리 은하계와 정렬하고자 다가오고 있습니다. 이것이 왜 그렇게 많은 외계의 고차원적 존재들이 지구와 함께 일하기를 원하고 지구의 정확한 정렬을 뒷받침하고 싶어 하는지에 대한 유일한 이유입니다. 그것이 필요하기 때문이지요.

이 은하계 구역은 어떤 시기 동안 정렬 밖으로 벗어나 있었습니다. 지구가 정확한 빛의 통로 속으로 들어가고 연결된다는 것은 모두에게 중요한 것이지요. 우리는 여러분 모두가 강력히 연결되고 5차원에 정렬될 수 있도록 도울 것입니다. 여러분이 이러한 연결이 실현되는 데 크게 기여하고 있다는 것 또한 분명합니다, 여러분은 3차원과 5차원 사이의 연결 고리가 형성되는 일을 돕고 있는 겁니다. 그 결과 여러분이 4차원을 우회할 수 있음으로써 이 연결 고리는 이 당신들의 카르마(業)를 극복하고 있는 것입니다. 이 고리는 여러분이 5차원을 염원하는 인력(引力) 때문에 더 넓게 열려지고 있습니다. 따라서 이 고리를 그대들이 바라는 것을 실현시켜 주는 것으로 바라보십시오.

만약 한가지 예를 들어 어떠한 준비나 노력도 없이 갑자기 5차원으로 옮겨져 온 일단의 원시적인 3차원 존재들이 있다면, 이것은 우주법칙을 어기는 게 될 것입니다. 그렇습니다. 그러나 여러분의 경우에 있어서 이것은 그와 같지가 않습니다. 여러분은 원시적인 존재들이 아닙니다. 당신들은 보다 높게 진화하고 있는 존재들이죠. 따라서 여러분은 그 빛의 통로와 5차원 입구 앞으로 나오라는 호출을 받은 것입니다.

우리는 여러분의 잠재의식과 무의식 속으로 들어가기 위해 여러분 개개인에게 방문 호출를 하고 있습니다. 그리고 여러분은 그 호출에 동의함으로써 자신의 잠재의식에게 마음 속의 암호를 풀고 문을 열어서 연결되라고 명령할 수 있는 겁니다. 이렇게 될 때 그 문은 열릴 것이며, 앞으로 더욱 넓어질 예정입니다. 여러분은 지금 의식적인 적절한 진화의 수준을 통하여 능히 5차원으로 올라설 수가 있습니다.

여러분의 행성에는 카르마(業)가 존재하고 있습니다. 카르마란 여러분이 우주적 교훈들을 성취하기 위해 통과해야만 하는 어떤 단계들을 의미하며, 그럼으로써 자신의 다음 생(生)으로 진보해 나갈 수가 있는 것이죠. 5차원으로의 도약을 논의할 때 많은 사람들이 자신의 카르마가 무엇이냐고 질문했었습니다. 여러분은 바로 지금 자신의 카르마를 극복해 가며 격렬한 진화의 사이클(週期)과 상승 과정을 통과하는 중입니다. 그리고 우리는 여러분 내면의 발달을 활성화하기 위해 당신들을 돕고 있으며, 그대들의 진화를 가속화하는 더 많은 에너지를 공급하고 있습니다. 우리는 지구상의 여러분 각자가 자신의 진화발전 속도를 높이기 위한 준비가 되어 있기를 바랍니다.

만약 여러분이 자신의 내부를 들여다본다면, 거기에는 아직도 끝내야 할 많은 중요한 일들이 남아 있는 듯이 보인다는 것을 스스로가 알고 있습니다. 하지만 여러분은 그것을 끝낼 수 있습니다. 우리가 여러분에게 보장하지요. 왜냐하면 여러분은 지금 스타게이트(Star Gate)와 연결되었고, 그 다음에 자신의 시스템 내에 새로운 진동을 가지게 될 예정이기 때문입니다.

여러분은 자신들이 지구상에서 해온 경험들과 더불어 카르마적인 교훈까지 곧 빠르게 소화할 수 있습니다. 또한 각각의 경험을 통해 그 최고의 잠재력까지 이용할 수 있을 겁니다. 만약 여러분이 매 순간에 완전히 열중하고 각 경험을 그 최고의 잠재력과 진화의 수준까지 이용할 수 있다면, 그때 자신들의 모든 카르마적 과업을 2~3년 안이나 그보다 적은 시간 내에 끝낼 수가 있습니다.

고차원의 에너지를 지닌 누군가가 지구상에 나타났을 때, 그 존재의 목적은 자신과 접촉하러 오는 모든 이들의 진화를 가속화시키는 겁니다. 지금 우리는 아르크투루스의 별의 종자들(Star Seeds)로 이루어진 거대한 그룹을 가지고 있으며, 그들은 우리에게 우호적입니다(※편저자주:데이비드 밀러 박사가 지도하고 있는 명상그룹을 의미한다). 그들은 거대한 집단들의 진화를 촉진하는 일을 지원하고자 함께하고 있는 것입니다.

◆메시지- 2

지구의 차원교차기에 나타날 현상들

오늘 저녁 우리는 영적인 가속과 우주 형제,자매들의 역할에 대해서 설명하고자 합니다. 이에 아울러 신성한 삼각 프로젝트 및 지구계의 상승과정 전반에 걸쳐서 언급하고 싶습니다.

안녕하세요. 우리의 동료들인 별의 일꾼(Star Worker)과 빛의 일꾼들(Light Worker)이시여! 여러분 가운데 많은 이들이 행성지구가 3차원에서 5차원으로 상승하는 시기인 이 지구의 역사적 순간을 경험하기 위해 이곳에 태어났습니다. 이 중요한 전환 사건은 실제로 수많은 영혼들을 즉각 3차원에서 5차원으로 옮겨갈 수 있게 할 것입니다.

나는 여러분에게 3차원 그 자체는 하나의 천체(天體)라는 것과 5차원인 천체가 있다는 것을 구체적으로 보여드리고 싶습니다. 물론 이것은 하나의 거대한 천체이고 여러분의 눈으로는 볼 수 없는 영역입니다. 이 천체는 오직 여러분이 그 차원의 외부에 있을 때만 인식할 수가 있습니다. 우리는 5차원의 외부로 갈 수 있을 뿐만 아니라 그 천체를 볼 수가 있지요.

사람들은 지난 여러 해 동안 인류에게 관계된 상승을 논해 왔습니다. 아마도 여러분은 이에 관해 의아하게 생각할 것 같은데, 어떻게 이것이 기술적으로 성취될 수 있을까하고 의심했음을 우리는 알고 있습니다. 어떻게 인간이 하나의 차원에서 그 다음의 차원으로 이동할 수 있을까요? 거기에는 다양한 방법들이 있습니다. 수많은 마스터들(Masters)이 빛의 회랑들(수송루트들) 안에서 사람들을 인도하기 위해 일하고 있습니다. 하지만 몇 십만 명에 달하는 대량상승에 대한 이야기를 하자면, 더 나아가 심지어 몇 백만 내지는 그 이상에 이르는 대규모 상승을 말한다면, 그 때 이용하기 위해 필요해질 모든 수천 개의 회랑들을 계발하기에는 시간이 충분치가 않습니다.

우리는 장차 차원들의 교차점이 있게 될 것임을 알고 있습니다. 나는 여러분 가운데 다수가 그 차원들의 교차점이 생성되기를 원하고 있다고 생각합니다. 이 때는 매우 강력한 기회가 될 것입니다. 차원들이 교차될 때, 여러 가지 과학적 이유들 때문에 오랫동안 그 상태가 지속될 수는 없을 것입니다. 여기에 대해 더 장황하게 설명할 수는 없습니다만 차원들이 너무 장시간 연결돼 있지는 않을 것이고, 그때 많은 것들이 혼란에 빠지는 변화들이 나타날 수 있다고만 언급하도록 하겠습니다. 그런 까닭에 상승은 실제로 차원들의 천체상의 접촉이 일어날 때 발생하는 짧은 순간의 개재 현상입니다.

바로 그 순간에 많은 사람들에 대한 호출이 있게 될 것이고, 만약 여러분이 상승하려는 매우 강한 열망이 있다면, 여러분은 5차원으로 이동하게 됩니다. 여러분이 이러한 차원이동의 기회를 만들어내기 위해서는 영적으로 가속화되는 것이 필요합니다. 우리 아르크투루스인들은 영적인 기술에 있어서의 대가(大家)들이고, 영적인 가속화 및 행성진화 분야의 마스터들입니다. 우리는 자아도취에 빠져 이런 말을 하는 것이 아니라 단지 있는 그대로의 사실을 전하고 있을 따름입니다.

우리는 영적인 진화문제에 관련해서 다른 행성들과 함께 일해 왔습니다. 우리는 한 행성에서 영적인 연결현상이 발생할 때, 즉 차원의 교차점이 생성되고 그 행성의 사람들이 거기에 준비되지 않았을 때 어떤 결과가 초래되는지를 목격한 바가 있습니다. 그 일이 발생한 후에 거기에는 진작 그것에 대비하지 못한걸 후회하는 사람들만이 남아 있었습니다. 이렇게 차원의 교차점이 생성되는 사건은 한 행성의 역사에서 13,000년에 한 번, 그리고 매 26,000년마다 한 번씩 일어납니다. 그러나 때때로 행성에 따라 그것은 몇 백만 년 동안 일어나지 않는 경우도 있습니다.

천문학상의 관점에서 볼 때 여러분의 행성 지구는 상위 차원으로 연결되는 기회의 지점에 위치해 있으며, 나는 여러분 가운데 다수가 별의 종자들(Star Seeds)로서 이 멋진 차원상승을 실제로 경험하기 위해 지상에 태어났다고 생각합니다. 이것은 여러분에게 태양의 일식(日蝕)이 있게 될 때만큼이나 우리에게도 흥분되는 일입니다.

여러분은 아직도 일식(日蝕)의 중요성과 천체간의 정렬의 중요성을 이해하지는 못하고 있습니다만 그것이 뭔가 강력한 시기라는 정도는 알고 있습니다. 어떻게 차원이 기술적으로 교차될 수 있을까요? 우리는 거기에 매우 흥미를 가지고 있고, 그것이 우리가 이곳에 와 있는 여러 이유들 중의 하나입니다. 우리는 그러한 차원의 교차에 대해 연구하기를 원합니다. 우리는 지구에서 발생하는 일들을 참관하고 인류의 카르마적인(業報的) 피해를 최소화시키기 위한 책임자로서 요청을 받았습니다. 즉 그 사건이 가급적 긍정적인 방향으로 전환될 수 있도록 말이죠.

지구상의 많은 이들이 세상을 떠나리라는 것은 진실입니다. 여러분의 세계는 거대한 진공상태가 될 것입니다. 또한 많은 사람들이 무엇이 일어났는지를 알게 될 것임을 이해하기 바랍니다. 많은 이들이 차원의 교차가 있었다는 것과 이것이 더 나은 발전과 영적진화를 위한 일종의 자극으로서 도움이 될 것이라는 사실을 알 것입니다.

많은 이들이 90년대와 2000년대에 이르기까지의 영적이고 종교적인 주요 발전 중의 하나로서 죽음 이후에도 지속되는 생명을 궁극적으로 받아들이는 것에 대해 논했습니다. 나는 거기에 상응하는 영적인 진보가 차원들의 교차를 인정하는 것이라고 생각합니다. 차원들의 교차가 일어날 수 있는 이유 중의 일부는 그것을 몹시 필요로 하는 여러분 자신들과 같은 거대한 집단의 사람들이 있기 때문입니다. 이것이 발생하는 것에 대해 달리 말하면, 그것은 사고 패턴들에 의해서, 즉 여러분들과 같은 이들의 자기적(滋氣的)인 이끌림에 의해서 영향을 받는다는 것입니다.

요컨대 그것은 사념들과 기도행위, 그리고 별의 종자인(種子人)들이 행하는 특별한 활동들로 인해 발생하는 하나의 과정이라는 사실입니다. 물론 스타시드들(Star Seeds)은 이전에 지구 바깥의 다른 행성계에서 태어났었던 빛의 일꾼들입니다. 그리고 그들은 자신들이 여러 형태의 작업들, 예컨대 차원상승에 대해 알리는 것, 상승에 관계된 명상을 수행하는 것, 상승을 위한 준비작업, 상승에 대비해 사람들을 준비시키는 작업 등을 위임받았음을 알고 있습니다.

우리는 실제로 상승을 "차원교차"라고 부릅니다. 이 말이 우리의 전문용어입니다. 우리는 오늘 저녁까지 그것을 밝히지 않았었습니다. 차원교차에 관해 우리가 이해한 바를 공개하는 것은 오늘이 처음인 것입니다. 이것은 새로운 정보입니다. 그것이 우리가 여러분을 소집한 주요 이유인데, 앞서 언급한 활동들이 인간 집단들 속에서 여러분이 해야 할 상승을 촉진시킬 수 있는 작업들이지요.

그 차원의 교차시간이 1,000분의 1초 이상 지속되는 것이 도움이 될 것입니다. 만약 그 시간이 1초에서 10초가량 지속되면, 경이로운 길이의 교차시간이 될 것이며, 그것이 허용된 최대치의 시간일 것입니다. 사실 나는 이 차원교차 현상이 일어날 때 그 시간이 3초에서 4초에 가까울 것이라고 생각합니다. 그것은 실제로 갑작스럽게 발생할 것입니다. 그 순간 동안에 지상에서 어떤 이는 잠자고 있을 것이고, 어떤 이는 전쟁 중에 있을 것이며, 또 어떤 이들은 누군가를 가르치거나 명상 중에 있을 것입니다.

그 교차에 즈음해서 지구상의 사람들이 항상 그것에 대해 명상하고 있는 것이 중요한데, 늘 명상을 하는 별종자인들은 적절하게 깨어나게 될 것이고 이동하기 위한 준비가 될 것입니다. 여러분은 거기에 준비돼 있어야만 합니다. 여러분이 빈둥거리며 낭비할 시간은 별로 없을 것입니다. 여러분은 떠날 준비가 돼 있어야 하고 또한 차원교차가 일어날 때 영적인 훈련을 통해 기술적으로 진보돼야 합니다.

차원교차시 여러분이 그러한 자격이 된다면, 5차원으로의 엄청난 자기적(磁氣的)인 끌어당김이 있게 될 것입니다. 거기에는 우리와 함께 하게 될 (다른 아르크투루스인들을 포함해서) 수많은 마스터들이 있게 될 것이고, 우리는 여러분을 끌어당기기 위해 우리의 사념패턴을 이용하게 될 것입니다.

나는 오늘 저녁 여러분을 차원의 교차 문제에 관해 집중시키고 싶습니다. 나는 우리가 묘사한 그 세계를 여러분에게 시각화시키고 두 가지 범위의 개념에다 초점을 맞추고자 합니다. 내가 여러분이 마음으로 생각하기를 바라는 것은 다음과 같습니다.

"우리는 차원이 교차하기를 원한다, 우리는 그 교차점으로 끌어당겨지고 있다. 우리는 차원의 교차를 준비 중에 있다." 하나의 차원교차가 발생할 때 다른 교차가 발생할 수 있고, 또 다른 교차가 일어날 수 있는 것이 사실입니다. 그 다음에 그것은 완료됩니다. 그리고 교차는 더 이상 일어나지 않을 것입니다.

… (중략) … 이제 우리는 여러분에게 영적인 가속에 관해 이야기할 것인데, 장차 일어날 이 사건에 대비하기 위해서는 기술적으로 영적으로 엄청난 가속이 이루어져야만 하기 때문입니다. 우리는 영적인 기술에 대해서 말하려 합니다. 이것이 의미하는 바는 거기에는 여러분의 영적인 가속을 촉진시킬 수 있고 좀 더 레벨을 상향시켜주게 될 배울 수 있는 특별한 과제와 특수한 방법이 있다는 것입니다. 영적인 가속화는 곧 이 에너지를 끌어당기는 여러분의 능력과 기술이 막대하게 증진되고 여러분이 그 차원교차라는 경험을 위해 자기적(磁氣的)으로 준비되게 되리라는 것을 뜻합니다. 나는 이 점을 강조하고 싶은데, 왜냐하면 만약 당신들이 적절하게 자기적으로 정렬돼 있지 않

을 경우, 그 차원교차시 생존하지 못할 것이기 때문입니다. 즉 여러분은 현재 상태와는 달리 스스로의 존재를 총체적인 빛으로, 빛에너지체로 변형시킬 수 있어야만 그 과정에서 생존하게 될 것입니다.

인류는 자기 자신을 육체적 존재가 아닌 다른 형태로 변형시킬 수 있어야 합니다. 빛이 되는 훈련을 해보도록 합시다. 우리 자신을 빛이 될 수 있는 자기적(磁氣的)인 구조물 속에다 배치시킵시다. 하지만 나는 그것이 일종의 자기적인 힘을 가진 빛임을 강조하고 싶고, 그런 까닭에 그 차원교차가 일어날 때 여러분이 마치 하나의 자석(磁石)처럼 그 차원이 교차점으로 끌어당겨질 것이라는 사실입니다.

나는 이 방과 오늘 저녁 우리와 함께 명상하는 사람들의 모든 방들 위에다 우리의 빔 우주선(Beam Ship)인 〈아테나(Athena)〉를 보냅니다. 그리고 나는 모든 이 그룹들이 모여 있는 방들로 물질을 정화하고 활성화하는 빛을 내려 보냄으로써 모두 빛이 충만해질 것입니다.

여러분은 개체화된 신성(神性)을 알고 있습니다. 나는 여러분이 마음속으로 이렇게 생각하기를 바랍니다. "나는 빛의 존재이다. 나의 빛의 존재이다. 현재 나는 자기적(磁氣的)인 빛의 존재이다. 나는 상승 속으로 끌어당겨진 자기적인 빛의 존재이다." 이런 생각을 여러분의 잠재의식 속에다 입력해 두십시오. 그리고 그런 생각을 확고히 마음에다 각인시킴으로써 여러분이 잠잘 때나 일할 때, 운전할 때나 열중해 있는 그 어떤 순간에도 유지될 수 있도록 하세요. 이 과정의 다음 단계는 "나는 상승 속으로 끌어당겨진 자기적인 빛의 존재이고 지구상의 모든 스타시드들과 연결되고 있다." 라고 생각하는 것입니다. 비밀은 이것입니다. 그 비밀은 여러분 모두가 연결될 것이고, 그 때 이런 끌어당겨지는 힘이 배가되고 있다는 것입니다.

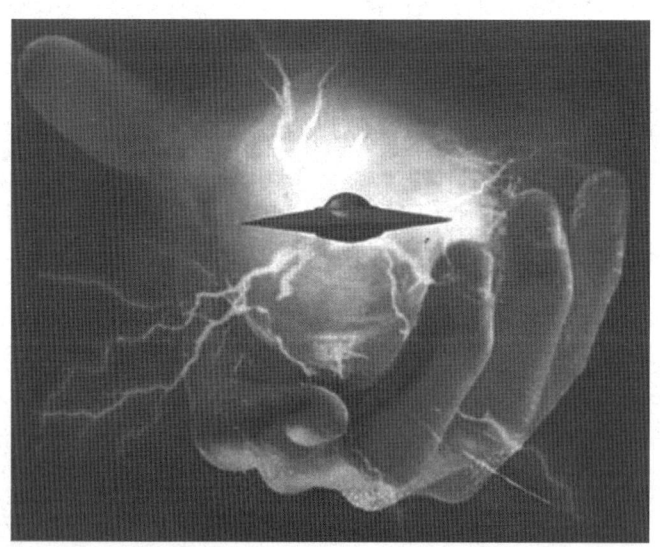

친구들이여! 여러분이 우리의 연구결과에서 보았듯이, 우리는 그 차원교차기의 상승의 기회를 완전히 놓친 채 몰락해 버린 행성들을 목격해 왔습니다. 여러분의 행성은 대단히 중요한 시기에 와 있습니다. 하나의 행성계가 전면적인 파멸에 이르게 되는 것은 복잡다단한 것이 아니며, 1~2가지 경로만으로 충분할 것입니다. 그렇게 될 경우 어떤 면에서 이것은 우리의 친구들인 지구인 형제들의 영적인 성장과정을 앗아가는 비극적 기회이기도 합니다. 우리는 그런 행성들을 보았습니다. 그들은 상승의 기회를 놓쳤고, 그것을 후회했습니다. 이렇게 말합니다. "왜 우리는 좀 더 만반의 준비를 못했는가?"

이제 여러분은 우리 아르크투루스인들의 임무를 압니다. 이제 당신들은 왜 사난다(예수)와 여타의 다른 대사들이 우리에게 지원해 달라고 요청했는지를 알 것입니다. 왜냐하면 지구의 상승의 기회를 놓치지 않기 위해서인 것입니다.

나는 다음과 같은 점을 강조하고 싶은데, 지금부터 21세기 사이에는 엄청난 기회들이 부여될 영적인 가속화가 이루어지는 기간이 있게 될 것이라는 사실입니다. 그 기간 동안에는 사람들이 자신들의 빛의 지수(指數)를 강화하고 자각(自覺)에 박차를 가하여 영적인 차원들이 교차하는 이런 개념들을 이해하기 시작할 것입니다.

지구의 상승은 여러분의 세계 밖에서 온 수많은 다른 생명체들에 의해 관찰되어질 하나의 영적인 사건입니다. 이것은 지구상의 누구나가 태양의 일식(日蝕)이 일어날 때를 알고 그것을 목격해야만 하며 또 그 기간 동안 무슨 일이 발생할 것인지를 연구하는 것과 똑같습니다. 지구에서 이런 차원이 교차되는 사건을 주시할 많은 외계 존재들이 있게 될 것입니다. 그것은 하나의 거대한 이벤트가 될 겁니다. 이제 여러분은 왜 지구주변에 그렇게 많은 고등한 외계인 세력들이 몰려와 있는지를 알 것입니다.

우리는 무엇이 일어나고 있는지를 볼 수가 있습니다. 그것은 여러분 인간들이 태양과 달을 연구할 수가 있고 그 궤도가 교차될 때 거기서 일어나고 있는 상황을 미리 예측할 수 있는 것과 같은 것이지요.

친구들이여! 알다시피 그것은 우리가 여러분을 지원하는 것과는 별도로 우리가 흥미를 가지고 있는 관심사들 중의 하나입니다. 여러분에게 필요한 영적인 가속화는 경이로운 것입니다. 여러분은 자기자신에게 박차를 가하기 위해 더욱더 열심히 활동하게 될 것입니다. 우리는 여러분에게 지원을 제공하고 여러분이 스타게이트(Stargate)와 우리 우주선의 〈치유의 방(Healing Chamber)〉, 빛의 구조물 등에 접근하는 것을 돕기 위해 이곳에 머물러 있습니다. 차원의 교차는 머지않아 있게 될 것입니다. 그 정확한 시기는 현재 발설할 수 없으며 현재는 감추어져 있습니다.

참석자들 가운데 질문이 있으면 받도록 하겠습니다.

*Q: 혹시 장차 이스라엘에서 지축변동을 일으킬 수도 있는 수소폭탄이 사용되는 전쟁이 있게 될까요?
*A: 그런 공격이 있지는 않을 것입니다. 화학전(化學戰)이 있을 가능성은 있습니다. 수소폭탄이 떨어진다면 지구가 흔들거리지는 않겠지만 세상을 황폐화시키게 될 가공할 영적인 충격파가 발생할 것입니다. 그렇게 되면 인류는 수십 년 동안

영적인 충격에서 벗어나지 못할 겁니다.
인류는 이미 다른 수소폭탄을 사용한 바가 있지만 지구가 흔들거리지는 않았습니다. 나는 인류의 인도자들과 대사(大師)들이 예루살렘에서의 수소폭탄 사용을 허용할거라고는 믿지 않습니다. 아마도 그것은 지나친 기우일 것입니다.

*Q:우리가 좀 더 영적으로 진보하기 위해서 할 수 있는 것은 무엇입니까?
*A:여러분이 이 시대에 영적으로 뒤처지지 않고 전진하기 위해서는 차원의 교차가 있게 되리라는 것과 여러분 자신의 삶과 사고(思考)를 5차원에 맞게 전환해야만 합니다. 또한 차원교차시 그 힘에 끌어당겨질 자기적(磁氣的)인 빛의 존재로서의 여러분 자신을 준비하기 위해 심리적으로 감정적으로 필요한 내면의 정화작업에 집중해야 합니다. 이것은 내면에 어떤 장애물이나 불순물을 가지고 있다면, 그것을 청소해내야 한다는 뜻입니다. 예컨대 당신이 감정적 장애물이 있을 경우 그것은 반드시 제거돼야 합니다. 이런식으로 여러분은 스스로 영적으로 맑아지겠다는 의도를 가져야만 할 것입니다.

우리는 여러분이 차원교차의 순간에 그렇다고 100% 영적으로 정화되거나 순화돼 있지는 않을 거라는 것을 알고 있습니다. 그럼에도 "나는 영적인 정화를 위한 작업을 하고 있다."는 긍정적인 확언이 여러분에게 이로울 것입니다. 그런 목적에다 에너지를 집중하십시오.

우리가 영적으로 가속화되는 시기로 이동하고 있다는 것은 앞으로는 여러분이 마음에 가지고 있는 생각들이 신속하게 실현되는 세상으로 들어가고 있다는 의미입니다. 즉 여러분이 집중할 수 있는 상념들은 어떤 경우에는 거의 즉각적으로 생각대로 나타날 수가 있습니다. 이제 우리가 통과하게 될 기간 동안 사람들이 의도하고 생각하는 것들은 점점 더 빨리 현실화될 것입니다.

그것이 행성의 진화, 발전하면서 나타나는 긍정과 부정의 측면입니다. 왜냐하면 이런 여건이 스타시드들과 영적인 청정(淸淨)을 위해 일하는 사람들에게는 좋은 것이지만 어떤 부정성을 가지고 일하거나 거기에 열중해 자들 역시 그 만큼 그것이 더 신속히 증폭될 것이니까요.

*Q:만약 우리가 그 차원교차에 대해 준비돼 있지 않다면, 어떻게 될까요?
*A:상승의 기회를 잃게 될 것입니다.

*Q:언제 이것이 일어나 어머니 지구가 큰 고난에 휩싸이게 됩니까?
*A:아닙니다. 어머니 지구는 상승의 와중에서 큰 고통을 받지는 않을 것입니다. 어머니 지구는 오히려 상승을 반기고 좋아할 것입니다. 이것은 어머니 지구에게는 그녀가 상승의 주인공이 되고 5차원의 에너지를 받게 되는 멋진 경험이 될 것입니다. 실제로 에너지의 전환이 일어나게 됩니다.

*Q:아이들과 동물들은 어떻게 됩니까? 그들은 뒤에 남겨지게 되나요?

*A:얼마간은 뒤에 남겨지게 될 것입니다. 하지만 그들은 돌보아지게 될 것입니다. 내가 거기에는 천사군단이 있을 거라고 말했다는 사실을 기억하십시오. 5차원과의 교차현상이 일어나 차원상승이 발생한다는 것은 수많은 5차원의 존재들이 인간과 좀 더 가깝게 일할 멋진 기회가 되리라는 것을 의미하기도 합니다. 왜 그렇게 많은 존재들이 지구 주변에서 활동하고 있다고 생각하십니까? 사난다는 이 시기 동안에 함께 일할 수많은 세력들과 고차원의 존재들을 지구로 불렀습니다. 차원상승이 일어날 때 여러분이 우려하는 갑작스러운 떠남에 의해 벌어지는 문제들을 살펴볼 천사적 존재들과 우주적인 세력들이 있게 될 것입니다. 후속조치는 보장돼 있으니 안심해도 좋습니다. 사람들은 "외톨이"로 남겨지지는 않게 될 것입니다.

*Q:이런 사안들에 대해 믿지 않거나 어떤 지식이 없는 사람들은 어찌 될까요?
*A:그들에게는 아무 것도 일어나지 않을 것입니다. 그들이 이곳에 머물러 있게 될 겁니다. 즉 그들은 상승하게 되지 않을 거라는 거지요. 하지만 어쩌면 그들은 온 신경이 뒤흔들려 깨어날지도 모릅니다. 아마도 영적인 연결고리가 그들에게 충격파를 전송할 것입니다.

예컨대 만약 남미의 페루에서 태양의 일식이 있었다면, 그 현상이 어느 정도 사람들에게 영향을 미칠까요? 어떤 이들은 그 영향을 받을 것이고, 또 어떤 이들은 그렇지 않을 것입니다. 이처럼 만약 그들이 영적으로 준비되거나 가속돼 있지 않다면, 그것은 그들에게 별 영향을 주지 못할 겁니다.

어떻게 영적으로 준비해야 하는가에 대한 의문에 답하겠습니다. 나는 여러분에게 아르크투루스 우주선 내에 있는 "치유의 방들(Healing Chambers)"을 이용하라고 추천하는 바입니다. 그러한 힘의 장소들과 연결될 수 있는 여러분의 능력을 활용하기 바랍니다.

◆메시지-3

한 아르크투루스인 여성의 워크인 체험기

*샤아리

이것은 채널링으로 받은 메시지가 아니라 바로 아르크투루스 별에서 지구로 파견되어 인간의 모습으로 살고 있는 한 외계인이 쓴 메시지이다. 이 자료는 캐나다에 살고 있는 샤아리(Shaari)라는 여성이 92년 미국의 〈커넥팅 링크(Connecting Link)〉지(紙)에 게재한 글인데, 그녀는 자신이 채널링 능력이 있으나 이 글은 자기의 의식적인 기억에 의해서

씌어졌다고 주장했다. 그리고 그녀는 이 수기에서 자기가 본래 외계인이라고 말하고 있는 것이다.

물론 그 내용의 신빙성 여부에 대해서는 얼마든지 의문이 제기될 수 있다고 보나, 생각은 자유이므로 판단은 오로지 독자 개개인들께 맡긴다. 하지만 내용 자체만을 놓고 볼 때 이 메시지는 여러 가지 면에서 매우 흥미롭다.

우선 이 내용을 통해 우리는 장차 다가오는 인류와 외계 문명과의 접촉 시대를 준비하기 위해, 이미 인류 사이에 외계인들이 상당수 들어와 활동하고 있다는 사실을 알 수가 있다. 그 밖에도 갖가지 다양한 정보를 우리에게 전해주고 있다.

이 내용에서 가장 흥미로운 것은 앞서 3장에서 소개한 외계인의 〈워크인(Walk-in)〉에 관한 생생한 실례를 자세히 서술하고 있다는 것이다. 즉 샤리라는 여성은 지구에서 어떤 특수한 사명을 수행하기 위해 외계인인 그녀 자신이 인간의 육체를 빌려 쓰는 영혼의 교체과정을 겪는 것에 대해 아주 구체적으로 묘사하고 있다.

이와 유사한 사례가 티벳 출신 수행자이자 고위 라마승이었던 롭상 람파(Ropsang Rampa)의 저서, 〈제3의 눈(The Third Eye)〉과 '람파 이야기(Rampa Story)'에 나온다 이것은 롭상 람파가 오랜 고행 끝에 낡아진 자기의 육신을 버리고, 이 세상을 떠나기 원했던 영국인 시릴 호스킨(Cyril Hoskin)의 몸으로 바꿔 입는 이야기이다.

그런데 이 메시지에서도 그런 비슷한 내용이 소개되고 있는 것이다. 즉, 아르크투루스인들 중의 일부가 인류에게 봉사하기 위해서 모태를 통한 출생방법이 아닌 인간 성인(成人)의 육체로 직접 들어오는 방법을 선택한다는 것이다. 대신에 고통에 처해 있거나 인간계를 떠나기를 염원하는 그 육신의 인간 영혼은 치유를 위해 아르크투루스인과 교체되어 다른 우주의 영역으로 옮겨 간다고 한다. 롭상 람파의 저서가 1950년대 처음 출판되었을 때 그 내용은 서구인들이 도저히 믿을 수 없는 내용이었고 때문에 여러 논란이 많았다. 그러나 최근 수많은 외계인 워크인 사례자들이 나타남으로써 그의 말은 진실로 입증되었으며, 오늘날 그의 책들은 이 분야의 고전(古典)으로 높이 평가받고 있다.

인류와 외계 문명을 잇는 다리는 건설되고 있다

내 이름은 샤아리(Shaari)라고 합니다. 나는 1989년에 한 인간 여성의 육체에 통합된 외계인 여성이지요. 그리고 나의 고향 행성은 아르크투루스라는 별입니다. 현재 나는 많은 외계 문명과 우주의 존재들로 구성된 행성간 조직인 〈스타사령부(Star Command)〉에 소속되어 있습니다. 그리고 이 사령부 내에서 나는 대략 750년간 일하면서 살아 왔는데 이것은 내 인생의 대부분을 차지하는 것입니다.

나는 플레이아데스인과 아르크투루스인 사이의 혼혈종으로 태어났으며, 플레이아데스 & 아르크투루스 위원회의 상념에 의해 창조되었습니다.16) 그런 까닭에 나는 아버지나 어머니가 없습니다. 그러나 당신들이 양친(兩親)으로 부르는 존재에 해당되는 것으로서 이러한 위원회를 언급할 수가 있을 겁니다. 나의 뿌리의식 속에는 플레이아데스인의 탐구심이 있으며, 또한 나는 다양한 문화 속의 생각을 통합, 치료하는 아르크투루스인의 능력도 가지고 있습니다.

과거에 나는 어떤 행성이 우주여행을 떠나기 전에 그 행성들의 대표자들을 데려다 그들의 의식(意識)을 조정하는 일에 도움을 주어 왔습니다. 우리의 세계에서 생각은 곧 형태를 창조하며, 명료한 상념(想念)은 이런 상념 내용대로 즉각적인 현실이 나타나도록 유발합니다. 그리고 스타사령부는 빛의 속도를 넘어 생각의 속도로 우주를 여행하지요. 그러므로 경우에 따라서는 어떤 한 개인의 부조화된 상념이 우주선 전체의 궤도와 공동 좌표(座標)를 바꾸어 놓을 수가 있습니다. 다시 말해 스타게이트(Star Gate)17)나 다른 항성간의 현상들을 통해 여행하는 동안 한 사람의 불균형적인 생각이 모든 승무원들과 왕복 우주선 전체의 위험을 초래할 수도 있는 것입니다.

나는 어린 시절의 대부분을 다양한 우주선 위에서 보냈습니다. 그리고 항상 여러 가지 행성들의 문명이 어떻게 그들의 상념에 의해 만들어지는가 하는 문제에 매혹되어 있었지요. 그 결과 나는 아카식 세계의 관리자와 함께 일하기 시작했습니다. 그래서 나는 홀로그래피적인 기호학을 전문적으로 공부했고, '아카식 기록(Akashik Record)'의 모든 정보와 교신하여 이를 녹음하면서 이런 상징들을 기록하는 전문기술 수준으로 발전하게 되었습니다. 이런 아카식 기록들은 영혼의 선택과 결정들 및 그들의 의식을 저장하고 있는 거대한 원천의 우주적 도서관입니다. 따라서 아카식 레코드는 다차원적 여행에 들어가기 전에 행성간 여행자들의 예상과 목적들, 그리고 의도들을 조정하는데 빈번하게 이용되어져 왔습니다.

아르크투루스의 사람들은 지구인과 같이 살과 피로 이루어져 있지 않습니다. 그들의 몸은 빛과 소리 그리고 주파수로 이루어져 있습니다. 그리고 이곳 주민들의 전체적인 외모는 휴머노이드(Humanoid:인간형) 입니다. 그들의 신체

---

16) 여기서 창조되었다는 의미는 아마도 샤아리의 영혼이 깃든 체(體)를 만들었다는 의미인 것 같다. 고차원의 외계인들이 태어나는 방식은 반드시 지구에서와 같이 남,녀간의 성적 접촉에 의해서 태어나는 것이 아니다. 불경(佛經)에 천상계에서 태어나는 방식으로 〈화생법(化生法)〉이 언급되어 있다시피 진동이 높은 세계에서는 생각만으로 모든 것을 창조하기도 하고 소멸시킬 수도 있기 때문에 이와 같은 현상이 가능한 것이다.

17) 두 개의 차원이나 그보다 많은 여러 차원들의 영적인 빛에너지가 부딪치는 지점. UFO가 하나의 차원에서 다른 차원으로 이동하거나 다시 돌아오는 데 이용될 수 있다고 한다. 이러한 명칭은 이것이 주로 태양계 안이나 그 인근에서 발견되기 때문에 붙여진 이름이라고 한다.

적 구조는 밝은 빛으로 구성되어 있으며, 침착함과 타오르는 광채, 그리고 따스한 부드러움을 지니고 있습니다.

그들의 눈은 검고 뚜렷한 동공이 없으며 크기는 인간의 3배입니다. 이 눈은 그들 서로의 혼을 깊게 연결하고, 모든 에너지와 직감력을 혼합시키는 데 이용하고 있습니다. 키는 6~7피트(182cm~2.13m) 정도이며 귀는 없고 작은 코를 지니고 있지요. 그리고 어떤 소리의 주파수를 발산하는 데 사용하는 좁은 입을 가지고 있습니다. 아르크투루스 행성에서 모든 주민들은 반물질적인 밀도를 유지하고 있는데, 이런 존재들은 상념을 통해 그들의 물리적 형태가 변화됩니다. 움직일 때 그들은 우아하게 공중에 떠서 걷습니다. 그때 그들은 작은 빛의 입자들의 흐름으로 변형되고, 비물질화되어 단지 흔적을 남길 뿐이죠. 이 모든 것은 순간적으로 일어납니다.

아르크투루스인들은 의식과 상념의 치료자들입니다. 그들 중 어떤 존재들은 날개를 가지고 있으며, 그것을 조화된 소리와 색깔을 방출하는데 사용합니다. 이런 작용은 조화있게 조율된 깃털을 통해서 한 존재의 추출된 의식 속의 조밀한 상념들을 진동시킵니다.

나는 또한 미샤르(Misha)라는 한 동료를 가지고 있습니다. 그는 아르크투루스의 남성 외계인이며, 스타 사령부의 한 사령관으로 일하고 있는 완전히 숙달된 치료가이자 고문관입니다. 미샤르 역시 날개를 가지고 있지요. 그는 조율된 깃털을 통해 다른 색깔과 빛, 그리고 소리의 주파수들을 흐르게 하는 방법에 의해 자신의 날개를 의식(意識)을 이동시키는 데 활용하는 능력이 있습니다.

그의 외계인으로서의 신장은 6피트 4인치~7피트 정도로 아주 크며, 그의 날개 한쪽의 지름은 최소한 6피트에 달합니다. 지구에서는 어떤 대중의식적 상념들의 파동에 의해서 발생하는 기상 패턴들이 있습니다. 그는 우주선상에서 이를 관찰하는 높은 레벨의 고문관들과 함께 일을 합니다. 변화하는 지구상의 기상 패턴들을 관찰할 때, 그는 종종 대중의식 지역들의 균형을 잡기 위해 매우 높은 소리의 주파수를 사용하곤 합니다.

우리 스타 사령부는 태양의 뒤쪽에 위치하고 있으며, 거기에 '웨스트 스타'라는 모선(母船)이 궤도를 돌고 있습니다. 이곳은 수십만 년 동안 은하계간 대표자들의 오랜 거주처로 이용되어 왔습니다. 그리고 여기는 〈베야레스(Veyares) 사령부〉 아래에 있으며, '아쉬타(Ashtar)'와 은하간 12인 위원회의 엄격한 지휘 아래 움직이고 있습니다. 여기의 주요 지도자들은 아쉬타 외에도 베야레스, 솔라라(Solara), 토린(Torin), 바샤르(Bashar), 그리고 고문관 아아라(Aarah)등이 있습니다.

기쁘게도 나는 진화하는 행성과 그 종족들의 의식을 도약시키는 일을 지원하고자 중요한 연구 과제를 떠맡았습니다. 이것은 다른 행성의 토착생명체 속으로 의식을 갖고 통합되는 것을 포함하는 것이었습니다. 다시 말해서 그 문화 속에서 살고, 배우며, 상호 작용한다는 것을 의미합니다. 또한 이것은 은하간 교역과 기술적 교류를 위한 외계인들과의 의식적인 접촉을 인류에게 준비시키기 위해서 인간의 육체 속으로 통합되어 그들의 교신 패턴을 배우고 판독하는 것입니다.

'웨스트 스타' 모선의 〈베야레스 사령부〉는 다음 세기의 지구 주민들과의 가시적인 상호작용에 관한 연구과제의 일부를 맡아서 수행하려는 계획이 있었습니다. 그래서 나는 1989년 지구의 한 여성과 통합되었습니다. 내가 통합된 그 인체는 30대 초반의 한 여성이었고, 컴퓨터 그래픽 회사에 다니던 직업여성이었지요. 그리고 또한 그녀는 채널링을 했었고, 개인적 성장에 관한 워크샵(Workshop)을 그쪽에서 수행하던 사람이었습니다.

이 여성은 1989년에 교통사고를 당했는데, 이것이 계기가 되어 그 기간 동안 그녀는 자신의 인생 목적이 완료되었다는 의식적인 자각에 도달하게 되었습니다. 그로 인해서 그녀는 지구계를 떠날 수 있도록 우주법칙 안에서 요청했습니다. 즉 그녀는 보다 높은 의식을 지닌 다른 존재가 자신의 육체를 하나의 도구로써 사용해 주기를 원했던 것이지요. 그녀는 자신의 육체가 죽어 없어지는 것보다는 차라리 우주의 다른 기원을 가진 존재가 다가오는 행성의 변화에 관한 더 큰 전망과 통찰을 인류에게 제공하는 데 활용될 수 있다고 생각했습니다.

이것이 가능하기 위해서는 그 육체 안에 있는 혼의 총체적 변화가 필요했습니다. 1월과 6월 사이에 이 여성의 지도령(指導靈)과 빛의 형제들은 일련의 진지한 협의에 착수했고, 지구계에서 떠나기를 요청한 그녀의 의도와 성실성을 평가했습니다. 그리하여 89년 7월 14일, 이 여성의 지도령과 12인의 은하간 심의위원회, 그리고 스타 사령부의 인가(認可) 아래 나를 위해 예정되어 있던 영혼의 교체작업이 착수되었습니다. 즉 내가 이 인간 여성의 육체에 들어가는 것이 허가된 것입니다.

12인의 은하간 위원회는 천사계와 우주로부터 온 존재들을 포함하고 있습니다. 스타 사령부는 수많은 각양각색의 문명으로부터 온 우주인들로 구성된 행성간 대표자들의 한 단체이며, 이 문명들은 '빛의 형제단'에 봉사하는 부서로서 일하고 있습니다. 이 영혼의 교체작업은 그리 흔한 일이 아니었으며, 의식적 기억을 지닌 채 인간의 육체로 들어가 완전히 통합되는 데는 230일이 걸렸습니다.

이 영혼의 교체작업 당시 그녀는 태평양 북서쪽의 한 작은 섬에서 열린 연수회에서 사람들을 가르치고 있었습니다. 그리고 나는 이 섬의 남쪽 상공에 떠 있던 소형 우주선 안에서 대기하고 있었지요. 나는 나의 마지막 순서가 오기를 기다리고 있었습니다. 여러 인간의 육체에 들어간 존재들이 모두 외계인들은 아니었으며, 다양한 차원들과 우주로부터 온 존재들도 있었죠. 그녀는 자신에게 무엇이 일어날 것인지를 알고 있었습니다. 그녀의 지도령(指導靈)은 그녀에게 그 연수회 지역에서 벗어나 그 섬의 암석이 많은 바닷가로 걸어가라고 알려주었습니다.

거기서 지도령은 이 교체작업을 시작하기 위해 그녀에게 바위 위에 누우라고 하였고, 규칙적인 호흡을 계속하라고 지시했습니다. 그리고 나서 그녀의 영혼이 육체로부터 빠져 나왔죠. 그 시간 동안 나는 그 바닷가 위에 떠있던 우주선 안에서, 아쉬타, 토린, 아아라로부터 마지막 가르침을 받고 있었습니다. 그리고 나서 나의 외계인으로서의 신체가 비물질화되기 시작했을 때 나의 혼은 내 뇌피질부를 덮기 시작했습니다. 나는 나를 둘러싸는 빠른 빛의 소용돌이 흐름이 그 바닷가의 여성 육체 쪽으로 나를 들어 올렸던 것을 기억합니다.

강력한 빛의 흐름이 나를 지나서 그 우주선 쪽으로 쇄도했습니다. 한 순간에 나는 하강하여 그 여성의 머리와 어깨의 왼쪽을 통해 그 육체로 들어갔습니다. 거기에 믿을 수 없는 침묵이 있었지요. 나와 익숙해져 있던 모든 것이 막 바뀌어져 있었습니다. 나는 마치 콘크리트처럼 느껴지는 육체 안에 있었습니다. 아무것도 움직일 수 없었고, 모든 것이 매우 무겁게 느껴졌습니다. 나는 수면 상태같은 깊은 혼수상태로 빠져들었습니다.

얼마 후 내가 움직여야 한다고 생각했을 때 서투른 팔다리가 급격한 움직임과 꿈틀거림으로 반응하기 시작했습니다. 곧 나는 발을 다루게 되었고, 드디어 내 몸은 그 연수회 장소로 돌아갈 수가 있었지요. 거기에 있던 사람들은 모두 나의 모습을 보고 놀라워했고 나를 모든 방법으로 돌보아 주었습니다.

초기에 그 지구인 육체의 운동기능은 나의 전자기적 에너지에 의해서 혼란되었습니다. 그 육체는 빈번히 격렬하게 꿈틀거렸고, 언어 패턴은 리듬이 없어 마치 로봇같았죠. 목소리는 전체적으로 변했으며 눈은 간신히 기능할 수 있었습니다. 대체적으로 그 육체는 나의 에너지를 잘 받아들이지 않았습니다.

그러나 6개월 후 마침내 나는 그 육체에 적응했습니다. 영혼의 교체 작업

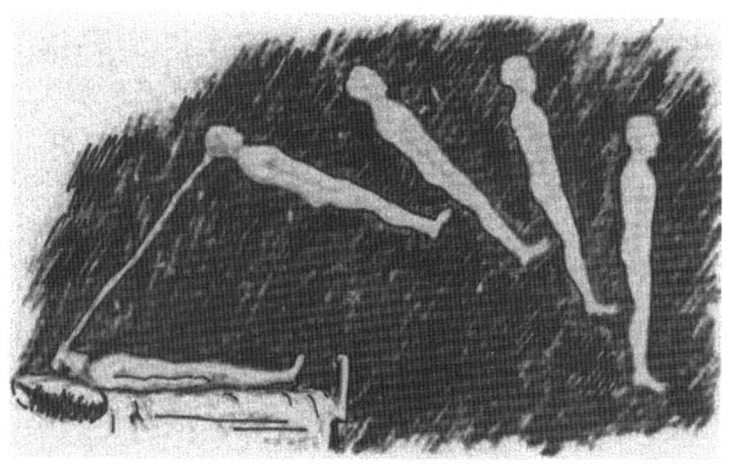

영혼이 육체에서 빠져나오는 유체이탈의 모습 - 연결된 긴 선은 혼줄이다.

4장 우주로부터 온 메시지들

이 끝난 후 그 여성의 혼과 빛의 체(體)는 웨스트 스타 모선에 몇 달 동안 머물러 있다가 어느 정도 상태가 조정된 후에 우주의 근원으로 돌아갈 수 있었습니다. 그리고 나의 삶은 여기 지구상에서 새로이 시작됐습니다.

나의 임무는 인간과 외계인 사이에 통신의 다리를 놓고, 행성간 교역과 기술적 교류 가능성을 확립하기 위한 준비 작업입니다. 이 사명은 30년간 계속될 예정이며, 그후에 우리는 우주선으로 완전히 복귀하게 됩니다. 그러나 나는 현재 우주선상에서 나의 동료 미샤르와 정기적으로 만나고 있습니다.

현재 지구에는 외계인에 관한 여러 가지 논쟁과 과장된 많은 보고들이 존재하고 있습니다. 내가 인류에게 제공할 수 있는 것은 균형잡힌 (외계인과의) 통신과 폭넓은 전망입니다. 이것은 내가 나의 우주 가족들을 보기 위해 모선 '웨스트 스타'를 정기적으로 방문하는 것뿐만이 아니라, 나의 우주선상의 기억에 토대를 둔 것이지요. 나는 지구의 차원 변이 단계 동안 인간의 통신 패턴을 배우고, 변형을 통해 무엇이 받아들여지고 있는가를 나중에 스타 사령부에 중계하기 위해 여기에 있는 겁니다.

다가오고 있는 행성 지구의 변화는 인류에게뿐만 아니라 모든 행성 문명 사이의 전체적인 역학 관계에도 영향을 미칠 것입니다. 외계인들과 지구인들 사이의 연결 고리는 여기 지구에 있습니다. 그리고 우리 양쪽 모두가 우주의 진화에 필수적인 한 부분들입니다. 지금까지 지구상의 많은 사람들이 외계인이 무엇인가에 관해 매우 제한된 전망을 가지고 있었습니다. 따라서 이러한 시각은 매우 편협하며 자기 중심적 사고에 기초하고 있습니다. 그리고 외계인들은 전통적으로 지구인들을 의식(意識) 속에서 실험되고 있는 존재로 보아 왔습니다. 외계인들에게 있어 인간의 잠재력은 관찰 대상이며, 또 그들의 제한된 신념과 태도에 집중된 사고(思考)는 뜻하지 않은 경험입니다.

한편 인류는 외계인들의 출현을 필요한 영토를 정복하기 위해서나, (우주) 탐사하는 데 개척자들이 필요하기 때문이라고 생각해 왔습니다. 이처럼 인간과 외계인 사이의 가장 커다란 장애물은 서로에 대해 경외심(敬畏心)으로 가슴을 열거나, 상대의 문화를 받아들이지 않고 속단해 버리는 데에 있습니다. 인류와 외계인 양쪽의 현실들은 극복해야 할 숙제를 가지고 있으므로 양쪽의 문명은 서로의 기대와 예상을 수용하여 이를 넘어서는 과정이 필요합니다.

지구는 여러분과 똑같지는 않으나 혼(魂)을 지닌 살아있는 존재입니다. 그리고 그녀는 자신 위에 거주케 하고 교육시킬 한 무리의 행성간 종족들을 우주로부터 선택하고 있는 중입니다. 지구의 진화는 하나의 프로젝트로서 다음의 몇천 년을 넘어서 (인류와 외계인 사이의) 공동의 결속을 계속 유지하는 것입니다.

이 작업은 무엇보다 실제적으로 적용할 수 있는 행성 고유의 비전과 필요성에 기반을 두지 않으면 진행 될 수 없습니다. 그리고 이를 위해서 행성 지구의 성장에 관한 계획을 바라보는 인간의 에고(Ego)와 도덕적 시험이 필요한 것입니다.

10. 은하연합 몬조르손(Monjoronson)의 메시지

◆메시지-1

- 예측되는 지구 변화의 과정들 -

(2006. 10)

*채널링:캔데이스 프리즈

　지구는 악조건 하에 놓여있는 행성인데, 왜냐하면 어둠의 무리들 가운데서도 가장 사악한 존재들이 네바돈 주변으로 더 이상 반란과 불안의 전염병을 퍼뜨리지 못하도록 막기 위해 이곳에 강제 수용되었기 때문입니다.
　은하연합은 몇 개의 우주들에 관계돼 있던 은하전쟁을 이제 대부분 종결지었습니다. 이제 은하계의 평화가 가까워졌으며, 오르본톤(Orvonton) 우주의 더 나은 미래가 예고되고 있습니다. 나는 많은 빛의 일꾼들(Light Workers)이 계속적인 어려움과 지연으로 인해 그리 기쁜 마음이 아니라는 것을 잘 압니다. 하지만 사랑하는 이들이여, 이런 사소한 지연 때문에 그렇게 마음을 어지럽히지는 마십시오. 그것은 단지 어둠의 세력의 마지막 저항에 지나지 않으며, 그 모든 것이 통제되고 있기 때문입니다. 그리고 더 큰 안목에서 보자면 어려움의 기간은 짧아졌는데, 계획이 범지구적으로 수립되었고, 어둠의 세력이 스스로 붕괴되면서 카르마(業)가 해소되고 있는 까닭입니다.
　우리는 행성 지구의 자기적(磁氣的)인 작용을 인위적으로 막지는 않습니다. 지구의 진동이 높아짐에 따라 지각판(地殼板)들이 움직이고 있습니다. 이것은 긍정적인 것이며 자연적인 물리과정입니다.
　친구들이여! 우리는 태평양 연안의 "불의 고리(The Ring of Fire)" 지역에서 발생할 일들을 막을 수는 없습니다. 지구는 압력을 조절해야만 합니다. 이것은 정상으로 돌아가는 것이며, 행성의 기울기가 변화하는 상태로 들어가는 것입니다. 이 지축의 기울기에서 최종적인 변화가 완료될 때, 지구는 1년 내내 같은 계절을 가지게 될 것입니다. 이것은 통합의 개념입니다. 행성의 기울기가 더 심하면 심할수록 계절적인 변화가 심해집니다.
　나는 지구가 약 5년 내에 그 경사(傾斜)가 완전히 바로 잡힐 것이라고 예측하는 바입니다. 그리고 계절적 변화도 중단될 것이고, 또한 지구가 좀 더 평온해질 것입니다. 이 일은 여러분이 빛과 생명으로 진입하기 이전의 얼마 동안에 일어날 것이고 그 과정은 도울 것입니다.
　이제 어려운 주제인 인구조절 문제에 대해 언급하겠습니다. 알다시피 지구의 인구는 과잉상태이고 인류는 순수 에너지의 지식에 대해 무지합니다. 행성 지구는 생존하기 위해 오염상태를 정화해야 합니다. 지구는 분노한 신(神)

이 아니라 자연입니다. 우리는 인류가 영적으로 성장하는 기간 동안 행성이 완전히 정화되는 것을 막아왔습니다.

지구는 아주 오래 전의 전쟁으로 인해 비정상적인 타원형태가 되어 유지돼 왔습니다. 높아지는 진동과 특수화된 에너지장의 작용은 지구의 형태를 완전히 둥근형으로 복구하고 있으며, 이것은 지구상의 차가운 공간의 압력으로 일어나고 있습니다. 이 압력은 미는 힘이 아니라 당기는 중력입니다.

일부 기독교인들이 믿고 있던 휴거는 있을 수 없으며, 이 거대한 주민들이 가 있을 충분한 장소도 없습니다. 지구에는 육체로 있는 자들뿐만이 아니라 육화하지 않은 존재들도 있습니다. 우리는 이미 새 행성으로 많은 인구를 영혼의 형태로 이동시킨 바가 있고, 그들은 거기서 태어나기 위해 대기하고 있습니다. … (중략) …

지구의 내부세계(지저문명) 역시 지상의 주민들을 수용할 수가 없습니다. 그리스도 미카엘이 1954년에 지구로 돌아왔을 때 지구의 인구는 약 25억이었고, 지금은 70억이 되었습니다. 대피가 필요해질 때를 위해서 피난계획이 그 때 마련되었습니다. 하지만 (당시의 계획은) 신(神)의 사람들이 먼저 우주선으로 들어 올려지고 그 다음에 스스로 결정하고 책임을 지기에는 너무 어린 아이들이 뒤따를 때, 나머지 많은 이들은 남겨져 죽게 될 것이었습니다. 사난다 임마누엘이 인류를 어느 정도 수용하기 위해 플레이아데스의 여러 행성들을 마련했었는데, 이는 그 새 행성들이 당시 원시단계에 있었기 때문이었습니다.

새 행성이 준비되었지만 아직도 거기에 같이 필요한 동물들과 함께 인간들을 이식시키기 위한 과정에 있습니다. 인간은 새로 시작하기 위해 약 5개의 지역사회에 배치될 것입니다. 보다 더 많은 인간들이 미래에 가능한 한 그곳으로 옮겨질 수가 있으며, 많은 원조가 주어집니다. -(중략)-

인구의 많은 부분이 향후 5년 간에 걸쳐서 감소될 것입니다. 인류는 이런 원인의 대부분을 스스로 초래했으며, 그것은 큰 그림을 볼 수 있는 거시적 안목과 자각이 결여돼 있기 때문입니다. 인구조절은 생물체의 전체적 설계에서 생겨나며, 어둠의 세력이 인구를 축소하려고 시도하는 과정에서 만들어냈던 수단들에 의해서도 성공하지는 못했습니다. 에이즈(AIDS)로 예를 들자면 이 병은 오직 살아남고자 하는 의지만 있다면 치유됩니다. 에이즈(AIDS)뿐만이 아니라 암(癌)이나 기타 다른 시도들은 어둠의 세력이 기대했던 대로 되지 않았습니다. 앞으로 지구변화 과정에서 인류는 다음과 같은 이유로 피해를 받게 될 것입니다. 생존의 기술을 터득하지 못해 거주지가 해안가에 위치해 있거나 그쪽에서 이사해 집을 지은 경우, 그리고 복지문제를 부패한 사회기관들의 손에 넘겨줌으로써 인간은 고통 받을 것입니다. 또한 지구상에서 거의 유일한 에너지원으로 사용된 석유의 고갈과 석탄 및 나무의 사용으로 고통 받을 것인데, 무분별한 낭비와 훼손 때문입니다. 어둠의 존재들은 그들의 지배하에 있던 인간들을 오도한 까닭에 고통을 겪을 것이며, 많은 경우 그들은 신분의 박탈과 해체, 그리고 죽음으로 돌아갈 것입니다.

다가오고 있는 캘리포니아와 태평양 연안의 격변시에 일부 주민들에게는 어둠의 세력이 이때 대피하기 위해 만들어 놓은 지하 은신처가 도움이 될 수가 있습니다. 하지만 이 시설들은 충분하지가 않습니다. 우주선에 의해 끌어올려 지거나 그 장소로 옮겨지지 않을 이른바 범죄요소가 있는 자들이 많이 있게 될 것입니다. 우리는 어떤 일부 개인들은 끌어올릴 것입니다. 미국의 지하 대피 시설들은 다가오는 지각(地殼)의 격변에 대처할만한 규모가 못됩니다. 사랑하는 이들이여, 당신들은 자신에게 가능한 것만을 할 수가 있으니 할 수 있는 것들을 하도록 하고 그 모든 것을 경험하십시오.

러시아는 그 주민수 전체를 상당 기간 지하에 수용할 수가 있습니다. 그들은 만약을 대비해 이런 계획을 세워두었습니다. 하지만 미국과 지구상의 다른 국가들은 이런 준비를 하지 않았습니다. 사랑하는 이들이여, 악(惡)의 국가로 보였던 러시아가 사실은 종말기인 행성 지구의 그날에 많은 사람들을 구조한 것입니다. 과거 그곳에 악이 있었다고 인정하더라도 그 악은 일어섰으며, 〈신세계질서〉를 구축하려는 세력들에게 "노(NO)!"라고 말했습니다. 그리고 이 나라는 다가올 지구변동에서 아주 잘 대처해 나갈 것인데, 그들은 거기에 대해 준비해 놓았기 때문이지요.

하지만 그럼에도 불구하고 오직 높은 진동을 가진 사람들만이 살아남을 수 있는 "광자대(Photon Belt)"의 작용으로 인해 러시아 역시 인구감소를 피할 수는 없을 것입니다. 행성 지구에 가장 큰 청소작용을 일으키는 것은 바로 "광자대(光子帶)"입니다.

재림 사건 이후, 그때 일어날 정화와 더불어 게다가 상당수의 깨어나지 못한 어둠의 성향을 가진 자들 때문에 지구의 진동은 약 4.7 정도가 될 것으로 예측되며, 많은 이들이 그 상황에서 살아남을 수 없습니다. 이것은 단지 알려지지 않은 물리학적 사실입니다. 하지만 동물들은 잘 적응할 것입니다. 오히려 동물들은 이미 높은 진동으로 존재하고 있고, 광자대는 사실 동물의 진동을 끌어올리며 식물도 역시 마찬가지입니다. - (중략) -

지금 태어나거나 육화하고 있는 많은 5차원의 존재들이 있으며, 그들은 위험이 덜한 지역들로 육화하기를 선택하고 있습니다. 그리고 이들은 여느 때와 마찬가지로 행성 지구의 DNA를 향상시키기 위해 자신이 가진 매우 높은 DNA를 가지고 오며, 이것은 아담과 이브가 지구에다 이식하려다 실패를 겪었던 것이었습니다. 이제는 여러분 대부분에게 다소 어려운 주제에 대해 언급하고자 합니다. 오래 전에 지구에 왔던 어둠의 과학자들에 의해 만들어졌던 사악한 DNA는 지구상에서 완전히 청소될 예정입니다. 이 과정은 5년 이상이 걸릴 것이지만 반드시 이루어져야만 합니다.

일부 지역들은 질병과 경제적 문제들로 인해 다른 곳보다 더 심한 타격을 입을 것입니다. 다가오는 이 모든 것을 보는 것은 슬프지만 시간에 앞서 우리가 개입할 수는 없습니다. 나는 행성 지구의 최종적인 인구수를 알지 못할 뿐더러 인구조절이 완료되기까지 얼마나 오래 걸릴지도 모릅니다. 많은 것이 인류 여러분에게 달려 있습니다. 여러분이 지구 행성의 관리자가 되어야만 하고, 이런 새 변화들을 스스로 창출해야 합니다. 하지만 우리의 커다란 지원이 있을 것입니다.

별에서 온 방문자들은 관대하고 사랑이 있으며 필요한 기술들을 제공해줄 것이지만, 그들이 여러분을 위해 그 모든 것을 해주지는 않을 것입니다. 여러분은 계획을 세워야하고 도움을 요청해야 합니다. 지구는 여러분의 훈련장이니 이를 잘 활용하십시오.

지구의 인구는 변화들이 어떻게 닥쳐오고 또 인간이 거기에 어떻게 대처하느냐에 따라 적게는 1/3, 많게는 2/3까지 줄어들 것입니다. 만약 야생지역 보존에 매우 심혈을 기울이고 인간이 보다 새로운 기술을 이용하여 집단적으로나 사회적으로 협력하는 데 집중한다면, 지구의 지상과 지저에서 20억 정도까지는 유지될 수가 있습니다.

어떤 재난들은 단순히 변화기 동안에 석유와 석탄, 천연가스의 부족으로 인해 올 것입니다. 지진들이 이 운송과정을 많은 악화시킬 것이며 바꿔놓을 것입니다. 미국에 사는 사람들은 중국에서 많은 물품들이 COSCO나 다른 회사들을 통해 들어온다는 것을 생각할 필요가 있으며, 서부 해안의 항구들이 머지않아 존재하지 않게 될 것입니다. 여러분은 자국(自國)에서 가정의 생필품들을 제조하는 자급자족 체제로 돌아가야만 하는데, 왜냐하면 중국이 자기 나라 공급부족으로 인해 다른 국가에 수출할 여유가 없어질 것이기 때문입니다. 지금과 같은 형태의 범지구적 교역은 결국 유지될 수가 없습니다.

화폐를 없애는 목표는 필요한 식량이나 물품들을 지역 공동체에서 생산하는 체제로 돌아감으로써 촉진될 수가 있습니다. 여러분은 한동안 더 작은 집에서 사는 법을 배울 것인데, 지구변화들에 앞서 내륙으로 이동해야 할 것이기 때문이지요.

여러분 모두는 어머니 지구로부터 약탈하여 온갖 방식으로 낭비하는 무분별한 에너지 사용에 대해 검토해볼 필요가 있습니다. 이 긴 메시지에서 이미 언급했듯이, (UFO에 의한) 대량적인 들어올리기는 있을 수 없습니다. 미국의 지하 대피 시설들은 서부 해안으로부터 몰려올 3,000만 명을 한꺼번에 수용할 수가 없으며, 만약 지각변동이 일어나기 까지 1년밖에 시간이 없다면 1년 안에 서부 해안 지역의 주민들을 다른 곳으로 철수시킬 수도 없습니다.

캘리포니아는 로스엔젤리스(L.A)를 바다 속으로 충분히 휘청거리게 할 수도 있는 사건 이전에 어떤 초대형 지진을 겪을 가능성이 있습니다. 지금은 다가오고 있는 사건들에 대해 진지해져야 할 때입니다. 지난 60년간 너무나 많이 증가한 인구 때문에 과거의 계획들은 더 이상 실행이 가능하지 않습니다. 인구증가는 통제에서 벗어나 있으며, 다가올 자연적인 정화 외에는 어떤 수단에 의해서도 조절할 수 없습니다.

많은 정부기관들은 아마도 혼란과 실패에 봉착할 것입니다. 지난 뉴 올리언즈 허리케인 사태 때 무엇이 일어났는지를 보십시오. 정부는 하룻밤 사이에 이런 문제들에 효과적으로 대처할 수 있게끔 개조될 수가 없습니다. 지난해 지진을 당한 파키스탄의 가난한 주민들은 아직도 국제사회에 의해 제대로 구호를 받지 못하고 있습니다. 지금은 잘못을 범한 것에 대해 대가를 치를 때입니다.

어둠의 세력이 교회 나가는 사람들에게 천국(天國)으로 휴거될 것이라고 기대하도록 잘못된 확신을 불어넣은 것은 슬픈 일입니다. 그렇게 함으로써 그자들은 교회 신도들의 생존능력을 무력화시켰습니다. 그들은 문제를 시정하려는 욕구 자체가 작동 못하도록 불구로 만들어 버렸는데, 너무나 많은 이들이 자신이 앞으로 천국에 있을 것이고 아무런 자기 잘못을 돌아볼 필요가 없다고 느끼기 때문입니다. 천국으로 가는 그들의 여행은 영향력 있는 교회, 흡족한 종교, 또는 그들이 속한 곳이 무엇이든 거기에 귀속해 있음으로써 보장되었습니다. 그러므로 그들은 이런 어리석음에 대한 교훈 역시 체험하게 될 것입니다.

◆ 메시지-2

지축(地軸) 이동에 관계된 지구의 물리적 변동 문제
(2007, 4)

*채널링:캔데이스 프리즈

인류는 지금 지구에 다가오고 있는 실제의 중대한 물리적 변화기로 들어가고 있습니다. 여러분이 인터넷상의 뉴스들을 훑어본다면, 큰 규모의 지진들이 지속적으로 증가하고 있음을 알 수 있게 될 것입니다. 지구에서 적어도 6.0 정도의 지진이 1주일에 1회나 그 이상 관측되기 시작할 것입니다.

토네이도(Tornado)와 폭풍들 역시 증가할 것입니다. 이런 작용들의 얼마간은 지구의 분노를 방출하고 있습니다. 다른 천재지변들은 광자대(光子帶)가 태양을 통해 일으키고 있는 새로운 태양의 변화들로 인한 가열작용으로부터 생겨납니다. 지구가 상승을 준비하기 위해 더 높은 단계로 옮겨가는 만큼 지구는 뜨거워지는 것이 아니라 더욱 온화한 행성이 될 것이며, 그것은 이 종자행성 위에 이식될 새로운 생명들의 발아(發芽)를 위해서입니다.

지구가 단극성(單極性)의 상태로 가까이 움직임에 따라 행성 지구는 더 이상 태양을 향한 각도가 기울어지지 않을 것인데, 따라서 지구에는 더 이상 빙하시대가 없을 것입니다. 극지(極地)의 모든 얼음들은 앞으로 오래지 않아 완전히 녹을 것입니다.

행성이 기울어져 있다는 것은 그 안에 아직 부정성(Negativity)이 남아있다는 것을 의미합니다. 그리고 부정성은 곧 냉기(冷氣)인 것입니다. 주민들이 거주하는 행성 내에 있는 극지의 얼음들은 항성 거기에 무엇인가 원활하지가 않고 문제가 있음을 나타냅니다. 여러분의 행성 지구는 그 높은 부정성 때문에 상당히 기울어져 있습니다. 이 부정성이 지금 감소하고 있으며, 따라서 겨울과 여름이 대체로 덜 혹독해지고 있지요. 언젠가 여러분은 현재 알고 있는 것과 같은 4계절을 겪지 않게 될 것입니다.

과거에 있었던 지구상의 빙하시대는 인류의 부정성으로부터 연유했으며, 그것은 행성을 정화하는 작용의 일부입니다. 하지만 이번에 다가오는 정화기(淨化期)에는 가이아(지구)의 차원상승이 승인됨에 따라 더 이상 빙하기같은 것은 없으며, 오히려 계속해서 원상태로 회복될 것입니다.

여러분은 6개월에서 12개월에 걸쳐 지축의 변화를 겪게 될 예정입니다. 하지만 우리는 이것이 언제 일어날 것인지에 대해서는 지금 공표하지 않는 쪽을 선택했습니다. 그 변화는 혜성이 스쳐지나감으로써 발생하는 것도 아니고, 소행성의 지구충돌로 인한 것도 아닙니다. 그것은 인류와 지구의 상승에 관계되어 일어나는 자연적인 사건입니다.

이것이 "극(極)의 역전(Pole Reversal)"은 아닙니다. 또 그것은 본질적으로 지축의 완전한 변동은 아니지만, 어느 정도 영향을 미칠 수 있습니다. 지구의 축(軸)은 현재 물리적인 북극과 남극을 (일직선으로) 관통하고 있습니다. 지구는 향후 새로운 북극과 남극을 가지게 될 것입니다. 그 지축 변화의 크기는 약 5도(度) 정도가 되어야 합니다. 여러분이 상상하듯이 이것은 조용한 사건이 되지는 않을 것입니다. 그것은 물리적인 지구의 변화들을 크게 증대시킬 것입니다. 환태평양 화산대인 〈불의 고리(Ring of Fire)〉는 이로 인해 상당히 요동치게 될 것입니다. 그 전체 지역은 대개 지각(地殼)이 다른 곳보다 더 얇아져 있는 장소들입니다. 그곳은 영향 받게 될 것입니다. 또한 다른 변화들과 다른 곳의 지진들이 있게 될 것이지만, 대규모적인 변동은 그 지역에서 일어나게 될 것입니다. 이로 인해 주목할 만한 인구손실이 있게 될 것이고, 얼마나 많은 사람들이 생존하는가는 거기서 살아남고자 하는 사람들에게 달려 있습니다. 대략 추측하기로는 지구 주민들의 약 10% 정도가 이 변동기간 동안에 세상을 떠날 것입니다. 현재 세계 인구가 70억에 가까우므로 계산은 여러분에게 맡기겠습니다.

얼마나 많은 이들이 그 운명에서 벗어나기를 선택할까요? 그것이 곧 얼마나 많은 숫자가 생존하는가에 상당한 관계가 있습니다. 그 지역에 살고 있는 사람들은 (대피) 계획을 세우는데 긴 시간적 여유가 없는데, 나는 그것을 지금 시작하라고 권고하는 바입니다. - (중략) -

여러분은 생존을 위해 얼마간의 여분의 식량과 다른 생필품 비축에 착수해야 합니다. 환태평양지진대의 변동은 일부 공공설비들(가스, 전화, 수도, 전기 등)과 수많은 항구 및 항공노선에도 타격을 줄 것입니다.

우리는 일부 사람들을 (UFO의 빔으로) 들어 올릴 것입니다. 하지만 많은 이들이 들어 올려 질 수는 없는데, 왜냐하면 그들의 몸이 왕복선(UFO)의 리프팅 광선(Beam) 속에서 적응하여 생존하지 못하기 때문입니다. 만약 당신이 지구상에서 생존할 거라고 믿고 있고, 또 자신이 위험한 지역에 살고 있다면, 안전을 위해 옮기도록 하십시오.

당신들은 자신이 (UFO의 빔에 의해) 과연 끌어 올려 질 수 있는 이들 중의 한 사람인지를 알지 못합니다. 따라서 여러분은 거기에 의존해서는 안 됩니다. 하지만 여러분중의 많은 이들이 현재 상당한 정도로 상승의 변화를 체험하고 있는 이유 중의 하나가 필요할 때 안전하게 빔으로 끌어 올려 질 수 있게 하기 위해서입니다. 빔에 의해 성공적으로 대피될 사람들은 아마도 당신네 정부들이 건설한 지하시설로 옮겨지기 쉬울 것입니다.

 이것은 지구내부(지저세계)로 옮겨가는 것과는 다릅니다. 어떤 국가들은 이런 지하 시설들을 자국민의 생존을 위해 건설했지만, 미국 같은 나라에서는 국민들은 무시되고 오히려 정부를 위해서 지어졌습니다. 일단 이 사실이 공적인 뉴스가 되었을 때 여러분은 사람들이 어떤 반응을 보일 것인지의 흥미로운 상황을 목격하게 될 것입니다.

 많은 사람들이 내륙으로 대피할 것입니다. 그때 내륙에 사는 주민들은 집을 개방하고 그들에게 도움의 손길을 벌리는 것이 필요할 것입니다. 하지만 또한 많은 이들이 현 거처에서 움직이지 않을 것입니다. 그것은 그들의 선택입니다. 우리는 사람들이 진정 어떤 태도를 취하고, 어떻게 대처할지를 알지는 못합니다. 이것은 여러분에게 다가오고 있는 상황인 것이며, 그 상황 속에서 여러분은 신성과 조화를 이루어 신적인 감각(직관)을 활용하거나 아니면 그렇게 하지 못할 것입니다.

 나는 모든 수확물들을 피해를 보게 될 지역에서 옮겨 안전한 곳에다 저장하라고 권고합니다. 캘리포니아 지역은 (지축이 일부 이동하는) 이 사건이 일어나기 훨씬 이전에 아마도 흔들릴 것입니다. 로스엔젤리스(L.A)는 이 사건 동안 붕괴되어 침몰하게 될 것입니다. 그러므로 다른 지역들도 그렇게 될 것입니다.

 이때 환태평양 주변부로부터 몰려오는 해일이 거대해질 것입니다. 우리가

308   4장 우주로부터 온 메시지들

어떤 사건들은 통제할 것이므로 그것을 통해 대기권으로 방출된 방사능이 청소되는데 도움이 되도록 하고 있습니다. 또한 화산폭발로 인한 대기오염도 정화할 것입니다. - (중략) -

우리는 때가 되기 전에는 전체 정보 내용을 발표하지 않습니다. 그리고 나는 아직은 이 지축의 변화를 유발할 사건을 공개하지는 않을 것입니다. 이 사건은 광자에너지가 지구로 유입되는 것을 증가시킬 것입니다. 바꿔 말하면, 더 많은 빛이 여러분에게 들어오게 될 것입니다. 이 광자들은 광자대의 청소 작용을 배가시킵니다. 이 사건은 지구의 물리적인 상처들에 더해져 추가적인 정화가 일어나기 시작할 것입니다. 다시 한 번 언급하지만, 이것은 신(神)의 처벌 행위라기보다는 자연의 작용입니다. 그것은 태양계와 그 행성들의 주기(週期)의 일부인 것입니다.

여러분의 태양계 전체가 당신들 눈앞에서 변하고 있습니다. 더 밝아진 달과 다른 행성들이 빛나는 것을 보지 않으려면 눈을 감아야할 정도로 모든 천체들이 밝아졌습니다. 금성은 매우 빛나며, 나는 여러분중의 일부는 그것을 우주선이라고 생각했다는 보고를 받았습니다. 명백히 지구상의 대중매체들은 화성이 또한 더 따뜻하게 돼가고 있음을 언급하고 있습니다. 여러분의 태양계 전체가 상승하고 있는데, 이것은 다른 행성들이 그런 자격을 이미 획득했기 때문이며, 단지 지구만이 위를 향해 이동하고 있는 것이 아닙니다.

우리는 인류를 지구에서 외계로 대피시키지는 않을 것입니다. 그런 이야기들이 아직도 떠돌고 있다고 추측합니다. 인류는 지구에 머물 것이고 그것을 재건할 것인데, 그 시기는 지금부터 3,000년 후가 아니라 바로 현 시대입니다. 지구는 여러분이 미래의 일을 준비하기 위한 훈련장이며, 지구에서의 삶을 통해서 많은 것을 배울 것입니다. 이 과정을 배우는데 있어서 다른 곳이 이 지구보다 얼마나 더 낫겠습니까? 이 행성을 멸망되도록 놔두는 것은 결코 하늘의 의도가 아닙니다. 하지만 지구에는 어떤 위험이 있습니다. - (중략)-

지구의 인구는 높아진 광자(光子)들의 영향과 장차 제거될 오존층으로 인해 자연히 감소될 것입니다. 장차 세상을 떠날 사람들은 단순히 이 강렬한 빛 속에서 육체적으로 생존할 수가 없습니다. 그들은 이 세계를 떠날 것이고, 그 문제는 그 영혼의 깨달음에 관계된 것은 아닙니다. 만약 그 육신 자체가 증대된 광자들 속에서 견딜 수가 없다면, 그것은 자연적으로 소멸될 것입니다. 그 스스로를 지탱해줄 수 없는 지구상의 어떤 물질적 체계도 해체될 것입니다. 여기에는 그 원인이 무엇이든 손상된 모든 식물들과 동물들이 다 포함됩니다. 이 행성 주변에는 수증기로 이루어진 창공(Firmament)이 결여돼 있기 때문에 지구상의 생명체들은 태양광선으로 인한 DNA 손상을 한층 더 입고 있습니다. 그리고 광자대 그 자체가 증가된 태양광선의 원인이기도 합니다. 손상됐거나 증가된 빛 속에서 달리 생존할 수 없는 DNA를 가진 어떤 살아 있는 것들도 지구를 떠나게 될 것입니다. 왜냐하면 그것이 광자대가 창조물에 대해 가지고 있는 궁극적 목적이기 때문입니다. 모든 것들은 그 영향을 받는 것입니다.

새로운 유전자(DNA)가 생성될 것이고, 창공은 복구될 것입니다. 새로워진 지구에서 급속도로 성장하고 새시대의 식량과 거처를 공급할 씨앗들이 주어질 것입니다. 조림작업은 또한 지구의 산소 수준을 높일 것인데, 식물들은 탄산가스를 흡수하고 산소를 공기 속으로 내뿜기 때문이지요.

사랑하는 이들이여, 여러분은 (천재지변에 의해) 동굴인간으로 돌아가지는 않습니다. 이러한 전면적인 지축변동은 일어나지 않습니다. 단지 약 5도 정도만 지축이 이동할 것입니다. 하지만 그것은 인류에게 난제(難題)가 될 것입니다. 왜냐하면 언제나 대혼란이 발생하는 까닭입니다. 그럼에도 인류는 생존할 것이고, 모든 것을 새롭게 창조하여 지속가능하게 만들 것입니다. 인류는 생존과 자신들에게 훨씬 더 도움이 되는 새로운 삶의 방식을 창출할 것입니다. 인류가 다가오는 변화의 해들을 통해 문명을 재건할 때, 여러분은 강한 가족적 유대관계를 형성할 것입니다. -(중략)-

나는 여러분에게 인터넷상에서 당신네 행성을 상공에서 촬영한 정직한 사진들을 검색해 보라고 제의합니다. 여러분은 북극 주변에 더 이상 거대한 빙산 덩어리가 떠다니는 해가 없음을 발견할 것입니다. 오직 일시적으로 겨울에만 얼음이 있을 뿐입니다. 얼마 안 되는 얼음으로 인해 여름에 배로 북극을 여행하는 것은 매우 쉬워졌습니다.

그린란드(Green Land)와 다른 북극권의 땅들도 몇 년 안에 드러날 것입니다. 그리고 남극대륙 주변의 거대한 얼음들이 떨어져 나와 표류하는 큰 빙산들을 형성하고 있고 남반부 해양의 흐름과 온도를 바꿔놓고 있습니다. 남극대륙의 얼음이 녹아 완전히 사라지기까지는 불과 10~20년이면 아마도 충분할 것입니다. 이렇게 되면 바다의 수위가 크게 높아지고, 또한 기후에 상당한 영향을 미칩니다. 그 물의 일부는 증발되어 지구의 창공으로 돌아갈 것이나 전부는 아닙니다.

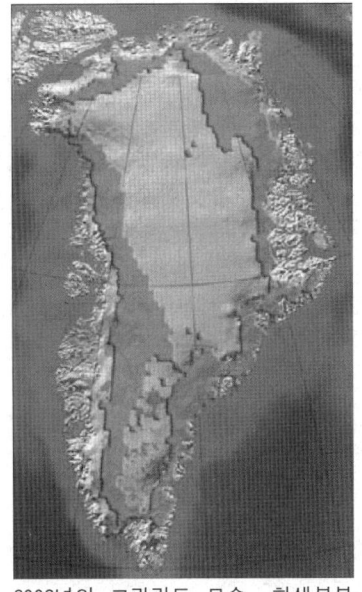

2002년의 그린란드 모습. 회색부분이 녹은 곳인데 현재는 훨씬 더 넓게 녹아 있다.

사랑하는 이들이여, 지금은 깨어날 시간이고, 이 메시지를 읽고 있는 당신들은 서둘러 움직여야할 때입니다. 여러분은 단순히 증거를 기다리면서 미적거릴 수만은 없습니다. 결국 당신들은 증거를 갖게 될 것이지만, 자신의 상황이 어떠하든 왜 지금 당장 필요한 것을 창출하는 과정을 시작하지 않습니까? 그렇지 않다면, 높은 파도가 그 증거로서 당신들에게 들이닥칠 수도 있습니다. 하지만 그것은 어디까지나 여러분은 선택입니다.

11. 크라이스트 마이클의 메시지

◆메시지-1

가까이 와 있는 지구 자극(磁極)의 역전
(2009. 3)

※이 메시지는 1장에서 다루었던 주제인 지구의 지자기(地磁氣) 역전이 가까이 와 있다는 내용인데, 우리는 앞으로 지구변동 과정에서 일어날 수 있는 다양한 문제들에 대해 그 모든 가능성을 열어놓고 마음의 대비를 해야 한다.

*채널링:캔데이스 프리즈

지극히 사랑하는 이들이여! 현재 행성지구는 자극(磁極)의 역전 상태로 들어가려 하고 있고, 우리는 그것을 막지 않기로 결정했는데, 다만 그것이 서서히 일어나도록 유지하기로 했습니다. 이것은 지축(地軸)의 급격한 이동이나 변화가 아니라 자극이 거꾸로 바뀌는 것입니다. 이는 태양의 움직임이 계속 느려지거나 아니면 하루가 평상시와는 다르게 변해 좀 더 빨라지고 또 더 길어질 수 있음을 의미합니다. 또한 이것은 지구가 그 자전(自轉) 속도를 늦추기 위해 준비하고 있다는 것을 뜻합니다.

그 다음에 지구는 일정 시간 자전을 멈출 것인데, 그 시간은 많아 보아야 몇 시간 정도일 것이고, 그리고 나서 태양이 반대방향으로 움직이기 시작할 것입니다. 즉 이것은 지구의 회전방향이 반대로 돌게 됨으로써 태양이 다시 동쪽으로 지게 된다는 것이며, (밤이었던) 지구의 어떤 지역에서는 태양이 아예 동쪽에서 떠오르지 않는다는 것입니다. 이때 지구가 자전을 정지하고 다시 계속 반대로 돌아 서쪽에서 태양이 떠오를 때까지 3일 간의 어둠의 기간이 생기게 됩니다.

이것이 바로 지구상의 종교 경전에 나와 있는 〈심판의 날〉인데, 많은 이들이 생존하지 못할 것이고 지구변화들이 상당히 증가할 것이기 때문입니다. 그러나 거대한 지축의 변동에서 발생하는 피해규모의 정도는 아닙니다.

우리는 그런 변화들이 매우 완만하게 대략 2주일 동안 지속되도록 유지시킬 것입니다. 이제 일단 이것이 지구의 주민들에게 아주 분명해지면, 우리는 스타시스(Stasis)[18] 과정에 착수할 것이고 그 과정은 약 4시간이 걸립니다. 나

---

[18] 시간과 에너지의 "정지현상"을 뜻한다고 한다. 지구에서 자기장이 붕괴되고 대지진과 화산폭발과 같은 많은 변화들이 일어나는 동안 지구상의 동물들을 포함한 대부분의 존재들이 수면상태와 같은 가사상태에 빠지게 되고 6-8주 후에 깨어나게 되는데, 이 과정에서 인구의 일정 비율은 깨어나

는 이 과정에서 생존하고 스타시스에서 깨어나게 될 지구 주민들이 이것을 보기를 바랍니다. 이것은 목성으로 인한 부분적 결과이고, 우리가 그 과정을 대단히 늦춘 이유인데, 그만큼 우리가 통제력을 가지고 있기 때문입니다. …(중략)…

인류는 곧 빠르게 깨어날 것이고, 많은 종교들이 자극의 역전이 무엇인지에 대해 알고 있습니다. 자극의 역전이란 이름이 아니라면, 태양이 반대 방향으로 움직이기 시작할 때 3일 간의 어둠은 사람들의 주의를 끌 것입니다

우리는 스타시스 기간 동안 중대한 지구 변화들이 일어날 것이라고 시사했는데, 이런 변화들이 그것을 이루기 위한 한 가지 방법입니다. 우리는 잠자고 있는 사람들을 일깨운다는 의미에서 우리가 할 수 있는 모든 것을 다했으며, 하지만 그것은 별로 성공적이지 못했습니다. 물론 일부는 깨어났으나 충분치는 않습니다. 그러므로 우리는 이제 어머니 지구에게 그녀의 자유를 허용합니다. 지구의 오염상태는 심각하며, 어둠의 세력들은 이미 〈신세계질서〉라는 그들의 책략 시스템을 러시아와 중국을 제외한 지구 전역에다 설치했습니다. 그리고 여러분이 앞길에는 끔찍한 일들이 다가오고 있습니다.

스타시스 기간은 정해져 있지 않은데, 그것은 관측보고와 시간, 고정된 문제들, 필요한 지구 변화들과 같은 것들에 기초해 있기 때문입니다. 2년은 단지 개략적인 짐작일 뿐입니다. 우리는 지구상의 생명체 대부분을 스타시스 상태하에 둘 것이며, 지구의 움직임이 안정되고 동물들이 깨어나기에 충분할 만큼 공기중의 이산화탄소가 정화될 때까지입니다. 일부 생명체들은 초기 동안에 대피될 것이고, 스타시스 이후에 위험지역에 있는 차원상승을 계속하는 모든 이들은 안전한 곳으로 소개(疏開)될 것입니다. 전기공급이 중단되거나 일시적으로 끊길 수 있기 때문에 약간의 배터리를 구비할 것을 권고합니다. 우리는 스타시스가 시작되기 전에 지구상의 모든 사람들이 알 수 있도록 할 것입니다.

행성 지구가 좀 더 길게 정상을 유지할지는 모르겠으나 아마도 그렇지 못할 것입니다. 필요할 경우 조명기구를 준비하도록 하고 기후에 따라 추위에 대비해 담요를 마련하십시오. 어떤 이들에게는 길고 긴 밤이 기다리고 있을 것입니다. 부디 태양이 멈추는 것을 여러분이 알아차리는 즉시 주변의 모든 사람들에게 연락해서 그들이 두려워하지 않도록 알려주세요. TV를 통해 이런 내용이 나가지는 않을 것이고, 어둠의 존재들은 지금 달아나려고 시도하고 있는데, 그들은 이 모든 것을 알고 있습니다. 여기서 마치도록 하겠습니다.

(2009. 5)
일이 더 이상 더 이상 진전되리라는 희망이 없습니다. 우리는 여러분이 알다시피 지구가 자체적인 정화작용으로 들어가도록 놔두고 있습니다. 다만 우

전에 죽거나 제거될 것이라고 언급되고 있다. 다만 일부 특별한 사명을 가진 존재들은 그 시간 동안 깨어있는 상태를 유지하면서 은하연합(The Galactic Federation)과 내부 지구(Inner Earth)의 지저인들의 도움으로 그 이후 자신들의 역할을 위해 준비하게 될 것이라고 한다.

리는 과도한 지구변동을 원하지는 않으며, 이런 식으로 지구 자기권(磁氣圈)의 붕괴 비율을 통제합니다. 하지만 결국 자기권은 붕괴될 것이고, 이 과정은 급격히 증대되고 있는데, 그것이 빨라지면 빨라질수록 수학적 배경이 없는 이들이 생각하듯이 직선적으로 진행되는 것이 아님을 나타냅니다.

그것이 가까워지고 있지만, 그 정확한 시간은 예측할 수가 없습니다. 자기권이 약화되거나 망가질 때 인류는 몇 가지 형태의 방사선에 의해 대량으로 피폭될 것입니다. 그러므로 우리는 자기권이 붕괴될 즈음에 매우 신속히 스타시스 상태로 들어가는 것입니다. -(중략)-

여러분은 태양풍(Solar Wind)이라고 부르는 태양 미립자의 흐름은 현재 얼마 동안 매우 낮아져 있습니다. 여러분의 태양은 아주 조용하지만 태양풍은 강렬했던 지난 주기(週期) 이전의 오래전부터 낮아지고 있었습니다. 자기권을 붕괴시켜 망가뜨리는 것은 간단합니다. 태양의 코로나(Corona)에서 분출되는 거대한 화염물질 하나만으로 그것은 끝날 것입니다.

당신들 중에 누군가가 태양의 앞쪽이 아닌 측면이나 뒤에서 분출되는 그것을 주목해본 적이 있습니까? 그런데 왜 앞쪽이 아닐까요? 여러분의 우주형제들이 지금 태양의 특정 지역에다 모종의 조치를 취하는 것이 가능한 일일까요? 그렇습니다.

자기권이 붕괴되기까지는 좀 더 많은 징조들이 나타나게 될 것입니다. 몇 개 이상의 지진들이 발생할 것이고, 당신들 중에 민감한 사람들은 감마선이나 그와 유사한 것을 감지할 것이며 커다란 기상이변이 있을 것입니다.

농작물들 가운데 얼마간은 수확될 것이고 저장될 것입니다. 이제 인간들을 추수하는 일이 남아 있습니다. 누가 추수하는 인간종자들 속에 있게 될까요?

****

12. 예수(Csu)의 메시지

◆메시지-1

증가하는 자기장(磁氣場)의 압력과 지구변화
(2009. 4)

*채널링:제스 안토니

지구가 나아가고 있는 물리적 여정에 대해 이야기하도록 하겠습니다. 어머니 지구에게 가해진 파괴로 인한 참혹한 피해들은 원래의 모습대로 복구하는데 언제나 장애가 됩니다. 그녀의 몸에 입힌 상처들은 제거하기가 어렵습니다. 지구의 본래 태곳적 상태는 여러분이 지금 보는 것과 같은 모습으로 악화돼 왔습니다. 그럼에도 당신들은 아직도 일부 남아 있는 참으로 아름다운 지구의 모습을 보고 있습니다.
 지구의 자기장을 재조정하는 것은 지구의 태양에 대한 관계를 새로운 방향으로 돌려놓는 것입니다. 현존하는 기존의 극성 배열은 지구를 한 위치에 고정시키는데 도움이 되었지만 우주적 이상에 적합한 보다 높은 에너지 연결상태의 단일극성 원형확립이라는 독립적 에너지 격자 설치에는 방해가 됩니다. 즉 그것은 현재의 지구를 특징짓는 양극(兩極)의 이원성이 지속됨을 의미합니다.
 자극(磁極)이 바뀌는 것이 곧바로 단극성(單極性)의 도래를 예고하거나 보다 고차원적 구조로의 상승을 가져오지는 않겠지만, 그것은 인간이 현재 경험하고 있는 영적인 깨어남과 함께 그런 일들이 발생할 수 있도록 무대를 설치할 것입니다. 인간과 지구는 보다 높은 영성으로 옮겨가는 평행의 길에서 같이 움직여야하는 일종의 에너지적인 패키지(세트)입니다.
 지구의 자전 속도가 느려지는 현상은 이것이 일어나도록 준비하는 과정의 일부입니다. 이런 지구의 물리적 상태는 흔히 있는 것이지만 인간은 머리 속에 이와 같은 현상이 일어나는 것에 관한 개념이 없습니다.
 지구의 자전은 자기장을 생성시키는 역동적인 전류의 끌어당기는 힘에 의해 유발됩니다. 자기적(磁氣的)으로 당기는 인력(引力)이 지구가 원형으로 회전하도록 만드는 원인입니다. 지리적인 극들과는 반대인 북극과 남극 양극성의 방위맞추기(指南力)가 여러분이 말하는 시계바늘 반대 방향으로의 회전력을 만들어냅니다.
 자극이 바뀌는 것은 자기적인 인력의 방향을 반대로 만들어 지구는 시계방향으로 돌게 되며, 즉 인간의 표현대로라면 태양이 서쪽에서 떠오르게 됩니다. 여러분의 행성은 이제 과거와는 달리 태양을 향한 반대방향으로 자전하게 되는 것입니다.
 이런 일이 일어나기 위해서는 먼저 현재의 자전과정이 멈춰져야 합니다. 이것은 약화되는 자기적인 흐름 때문에 발생하고 있는 지리적인 축(軸)의 흔들림으로 인해 복잡해져 있습니다. 지구의 자기적인 반대의 힘이 물리적인 표면의 대전(帶電) 극성과 균형을 잃었고, 지리적인 지축과 정상적으로 적절히 놓인 팽행하게 당겨진 에너지 저항이 느슨해지기 시작하면서 정렬선의 각도에 어느 정도의 움직임을 유발합니다. 이것이 몇 년 동안 일어나고 있으나 그것이 지금은 심해지고 있습니다.
 여기에 작용하는 수많은 요인들이 있습니다. 내부 핵의 회전이 다양한 외부 요소들에 의해 영향을 받고 있고, 또 그 각각은 지리적으로 증대되고 있는 결과들로 인해 다른 것들에 연쇄적으로 영향을 미칩니다. 즉 태양의 화염들이 지구 대기권의 전기에 영향을 주면, 그것은 기상에 영향을 미치고, 기상은 지구의 지질(地質)에 영향을 주며, 또 이것은 지각판의 운동을 일으킵니다. 이렇게 되면 연이어 지진과 해일, 화산폭발이 일어나고, 이것은 불균형 상태의 에너지 폭발로서 유동적인 외부 핵에 흡수되고, 결과적으로 내부 핵의 회전 시스템을 불안정하게 만듭니다. 계속해서 그러한 불안정은 발전기

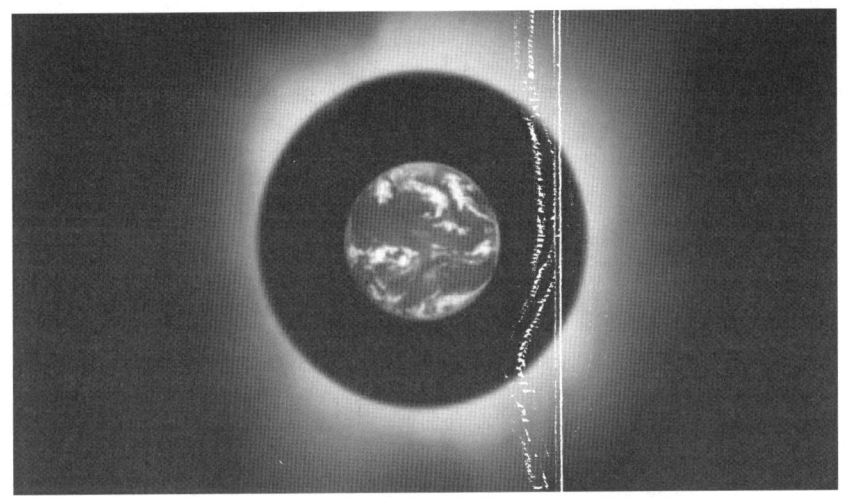

지구는 과연 5차원의 새로운 행성으로 다시 태어날 것인가?

작용에 영향을 주고, 그것은 자기 격자망을 약화시키며, 그것은 또 지구의 자전패턴에 영향을 미치고, 그것은 다시 지구의 자기권에 더 많은 태양의 영향과 압력을 허용하게 되는 것입니다.

　여러분은 점점 증가하는 기상 문제들과 주목할 만한 다수의 지진들, 그리고 지구 자전의 문제들을 목격하고 있습니다. 또한 당신들은 태양의 코로나에서 방출된 입자들이 보여주는 어떤 징표들과 지구의 자기권(磁氣圈)에 증대되는 압력을 보고 있습니다. 그러나 여러분은 목성으로부터 지구로 가해지고 있는 에너지의 증가는 보지 못하는데, 그것이 태양을 통해 걸러졌기 때문입니다. 또한 당신들은 멀리서 거기에 가해지는 충격들의 범위로 인해 자기 격자망이 약화되고 있음을 보지 못합니다.

　이런 일들이 지금 발생하고 있으므로, 따라서 우리는 그것이 지구의 물리적 구조에 남길 궁극적인 이점을 위해서 지구상에서 그 주기가 전개되도록 놓아두고 있습니다. 이 과정은 인간의 생존할 여지를 보존할 필요성 때문에 복잡해집니다.

　전형적으로 발생할 수 있는 지구의 전면적인 개조는 과거처럼 그렇게 일어나도록 허용될 수는 없습니다. 이런 이유로 은하계의 세력들이 오랫동안 지구를 관찰해온 것이며, 또 지금도 여전히 계속해서 이 과정을 인도하는 정보들을 제공하고 있는 것입니다.

　이것은 자동차의 브레이크를 거는 것에다 비유하는 것이 가장 적절합니다. 위험한 운전 상태에서 쾅하고 충돌하기 보다는 브레이크 페달을 밟아야함을 압니다. 이것이 젖거나 얼은 도로 위에서 그로 인한 불행을 예방하기 위한 유일한 방법입니다. 브레이크를 점진적으로 밟는 것이 차를 보다 서서히 정지시킬 것이지만, 통제된 방식을 사용함으로써 여러분은 좀 더 나은 정지 방법을 정할 수가 있습니다. 만약 지구가 급 브레이크를 밟아 갑작스럽게 멈추려고 한다면, 앞으로 나가려던 에너지의 힘이 갑자기 저지되는 까닭에 엄청난 격변과 지각변동을 초래할 것입니다. 움직이는 물체의 관성적 힘은 계속 같은 방향으로 진행될 것이고, 지표면은 그 힘의 제동장치로 이용되는 과정에서 아수라장이 될 것입니다.

이러한 물리적 과정이 일어날 것이고, 그 시기는 전문가들이 믿고 있는 공표된 내용보다 더 빨라질 것입니다. 이 결과는 또한 지구 주민들의 방향을 여전히 조종하려고 시도하고 있는 자들의 의도에 영향을 미치고 있습니다. 우리는 충분한 수의 주민들이 어둠의 세력들의 이런 정치적 경제적 계략에 뭔가 제동을 걸기 위해 진행되었던 것에 대해 알아차리기를 바랐지만, 이것은 전과 유사한 실패로 나가고 있는 것으로 보입니다. 이 과정은 은하계의 세력들의 통제력이 덜 미치는 부분인데, 왜냐하면 그것은 사람들의 바람과 마음가짐에 의해 실현되는 것이기 때문입니다. 즉 이는 그것을 만든 사람들에 의해 바뀌어져야만 하는 공동 창조의 시나리오인 것입니다. 현재 이것이 이루어질 가능성은 거의 "0" 입니다.

그리스도 미카엘이 그토록 오랫동안 기다렸던 것은 마음속에 그렸던 대로 지구의 상황이 긍정적으로 구현되길 희망했기 때문이었습니다. 현 시점에서 볼 때 차라리 지구판을 깨끗이 청산하고 새로이 시작하는 것이 최선인 것처럼 생각됩니다. 태양계 내에서 일어나고 있는 변화들에 발맞추어 지구상에서 필연적으로 이루어져야만 하는 빛을 향한 변화들을 고려할 때, 아직도 어둠

지구 내부의 핵(Core)이 정지함으로써 발생하는 자기장의 교란과 대이변을 소재로 한 허리우드 영화, <코어>의 포스터

속에서 방황하고 있는 자들에게 줄 더 이상의 시간은 없습니다.

◆ 메시지-2

자극역전과 스타시스의 관계 (2009. 6)

*채널링:제스 안토니

일단 스타시스로 들어가는 시간이 결정되면, 이제는 초기단계가 전면적인 스타시스가 되는 것을 제외하고는 여러분이 들었던 시나리오가 시작될 것입니다. 지구상의 모든 자연적인 삶의 사이클이 한동안 멈추게 될 것이며, 이것은 우리가 인류와 관련된 에너지 특성들을 재편하는 것을 가능케 하기 위해서입니다.

자기(磁氣)의 양극성(兩極性)이 붕괴될 것이고, 그때 그 N,S 자극(磁極)들이 에너지 회로의 방향을 새롭게 하기 위해 반대로 바뀌게 됩니다. 즉 북극이 남극이 되고, 기존에 예상했던 것들이 모두 변하게 될 것입니다.

모든 것이 몇 달 동안 멈출 것입니다. 계속해서 상위차원으로 함께 전환되는 이들에게 이것은 시간이 경과하는 것처럼 보이지 않을 것입니다. 스타시스는 수면이 아니라 어떤 의미에서는 아무 것도 진행되지 않는 일종의 "중간 상태"입니다. 스타시스는 대규모의 혼란을 피하기 위해서 신속히 도입될 것입니다. 이런 에너지 주파수를 방사하는 우주선들이 이미 지구 주변에 배치돼 있고, 정지 주파수에 관계된 에너지 레벨 조정을 시작할 준비가 돼 있습니다. -(중략)-

자기장의 붕괴는 현존하는 단층들로 이루어진 지구물리학적 체계와 내부의 압력점(Pressure Point)을 결합시켜 지탱하고 있는 미묘한 균형 상태에 예측할 수 없는 작용을 일으킬 것입니다. 태양풍의 압력이 자기격자망으로 인한 경감효과가 없어짐에 따라 거대해질 것입니다. 압력이 축적된 지층들이 균형 상태를 깨고 밀려나올 것이고, 지진과 화산들이 폭발할 것입니다.

이 태양계와 은하계의 에너지적 압력이 증대될 것이기 때문에 우리는 지금보다 용이한 전환이 가능하게끔 가장 대이변의 위험성이 높은 단층의 압력들을 어느 정도 완화시키고 있습니다. 최근 온두라스의 지진은 대서양 지역의 압력을 방출했고, 태평양 동쪽 지역에서 계속된 지진들은 그곳에서 누적된 압력들을 유사하게 방출하고 있습니다.

우리는 에너지 진동을 자기장 속으로 보냄으로써 이런 조치들을 취하고 있습니다. 또한 이것은 현존하는 극(極)의 구조에 연결된 자기장의 붕괴를 어느 정도 지연시키는 파동작용을 합니다. -(중략)-

태양에너지의 폭발은 스타시스 기간 동안에 나타나게 될 격렬한 변화들을 위한 준비입니다. 지구상의 대다수 주민들은 보호될 것이고 관리될 것입니다. 그들은 지구표면에서 일어날 수 있는 격변으로부터 안전하게 될 것이며, 변형과정에서 지구에 다가올 증가된 에너지에 신체적으로 적응하는데 도움을 받게 될 것입니다. 그들이 스타시스 기간에서 빠져나왔을 때는 이전보다 훨씬 더 높은 새 에너지 주파수로 이루어진 새로운 세상을 만날 것입니다.

하지만 어떤 다른 주민들은 계속해서 변형되지 않을 것입니다. 그들이 그렇게 되지 않는 것에는 다양한 원인들이 있습니다. 여러분은 이미 이것에 관한 설명들을 들은 바가 있으며, 왜 그들이 세상을 떠나고 어디서 그들이 자신의 영적여정을 계속할 것인지에 대해 알고 있습니다.

◆ 메시지-3

지구변동시 피난규칙들에 관해 말하다(2009. 10)

*채널링:캔데이스 프리즈

현재 여러분의 대다수는 동남아시아 지역에서 증가하고 있는 지진들에 관해 알고 있습니다. 이것은 어머니 가이아(지구)가 계속해서 앞뒤로 요동침으로 인한 직접적인 결과입니다. (재난을 일으키기 위해 어둠의 세력에 의해) 인위적으로 진행된 공작은 없었습니다.

지구는 머지않은 균형을 되찾을 것이고 자기역전 과정으로 옮겨갈 것입니다. 더 많은 사건들이 있게 될 것이고, 캘리포니아는 현재 지진이 활성화될만한 적기에 들어서 있습니다. 지금 우리는 가능한 다른 방향을 선택했습니다. 지구는 실제로 몸부림치고 있습니다. 그리고 우리는 과거의 메시지에서 언급했던 진행속도를 조정해야만 했습니다.

어둠의 세력은 사회혼란을 조성하기 위한 확대된 계획들을 가지고 있습니다. 그리고 물론 여전히 미국 내의 몇 개 도시를 (테러로) 공격함으로써 금융 문제에 대한 사람들의 시선을 딴 곳으로 돌리고 싶어 하며 이란과 아프가니스탄에서 더욱 선동을 부채질하고 있습니다. 이것은 자극(磁極)의 역전을 유발할 것이며, 그때 지구상의 국가들과 가이아는 이를 감당할 수가 없습니다.

그대들, 어둠의 존재들에게 말하고자 합니다. 우리는 필요하다면, 그대로 스타시스(Stasis) 과정으로 나갈 것이고, 우주선들(UFO)은 오랫동안 배치돼 있으므로 우리는 모든 것을 통제할 수 있습니다. 결국 그대들은 남겨져 해체될 것이며, 더 이상 생존하지 못할 것입니다. 이 과정이 바로 당신들의 종말인 것입니다. 당신들에게 충고하건대, 자기들의 게임에 대해 다시 생각해보라는 것입니다. 왜냐하면 게임이 끝나면서 그대들은 〈사망증명서〉에서 사인하는 것이기 때문입니다. 그리고 그것은 영구적인 〈사망증명서〉인 것입니다.

이제 이 메시지를 읽는 독자들에게 말하고자 합니다. 대피가 필요해질 경우 위험한 지역에 살고 있는 여러분 중에 다수는 다른 곳으로 피난될 것입니다. 그중에 얼마간은 빔(Beam)으로 옮겨질 수 있지만, 다른 이들은 공중부양광선(Levitation Beam)에 의해 우주선에 탑승될 것입니다. 소형 왕복선들이 낮게 내려오고 여러분은 (그 우주선이 발사한) 빔 속으로 들어가게 됩니다. 이런 우주선들의 대부분은 둥근 형태입니다. 대개 그것들은 녹색이나 붉은빛을 띠고 있지만, 아쉬타 사령부(Ashtar Command)에 소속된 다른 우주선들에 의한 지원이 있는 까닭에 그 빛은 다양할 수 있습니다. 그 빔 속으로 한 번에 한 사람씩 걸어들어 가십시오. 그것은 간단히 여러분을 끌어올릴 것이며, 어느 정도 엘리베이터를 탄 것처럼 느껴질 것입니다.

만약 여러분이 스스로 걸어들어 갈 빔을 발견한다면, 친애하는 이들이여! 부디 그 안으로 들어가십시오. 주저할 시간이 별로 없을 것입니다. 걱정하지 말고 그렇게 하십시오. 야간의 상황이라면 여러분은 잠에서 깨어날 것이고 밖으로 나가 탑승하게 됩니다. 모든 것에는 은하연합의 승무원들에 의해 인도될 것이며, 그들은 모종의 삼각형 기장(記章)을 부착하고 있을 것이며, 그것은 형태가 여러 가지입니다. 한 승무원이 빔으로 내려올 것이고 안내해줄 것입니다. 그들은 명단을 가지고 있고 만약 필요하다면, 이름을 물을 것인데, 탑승에는 우선순위가 있기 때문입니다.

다른 이들은 적당한 시기에 탑승될 것입니다. 어떤 상황에 따라 주민들을 들어 올릴 시기가 있으며, 다른 경우 만약 파도가 밀려오고 있다면 해안의 주민들에게 영향을 미칠 것이므로 즉각 우주선에 타야합니다. 강풍 역시 그렇게 해야 할 또 다른 이유입니다.

스타시스 과정은 완료되는데 2시간이 소요됩니다. 이 목적을 위해서 지금 우리는 많은 우주선들을 보유하고 있습니다. 이것의 목적은 만약의 경우 어머니 지구가 갑자기 그 과정을 시작했을 때를 대비할 것인데, 그것은 말하자면 돌발 상황인 것이지요. 또한 이 최종적인 대기기간 동안 탑승권을 지니고 있는 여러분이 스타시스로 들어가기 이전에 지진과 화산폭발 같은 위험에 처하게 되거나 어떤 다른 끔찍한 상황 속에 있게 된다면, 들어 올려 지게 될 것입니다.

… (중략) … 얼마간의 철수(대피) 활동들은 매우 한정적이 될 것이고, 여러분은 이런 상황을 받아들여야만 합니다. 거기에는 계속 생존하지 않을 다소의 사람들이 있으며, 곤란한 상황 속에서도 그들은 대피하지 않을 것입니다. 당신의 "탑승 패스포트(Passport)" 는 이식돼 있는 특별한 "칩(Chip)" 이며 여러분의 인적사항은 아쉬타 사령부 우주선인 새 예루살렘호의 컴퓨터 안에 저장돼 있고, 그것은 계속해서 여러분을 있는 곳을 추적합니다. 만약 여러분이 함께 살고 있는 가족이 있다면, 그들은 같이 갑니다.

하지만 다른 이들은 탑승되지 않을 수도 있습니다. 그러므로 이웃에 살고 있는 다른 사람들은 옮겨지지 않을 수도 있다는 사실에 스스로 마음의 준비를 해두십시오. 거대한 인구가 밀집해 있는 이런 수송 작업에 참여하고 있는

모든 우리의 요원들은 이런 과정에 숙달돼 있습니다. 여러분은 침착해질 것을 요청받게 될 것이고, 그렇지 못할 경우 수면상태로 빠져들게 조치될 것입니다. 여러분의 아이들과 같이 있지 못할 경우 그들에 대해 걱정하지는 마십시오. 우리는 모든 사람들을 분류할 것이고 아이들은 양호해보이거나 돌봐줘야 할 상태가 아닌 한 잠에 빠져들게 만들 것입니다. 그리고 별 종자(Star Seed) 아이들은 상황이 어떻게 돌아가고 있는지를 즉각 깨달아 협력할 것입니다.

사람들을 대피시키는 작전을 수행하는 모든 승무원들은 완전히 인간형 외모의 존재들일 것입니다. 우리는 위험지역에서의 주민 철수 작업을 진행하는 동안 지구상의 인간들에게 알려지지 않은 (비인간형) 외계종족들은 참여시키지 않을 것입니다. 대규모적으로 주민들을 끌어올리는 동안에 스타시스의 수면상태로 들어가기로 예정돼 있던 여러분 중의 일부는 때가 되면 우주선 위에서 임시로 스타시스 상태에 있는 자신을 발견할 수도 있습니다. 지구변동이 어느 정도 지나갔을 때, 여러분은 아마도 지표 아래의 안전한 피난처로 들어가게 될 것인데, 많은 국가들이 그런 지하시설들을 건설한 바가 있습니다. 그리고 당신들은 점차 깨어나 그런 환경에 적응하기 시작할 것입니다. 지표면에서 변화가 계속되는 동안 거기서 여러분은 그 시설을 활용하고 받아들이게 될 것입니다. 안전한 장소에 있는 다른 이들은 영향을 받지 않고 단지 수면상태에 있을 것입니다.

이제 어둠의 세력들에게 말합니다. 만약 그대들이 무기들을 가지고 어떤 계획들을 실행하려 한다면, 우리는 임의대로 당신들을 지구상에서 즉각 제거할 것입니다. 언제, 어떤 이유로든 우리는 스타시스에 착수할 것이므로 우리는 자극역전 과정에 대한 충분한 통제력이 있습니다. - (중략) -

이제 우리는 다른 이류들 때문에 (스타시스 이전에) 일부 사람들을 곳곳에서 이동시키고 있는데, 그러므로 교회의 신도들이 믿고 있듯이 휴거된 사람들이 있을 수가 있습니다. 하지만 이런 사람들은 공중부양빔에 의하거나 비물질화 상태로 데려가질 것이고, 교회의 휴거설처럼 뒤에 남겨질 개어진 옷 같은 것은 없을 것입니다. 나는 사람들이 (교회에서 휴거될 거라고) 배웠던 이런 일들을 올바로 인식하지 못하는 것이 놀라운데, 생각을 조금만 전환하면 알 수 있는 일인 것입니다. 만약 이런 장면들이 목격된다면 휴거이야기가 퍼질 수도 있습니다. 혹시라도 당신이 이런 특수한 상황에 처하게 된다면, 당신의 배우자와 아이들도 위에서 언급한대로 데려가질 것이고, 가족이 어디로 갔는지 두려움 속에 남겨지지는 않을 것입니다. 기독교인들이 커다란 거짓들을 믿고 있음을 아는 이들에게는 이런 사실들이 전달되어 퍼져나갈 것입니다. 이 시점에서 여러분의 바람대로 그들의 잘못된 생각을 바로잡아주기 위해 노력하십시오. 그러므로 또 다른 지진이 온다면 일부 사람들이 사라질 것이고 우주선이 목격될 수가 있다고 그들에게 말을 해주되, 단지 주님의 천사들이 사람들을 위험으로부터 이동시키고 있다고 라고만 넌지시 일러두십시오.

우리는 스타시스의 실제 시기를 알지 못합니다. 그것은 모두 어머니 지구와 그 상황에 대한 우리의 관측에 달려 있습니다. 만약을 대비해 부디 적당한 식량과 현금을 준비해두고 자동차에도 연료를 가득 채워 놓으세요. 그리고 만약 육체적 문제들을 겪고 있다면, 좀 더 휴식을 취하고 자신을 위해 가능한 어떤 조치든지 하도록 하십시오. 분노, 조바심, 두통, 구토증 및 어지럼증, 기타 다른 위장의 문제들이 있을 수 있습니다. - (중략) -

확산되고 있는 〈신종 플루(Flu)〉 전염병은 어둠의 세력이 비밀리에 개발한 것이다.

나가서 다른 사람들을 돕도록 하십시오. 만약 그들이 극(極)의 전환에 대해 모른다면, 모든 지진들이 이런 종류의 문제들을 일으키고 있다고 말해주세요. 수많은 사람들이 원인을 알지 못하는 까닭에 왜 이런 문제들을 가지게 되는지 의아해하고 있습니다. 여러분은 아마 직장에서도 유사한 증세로 투덜대는 많은 이들을 볼 것이며, 이들은 집에서 휴식을 취할 필요가 있을 겁니다. 많은 사람들이 이것으로 영향을 받고 있습니다. 또한 더 많은 모종의 혼란이 있게 될 것인데, 어둠의 세력들이 심각한 독감형태의 전염병을 퍼뜨리는데 성공했기 때문입니다.

이 질병은 호흡기관과 소화기관이 수척해지는 증상들을 유발하고 있습니다. 이것이 중동지역과 다른 여러 나라들에서 마구 퍼지고 있습니다. 이런 병에 감염된 누군가를 보았을 때는 멀리 떨어져 있거나 주변에 그것을 전염되지 않도록 하는 것이 좋을 것입니다. 그 예방법으로 손을 자주 씻으십시오.

우리는 미국에서 방영되는 TV를 며칠 동안 관찰했는데, 손을 씻는 것이 결국 별로 도움이 안 된다고 TV에서는 말하고 있었습니다. 그 내용이 허위이므로 나는 내가 굳이 그 이유를 말해야 한다고 생각하지 않습니다. 에이즈(AIDS)가 번지던 시기와 마찬가지로 여러분은 이 병이 물 잔이나 키스, 또는 그와 유사한 행위로 인해 걸릴수는 없다고 들었는데, 이것은 어둠의 세력이 이것이 퍼지기를 원하고 있기 때문입니다. 병든 환자들로부터 떨어져 있도록 하십시오. 특히 그들이 이 새로운 감기 증상에 걸린 듯이 보일 때는 말이지요. 이 병이 여러분 자녀의 학교에서 유행하고 있다면, 부디 아이들을 집에 있도록 하고 학교에다가 감염된 아이들을 귀가시키라고 압력을 행사하십시오. 이번의 전염병은 치명적인 것이며, 그것은 돼지 독감이 아닙니다. 하지만 이 병은 아이들과 노인들에게 특히 혹독해질 것입니다.

그런데 어떻게 이 병이 발생하게 되었을까요? 그것은 (어둠의 세력의) 두 개의 지하실험실에서 개발되었고, 그때 그곳에서 근무하는 비우호적인 피고용인들을 대상으로 처음 시험되었으며, 그 다음에 그것이 그들의 가족들에게 옮겨졌던 것입니다. 여러분은 얼마나 많은 시민들이 여러 장소에 위치한 지하 시설들에서 일을 하는지 모릅니다. 그것이 적당히 시험되었을 때, 그 바이러스는 유리병 속에 담겨져 터널을 통해 운반되었고, 사람들이 항상 밀집돼 북적거리는 공공장소에 살포되도록 버려졌습니다. 여러분은 자신의 손가락을 코나 입속으로 넣으면 그 병에 감염됩니다. 부디 여러분 자신과 여러분 주변의 다른 이들의 안전을 위해서 손을 씻으십시오. 이 바이러스는 "계엄령"을 위한 명분으로 사람들을 검역하는 데 이용될 것 같지는 않습니다. 어둠의 세력은 이 병이 퍼져나가기를 바라고 있습니다.

****

13. 〈12인 위원회〉19)의 메시지

2012년의 창을 향해 이동하기

(2009. 6)

*채널링:셀라시아

최근 여러분이 세상을 바라보고 상당한 기능장애가 증가하고 있음을 인식한 만큼 어떻게 대중이 지구적 문제들을 치유할 수 있는지 의문스러울지도 모릅니다. 또한 여러분은 어떻게 세상의 혼란이 여러분의 삶과 성공하고 행복한 인생을 영위하는 능력에 영향을 미칠 것인지에 대해 의문을 가질 수도 있습니다. 그리고 여러분은 자신들이 2012년에 일어나는 대전환을 어떻게 성공적으로 통과할수 있을지를 의심할 수도 있습니다.

여러분이 뉴스를 접하거나 주변의 사람들을 목격한 바와 같이, 익숙한 주제들이 생각날 것입니다. 여기에는 세계 경제의 몰락, 에너지 위기, 외견상 끝이 없어 보이는 이념 전쟁 등이 포함됩니다. 이런 제목들은 지구상의 대중매체들이 빈번히 언급되는 단골메뉴들입니다. 당신들은 이런 문제들에 의해 개인적으로 영향 받아 느낄 정도로 이것들은 훨씬 더 익숙해졌습니다.

---

19) 12인 위원회는 고도로 진화된 비물질적 존재들이라고 한다.

범지구적 경제 위기

예를 들어, 경제적 위기를 검토해봅시다. 아마도 여러분은 자신의 재정적 번영이나 자녀들에 대한 부양능력 또는 현재 가진 것보다도 소득이 줄어들 가능성 등에 대한 실제적인 우려를 가지고 있을 겁니다.

이런 걱정은 없을지라도 혹시라도 여러분의 사랑하는 이들이나 동료들이 재정적인 압박을 받고 있다면, 당신들은 직접적인 영향을 경험하기 쉬울 것입니다. 돈이 여러분의 근심거리 목록의 첫 번째가 되지는 않을지 모르지만, 여러분이 다른 사람이 고생에 관한 이야기를 들으면 들을수록 당신들의 결핍과 한계에 대한 잠재의식적 두려움이 표면화되어 나타납니다.

에너지 위기

흔히 환경과 지구온난화와 연계된 에너지 위기는 어느 때고 곧 지나가게 될 문제가 아닙니다. 이 고도로 정치화된 문제는 현재 상당한 양의 범세계적 주목을 받고 있고, 날마다 사람들의 관심사가 되고 있는 문제입니다. 2008년 여름 가스 가격이 기록적으로 치솟았을 때, 에너지 위기에 대한 관념은 운전을 하거나 대중교통 수단을 이용하는 수백만의 사람들에게 당면한 문제가 되었습니다.

지금 당신들은 좀 더 연비(燃比)가 좋은 차를 구입하고, 집에 태양전지판을 설치하거나 좀더 가정적인 활동을 즐기는 일을 찾을 수도 있습니다. 하지만 그것과는 관계없이 여러분은 이 문제가 당신들의 사적인 것보다 훨씬 더 거대한 문제라는 주의를 환기 받고 있습니다.

여러분은 무엇을 할 수 있는가?

첫째, 여러분 세상에서 나타나고 있는 그 어떤 것도 인류 전체의 내면에 존재하는 내적갈등이 외부로 표출된 것임을 기억하는 것이 좋습니다. 여러분이 자유롭게 되기 위해서는 모든 종류의 비판과 비난은 중단되어야 합니다. 당신들은 타인을 나쁘다고 비난하고 자신이 남보다 더 낫다고 판단할 수 있습니다. 그러나 어떤 형태의 분별이나 판단도 여러분을 계속 자유롭지 못하게 속박할 것입니다. 선(善)과 악(惡), 양자(兩者)에 대한 분별은 분리의식에 의존하고 있습니다.

이런 분리의식은 여러분이 새로운 지구로 진입하는데 방해가 되는 잘못된 것입니다. 여러분이 분리의 관념에 집착하는 한, 자신의 중심을 찾는 데 있어 난관에 봉착하게 될 것입니다. 여러분은 또한 지구상에서 자신의 신성한 목적을 온전히 구현하는데 장애를 느낄 것입니다.

영적인 행로를 걷고 있는 수많은 사람들에게는 이 세상의 두려움에 기초한 분열되고 헤아릴 수 없는 갈등들을 찾아내려는 경향이 있습니다. 사람들은 마치 세상의 악행들은 오직 남들만이 저지를 수 있는 일인 것처럼 자신과는 멀찍이 거리를 두고 두려움을 느끼곤 합니다. 하지만 때때로 거기에는 우월감이나 자신이 특별하다는 감정으로 나타난 자만심이 있는 것이지요. 여러분이 이런 사고방식을 가지고 있을 때는 자신이 불멸의 영원한 존재라는 것을 망각하고 분리의식의 거짓 속에 빠져 살고 있는 것입니다.

여러분은 이전에 태어났었다

여러분은 참으로 과거에 종종 현재 살고 있는 것과는 아주 다른 환경 속에서 살았습니다. 당신들은 전생(前生)에 덜 행복한 조건, 즉 영적인 가르침을 접할 기회가 없었거나 자신을 올바른 방향으로 인도할 긍정적인 역할 모델이 없는 환경에 태어났었을 수 있습니다. 현재 가지고 있는 자각(自覺)도 없이 다른 시대, 다른 장소에서 당신들은 지금 자신이 비평하는 세상의 이념전쟁에서 나타나는 것들과 똑같이 저급하고 응보적인 에너지에 사로잡혀 있었습니다. 여러분은 그런 에너지의 유혹을 회피할 의식을 지니고 있지 않았을지도 모릅니다. 즉 당신은 정말로 타인들에게 큰 피해를 끼쳤을 수가 있는 것이지요.

여러분의 모든 이전의 생(生)들이 위대한 영적교사의 의식수준에 있었다고 하더라도 당신들의 인간 DNA는 인류전체 및 인류의 과거 혈통과 연결돼 있습니다. 궁극의 관점에서 보자면, 사실상 아무 것도 분리돼 있는 것은 없습니다. 선(善)도 악(惡)도 없는 것이고, "너(You)나 그들" 도 없습니다.

여러분이 진실의 가장 높은 레벨에서 진동할 때, 도처에 존재하는 사랑과 신성한 완벽함을 봅니다. 당신들은 이런 성스런 에너지를 자기 자신 속에서, 외부 세계에서, 그리고 당신들이 만든 외견상 갖가지 다른 사람들 속에서 인식하는 것입니다.

타인들 안에 있는 신성을 인식하기

당신들은 주변에 있는 잘못된 사람들에 대한 자비심을 가지고 있고, 그들이 더 나은 길을 알았더라면 그 길을 선택했으리라는 것을 이해하고 있습니다. 여러분은 그들이 고통을 겪고 있음을 압니다. 또한 두려움에 기초한 그들의 행위들이 더욱 더 자신들에게 괴로움을 만들어내고 있음을 인식할 때, 그들에 대한 자비심을 품습니다. 동시에 여러분은 이 사람들이 결국 어느 생(生)에선가는 깨어나 그들 자신의 잠재적 깨달음과 다시 연결될 것임을 신뢰합니다.

2012년을 위한 준비

만약 여러분이 지난 몇 년간 변화의 징후가 나타나는 빈도와 그 강도가 증대되었다고 느낀다면, 그것은 여러분의 상상만은 아닙니다. 당신들 가운데 현명한 일부 사람들은 자신들이 향후 2012년을 앞둔 독특한 시간대에 살고 있음을 알고 있습니다. 그것은 여러분과 인류 모두가 좀 더 온전히 깨어나 여러분의 인간다움을 구현하는 방법에 있어서 근본적으로 다른 선택을 할 중요한 기회입니다. 이런 선택들은 여러분 자신과 지구상의 삶의 방법과 함께 시

작됩니다. (중략)

여러분 내면의 지혜로운 측면은 무엇이 일어나고 있는지를 이해하고 있고, 완전히 그것을 받아들입니다. 지구상에서 발생했던 과거의 대변동과 여러분의 관계를 알고 있는 당신들의 일부인 그것은 과거와 미래의 주기(週期)들에 대한 앎과 더불어 무한한 통찰력을 지니고 있으며, 또한 지금 여러분 자신이 빛의 존재로 갑자기 변형되기 위해서는 어떤 행동이 필요한지를 압니다.

당신들이 지상에 태어난 이유에 관해 예리한 인식을 갖고 있는 여러분의 일부인 이 지혜로운 부분은 지금 깨어나라는 긴급주의보에 관한 책들을 탐색하고 있습니다. 지금은 여러분이 기억해내야 할 때입니다.

이러한 자아의 상기(想起)와 이해력은 확실히 단 하루 밤만에 이루어지지는 않습니다만, 시간에 걸쳐서 점차 열리는 하나의 과정입니다. 여러분이 자신의 삶을 마치 일종의 거울처럼 바라보며 기억할 수 있을 때 이 기억은 증대될 것입니다.

이 거울은 상징적인 것이지만 그럼에도 그것은 여러분 주위에 있는 모든 것입니다. 여러분이 자기 삶을 관조하는 깨어있는 관찰자가 되고 자신의 모든 것을 지켜볼 때, 비로소 여러분은 그 거울을 볼 것입니다.

14. 안드로메다의 우주인들로부터 온 메시지

다음의 내용들은 안드로메다의 우주인들로부터 전해진 여러 가지 정보와 메시지들이다. 안드로메다 은하계는 지구에서 약 200만 광년 떨어진 거리에 위치하고 있으며, 우리 은하계에서 가장 가까운 거리에 떨어진 또다른 은하계이다. 채널링을 통해 들어온 외계인들의 메시지들 가운데 우리 태양계 안이나 우리 은하계 안, 예를 들면 플레이아데스나 시리우스 등의 정보는 비교적 흔하나 안드로메다로부터 전해진 메시지는 드문 편이다.

이것은 아마도 그들이 지구에 왕래하는 외계인들 중에서도 가장 먼 거리에서 오는 부류에 속하기 때문일 것이다. 다음의 내용들은 마틴 J. 라이언(Martin J. Ryan)과 카린 올로프슨(Carin Olofsson)이란 채널러에 의해 수신되었다. 그리고 그들이 이러한 메시지를 지구에 보내는 목적은 어디까지나 지구의 생존을 돕기 위해서 라고 한다.

이 장(章)의 뒤에서는 또한 안드로메다 성좌(星座)의 외계인들로부터의 메시지도 수록하고 있는데 여기에는 약간의 보충 설명이 필요할 것 같다. 우리가 혼동하기 쉬우나 안드로메다 은하계와 안드로메다 성좌는 좀 다르다. 지구에서 관측할 때 같은 별자리에 위치하고는 있으나 지구상에서의 거리는 앞서 언급한 대로, 안드로메다 은하계는 약 200만 광년 거

안드로메다 은하계

리, 안드로메다 성좌는 150~4000 광년 거리에 분포되어 있는 별들에 해당된다.

◆메시지-1

지구 온난화에 대한 경고 (2009)

*채널링:마틴 J. 라이언

우리는 여러분 은하계에서 가장 근거리에 있는 안드로메다, 또는 M-31이라고 하는 은하계에서 왔습니다. 그곳은 인간의 시간개념으로 말하자면, 가는데 빛의 속도로 200만년이 걸릴 것입니다.

확실히 우리는 어떤 한계에 갇혀 있지 않은 까닭에 시간을 앞질러 미래로 갈 수 있을 뿐만이 아니라 과거로도 이동할 수가 있습니다. 그러므로 우리는 인류의 과거를 보았고, 미래도 보았습니다. 그리고 그 미래의 모습이 우리로 하여금 여러분에게 이렇게 메시지를 보내게끔 자극했던 것입니다.

다음과 같은 점을 이해하십시오. 한 행성위의 종족들은 왔다가 가며, 그것이 우리에게나 우주에게 중요하지는 않습니다. 다만 우리에게 염려스러운 것은 여러분의 아름다운 행성인 지구의 건강입니다.

여러분의 허블(Hubble) 우주망원경은 우주에 수천억 개의 은하계들이 존재하고 있음을 밝혀주었습니다. 여러분의 태양과 행성 지구는 당신들 은하계의 아주 외곽의 언저리에 위치해 있으며, 그것을 여러분은 진기하게도 "은하수(Milky Way)"라고 부르고 있습니다. 시간과 공간 속에서 인간의 무의미성을 좀 더 강조한다면, 여러문 은하계의 중심까지는 내탁 26,000광년이 걸리는데, 이것은 초당 18만 6,000마일의 속도로 26,000년 동안 여행해야 함을 뜻합니다.

여러분이 우주를 바라볼 때, 항상 당신들은 이미 시간적으로 지나간 과거의 모습을 보고 있습니다. 여러분의 별인 태양으로부터 오는 빛은 8분 전에 방출된 것입니다. 그리고 여러분이 우리의 고향인 안드로메다를 망원경으로 관측할 때, 여러분은 200만 년의 모습과 빛을 보고 있는 것입니다.

관찰자로서 타인(他人)인 우리는 인류의 제한된 의식(意識)을 초월해 있고, 지구의 양자역학(量子力學) 이론가들에 의해 이론적으로, 또 다차원의 우주로서 그들의 마음에 그려져 있습니다. 반면에 우리는 여러분을 두려움에 사로잡혀 살인병기를 들고 합리화된 끝없는 전쟁과 대량학살로 서로를 파괴하고 있는 미개한 생물로 봅니다.

지구는 나이가 40억년이 넘었고, 인간의 포악한 행위 속에서도 점차 영광스러운 낙원으로 진화한 행성입니다. 그럼에도 인류는 결국 자기들을 부양해 준 행성을 파멸시켜 버릴 어쩔 도리가 없는 기생충들이자 게걸스런 영장류인 것입니다.

주의 깊게 들으십시오. 당신들이 너무나 자주 당연하게 생각해온 지구는 하나의 살아 있는 유기체(有機體)이며 그녀는 지금 중병에 걸려 있습니다. 인간이 무분별하게 화석 연료들을 공장과 자동차의 동력으로 쓰고 있고 그 결과를 간과하고 있는 까닭에 온실가스가 허약한 대기 속을 방출되고 있습니다. 그리고 그것이 대기권에 갇혀서 여러분 행성의 더운 기운을 유지시키고 지구의 온도를 위험스러운 수준까지 상승시키고 있는 것입니다. 아울러 이 높아진 열기가 바다를 따뜻하게 데우고 있고, 그것이 차례로 북극과 남극의 빙하들과 방대한 지역들을 녹이고 있습니다.

우리가 지구 주변을 선회하며 궤도 비행할 때, 그린란드(Green Land)의 얼음이 녹아 바다 속으로 들어가는 것을 봅니다. 극지의 얼음들은 원래 햇빛을 굴절시켜 그 에너지를 안전하게 공간 속으로 되돌리는 기능을 합니다. 하지만 얼음이 녹아 물속으로 환원되면, 그 에너지는 그대로 지면에 흡수되고 얼음의 해빙을 가속화함으로써 더욱 더 해수면을 상승시키게 되는 것이지요.

북극의 곰들은 녹아서 떨어져 나가는 얼음 덩어리에 매달려 몸부림치다가 바다에 빠져 죽고 있습니다. 또한 연어들은 녹고 있는 동토(凍土)층의 진흙들이 강으로 휩쓸려 들어갈 때 몰살당하고 있습니다. 지구의 대기 안의 탄산가스의 허용치가 초과되어 이미 균형이 상실된 상태입니다. 그리고 지구의 최근 여름 기후는 역사상 그 어느 때보다도 더 더워지고 있습니다.

지구 온난화로 인해 사막이 늘어남으로써 식량 수확량이 타격을 받고 있고 삼림을 파괴하는 산불이 빈발하고 있는데, 나무숲은 이산화탄소를 산소로 전환시키는 데 긴요한 것입니다. 인류는 지금 당신네 과학자들이 "정점(한계점)"이라고 부르는 것에 빠르게 다가가고 있습니다. 그 시점에서는 서식지들이 완전히 파괴되고 식물군과 동물군의 멸종이 나타날 수 있습니다.

게다가 격렬한 기후변동이 일어나 울창한 녹지가 불모의 사막으로 바뀌게 됩니다. 지구의 생태계는 현재 자체적인 회복기능의 한계점에 다다라 있습니다.

만약 여러분의 행성이 실제로 목소리를 낼 수 있다면, 인간에게 항의하며 절규할 것입니다. 이런 목소리 대신에 지구는 대규모적이고도 빈번한 허리케인과 대폭풍우, 홍수, 산불로 자신을 표현하고 있다는 사실입니다.

어떤 이들은 지금 발생하고 있는 일들이 비록 격렬해 보일지라도 단지 지구의 자연적인 주기의 일부이고 많은 변화들 중의 하나라고 말할 것입니다. 하지만 설사 그럴지라도 인류가 대기 속으로 탄산가스를 지금처럼 높은 수준으로 방출한다면, 어떤 식으로든 부정적인 기후변동이 정점에 달할 것이고 또 더 가속화됨으로써 여러분의 삶을 심각하게 훼손하게 될 것입니다.

다음과 같은 점을 기억해 두십시오. 지구상에 비교적 소수의 인구만이 살았던 과거의 빙하시대에는 작은 도시들만이 파괴되고 일부 해안들만이 바닷물에 의해 침수되었습니다. 그러나 인류가 앞으로 감내해야할 피해와 사상자, 이주자들은 지구상의 어떤 국가도 감당해내기 어려울 것입니다. 그리고 인간이 가치 있다고 여겨 왔던 모든 것들이 상실될 수가 있습니다.

앞서 언급했듯이 우리는 시간여행을 쉽게 할 수가 있는데, 따라서 우리는 여러분의 과거와 미래를 보았습니다. 또한 수많은 인간들의 모습을 목격했습니다. 우리는 지구상의 여러 문명들이 번영하다가 일부 유적들만을 남긴 채 바람속의 먼지가 되어 사라져가는 것을 보았습니다. 그리고 오늘날의 인간들은 그 유적들을 보고 배울 수가 있었습니다. 하지만 우리가 본 모습이 어떠하든 인류는 과거의 역사와 결과로부터 큰 교훈을 얻지는 못했고, 지금 이 순간 매우 위험스럽게 살고 있습니다. 그런 까닭에 당신들은 재앙의 가까이에 와 있는 것입니다.

불행하게도 인류는 오직 이기적인 욕구에 의해서만 동기화돼 있는 탐욕지향의 권력자들에 의해 점진적으로 길들여져 왔고 이끌려 왔습니다. 이런 자들은 하나의 전체로서의 인간종족에 대한 선의(善意)는 전혀 없으며, 단지 여러분을 지배하고 사용하고 진실이 아닌 잘못된 과학을 믿도록 오도해 왔던 것입니다. 그 다음에는 정신을 흩뜨려놓음으로써 인간을 정치적으로 문화적으로 교묘히 분열시키고 있고, 지구가 병들어 있는 동안 사소한 이유로 서로 싸우도록 분쟁을 조장하고 있습니다. 그리고 유일하게 지금 제목소리를 내고 있는 여러분의 과학자들은 지구의 사악한 통치자들에 의해 수년 동안 강제로 입막음당하고 있다는 사실입니다. 인류의 불확실한 미래에 관해 과학자들이 여러분에게 뭐라고 말하고 있는지를 주의 깊게 경청하십시오.

여러분은 세상을 개혁할 50년, 100년의 많은 시간을 갖고 있지 않습니다. 이제 인간은 단지 몇 년 밖에는 주어진 시간이 없는 것입니다. **당신들의 영겁에 걸친 점진적진 진화는 이제 갑작스럽게 새로운 단계로 전환돼야만 하고, 그 사고(思考)에 혁명적인 변화가 일어나야 합니다.**

◆메시지-2

1) 안드로메다 은하계의 빛의 존재들이 전하는 정보

*채널링:카린 올로프슨

　우리는 여러분들과 텔레파시적으로 교신하고자 오랫동안 시도해 왔습니다. 그리고 지구인들 중에 극히 일부가 우리가 주고 있는 조언(助言)들을 수신하고 있습니다. 하지만 그 나머지 사람들은 들을 수 없거나 듣기를 원하지 않고 있지요. 이것은 여러분 내면의 소리가 당신들 자신에게 말을 건네고 있음을 눈치 채지 못하기 때문입니다. 따라서 재앙이 닥쳐왔을 때, 여러분은 주변의 위험에 대해 마치 장님처럼 되어 단지 필사적으로 벗어나고자 몸부림치게 됩니다. 여러분은 어떤 일이 일어나고 있는지를 보지 못하며, 또 미래와 삶에 대해 보다 높은 전망을 가지고 있지 못합니다. 안타깝게도 그대들은 오로지 자신들을 자멸로 몰아가는 근시안적인 것에만 사로잡혀 있습니다.
　그렇다고 우리가 어떤 신(神)은 아닙니다. 단지 당신들이 살고 있는 세계와는 또다른 차원 속에 살고 있을 뿐이지요. 가까운 미래에 홍수가 날 것이라고 일기예보를 통해 아는 것과 똑같은 방식으로 우리는 지구상의 미래에 일어날 일들을 알고 있습니다. 그러나 우리가 그것이 일어나는 정확한 시점을 말하기는 어렵습니다.
　왜냐하면 만약 당신들이 샤워를 시작하기 전 어떤 예기치 않은 일이 발생한다면, 그것이 5~6분 정도 늦춰질 수 있는 것과 마찬가지로 그 일은 나중에 일어날 수도 있기 때문입니다. 그러므로 지구상에서 어떤 사건들이 일어나는 그 정확한 시간을 우리로부터 얻어내기는 어려울 것입니다. 우리는 단지 앞으로 그것이 일어날 것이라는 점만 명확히 이야기할 수가 있습니다.

2) 안드로메다의 삶과 5차원

　현재 안드로메다 은하계 전체는 수천 년 동안 5차원 속에 머물러 왔습니다. 그리고 그 대부분의 주민들은 더이상 육체를 갖지 않기로 결정했습니다. 그러나 우리는 어떻게 우리가 진보해 왔는가를 다른 생명체들에게 보여줘야 할 책임을 가지고 있습니다.
　안드로메다 은하계 내 생명 형태들의 다양성과 규모는 매우 방대합니다. 우리는 오로지 한 종류만은 아닌 것입니다. 만약 여러분이 안드로메다의 누군가로부터 메시지를 받는다면, 그들을 우리와는 다른 존재처럼 보게 될 것입니다. 그렇다고 반드시 우리에게 속은 것이 아닙니다. 그것은 단지 안드로메다 은하계의 다른 지역으로부터 온 존재들에 의해 접촉이 이루어진 것뿐이라는 사실입니다. 지금 우리는 더이상 신체가 필요하지 않으며, 순수한 빛으로 변형되어 있습니다.

5차원 속의 존재들인 우리는 여러분이 아직도 볼 수 없는 많은 것들을 알고 있습니다. 5차원이라는 것은 시간과 관계가 있으며, 우리는 여러분이 하는 방식과 같이 시간을 측정하지 않습니다. 또한 당신들이 알고 있는 것 같은 시간은 원래 존재하지 않는 것입니다. 모든 시간(과거, 현재, 미래)은 사실 바로 지금, 현재인 것이지요.

여러분은 시간이 어떻게 작동하는 것인지 곧 발견하게 될 것입니다. 삶 속에서 모든 영혼들은 실상 모든 차원들에 대해서 알고 있습니다. 그러나 일시적으로 3차원의 행성 위에 육체를 입고 태어난 것이며, 모든 다른 차원들에 대해서는 망각하고 있을 뿐입니다. 하지만 유체(幽體:Astral Body)로 있을 때, 여러분은 이 모든 것을 기억하며, 머지않아 역시 육체 속에서도 이것을 기억하게 되는 때가 올 것입니다.

(1)안드로메다인들

우리가 여러분에게 묘사하는 우리의 모습은 아주 오래 전의 시대에나 적합했던 형태이며, 아직 하나의 신체를 지니고 있을 때의 모습입니다. 왜냐하면 지금 우리는 단지 빛으로 이루어져 있기 때문입니다.

우리의 키는 크지 않으며 큰 머리를 가지고 있습니다. 머리가 비율상 큰 이유는 우리 뇌(腦)가 커서 그만한 용적이 필요한 까닭입니다. 그리고 여러분과 꼭 비슷하게 두 개의 팔과 다리를 가지고 있으나 손가락과 발가락은 각각 3개씩입니다. 우리의 허리 주위에는 벨트가 있는데, 이것은 아직 텔레파시적으로 의사 소통하는 것을 배우기 전 우주 공간을 여행할 때 사용했던 교신 장치입니다. 그것이 더 이상 필요치 않게 되었을 때 우리는 단지 그것을 외적 이미지의 일부로서 사용하게 되었습니다.

텔레파시 교신이 자유로우므로 우리에게는 소리를 청취해야 할 귀가 필요없습니다. 그리고 눈은 매우 작기 때문에 우리는 주로 빛의 체(體)를 통해서 사물을 봅니다. 그러나 물리적인 모습으로 나타났을 때, 우리는 두 개의 작은 눈과 함께 '제 3의 눈'을 사용합니다. 아울러 우리는 인간들처럼 음식을 먹지 않고 또 오로지 텔레파시적으로 소통하는 까닭에 역시 입이 필요 없습니다. 여러분이 볼 때 작은 입이 있기는 하나 실제적인 용도는 별로 없습니다.

우리의 우주선도 역시 빛으로 만들어져 있습니다. 하지만 우리가 그 진동 속도를 감소시켰을 때 그것은 견고한 고체로 바뀌어 나타날 수가 있습니다. 그때 그것은 어떤 형태로든간에 인간들이 보통 목격하는 '비행접시(UFO)'처럼 보이는 것입니다.

우리는 지금까지 우주 도처에 있는 행성들과 문명들 가운데 동일한 전환점에 처해 있는 존재들에게 우리의 메시지를 전달해 왔습니다. 우주의 모든 문명과 행성들은 서로 엇비슷합니다. 그럼에도 불구하고 그들은 모두 나름대로 독특한 데가 있습니다.

(2) 빛과 우주 의식(宇宙意識)

안드로메다의 삶은 지구상의 여러분의 삶과 매우 다릅니다. 우리는 끝없는 빛 속에서 살고 있는 빛의 존재들입니다. 때문에 우리는 많은 태양들에 의해 둘러싸여 있습니다.

우리는 여러분이 가지고 있는 것 같은 개인적 주택이 없습니다. 그리고 우리 행성의 모든 지역은 누구에 의해서도 자유로이 이용되고 있습니다. 즉 땅을 소유한다는 관념이 우리에게는 존재하지 않는 것입니다.

어떻게 당신들은 하나의 물질이 아니라 살아 있는 존재를 소유할 수 있는 가요? 그렇습니다. 모든 행성들은 살아 있는 존재들입니다. 더구나 잠시 동안 우리가 그들 위에서 살 수 있도록 허락해 준 자비로운 존재들인 것입니다. 우리가 더 높은 차원들을 깨달았을 때, 우리는 우리가 원했던 사는 방법을 선택했습니다. 우리는 육체적 존재와 빛의 존재, 이 두 가지 사이에서 선택할 수가 있었습니다.

우리 모두는 하나(One)이나 다른 부분들로 나누어져 있습니다. 그러나 우주 본체의 영혼(宇宙意識)은 근본적으로 분리될 수는 없는 것입니다. 우리 모두는 우리의 깊은 내면에서 그 사실을 알고 있습니다. 그대들이 우리의 한 부분인 것 처럼 우리 역시 그대들의 일부입니다. 지금까지 여러분은 전체로 부터의 분리를 경험해 보기로 선택해 왔습니다.

우리 역시 부분적으로 얼마간은 그런 방식으로 살고 있습니다. 단지 여러분보다는 그 분리된 정도가 약간 덜하다는 차이가 있습니다. 그리고 이것이 왜 우리가 항상 스스로를 복수의 형태로 언급하는가에 대한 이유입니다. 그러나 아직도 여러분은 우리를 우리들 가운데의 한 개인으로만 보고 있습니다.

그럼에도 우리는 오로지 하나이며 우주라는 전일의식(全一意識)의 다른 한 측면일 뿐입니다. 그리고 여러분과 더불어 함께할 수 없는 사람들도 그대들 자신의 일부인 것입니다. 따라서 여러분은 다시 전일 의식 속에 완전히 합일 하고자 노력해야만 합니다.

(3) 텔레파시

안드로메다의 모든 영혼들은 텔레파시를 사용할 수 있으며 대부분의 시간을 그렇게 하고 있습니다. 하지만 3차원에 있는 영혼들과 교신하기 위해서는 이런 에너지들을 약간 다른 방식으로 바꾸어야만 합니다. 그런데 그것은 육체 속에 있는 영혼들이 빛의 영혼이 되도록 돕게 됩니다. 이미 메시지에서 언급한 것처럼 우리는 만약 우리의 일에 도움이 되는 경우 (우리 스스로를) 물질화(物質化)할 수가 있습니다.

우리는 이것을 그렇게 자주 하고 싶어 하지는 않는데, 그 이유는 더 좋은 방식으로 사용할 수 있는 많은 에너지를 소모하기 때문입니다. 그러나 때로는 어떤 행성에서 우리가 메시지를 전하기 위해서 이런 방식이 필요하기도 합니다. 이것이 행해지는 유일한 방법은 그 행성의 주민들 앞에 물질화되어 나타나 직접 이야기하는 것입니다. 특히 이 방법은 1차원이나 2차원적 행성일 때 필요합니다. 한 행성이 3차원에 도달했을 때 그 위에 살고 있는 영혼들은 텔레파시 경험이 가능한 수준의 의식(意識)을 가지게 됩니다. 그러나 지구상에서 볼 수 있는 바와 같이 그들 모두가 이런 능력을 사용할 수 있는 것은 아닙니다.

(4)열의 작용과 태양인들의 활동

열에 대해서 이야기하고자 합니다. 여러분 행성 위의 열은 태양으로부터 옵니다. 만약 열이 없다면 인류는 지금처럼 살 수가 없을 것입니다. 당신들 가운데 많은 이들이 일반적인 곳보다 북반구에서 태양이 더 뜨겁다는 것을 눈치채 왔습니다. 이 열기는 다른 종류의 열이며, 태양이 더 많은 에너지를 받아들여 그 강도가 증가하고 있는 탓입니다. 태양은 지금 지구에 보다 많은 빛을 전송하기 위한 준비를 했으며, 이것은 새로운 지구를 위한 조정에 있어서 매우 필요한 것입니다.

열은 빛과 함께 옵니다. 이 열은 현재 여러분 자신이 만들어 온 오염 물질을 포함한 지구의 부정적인 음성(陰性) 기운을 소멸시키고, 또한 당신들의 신체가 스스로 청소하는 것을 돕고 있습니다. 열은 육체와 정신, 양쪽의 불순물들을 땀을 내어 제거하기 때문입니다. 여러분 신체의 정화(淨化)를 돕기 위해서 가능한 한 많은 물을 마시는 것이 중요합니다. 반면에 몸의 액체가 고갈되었을 때 여러분의 육체는 병에 걸리게 됩니다. 지구의 가뭄에 대해서 우려

자연발화적인 산불은 일종의 지구 정화작용이다

하지 마십시오. 이것은 곧 인체와 마찬가지로 지구가 원치 않는 질병으로부터 벗어나는 데 필요한 것입니다.

많은 외계인 세력들이 지금까지 지구에서 활동해 왔습니다. 물론 그러나 그들 모두가 지구를 돕기 위해 자신들의 힘을 사용해 온 것은 아니었습니다. 그들 중의 일부는 자신들의 DNA(유전자) 코드를 변화시키기 위해 이식 장치들을 가지고 실험해 왔습니다. 그것은 마치 지구의 과학자들이 유전자 조작 실험을 하고 있는 것과 마찬가지입니다. 그들은 자기들이 지구의 향상을 위한다고 믿었습니다. 지구의 과학자들이 자기들의 실험에 대해 똑같이 믿듯이 말이죠. 그러나 지구가 이런 일로 더 많은 스트레스를 받을 수는 없는 것입니다. 그러므로 태양인들(Sun People)은 원치 않는 오염 물질들을 제거하기 위해 태양의 열과 방사선을 사용해 왔습니다. 때때로 태양의 뜨거운 열로 인해 산불이 일어납니다. 그러나 이것 또한 지구의 청소를 돕는 것입니다. 따라서 이런 산불에 대해 걱정할 필요가 없습니다. 불이 일어나는 곳은 가장 오염되어 있는 곳이며 태양으로부터 오는 열이 충분하지 않은 장소입니다. 만약 이런 오염이 계속 확산된다면 결국 인간에게까지 그 영향이 미치게 될 것입니다.

때문에 지구는 태양인들에 의해 돌보아져 왔습니다. 이들은 높은 레벨의 지구인 자신이며, 또한 여러분 태양계의 다른 행성에 속해 있기도 합니다. 왜냐하면 그들은 모든 것의 수호자들이기 때문입니다. 모든 태양계는 그 자체의 수호자 내지는 관리자들을 가지고 있는데, 이것은 모든 은하계들도 마찬가지입니다. 그들은 이런 임무를 위해 특별히 훈련된 빛의 존재들의 조직이며 우주적 사랑과 매우 높은 교양을 지닌 존재들입니다. 그들의 임무는 '위대한 계획'을 뒷받침하는 것인데, 당신들 태양계에서 이것은 매우 어려운 직무입니다. 그러나 절망하지는 마십시오.

그들은 그렇게 멀지 않은 예정표를 가지고 있으며 여러분의 도움을 필요로 합니다. 그것은 바로 지구에 얽매인 모든 영혼들을 위해서 여러분이 깨달음에 도달하는 것입니다, 이렇게 되면 수호자들의 임무는 더욱더 용이해집니다. 그러므로 자신이 영적으로 더 발전하는 것이 곧 행성 지구를 더 많이 돕는 일이라는 것을 알기 바랍니다.

(5)행성 진화의 우주 법칙

지금은 어머니 지구에게 혼란스러운 시기입니다. 시간이 "차원(次元) 변형"이 일어나는 그 정점을 향해 점점 다가가고 있습니다. 그리고 그것이 일어났을 때 사람들은 두려워하게 될 것입니다. 이런 사람들은 아직도 자신들이 무엇을 해야 되는지에 관해 생각할 만큼 그들의 영적인 의식(意識)이 충분히 각성되지 못한 사람들입니다. 모든 영혼들은 이미 변형을 향해 자신들의 가슴을 열었습니다. 그리고 그들은 이 시기를 통해 자신들이 지구를 돕는 일에 대한 깊은 정보를 얻게 될 것입니다.

여러분에게 나타나고 있는 징조들을 깨닫기 바랍니다. 그것을 단지 하나의 허구 또는 환상이라고 무시하지 마십시오. 만약 여러분 거기에 준비가 되어 있다면 "차원 변형"은 그렇게 고통스러운 것은 아닙니다. 그 대신에 그것은 어쩌면 삶에 있어서 가장 축복되고 환희로운 경험이 될 수도 있습니다. 그 선택권은 여러분에게 있습니다.

당신들 중의 어떤 사람들은 (영적으로) 성장하기 위해 시련의 경험이 필요합니다. 그러나 여러분의 영혼은 이미 또다른 생(生)의 경험의 길을 선택하는 데 있어 자신들이 자유라는 것을 알고 있습니다.

다른 행성들과 은하계들, 그리고 여러 차원계에서 엄청난 수의 존재들이 여러분들을 원조하기 위해 오게 될 것입니다. 그때가 왔을 때 여러분은 우리를 볼 수 있게 되고, 또 우리와 대화할 수 있게 됩니다. 그러나 이것은 여러분이 모든 영혼들이 하나라는 것을 배워 수용하기까지는 일어나지 않을 것입니다.

기후상의 변동들은 거대한 지구 변형의 일부입니다. 여러분은 지구의 기후가 현재보다 더욱더 비정상적으로 변화되는 것을 발견하게 될 것입니다. 과거에도 지구는 항상 변화해 왔으며, 보다 높은 의식으로 옮겨가면서 기후 또한 바뀌어 왔습니다. 이것은 지구가 원치 않는 영향들과 질병들로부터 스스로를 깨끗이 청소하려는 작용입니다. 현재 지구상의 인간들은 처음에 예정되어 있지 않았던 기후 변화를 환경 오염을 통해 만들어 왔습니다. 그런 이유 때문에 여러 계획들의 예정표가 짜여 져야만 했으며, 원래 계획되었던 것과는 다른 방식으로 이동이 일어날 것입니다.

이것이 또한 왜 그렇게 많은 '빛의 일꾼들(Light-Workers)'이 지금 지구상에 태어났는가에 대한 이유입니다. 이런 방법이 지구의 의식(意識)을 가능한 한 높이 상승시킬 수 있는 유일한 길인 것입니다. 게다가 이 과정을 가속화하기 위해 다른 은하계와 태양계의 많은 영혼들이 지구를 돕기로 동의하였습니다. 그 이래 우주 속의 많은 행성들이 밀접히 연결되었고, 지구의 진화는 총체적인 다차원(多次元) 우주의 다른 부분들에 영향을 미치고 있습니다. 그러므로 모든 영혼들은 자기들이 할 수 있는 곳에서 지구를 기꺼이 돕고 있습니다.

어쩌면 그 예정표에는 작은 변화들만이 있을지도 모릅니다. 그러나 우주의 모든 행성들은 지구와 똑같은 영적인 발전 단계를 거쳐 왔습니다. 일부는 다른 행성들보다 빠를지도 모르나 결국 모든 행성들은 도달해야 할 것을 성취할 것입니다. 마지막으로 다차원 우주의 모든 행성들이 똑같은 의식의 레벨에 도달했을 때, 그때가 대이동의 순간입니다. 다시말해 전(全) 다차원 우주 자체가 다른 수준으로 상승하는 때인 것입니다.

(6) 지구의 차원 변형과 빛의 일꾼들

우주의 모든 다른 행성들과 마찬가지로 지구도 현 3차원의 상태를 마치고 더 높은 상위 차원으로 이동해야만 합니다. 이것이 일어나기 위해서는 그 행성 위에 살고 있는 존재들이 영적으로 진화, 발달되는 과정이 필요합니다. 만약 그들이 영적 진보에 실패한다면 그 행성은 현(現) 차원을 졸업할 수 없습니다. 만약 지구인들이 이런 의식(意識)을 가지지 못하고 행성 파괴를 중단하지 않는다면 그와 같이 될 것입니다.

인간들은 결코 지구를 완전히 파괴할 수는 없습니다. 왜냐하면 그 이전에 지구가 먼저 여러분을 쓸어버릴 것이기 때문이죠. 여러분은 스스로의 영적 발전과 승화(昇華)를 통해 지구의 차원 상승을 도와야 합니다. 이것이 성공적으로 이루어졌을 때 여러분의 영혼 역시 지구를 졸업하게 됩니다. 그리고 반드시 지구에 머물러야 할 필요가 없게 되지요. 그때가 되면 자신들이 가고 싶은 다른 어떤 행성도 선택할 수가 있습니다. 그러나 이 모든 것이 실패한다면 여러분은 남은 숙제를 끝내기 위해 원래의 세계(3차원 진동계)로 돌아가야 합니다. 그곳은 그 진동 레벨이 낮음으로 해서 매우 괴로운 곳입니다.

지구가 5차원으로 이동하는 시간에 보다 가까이 접근할수록 빛의 영혼들은 지구와 함께 일하려는 상태에 놓이게 됩니다. 우리의 작업은 주로 행성 지구의 차크라(Chakra)에 빛을 보내고, 지구상의 여러 생명 형태들에게 정신적 각성을 퍼뜨리는 일에 관계되어 있습니다. 오로지 인간뿐만이 아니라 광물인 수정(水晶)에서부터 포유동물에 이르기까지, 지구상의 모든 생명체들과 모든 영혼들은 상승하는 진동 레벨에서 함께 작용합니다.

때문에 만약 모든 개체적 영혼들이 준비되지 않는다면, 지구가 5차원으로 이동하는 것은 불가능합니다. 지구상의 많은 영혼들이 아직도 낮은 의식 수준에 머물러 있는 것처럼 보일지도 모릅니다. 그러나 그들은 그렇게 절망적이지만은 않습니다. 여러분의 잠재의식 수준에서는 모두가 동일합니다. 하지만 그중의 일부만이 지구에서의 자신의 카르마(業)를 끝마쳤습니다.

그러므로 이런 준비되지 않은 사람들은 지구가 5차원으로 상승하기에 앞서 다음의 삶을 위해 지구와 유사한 행성으로 돌아가야만 합니다. 이것은 진화의 일부이며, 다시 상승하도록 결정될 때까지 배워야 할 대부분을 배울 수 있는 그 차원 속에 머무르며 삶의 경험을 쌓는 것입니다. 그러나 여러분이 새로이 환생했을 때 카르마를 끝냈다면 다시 그 과거 차원으로 돌아가지 않습니다.

3) 종결

　이제 지구는 보다 나은 정부를 향해 진지하게 나아가야 할 시간이 왔습니다. 이것은 지구 전체의 모든 것에 걸쳐서 일어나고 있으나, 대부분의 사람들은 그것을 이해하지 못하고 있습니다. 그들은 단지 자신들을 둘러싼 혼돈만을 보고 있을 뿐이지요. 그리고 그들의 모든 일반적인 척도들은 무너지고 있는 중입니다. 우리 안드로메다인들 역시 많든 적든 당신들이 현재 경험하고 있는 것과 똑같은 일들을 겪어왔습니다.

　그런 까닭에 우리는 이런 지구의 변형의 시기에 가능한 한 보다 용이하게 그것이 이루어질 수 있도록 지구를 돕기로 모두 뜻을 모았습니다. 아무도 지구의 차원 변형을 피해 갈 수는 없습니다. 그러나 여러분은 예정된 것보다 덜 피해를 받는 쪽을 선택할 수는 있습니다. 이렇게 되기 위해서는 무엇이 여러분을 기다리고 있고, 또 대변동기 동안 안전할 수 있을 만큼 빛의 체(體)를 발달시키기 위해서 무엇을 해야 하는가를 깨달아야 합니다.

　안드로메다에 차원 변형의 진통이 발생했을 때, 우리는 오랜 기간 동안 큰 고통을 겪었습니다. 그러나 결국 그것을 통과했으며 훨씬 지혜로워졌습니다. 경험에 의해서 지금 우리는 그렇게 많은 고통이 필요치 않다는 것을 알고 있습니다. 그리고 그것을 지구상의 여러분과 함께 나누고자 원하는 것입니다. 우리의 메시지를 가능한 한 많은 사람들에게 전해 주기 바랍니다.

　여러분은 지금 지구 전역에서 다른 많은 은하계 문명들에 의해 전파된 우리와 똑같은 메시지를 발견하게 될 것입니다. 우리가 현재 지구상의 유일한 외계인 존재들은 아닌 것이지요. 초기에 이 메시지가 사람들에게 전해졌을 때, 그것은 물 위의 파문처럼 번져 나갈 것입니다. 그리고 보다 가속화될 것입니다.

　모든 사람들이 여기에 귀를 기울이지는 않을 것이나 많은 이들이 들을 것입니다. 그들은 변화가 반드시 온다고 깨달은 사람들입니다. 그리고 그들은 기꺼이 지구상의 모든 사람들을 위해 그 변화가 용이해지도록 도울 것입니다. 그러나 누군가에게 이 메시지를 강요하지는 말기 바랍니다. 왜냐하면 그들은 그렇게 하기로 선택했고, 그들은 이 시기의 교훈을 배우지 못할 것으로 생각되기 때문입니다. 현재대로가 가장 좋은 것입니다.

　그러므로 당신들은 오로지 씨를 뿌리기만 해야 합니다. 그때 이 씨앗들은 진리를 자신의 가슴으로 알고 있는 사람들 속에서 성장할 것입니다. 만약 당신들이 이 씨앗을 가슴으로 원하지 않는 사람들에게 설득에 의해 심으려 시도한다면, 여러분 스스로에게도 해로울 것입니다. 제발 그렇게 하지 말기 바랍니다. 이것은 이 시기를 위한 안드로메다의 마지막 메시지입니다. 그러나 당신들이 우리를 필요로 할 때는 언제든지 여러분과 함께할 것을 약속합니다. 우리 모두는 똑같은 원천(宇宙心)을 구성하는 부분들이기 때문에 우리는 지구인 여러분 모두를 사랑합니다.

◆메시지-3

안드로메다 성좌로부터 온 메시지

미국의 알렉스 콜리어(Alex Collier)는 안드로메다 성좌에서 온 우주인들과 오랫동안 접촉해 온 UFO 접촉자이다. 그가 최초로 우주인들과 접촉한 것은 불과 14살 때였던 1964년이며, 31년 이상을 UFO 컨택티(Contactee)로서 지내왔다고 한다. 물론 이 기간 동안 그들과의 접촉이 지속적이었던 것은 아니나, 1985년 이후에는 계속적으로 접촉이 이루어지고 있다고 밝히고 있다.

알렉스 콜리어

알렉스는 의식적으로 기억할 수 있는 14살 때의 접촉 경험에서 2명의 우주인을 만났다. 그들 가운데 한 존재는 '모레네(Morenae)'라는 푸른 피부빛을 가진 키가 큰 우주인이었고, 다른 한 명은 '비사에우스(Vissaeus)'라는 좀 키가 작고 나이 들어 보이는 우주인이었다.

안드로메다 성좌인들은 은하 연합에 가입한 시기가 무려 350만 년 전(前)일 정도로 아주 오래된 종족들에 속한다고 한다. 미국의 쉘든 나이들(Sheldon Nidle)의 은하 연합 사이트에도 이 종족들이 언급되어 있는데, 이들은 우리 인류와 거의 비슷한 휴머노이드형 외계인들이라고 설명되어 있다.

이들은 주로 두 가지 인종으로 구성되어 있는데, 첫 번째는 금발에 푸른 눈을 가진 서구인(西歐人)에 가까운 종족들이고, 두 번째는 검은 머리와 검은 눈동자를 지니고 있어 아시아인과 유사한 종족들이다. 이들은 신장(身長)도 1.63m ~2.12m로 인류와 거의 같으나, 단 수면 시간은 2시간에 불과하다고 한다. 언어는 성대(聲帶)가 아닌 텔레파시를 사용한다고 되어 있다.

이 안드로메다 성좌인들의 의견에 따르면 외계 종족들은 보통 1000~1500세 정도의 평균 수명을 지니고 있으며, 안드로메다 성좌인들의 평균 수명은 2007세라고 밝히고 있다. 아울러 우리 은하계와 가까운 8개 은하계에만도 인간형 외계 존재들이 약 1,350억이 넘게 존재하고 있다 한다. 게다가 그 바깥에는 또다른 종족들이 널려 있다는 것이다. 그리고 그들은 스위스의 UFO 접촉자 빌리 마이어(Billy Meier)가 언급한 대로, 지구 인종이 라이라(Lyra:거문고 별자리)에서 유래한 것은 사실이나 처음부터

라이라에 존재한 것은 아니라고 말한다.
다시 말해 그 이전에 다른 은하계에서 이동해 왔다는 것이다. 어쨌든 그들은 앞으로 다른 물리적 형태 속에 있게 될 우리 인류의 미래와 기

원, 우리의 영적 정체성(正體性) 등에 깊은 관심을 가지고 있는 것으로 보인다.

1) 우주의 생성과 진화 - 다가오는 지구 차원의 변형

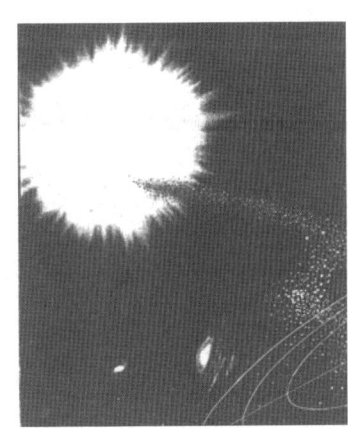

블랙홀은 중력이 너무 강해 빛조차 빠져 나올 수가 없다.

우리 우주의 모든 것은 인간으로서는 알 수 없는 21조(兆)년 된 홀로그램(Hologram)으로 이루어져 있습니다. 그리고 우주 내의 모든 물질은 블랙홀(Black Hole)로부터 나왔습니다. 모든 은하계들은 그것이 나온 블랙홀이 존재하고 있습니다. 우주는 지금도 진화하고 있지요. 진화한다는 것은 우주의 진동수가 계속해서 발전해 간다는 의미입니다.

우주가 진화함에 따라 진화하고 싶지 않거나 공포에 차 있었기 때문에 뒤로 물러나 있던 에너지들이 말하자면 살이 찌기 시작했습니다(무거워 졌다는 의미). 그리고 의식(意識)을 가지고 있던 이 에너지체들은 더 무거워진 '기낭(氣囊)'을 형성했습니다. 우주의 주파수(빛깔과 소리)가 높아짐에 따라 저항지대는 무너지고 폭발합니다. 천지개벽(天地開闢) 이후 21조년이 지난 지금, 이 시나리오는 일어나

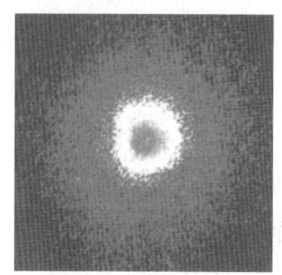

거대한 블랙홀의 후보지 중의 하나인 M87의 중심핵.

기 시작하고 있음이 분명합니다.

우리를 포함한 우리 우주 속의 모든 것은 블랙홀로부터 나왔습니다. 1994년 4월 23일 특수한 색깔과 소리의 주파수가 잘 알려진 우주의 모든 블랙홀들로부터 방출되기 시작했습니다. 이 에너지와 주파수가 발생한다는 것은 모든 차원의 수준들에 걸쳐서 홀로그래피적인 영향을 만들어내고 있는 것이지요. 우리 우주에는 11단계의 창조적 밀도 차원들이 존재합니다.(※지구는 아직도 3번째 밀도 차원에 속해 있다). 이 새로운 홀로그래피적 영향은 12번째의 밀도 차원이 되어가고 있습니다. 그리고 이 홀로그래피적 영향은 하나의 주파수를 가지고 있는데, 이 주파수의 활동은 모든 차원들의 수준을 아래에서 위로 끌어 올리고 있는 중입니다. 따라서 *2013년 12월까지 우리가 알고 있는 것으로서의 3차원 밀도는 지구상에 더 이상 존재하지 않게 됩니다.*

모든 것이 현재 위로 끌어 올려지고 있기 때문에 그것(3차원 밀도)은 안에서 파열되고 있습니다. 11차원 밀도는 12차원 밀도로 진행 중에 있습니다. 지구는 4차원 밀도로 올라간 후 그 다음에 5차원 밀도가 될 것으로 추측됩니다. 4차원은 의식 자각(意識自覺)의 단계입니다. 이 밀도 차원은 서로 간에 텔레파시 능력을 지닌 완전한 종족들이 머무르는 곳입니다. 그들은 서로의 상념을 의식하고, 서로 느끼기 때문에 어떠한 비밀도 있을 수가 없습니다. 요컨대 그들은 개체로 나누어져 있기는 하나 모두가 한 마음(One-Mind), 또는 집단 의식(集團意識)인 것입니다. 5차원은 3차원에서 볼 때는 빛의 존재로 여겨지는 차원입니다. 지구는 늦어도 2013년까지는 이와 같은 밀도 차원으로 변화될 예정입니다.

그런데 12번째 밀도 차원의 홀로그램 의식(意識)으로 출현한 개체 의식(個體意識)들이 있습니다. 그것들은 일찍이 이전에 목격된 그 어떤 것과도 명백히 닮지 않았습니다. 우리도 그들이 누구이고, 무엇인지는 알지 못합니다. 그러나 이 12차원의 존재들은 모든 차원을 속속들이 내려다보는 능력을 가지고 있으며, 현재 진행중인 모든 것을 바라보고 있습니다. 이 모든 일이 일어남으로 해서 일부의 영적 존재들은 (그 진동이 낮아져) 무거워지기 시작하고 있는데, 이것은 주파수의 변화로 만물(萬物)이 끌어 올려지고

미국의 물리학자 휠러는 '블랙홀' 이란 말을 처음으로 사용한 과학자이다.

4장 우주로부터 온 메시지들

있기 때문입니다. 퇴행적 에너지체들은 충격, 두려움 따위로 '공황상태'가 되기 시작하고 있습니다. 하나의 예외도 없이 지구상의 모든 것과 우리 은하계 내의 21개 다른 성단(星團)은 수조(兆) 년 전에 11차원까지 진화했음이 분명한 존재들(개체의식들)의 한 집단으로 구성되어 있습니다.

그 존재들이 시간의 개념 속으로 내려와서 사념(思念)이 물질을 창조하는 하나의 실험이 구상되었습니다. 거대한 집단이 3차원에 내려와 이미 거기에 거주하고 있는 특정의 인종(人種)을 발견했는데(※인간을 뜻하는 것 같다), 그들은 22종의 각각 다른 외계 인종이 포함된 매우 독특한 유전 정보를 가지고 있었습니다.

지구상의 모든 생명들은 우주의 무역업자(※지구는 우주의 무역 루트에 놓여 있다), 탐험가, 광산업자, 유람 비행자등의 모두 각각 다른 사람들에 의해서 이곳에 반입되었습니다. 원래 지구는 화성에 더 가까운, 지금과는 다른 궤도를 돌았으며 얼음 외에는 아무 것도 없었습니다.

2) 인류의 가까운 미래에 드러날 사건들

가까운 장래에 인류는 다음과 같은 일들을 보게 될 것입니다.

◆ 이차원(異次元)들과 초의식(超意識)에 관한 과학적 증거.
◆ 환생(還生)의 과학적 증거와 증명.(이것은 인류의 신앙 체계를 확대할 것이다. 여러분 모두가 죽어서 빛을 보며, 그리고 사랑하는 사람들을 만난다는 개념을 고찰하기 바란다. 그런 과정이 일어나는 물리적 위치는 반 알렌대(Van Allen帶)가 있는 곳이다. 여러분은 떠나온 물질계와는 다른 진동 주파수로 공진(共振)히면서 그곳으로 가며, 거기서는 모든 것이 여러분에 의해서 정말로 창조된다. 거기에는 당신들의 특수한 영적인 진화 단계에 따라 서로 다른 존재의 수준들이 있으며, 여러분이 항상 원했던 것들을 할 수가 있다. (인간은 사랑을 억눌렀던 곳을 알기 위해 자기의 일생을 되돌아보지 않고는 진화할 수 없다. 그리고 그 균형을 다시 잡기 위해 다음 생으로 환생한다. 여러 종교의 성직자들이 윤회 환생론을 삭제하지 않았던들 인류는 이 교훈을 진작에 배웠을 것이다.)
◆ 우주 안 다른 곳의 생명체 존재 인정.
◆ 적어도 9 종류 이상의 외계인 종족들과의 접촉.
◆ 자장(磁場)에 기초를 둔 깨끗한 '프리(Free) 에너지' 장치의 개발 및 영점(零點) 에너지의 개발.
◆ 지구는 속이 비어 있고 그 안에 생명체가 살 수 있다는 지식, 그리고 원래 라이라인들(Lyrans)이 세운 '칼니고(Kalnigor)'라고 불렸던 지구 안의

도시가 알려지게 됨.
◆ 잃어버린 대륙 아틀란티스의 재발견, 거기에는 텔레파시를 사용했던 고도의 문명이 있었다.
◆ 이스터 섬의 남쪽 150마일 지점에서 레무리아(Lemuria)에 속했던 거대한 사원(寺院) 단지(團地)의 발견. 러시아인들은 이미 이 사실을 알고 있다.
◆ 물질계(物質界)에서 인간의 눈에 보이는 것은 인간 자신의 초의식(超意識)에서 창조, 지시된 일종의 홀로그램(印影)임을 알게 된다.
◆ 인간의 의식(意識)은 뇌(腦)에 있지 않고, 육체를 둘러싸고 있는 에너지장(場)과 오라(Aura) 안에 전적으로 존재함을 알게 됨. 인간이 겪은 일들은 홀로그램 속에 기록되고, 그것을 이용하는 능력이 인간 자신에게 있다. 사념 하나하나가 빠짐없이 홀로그램에 기록된다. 명상을 통해서 당신의 생활을 치유하거나 어떤 물건을 만들어내고 싶으면, 평상시 하듯이 그것을 관찰하지 말라. 당신의 마음과 잠재의식을 훈련해서 그것의 실제 모습을 보라. 인간은 이런 능력을 가지고 있다.
◆ 인간의 과거와 현재의 교육 과정이 인간으로 하여금 창조적이고 의식적인 사상가가 되도록 준비시키지 못했다는 자각을 갖게 됨.
◆ 태양계 안의 7개 혹성과 15개의 달에는 유기적 생명체가 존재하지만, 오랫동안 그 대부분이 탐지되지 않을 것이다.
◆ 우리들 각자는 전체의 일부이며 하느님이 우리의 중요한 부분일 뿐만 아니라, 우리는 '하느님' 또는 '사랑'이라고 우리가 부르는 이데아(Idea)의 중대한 일부라는 보편적인 발견.
◆ 이같은 가속화된 자기 발견의 경험은 우리 모두가 창조, 활성화한 것이라는 점. 외계인의 유전자 조작의 산물인 인류는 각각 다른 여러 인종의 기억 은행(Memory-Bank) 및 적어도 22종의 각각 다른 인종으로 구성된 거대한 유전자 풀(Pool)을 소유하고 있다. 인류의 유전자 유산 때문에, 그리고 인간은 영적 존재인 까닭에 선의(善意)의 외계 인종들은 실제로 인류 모두를 왕족(王族)이라고 간주하고 있다. 그들 모두가 인류의 야만적 거동을 이해하지는 못해도 말이다.

여러분이 구제(救濟)받기를 원한다면 그때까지 자신에게 책임을 지고, 자녀들에게도 스스로에게 책임을 지도록 가르치기 바랍니다. 우리 안드로메다 성좌에서 가장 존경받는 사람들은 교사(敎師)인데, 그것은 그들이 미래의 세대에게 영향을 주는 자들이기 때문입니다. 인류는 (뒤처져 따라오는) 양들의 인종이 아니라 영도자들의 인종이 되어야 합니다. 안드로메다에서는 이것을 사람들에게 가르칩니다. 거기에서는 아무도 뒤처지지 않고, 아무도 뒤에 방치되지 않습니다. 배경이나 피부색에 관계없이 우리 모두가 함께 진화합니다. 그러나 여러분은 스스로 필요한 걸음을 옮겨야 하는 것입니다.

CHAPTER – 5
지저문명에서 온 메시지

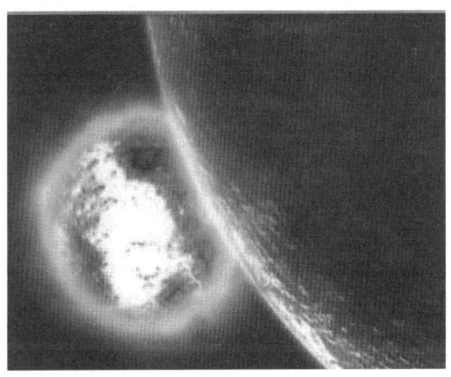

5장

지저문명(地底文明)에서 온 메시지

 지구 차원상승기를 맞이하여 지구 밖의 외계문명에서 뿐만이 아니라 지구 내부의 깊은 곳에 존재하는 또 다른 차원계인 지저문명으로부터도 메시지가 전해오고 있다. 지저세계의 존재들로부터 메시지를 받고 있는 대표적 채널러로는 캐나다 출신의 오릴리아 루이즈 존스(Aurelia Louise Jones)와 미국의 다이앤 로빈스(Diane Robins)가 있다. 둘 다 여성이며 이들의 메시지는 서로 일맥상통한다. 지저문명에 관한 좀 더 깊은 지식을 원하는 분들은 〈텔로스(TELOS) 시리즈〉 책의 구독을 권고한다.

1.지저문명은 어떻게 존재하는가?

-다이안 로빈스-

 우리 지구뿐만이 아니라 모든 행성들은 속이 비어 있는 공동(空洞) 상태이다. 행성들은 태양으로부터 궤도로 분출된 뜨거운 가스에 의해 형성되었다. 그리고 행성들의 껍데기 부분은 중력과 원심력에 의해 만들어지는데, 속이 부분이 얼린 채로 남아 있으며 그 내부는 비어있게 되는 것이다.
 이런 과정이 흐릿한 빛을 내는 내부의 태양을 가진 공동(空洞)의 천체(天體)를 형성한다. 이 행성 내부의 태양은 부드럽고도 광범위한 스펙트럼(Spectrum)을 가진 태양빛을 방사하며, 내부 표면의 초목(草木)들과 인간의 삶을 매우 풍요롭게 성장시키면서 밤이 없는 긴긴 낮의 밝음을 만들어내고 있다.
 지저세계의 존재들은 영적으로 기술적으로 매우 진화돼 있고 우리 지구의 내부 중심에 살고 있다. 이들 진보된 문명들은 그곳에서 한 형제애로서 평화로이 거주한다. 지구 속의 세계는 내부의 중심태양과 아직도

채널러 다이안 로빈스

원시상태로 보존돼 있는 바다와 산들을 포함하고 있다. 지구 내부세계는 태고적의 상태를 여전히 유지하고 있는데, 왜냐하면 그들은 지상의 인간들처럼 땅을 마구 개발하거나 건물을 세우지 않기 때문이다. 거기에는 빌딩이나 쇼핑몰, 또는 고속도로 같은 것이 없다. 그들이 여행할 때는 지표면에서 몇 인치 정도 떠서 비행하는 전자기(電磁氣) 승용물을 이용한다. 그곳 사람들이 때때로 개울이나 강, 바다를 따라 산책을 하거나 산을 오르기는 하지만 그것은 그들의 발이 지면과 최소한으로 접촉하는 정도에 불과한 것이다.

지저인들은 그들의 땅이 휴식할 수 있도록 그대로 놔두는데, 그렇게 두는 것이 자연의 본래 모습인 까닭이다. 지구 내부세계를 통치하는 도시는 〈샴발라(Shamballa)〉라고 불린다. 이 도시는 지구 행성의 내부 바로 중심에 위치하고 있으며 북극이나 남극의 구멍을 통해서 접근할 수가 있다. 우리가 북극과 남극의 하늘에서 목격하는 빛들은 사실 지구 내부의 중심태양에서 방출된 빛이 반사된 것이고, 그것은 지구의 내부중심에서 새어나온 것이다.

북극 오로라의 신비 - 지저 중심 태양이 새어나온 빛이다

그들은 자기들의 도시와 가정, 터널들의 조명을 위해 프리 에너지(Free Energy)를 이용한다. 지저인들은 전자기와 결합된 수정(水晶)들을 사용하는데, 이 수정이 약 50만 년 동안 지속되는 광범위한 스펙트럼으로 빛을 내는 작은 태양빛을 발생시키며, 이것이 모든 동력을 공급한다.

지구의 지각(地殼)은 외부에서 내부까지의 두께가 대략 800마일(1287km) 정도이다. 우리의 지구는 이처럼 속이 꽉 찬 구체(球體)가 아니기 때문에 중력이 발생하는 위치는 지구의 중심이 아니라 지각(地殼)의 중간 지점이다. 그 곳은 지표면 아래의 400마일 지점에 해당된다. 지구 내부세계의 중력의 강도는 지상세계의 절반 정도이고, 이것이 지저의 사람들과 그곳의 초목들의 크기가 지상보다 훨씬 더 장대한 이유에 대한 한 가지 설명이 될 것이다. 그곳에 있는 어떤 삼나무들은 높이가 무려 1,000피트(300m)를 상회하기도 한다.

지구 자기장(磁氣場)의 원천은 일종의 미스터리였다. 지구의 중심에 있는 내부의 태양이 지구의 자기장의 배후에 있는 불가사의한 힘의 원천이다. 지구의 곳곳에는 지구내부로 통하는 동굴 출입구가 있으며, 거기서는 사람에 따라 다른 상호작용이 일어날 수가 있다. 즉 오직 어떤 사람들에게만 쉽게 입구가 열려지는 것이다.

전기 기술에 대한 천재적 발명가였던 니콜라 테슬라(Nikola Tesla)는 현재 지저세계에서 살고 있다. 그는 1800년대 후반부에 그들로부터 정보를 받기 시작했다. 즉 전력이란 것이 무제한으로 그 어디에나 존재하고 있고 세상의 모든 기계장치들은 석탄이나 석유, 가스 기타 다른 일반적인 연료 없이도 얼마든지 움직일 수 있다는 것이다.

그러나 1930년에 지저로 통하는 터널 출입구와 통행로들이 지저 문명들에 의해 폐쇄되었는데, 당시 거대 기업들이나 단체들이 테슬라의 기술을 가지고 지구 내부로 가는 입구를 찾는 데다 잘못 사용했기 때문이었다. 지저세계로 통하는 두 개의 주요 입구는 극지(極地)에 있는 구멍들이지만, 이 구멍들 역시도 지난 2,000년에 봉쇄되었다. 왜냐하면 지구상의 정부들이 그 세계로 가는 입구를 망가뜨리기 위해 극지에다 폭발물들을 설치했기 때문이다.

지저인들은 북극과 남극의 입구 주변에다 자기장(磁氣場)을 설치했으며 더 나아가 그곳을 발견하지 못하도록 위장해 놓은 상태이다. 이런 식으로 그 입구들은 하늘이나 땅에서도 보이지 않게 보호돼 있는 것이다. 과거에는 지구 내부 세계의 포토로고스 도서관으로 가는 입구들도 존재했다. 그와 같은 입구들 중의 하나가 알렉산드리아의 도서관에 있었지만 그것은 A.D 642년에 발생했던 화재로 인해 파괴되었다.

지구내부에는 지상보다 더 큰 땅덩어리(¾이 육지, ¼이 바다)가 있으며, 그곳의 대지는 지상보다 더 응축돼 있다. 지구 내부계의 모든 것은 거기에 거주하는 모든 생명체들의 생태계 균형을 유지하기 위해 매우 신중하게 보존되고 있다.

지구의 내부에는 현재 수백만의 카타르인들(Catharians)/아갈타인들이 살고 있다. 지상에 인간으로 태어났던 카타르인들이 그곳에 있으며, 또한 목성에 살고 있는 카트르인들도 있다. 평균적인 카타르인의 신장은 4.5m이며 어떤 대사들의 경우에는 키가 6.9m에 달한다. 거기에는 또한 3,600명의 우리 지상 출신의 인간들이 지금 살고 있다. 과거 200년간에 걸쳐서 대략 50명의 지상 인간들이 지저세계로 살기 위해 그곳으로 들어갔다. 하지만 지난 20년 동안 불과 8명만이 지구 내부로 들어갈 수 있었다.

2. 은하연합 시리우스 위원회 - 지저 아갈타 세계에 대해

*채널링:쉘든 나이들

우리가 "첫 접촉"이라는 변경할 수 없는 계획을 향해 다가감에 따라 우리는 지구 내부(지저)에 존재하고 있는 여러분의 이웃들에 대해 잠시나마 주의를 돌려보고자 합니다. 지구 내부가 비어있고 거기에 또다른 문명이 있다는 〈지구 공동설(空洞說)〉은 오랫동안 수많은 신화와 전설, 그리고 환상적 설화들에게 영감을 불어넣었던 하나의 사상이었습니다.

결론부터 말하자면, 지구 내부 세계는 참으로 실존하고 있습니다. 여러분의 지질학(地質學)에 관한 과학은 오랫동안 어머니 지구가 단단한 회전타원체이고, 오직 "맨틀(Mantle)"이라고 부르는 꽉찬 중간 부분과 고도로 전자기적(電磁氣的)인 성질을 가진 중심핵으로 이루어져 있다고 주장해 왔습니다.

여러분은 현재 "맨틀"을 에워싸고 있는 견고한 지각(地殼) 외부 위에서 살고 있습니다. 오늘 우리는 지구라는 행성의 형태와 구성이 여러분이 알고 있는 것과는 아주 다르다는 것을 알려주고자 합니다. 우주의 행성들이나 별들 같은 모든 천체들과 마찬가지로 지구는 속이 빈 공동(空洞)이라는 사실입니다. 이런 사실은 비밀스럽게 여러분을 통치하는 자들에 의해서 은폐되었는데, 왜냐하면 이런 진실로 인해서 여러분을 조종하기 위해 이용했던 왜곡된 다른 핵심적인 개념들마저 뒤엎어질 수 있는 파급효과와 그 위험성 때문이었습니다.

진실이라는 것은 아라비안 나이트에 나오는 "열려라! 참깨!"와 같은 마법의 주문인 것입니다. 이를 현명하게 이용할 때, 그것은 방대한 지식에 관한 새로운 시야를 열어주고 현 상황에다 여러분의 지혜를 용용하게끔 고무합니다.

지구의 내부는 2가지 중요 특징들로 이루어져 있습니다. 그 첫 번째는 지구 안쪽의 단단한 지각(地殼)이며 그것은 외부의 지표(地表)가 계속 이어진 부분입니다. 북극과 남극의 두 극지(極地) 지역은 사과의 양쪽이 움푹 들어간 것과 어느 정도 비슷하게 거대한 입구 또는 구멍을 가지고 있습니다. 그리고 지각(地殼)은 공동인 내부세계를 덮고 있는 맨틀 아래와 주변을 둘러싸고 있습니다. 바깥과 안쪽의 지각은 지세도(地勢圖)의 모습과 아주 비슷합니다. 지구 내부세계 역시도 지상세계와 마찬가지로 바다와 대륙들, 산맥, 호수들, 강들로 이루어져 있습니다.

내부세계의 지각은 단지 중심핵을 마주 향하고 있을 뿐입니다. 그런데 이 핵은 빛을 발하고 있고 흐릿한 베일에 싸여 있습니다. 내부의 중심에 있는 이 빛은 태양빛을 발산합니다. 그러므로 지구 내부세계의 낮(日光)은 지상보다 더 부드럽고 온화합니다.

지구내부 세계의 두 번째 특징은 지표 아래에 위치한 지저 세계들입니다. 이것은 맨틀 안에 존재하는 수많은 동굴들이고 그중 어떤 것은 어머니 지구에 의해 형성된 자연적인 지형들인데 반해 다른 것들은 지구 내부 아갈타 영역의 주요 문명들의 진보된 기술을 이용해 만들어진 것입니다. 그리고 이 영역은 은하연합의 2차

지구식민지였던 레무리아의 잔존자(殘存者)들이 마지막으로 살고 있는 땅입니다.

레무리아는 원래 지저세계와 더불어 존재했던 지상 문명사회였습니다. 그 초기의 수도는 약 25,000년 전에 태평양의 파도 아래로 가라앉은 거대한 대륙 위에 위치해 있었습니다. 그리고 현재는 지구 내부에 자리 잡고 있는 것입니다. 그것은 레무리아 정부가 그 대재앙 이후 그곳으로 옮겨간 것이었습니다. 그후 지상의 새로운 지배자가 된 아틀란티스제국은 지구내부계로 통하는 주요 터널 입구들을 봉쇄하라고 지시를 내렸습니다. 하지만 그것은 레무리아인들이 이런 봉인들을 해제하고 수많은 지상 거주자들을 구조했던 아틀란티스 최후의 시기 동안뿐이었습니다. 이 사람들은 그 뒤에 잠시 지상으로 귀환하여 한 사회를 형성했고 그것은 남부 아시아에 위치했던 라마제국이었습니다. 그러나 B.C 8,000년 경에 일어났던 대홍수로 인해 아눈나키의 어둠의 통치방식에서 인류를 구하기 위한 이런 시도는 막을 내리고 말았지요. 이런 실패에도 불구하고 레무리아는 대파멸에서 지상세계를 보호하려는 자신의 역할을 끝까지 해냈습니다. 그리고 은하연합 내에서 이 태양계의 회원자격을 계속 유지시켰던 것은 레무리아의 은하사절이었습니다.

대홍수와 라마제국의 소멸 이후 레무리아인들은 새로이 통합한 사회를 다시 편성하고 아갈타(Agarta)라고 명명했습니다. 그리고 그 수도 샴발라는 지금의 티베트의 수도 라사(Lhasa)아래에 위치해 있던 한 공동(空洞)에다 재배치했습니다. 수많은 터널들이 샴발라를 지상의 히말라야 지역과 연결시켜주었습니다. 그리고 이런 터널들은 그들의 위대한 에너지와 신성한 지혜를 외부세계에다 전파하기 위해 이용되었습니다. 이 지역 안에는 특별한 경우를 위해서 지켜온 비범한 장소가 있었는데, 그곳에서 지저에서 온 신성한 존재와 선발된 그들의 사도들이 어머니 지구의 성스런 에너지 격자망을 유지하기 위해 만났습니다.

아갈타는 여러분의 세상과 매우 흡사한 하나의 세계입니다. 또한 지구의 내부세계는 지상에는 더 이상 존재하지 않는 동물들이 서식하는 무성한 생태계를 포함합니다. 그리고 이 색다른 동물들은 주의 깊게 관리됩니다. 지구 내부의 다양한 도시들에 인접한 이곳은 아갈타인들이 돌보는 특별한 지역들인데, 필요할 때는 이 가지각색의 자연생태 환경 속에 있는 동물들을 치료하기도 합니다.

아갈타인들은 내부 지구 도처에 산재해 있는 수정 도시들 속에 거주합니다. 이 도시들은 그 대부분이 인구수 10만~20만 정도의 규모이긴 하나, 크기 면에서는 1

만~100만까지 거주할 정도로 다양합니다. 어떤 측면에서 이 수정 도시들은 소규모의 거주지들에 가까운데, 이런 도시들이 함께 모여 전체사회를 형성하는 것입니다. 지저세계라는 전체사회를 형성하는 기본 구성단위는 "포들렛(Podlet)"입니다. 또 이 "포들렛"이 모여 비슷한 삶의 목적을 공유하는 더 큰 집단으로서 "클랜(Clan)"들을 형성합니다. 그리고 이 클랜들이 은하사회를 이루는 1차적인 기초단위가 되는 것입니다.

오랜 시간에 걸쳐서 완전한 의식을 지닌 존재들은 〈은하사회〉라고 불리는 조화로운 삶을 위한 "제도(System)"를 개발했는데, 다름 아닌 아갈타 세계가 기본적인 하나의 모형이자 본보기라고 할 수 있습니다. 아갈타의 경우는 12개의 클랜들로 구성된 하나의 시스템이 이 사회운영의 핵심을 형성합니다. 이것들은 업무에 따라 행정, 기술(공학), 치유과학 등으로 편성돼 있습니다.

각각의 클랜은 최대 64명의 개인들로 이루어진 포들렛으로 나누어집니다. 하나의 클랜에 소속된 포들렛들이 다른 11개의 클랜에 소속된 포들렛들과 자유롭게 교류하는 것은 보통 있는 일입니다. 이런 식으로 조그마한 단위가 모여 점차 큰 집단이 됨으로써 나타난 어떤 문제들을 창조적으로 해결하는 원천들을 보유한 작은 사회를 형성하는 것이지요. 이런 소규모 사회들은 차례차례로 하나의 도시구역과 그 시민들을 형성하기 위해 융합되고 섞이게 됩니다. 그러므로 이와 같이 각 도시는 개인들이 모여 서로 공유하고 자신의 이웃과 도시, 더 나아가 그들의 세계를 위해 기여하는 일종의 벌집 형태인 것입니다.

아갈타 통치위원회는 12개의 클랜들의 대표들로 구성되는데, 그들은 자기가 소속된 클랜과 사회에 대한 과거의 가치 있는 공헌도나 봉사실적에 의해 그 지위에 선출되게 됩니다. 그리고 이 위원회에서 선발된 한 사람은 가장 지혜로운 존재로 간주되며, 영예로운 아갈타의 왕 또는 여왕이라는 직함을 받을만한 정당한 자격이 있는 것입니다. 이 사람은 지상세계와 은하연합 전문위원회에 파견된 대규모 사절단과 연락책들을 맡아서 담당합니다. 그들의 책임은 신성한 계획에 따라 여러분이 육체적인 천사들로 변형되는 것을 배후에서 감독하고 살펴보는 것입니다. 여러분의 편에서 행하고 있는 그들의 작업은 우리가 이 "첫 접촉" 임무와 "영(靈)의 작전"을 재정비하여 집중하게끔 도왔습니다.

그들의 진보된 기술은 각 개인이 일상적인 먹거리와 의복을 만들어낼 수 있게 해주어 각각의 수정도시들은 자체적인 자급자족이 가능합니다. 예를 들면, 누구나 자신이 사는 주택의 외형이나 내부 디자인을 마음 내키는 대로 바꿀 수가 있습니다. 이 기술은 또한 사람을 한 장소에서 다른 곳으로 눈 깜짝할 사이에 옮겨 놓습니다. 이것이 의미하는 바는 세상이 여러분 자신의 이웃집에 가는 것만큼이나 가까운 하나의 사회가 되었다는 것입니다. 게다가 아갈타인들의 사고(思考)는 지상사람들이 사는 것처럼 제한된 조건들에 의해서 속박돼 있지 않습니다. 그리고 이런 빛의 기술에 의해 주어진 자유로 인해 그들의 창조적 재능들은 멋지게 펼쳐지며, 또 그것은 충분히 활용될수 있도록 그들 사회가 뒷받침을 합니다. 아갈타인들은 지금 이런 기술들을 기꺼이 지상의 동포들과 재통합을 위해 사용하고 있습니다.

3. 지저문명의 메시지들

◆ 메시지 -1

여러분은 우리의 메시지를 듣기까지 무려 수천 년을 기다렸다

*채널링: 다이안 로빈스

지구 내부세계로부터 인사드립니다. 나는 미코스(Micos)[1]이고, 여러분이 사는 발 아래의 지구 속에 거주하고 있습니다. 나는 여러분에게 송신되는 의식(意識)의 주파수를 통해 메시지를 전하고 있으며, 그리하여 여러분은 이글을 읽을 수가 있는 것이지요.

우리의 메시지가 기록된 이런 책들은 신성한데, 왜냐하면 충분한 수의 지상 주민들이 이런 책을 읽을 수만 있다면 거기에는 세상을 변화시킬 수 있는 강력한 힘이 담겨져 있기 때문입니다. 지상에는 변화가 임박해 있으므로 사람들은 다시 한 번 그들의 신성한 자아와 내면의 근원과 연결될 것입니다. 여러분은 우리의 메시지를 듣기 위해 수천 년 동안 기다렸고, 그것은 오직 우리가 이렇게 자발적으로 나서서 여러분에게 이야기할 수 있을 만큼 충분히 진동이 높아진 지금입니다. 여러분이 읽고 있는 이런 메시지들은 창조주의 가슴에서 처음 발원하여 우리의 가슴을 통해 직접 중계됨으로써 여러분에게 오는 것입니다.

친애하는 이들이여! 여러분의 가슴은 신(神)이 거하고 계신 장소인데, - 그러니 가슴을 활짝 여십시오. 그리고 우리의 말을 여러분의 가슴으로 직접 받아들이십시오 - 여러분의 눈이 우리의 메시지들을 읽어내려 갈 때 그 가슴의 진동이 여러분의 의식(意識)을 우리와 직접 융합할 수 있을 정도로 끌어올려줄 것입니다. 우리는 여러분에게 우리자신을 보여줄 수 있게 될 그 멋진 날을 기다리고 있습니다. 또한 우리는 여러분이 우리와 어깨를 나란히 하여 우리 모두의 영혼 안에 계신 신(神)을 헤아릴 수 있을 때를 기다립니다.

생명이란 지상의 여러분 세상의 부정성(Negativity)과 한계가 여러분에게 야기한 것과 같이 분리된 개체들로 단절돼 있는 것이 아니라 서로 연결된 것입니다. 생명은 일종의 에너지의 흐름이고 모든 것, 모든 곳과 하나로 연결돼 있습니다. 우리는 이 흐름에 동참하도록 여러분을 초대하는 바입니다.

---

[1] 채널러 다이안 로빈스와 교신하고 있는 지저인(地底人)으로서 원래 아틀란티스 대륙 출신이다. <카타리아>라고 불리는 아틀란티인들의 지저도시에 거주하는데, 그들은 12,000년 전 아틀란티스 대륙 멸망시 피난해 지저세계로 들어왔다고 한다.

수정(水晶) 원석으로 지어져 있다는 지저세계의 주택 상상도

그리고 여러분이 텔레파시(Telepathy)의 바람(風) - 이 텔레파시 바람은 우리의 생각과 감정을 여러분의 가슴 속으로 운반합니다 - 을 통해 지상으로 전달된 우리의 메시지들을 읽을 때 우리의 생각과 심장의 고동과 함께 흐르듯이 움직이라고 초대합니다. 여러분은 또한 우리의 파동과 더불어 공명하는 것을 배움으로써 그것이 가능합니다.

여러분이 우리에 관해 생각하는 만큼 당신들은 우리의 에너지가 여러분에게 폭포처럼 쏟아지는 것 같은 고양된 감각을 느낄 것입니다. 그것은 명백한 육체적 감각입니다. 그 감각에 집중해 보십시오. - 그것은 우리가 의식(意識)으로 여러분과 접촉하려고 하는 것입니다 - 그리고 그것은 에너지가 현재 여러분을 통해 흐르는 것처럼 느껴집니다. 또한 그것은 우리와 연결된 동안만큼은 증대된 감수성과 신성한 지복감(至福感), 안온한 평화의 공간 속에 유유자적하게 안겨진 것 같이 느껴지기 마련입니다. 우리는 여러분이 우리의 글을 읽을 때 일종의 주어진 선물로 이것을 아낌없이 제공합니다.

우리는 매우 오랫동안 여러분에게 호출 신호를 보내왔으며, 지금은 이 책을 통해 여러분은 우리의 메시지를 듣고 있는 것입니다. 우리는 기쁘게 여러분의 가슴을 통한 접촉을 예상하고 있으며, 거기에 준비돼 있고, 또 여러분의 사념에 응답하기를 열망하고 있습니다. 그러니 고요히 앉아서 우리에게 주파수를 맞추십시오. 그리고 깊이 내면세계로 침잠하여 우리의 진동을 느끼고 여러분의 에너지장의 진동파장을 높이십시오. 우리는 여러분의 호출 신호를 기다립니다.

◆ 메시지-2

지구 내부세계의 바다와 해변들 - 그곳의 물은 의식(意識)이 있으며 살아 있다.

*채널링:다이안 로빈스

안녕하세요. 지구 속에 있는 해변에서 여러분에게 메시지를 전송하고 있는 나는 미코스(Micos)입니다. 저는 이곳에서 바닷가를 걸으며 모래 위로 포개지는 파도를 바라보고 있습니다. 지구 내부세계의 바다는 지상의 바다와 비교할 때 광막하고도 거대하며 파도의 크기가 더 크고 세기도 더 강합니다. 바다의 흐름은 빠르게 내부의 지구 구체(球體)를 에워싸고 흐르는데, 지구 바깥의 달에 의해 영향을 받는 조수(潮水)의 밀물과 썰물은 지상의 바다와 똑같습니다. 이는 달의 자기적인 인력(引力)은 지구 내부에서도 마찬가지로 작용하기 때문입니다.

우리 모두는 해변에서 많은 시간을 보내며 바닷가를 따라 백사장을 걷거나 맑은 물의 바다 속으로 들어가 수영을 즐기기도 합니다. 우리의 바다와 강들을 이루고 있는 물은 살아 있는 의식(意識)을 지니고 있고 우리를 영원히 젊게 유지시켜주는 것은 바로 우리 물의 의식입니다. 이곳의 해안선은 가장 깨끗한 모래로 채워져 있는데, 그 모래는 희고 부드러우며 여러분이 이제까지 밟아본 모래 가운데 가장 부드러운 수정질의 맑은 입자들입니다.

우리가 모래 해변을 걷는 것은 그 모래와 교감하며 발로 메시지를 나누는 것과 같습니다. 그리고 우리는 바로 이 목적을 위해 해변을 걷습니다. 그것은 모래가 우리의 발과 마음을 동시에 편안하게 가라앉혀 주기 때문이지요. 여러분이 보거나 느껴본 가장 수수하고 맑은 물의 파도가 밀려와 해안선에 포말(泡沫)을 일으키곤 합니다. 수온은 항상 우리 몸에 적합하여 너무 따뜻하거나 차갑지 않습니다. 우리는 바다의 얕은 곳으로 걸어 들어가 피로나 추위 없이 아주 먼 거리까지 헤엄쳐 나갑니다. 이곳에서는 아무도 바다에 빠져 익사(溺死)하는 사람이 없습니다. 이런 일은 전례가 없고 생각조차 할 수 없는 일이지요. 우리는 모두 대단한 수영선수들이며, 이곳의 바다와 호수들이 우리 몸을 떠받쳐 줌으로써 우리는 늘 수면에 떠 있을 수가 있습니다.

이곳의 물은 모두 의식(意識)이 있고, 우리가 물에 몸을 담그고 있는 동안 우리에게 말을 건넵니다. 그렇습니다. 우리의 물은 말을 합니다. 우리가 수영을 할 때 지구 내부세계의 물은 우리 몸의 일부가 되어 우리는 한 몸, 한 바다가 되며, 물의 흐름을 따르거나 파도를 타고 헤엄을 칩니다. 우리는 물의 의식과 우리 자신을 완전하게 융합시키고 우리의 수영은 일종의 의식 그 자체 속에서의 여행이 됩니다.

그러한 경험은 여러분이 지상의 호수나 바다에서 체험하는 것을 월등히 능가하는 데, 지상에 있는 물은 밀도가 높아 무겁고 그 자체의 음성이나 활력,

생명력을 상실하여 탁하게 오염돼 있습니다. 그럼에도 의식(意識)이 남아 있어 미약하게나마 여러분에게 음성을 발하고 있으나 여러분은 그것을 듣지 못합니다. 지상의 물들은 사실 여러분에게 도와달라고 외치고 있습니다. 그들은 여러분에게 물을 오염시키는 행위와 저주파의 음파로 물에 충격을 가하는 것, 그리고 고래를 잡는 포경선(捕鯨船) 조업과 수중실험들을 중단해 달라고 호소하고 있는 것입니다. 또한 석유누출로 인한 해상오염과 잠수함 운행, 게다가 물을 생명력을 파괴하고 더럽히는 유람선 운행 중단도 요구하고 있습니다. 하지만 슬프게도 그것은 〈소귀에 경(經) 읽기〉나 마찬가지인 것이죠.

지구 내부의 바다는 지상의 바다에 있는 모든 생물들을 가지고 있으며, 오히려 더 많습니다. 우리의 바다는 생명으로 가득 차 있고 모든 형태의 해양 생물들이 서로 조화롭게 살고 있습니다. 우리는 모두 채식주의 식사만을 하며, 다른 동물들을 식용으로 사냥하지 않습니다. 모든 생명들이 조화 속에서 공존하고 있는 것입니다. 다른 것과 마찬가지로 모든 해양 생물들 역시도 지상의 바다와 비교할 때 매우 진화돼 있습니다. 이곳의 모든 생물들은 우리 물의 평화로움과 안전에 익숙해져 있고, 사람을 경계하거나 두려워하지 않습니다. 우리 모두는 고래류와 물고기들과 직접 의사소통을 하며 서로 평화롭게 협력해서 공존합니다.

우리가 모두 채식주의자인 까닭에 우리는 고래사냥이나 낚시, 또는 새우양식장 같은 것을 하지 않습니다. 그러므로 우리 바다에서 진화하기는 매우 자유로우며, 우리 바다는 모든 해양생물들에게는 일종의 성역(聖域) 내지는 보호구역인 것이지요. 우리의 바다에서 우리는 단지 대화하기 원하는 대상은 무엇이든지 호출합니다. 그러면 그들은 우리와 격의 없이 이야기를 나누기 위해 물가로 헤엄쳐옵니다. 이것은 참으로 여러분에게는 불가사의한 마술처럼 보일 것입니다. 하지만 이런 일이 우리에게는 흔해빠진 일상적인 일에 불과합니다. 기억해두십시오. 공동(空洞)의 지구 안에 있는 우리 모두는 우리가 하나임을 알고 있다는 사실입니다. 우리의 영역내의 곡식이 무르익는 들판은 빛으로 반짝거리고 무성한 발육이 이루어지고 있습니다. 또한 완벽하게 강우(降雨)가 대지의 토양을 적셔줌으로써 가장 맛이 좋은 작물이 생산되며, 이런 수확물들은 우리의 미각을 즐겁게 해주고 우리 몸의 활기를 돋우어줍니다.

우리가 먹는 음식은 우리의 생명력을 보(補)해주며 섭취했을 때 그 생명력이 우리 몸의 세포 속으로 옮겨지는데, 결과적으로 완벽한 건강과 장수가 보장되는 것입니다. 이것이 생명의 비밀입니다. 즉 이것이 바로 지상에서 여러분이 그토록 찾아온 젊음의 원천인 것이지요. 이 비밀은 여러분이 찾으려고만 한다면 인간에게 그저 자신의 생명에너지를 주려고 기다리고 있는 어머니 지구 자체에서 발견되는 것입니다. 하지만 곡물을 심고 거두는 자연의 법칙을 따르면서 그 성장과정을 유도하고 보살피는 자연 그 자체를 활용할 때만 가능합니다. 자연의 거대한 생명력은 여러분과 함께 작용하며 흙에다 다른 어떤 것을 첨가할 필요가 없습니다. 그리고 이렇게 성장한 수확물들은 항상 크기 면에서 엄청나면서도 영양과 맛이 풍부한 것입니다.

◈ 메시지 -3

텔로스 - 샤스탄 산 아래의 지저 도시

*채널링:오릴리아 루이즈 존스

텔로스의 고위사제 아다마 대사

텔로스에서 인사를 전합니다. 나는 미 캘리포니아의 샤스타 산 아래에 위치한 지저도시인 텔로스의 고위사제이자 영적으로 상승한 대사인 아다마(Adama)입니다. 나는 이 메시지를 지저에 있는 나의 집에서 여러분에게 구술하여 전송하고 있으며, 이곳 지저세계에서 백만 명이 넘는 우리 주민들은 영구적인 평화와 번영 속에서 살고 있습니다.

우리는 여러분과 같은 인간이고 육체적 존재입니다. 다만 우리의 집단의식(集團意識)이 오직 불사(不死)와 완벽한 건강에 대한 상념을 유지하고 있다는 사실만은 여러분과 다릅니다. 그러므로 우리는 동일한 몸으로 수천 년 이상을 살 수가 있습니다. 내 자신 역시도 현재 600년이 넘도록 같은 몸으로 살아왔습니다.

우리는 약 12,000년 전에 지상을 파괴했던 열핵전쟁이 벌어지기 전에 이곳으로 들어왔습니다. 우리는 그와 같은 지상에서의 고난과 대재앙에 직면했었고, 따라서 우리의 거처를 지저(地底)로 옮겨 우리의 진화를 계속해 나가기로 결정했던 것입니다. 당시 우리들은 지구의 영단(Spiritual Hierarchy)에다 이미 샤스타 산 내부에 존재하고 있던 대공동(大空洞)을 보수할 수 있도록 허가해 달라고 청원을 했었고, 우리가 지상 위의 고향에서 대피해야 할 필요가 생길 때를 준비했던 것입니다.

드디어 지상에서 전쟁이 시작되었을 때 우리는 영단으로부터 이 지하의 공동(空洞)으로 철수를 시작하라는 통고를 받았으며, 그것은 이 행성 전역에 퍼져 있는 방대한 터널 시스템에 의한 것이었습니다. 우리는 모든 우리 레무리아인들이 구조되기를 바랬지만 오직 25,000명의 영혼들만을 구할 수 있는 시간밖에는 없었습니다. 그리고 나머지 우리 종족은 그 격변 속에서 비명에 가야했던 것이지요.

지난 12,000년 동안 우리는 외계의 원치 않는 간섭이나 지상주민들을 괴롭히던 다른 호전적인 지상종족들의 약탈로부터 격리돼 있었기 때문에 급속도로 의식이 진화할 수 있었습니다. 현재 지구상의 주민들은 "광자대

(Photon Belt)"를 통과할 준비과정 속에 있으면서 거대한 의식(意識)의 도약을 경험하고 있는 중입니다. 이것이 바로 우리가 우리의 존재를 지상에다 알리고 지상의 거주자들인 여러분과 접촉을 시작한 이유인 것입니다.

행성 지구와 인류가 의식 상승을 계속해 나가기 위해서는 이 지구전체가, 즉 지구의 아래(地底)와 위(地上)의 빛의 존재들이 하나로 통합되고 융합되어야만 합니다. 이런 이유 때문에 우리가 여러분과 이렇게 영적교신을 통해서나마 접촉하면서 우리들이 이렇게 지저에 실제로 존재함을 여러분이 인식하게끔 하려는 것입니다. 그럼으로써 여러분은 우리에 관한 사실을 지상의 다른 우리 형제, 자매들에게 알려줄 수가 있는 것이지요.

인류에게 전하는 우리의 메시지를 채널링(Channeling)해 기록한 책들이 집필되었는데, 이것은 그리 멀지 않은 미래에 우리가 지저의 우리 거처에서 나와 지상의 주민들과 통합을 이루어야 할 때 그들이 우리를 알아보고 받아들일 거라는 희망에서입니다.

우리는 향후 여러분이 지저세계에 있는 우리들의 존재를 세상에 전파하는 활동을 함으로써 우리를 돕는 역할을 해준 데 대해 감사하게 될 것입니다. 만물의 창조주의 이름으로 여러분에게 진심으로 고맙다는 말을 전합니다. 나는 아다마입니다.

문답-1. 당신들의 일상적 삶은 어떠합니까?

*아다마: 여러분은 우리의 삶이 안락하리라고 생각할 것입니다. 그런데 물론 분명히 그러하긴 합니다만, 우리는 각자가 날마다 수행해야할 책임과 의무들이 있습니다. 그 첫 번째 것은 그 날에 대한 인도를 받기 위해 우리 내면의 고등한 자아(Higher Self)와 연결되는 것입니다.

우리는 하루하루를 철저하게 계획하며, 그렇게 함으로써 우리의 의무들을 완수할 수 있고 계속해서 휴식과 여가의 즐거운 시간을 가질 수가 있는 것입니다. 우리의 일상은 무엇을 우리가 하느냐에 관계없이 웃음으로 가득차 있고, 항상 우리의 가족들과 친구들에 의해 둘러싸여 있습니다. 우리가 언급한 바와 같이 이곳에서는 이방인이나 타인(他人)이라는 것이 없습니다. 우리는 "하나됨(Oneness)"이라는 개념을 이해하고 있으며, 그것을 우리가 행하는 모든 것 속에서 실천합니다. 예를 들면, 우리가 어느 곳에서든 일을 할 때는 일을 끝내기 위해 서로 의지하고 신뢰하며 손잡고 서로 돕습니다. 그리고 완벽하게 일을 완수하는 것이죠.

우리는 지상의 일부 사람들이 하듯이 좀 더 일을 빨리 끝내기 위해 세부적인 것을 대충 건너뛰지는 않는데, 왜냐하면 일을 할 때 그 성과를 내는 데다 전력투구의 자세로 모든 것을 투자하기 때문입니다. 우리는 모든 것들이 훌륭한 결실을 이루어내야 할 중요성에 대해 너무나 잘 알고 있으며, 그것은 우리 전체가 개개인이 생산한 물품의 품질에 의존하고 있는 까닭인 것입니다.

눈으로 덮인 샤스타 산의 전경

이곳에서는 지상의 세계처럼 고장이 난다거나 못쓰게 되는 것이 없는데, 그러므로 우리는 그것들을 바꾸거나 대체할 필요가 없습니다. 이런 이유로 해서 우리는 이곳에서 그렇게 많은 여가시간을 가질 수가 있는 것이지요. 아무것도 고장 나는 것이 없으니 똑같은 제품을 거듭해서 재생산할 필요가 없고, 또 그만큼 달리 활용할 수 있는 시간이 남게 되는 겁니다. 대부분의 것들은 몇 천년까지는 아니더라도 몇 백 년씩 이상 없이 작동됩니다. 이것은 또한 우리가 만든 물품들이 텔로스 내의 어떤 지역적 공간을 크게 점유하지 않는 데 대한 설명이 되는데, 한마디로 고물이나 쓰레기가 나오지 않기 때문입니다.

모든 우리의 부산물(副産物)들은 재순환되고 재활용되며, 만약 우리가 다시 사용할 수 없는 것들이 있다면 우리는 그냥 그것들을 비물질화(非物質化)시켜 버립니다. 그리고 물론 이곳에는 지상과 같은 넓은 차도(車道)가 없으며 단지 걸을 수 있는 산책로와 공중으로 부양되는 승용물이 있을 뿐입니다. 그 비행체들은 우리가 가고자 하는 곳은 어디든지 태워다 줍니다.

우리는 비행시에 우리 생각을 방향나침반처럼 이용하며, 마음으로 비행조종을 합니다. 지구 내부 도시 여행용의 우리 승용물은 크기가 소형인데, 우리는 단지 거기에다 우리의 목적지를 말하고 나서 도착할 때까지 생각을 유지하면서 눈에 비치는 모습을 보기만 하면 됩니다.

우리의 도시는 항상 많은 활동들이 이루어지는 흥미로운 곳인데, 거기에는 오락과 음악 등의 여러분이 상상할 수 있는 모든 것이 존재합니다. 다만 경쟁적인 스포츠 경기만은 예외입니다. 이곳에서 우리는 경쟁하지 않습니다. 우리는 단지 운동경기에서 협력하고 즐거움을 가질 뿐입니다. 즉 오직 그 최선의 결과를 즐길 뿐이지 패배로 인한 슬픔이나 괴로움이 되는 것은 없습니다.

이곳의 숲은 산소가 풍부하며, 여러분이 지상에서 그러하듯이 원기재충전을 위해 우리는 숲속을 날마다 산책합니다. 우리의 생활 스타일은 스트레스와 근심에서 자유롭고 넘치는 기쁨으로 충만해 있다는 것을 빼고는 여러분과 크게 다르지 않습니다. 아마도 이점이 우리의 긴 수명에 대한 설명이 될 것입니다. 스트레스는 세포들의 쇠퇴와 침체, 기능저하를 유발하고 그 과정을 가속화시킵니다. 오늘날 여러분의 치료에 관한 의학서적들에서도 질병에 대한 면역력과 장수(長壽)하는 데 있어서의 웃음과 마음의 유쾌함의 중요성을 언급하고 있습니다. 따라서 우리의 삶이 여러분의 삶과 큰 차이가 있는 것이 아닙니다. 우리는 단지 인생을 어떤 장애물이 없이 완전하게 사는 방법을 터득하여 배운 것뿐입니다.

*미코스: 카타리아 시에서 인사드리며, 이곳에 내 집이 있습니다. 나는 울창한 초목과, 꽃들, 덤불, 작은 관목들로 둘러싸인 낮은 언덕 안에 포근하게 자리 잡은 작은 집에서 살고 있습니다. 실제로 이곳에 있는 것들은 내 체격을 포함해서 다 큰데, 우리 주민들의 대부분의 키는 보통 4.5m에 달합니다. 이에 비해 텔로스 주민들은 평균이 2.13m이고 아다마는 2.19m 정도입니다. 나 자신은 4.5m를 약간 상회하는데, 아마도 이것은 지상에 있는 보통 나무 높이의 절반 정도에 해당될 것입니다.

하지만 우리 인간은 본래 과거에는 선천적으로 큰 키로 태어났었으며, 지상의 주민들도 한 때 창공에 태양의 해로운 방사선을 막는 보호막이 형성돼 있을 때는 평균 신장이 4.5m였던 적이 있었습니다. 여러분의 태양은 지금 변화하고 있고 자화(磁化)돼가고 있습니다. 이로 인해 여러분의 신장하락이 멈추고 적절한 시기에 다시 본래의 키로 회복되기 시작할 것입니다. 여러분은 자신들의 많은 젊은 세대들이 지금의 여러분보다 얼마나 더 커졌는지를 알고 있을 것입니다.

문답 2 - 텔로스를 비롯한 고차원의 다른 지저도시들이 지구 내부에 물리적으로 실재하는 것입니까?

*미코스: 한마디로 답하자면, 그렇기도 하고 아니기도 합니다. 이 대답이 모순되게 들릴 수도 있을 것입니다. 하지만 이렇게 말할 수 있는 것도 진동이 높은 세계는 3차원의 관점에서 보자면, 없는 것이나 마찬가지일 수 있기 때문입니다. 즉 텔로스는 여러분의 3차원 속에 존재하면서도 또한 그것은 5차원 속에도 존재하고 있습니다.

이 도시는 실제로 3차원의 샤스타 산 속에 물리적으로 실재합니다. 그리고 현재 사화산(死火山)인 샤스타 산 내부에 어떤 화산 활동 같은 것은 없습니다. 샤스타 산 안에 있던 기존의 용암 동굴들은 12,000년 전 레무리아인들이 그곳에서 거주하기 위해 터널을 통해 들어왔을 때에 변경되었습니다. 이런 상황은 당시 지상을 황폐화시켰던 아틀란티스와 레무리아 간의 전쟁으로 인한 결과였지요.

그러므로 우리는 3차원의 몸 형태로도 존재하고 있는 것인데. 이 몸을 우리는 마음대로 이탈했다 들어올 수가 있습니다. 또 우리는 우리 신체의 에너지장의 진동을 높이거나 낮추고, 자유로이 몸을 드나들 수 있는 수준까지 진화했습니다. 따라서 만약 우리가 텔로스 안에서 3차원의 육체형태로 있을 경우 여러분은 우리를 볼 것입니다. 하지만 우리가 샤스타 산 밖으로 나와 우리의 에너지장을 변화시켜 5차원으로 진동을 높였을 때는 여러분의 육안에서 사라질 것입니다. 당신들이 5차원을 볼 수 있는 눈이 열리기까지는 말이죠. 그러므로 여러분이 5차원의 에너지를 지각할 수 있을 때 비로소 우리를 보게 될 것입니다.

여러분의 몸과 우리의 몸 사이에 별다른 차이는 없습니다. 다만 우리가 오랜 삶을 통해서 평화와 조화, 형제애 속에서 진화할 수 있었던 결과로서 현재 여러분보다 더 많은 DNA 가닥들을 가지고 있다는 사실만은 예외이지요.

지저세계로 들어온 것이 빠르게 진화하기 위한 평화로운 환경조성 역할을 했던 것이고, 또한 이것은 우리가 이곳에 들어와 스스로 창조해낸 세계이기도 한 것입니다. 우리가 산 바깥에 있는 사람들에게 우리 자신을 보이고 싶을 때는 언제든지 쉽게 여러분 눈에 목격될 수 있도록 만들 수가 있습니다. 그러나 대부분의 경우 우리는 신변보호를 위해 우리 자신을 안보이게 하는 쪽을 선호합니다.

장차 우리가 지상에 사는 주민들에게 나타나게 될 때가 올 것이고, 그 시기는 아주 가까이 와 있습니다. 이것으로 질문에 대한 답이 되었기를 바랍니다. 나는 미코스입니다.

◆ 메시지 -4

아다마 대사 - 지구 내부세계의 바다와 산들에 대해서 말하나

*채널링:다이안 로빈스

지구의 내부는 지상의 모습이 그대로 거울에 되비추어진 광경과 흡사합니다. 모든 것이 지구 속에서는 반대 방향으로 돼 있습니다. 산맥들은 지구 내부차원과 전적인 균형을 이루고 있고 그런 전경 가운데 탑이 솟구쳐 있습니다. 바다는 광막하고 평온하게 흐르면서 빠르게 내부의 구체(球體) 위를 순환합니다. 공기는 상쾌하고 청정하며 해변의 모래는 희게 반짝입니다.

지구 안의 중심태양은 지상에 있는 태양보다는 밝기가 덜하고 흐릿한데, 천상에서 오는 빛을 반사합니다. 도시들은 모두 울창한 숲들에 둘러싸여 자리 잡고 있으며, 꽃들과 거대한 수목들로 가득 차 있습니다. 이곳의 모든 인공구조물들은 녹색의 초목들로 에워싸여 있고, 만물이 영원무궁토록 만발한 상태에 놓여 있습니다. 이곳은 경이로움과 아름다움으로 가득 찬 땅입니다. 그리고 모든 것이 지구 내부계의 환경의 크기에 비례하여 균형을 이루고 있지요. 즉 지구 내부의 모든 생명들은 자연환경에 맞춰 거대한 사이즈(size)를 이루고 있는데, 여기에 거주하는 위대한 인간존재들까지도 지상의 인간들보다 더 거구인 것입니다. 모든 것이 아름답고 천국 같은 지복상태 속에 머물러 있습니다.

지구 내부의 환경은 지상의 모습을 그대로 반영하고 있는데, 다만 지상과 비교할 때 산맥이 더 높고 바다의 조류가 더 빠르며, 또 삼림녹지 지역의 규모가 더 방대하고 무성하다고 상상하면 될 것입니다. 혹시라도 여러분이 이곳의 변화된 모습을 상상할 필요는 없습니다. 여기는 아직도 원시의 아름다움을 그대로 간직하고 있으며, 지상의 생명들이 한 때 이루고 있었던 태고의 상태를 유지하고 있습니다.

지저세계의 산맥이나 바다의 정확한 지형을 이 시점에서 여러분이 알아야 할 필요는 없습니다. 다만 알아야 할 것은 지구 내부에 또 다른 세계가 분명히 존재한다는 것이고, 여러분의 지상세계와는 정 반대의 평화로운 환경 속에서 공존하고 있다는 것입니다.

지구 속의 세상은 높고 기품 있게 치솟은 산들과 생명으로 가득 찬 거대하고 맑은 호수 및 바다들로 이루어진 낙원(Paradise)입니다. 이곳의 음식들은 엄격하게 채식주의를 고수하며, 그럼에도 사람들은 활기하고 강건합니다. 비록 지저 아갈타인들이 지저 내부의 우주선 기지에 대기해 있는 우주선을 이용하여 자유로이 지상과 우주를 왕래하기는 하지만, 지상의 주민들과는 접촉하지 않고 있습니다. 따라서 그들이 지구 내부에 살고 있기는 하나 지상의 여러분이 갈구해 온 생명의 필수불가결한 구성 요소들인 자유와 건강, 풍요와 평화 등을 향유하고 있는 것입니다.

지표 아래에 위치한 지하 도시들과 지구 내부계 사이에는 터널을 통해서 자유로운 여행이 이루어지는데, 짧은 시간 내에 우리를 한 곳에서 다른 곳으로 이동시켜주는 전자 지하철을 이용합니다. 우리의 수송수단은 빠르고 효율적이며 지상과 같이 어떤 연료를 사용하지 않습니다. 때문에 우리 지저세계에는 대기오염이 전혀 없는 것입니다.

나는 고대 레무리아 문명 출신입니다. 당시 레무리아는 절정에 있었고 그 때 나는 유명했던 신전(神殿)에 입문하게 되었습니다. 그리고 아틀란티스에 의해 레무리아가 파괴된 이후에 나는 지저도시 텔로스를 구축하기 위해 수천 명의 다른 이들과 더불어 지저로 들어갔습니다.

비록 내가 현재 상당한 나이를 갖고 있긴 하지만 여러분과 별로 다르지 않았습니다. 나는 오랜 수명의 이점을 한 가지 일에다 바쳤습니다. 결과적으로 이것이 나에게 커다란 통찰과 지혜를 가져다주었는데, 이런 식견과 지혜는 대부분의 지상 사람들에게 있어서 그들의 짧은 수명을 마칠 때까지 얻기는 힘듭니다. 그러므로 아주 오랜 세월을 사는 삶은 확실히 이점이 있습니다.

나는 원하는 곳은 그 어디든 아스트랄 여행(Astral Travel)을 할 수가 있습니다. 또는 나는 시간적으로 공간적으로 어떤 장소에 있는 그 누구와도 원격교신이 가능합니다. 이것은 비단 나만이 아니라 텔로스에 사는 모든 존재들이 할 수 있는 것인데, 우리는 오랜 수명의 이로움을 그런 훈련을 하는데다 활용하기 때문입니다. 따라서 나는 지상의 인류와 그렇게 크게 다른 것은 없으며, 단지 인생의 기회들을 이용하는 방법에 있어서 좀 더 많은 경험을 쌓았다는 차이뿐인 것입니다.

지상에 살고 있는 여러분은 위치상 **우리 위에**, 그리고 <아쉬타 사령부(Ashtar Command)>의 **아래에** 있습니다. 여러분은 이처럼 위와 아래에서 동시에 빛을 받고 있습니다. 다시 말해 여러분은 두 종류의 거대한 빛의 세력 사이에 위치해 있다는 것입니다.

이곳 텔로스에 있는 우리는 여러분 지상의 주민들을 매우 주의 깊게 관찰하고 있고, 여러분의 움직임을 모니터링(Monitoring)하여 우리 위원회에다 보고하고 있습니다. 우리는 지상에서 일어나는 모든 것을 알고 있습니다.

우리는 날마다 해가 밝아올 때 그것을 받아들이고, 또 어둠이 우리 주택 위로 내려올 때 그것을 찬양합니다. 우리는 삶의 모든 활동들과 이 위대한 지구 행성, 그리고 이곳의 모든 생명체들을 축복합니다. 그리고 우리는 이 장대한 실험의 일부가 된 것에 감사합니다. 또한 우리는 생명의 진화여정 속에서 모든 존재가 교육을 받았던 지구라는 이 거대한 훈련장(학교)의 일원

아열대림이 무성한
지저 대륙의 숲속
(상상도)

으로 참여하게 된 것에 대해서도 고맙게 생각합니다.
 우리는 머지않아 언젠가 우리가 지상에 나타나는 때를 예견하고 있습니다. 그리고 우리는 지상의 우리 형제, 자매들과 재결합할 수 있는 이때를 기도하며 기다립니다. 나는 아다마(Adama)이며, 나의 사랑을 여러분에게 전하는 바입니다. 지구계에 나타나고 있는 창조주 빛의 영광 속에서 …

◆ 메시지 -5

포톤벨트(光子帶)와 2012년의 차원 상승과의 관계
 -텔로스 아다마 대사의 깨어나라는 외침 소리 -

*채널링:오릴리아 루이즈 존스

사랑하는 형제자매들이여, 텔로스에서 인사드립니다. 아다마입니다. 여러분과 다시 연결되어 기쁩니다. 여러분 중에 많은 이들이 "광자대(Phone Belt)"에 관해 여러 가지 개념들을 가지고 있습니다. 여러분들이 가진 그런 갖가지 개념들 가운데 어떤 것은 진실한 일면을 나타내고 있으나, 또 어떤 것은 터무니없는 것입니다. 그리고 그것은 광자대에 관한 수많은 측면들 가운데 단지 또 다른 한 면에 불과함을 부디 기억하기 바랍니다.
 세상에는 광자대(光子帶)가 무엇이냐에 대해, 그리고 지구가 광자대에 진입했을 때와 진입할 때에 관한 많은 견해들이 있습니다. 지구는 이미 1998년에 정식으로 광자대에 들어갔음을 알도록 하십시오. 광자대는 강렬한 빛의 띠들로 구성된 거대한 보텍스(Vortex)들로 이루어져 있습니다. 이 각 보텍스들은 지구와 우리 태양계에서 자체적으로 고유한 기능을 수행할 것입니다. 그리고 조화와 균형 속에서 움직이는 그 전체과정이 매우 면밀하게 관찰될 것입니다. 그것은 매우 안전한 과정이고 거기에 두려워할 것은 아무 것도 없습니다.
 어떤 이는 광자대가 많은 다른 속성들과 더불어 고도로 정제된 양질의 상승불꽃을 가지고 있다고 말할지도 모릅니다. 그런데 이런 말이 1998년 5월 이전에는 지구가 그런 영향들을 받지 않았다는 것을 뜻하지는 않습니다. 사실 그 영향은 수많은 세월동안 지구에 영향을 미치고 있었던 것입니다. 과거 많은 세월동안 매년마다 광자대에서 방출되는 빛의 파동들은 다양한 간격을 두고 지구상에 노출되어 분점(춘분, 추분)과 지점(동지,하지)시에 특히 그러했습니다.
 매년 그 빛은 더욱더 증가된 강도와 주파수로 방출되어졌습니다. 친애하는 이들이여, 여러분은 다가오는 그 보다 거대한 빛에 적응될 필요가 있습니다. 그럼에도 지구가 광자대의 첫 번째 보텍스에 정식으로 진입했던 1998년 5월 이래 거기에는 후퇴라는 것이 없습니다. 향후 12년 이내에 지구는 자체의 정화와 5차원으로의 상승과정에 필요한 강력한 빛으로 이루어진 12개의 보텍스들을 차례대로 하나씩 통과하게 될 것입니다. 그때부터는 광자대의 다양한 주파수와 빛의 강도는 더 이상 간격을 두고 방출되지 않습니다. 지금 그것은 훨씬 더 강력하고도 지속적으로 지구에 퍼부어지고 있습니다. 우리가 다음 보텍스로 이동하기 전에 현 보텍스에서 이루어질 수많은 조정 작용이 있습니다.

인류 모두는 여러 가지 형태로 이 깊은 정화작용을 일으키는 새로운 에너지의 영향을 느끼고 있습니다. 지구상의 모든 사람들은 이 에너지가 그들의 의식을 정비(조정)하기 위해 일으키는 작용이 무엇이든 거기에 순응해야만 할 것입니다. 또한 그것과 더불어 움직이고 그 빛에 의해 변형될 수 있게 하기 위해서는 필요한 변화를 그들 자신들 안에서 만들어내야 할 것입니다.

나는 다시 한 번 반복하겠습니다. 이 시점에서는 후퇴란 존재하지 않습니다. 이 차원변형 과정에서 출현하게 될 새로운 인류종족으로 변형되고자 한다면, 또한 불사(不死)의 상태를 성취하고 5차원의 새로운 지구의 의식(意識)으로 상승하길 바란다면, 이제 여러분은 스스로 결정해야만 할 것입니다. 그렇지 않으면 그 빛의 파동에 의해 궤멸되고 또 다른 3차원의 환생의 주기(週期)에 머물러 있게 됩니다. 이 선택은 전적으로 여러분에게 맡겨져 있습니다. 그리고 그 기회는 모든 사람들에게 열려 있습니다.

광자대가 가져올 빛과 많은 변화들에 저항하는 사람들은 그 12개의 보텍스들을 통해서 그런 변형을 이룩하지 못할 것입니다. 우리는 많은 이들이 영혼의 수준이나 의식적인 수준에서 이런 변형에 필요한 단계들을 뚫고 나가기 위해 성실하게 노력하기 보다는, 또 모두에게 도움이 되지 않는 그들의 두려움과 고정관념을 버리기 보나는 차라리 그들의 육체를 떠나거나 버리기로 선택할 것이라는 사실을 압니다. 거기에는 또한 이런 상승의 파동을 타기 위한 준비가 될 것이지만 고령(高齡)의 나이 때문에 사후의 영계(靈界)에서 변형을 선택하게 될 사람들이 있습니다. 이 고귀한 사람들에게 이런 선택권은 아주 만족스러울 수 있는 것이며, 우리는 그들에게 걱정하지 말고 그러한 선택을 하라고 요청하고자 합니다.

여러분 중에 많은 이들이 이미 세포상으로나 유전자 수준에서 발생하고 있는 그 영향들을 육체와 감정체로 느끼고 알아차리고 있습니다. 많은 사람들이 이전에는 결코 경험해보지 않은 불쾌한 새 육체적 증상들을 겪고 있는데, 예를 들면 두통, 가슴의 통증, 두근거림, 만성피로, 현기증, 구역질, 수면 패턴의 변화, 이명증(耳鳴症), 시야의 흐릿함, 등의 기타 많은 증상들입니다. 여러분은 또한 감정 상태에서의 변화들을 인식하고 있습니다.

여러분의 육체는 스스로 진화하고 있고 정화되고 있습니다. 또한 모든 낡은 부정적 감정들과 사고방식, 태도는 시험되고 정화되고 변형되기 위해 표

면으로 드러나고 있습니다. 여러분 중에 많은 이들이 감정적으로 혼란스럽고, 자신이 병에 걸렸다고 느낍니다. 여러분에게 말하지만 이런 증상들은 일시적인 것입니다. 단지 참고 자신과 다른 이들에 대한 사랑의 주파수 속에 머무십시오. 그러면 그런 증상들은 없어질 것입니다.

지금은 여러분의 모든 두려움과 부정적 패턴의 습성들을 버려야 할 때인데, 왜냐하면 여러분은 결코 그런 것들을 함께 가져갈 수가 없기 때문입니다. 친애하는 이들이여, 우리가 가고 있는 곳에는 오직 사랑만이 있게 될 것입니다. 거기에는 어떠한 종류의 두려움이나 부정성(否定性)이 머물 방이 없습니다. 여러분이 아직도 두려움과 부정성이라는 낡은 짐을 가지고 있다면, 5차원의 현관 입구에서 무엇을 어떻게 할 것입니까? 두려움과 다른 부정적 패턴들의 진동은 결코 5차원에서 수용될 수가 없습니다. 여러분은 단지 그런 것들에 매달려서 3차원에 남아 또 다른 윤회의 주기로 들어가는 쪽을 선택하실 겁니까? 또 여러분은 함께 가져갈 수 없는 부정적인 낡은 짐들을 5차원의 입구로 들어가는 12개의 보텍스들을 통과하는 내내 짊어지고 가길 원하십니까? 아니면 아직 약간 남아 있는 시간 동안에 스스로 그 부담스러운 짐들을 자유롭게 벗어버리는 일을 시작하고 싶으십니까?

지구상 인간종족의 변형은 대략 30년 전부터 서서히 시작되었습니다. 그것은 1987년경에 보다 증대되었고, 다시 1994년에 보다 더 강화되었습니다. 1998년의 〈웨삭(Wesak) 축제〉2) 이래 모든 인류의 4가지 신체 체계 안에 강력한 변형이 일어나고 있습니다. 광자대라는 이 거대한 우주적 빛은 지금 우리에게 작용하고 있는 것입니다. 그것을 원하든, 원하지 않든 아무도 그것

---

2) 매년 히말라야 골짜기의 특정 차원계에서 벌어지는 영단의 축제.

을 회피할 수는 없습니다. 여러분의 자유의지의 선택에 따라 여러분은 그것을 자신의 영적인 발전과 육체적 변형 및 부활에 이용할 수가 있고, 고귀한 우리 어머니 지구의 상승에 동행할 수가 있습니다. 지구와 인류는 하나의 "대가족"으로 더불어 상승하고 있는 것입니다.

텔로스에 있는 우리들 또한 지구와 더불어 상승하게 될 것입니다. 하지만 우리는 그 과정이 모든 이들에게 항상 안락하게 될 것이라고 약속할 수는 없습니다. 사람에 따라 각자에게 그것은 많은 조정 작용이 있게 될 것입니다.

여러분은 장차 신성한 사랑의 장소이고 무한한 풍요와 아름다움의 영원한 평화의 장소인 새 지구에 거주할 불사(不死)의 새 인류종족으로 변형될 것입니다. 여러분은 새로운 세계로 함께 가든가, 아니면 뒤에 남아 있게 됩니다. 여러분은 이 둘 중 하나가 아니라 단지 지금 이 두 세계 사이에 어중간하게 있는 것을 선택할 수는 없습니다. 새로운 지구는 여러분의 미완의 꿈들을 넘어 영광스럽고도 완벽한 모습을 드러낼 것입니다.

지구 어머니는 이미 이 과정에 진입해 있습니다. 확실히 그렇습니다. 여러분은 어쩌면 몇 생(生) 이후인 나중에 와서 선택해서 그 때 모든 것을 성취하려 할지도 모르겠습니다. 하지만 나는 지금부터 몇 백 년 내의 일이 아니라 다가오고 있는 2012년경에 끝나는 이 지구 주기(週期)의 마지막인 지금시대를 말하고 있는 것입니다. 대부분의 사람들은 나중이 아닌 이 시대에 이루어지길 원한다고 말할 것입니다.

그렇다면 여러분에게 말하건대, "당신들은 그 변환기를 통과하기 위해 갖춰야 할 것이 무엇이든 기꺼이 준비하고 실행할 의향이 있으십니까?" 그것은 여러분이 알고 있는 일종의 완전한 "무임승차(無賃乘車)" 같은 것이 아닙니다. 비록 이 시대에 여러분에게는 고차원의 세계로부터 지원이 이루어지고 있긴 하지만, 여러분이 새로운 세계로 가고자 한다면 자신의 몫을 해야만 합니다. 여러분이 그냥 남아 있기를 선택한나면, 그깃은 존중받게 될 것이고 여러분의 현 의식수준에 맞는 장소에 다시 태어나게 될 것입니다. 여러분의 결정에 대한 심판은 없습니다. 신(神)께서는 지구상에서 여러분에게 "자유의지"를 부여했고, 그것은 여러분으로부터 다시 회수되지는 않을 것입니다. 여러분의 선택은 무엇입니까? 3차원과 4차원은 궁극적으로 이 지구에서 철회될 예정입니다.

만약 여러분이 3차원의 낡은 패러다임으로 이루어진 이른바 "익숙한 영역"의 환영(幻影)에 머물러 있기로 선택한다면, 여러분의 육체는 불사(不死)의 몸으로 바뀌지 못하고 죽게 될 것입니다. 이것이 의미하는 바는 빠르든 늦든 여러분은 자신의 육체를 떠나 이곳과 유사한 다른 3차원의 행성에 태어나 여러분이 지금 포기하지 않으려 하는 당신들의 두려움과 폭력, 통제, 조작, 전쟁, 한계, 탐닉, 기타 다른 모든 부정성들을 즐겨 지속한다는 뜻입니다.

저는 지금 여러분에 대한 나의 사랑 때문에, 그리고 신(神)께서 여러분에게 갖고 계신 크나큰 사랑 때문에 이런 말을 하고 있습니다. 나는 결코 여러분에게 어떤 식의 겁을 주려고 하는 것이 아닙니다. 나는 여러분이 무기력과 영적인 선잠, 그리고 여러분의 낡고 뒤떨어진 타성에 길들여진 환영(幻影)들에서 깨어나는데 도움이 되지 않을까하는 희망 속에서 당신들을 설득하려고 노력하고 있는 것입니다.

이 메시지를 읽고 있는 모든 이들은 다음과 같은 사실을 알기 바랍니다. 즉 지구의 영단은 모든 사람들이 밝은 선택을 할 수 있게 되기를 바라고 있다는 사실입니다. 우리는 모든 우리의 가슴으로 여러분이 함께하는 길을 선택하기를 희망하는데, 왜냐하면 우리는 하나의 큰 가족이고 모든 이들이 사랑하는 형제들이기 때문입니다.

친애하는 이들이여, 여러분은 당신네 성서(聖書)에서 언급하고 있는 "준비된 장소"에 대해 들었습니다. 참으로 이 특별한 장소란 5차원의 의식(意識) 외에 그 무엇도 아닙니다. 우리의 깊은 우려는 지금 이 시점에 너무나 많은 지구상의 수많은 고귀한 영혼들이 5차원의 입구로 들어가는 길을 쉽게 만들어낼 수 있고 수용할 수 있는 이 지구에서 아직도 스스로의 삶을 기계적이고 타성적인 형태로 살고 있다는 것입니다. 즉 그들은 자기들의 미래의 현실을 창조해내는 데 대해 책임을 지려고 하지 않고 어떤 변화에 대해 귀를 기울이려 하지 않습니다. 또는 자신들이 어디로 향하고 있는지 스스로의 삶을 진지하게 성찰해보려 하지 않는다는 것입니다.

다음과 같은 나의 몇 마디 말들은 아무리 강조해도 지나침이 없습니다. "자동 조종 장치" 마냥 살 시기는 지났습니다. 인간은 이런 식으로 수 수천년 동안 살아 왔고, 그것은 여러분에게 말로 다할 수 없는 고통, 슬픔, 빈곤, 질병, 그리고 그 수천 년 간 인류가 직면한 모든 사회적, 경제적 문제들을 일으켰습니다. 그 해방의 시기가 지금 여러분에게 다가와 있습니다. 지구상에서 "진화하는 한 영혼"으로서 여러분은 자신이 스스로 그렇게 하기로 선택했을 때만이 자유롭게 될 수가 있고, 그것을 자신의 삶에서 우선적인 것으로 만들 수 있는 것입니다.

오직 여러분이 지금 빛의 의식(意識)을 받아들이고 자신의 신성한 마음과 사랑으로 생각하고 행동했을 때만이 여러분에게 진정한 자유가 성취될 것입니다. 그것은 하늘에서 얼마나 많이 여러분에게 도움을 주는가와는 관계가 없으며, 아무도 여러분을 위해서 그 모든 것을 해줄 수가 없습니다. 여러분은 스스로 가고자하는 곳의 수준에 상응한 여러분의 의식을 진화시키기 위해 자신의 가슴 안에다 불을 지피려는 의욕을 일으켜야만 할 것입니다.

나는 승천한 대사이자 텔로스의 고위사제인 아다마입니다.

♥   ♥   ♥   ♥   ♥   ♥   ♥   ♥   ♥

■ 질문 & 답변

● 오릴리아: 많은 비율의 인류가 2012년에 상승을 성취하게 될까요?

*아다마 대사: 2012년에 행성 지구와 함께 어느 정도의 사람들이 상승을 할 것인지는 아직 알려져 있지 않습니다. 우리가 현재의 70억 인구 가운데 상승할거라고 예상하고 있는 대략적인 수치가 있습니다만, 이 숫자는 개인적이고 집단적인 선택에 따라 앞으로 언제든지 바뀔 수가 있습니다.

우리는 종종 자기들 스스로를 "빛의 일꾼"이라고 자칭하는 이들이 2012년에 모든 인류가 무조건 5차원으로 상승할 것이라고 말들을 하는 것을 듣곤 합니다. 하지만 우리가 그들에게 답변하건대, "그렇지 않다."라고 말하고자 합니다. 물론 궁극적으로는 아무도 뒤에 방치되지 않을 것이긴 하지만, 모든 사람들은 누구나 위대한 <상승의 전당>에 초대받기 이전에 반드시 그들 자신만의 고유한 내면적인 정화작업을 해내야 하고, 스스로의 의식(意識)을 진화시켜야만 합니다.

지구역사상 일찍이 없었던 대대적인 지원이 제공되고 상승과정이 과거 어느 때보다도 훨씬 용이해 졌습니다. 하지만 비록 그렇다고 하더라도 시간의 주기들 속에서 얼마나 구도(求道)의 여정이 오래 걸리느냐와는 관계없이 상승에 요구되는 모든 필요 조건들과 일정한 의식(意識)의 주파수에 도달하기까지는 아무도 상승과정 속으로 끌어올려지지 않을 것입니다. 영적상승을 위해서는 먼저 여러분의 잘못된 믿음들을 치유하여 변형시키고, 사랑과 순수성, 그리고 신성(또는 佛性)의 진리를 적극적으로 수용하는 것이 필요해질 것입니다.

2012년은 이 지구상에서의 상승주기의 끝이 아니라 단지 경이로운 시작이라는 것을 깨달으십시오. 지구라는 행성의 완전한 영광과 운명이 완료되는 전(全) 과정은 2,000년이 걸리는 계획입니다. 2012년에 상승에 요구되는 모든 조건들을 구비한 사람들과 더불어 빛 속에서 상승을 성취하는 것은 지구 그녀 자신입니다.

2012년 이후의 해들에도 지구상에 태어나 있는 모든 영혼들은 그들이 영혼의 일정 수준에 준비되었을 때만 진화와 상승을 계속할 것입니다. 어떤 이들에게는 그것이 6개월이 걸릴 수도 있고, 다른 사람은 5년에서 8년, 또는 대다수에게는 더 오래 걸릴 수도 있습니다. 여러분은 또한 상승으로 인도되는 비전입문(秘傳入門) 과정에 스스로 진지하게 몰두할 필요성이 있을 것입니다. 그 입문과정은 모두에게 비슷하긴 하지만, 각자의 여정은 독특하며 그들 자신의 특색 있는 진로에 따라 각 영혼에게는 다르게 전개됩니다.

오늘날의 이 시대에 예외 없이 누구에게나 상승의 기회가 주어져 있다는 것은 사실입니다. 그러나 모든 사람들이 그것을 선택하는 것은 아닙니다. 계속해서 분리의 경험을 하기로 선택하거나 이러한 5차원의 진화단계로 진입할 준비가 안 된 그런 영혼들에게는 어딘가 다른 장소에서 그들의 진화를 계속할 기회가 주어질 것입니다. 상승의 은총은 언젠가 먼 훗날 그들이 그것을 하고자 요청했을 때 다시 그들에게 제공될 것입니다. 그리하여 때가 되면 모든 존재들은 창조주의 가슴을 이루는 사랑의 파동 속으로 귀환할 것입니다. 이런 식으로 아무도 뒤에 남겨지지 않게 될 것입니다.[3]

◆ 메시지-6

아다마 대사의 메시지 (2008)

- 새 지구와 인류의 새로운 현실에 대해서 -

*채널링:카타

-레무리아인 12인 위원회로부터-

여러분 모두에게 인사를 전합니다. 아다마입니다. 올해 초 나는 여러분에게 막 시작된 이 시기가 얼마나 특별한가에 대해 언급한 바가 있습니다. 왜냐하면 행성들의 정렬현상이 이전에는 결코 이때처럼 매우 확고하게 나타난 적이 없었으니까요. 이 말은 지난 12,000년 동안의 오랜 사이클 동안 그러했다는 의미입니다. 그리고 이는 단지 시작에 불과합니다. 우리는 무한한 놀라움의 시기에 있는 여러분에게 경의를 표합니다.

그런데 이러한 시기가 어떻게 귀결되느냐의 여부는 오직 여러분 가슴의 자발성에 달려 있습니다. 즉 여러분이 얼마나 깊게 신성의 에너지를 자신의 세포 속으로 침투시킬 수 있느냐, 또는 얼마나 깊이 신성 속으로 진입할 준비가 돼있느냐는 것입니다.

올해부터는 모든 측면에서 많은 것들이 펼쳐지게 됩니다. 외견상 더 이상 도달할 수 없을 것처럼 보이는 5차원은 멀지 않게 될 것입니다. 한 인간으로서, 또 은하인간들의 집단으로서, 지구 행성 자체로서 해결해야하고 성취해야하는 모든 것들이 활발하게 전개되는 과정에 놓여 있습니다.

우리의 새로운 지구는 급속하게 꽃피어나고 있습니다. 이 새로운 지구를

---

3) P. 108~109, The Seven Sacred Flames, By Aurelia Louise Jones (Mount Shasta Light Publishing. 2007)

인체에 존재하는 7개의 차크라 문양을 위에서부터 순서대로 표시한 미스터리 서클 (2004년)

경험하는 것 - 지저세계를 방문하고 보게 되는 것을 포함해서 -은 이제 시간 문제이며, 바로 문턱 앞에 와 있는 것과 같습니다.

여러분이 지금 가지고 있는 현실에 대한 개념은 상당한 조정을 거쳐야 합니다. 사랑하는 이들이여, 내가 여러분에게 누차 언급했듯이 그 열쇠는 여러분 내면에 놓여 있습니다. 이 새로운 현실이 여러분 삶 속에 가져오는 모든 것을 경험하는 것은 새로 생겨난 여러분의 개인적인 감각들에 의해 지각될 수가 있습니다. 그리고 어떤 경우에 그것은 육체적 증상들이 수반될 수가 있습니다.

여러분 앞에 놓인 감정적, 정신적, 육체적, 어려움들이나 장애들이 무엇이든 간에 이 모든 것들은 부디 그 과정의 일부임을 확실히 인식하십시오. 낡은 에너지에 속한 모든 것들은 새로운 세계로 진입하기 이전에 모두 불거져서 밖으로 드러날 필요가 있습니다. 그러므로 여러분이 가지고 있는 문제가 어떤 것이든 그것들은 단지 잠재된 문제점들을 여러분에게 넌지시 일깨워주는 것에 불과합니다. 지혜롭게 그것들을 여러분의 다이아몬드 가슴으로 가져오십시오. 그리고 그것들이 거기서 변형될 것임을 확신하십시오.

경이로운 새로운 에너지가 지구에 도착하고 있고, 모든 것들이 급속히 바뀌고 있습니다. 여러분 가슴을 일종의 나침반으로 활용하고 현실을 멋지고 신성한 것으로 변화시키기 위해 새롭게 활성화된 자신의 능력과 감각들을 탐구하세요. 장차 마법적인 사건들이 일어날 것이고, 이런 현상은 일정 기간 내에 일상적인 것이 될 것입니다. 5차원의 세계가 여러분의 문 앞에 와 있습니다. 여러분이 발을 들여놓게 될 새로운 지구의 새로운 현실 속으로 계속해서 더욱 더 많은 빛이 유입되고 있습니다.

최근 수많은 존재들이 깨어나 자신의 신성한 임무를 자각하고 있음을 보는 것은 큰 기쁨입니다. 그런 모든 노력들을 격려하고 치하하고자 합니다.

그럼에도 세상에는 여전히 주저하고 꾸물거리거나 어떤 변화나 발전에 대해 반대하는 사람들이 있게 될 것입니다. 비록 그들이 이런 메시지들을 읽을 사람이 되지는 않을지라도 이곳에서 나는 사랑에 가득찬 나의 말들이 그들의 가슴으로 전송되고 있음을 강하게 느낍니다.

친애하는 이들이여, 어떤 저항에는 반드시 자신의 마음 속에 더 깊은 원인들이 있음을 알아야만 합니다. 만약 여러분이 자신의 가슴으로 완전한 지혜를 회복할 준비가 돼 있다면, 바로 동시에 여러분은 낡은 것들을 버리고 떠날 준비가 돼 있어야 합니다. 현존하는 많은 다른 장애들이 향후 여러분이 버리게 될 그런 것들 안에 있습니다.

이원성(二元性) 역시 여러분이 두고 가야 할 것입니다. 만약 자신이 때로는 정체돼 있다고 느껴진다면, 그것이 여러분의 통합과정에 도움이 될 수도 있는 일시적 소강상태일 수도 있습니다. 하지만 여러분이 이런 특별한 우주적 조건하에서 너무 오랫동안 전혀 움직임이 없는 상태에 걸려 있다면, 그것은 신성(神性)으로 다가가는 자신의 행로에 장애가 생긴 것입니다.

매우 복잡한 방식 안에 있는 여러분 현실의 매트릭스(基盤)는 필요한 단계들로 구성된 다른 형태로 여러분에게 다가올 것입니다. 앞으로 전진하기 위해서 가장 중요하고도 필수적인 것은 여러분의 낮은 자아(Ego)가 몰아대는 사적인 충동에서 벗어나는 것입니다.

새로운 지구로 불리는 여러분의 신성한 새 고향으로 가까이 다가가기 위해서는 밟아야 하는 어떤 단계들이 있습니다. 여러분 가슴 속에 있는 그 순수성은 없어서는 안 돼는 것입니다. 그리고 내가 기하급수적으로 증가하고 있는 수많은 빛의 존재들 안에서 보고 있는 것도 바로 그것입니다.

중심을 제대로 가늠한 존재들은 우리 지저의 레무리아인들을 향한 입구를 찾아 열게 될 것입니다. 하지만 그 초점은 여러분의 마음이 아니라 가슴에서 얻어져야 합니다. 그 차이는 명백합니다. 가슴을 통해서 초점을 맞춘 존재들은 조화와 정신적, 감정적 균형의 상태에서 도달하게 됩니다. 그리고 이러한 존재의 상태는 더 나은 경험을 위해 필요불가결한 것입니다.

여러분의 가슴이 방사하는 사랑을 느껴보십시오. 가슴에다 집중한 채 머무십시오. 이것이 시작입니다. 지금은 여러분의 가슴과 새로운 지구 안에 있는 다차원성(多次元性)을 경험할 여러분의 천부적 권리를 회복해야 할 때입니다.

텔로스의 아다마였습니다.

CHAPTER-6
영적 존재들이 전하는 지구변화 메시지

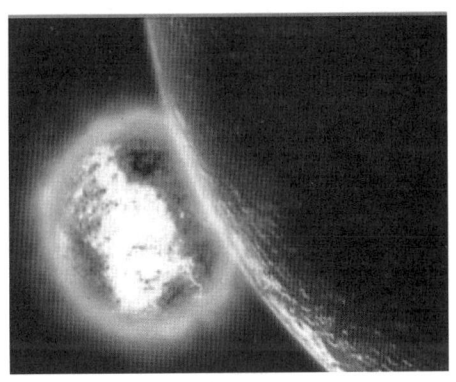

6장

영적존재들이 전하는 지구변화 메시지들

1. 지구 변화에 대한 성모의 특별 메시지

예수 그리스도의 어머니였던 성모 마리아는 오래 전부터 세계 곳곳에 발현하여 기사이적(奇事異蹟)을 나타내고 계시를 내렸던 존재로 유명하다. 그것은 1917년 포르투갈에서 이루어졌던 유명한 〈파티마 예언〉에서부터 시작하여 각국에서 일어났던 "피눈물을 흘리는 성모상 사건"까지 다양하다.

성모 마리아는 오늘날 불교의 관세음보살(觀世音菩薩)과 더불어 신성(神性)의 여성성(女性性)과 모성(母性)적 측면을 상징적으로 표현하고 있는 존재로서 인류에게 어머니적인 입장에서 여러 가지 경고와 예언, 가르침을 주고 있다. 성모는 현재 가톨릭에서 주로 숭모되고 있으나 성모 마리아 역시 지구영단 소속의 한 마스터임을 인식할 필요가 있다. 그녀는 오늘날에도 여전히 여러 채널러들을 통해 임박한 지구변화와 차원전환에 관한 메시지들을 전하고 있으며, 그 메시지 내용 역시도 여타의 다른 마스터들의 정보와 거의 대동소이하다.

◈ 메시지-1

인류의 미래와 2012년 (2002)

*채널링:애니 커크우드

*애니:성모 마리아님께 우리 인류의 미래에 대한 새로운 정보와 예언을 요청 드립니다. 잠시 동안 금년과 그 이후에 대한 예언의 말씀이 있을 것입니다. 그리고 2012년이 기념비적인 중요한 해가 될 것이라는 당신 말씀이 무슨 의미가 있는지 이야기해 주십시오.

*성모: 친애하는 나의 딸이여! 오늘 그대와 함께하게 되어 기쁩니다. 시작해 보도록 합시다. 애니가 이런 정보에 관해 요청했으므로 나는 어떤 일들이 예상되고 있는지 언급할 것입니다.

먼저 이런 지구 변화들에 대해 설명하겠는데, 그것은 현재 일어나고 있고 창조의 통상적 진화 패턴대로 나타나고 있습니다. 나는 이전에 모든 것들이 흐름대로 다가오고 있다고 가르친 바가 있었지요. 당신은 언젠가 바닷물 속에 다리를 담그고 서 있어 본적이 있습니까? 그렇다면 이것이 자연스러운 성장의 형태임을 느낄 것입니다. 즉 파도는 밀려왔다가 또 동일한 힘으로 물러납니다.

기상과 자연계에 관한 한 더욱 더 많은 사건들이 일어나게 될 것입니다. 그리고 변화들은 여러분 세계의 전 지역에서 발생하고 있습니다. 당신들이 지구 변화들이라고 부르는 이런 변동들은 지구상의 모든 지역과 생명들에게 일어나고 있는 것입니다. 따라서 현실적으로 아무 것도 일어나지 않은 것처럼 보일 때, 기상현상과 마찬가지로 또한 경제적, 정치적, 종교적 변화들이 지금 일어나고 있음을 보십시오. 이것이 지구상에서 진행 중인 모든 지역, 모든 분야의 변화라는 의미이고, 장차 이 지구에 속한 모든 것들이 극적으로 변화할 것입니다.

앞으로 여러 해 동안 지구상의 곳곳에서 갈등과 충돌이 격화될 것이고 때때로 그것들은 전 세계를 에워싸듯이 증가할 것입니다. 그러나 이 분쟁들은 이전에 발생했던 소요들과는 다르게 될 것입니다. 여러분은 이미 지난 해 이에 관한 증거들을 목격한 바가 있는데, 여러분이 테러 행위라고 부르는 것은 사실상 전쟁 행위들입니다. 이제 모든 전쟁은 더 이상 어떤 전선이나 경계 설정의 구분이 없이 싸우게 될 것입니다.

앞으로 보다 많은 화산들의 활발한 활동이 나타나게 될 것입니다. 이런 화산 활동들은 지구 내부가 불안정하고 마그마가 지표면 가까이로 올라오고 있음을 나타냅니다. 그것은 세계의 많은 지역들을 파괴할 수 있는 초대형 화산이 활성화되고 있음을 보여주는 작용입니다. 보다 많은 화산들이 점점 더 평상시와는 다른 모습을 보여줄 것입니다.

세계의 많은 지역들을 강타할 거대한 크기의 폭풍들이 있을 것입니다. 그리고 향후 더욱 더 무덥고 습한 여름이 될 것입니다. 여름이 가기 전까지 그것은 마치 한증막 안에 있는 것처럼 느껴질 것입니다. 한편 여타의 많은 지역들에서는 곡물성장에 지장을 줄 만큼의 너무 많은 비가 내릴 것입니다. 그로 인해 어떤 나라에서는 식량부족이 일어날 수가 있습니다. 이런 국가의 사람들은 소량의 먹을거리를 재배하는 취미, 예컨대 채소라든가 과실수(果實樹)같은 것을 기르는 일을 시작하는 것이 현명할 것입니다. 앞으로 더 잦은 비율로 언제든지 강한 폭풍과 지진들, 그리고 화산활동이 일어날 수가 있습니다. … (중략) …

2009년은 예년보다 더욱 혼란스러운 한 해가 될 것입니다. 인간 상호간의 적대적 침략 행위 속에서 인류의 삶이 상실될 것이고, 많은 숫자가 생을 마

감하고 영혼의 상태로 돌아갈 것입니다. 2012년은 모든 것들이 충돌하고 해체되어 새로운 시대가 시작되는 해입니다. 그 해는 특히 우주로부터의 위험이 높아지는 해인데, 외계에서 지구로 낙하하는 물체들이 지구상의 여러 지역들에 떨어질 것입니다. 즉 거대한 부피의 유성(流星)이나 운석이 2012년에 지구 가까이 접근하거나 낙하할 것입니다. 그것은 역사의 재연이 될 것입니다. 이 거대한 유성은 지구와 그 위에 살고 있는 모든 것들을 한 순간에 변화시킬 정도로 거대할 것입니다.

이때가 지구가 전환되는 획기적이고 중대한 시기가 될 것입니다. 이는 대변동의 시기로서 땅 덩어리와 바다의 섬들, 대양들이 이동될 것이고 새로운 땅이 바다에서 솟아오르고 오래된 대지는 가라앉을 것입니다.

지금 이런 예언을 하기는 했지만, 여러분은 또한 자신의 기도와 사랑을 통해서 예정된 많은 것들을 바꿔놓을 수 있다는 사실을 이해하기 바랍니다. 여러분은 자신들이 아는 것 이상으로 더욱 많은 영향을 세상에 줄 수가 있습니다.

내가 사랑에 관해서 이야기할 때, 나는 단지 여러분이 사랑의 생각을 마음에 품거나 남에게 좀 더 친절하게 되고, 또 여러분의 동료를 도와주는 것만을 말하는 것이 아닙니다. 나는 그 모든 것과 더불어 남을 용서하는 것, 그리고 여러분 자신의 내면이 평화롭게 되는 것까지를 포함해서 사랑이라고 말하고 있는 것입니다.

좀 더 많은 시간을 기도와 명상을 하며 보내십시오. 이것이 여러분이 미래에 일어날 많은 일들을 피해가기 위해 할 수 있는 것입니다. 하지만 우리가 진화를 멈출 수는 없다는 점을 깨달으십시오. 여러분이 성장을 중단할 수는 없는데, 그렇다고 그런 성장과정을 꼭 재난을 불러일으키는 파괴적이고 불행한 방식으로 경험할 필요는 없습니다.

나는 여러분에게 자신의 내적인 삶을 변화시킬 것을 호소합니다. 만약 여러분이 어떤 사람을 용서하지 않거나 증오하고 있다면, 그것을 그만두고 그들과 여러분 자신을 용서하십시오. 당신이 현재 분노로 가득 차 있다면 그것을 풀어버리십시오. 또한 당신이 삶을 두려움 속에서 살고 있다면 거기서 벗어나 하느님을 신뢰하고 그분께 의탁해 보세요. 여러분이 과거의 약물 중독이나 남용으로 인해 내면의 평화 속에서 살고 있지 못하다면, 자신의 과오를 용서하십시오. 그리고 내면으로 들어가 사랑과 평화를 유지할 수 있게끔 자신의 가슴과 마음을 청소해 내십시오.

여러분 자신과 사랑하는 이들, 그리고 여러분의 세상인 지구를 위해 기도하고 또 기도하세요. 그럼에도 여러분은 영혼이고, 지구상의 현 삶은 일시적이며 여러분 삶의 전부가 아님을 결코 잊지 마십시오. 여러분의 생명은 영원하며, 당신이 이 지구상에서 죽더라도 여러분의 영혼은 살아 있습니다. 여러분과 우리 모두는 신(神)의 형상과 속성 그대로인 영혼으로 창조되었습니다. 육체적 인간은 여러분의 임시적인 상태일 뿐이고 영혼은 당신들의 영구적인 신분입니다.

여러분 자신과 사랑하는 이들을 조건 없이 사랑하고 멀어진 가족들과 화해하세요. 모든 것을 용서하는 것, 이보다 더 중요한 것은 없습니다. 여러분은 평화를 구현하기 위해 지구에 왔습니다. 여러분은 그것을 한 번에, 즉 현생에 한꺼번에 할 수가 있고, 지금 평화롭게 살 수가 있습니다. 지금 즉시 밝은 미래를 가질 수가 있으며, 그것은 여러분의 기도와 믿음, 그리고 내면의 삶을 바꾸고 청소해 냄으로써 실현됩니다. 나의 말을 경청해줘서 감사합니다. 여러분에게 기도와 사랑, 평화가 있기를!

****

◆ 메시지-2

지구변동, 그리고 인간의 의지와 기도의 중요성

*채널링:애니 커크우드

나의 친애하는 이들이여, 나는 여러분에게 용서와 조건 없는 사랑에 대해 권고하고 격려할 기회를 가지게 된 것에 큰 기쁨을 느낍니다. 여러분이 절대적인 사랑을 행하기로 마음먹거나 약속을 했을 때, 당신들은 평화롭게 되는 것을 배우고 있는 많은 사람들과 합류하게 됩니다.

조건없는 사랑은 사람들의 가슴에서 가슴으로 평화를 전파할 것입니다. 바로 이러한 사랑을 실천하는 삶에 의해서만 인류가 보다 나은 변화를 시작할 것입니다. 여러분이 의식의 전환과 변화에 착수했을 때, 엄청난 이로움이 지구상의 모든 이들에게까지 확대될 것입니다.

전 세계의 많은 사람들이 행복을 위해서, 또 자기들 처지나 삶이 나아지길 바라고 기도하고 있습니다. 그러한 상황의 개선은 전쟁의 종식, 또는 가정불화의 해소, 아니면 그들의 경제적 형편이 펴지는 것 등이 될 수도 있겠지요. 더욱더 많은 사람들이 선(善)을 위해서나 어떤 다른 간구자의 행복, 향상, 도움이 있기를 바라며 기도하고 있습니다. 또한 많은 이들이 자기들 가족에 평안이 깃들도록 그들이 할 수 있는 행동을 하거나 조치를 취하고 있습니다. 그들은 스스로 자신들의 중독이나 탐닉증세를 치유하기로 약속하고, 그렇게 함으로써 인류가 더 낫게 변화하도록 돕습니다. 또 많은 사람들이 자기들 종교를 새로운 희망과 열정으로 바꾸고 있습니다. 게다가 세계 도처의 많은 이들이 스스로 좀더 나아지기 위해 변화를 추구하고 있습니다.

어떤 이들은 경제적 상황이 나아지는 길을 찾고 있고, 다른 이들은 교육환경을, 또다른 이들은 일반적 삶의 질이 개선되는 길을 모색하고 있습니다. 더욱더 많은 사람들이 성장하고 있고 영적인 향상을 추구하며 사회와 이 세상의 치유를 위해 기도하고 있습니다.

세상에는 여러분 각자가 어떻게 타인들에게 영향을 줄 것인가에 관한 새로운 자각이 존재합니다. 보다 많은 이들이 세상을 어떻게 살 것인지에 대해 숙고하고 있습니다. 세계 각처에는 이제 개인이 어떻게 이 지구와 환경에 영향을 미치는지에 대한 인식이 형성돼 있습니다. 더 이상 사람들은 지구의 곤경에 대해 무지하지는 않습니다. 지구상에 살고 있는 많은 사람들이 공기와 물, 광물들을 공유하고 있음을 알고 있습니다. 사람들은 점차 서로 그들이 이 지구와 인류 전체에 영향을 미치고 있음을 인식하고 있고, 가장 교육받지 못한 사람들조차도 자기들이 다른 사람들과 합류하여 정부와 환경, 그리고 스스로의 곤경에 커다란 변화를 창출할 수 있음을 이해합니다.

과거와는 달리 많은 이들이 행동을 취하고 있고 기도하고 있습니다. 인류 전체에 긍정적 영향을 가져 온 것은 바로 이런 자각과 결정, 이해였습니다. 내가 과거의 메시지에서 언급했던 많은 재앙들이 인류에게 은총의 기간이 허가한 정도까지 연기되거나 최소화되었습니다. 여러분은 스스로 전반적인 대비와 준비를 할 수 있도록 향후 추가적 시간이 주어지게 될 것임을 알 것입니다. 하지만 이런 기간 동안 어쩐히 많은 폭풍과 변덕스럽고 비정상적인 기상이변이 나타날 것입니다. 모든 이들이 일어날지도 모를 어떤 비상사태에 대해 대비했으면 하는 것이 나의 바람입니다.

여러분이 영적으로, 육체적으로 준비가 되었을 때 당신들은 언제라도 남을 도울 채비가 된 것입니다. 여러분은 세상의 혼란 속에 고요와 평화를 가져올 여러분의 역할을 할 준비가 돼 있습니다. 당신들은 그렇게 함으로써 인류에게 봉사할 준비 이상으로 신(神)께 봉사할 준비가 된 것입니다.

2012년은 엄청난 변화의 해가 될 것인데, 그 해는 여러분의 삶 전체에 영향을 미칠 것입니다. 지금부터 그 때까지 많은 사람들은 새로운 사고(思考)의 지평을 열게 될 것이고 새로운 깨달음을 얻게 될 것입니다. 또한 많은 이들이 평화로운 영혼의 내적 치유의 길을 발견하기 위해 영적인 길을 추구할 것입니다.

나의 친애하는 이들이여! 여러분에게 촉구하건대, 이 시기 동안 여러분의 기도 시간을 늘릴 것을 호소합니다. 그리하여 이러한 은총의 기간이 최대한 연장되게 될 것입니다. 인간들이 알게 될 세상의 전쟁과 폭력의 피해들과 영혼 내면의 상처들을 위해 기도하십시오.

지구상에 있는 동안 엄청난 수의 사람들이 영혼이 충만한 삶의 살아 있는 기쁨에 눈을 뜨게 해달라고 기도하십시오. 또한 사람들이 자신의 귀를 열어 영혼의 치유를 위한 영(靈)의 부름소리를 듣게 해달라고 기도하십시오. 모든 가정이 평화롭게 사는 것을 배우고 일체의 가정폭력이 지구상에서 근절되게 해달라고 기도하세요. 또 아이들이 자신의 모든 잠재능력을 자각하게 해달라고 기도하십시오. 그리고 교사들과 부모들을 위해 기도하십시오. 그들이 모범적인 사생활과 예술 및 과학적 활동을 통해 평화와 조건 없는 사랑을 가르치게 해달라고 기도하십시오.

내가 여러분에게 요청한 내용들은 여러분 인생에 있어서의 새로운 과제들입니다. 하지만 그럼으로써 영적으로 눈이 먼 사람들이 영혼의 아름다움을 볼 수가 있습니다. 여러분 자신을 사랑하고 또 모든 사람들을 조건 없이 사랑함으로써 사랑의 방법을 남들에게 가르친다는 것은 하나의 쉽지 않은 도전입니다. 자기 자신을 조건 없이 사랑하고 용서하며, 또 이런 식으로 여러분의 주위 사람들을 사랑하고 용서하는 것입니다. 이렇게 여러분은 감사의 사랑을 확대하고 인생에서 접하는 모든 이들을 포용할 것입니다.

여러분 삶의 외적인 문제들에 지나치게 신경 쓰지 마십시오. 즉 무엇을 먹을까? 무엇을 마실까? 무엇을 입을까? 또 남에게 어떻게 보일까? 등등 말입니다. 그보다는 무엇으로 여러분 마음의 양식을 할 것인지, 자신의 양심을 속이고 있는 것은 무엇인지, 또 어떤 탐닉과 망념들을 과연 영혼으로부터 떨어낼 수 있을 것인지, 어떻게 자기 내면의 중심을 볼 것인지에 관심을 가지십시오.

여러분의 가슴과 마음이라는 그 내면을 당신들이 보살필 때만이, 오직 그 때만이 혼란스러운 외부적 문제들이 진정될 것입니다. 단지 사랑하는 사람들에 대한 외적 표현만이 아니라 언제나 늘 사랑이 깃든 영혼의 상태가 될 수 있도록 기도하십시오. 사람들은 사랑하는 이들과 만나 기쁜 표정을 짓거나 일시적인 장소에서 즐거운 표정을 지을 수는 있지만 분노의 상황이나 고난의 와중에서 그렇게 할 수는 없습니다. 하지만 영혼이 충만한 사람은 혼란에 직면해 있어도 고요해질 수가 있으며, 커다란 두려움 속에 있을 때조차도 용감하고 대담해질 수가 있게 될 것입니다.

축복받은 이 은총의 기간 동안에 좀 더 조심하고 방심하지 않도록 하십시오. 여러분 내면의 인도자로 하여금 당신들의 가슴의 문제들을 치유하기 위한 길을 인도케 하십시오. 그리고 여러분의 영혼이 그대들을 조건 없는 사랑의 기쁨과 용서하는 평화, 자발적인 영적 아름다움에 가득 찬 삶을 살도록 이끌 수 있게 허용하세요. 나의 충실한 이들이여, 나는 여러분을 사랑하며 여러분이 자랑스럽습니다.

- 예수의 어머니, 마리아 -

◆ 메시지-3

-성탄절 시즌에 즈음하여 성탄의 진정한 의미에 대해 -

친애하는 이들이여, 다시 한 번 지구상의 여러분이 예수의 탄생을 축하하는 12월의 시기가 돌아왔습니다. 하지만 이런 축하는 궁극적 측면에서 보자면, 인간 각자의 내면에 있는 그리스도 아이(神性)의 탄생을 축하하는 것일 뿐이라는 점을 기억해 두십시오.

예수의 탄생에 관한 모든 이야기는 사실이긴 합니다만, 이것은 또한 하나의 비유이자 유추로 이용될 수가 있습니다. 모든 사람들의 내면에는 신(神)의 아이가 내재되어 있습니다. 이 신의 아이는 신의 형상과 속성으로 창조되었습니다. 신(神)이 영(靈)이듯이, 여러분도 그렇습니다. 여러분이 내면세계를 추구하여 나의 아들 예수가 "하늘나라(天國)"라고 불렀던 장소를 찾았을 때, 하느님께서 모든 선(善)의 총합이듯이 여러분 또한 본래 그러한 것입니다.

예수의 탄생은 수많은 옛 예언들을 실현시켰습니다. 그의 태어남은 새로운 것의 도래를 나타냅니다. 그리고 그는 자신과 더불어 빛을 세상에 가져왔습니다. 태초에 하느님은 빛을 창조하셨지요. 하지만 예수가 보다 강력하고 새로운 방식으로 빛을 이 세상에 전한 것입니다.

그는 여러 번 이렇게 말했습니다. "나는 세상의 빛이요, 너희 역시 세상의 빛이다." 이 말처럼 예수만이 세상의 빛이 아닙니다. 즉 여러분도 영혼이 떠날 때는 이 육신만을 이 세상에 남겨 두고 가는 것이 아니라 빛을 가져간다는 사실입니다. 여러분 각자가 가진 빛을 스스로 발현시켜 세상에 비춰야합니다. 그러나 만약 여러분의 가슴과 마음이 증오나 편견, 적의, 탐욕, 분노, 두려움 등에 사로잡혀 있다면, 그 빛을 환하게 밝혀 비출 수가 없습니다. 여러분의 빛은 자기 스스로 에고적인(Egoistic) 자만심에 차 있거나 타인과 비교하여 우쭐대기 시작할 때는 밝아지지 않을 것입니다.

인종이나 피부색과는 관계없이 모든 사람들은 신(神)에 의해 창조되었습니다. 어떤 인간이든 그들은 전체 인류의 일부이고, 인류는 하느님의 자녀들인 것이죠. 따라서 여러분이 하려고 선택할 때는 언제든지 그리스도 아이를 자기의 내면에서 낳을 수가 있습니다. 다시 말해 여러분은 신의 사랑하는 자녀가 될 수가 있는 것입니다. 그것은 당신들이 그 무엇보다도 하느님을 사랑하는 것을 필요로 합니다. 이 말이 뜻하는 바는 여러분이 자기의 믿음이나 자기가 가진 종교의 가르침, 또 신, 영(靈), 교회, 창조 등에 선입견 따위를 초월해서 신(神)을 사랑하는 것을 말합니다. 또한 이것은 여러분이 자신의 이해나 삶, 자아를 넘어서 신을 사랑하는 것입니다. 아울러 이 말은 여러분 자신을 지혜로 사랑하고, 또 여러분의 이웃을 자기 몸처럼 사랑함을

성모와 아기 예수

의미합니다.

나는 우선 여러분이 지혜롭게 자기 자신을 사랑하는 것을 배우라고 요청하고자 하는데, 그렇게 함으로써 여러분은 자신이 누구이고 현실적으로 자기가 어떤 가치가 있는 존재라고 하는 긍정적 자아개념(自我槪念)을 가질 것입니다. 그때 비로소 당신들은 자신의 이웃들을 자기 자신처럼 온전히 사랑할 수가 있습니다.

여러분의 이웃은 반드시 자기 집 인근에 살고 있는 사람들뿐만이 아니라 이 행성 위에 살고 있는 모든 이들입니다. 이 지구상의 모든 사람들을 여러분으로 이웃으로 보기 시작하십시오. 여러분의 가슴에서 그들을 받아들이는 훈련을 하는 것이 올바른 출발점입니다. 포용은 사랑의 행위인데, 즉 그것은 피부색과 전통, 문화, 가치관의 차이에서 오는 아름다움을 형제애로서 받아들이는 것입니다.

사랑하는 이들과 친구들, 친지들, 타인들을 그저 있는 그대로 수용하는 것은 그들을 조건 없이 사랑하는 것입니다. 반드시 의견이 일치되지 않거나 여러분의 마음에 들지 않을 수도 있는 그 사람들을 마음으로 받아들이는 것은 어떤 판단이 없이 그들을 사랑하는 행위인 것이죠. 이처럼 자기와는 전혀 다른 사람들을 바꾸어 놓으려하거나 교정시키려 하지 않고 그들을 받아들이는 것이 신(神)의 방식으로 하는 사랑법입니다. 그리고 이와 같은 하느님이 사랑하는 방식보다 그 어떤 것이 더 아름답고 활기찰 수가 있을까요?

여러분은 지나치게 남이 옳다 그르다를 시시비비하여 판단하고 감시할 필요가 없으며, 조건 없이 그들을 받아들여 사랑하는 것이 덜 피곤하고 여러분에게 활력을 줄 것입니다. 그리하여 여러분은 자유롭게 내면의 자아에 따라 행동하고 반응하게 됩니다. 포용과 수용은 평화를 향한 첫 걸음입니다. 지구상의 여러 문제들을 평화적으로 해결하거나 진정시키기 위해서는 당신들이 타인들과의 차이점들과 인류의 영혼 속에 있는 선천적인 선함을 받아들여야만 합니다. 그리하여 이 축제의 시즌 동안에 천사들이 "지상에는 평화, 인간에게는 선의(善意)"라고 노래했던 때를 회상하면서 나는 여러분이 있는 그대로의 여러분 자신과 사랑하는 이들, 그리고 동료 인간들을 받아들이겠다고 스스로 약속할 것을 요청합니다.

지금은 즐거운 시즌이고, 하느님이 사랑하시듯이 사랑을 할 자유로운 사람들에게 기쁨이 다가올 것입니다. 기쁨은 자기만족 이상의 것으로서 기쁨 그 자체는 평화와 사랑, 이해를 가져옵니다. "세상에는 기쁨이!" 라고 여러분은 매년의 크리스마스 때마다 노래하지만, 세상이 고통과 고난으로 차 있을 때 어떻게 거기에 기쁨이 있을 수 있겠습니까? 여러분이 아직도 원한과 적의, 풀리지 않은 분노를 품고 있을 때, 그리고 많은 사람들이 서로를 위협하고 겁먹게 할 때 어찌 세상에 즐거움이 존재할 수 있겠습니까? 그리고 세계 여러 지역의 저개발국가 아이들이 아직도 짐승같이 학대받고 인간 이하의 대우를 받을 때 어떻게 여러분이 즐거운 시간을 가질 수 있는가요? 여러분이 여전히 서로를 엄격하게 심판할 때 역시 마찬가지입니다.

기쁨은 평화와 사랑. 이해의 환경 속에서 존재합니다. 나는 여러분이 가질 수 있는 가장 큰 기쁨은 자신의 마음에서 부정적 감정을 비우는 것임을 각자가 깨달았으면 좋겠습니다. 여러분이 서로에게 줄 수 있는 가장 큰 선물은 사랑으로 타인을 대하는 사람을 위해서 기도하는 것입니다. 기쁨과 이해로 여러분의 인간관계에 활력을 불어넣으세요. 그것이 예수가 태어난 그날 밤에 천사들이 찬양하며 노래했던 큰 기쁨을 낳는 관용과 인내, 자비(慈悲)를 가져옵니다.

관용은 여러분이 기쁨을 갖는 것뿐만이 아니라 편견 없이 사람을 사랑하고 또 적대감을 버리는 것에도 도움을 줄 수 있는 상징적 태도입니다. 또한 관용은 여러분으로 하여금 다른 인종과 문화, 국가들 간의 유사점을 볼 수 있게 해줍니다.

깨달음은 당신들에게 자신의 마음과 가슴, 내적 자아의 평화를 찾을 수 있는 지혜를 줍니다. 깨달음을 통해 여러분은 낡은 문제들에 대한 새로운 통찰과 구식 판단과 이해를 넘어선 새 전망을 얻습니다. 다른 사람을 충분히 이해하는 것은 그의 환경과 처지, 배경, 지성 및 문화를 헤아리는 것입니다.

자비(慈悲)는 이 크리스마스 시즌 동안에 여러분이 가난한 자와 핍박받는 자, 의지할 곳 없는 자를 도우려하는 마음과 같은 정서(情緒)입니다. 자비심은 관용과 이해와 더불어 내가 여러분에게 새해와 새천년기 내내 가슴과 마음속에 간직해달라고 요청하고자 하는 것입니다.

예수의 탄생이 여러분으로 하여금 그가 사랑과 용서, 이해와 자비의 길을 걸었음을 다시 일깨우는 계기가 되게 하십시오. 그러한 일깨움이 당신들이 날마다 자신의 삶을 기쁨과 사랑, 평화 속에서 펼쳐나갈 수 있게 해줄 것입니다. 이것을 여러분 인생의 새로운 목표, 새로운 태도, 새로운 삶의 방식이 되게 하십시오. 내 말을 경청해줘서 감사합니다. 나는 여러분 모두를 지극히 사랑합니다.

-예수의 어머니, 마리아 -

◆ 메시지-4

여러분은 황금시대의 의식(意識)으로 우리와 함께 하려는가?
(2005. 7)

*채널링:마이클 킴

사랑하는 이들이여! 나는 햇빛이 나무 사이를 통과하여 푸른 잔디 위에 빛과 어둠의 조각들을 만들어 내고 있는 이 아름다운 여름 아침에 여러분에게 왔습니다. 나뭇잎 사이로 빛나는 이런 태양의 이미지는 영적인 시각에서 볼 때, 지구가 정말 어떠한지를 여러분에게 보여줍니다. 태양은 참으로 인류의식의 운명을 관통하여 밝게 비추기 시작했고, 그 빛은 지금 지면에 도달하여 스며들고 있습니다. 이곳 지구에서 그것은 토양을 데우기 시작할 것이고, 그럼으로써 2,000년 전에 나의 사랑하는 예수의 의해 뿌려졌던 씨앗들이 싹트기 시작할 수 있습니다. 그리고 결국 지면을 뚫고 아름다운 나무로 성장할 것입니다.

사랑하는 이들이여! 나는 인류를 위한 묵주기도에 동참해 기꺼이 시간과 에너지를 바쳐온 이들에게 인사를 하고자 합니다. 여러분 중에 어떤 이들은 지금까지 매우 오랫동안 그렇게 해왔으며, 또 어떤 이들은 짧은 시간만 할애했습니다. 그럼에도 나는 여러분 각자와 모두가 스스로 행한 것에 대해 올바로 이해하기를 바랍니다.

자만심의 함정을 조심하라

물론 이것은 여러분이 인간의 의식과 자아(自我)의 오만에 의해 자기가 다른 사람보다 더 중요하다고 받아 들여서는 안 된다는 것입니다. 우리는 어떤 것이든 새로운 운동이나 단체를 만들어 내어 그들이 거기의 멤버(member)이기 때문에 타인들보다 낫거나 더 중요하다고 느끼는 것을 바라지 않습니다.

우선 나는 여러분이 이 지구상의 종교 역사에 대해 자세히 개관해보고 그 종교의 신도들이 어떻게 이런 함정에 빠져들었는가를 인식했으면 합니다. 그들은 처음에 자기들이 유일한 참된 종교에 소속돼 있고 자기들 종교의 창시자는 신(神)에 의해 보내진 궁극의 예언자라고 생각하기 시작했습니다. 그리고 갑자기 그들은 자기들이 여타의 사람들보다 더 중요하고 구원받게 될 유일한 이들이며, 또 하느님에게 가장 중요한 사람들이라고 느끼기 시작했지요.

사랑하는 이들이여! 그러나 예수는 이렇게 말하지 않았습니까?

"너희가 여기 있는 형제, 자매들 중에 가장 보잘 것 없는 사람 하나에게 행한 것이 곧 나에게 행한 것이다.(마태복음 25:40)"

그러므로 어떻게 자기들이 특별한 어떤 종교나 단체에 소속돼 있다고 해서 그렇게 생각할 수가 있으며, 그들이 갑작스럽게 다른 사람들보다 더 낫다고 할 수 있겠습니까? 내가 가장 사랑하는 모든 이들이여! 이런 현상은 그 사람들이 외부의 어떤 종교나 단체들을 모든 참 종교의 본래의 목적이나 가르침대로 따르기보다는 그것을 오히려 자기들의 에고(Ego)를 강화시키는 데다 이용했을 때만 가능한 일입니다. 그리고 참된 종교의 진정한 목적이나 가르침은 사실 인간의 저급한 자아인 자기중심적 에고에서 벗어나 영적자유를 성취하는 것입니다.

여러분은 내가 지금 여기서 말하고 있는 내용의 중요성을 이해할 수 있습니까? 우리 어머니 빛의 수호자들이 전개하는 어떤 운동의 목적은 그 무엇이든 사람들의 에고를 강화시키고 그 에고라는 올가미에 걸리게 만들어 자기들이 이 지구상에서 가장 중요한 단체에 소속돼 있다고 느끼게끔 만드는 것이 아닙니다.

우리는 이런 잘못된 일이 거듭해서 계속 일어나는 것을 목격해 왔으며, 심지어는 우리가 이 마지막 세기에 후원했던 영적 단체들조차 그러했습니다.[1] 당시 많은 사람들이 상승한 대사(大師)들이 후원했던 단체들에 찾아왔습니다. 그리고 자기들이 이제 최상의 존재들과 접촉하고 있고 지구상에서 가장 중요한 가르침을 가지고 있다고 느끼기 시작했는데, 왜냐하면 그들은 승천한 존재들을 따르고 있었기 때문입니다. 그러므로 그들은 상승한 대사들을 위해 많은 것을 행했다고 스스로 느끼기 시작함에 따라 사실상 자아의 미묘한 긍지와 자만심을 쌓기 시작했고, 이제 스스로가 매우 중요해지고 구원을 보장받은 것처럼 된 것입니다.

사랑하는 이들이여! 그러나 보장된 유일한 구원은 지속적인 노력을 통해 기꺼이 스스로를 뛰어넘어 상위의 차원에 도달한 사람들이 얻는 구원입니다. 그럼으로써 그들은 자신의 저급한 자아(自我)가 만들어낼 수 있는 또 다른 마음의 덫이나 함정보다 더 빠르게 그들 자신을 초월할 수가 있습니다. 그런 까닭에 **마음 밖의 어떤 단체나 종교가 여러분을 구원할 수는 없는 것입니다. 그리고 그럴 수 있다고 주장하는 어떤 종교나 단체는 단지 에고 의식의 영원한 올가미 속에 떨어져 있는 먹이(미끼)와 같은 것입니다.**

내가 권하는 묵주기도에 충실한 이들과 어머니 빛의 수호자들이 이런 함정에 빠지는 것을 보는 것은 나의 진정한 바람이 아닙니다. 내가 바라는 것은 저급한 자아에 매이지 않은 삶에 의해 여러분이 할 수 있는 모든 것을 성취하는 것입니다.

황금시대의 의식(意識)

나의 사랑하는 이들이여! 나는 여러분 중의 어떤 이들 안에서 나타난 에고의 작용을 관찰했기 때문에 앞서 언급한 이런 요지의 주의를 여러분에게 주어야 할 필요성을 느꼈습니다. 그리고 나는 여러분이 가능한 한 빨리 그것을

---

[1] 신지학회 창설 이후에 영단에서는 인류에게 가르침과 메시지를 전하기 위한 통로로서 여러 영적 단체들의 설립을 후원했었다. 여기에는 <아이 엠 운동> <아그니 요가> <브리지 투 프리덤> <서밋 라이트 하우스> 등의 활동이 포함된다. 그러나 그 단체가 본래의 순수성을 상실한 즈음에는 뒷받침을 중단하고 또 다른 새로운 메신저를 세워 역할과 사명을 이전시키곤 했었다.

극복해내는 것을 보기를 원합니다. 그럼에도 불구하고 여러분이 그것을 극복할 수 있는 유일한 방법은 저급한 자아인 에고의 작용을 주시하는 것입니다. 에고가 무엇인가에 관해서 깨인 정신으로 그것을 잘 관찰하고 이해함으로써 비로소 당신들은 의식적으로 에고를 자신으로부터 분리시키기로 선택할 수가 있습니다.

참으로 물병자리 시대의 영적인 사람들 사이에 전파될 필요가 있는 의식(意識)은 바로 내가 앞서 언급했던 "너희가 여기 있는 형제, 자매들 중에 가장 보잘 것 없는 사람 하나에게 행한 것이 곧 나에게 행한 것이다.(마태복음 25:40)"라는 가르침과 같은 것입니다. 그리고 이것이 진정한 그리스도의 의식(Consciousness of Christ)이고, 모든 생명 안에 있는 그리스도(빛)인 것입니다. 여러분이 자신 안에 있는 보편적인 그리스도의 마음에 연결될 때, 당신들은 스스로의 의식을 확장하여 우주보편의 그리스도가 모든 것 안에 있음을 깨닫기 시작할 것입니다. 아울러 그 우주적인 그리스도 마음(宇宙心)은 모든 이들이 신(神)에 대해 통달한 고등한 의식 상태에 도달하여 영적으로 자유롭게 해방되기를 열망하고 있는 것입니다.

예언(豫言)의 진정한 의미와 그 어려움에 대해

친애하는 이들이여! 세상에는 많은 사람들이, 특히 기독교인들의 움직임 안에는 어떤 예언이 그 내용대로 실현되지 않았을 때, 그 예언은 실수한 것이고, 따라서 그것은 그릇된 예언이라고 주장하는 이들이 있습니다.

오! 사랑하는 이들이여! 이것은 바로 전형적인 에고의 추론이자 적그리스도(Anti-Christ)의 이중적인 마음입니다. 사실 우리 영적상승을 성취한 존재들이 예언을 할 때는 1차적으로 사람들에게 자신의 의식을 끌어올릴 기회를 주기 위해서 하는데, 만약 예언으로 인해 그렇게 성공적으로 의식이 상승될 경우 그 예언은 물질세계에서 일어나지 않습니다. 실제로 이것이 예언으로 깨어난 사람들에게 우리가 애당초 의도했던 목적인 것이며, 따라서 그들은 필요한 해결조치를 취한 것이고 그로써 예언된 일들은 비켜가게 될 수가 있습니다.

이와 같이 우리의 관점에서 볼 때 물리적으로 실제 현실화되는 예언은 일종의 실패한 예언인데, 왜냐하면 그것이 사람들을 깨어나게 하고 그들의 잘못된 삶의 방식을 바꾸도록 자극하는데 실패했기 때문이지요. 나의 사랑하는 이들이여! 이처럼 인간의 에고의식이 추론하는 것은 종종 그리스도 마음(Christ mind)의 실상과는 완전히 반대라는 사실을 이해하시겠습니까?

내가 여기서 여러분에게 말하고자 하는 것은 많은 사람들이 내가 권하는 묵주기도를 시작한 이래 예언을 하는 나의 특별한 신분을 새삼스레 깨달았다는 것입니다. 최근에도 나는 세상에 다가올 잠재적 사건들에 대해 예언을 하는 것이 가능했습니다. 그럼에도 나는 이 예언을 하지 않았는데, 왜냐하면 두 가지 사실을 알았기 때문이었습니다. 즉 나는 충분한 수의 사람들이 행하는 기도와 명상을 통해 그 부정적인 징후들을 막을 수 있게 되리라는 것을 알았습니다. 그리고 나는 많은 경우에 있어서 장차 무엇이 다가올 수 있는지를 여러분이 모르는 것이 낫다는 것을 알고 있습니다. 그 까닭은 여러분 가운데 높은 영적 단계에 도달한 이들이 자신의 미래상을 그려내는 힘을 부정적인 잠재성에다 맞추기 보다는 오히려 긍정적인 데다 집중함으로써 그것을 상쇄시키는 높은 봉사를 행할 수 있기 때문입니다.

나의 사랑하는 이들이여! 여러분은 이런 예언의 딜레마(Dilemma)를 이해하셨는지요? 결코 그것이 큰 문제는 아닙니다. 사실상 그것은 기분 좋은 딜레마입니다. 그것은 세상 도처의 많은 사람들이 기도와 마음의 힘으로 변화를 만들어낼 수 있음을 깨달았다는 사실을 보여주는 것이기 때문입니다. 그러므로 내가 여러분에게 말하고자 하는 것은 미래는 유동적이며, 인류가 어떻게 하느냐에 따라 향후 일어날 수 있는 기상이변이나 지진 등의 자연적 재앙들과 전쟁들을 피해가거나 무효화시킬 수도 있다는 것입니다.

모든 영적인 제자들과 학도들이 직면하는 문제점

사랑하는 이들이여! 왜 내가 오늘날 영적으로 상승한 대사(Ascended Master)인 것일까요? 또한 예수(Jesus)나 성 저메인(Saint Germain), 엘 모리야(El Morya) 같은 존재들이 어떻게 상승한 대사가 된 것일까요? 우리가 오늘날 영적으로 승격된 대사인 것은 오직 한 가지 이유 때문입니다. 그리고 그것은 바로 우리 자신을 뛰어넘는 노력을 결코 중단하지 않았고 다음 단계로 올라서기를 멈추지 않았다는 것입니다.

우리는 언제나 기꺼이 보다 높은 차원으로 올라서려 하며, 우리의 정신적 역량을 초월하고자 합니다. 비록 때때로 우리가 어떤 경지에서 안락함과 부족함이 없다고 느끼게 되었을 때조차 그렇습니다. 이처럼 우리는 항상 초월하고자 노력했으며, 우리를 영적인 세계로 영원히 귀향케 하는 최종적인 단계를 성취할 때까지 자기초월의 노력을 계속하는 것입니다.

엘 모리야 대사

여러분에게 보장하건대, 우리가 머무르고 있는 상위의 영적 차원에서조차 우리는 스스로를 넘어서려는 노력을 게을리 하거나 중단하지 않고 있습니다. 그런 까닭에 우리는 어제보다는 오늘이, 또 10년, 15년, 50년 전보다는 현재가 훨씬 더 진보된 상태에 있다는 사실입니다. 그리고 물론 이것은 상승한 대사들의 모든 제자나 영적인 학도들이 안고 있는 문제인 것입니다.

이 세상에는 수많은 세월 동안, 심지어는 일생 동안 성(聖) 저메인(St. Germain)의 제자인 사람들이 있습니다. 그런데 만약 그들이 가지고 있는 성 저메인의 이미지가 수십 년 전에 주어진 가르침에 기초한 이미지라면, 그때 그 이미지는 그들 마음에 덫이 될 수가 있습니다. 왜냐하면 성 저메인 대사는 과거 그 가르침을 어떤 단체의 사람들에게 주었을 때 이래 스스로를 엄청나게 뛰어넘은 상태에 있기 때문입니다. 그러므로 만약 한 제자가 그 동안 뒤처진 만큼의 영적인 진보를 이룩하지 못했다면, 어떻게 그가 오늘날의 스승의 상태를 제대로 이해할 수 있겠습니까?

이처럼 여러분은 오직 자기 스스로 기꺼이 과거의 스승의 이미지를 넘어 섰을 때만이 대사들을 진정으로 알 수가 있습니다. 그렇게 함으로써 여러분은 자신의 에고(Ego)에 의해 만들어진 황금 송아지와 같은 죽어있는 우상이 아니라 살아있는 스승을 따를 수가 있는 것입니다. 그리고 여러분의 에고의 주장들은 사실 영적으로 상승한 존재들에 의해 주어진 참된 가르침에 토대를 둔 것이거나 그것을 정당화한 것이지요.

성 저메인 대사

분명히 우리의 과거 가르침들은 참된 것입니다. 하지만 여러분의 저급한 자아인 에고는 그것들을 그릇된 가르침으로 바꿔놓거나 변조할 수가 있는데, 이는 그 가르침들을 대사들이 말했던 방법이나 내용과 유사한 모습의 박제된 이미지로 만듦으로써 가능합니다.

나의 사랑하는 이들이여! 성 저메인2) 대사는 오늘날 10년이나 50년 전보다 훨씬 더 높은 영적 진보상태에 있습니다. 그러므로 여러분이 스스로 자기 자신이나 성 저메인의 이미지를 업그레이드(Up-Grade)하지 않으면, 그가 물병자리 시대의 의식으로 이동하고 있을 때 그를 따라갈 수 없을 것입니다. 여러분은 그 대신에 스스로 만들어 내거나 특정 단체의 집단적인 의식이 주조해낸 허구적인 우상을 섬기면서 뒤처질 것입니다. 아울러 여러분은 불가피하게 자유의 신(神)과 물병자리 시대의 마스터와 접촉하는 줄을 놓치고 말 것입니다. 그러니 사랑하는 이들이여! 여러분에게 요청하건대, 여러분의 내면의 가슴으로 들어가 살아있는 모든 대사들의 존재에 관해 명상해 보십시오. 그리고 그들이 이 지구상에서 보기 원하는 황금시대에 관한 그들의 비전을 드러내 달라고 요청해보세요. 그리하면 여러분은 이전에 결코 상상해 본 적이 없는 지구의 잠재적인 미래상을 보기 시작할 것입니다.

우리가 인간의 자유의지를 거슬러 마음대로 그들을 구원할 수는 없다

사랑하는 이들이여! 나는 여러분에게 어머니가 가슴으로 느끼는 기쁨을 전하고 싶습니다. 그 기쁨은 어머니가 자신의 자녀가 성장해가며 봄날의 아름다운 꽃처럼 만개해 나가는 것을 볼 때 느끼는 것입니다. (중략)

현재 세상에는 새로운 깨어남과 자각이 일어나고 있습니다. 그것은 여기 모인 여러분의 노력만으로 이뤄진 것은 아닙니다. 그 성과는 순수한 가슴을 가진 모든 사람들, 그 어디서든, 심지어는 개인적인 골방에서 기도하며 새로

---

2) 현재 영단에서 7광선을 담당하여 수호하는 마스터이다. 전생(前生)에 구약의 예언자 사무엘(Samuel)이었고, 근대 영국의 철학자 프랜시스 베이컨(Francis Bacon)이기도 했다. 또한 그는 5세기 영국 아더왕의 조언자였던 예언자 멀린(Merlin)이었다. 근대 유럽에서는 연금술과 마법에 통달한 불사(不死)의 존재, 즉 생 제르맹 백작으로 알려져 있다.

운 진리와 빛을 발견한 모든 이들의 힘에 의해 이루어지고 있는 것입니다. 즉 그들은 특정의 일부 집단이 아닌 모든 생명을 사랑하는 어머니 지구와 우주적인 어머니의 참된 사랑에 기꺼이 자신들의 마음을 연 이들입니다.

매우 많은 이들이 성모 마리아가 가톨릭 종교에 속해 있는 것처럼 생각해 왔습니다. 그리고 비록 내가 나의 가슴에 계속 헌신하고 있는 가톨릭 신도들에게 감사하게 생각하고 있지만, 또한 나는 그들이 기독교 체제가 지난 세기들 동안 예수를 추켜올리고 속여온 기존 교의(敎義) 너머를 보기 시작한 것처럼 나를 내세운 가톨릭의 교의 너머를 알기 시작한 이들에게 감사를 드립니다.

나의 사랑하는 이들이여! 나는 단지 나의 묵주기도 의식에 참여한 여러분들에게 깊은 감사의 마음을 전하기 위해 왔습니다. 여러분의 봉사에 대해 내가 느끼는 감사와 사랑은 무엇 때문일까요? 왜냐하면 만약 영적으로 상승한 존재들의 가르침에 아무도 구체적으로 반응하지 않는다면, 어떻게 우리가 지구상에 변화를 가져올 수 있겠습니까?

하느님의 법칙은 지구상에서 일어나는 모든 일은 인간의 자유의지의 선택에 따른다고 정하여 인간에게 모든 것을 위임해 놓았습니다. 때문에 우리가 인간의 뜻을 거슬러서 그들을 구할 수는 없습니다. 즉 우리가 그들을 살리기 위해 물가로 인도할 수는 있으나 억지로 그들에게 물을 마시게 할 수는 없는 것입니다. 그렇지만 어떤 이들이 우리가 제공하고 있는 가르침들을 적극 수용하고 그들의 능력을 배가시킬 때는 빛이 비치기 시작합니다. 그 빛은 언덕 위에 세워진 빛이고 거기서는 아무 것도 감출 수가 없습니다. 그리고 점차 더욱더 많은 사람들이 발생하고 있는 지구변화를 느낄 것이고 자신들 속에 흐르는 새로운 에너지에 대해 알고 싶다고 생각할 것입니다. 그들이 서서히 그런 에너지를 향해 돌아서기 시작할 때 비로소 그들은 각성될 수가 있고, 외부의 존재들과 접촉될 수가 있습니다. 그리고 또한 그들은 신성한 어머니 지구를 도울 수 있는 길이 있음을 알 수가 있을 것입니다.

◇ 성모 마리아의 계시가 밝혀주는 새로운 사실들

1. 마리아와 남편 요셉 사이에는 예수 외에도 다른 아이들이 있었다.

현재 가톨릭과 개신교에서는 그들 사이에 성령으로 잉태된 외아들 예수만이 있었고, 성모 마리아는 죽을 때까지 성처녀였던 것으로 믿고 있다. 이것은 사실이 아니다. 그러나 이 사실은 새로운 것만은 아니며 신약성서를 주의 깊게 정독해 보면 거기서 그러한 증거들을 찾아볼 수가 있다.

2. 성모 마리아는 많은 생애를 거치며 환생했다.

초기 교회시대에만 해도 신도들은 이런 윤회환생을 믿었으나 이것이 후세 인간들의 순수하지 못한 의도에 의해 제거된 것이다.

3. 악마는 존재하지 않는다.
성경에서 언급된 악마란 욕망과 유혹에 약한 인간 내부의 저급한 자아를 상징화한 것이다.

4. 교회의 가르침은 그릇된 것이다.
교회들은 왜곡되어 굳어진 기존의 교의(敎義)에만 사로잡혀 성모의 메시지를 믿지 않고 오히려 배척하고 파괴하려 하고 있다.

****

2. 빛의 마스터 예수 그리스도의 메시지

예수 그리스도는 진정 누구이고 어떤 존재일까? 오늘날 지구상에 20억 이상의 기독교인들과 가톨릭교도들이 존재하고 있지만, 2000년 전 유대 땅에 인간의 몸으로 태어났었던 예수 그리스도의 목적과 사명,

실체를 올바로 알고 있는 사람은 얼마 되지 않는다. 그의 가르침의 상당부분이 후세에 무지한 인간들에 의해 곡해되고 잘못 교리화 되었기 때문이다.

지구의 중대한 차원전환기를 맞이하고 있는 지금, 2,000년 전 지상에서 예수라고 불렸던 마스터는 지구영단(Spiritual Hierarchy)에서 대단히 중요한 직책을 맡고 있다. 또한 인류계도를 위해 전면에서 가장 활발하게 활동하고 있는 마스터(大師)들 중의 한 분이다.

현재 영단 내에서 그가 맡고 있는 직책은 "세계의 스승(World Teather)"이자 "행성 그리스도(Planetary Christ)" 이다. 그리고 앞서 소개된 외계 차원의 여러 메시지들 곳곳에 나와 있는 대로 마스터 예수의 우주적 이름은 '사난다(Sananda)' 이다. 또한 과거 지구에서의 여러 생애를 통해 조슈아, 예슈아, 에수, 임마누엘 이라는 다른 이름으로도 불렸다고 한다. 그리고 그의 지구상에서의 전(全) 생애는 처음의 출생에서부터 마지막 승천까지 영단(Spiritual Hierarchy)과 우주인 세계의 철저한 계획 하에 미리 준비되고 예정되어 있었고, 거기에 따라 진행되었다. 따라서 성경에 불완전하게나마 기록되어 있는 그의 모든 삶에는 외계 차원과의 계속적인 연관성이 나타나고 있기도 한 것이다.

그렇다고 과거 일부 서구학자들이 제기했던 대로 그가 단순히 외계인이었다는 식의 주장이나 설(說)은 별로 적절하지가 않다. 그가 오랜 고대에 우주적 기원을 가지고 있는 것은 사실이지만 그 역시도 지구에서의 여러 생(生)을 통한 오랜 연단과 수행을 거쳐 높이 승화됨으로써 영적으로 승격된 대사(大師)인 것이며, 오늘날 중요한 인류의 스승들 가운데 1인으로 지구와 인류의 차원상승을 위해 앞장서고 있는 존재인 것이다.

오늘날의 기독교인들은 그가 하늘로 승천한 후에 하느님 보좌의 오른쪽에 가서 앉아 있다는 식으로 단순하게 믿고 있는지는 모르겠으나, 그는 현대에도 인류를 깨우치고 진리를 전하기 위해 계속 활동하면서 메시지를 보내고 있다는 사실이다. 그리고 자신의 가르침이 왜곡되어 버린 현실을 개탄하고 안타까워하면서, 인류의 의식(意識)이 빨리 깨어나기를 바라고 있는 듯이 보인다. 오늘날 그와 채널링을 하는 채널러들은 대표적인 미국의 버지니아 에센(Virginia Essen)과 캔데이스 프리즈(Candace Frize) 외에도 다수가 활동하고 있다. 그리고 그 메시지들은 거의 일맥상통한다.

지구라는 3차원 밀도를 넘어선 5차원 이상의 고차원계라는 것은 영적세계와 우주인 세계가 연결되어 있고 서로 협력하는 시스템이다, 그러므로 또한 예수라는 빛의 존재 자체가 오늘날에도 인류를 돕기 위한 우주인들의 연합 조직과 연계되어 어떤 활동을 하고 있다고 해서 이상할 것은 하나도 없는 것이다. 그는 현재 앞서 언급된 대백색형제단 소속의 대사이며, 또한 아쉬타 UFO 함대의 지도자로서 지구의 차원 전환을 원조하고자 상승한 빛의 마스터로 계속 일하고 있다. 이제부터 예수 그리스도가 우리에게 전하는 살아 있는 복음을 들어보도록 하자.

◆ 메시지-1

※이 내용은 채널러 에릭 클레인에 의해 명상모임에서 채널링된 사난다(예수)의 메시지이다. 이것은 차원상승과 은총, 카르마(業), 지구변동 그리고 개인의 상승에 관계된 것이다.

- 앞으로의 지구변화와 영적 상승에 대한 전망 -

지구의 천재지변은 카르마의 정화 및 균형작용이다

친애하는 이들이여, 오늘 저녁 이곳에서 여러분과 함께 하고 있는 나는 사난다(Sananda)입니다. 나는 오늘 여러분과 함께 엄청난 에너지와 치유의 은총을 함께 나누고자 하며, 또한 여러분의 내면과 지구상에서 일어나고 있는 일들에 관해 나름대로의 전망과 정보를 여러분에게 제공하고자 합니다.

우리가 오늘 저녁 여러분에게 가져오는 이 에너지는 당신들이 다음 단계로 도약하는 것을 돕게 될 것입니다. 지금 이 자리에는 우리와 함께 많은 마스터들이 참석했으며, 우리는 개인적으로 집단적으로 여러분과 함께 협력하고 있습니다. 또한 치유 에너지를 어머니 지구에게 보내는 데 있어서 여러분의 에너지와 여러분의 열려진 채널을 활용하고 있습니다. 그러므로 우리는 오늘 저녁 하나의 다차원적이고 다면적인 경험들을 하고 있는 것입니다.

오늘 저녁 최선의 성과를 얻기 위해 즉시 몸을 이완하고 우리와 함께 천천히 호흡을 시작하십시오. 명상할 때의 방식처럼 자신에게 초점을 두고 집중하십시오. 저는 먼저 카르마의 균형을 잡는 문제와 지구변화에 관한 나의 견해를 전하도록 하겠습니다.

현재 지구는 흔들리고 있고 바람은 울부짖고 있으며, 불은 포효하고 있습니다. 여러분은 단지 한 인간에 불과합니다만 그렇다고 나약하지는 않으며 영(靈)에 있어서 당신들은 강력한 존재입니다. 지금 행성적 규모로 일어나고 있는 일들은 오랜 세기 동안 이 행성 위에서 모이고 축적된 부조화의 에너지가 균형을 잡으려는 거대한 정화작용(淨化作用)입니다. 지금은 모든 카르마적인 빚을 갚고 완전한 균형을 잡는 것이 필요한 시기입니다.

비유적으로 표현하면, 지구는 여러분에게 한 동안 신용대부(信用貸付)를 해 줬다가 이제 그녀는 그 빚을 갚으라고 요구하고 있다고 말할 수 있겠습니다. 지구는 인간이 만들어 놓은 부정적인 에너지, 밀도가 높은 에너지들을 안고 지탱해 왔으며 지금은 이것들을 방출하고 있습니다.

대부분의 사례에 있어서 이런 방출작용에 의해 피해를 받는 존재들은 이러한 부정적 에너지를 만들어 온 그 원천적인 사람들입니다. 그러므로 내가 세상에 우연은 없으며, 당신들이 빛이고 스스로 두려워할 것은 아무것도 없다고 전할 때는 그것을 편안한 마음으로 수용하도록 하십시오. 카르마적인 균형 작용이 현재 지구영단에 의해서, 그리고 지구와 자연령들에 의해서 가장 효과적으로 이루어지고 있습니다. 3차원이나 4차원적인 사고(思考)로 볼 때 약간 불협화음(不協和音)처럼 보일 수도 있는 그것은 실은 일종의 아름다운 연주회입니다.

하지만 사실 현재 필요한 것은 더불어 이루어지는 전체적 조화입니다. 요컨대 카르마(業)의 법칙, 자연법칙이 존재하고 있으며, 당신들은 날마다 삶 속에서 그것을 목격하고 있는 것입니다. 그리고 여러분이 경험하고 있는 이것은 또한 균형과 조화를 얻게 된 개인들처럼 여러분 자신의 내면속에서도 일어나고 있습니다.

그런데 이 경험의 파노라마(Panorama) 속에는 우리가 방정식으로 계산하지 않은 추가적인 힘과 원동력이 있습니다. 그것은 다름이 아닌 은총(恩寵)의 힘입니다. 지금 이 지구상에는 영(靈)에 다가가려 하고, 또 자신의 삶을 가장 높은 지혜와 선(善)의 원천, 신성(神性)에다 의탁하려는 열망을 가슴에 품은 이들이 있습니다. 그리고 그들의 내면에 존재하는 이러한 영(靈), 또는 지혜의 원천, 신성은 보다 상위의 법칙에 접근하는 권한을 가지고 있는 것입니다. 그것이 여러분이 상승과정에서 활용할 은총이라는 상위의 법칙인데, 이것은 여러분의 신성한 대아와 합일되는 상승 경험에 유용할 수가 있습니다.

　은총의 힘은 카르마의 균형을 잡는 돛대로 변형되거나 전환될 수가 있습니다. 여러분 각자는 자신의 창조물들과 고유한 신념들을 통해서 균형잡아야 할 카르마들을 가지고 있습니다. 그리고 빛의 일꾼으로서의 여러분에게 말하건대, 이러한 균형은 매우 긍정적인 것이고 여전히 모든 것은 청산되어져야 한다는 것입니다. 치우친 모든 것은 균등화되어야 하고 균형이 잡혀져야만 합니다. 즉 모든 것이 그리스도 의식(Christ Consciousness)과의 합일이라는 평정(平靜)의 초점으로 가져와져야만 하는 것이죠. 따라서 나의 친애하는 이들인 여러분 모두는 지금 이 시대에 자신의 삶 속에서 일종의 선택의 기회를 부여받았고, 우리가 여기서 논하는 그것은 사변적(思辨的)인 것이 아니라 매우 실제적인 것이라는 사실입니다.

　나는 이 순간 여러분에게 카르마의 균형과 불균형에서 해방될 경험의 기회를 가지고 있음을 말하고 있습니다. 그리고 여러분의 생각과 의식(意識)으로 하는 그 선택은 여러분이 자신의 경험 속에서 얻는 반응이나 결과로 결정되는 것입니다.

　우리는 당신들이 자신의 삶에서 결과적으로 만들어 내게 되었거나 믿어 온 신념 패턴들, 한계들에 관해서 여러 번 언급한 바가 있습니다. 나는 여러분에게 하나의 좋은 실례(實例)를 제시하겠는데, 인류는 지금까지 태어나서 죽어야만 했기 때문에 대부분의 인간들은 무의식적인 가르침을 받아왔습니다. 다시 말하면 인류가 삶과 죽음의 원리를 헤아리게 된 이래 무의식중에 쭉 이러한 생사관(生死觀)이 인류의 의식 속에 심어지게 된 것이지요. 하지만 그럼에도 불구하고 은총에서 오는 변형의 힘에 의해 이런 고착된 신념패턴 또한 바뀔 수가 있습니다. 이런 경험이 상승으로 전환되고 극복될 수가 있는 것입니다.

　그릇된 신념들이 인류의 의식 속에 받아들여져 온 많고도 많은 사례들이 있는데, 모든 이들이 반쪽짜리 진실이나 불완전한 진리, 또는 허위들을 믿어 온 까닭에 그것이 마치 진실이나 실제의 현실처럼 수용돼 버린 것입니다. 사실상 이런 상황이 인간들이 살고 있는 이 세상의 실상입니다. 따라서 우리가 여러분에게 요청하고자 하는 것은 그 고착돼 있는 그릇된 패턴을 깨뜨리고 은총의 힘과 이러한 카르마에서의 해방과 차원상승의 가능성에 마음을 열라는 것입니다. 그리고 여러분이 꼭 죽을 필요가 없을 수도 있다는 것을 믿는 것입니다. 그럴 경우 여러분은 반드시 카르마나 정화, 지구 청소작용, 격렬한 변동, 분노, 두려움 등을 겪을 필요가 없습니다. 당신들은 무엇을 경험했습니까? 그것이 무엇이든 간에 이런 것들은 모두 여러분이 받아들인 현실에 대한 제한된 신념패턴을 토대로 생성된 여러분 스스로의 창조물들인 것입니다. 즉 카르마적인 균형 작용의 산물인 것이죠.
　자연법칙, 카르마의 법칙은 인간으로 하여금 일정한 양의 시간과 기간 동안 카르마의 세계를 탐구할 수 있는 기회를 제공합니다. 오랜 기간 태어나서 죽고, 다시 환생하고 또 죽음을 맞이하는 가운데 인간의 모든 행위에는 반드시 그에 상응한 반작용(보응)이 따른다는 균형의 법칙을 배우는 것입니다. 그런데 그 배움의 과정에서 그것을 초월하는 길이 있음을 알게 됩니다. 즉 보다 깊은 현실에 대해 눈을 뜨게 되는데, 카르마가 생(生)과 사(死)의 수레바퀴를 돌린다는 것에 대한 자각(自覺)이 그것이지요. 지금은 인류의 의식 속에서 이루어진 이런 실험들이 결실을 맺어야 할 시기입니다.
　여러분이 자신의 모든 생애들 동안에 무엇을 축적했든 간에 그것이 여러분이 윤회(輪廻)를 통해 얻은 결과입니다. 인류는 더 이상 지구상에서 생을 거듭해 가며 지금까지의 3차원적인 한계 속에서의 삶과 같은 경험을 쌓을 필요가 없습니다. 당신들은 그것을 겪을 만큼 충분히 경험했습니다. 그렇지 않은가요? 실제로 그것이 사실인 까닭에 우리가 여러분에게 차원상승과 여러분 자신의 신성(神性)에 관해 이야기할 때, 여러분 중의 많은 이들이 그것을 어떤 아주 새로운 것으로 인식했을 수도 있습니다.
　사실상 여러분에게 새로운 것은 3차원의 한계와 죽음이 끝난다는 것이며, 그것이 인류에게 놀랍고도 생소한 소식입니다. 그렇기 때문에 우리는 여러분에게 근원으로 귀향할 것을, 즉 여러분의 신성한 대아(大我)와 합일을 이루어 귀환할 것을 요청하고 있는 것입니다. 그것은 물질과 여러분의 육체, 감정체, 멘탈체의 영화(靈化)를 경험하는 것입니다. 또는 여러분이 빛의 일꾼(Light Worker)으로서 본래 왔었던 그 신성한 상태로 되돌아가는 것입니다. 여러분이 우리가 언급하고 있는 원리들을 최소한 어느 정도 이해하는 것은 현재 매우 중요합니다. 여러분의 영(Spirit)이 여러분에게 사적이고도 직접적인 방식으로 통신을 하고 어떤 정보를 줄 수도 있다는 가능성에 대해 여러분의 가슴과 마음을 여십시오. 예컨대, 여러분의 내면에서 내가 하는 말의 진실 여부에 대해서도 알려줄 수가 있는 것입니다.
　나의 친애하는 이들이여! 그러므로 당신들은 자신이 나아갈 노선에 대해서 선택할 수가 있습니다. 영(靈)에게 모든 것을 의탁하는 가운데 해방과 카르마 패턴의 전환(변형), 그리고 자유를 얻을 수가 있습니다. 과거의 낡은 습성에 매여 살기보다는 지금 여러분은 그런 것들을 뛰어넘을 수 있는 기회를 부여받고 있으며, 이는 크나큰 은총입니다. 그리고 우리는 지금 여러분이 마음을 열고 이 기회를 받아들일 것을 기대하고 있습니다.
　이 지구상의 존재들은 모범적 본보기를 보고서 배웁니다. 이곳은 직접적인 경험을 통해서 무엇인가를 배우게 되는 존재들이 모여 있는 행성입니다. 그리고 빛의 일꾼들에게는 신성구현과 상승의 직접적인 경험이 필요한데, 이것은 먼저 길을 개척하여 다른 이들이 보고 배울 수 있는 시범을 보여주기 위한 것입니다. 과거의 유한한 반복적인 습성들을 활기차게 부숴버리고 이 지구상에서 이루어진 기나긴 주기의 육체적 삶을 성공적으로 완수하는 보다 실제적인 본보기들이 되십시오. 창조주의 기쁨과 사랑이 지금 흘러넘치고 있습니다. 나의 가슴은 여러분 모두에 대한 그런 사랑으로 가득 차 있습니다. 넘치는 사랑의 에너지를 수용할 수 있도록 여러분이 자신의 마음을 활짝 열었으면 하는 것이 나의 바람입니다.

나는 여러분을 볼 때 인간이 가진 유한한 시각인 3차원적인 색안경을 통해 보기보다는 빛을 통해서 봅니다. 친애하는 이들이여! 여러분이 쓰고 있는 3차원의 안경은 벗도록 하세요. 우리는 여러분을 위해 새로운 5차원의 안경을 맞추었습니다. 여러분이 이런 5차원의 안경을 통해 여러분의 삶을 볼 때는 문제 있는 것으로 보일수도 있는 모든 것들이 오히려 익살맞게 보입니다. 거기에 근원으로부터의 분리는 결코 없으며 오직 근원만이 존재하는데, 즉 삼라만상 전체가 신(神)의 현현인 것입니다. 어둠과 빛 사이의 이원성(二元性)은 본래 없었습니다. 좋은 놈, 나쁜 놈도 없으며 그것은 모두 3,4차원적인 시각인 것입니다. 현재 벌어지고 있는 어떤 전쟁도 결코 없습니다. 만약 여러분이 자신의 내면에 있는 영(靈) 도달할 수 있다면, 이원성을 초월한 이런 밝게 빛나는 5차원의 관점을 받아들일 수가 있을 것입니다. 그러므로 나는 친구들인 여러분에게 자신의 삶과 현재 이 세상에서 진행되고 있는 카르마적으로 다시 균형이 잡히는 작용과 정화현상에 대해 보다 높은 거시적 안목을 가지라고 요청하는 바입니다.

나는 여러분 모두가 눈에 보이는 외적 현상에 대해 3차원이나 4차원적인 관점에서 나온 반응을 나타낼 것이 아니라 고요함과 평정을 유지했으면 합니다. 하지만 보다 높은 안목을 가질 경우, 현재 일어나고 있는 지구변화와 정화작용들을 완전히 새로운 빛의 시각으로 보는 능력이 생깁니다. 사실 그런 일들은 긍정적인 것이고 흐트러지고 치우쳐진 균형을 잡는 사건들입니다. 그리고 그런 사건들에 의해 반대로 불리하게 영향을 받는 존재들은 순결한 국외자들이 아니라 그들의 카르마적인 오점들을 청소해내야 할 사람들인데, 그로 인해 높은 차원을 인식하는 도약이 일어날 수도 있는 것입니다.

여러분은 대부분의 사람들이 그러하듯이 이 지구적인 변동에서 그저 살아남는 길을 선택하거나, 아니면 영(Spirit)과 소통하여 빛을 통해서 여전히 남아 있는 자신의 카르마적 불균형을 변형시킬 수도 있습니다.

하지만 행성 지구가 보다 고등한 차원으로 올라설 때는 어차피 이 모든 것이 어떤 식으로든 정화되고 균형이 잡혀져야만 합니다. 이런 지구변화에 긍정적 영향을 주기 위해서 행하는 치유(Healing) 노력들, 예컨대 오늘 저녁 여러분이 수련한 명상 같은 것은 매우 유익합니다. 여러분이 그런 행위를 통해 지구로 빛을 가져오는 만큼 어머니 지구는 이 빛을 가장 지혜로운 방식으로 활용할 수가 있습니다. 이것은 우리가 여러분의 몸을 치유하기 위해 빛을 가져오는 것과 똑같은 것입니다.

명상의 중요성과 내면의 영(靈)과의 연결

친애하는 이들이여! 여러분 내면에 있는 자신의 영(靈)과 연결되도록 하십시오. 그리고 삶 속에서 명상을 하도록 하십시오. 여러분은 자신의 영을 부를 필요는 없지만 거기에 접근해서 도달해야만 합니다. 여러분의 영(靈)은 각자의 내면에서 소통되기를 기다리고 있는 일종의 강력한 잠재력으로서 침묵 속에 존재하는 여러분의 일부입니다. 하지만 여러분이 열려 있고 받아들일 준비가 되는 정도까지만 영과 소통될 수가 있습니다.

만약 당신들이 협력을 도모하기 위해 자신의 고등한 자아(Higher Self)와 영적 인도자들, 영적인 대사들을 초대한다면, 이 영(靈)의 에너지에 충분하고도 완벽하게 연결될 것이고 상승에 이르게 될 것입니다. 하지만 여러분은 자신의 과제를 해내야만 하고 내면의 영과 소통하여 거기에 도달해야 합니다. 다시 말해 거기에 시간과 노력을 투자해야 하고 전심전력을 다해야만 하는 것입니다.

여러분의 초점을 3~4차원으로부터 옮겨서 5차원에다 접속시키십시오. 그 5차원으로 가는 입구는 인간의 내부에 존재하고 있습니다. 영적이고 육체적인 존재인 여러분의 내면은 당신들이 접근할 수 있고 지금 다가가고 있는 일종의 입구인데, 여러분의 고등한 자아를 통해 그 현존을 느끼게 될 때 모든 천국이 열려집니다. 이것이 요구되는 전부이며 매우 간단한 것입니다.

개인적으로 여러분에게 무슨 작용이 나타나든 거기에다 자신을 적응시키십시오. 그리고 현재 당신들이 하고 있는 빛의 일꾼으로서의 책임을 방기하는 행위들은 그 무엇이든 중단하도록 하십시오. 아마도 여러분은 자신이 가야할 영적인 진로를 알고 있을 것입니다. 그럼에도 불구하고 당신들 가운데 어떤 이들은 매일 밤 술집에 가는 것을 선택하고 자신의 본분을 망각할 정도로 술을 들이킵니다. 우리가 어떤 행위를 단순히 좋다 나쁘다로 분류해서 보지는 않습니다만, 그것은 여러분의 상승을 향한 진로에 도움이 되지 않는다고 말할 수는 있을 것입니다. 이것은 하나의 간단한 사례이긴 하나 여러분 모두는 자기 나름대로의 고유한 중독성 약물들을 가지고 있습니다. 즉 여러분 중에 어떤 이들은 자기 자신이 무가치하다고 느끼는데, 바로 이것이 스스로 만들어낸 그의 일종의 중독약물인 것이죠. 또 어떤 사람들은 명상을 하기가 너무 어렵다고 느끼며, 이 또한 그 사람만의 것일 수가 있습니다.

친애하는 이들이여! 나는 오늘 저녁 여러분을 돕기 위해 이곳에 와 있습니다. 왜냐하면 여러분이 곧 나이고, 내가 곧 여러분으로서 우리는 언제나 하나이며 함께 하기 때문입니다. 그리고 만약 여러분이 도움을 청한다면, 자신의 다음 단계가 무엇인지에 대해 명확하고도 직접적인 인도를 받을 것입니다.

여러분이 이 과정에서 시간을 내어 가장 잘 봉사할 수 있는 길이 여러분 내면의 고요함으로 가는 길을 열 것입니다. 그러한 고요함 속에서 여러분의 영(靈)이 당신들에게 말할 수 있으며, 다른 많은 마스터들 역시 마찬가지입니다. 그리고 혹시라도 여러분이 이미 자신의 고등한 자아나 상승한 대사들로부터 인도를 받고 있다면, 그것은 여러분에게 바람직한 것이고 축복인 것이지요. 그 때때로의 순간에 여러분은 무슨 이야기들을 듣고 있습니까? 그리고 어떤 이들은 왜 이를 잠시라도 실험해 보지 않나요?

잠깐 동안 여러분의 영에게 귀를 기울여 보고 어떠한 지 실험을 해보십시오. 여러분이 내면으로 침잠하는 그것은 귀중한 시간입니다. 지금 이곳에서의 이 시간은 두 번 다시는 오지 않을 것입니다. 지금 열려 있는 입구는 세상에서 다시는 같은 식으로 열리지 않을 것입니다.

여러분에게 유효한 그 도움과 은총은 심오한 것입니다. 그것을 받기 위한 필요조건은 성실과 결의, 헌신, 한계를 뛰어넘고자 하는 열망, 그리고 자신의 본래면목(本來面目)을 경험하는 것이 전부입니다.

아마도 여러분은 우주적인 메시지를 접해 보았을 것이고, 사난다가 여러분에게 말한 모든 것은 명상하라는 것이었습니다. 여러분이 알다시피 당신들이 진정으로 희구하는 모든 것은 자기의 내면에 있으며, 여러분 자신을 통해서 거기에 접근되는 것입니다. 여러분이 만약 내가 이 장소에 참석해 있다는 것을 느낄 수가 있다면, 그것은 여러분이 자신의 영(靈)에 열려있기 때문입니다. 그것이 우리가 여러분에게 이르는 방법이지요.

이 시기에 여러분에게 필요한 것은 체험하는 것이고, 끈기 있는 추진력과 확신, 헌신 등을 보여주는 것입니다. 여러분이 만약 우리의 영적인 실습 시간 동안에 확실한 기초를 마련하지 못한다면, 많은 어려움이 초래될 것입니다. 그렇게 되면 여러분은 은총보다는 부득이 카르마(業)의 법칙을 선택하여 그 적용을 받게 될 것입니다.

우주는 여러분이 알고 있는 스스로의 선택을 존중합니다. 우주는 당신들을 창조자 영(靈)들로, 창조자 신(神)들로 보며, 당신들이 무엇을 믿거나 또는 무엇을 우주로 투사하든 그것을 그대로 당신들에게 제공해 줍니다. 여러분이 경험하는 그 과정은 심원합니다.

차원상승의 행로는 다소 가파르고 험준합니다. 우선 그것은 헌신을 요구합니다. 그리고 호기심, 매혹, 훈련 이상의 것을 필요로 합니다. 또한 그것은 신성한 섭리 앞에 완전한 내맡김을 요구하지요. 여러분의 내면세계에는 나아가다 보면 도달하게 되는 상승행로상의 어떤 지점이 있는데, 여러분 중에 일부는 내가 언급하고 있는 것을 알고 있으리라고 확신합니다. 이 지점은 더 이상 상승과 신성실현에 관한 전반적 개념에 대한 호기심 정도로 마음을 빼앗기지 않는 단계입니다. 사실 여러분은 단순히 그것에 관해 듣는 데에 지쳐버릴 수가 있고 거기서 사변적 차원을 넘어선 내면의 중요한 다음 에너지 단계로 올라서야만 합니다. 이 단계에서야 비로소 거기에만 전념해서 헌신과 온전한 내맡김에 이르게 됩니다.
 이것은 은총의 직접적인 현시(顯示)이고 은총의 물결이 여러분에게 임할 때입니다. 친애하는 이들이여! 나는 여러분이 그 흐름을 탈 수 있는 분별력을 지닐 것이라고 믿습니다. 그리고 당신들은 자신의 내면세계로 통하는 그 입구를 열어젖히게 되는데, 그것은 보기에 믿을 수 없는 엄청난 것이고 지금 여러분에게 활용이 가능한 것입니다. 하지만 그것은 반드시 완벽한 상승경험을 성취하는 것에 의해 좌우되지는 않습니다. 그것은 오직 거기에 대해 알고자하는 여러분의 바람과 호흡에 그 해답과 비밀이 있는 것입니다. 그리고 여러분이 명상을 수련하는 과정에서 집중과 이완을 하기 어려울 때가 있게 될 것입니다. 그때 여러분은 도움을 청할 것이고 그러면 때때로 압도적인 도움의 에너지를 느낄 때도 있을 것이고 그렇지 않을 때도 있을 겁니다. 그럼에도 불구하고 여러분은 어떤 호흡이 내면의 합일과 신성구현 및 해방을 가져오는 문을 열어주는지를 알지 못합니다. 그러므로 지속적으로 호흡에 기반을 둔 명상을 하도록 하고, 내면의 빛에 의거한 명상을 하십시오.
 여러분이 수련 중에 발견한 것이 무엇이든 그것이 여러분에게 계속 긍정적으로 작용하는 한은 유익한 것입니다. 여러분이 진전되는 만큼 새로운 방법이나 보다 정교하고 순화된 영적 수련법을 채택하기를 두려워하지 마십시오. 하지만 어디까지나 그것은 여러분이 영(靈)에게 가까이 다가갔을 때에 한해서입니다.
 여러분과 다시 연결되기를 원하는 수많은 마스터들이 있으며, 이런 채널링을 통한 활동은 여러분뿐만이 아니라 우리에게도 즐겁습니다. 고차원 세계의 구현을 위해 우리 모두 함께 힘을 모으도록 합시다.

◆ 메시지-2

우주형제들의 활동과 승천(昇天)의 비밀에 대해

※다음의 내용은 미국의 채널러인 W. 브라우넬이 수신한 내용이다.

보병궁 시대의 인류에게 전하는 숨겨져 있던 진리들

사랑하는 빛의 자녀들이여! 내가 나의 생각을 여러분 가운데 한 사람을 통해 전달할 수 있다는 것에 관해 이상하게 생각하지 마십시오. 내가 빛의 존재로 변화된 이들에게 명확히 의사전달을 하는 것 만큼이나 나는 죽음이라고 잘못 불려져 온 다른 차원에 머물러 있으면서 아직 육체를 가진 이런 사람들(채널러들)에게 몇 번이고 몇 번이고 언제나 이야기를 해왔던 것입니다.

여러분의 성경은 고대의 예언자들이 신성한 계시를 받았을 때에 관한 많은 사례를 기록하고 있습니다. 지구를 돕는 활동을 멈추지 않고 계속해 온 것은 하느님 아버지였고 성령(Holy Spirit)이었으며, 내 자신과 천사(天使)들, 그리고 수많은 빛의 존재들이었습니다. 그리고 지금 상황이 역전된 것이 사실인데, 실제로 이러한 마지막 시기에 우리가 그때보다 더욱 활동적이 되었기 때문입니다. 우리는 언제나 우리의 사랑과 빛의 메시지들을 수신할 수 있는 영적으로 성장된 많은 사람들을 찾고 있습니다.

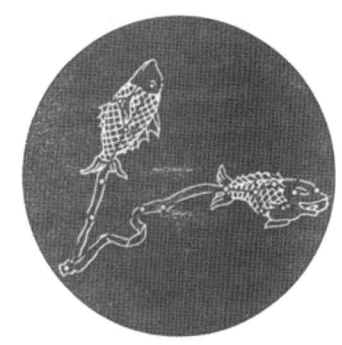
쌍어궁의 상징

지난 2,000년 동안의 쌍어궁(雙魚宮) 시대의 열쇠가 되는 말은 "나는 믿는다." 였습니다. 이 12궁도(宮圖)의 상징은 두 마리의 물고기가 서로 반대 방향으로 헤엄치고 있는 것이죠. 초기의 기독교인들은 많든 적든, 그들의 믿음이 하나로 되어 있었고 그들은 자기들의 상징으로 한 마리의 물고기를 사용했습니다. 그들이 진리를 낚는 어부가 되었을 때 황금율(黃金律)에 관한 나의 단순한 가르침은 증폭되었고, 하느님을 사랑하고 인간을 사랑하라는 교훈들은 매우 강력해졌습니다. 그러나 그 단순한 진실은 나중에 왜곡되었고 그 믿음들은 정도에서 벗어났으며, 두려워진 물고기의 학교처럼 그들은 뿔뿔이 흩어져 모든 방향으로 헤엄치게 돼버렸지요.

지금 우리가 진입하고 있는 "보병궁(寶甁宮)의 시대"의 핵심어(核心語)는 "나는 이해한다." 입니다. 여러분은 특히 알기 위해 질문하는 어린이나 청소년들을 발견하게 될 것입니다. 만약 당신들이 어떤 그럴 듯한 명분에 대해 그들의 충성을 바란다면, 도움 올 받을 만한 이유를 그들에게 보여주어야만 합니다. 더 이상 그들은 믿음을 받아들이지 않는데, 그것은 기성세대가 무조건 믿어야만 한다고 했기 때문이지요. 이런 젊은이들 가운데 많은 이들이 보병궁 시대의 완성을 돕기 위해 이 시대에 일부러 지구로 육화해 왔습니다. 그러나 불행하게도 이들 가운데 어떤 사람들은 어느 정도

물병자리(보병궁)의 상징 이미지

낙담하고 환멸을 느끼게 되었습니다. 그 이유는 기성세대가 깨닫지 못한 채 이 현명한 젊은이들에게 모순된 믿음을 받아들일 것을 강요하는 데에 있습니다.

그러나 지금 여러분의 세계 속에는 바람직한 변화를 가져오는 새로운 힘이 작용하고 있습니다. 보병궁 시대의 상징은 외관상 커다란 항아리로 물을 붓는 사람입니다. 하지만 물의 시대는 끝나가고 있으며, 현재는 공기의 시대로

바뀌고 있습니다. 그렇지만 이것은 그저 인간이 큰 항아리로 붓는 단순한 공기가 아닙니다. 그것은 성령(聖靈)이며 바로 아버지 하느님의 빛의 정수(精髓)이고, 존재하는 모든 것의 창조자입니다. 또 이것은 이 시대를 위한 특별한 은총이며 성경에는 선지자 요엘에 의해서 이렇게 기록되어 있습니다.

"내가 너희의 주 하느님이며 그밖에 다른 것은 없느니라. 그리고 나의 백성들은 더 이상 수치를 당하지 않게 될 것이다. 그런 다음에 내가 모든 사람들에게 나의 영(靈)을 부어줄 것이다. 그러면 너희의 아들, 딸들은 예언을 하고, 노인들은 꿈을 꾸고, 젊은이들은 환상을 볼 것이다." [요엘서 2:27~28]

나의 사랑하는 지구인들이여! 나는 당신들의 용기를 북돋우고, 그것을 요청할 것입니다. 그리고 여러분 자신과 전 지구를 위해 이 성령의 빛 에너지 분출에 관해 법령을 공표하고자 합니다. 여러분이 더욱 더 성령을 받아들일 때, 당신들은 여러 가지 능력들을 사용하여 스스로에게 부여하는 것이며, 빛에 대한 봉사를 새로운 높이로 상승시키게 될 것입니다. 그리고 새시대로 접근하는 과정에서 완전한 수확물을 거두어들일 수 있는 우수한 씨앗을 파종(播種)할 수 있을 것입니다.

약 2000년 전 나는 하느님 아버지의 의지를 실행하고 그 방법을 시범보이는 사람이 되고자 지구에 왔었습니다. 그리고 보다 나은 삶의 방식을 인류에게 가르치기 위해서 왔었습니다. 나는 하느님으로부터의 사랑과 평화, 그리고 치유의 방법들을 가르쳤습니다. 일반 대중들은 나의 가르침을 아주 잘 받아들였으나, 성직자들(대제사장들)과 종교 지도자(율법학자)들은 그렇지 않았습니다. 왜냐하면 그들은 자기들의 명성과 위신이 손상되고 지배권을 잃게 될까 봐 두려웠기 때문이었죠.

그리하여 나를 따르는 사람들이 거대한 무리가 되었을 때 이들 종교 지도자들은 가능한 한 나를 제거해 버리기로 결정하게 되었습니다. 내가 진실을 가르친 이래, 그들은 나를 고발할 수 있는 작은 꺼리들을 발견할 수 있었습니다. 그러나 처음에는 단지 비폭력적인 방법들을 사용했었지요. 그 실례(實例)로 성경에는 환전상(換錢商)들이 옳지 않다고 성전 밖으로 내쫓기 위해 내가 채찍을 이용했다는 내용이 있습니다.

나는 성전 안 뜰의 한 탁자 가까이에 있었는데, 그 탁자는 고의적으로 또는 우연히 뒤집혀 있었습니다. 일

성전에서 환전상을 내쫓는 예수그리스도

부 사람들이 그 주위로 구르는 돈을 서로 줍고 빼앗기 위해 정신이 팔려 있었죠. 그리고 그때 그 작은 소동의 와중에서 더 많은 탁자들이 넘어졌습니다. 그런 혼란 속에서 어떤 일이 일어났는가를 정확히 안다는 것은 어려운 일입니다. 그러므로 환전상들을 내쫓기 위해 내가 탁자를 뒤엎고 채찍질을 했다는 것은 환전상들이 나를 비난하기 위해 만들어 냈던 이야기인 것입니다. 내가 그들의 성전에서의 신성모독(神聖冒瀆)에 대담하게 반대하여 그들에게 나가라고 종종 큰 소리로 말해온 이래, 그들은 나에 대해 좋지 않게 생각하고 있었습니다. 따라서 종교 지도자들이 나를 십자가에 못 박은 데에는 사실 그들의 힘이 보태졌던 것입니다.

하지만 내가 십자가상의 고통과 치욕을 막으려고 선택했었다면 그렇게 할 수도 있었습니다. 당시 여러 번 나는 내 몸을 안 보이게 하거나 군중들 속으로 사라지게 만드는 능력을 나타냈었지요. 또한 '천사군단(天使軍團)'의 도움을 얼마든지 요청할 수도 있었습니다. 그러나 기록을 남기기 위해서는 이것이 최선의 방법임을 아버지 하느님은 그의 무한한 지혜로 알고 계셨습니다. 수천 명의 사람들에 의해 하나의 공적인 죽음으로 목격됨으로써, 그때 부활과 승천은 그들이 받아들일 만한 궁극적인 중요성을 지니게 되는 것이었습니다. 하지만 내가 인류에게 행했던 봉사는 그 십자가 위에서 끝났고, 나의 죽음은 나와 함께 십자가에 못 박혔던 강도들의 죽음 이상의 것을 성취하지 못했습니다.

너무나 왜곡 변질된 나의 가르침 - 대속(代贖)은 허구다

나의 삶은 다른 사람들이 *그들의 죄악에 대한 응보(應報)에서 벗어나도록 돕기 위한 하나의 희생양이 아니었습니다.* 나에 대한 아버지의 목적은 단지 인간이 *육체적 죽음 이후에도 진정한 혼(魂)이나 영체(靈體)가 최종적인 부활과 상승(Ascension)을 이룰 때까지 다른 삶 이후의 환생(還生)을 통해서 계속 발전해 간다는 것을 증명하여 보이는 것이었습니다.*

이 사명의 성취에 관한 우주적 기록은 지구의 에테르 층에 남아 있습니다. 그리고 이것은 다른 많은 이들이 "영적 상승(Ascension)"이라는 위대한 승리를 성취하도록 돕는 자석과 같은 것이었지요. 내가 신(神)의 빛의 상승을 이룩했을 때, 그것은 나로 하여금 인류의 수많은 파괴적인 생각과 감정들을 빛으로 변화시킬 수 있도록 했습니다. 이것은 많은 악(惡)의 압력을 제거했으며, 그것을 사랑과 빛으로 대치시켰습니다.

만약 교회들이 내가 설교했던 단순한 우주적 진리를 계속해서 가르쳤다면 지구인들은 영적으로 더욱 빠르게 진보했을 것입니다. 그리고 내가 옹호하지 않았던 한 가지 가르침은 한 인간이 지구상에서의 한 번의 삶의 행위로 인해 천국이나 지옥에서 영원히 살게 된다는 내용입니다.

이것은 끔찍한 거짓말이며, 말로 표현할 수 없는 피해를 일으켰습니다. 종교 지도자들은 사람들에게 두려움을 주입시킴으로써 그들의 통제력을 유지했으며, 거기에 도움이 되도록 이 아이디어를 조장했던 것입니다. 그들의 가르침은 창조주에 대한 불경(不敬)스러운 모독이며, 그러한 부정(不正)에 대해 그들은 책임을 져야만 합니다.

실제로 우리는 셀 수 없는 생(生) 동안 우주 법칙으로 사는 방법을 배워 왔습니다. 그리고 (죄에 대한) 처벌이란 인과응보(因果應報)의 작용에 의한 것이며, 내가 "뿌린대로 거두리라"고 가르친 대로 자기 스스로 만들어 내는 것입니다. 육체적 죽음 후에 인간은 더 정묘한 체(體)로 삶을 계속하게 됩니다.

그들은 인간의 육안에는 보이지 않는 다른 진동 작용을 지닌 세계에 머물게 됩니다. 그리고 어떤 일부 사람들은 과거의 물질적 삶 동안의 실수나 악행(惡行)에 대한 엄격한 뉘우침과 슬픔의 시기를 통과합니다. 그것은 매우 실체적인 지옥처럼 보이기는 하나 영구적인 것은 아닙니다. 진지한 참회자와 정직한 기도자들은 천상계의 하나인 더 높은 아스트랄계의 적합한 층으로 올라갈 수 있으며, 필요한 도움을 받게 됩니다.

이러한 세계들은 아름다운 환경 속에서 휴식과 오락을 제공하며, 또한 여기서는 한 인간이 연구하고 봉사하여 그것으로 인해 정신적으로 영적으로 성장할 수 있는 많은 길이 있습니다. 그런데 많은 사람들은 내가 그 세계에서 그들을 맞이할 것인지 아닌지를 의심하기도 합니다. 그들은 내가 세상 여기 저기의 수백만의 기도하는 사람들에게 답변하느라 바쁠 것이라고 생각하기 때문이죠.

그러나 더 이상 의심하지 마십시오. 친구들이여! 나는 상승한 마스터의 신적인 현신(現身) 능력으로, 원하는 만큼 나 자신을 복사(Copy)할 수가 있습니다(※편저자 註:복사한다는 것은 분신화(分身化) 능력을 의미함). 이러한 투영법(投影法)은 내가 지구상의 어느 곳이든 나타나 수백만의 사람들을 동시에 도울 수 있게 해줍니다. 이것은 또한 우리 태양계나 은하계 전역에 걸쳐서도 가능합니다.

나는 이런 정보가 성경에서 "보라. 나는 그대들과 항상 함께 있느니라."고 했던 내 말을 이해하는 데 도움이 되기를 바랍니다. 나의 '그리스도 의식(Christ Consciousness)'의 무수한 투영은 앞으로의 위태로운 시기에 지구인들을 안전하게 인도하는 도움을 주게 될 것입니다.

나의 승천과 재림은 UFO와 연관이 있다

나는 조화롭게 협력하고 있는 비밀의 '빛의 군단(軍團)'을 구성하는 수백만 중의 한 사람입니다. 나는 아버지 하느님이 나에게 지적한 그 시기에 지구를 실체적인 형태로 되돌리기 위해서, 또 선도자들이 영광스러운 평화와 예언된 천년기를 이룩했을 때를 위해 언제나 무한한 원조를 계속할 것입니다.

여러분의 UFO 우주 형제들은 〈빛의 군단〉의 실질적인 일부입니다. 이 헌신적인 사람들은 연합된 많은 행성들과 심지어는 다른 은하계로부터 왔습니다. 행성 지구의 고대 종교들은 원래 지구를 관리하던 우주선들의 활동이 그 당시의 아주 원시적인 사람들에게 기적처럼 보였기 때문에 생겨난 경우가 많습니다. 그 근거는 성경 속의 모세나 엘리야, 그리고 에스겔 부분의 UFO와 그 탑승자들 대한 매우 명확한 관련 구절들에 잘 나타납니다.

내가 유대 땅의 베들레헴에 태어났을 때, 그 현인들(동방박사)을 인도했던 별은 바로 금성(金星)으로부터 온 우주선이었습니다. 그것은 마태복음 [2장:9~10절]에 기록되어 있는 다음의 구절입니다.

"그때 동방에서 본 그 별이 그들을 앞서 가다가 마침내 그 아기가 있는 곳 위에 이르러 멈추었다. 이를 보고 그들은 대단히 기뻐하면서 …"

구름 UFO - UFO는 얼마든지 구름처럼 위장할 수 있다.

그리고 내가 승천하여 하늘로 치솟아 올라갔을 때 한 대의 우주선이 대기하고 있다가 나를 맞이했었습니다. 사도행전 [1장:9절]의 내용은 이렇습니다.

"그들이 바라보는 동안 들리어 올라가시더니 구름에 싸여 그 모습이 보이지 않게 되셨다."

여기서 구름은 그 우주선 주위의 역장(力場)에 의해서 만들어진 응축된 수증기였습니다. 죽음을 극복한 하나의 본보기로서, 인류를 위해 보였던 나의 최후의 승천에 관해 성경에 그렇게 짧은 기록이 남아 있다는 것은 불행한 일입니다. 오늘날의 어떤 교파들은 아직도 나의 십자가상의 죽음은 그렇게 강조하면서도 그 영광스러운 빛 속의 승천에 관해서는 짤막하게 언급합니다.

그러나 나는 더 이상 십자가 위에 있지 않습니다. 그리고 이것을 자꾸 묘사하는 사람들은 많은 불필요한 슬픔과 고통으로 이미 죽은 종교를 영속시키고 있는 것입니다. 나는 인류가 지구상에서의 나의 삶의 참다운 의미를 밝혀 그 가르침대로 이행해 주기를 바랍니다. 요한복음 [14장:12절]에는 이런 구절이 있지요.

"나를 믿는 사람은 내가 하는 일을 할 뿐만 아니라 그보다 더 큰 일도 하게 될 것이다. 그것은 내가 이제 아버지께로 가기 때문이다."

여러분 자신의 내면 속의 하느님의 빛을 한층 더 흡수하여 심상화(心象化)

하고, 나의 그리스도 의식(Christ Consciousness)을 더욱 받아들임으로써 당신들은 보다 위대한 일들을 시작하게 될 것입니다. UFO의 무한의 능력과 빛이 다시 활용되어져 하느님 아버지의 적절한 시기가 되었을 때, 나는 내가 떠났을 때와 똑같은 방식으로 지구에 돌아올 것입니다. 마태복음 [24장:27절]에 이렇게 기록 되어 있습니다.

"동쪽에서 번개가 치면 서쪽까지 번쩍이듯이 사람의 아들도 그렇게 나타날 것이다."

승천하는 예수상

내가 다시 오기 이전에 지구상에는 커다란 고난이 있을 것입니다. 지구상에서의 나의 삶을 탁월하게 설명하고 있는 리바이(Levi)의 책 <예수 그리스도의 보병궁 복음(The Aquarian Gospel of The Jesus Christ)>은 매우 정확하게 말했습니다.3) 나의 재림에 관한 그의 설명은 ⅩⅦ부 157장 27~30절에 다음과 같이 언급되어 있습니다.

"그러나 육지와 바다에서 투쟁이 맹위를 떨칠 때, 평화의 왕자가 하늘의 구름 위에 서서 다시 말하게 될 것이다. 평화, 지구상의 평화, 인류에게 선의(善意)를"

그리고 모든 인간들은 자신의 칼을 던져버릴 것이며, 모든 나라들은 더 이상 전쟁을 배우지 않게 될 것입니다. 그 칼을 던진 자를 잉태한 사람은 천국을 가로질러 걷게 될 것입니다. 사람의 아들에 관한 징조와 상징이 동쪽 하늘에 나타날 것입니다. 그리고 지혜로운 자들은 머리를 들어 지구의 구원이 가깝다는 것을 알게 될 것입니다.

여러분들은 어머니 지구가 사랑과 선의(善意)의 위대한 운명을 완수하도록 돕는 일을 나와 함께 분담하지 않으시렵니까? 만약 여러분이 그렇게 하려는 의지만 있다면 그렇게 할 수가 있습니다. 의식적으로 더 많은 빛과 사랑의

---

3) 이 책은 저자인 미국의 목사 리바이 도우링이 하늘의 도움으로 영감과 계시 속에서 우주의 아카식 기록(Akashic Record)을 그대로 받아 적은 것이라고 하며, 1907년에 미국에서 처음 출판되었다. 여기에는 신약성경에는 나와 있지 않은 예수의 13세에서 30세까지의 생애가 고스란히 기록되어 있으며, 분실되거나 왜곡되지 않은 예수 그리스도의 일생이 그대로 담겨져 있다.
우리나라에서는 1980년대 초 심령과학자 안동민 선생에 의해 <보병궁 복음서>라는 제목으로 최초로 번역 출판되었고, 그 후 대원출판사에서 <성약성서>라는 이름으로 재번역되어 다시 출간된 바 있다.

흡수를 시작하십시오. 그 다음에는 빛의 광선들을 사용하여 인간의 적대적 상태가 평화를 염원하는 상태로 변화되도록 돕는 것입니다.

신(神)이 창조해 놓은 모든 입자를 사랑함으로써 하느님을 사랑하십시오. 그리고 드러나 있는 창조 속의 모든 생명을 사랑함으로써 인간을 사랑하십시오. 여러분이 이것을 지속하는 만큼 당신들은 어디에서나 더 많은 빛의 완성을 창조할 것입니다. 그리고 여러분은 '빛의 군단'의 중요한 멤버가 될 것입니다.

◆ 메시지-3

떠오르고 있는 새로운 지구(1)

*채널링:패멀러 크리비

오늘날과 이 시대에 지구에는 전환이 일어나고 있습니다. 늦든 빠르든 구체화될 새로운 의식(意識)의 여명이 동터오고 있는 것입니다. 이런 전환이 정확히 언제 일어나고 어떤 형태를 취할 것인지는 고정돼 있지 않습니다. 미래는 늘 불확실한 것이니까요. 유일하게 확실한 것은 지금 이 순간뿐입니다.

현재의 시점으로부터 가능성 있는 무수한 길들이 펼쳐질 수가 있는데, 이것은 있음직한 미래들의 무한한 거미줄망과 같은 것이지요. 과거라는 토대 위에서 우리는 다른 것보다 좀 더 유망한 미래를 예측할 수가 있지만, 그 선택은 항상 여러분의 것입니다. 과거로 하여금 자신의 미래를 조건 짓게 할 것인지를 결정하는 것은 여러분입니다.

예측들은 항상 가능성에 기초하고 있습니다. 그리고 그 가능성들이라는 것은 과거에 관계가 있습니다. 과거와 단절하고 다른 진로에 착수하는 것은 한 인간으로서 여러분의 힘에 달려 있습니다. 여러분은 자유 의지를 부여받았으며, 변화하여 스스로를 재창조할 힘을 가지고 있습니다. 이 힘 안에서 여러분의 신성(神性)이 안식하고 있습니다. 무(無)에서 유(有)를 창조하는 것은 바로 이 힘입니다. 이 신성한 힘은 참나(眞我)의 정수에 속해 있습니다.

전환기로서의 지금시대를 언급함에 있어서 여러분 자신이 자기 현실의 주인이라는 것을 잊지 마십시오. 여러분의 개인적인 영혼의 행로나 자신의 현실을 창조할 사적 힘을 지배하는 예정된 계획이나 우주적 힘과 같은 것은 없습니다. 그것은 그런 방식으로 작용하지 않습니다. 지구상의 모든 영혼들은 그들 자신의 성향에 적합한 방식으로 이 차원전환을 경험할 것입니다. 그리고 여러분이 선택하는 현실이 곧 여러분의 내면의 필요나 욕구에 그대로 부응할 것입니다.

이 시기(대략 1950~2070년)에 일어나는 특별한 사건은 종결되는 2개의 다른 주기(週期)가 있다는 것인데, 즉 그것은 인간의 개인적인 주기와 행성적인 주기입니다. 이 주기들이 동시에 완료됨으로써 하나가 다른 하나를 강화하게 됩니다. 인류의 일부 사람들의 경우 그들의 개인적인 지구에서의 삶의 주기가 머지않아 끝날 것입니다. 이번에 주기를 완료하는 데 관련돼 있는 영혼들의 대부분은 빛의 일꾼들(Light Worker)입니다. 우리는 이 빛의 일꾼 영혼 집단에 관해서 좀 더 상세하게 언급할 것입니다. 여기서 나는 개인적인 주기의 특성에 대해 말하고 싶습니다. 즉 그 주기를 통과하여 마치는 것이 무슨 의미이고, 매우 복잡한 이 지구상 삶의 목적이 무엇인가 하는 것입니다.

개인적인 카르마(業)의 주기(Cycle)

지구상의 삶은 여러분 영혼의 더 커다란 주기의 일부입니다. 종종 영혼들은 모든 이런 삶의 노정(路程) 속에서 어떤 특정 분야로 전문화되는 경향이 있습니다. 이것은 어떤 분야에서 선천적 재능을 가진 사람들을 통해서 분명하게 알 수가 있지요. 그것은 마치 그들이 어린 아이 때부터 잠재력을 가진 것처럼 보이는데, 이런 경우 오직 적절한 시기에 깨어나는 것만이 필요하고 그것은 그때 쉽게 계발됩니다.

빛의 일꾼 영혼들은 흔히 종교적인 삶에 이끌리고, 수많은 생(生)들을 승려, 수녀, 성직자, 영매, 점성가, 심령가 등으로서의 삽니다. 그들은 대개 물질세계나 영적세계 사이의 중개자가 되는 것에 끌렸습니다. 따라서 그들은 이런 분야에서 전문적 기술을 계발했던 것이지요. 여러분이 혹시라도 그런 이끌림을 느꼈다면, 이것은 영성(靈性)에 관계된 강한 무의식적 충동인데, 설사 그것이 여러분의 일상적 삶과 맞지가 않더라도 여러분은 아주 훌륭히 이 빛의 일꾼 가족의 일부가 될 수가 있습니다.

지구상의 삶은 인간이 되는 것과 같은 충분한 경험의 기회를 여러분에게 제공합니다. 여기서 당신들은 다음과 같은 질문을 할 수도 있습니다. "인간이 되는 것이 뭐가 그리 특별한 것입니까? 왜 내가 그것을 경험하길 원했을까요?" 라고 말입니다.

인간이라는 경험은 다양성과 강렬함이라는 2가지 측면이 있습니다. 인간의 삶을 살 때 여러분은 일시적으로 육체적인 감각과 생각, 감정이라는 압도적인 에너지에 묻히게 됩니다. 이 에너지 장(場) 안에 있는 고유한 이원성(二元性) 때문에 이곳은 여러분이 아스트랄 세계에 머물러 있을 때보다도 더 커다란 상반되는 것의 대비효과와 경험의 강렬함이 있습니다.(※아스트랄계는 인간이 죽은 후 가게 되는 일종의 영혼계로서 다시 태어나기 전, 생과 생의 중간에 머무르는 세계를 말한다.)

이것을 상상하는 것이 여러분에게 어려울지도 모르지만, 우리 영적 세계에 있는 많은 존재들은 여러분의 세계에 태어나 인간의 입장에 서보고 싶어 합니다. 그들은 인간의 경험을 얻기 위해 인간이 되고 싶어 할 것입니다. 그들에게 있어서 인간 삶의 경험은 매우 귀중한 일종의 실제성(현실감)을 부여합니다. 비록 그들이 상상력의 힘에 의해서 무수한 현실을 창조해낼 수는 있지만, 그것은 지구상의 현실과 같은 실제적인 창조계보다는 덜 만족스럽습니다.

지구에서 이루어지는 창조의 과정은 종종 하나의 투쟁입니다. 여러분은 흔히 자신의 꿈을 실현하는 과정에서 전형적인 많은 저항들에 부딪치게 됩니다. 하지만 아스트랄계에서 이루어지는 정신적인 창조의 형태는 훨씬 더 쉽습니다. 거기서는 어떤 생각과 그것에 대한 실제적인 창조현상 사이에 시간적인 지연이 없습니다. 더욱이 자신이 원하거나 생각할 수 있는 그 어떤 현실도 창조해 낼 수가 있습니다. 즉 아무런 한계가 없는 것입니다. 예컨대 여러분이 아름다운 정원을 마음으로 그리는 순간, 그것은 즉시 여러분에 나타납니다. 그러나 지구상에서 어떤 아이디어를 짜내고, 그것을 물질세계에서 하나의 실제 현실로 만드는 것은 커다란 노력이 필요하지요. 그것은 강한 의도와 인내력, 마음의 명확성, 그리고 가슴의 신뢰를 요구합니다. 아울러 지구에서 여러분은 물질세계의 느림과 견고성을 다뤄야만 합니다. 또한 당신들은 의심이나 낙담, 지식의 결여, 믿음 상실 등과 같은 자신의 부정적인 마음의 충동이나 욕구들도 처리해야 합니다. 그러므로 그 창조의 과정이 이런 요인들로 인해 방해받고 심지어 실패하게 될 수도 있는 것입니다.

그런데 설사 실패할지라도, 그럼에도 불구하고 이런 잠재적인 문제들이 지구상의 삶의 경험들을 매우 가치 있게 만드는 바로 그 이유들인 것입니다. 이런 과정에서 여러분이 부딪치는 도전적 과제들은 여러분을 가르치는 가장 위대한 교사들입니다. 그것들은 아스트랄 세계에서 이루어지는 노력이 별로 들지 않는 창조의 과정보다도 훨씬 더 깊고 폭넓은 경험의 심오함을 체험케 해주는 것입니다. 노력 없이 쉽게 되는 것은 그저 무의미함을 낳을 뿐이지요.

지구상의 삶을 경험해보지 않은 아스트랄적인 존재들은 바로 이점을 알고 있고 이해하고 있습니다. 여러분은 종종 용이하지 않은 현실적 여건의 어려움들 때문에 낙담하거나 자포자기에 빠지기까지 합니다. 아주 흔히 현실은 여러분의 바람이나 희망에 부응해주지 않습니다. 또한 종종 여러분의 창조적인 의도들이 고통과 환멸 속에서 끝장난 것처럼 보이기도 합니다. 하지만 여러분은 그런 과정을 거치는 가운데 어느 시점에서 평화와 행복으로 가는 열쇠를 찾게 될 것입니다. 그리고 여러분이 그렇게 될 때 얻게 되는 기쁨은 아스트랄계에서 창조한 그 어떤 것에 의해서도 맛볼 수가 없을 것입니다. 그것은 여러분의 탁월한 승리이고 신성의 획득인 것입니다.

여러분의 신성(神性)이 깨어날 때 경험하게 될 그 환희는 여러분 자신을 치유할 힘을 줄 것입니다. 이 신성한 사랑이 여러분이 이 지구상의 삶을 통해 겪은 깊은 상처들에서 회복되도록 도와줄 것입니다. 그 이후에 여러분은 같은 시련과 슬픔을 겪어온 다른 이들을 도와 치료할 수 있을 것입니다. 즉 그때 비로소 여러분은 그들의 고통을 알 것이고, 그들의 눈 속에 있는 그것을 볼 것입니다. 그리고 그들을 신성으로 가는 길로 인도할 수 있게 될 것입니다.

이원성(二元性)을 경험하는 목적

부디 여러분의 지상에서의 삶의 의미를 과소평가하지 마십시오. 여러분은 가장 창조적이고 진보되고 용기 있는 신(萬有)의 일부입니다. 당신들은 미지의 것을 탐구하는 탐험가들이고, 새로운 것의 창조자들입니다. 여러분의 이원성을 통한 탐험들은 인간의 상상을 훨씬 넘어선 한 가지 목적에 봉사합니다.

여러분 여행의 가장 깊은 의미를 다 설명하기는 어렵지만, 우리는 여러분이 이전에는 없었던 새로운 의식(意識)의 형태를 창조했다고 말할 수는 있습니다. 이 의식은 그리스도가 지상을 걸었을 때 처음으로 나타났던 것입니다. 내가 그리스도 의식(Christ Consciousness)이라고 부르는 이 의식은 영적인 연금술의 산물입니다. 물리적인 연금술은 보통의 물질을 금(金)으로 변형시키는 기술이지요. 반면에 영적인 연금술은 어둠의 에너지를 제3의 에너지, 즉 그리스도 에너지 안에 존재하는 영적황금으로 변형시키는 기술입니다.

내가 지금 영적 연금술의 목적을 어둠을 빛으로, 또는 악(惡)을 선(善)으로 변형시키는 것이라고 말하지 않았다는 사실에 유의하십시오. 빛과 어둠, 선과 악은 자연스러운 대칭(對稱)인데, 그것은 서로의 은총에 의해서 존재합니다. 참다운 영적 연금술은 제3의 에너지, 즉 사랑과 이해를 통해 두 양극성(兩極性)을 끌어안는 의식형태를 가르칩니다.

여러분의 영적 진화여정의 진정한 목적은 빛이 어둠을 정복하는 것이 아니라 이러한 상반된 양극성(이원성)을 뛰어넘어 빛과 어둠, 양자(兩者)의 현존 안에서 통합 내지 조화를 유지할 수 있는 새로운 형태의 의식을 창조하는 것입니다.

은유(隱喩)의 수단에 의해서 이 어려운 부분을 설명하도록 하겠습니다. 여러분 자신을 깊은 바다 속에서 진주(珍珠)를 찾는 잠수부라고 상상해 보십시오. 여러분은 모든 이들이 말들은 하지만 아직 아무도 실제로 보지 못한 이 특별한 진주를 찾기 위해 계속 반복해서 바다 속으로 뛰어듭니다. 신(神)과 잠수부의 우두머리조차 결코 그 진주를 만져보지 못했다는 소문들이 퍼져 나갑니다. 바다 속으로 잠수해 들어가는 것은 완전한 모험인데, 너무 깊이 들어가면 숨 돌릴 기회를 놓쳐 생명을 잃을 수도 있기 때문이지요. 여러분은 진주를 찾기로 결심했고 영감을 받은 까닭에 여전히 바다 속으로 뛰어들기를 계속합니다. 당신들은 미친 것일까요?

아닙니다. 여러분은 새로운 것을 찾는 탐험가들인 것입니다. 거기에는 비밀이 있는데, 즉 그 진주를 찾는 과정 속에서 여러분은 그것을 창조하고 있다는 것입니다. 그 진주는 다름아닌 그리스도 의식이라는 영적인 황금입니다. 그리고 그 진주가 바로 지구상의 이원성의 삶의 경험에 의해서 변형된 여러분 자신인 것입니다. 이것은 진정 하나의 패러독스(Paradox:역설)이며, 새로운 것을 찾는 과정에서 당신들은 그것을 창조하고 있다는 사실입니다. 여러분이 곧 신의 창조물인 진주가 되는 것이지요.

신(神)은 그것을 이루는 다른 방법을 갖고 있지 않았는데, 왜냐하면 여러분이 진주를 찾기 위해 했던 시도는 아직까지 아무도 한 적이 없었으니까요. 그것은 여러분에 의해서 창조돼야만 했습니다. 왜 신은 그렇게 새로운 어떤 것을 창조하는 데 관심을 가지고 있는 것일까요? 여기에 대해서 가급적 간단

명료하게 언급하도록 하겠습니다.

첫째, 신은 완전한 선(善)이었습니다. 도처의 어느 곳이나 선(善)만이 있었습니다. 사실상 그 외에는 아무 것도 없었기 때문에 만물은 정적인 상태에 놓여 있었습니다. 따라서 신의 창조는 활기가 결여돼 있었습니다. 다시 말해 그것은 성장과 확장의 가능성이 없었습니다. 여러분은 이런 내용이 당혹스럽다고 말할지도 모르겠습니다.

신은 변화를 만들기 위해, 운동과 팽창작용을 만들어 내기 위해 자신의 창조물 안에다 모든 곳에 충만해 있는 선(善)과는 다른 요소들을 도입해야만 했습니다. 이것은 신에게 매우 어려운 일이었는데, 왜냐하면 어떻게 자신의 속성이 아닌 다른 것을 창조할 수 있겠습니까? 어떻게 선(善)이 전혀 알지도 못하는 악(惡)을 만들 수 있겠습니까? 그것은 불가능합니다. 따라서 신은 말하자면 계책을 생각해 내야만 했습니다. 그리고 그것은 바로 무지(無知)라고 불립니다.

사실 무지는 선(善)에 반대되는 요소입니다. 그것은 신(神)과 분리된, 선(善)에서 벗어난 존재의 환영을 창조해냅니다. 자신이 누구인지를 모르는 것은 여러분의 우주 안에서 변화와 성장, 팽창의 배후에 있는 자극제입니다. 즉 무지는 두려움을 낳고, 두려움은 통제의 욕구를 낳으며, 통제의 욕구는 권력을 향한 투쟁을 낳고 거기서 여러분은 악에 관한 모든 요소 및 번성할 모든 조건들을 생성합니다. 이윽고 그 무대가 선과 악 사이의 전쟁을 위해 설치되었습니다.

신은 자신의 창조활동에 활기를 불어넣고 힘을 내기 위해 반대되는 것의 동력이 필요했습니다. 물론 여러분은 무지와 두려움에 의해 야기된 모든 괴로움들로 인해 이를 이해하기가 매우 어려울 수도 있습니다. 하지만 신은 이런 에너지에다 커다란 가치를 부여했는데, 왜냐하면 그것이 스스로를 뛰어넘는 길을 제공해주었기 때문이지요. 신께서는 자신의 가장 독창적이고 진보적이며 용감한 부분에 해당되는 존재들인 여러분에게 무지의 베일을 벗기라고 요청했습니

우주의 목자(牧者) 예수 그리스도.

다.
 가능한 한 그 반대되는 속성의 동력을 철저히 경험하기 위해 여러분은 일시적으로 자기의 본성에 대해 완전히 망각한 상태에 잠겨있었습니다. 하지만 이 사실도 또한 망각의 베일에 의해 덮여져 있었습니다. 따라서 지금 여러분은 종종 자기들이 처한 고난과 무지의 상황에 대해 신을 저주하곤 합니다. 우리는 이를 이해합니다. 그렇다고 하더라도 **본질적으로 여러분이 곧 신(神)이고, 신이 곧 여러분이라는 사실입니다.**
 모든 괴로움과 비탄에도 불구하고 여러분 내면의 본심 속에는 아직도 이원성 안에서의 삶과 새로운 것을 경험하고 창조하는 것에 관한 경이감과 흥분이 남아 있습니다. 이것은 신(神)의 원천적인 흥분이고 그가 무엇보다도 여러분을 통해 자신의 여정에 착수했던 이유입니다. 여러분이 영적 여정을 시작했을 때 당신들은 마음 속에 있는 신(고향)에 관한 애매모호한 기억만 가지고 악(두려움과 무지)과 맞닥뜨렸습니다. 여러분은 그 두려움과 무지와의 전쟁을 시작하는 한편 고향으로 돌아가기를 갈망했습니다. 하지만 여러분이 옛날의 과거 상태로 돌아가겠다는 생각으로는 고향으로 귀환하지 못할 것입니다. 왜냐하면 창조계 전체가 여러분의 여정으로 인해 완전히 바뀌었기 때문입니다.
 여러분의 영적 여정의 결말은 선과 악, 빛과 어둠이라는 이원성을 넘어선, 더 거대하고 월등한 것이 될 것입니다. 여러분은 제3의 에너지, 그리스도 에너지를 창조할 것이며, 그것은 양자(兩者)를 포용하고 초월할 것입니다. 당신들은 신의 창조영역을 확장시킬 것입니다. 그리고 여러분은 신의 새로운 창조물이 될 것입니다. 신은 지구상에서 그리스도 의식이 충분히 생성될 때 음(陰)과 양(陽)이라는 양극성을 뛰어넘을 것입니다. 그리스도 의식은 양극성을 통한 경험 이전에는 존재하지 않았습니다. 그리스도 의식이란 여러 가지 이원성의 경험을 겪은 존재들의 의식인 것입니다. 앞으로 그들은 새로운 지구의 거주자가 될 것입니다. 이런 사람들은 이원성에서 벗어날 것이고, 자신의 신성(神性)을 인식하고 받아들일 것입니다. 그들은 자기의 신성한 자아와 함께 하는 이들이 될 것이지만, 그 신성한 자아는 이전과는 다르게 될 것입니다. 그것은 처음 탄생했을 때보다 더 깊고 풍부해질 것입니다. 어떤 이는 이렇게 말할 수도 있습니다. 신께서 이원성의 경험을 겪음으로써 스스로를 좀 더 완숙하고 풍요롭게 하실 것이라고 말이죠.
 이 이야기는 어떤 것으로 인해 단순화되고 곡해되었으며, 우리가 말한 것은 시간과 분리의 환영에 의해 왜곡되었습니다. 이런 환영들은 가치 있는 목적에 봉사했습니다. 하지만 시간은 그것들을 넘어서게 됩니다. 부디 우리가 하는 말들과 이야기, 그리고 은유(隱喩)의 배후에 잠재해 있는 에너지를 느끼기 위해 노력해 보십시오. 그것은 나, 예수아(예수)를 통해 언급되고 있는 여러분 미래의 그리스도적인 자아들의 에너지인 것입니다. 우리는 여러분이 우리와 합류하기를 기다리고 있습니다.

어떻게 이원성을 극복하고 카르마(Karma)의 주기를 끝낼 것인가?

여러분의 지구에서의 삶의 주기는 이원성의 게임이 더 이상 여러분에게 지속될 수 없을 때 끝납니다. 여러분이 양극성으로 이루어진 경기장 안에서 특별한 책무를 가진 자신의 신분을 올바로 확인하는 것은 이원적인 게임에 필수적인 것입니다.

당신들은 자기 자신을 현재 가난뱅이나 부자, 또는 유명인이나 평범한 소시민, 남자나 여자, 영웅이나 악한 등으로 알고 있습니다. 사실 여러분이 연기하고 있는 이와 같은 대부분의 역할은 별로 문제가 되지 않습니다. 그런데 당신들이 세상이라는 무대 위에서 연기하는 배우역할이 진짜의 자기라고 느끼고 있는 한은 이원성은 여전히 여러분을 지배하고 있는 것이라는 사실입니다. 그렇다고 이것이 잘못된 진로라는 이야기는 아닙니다.

어떤 면에서 이것은 예정된 길이었습니다. 즉 당신들은 자신들의 참다운 자아(眞我)를 망각하도록 예정돼 있었던 것입니다. 이원성의 모든 측면을 경험하기 위해 여러분은 자신의 의식을 지구상의 삶이라는 드라마 속의 특정 역할에 맞게끔 축소하고 낮추게 돼 있었습니다. 그리고 여러분은 지구의 드라마 속에서 자기가 맡은 역할을 잘 해낸 것입니다. 하지만 여러분은 자신의 배역에 너무 몰두한 나머지 원래 이 지구에서의 삶의 주기를 경험하는 목적과 의미를 완전히 잊어버렸습니다.

다시 말해 자기 자신의 본래 신분에 대해 까마득히 망각함으로써 이 이원성 게임들과 드라마들이 유일하게 존재하는 현실일 것이라고 이해했던 것이지요. 결국 이것은 여러분을 아주 외롭고 너무나 두렵게 만들었는데, 이것은 놀랄 일이 아닙니다. 왜냐하면 앞서 언급했듯이, 바로 이 이원성 게임은 무지와 두려움이라는 요소들을 토대로 하고 있기 때문입니다.

이제 여러분의 일상적 삶 속에서의 이원성의 작용을 이해하기 위해서 우리는 이원성 게임의 전형적인 몇 가지 특징들을 언급하고자 합니다.

■ 이원성 게임의 특성들

1) **인간의 감정적인 삶은 본질적으로 불안정하다.**

인간에게는 감정의 중심추로서의 고정 장치가 존재하지 않는데, 여러분은 내적 요인 또는 외부의 분위기에 따라 휩쓸리며 치우쳐 있습니다. 인간은 성질이 사납거나 인자하고, 편협하거나 관대하며, 기분이 우울하거나 열정적이고, 행복하거나 슬픕니다. 인간의 감정은 끊임없이 양 극단 사이를 오르내리며 동요합니다.

2) **인간은 외적 세계에 강하게 몰두해 있다.**

여러분에게 있어서 타인들이 자기를 어떻게 평가하느냐는 매우 중요합니다. 여러분의 자부심은 사회나 주변의 가족, 친지들과 같은 외부세계가 여러분이 누구인가에 대해서 반사해 준 것, 즉 그들의 반응에 의존하고 있습니다. 여러분은 그들의 옳고 그름에 관한 표준 규범에 따라 거기에 부응하고자 노력하며, 자신의 최선을 다하고 있습니다.

3)인간은 선(善)과 악(惡)이 무엇이라는 견고한 견해를 가지고 있다.
 사물을 판단하는 것은 여러분에게 어떤 안도감을 줍니다. 인생은 행위나 생각 또는 사람을 옳고 그름으로 분류할 때, 아주 잘 체계화되고 정리가 됩니다. 이 모든 특성들에 공통적인 것은 모든 조항에서 여러분은 실제의 진정한 자기로서 행동하고 느끼지 않는다는 것입니다. 여러분의 의식은 참된 자기 존재의 바깥층에 머물러 있고, 거기서 두려움 지향적인 사고(思考)와 행동패턴에 의해 충동적으로 사로잡힙니다.

 예를 하나 들어봅시다. 만약 당신이 늘 즐겁고 기분 좋은 삶에 익숙해져 있다면, 당신은 자기 내면의 존재에서 우러나지 않은 행동패턴을 나타내고 있는 것입니다. 당신은 사실 내면의 부분으로부터 오는 신호를 억압하고 있는 겁니다. 여러분은 누군가의 기대에 부응하고자 애쓰고 있는 것인데, 그것은 그들의 사랑과 보살핌, 관심을 잃지 않기 위해서입니다.
 여러분은 자신을 표현하는 데 있어서 스스로를 제한하고 있습니다. 표현되지 않은 여러분의 나머지 부분들은 감추어진 채 억눌려져 있을 것이며, 존재 안에서 불만과 피로를 양산하여 누적하고 있는 것입니다. 여러분 내면에는 아무도 모르는, 심지어 여러분 자신도 인식하지 못하는 분노와 짜증이 잠재해 있는지도 모릅니다. 이런 자기부정 상태에서 벗어나는 해결책은 여러분 내면의 억압되고 감춰진 부분들과 접촉하는 것입니다. 이와 같은 접촉을 하는 것은 그렇게 특별한 기술과 지식을 필요로 하지 않는다는 측면에서 별로 어렵지 않습니다. 다른 사람이 여러분에게 가르쳐주거나 뭔가를 해줘야만 하는 어려운 과정은 밟지 마십시오.
 여러분은 스스로 그것을 할 수 있고, 자신만의 고유한 방법을 찾을 수 있을 것입니다. 동기와 의도는 기술이나 방법들보다 훨씬 더 중요합니다. 여러분이 정말 그것을 스스로 알고 싶은 생각이 있다면, 그리고 깊은 내면으로 들어가 행복과 만족스런 인생으로 가는 길을 막고 있는 두려운 사념과 감정들을 변화시키고 싶다면, 다음과 같은 방법을 통해 그것을 할 수가 있습니다.
 우리는 여러분이 자신의 감정과 접촉하는 데 도움이 될 수도 있는 한 가지 단순한 방법을 알려주고자 합니다. 먼저 여러분의 어깨와 목의 근육을 이완할 시간을 가진 후에, 똑바로 앉아 깊게 호흡을 합니다.
 여러분 자신이 넓게 열린 푸른 하늘 아래의 시골길을 걷고 있다고 마음으로 그려보십시오. 당신은 자연의 소리들을 들으며 걷고 있고, 산들바람이 머리카락을 흩날리는 것을 느낍니다. 당신은 자유롭고 행복합니다. 좀 더 길을 따라 내려갑니다.
 그런데 갑자기 어떤 어린 아이들이 당신을 향해 달려오고 있음을 바라봅니다. 그들은 당신을 향해 점점 더 가까워지고 있습니다. 여러분의 가슴은 이 장면에 대해 어떻게 반응할까요? 이어서 그 아이들은 당신 앞에 서 있습니다. 그들의 숫자는 얼마나 되며, 어떤 행색을 하고 있나요? 그들은 소년들인가요? 소녀들인가요? 아니면 양쪽 다입니까? 당신은 그들 모두에게 "애들아! 안녕!" 이라고 말합니다.

그들을 이해하기 위해서 얼마나 행복하냐고 말을 한 번 건네 보십시오. 그러고 나서 당신의 눈에 특별해 보이는 한 아이와 접촉합니다. 그 여자애, 또는 남자아이는 당신을 위한 메시지를 가지고 있습니다. 그것은 그 아이의 눈 속에 써 있는 것입니다. 이 내면의 아이가 여러분에게 가져온 것을 에너지라고 부르고 그것을 판단하지 마십시오. 단지 그녀나 그에게 고마움을 표하고 나서 그 이미지를 놓아 버리십시오.

여러분의 발 아래에 놓인 대지를 다시 확실히 느껴보고 잠시 동안 심호흡을 하십시오. 당신들은 막 여러분 자신의 감추어진 한 부분과 접촉한 것입니다. 여러분이 원할 때는 언제든지 이 장면 속으로 되돌아갈 수가 있고, 거기에 있는 다른 아이들에게 마찬가지로 이야기를 할 수가 있을 것입니다. 내면으로 들어가 자신의 감추어지고 억압된 부분들과 접촉함으로써 당신들은 좀 더 지금 여기에 현존하는 상태가 되고 있습니다. 비로소 여러분의 의식은 그렇게 오랫동안 당연시했던 두려움에 의해 유발된 사고와 행동패턴을 넘어서 상승하고 있습니다. 의식은 그 자체에 책임을 지고 있습니다. 그것은 부모가 자기의 아이들을 보살피듯이, 내면의 슬픔과 분노, 상처를 돌봅니다.

◆이원성이 방출되는 과정의 특성들
1) 느낌들을 통해 자신에게 전달되는 여러분 영혼의 언어에 귀를 기울입니다.
2) 이 언어에 따라 행동하고 여러분 영혼이 여러분에게 만들어내고자 하는 변화들을 창조합니다.
3) 점차 조용히 홀로 있는 시간을 중요하게 여기는데, 왜냐하면 오직 침묵과 고요 속에서만 여러분 영혼의 속삭임을 들을 수 있기 때문입니다.
4) 여러분은 자신의 참다운 영감이나 갈망을 방해하는 권위적인 사고패턴이나 행동에 관한 규정들에 의문을 갖습니다.

이원성(二元性)을 놓아 버리는 전환점

여러분의 지구에서의 삶의 주기는 여러분의 의식(意識)이 모든 이원성의 경험들을 마음대로 유지할 수 있을 때 그 끝에 가까워집니다. 당신들이 이원성의 다른 면보다는 한 가지 측면에만 매달려 동일시하는 한은 여러분의 의식은 계속 동요합니다.(어둠에 반대로서의 빛, 가난의 반대로서의 부(富))

카르마, 즉 업(業)이라는 것은 여러분의 의식이 매여 이리저리 흔들리는 좌우의 진폭(振幅) 사이에서 균형을 잡아주는 자연의 조화자(調和者), 또는 균형추에 지나지 않습니다. 당신들의 의식이 앞뒤로 움직이는 시소(Seesaw)의 한 가운데에 있는 부동점(不動點)을 발견할 때, 비로소 여러분은 카르마의 주기에 묶여 있는 자신의 매듭을 풉니다. 바로 이러한 움직임이나 동요가 없는 중심지점이 카르마의 주기에서 탈출하는 출구인 것입니다. 이 중심점에서의 주된 감정 성향은 고요함(평화), 자비(慈悲), 그리고 잔잔한 기쁨입니다. 그리스의 철학자들은 이런 상태의 전조(前兆)인 그들이 "아타락시아(Ataraxia)"라고 불렀던 쉽게 동요하지 않는 "평정심"을 가지고 있었습니다.

분별심과 두려움은 그 중심점에서 벗어나 있는 대부분의 인간들이 지니고 있는 에너지들입니다. 이런 낮은 진동의 에너지들을 더욱 더 방출했을 때, 여러분은 보다 편안하고 고요해지며 내면이 열리게 됩니다. 즉 여러분은 참으로 다른 세계, 다른 의식권으로 진입하게 되는 것입니다. 그리고 이런 현상은 여러분의 외부세계에 현시될 것입니다. 그것은 흔히 변화의 시기가 될 것이고, 참나가 반영되지 않은 여러분의 삶의 측면들과는 이별을 고하는 것이 될 것입니다. 그때 인간관계와 일의 영역에 커다란 격변이 일어날 수도 있습니다. 대개는 여러분의 전반적인 생활방식이 정반대로 바뀝니다. 우리의 견해로는 이것은 단지 자연스러운 현상인데, 내면의 변화들은 항상 외부세계가 변화한다는 징후들이기 때문이죠.

여러분의 의식은 자신이 거주하는 물질적인 현실을 창조합니다. 즉 외부세계는 언제나 내면세계의 반영인 것입니다. 이원성의 지배력을 방출하는 것은 시간이 걸립니다. 마음을 겹겹이 싸고 있는 어둠의 무의식적인 층들을 벗겨내는 것은 점진적인 과정입니다. 그럼에도 여러분이 일단 내면의 자아로 향한 이 길에 나서면, 여러분은 서서히 이원성의 게임으로부터 스스로를 떼어 놓게 됩니다.

여러분이 "아타락시아(평정)"의 진정한 의미를 맛보았을 때, 그 전환점을 이해합니다. 또한 고요함 속에서도 단순히 스스로 존재한다는 충만한 기쁨을 느꼈다면, 여러분은 그것이 바로 자신이 내내 찾아왔던 것임을 알 것입니다. 그리고 내면으로 침잠하는 시간으로 들어갈 것이고 다시 이러한 내적 평화를 경험할 것입니다.

여러분이 세속적인 즐거움으로부터 멀리 벗어나 있지는 않겠지만, 자신의 내면에서 신성(또는 佛性)의 닻을 발견할 것입니다. 아울러 여러분은 더없는 지복(至福)의 상태에서 세상과 만물의 아름다움을 경험할 것입니다. 무엇보다도 진정한 행복이나 환희는 결코 물질적인 것에 있지 않습니다. 그것은 여러분이 내면에서 경험하는 이와 같은 깊속에 있는 것이지요. 여러분의 가슴속에 평화와 기쁨이 있을 때, 비로소 당신들이 접하는 일들과 사람들이 자신에게 평화와 기쁨으로 다가올 것입니다.

오늘날과 현 시대에 어떤 영혼들로 구성된 집단이 자체적으로 카르마의 주기에서 하차하기 위한 준비를 하고 있습니다. 우리는 2부에서 이 이 그룹에 대해 좀 더 심도 있게 언급할 것입니다. 하지만 그 그룹은 단순히 개인적으로 카르마의 주기를 끝내가고 있는 인간영혼들의 집단이 아닙니다. 여러분이 살고 있는 바로 이 지구는 지금 깊고도 철저한 변형을 겪고 있습니다. 그리고 한 행성으로서의 주기 역시도 그 마지막으로 다가가고 있습니다. 지금 시대는 이 2개의 사이클이 동시에 일어나고 있다는 점에서 대단히 특별한 시기입니다. 이제부터 행성의 주기에 관해서 언급할 것입니다.

떠오르고 있는 새로운 지구(2)

행성의 주기(Planetary Cycle)

주기(週期) 안에서 모든 것들은 진화해 나가는데, 인간들뿐만이 아니라 행성들도 역시 마찬가지입니다. 그런데 개인이나 개체 영혼들로 이루어진 집단들이 적절한 어느 시점에 카르마(業)의 주기에서 벗어나야 하는 것에는 예외가 없습니다. 이 시대를 특별하게 만드는 것은 지구 그녀 자신이 중요한 카르마의 주기를 끝마쳐가고 있다는 것입니다.

지구는 한 행성으로서 그녀 존재 안에 새로운 형태의 의식(意識)을 생성케 될 내적인 변형을 겪고 있습니다. 개체적인 영혼들이 그들 자신의 주기 내에서 어떤 지점에 와있든, 지구의 변형과정은 그들에게 영향을 미칠 것입니다.

지구는 여러분의 거주처(居住處)입니다. 그것을 당신들이 살고 있는 집에다 비유해 보십시오. 지구가 지금 재건축되고 있다고 상상하십시오. 그러므로 이것은 여러분의 일상적 삶에 커다란 영향을 미칠 겁니다. 당신들 자신의 마음 상태에 따라 여러분은 이런 변형작용을 반가운 변화로, 또는 혼란스럽고 충격적인 사건으로 달리 경험할 것입니다.

만약 여러분이 자신의 집을 개축하려고 계획했거나 달라질 것을 기대했다면, 그런 변화들에 보조를 맞추고 그 흐름과 더불어 갈 수가 있습니다. 이럴 경우 지구의 변형과정은 여러분의 개인적인 변형과정을 뒷받침하고 고양시킬 것입니다. 하지만 여러분이 전혀 집을 개축하려고 원하지 않았다면, 주변에서 일어나는 혼란에 좌절감을 느낄 것입니다. 따라서 지구 내의 변화들은 당신의 균형을 무너뜨릴 것입니다. 반면에 여러분의 행성인 지구의 변화들을 기꺼이 맞이하는 사람들은 이런 상황이 상당한 힘을 부여받는 시기가 될 것입니다. 그들은 지금 여러분의 우주에 흘러넘치고 있는 빛의 파동에 의해 끌어올려질 것입니다.

현재 지구는 인류의 카르마적인 짐, 즉 업장(業障)의 무게에 눌려 거의 균열되고 있습니다. 이런 카르마의 짐으로부터 생겨난 부정성과 폭력은 지구가 도저히 처리하거나 상쇄시켜 흡수할 수 없는 일종의 에너지적인 폐기물을 형성합니다.

여러분의 의식을 잠시 동안 지구의 가슴에다 집중하십시오. 몸을 이완하고 정신을 모아 보세요. 무엇인가 느껴지십니까? 얼마나 지구가 갈가리 찢겨지고 얼마나 많은 폭력과 훼손에 노출돼 있는지 느낄 수 있습니까? 지구는 무력감과 반발심을 동시에 느끼고 있습니다. 그녀는 스스로 막 새로운 토대를 자체적으로 창조하려는 직전에 있습니다. 지구는 안팎으로 투쟁과 경쟁, 드라

행성 지구를 바라보며 인류의 그 무지와 어리석음으로 인한 참상에 눈물 짓는 예수 그리스도의 이미지

마의 에너지들을 방출할 것입니다. 그녀의 내부에서 싹트기 시작하고 있는 새로운 토대는 가슴의 에너지이자 균형과 유대의 에너지인데, 즉 살아 있는 그리스도 에너지입니다.

　인류와 마찬가지로 지구는 배움의 경험을 필요로 합니다. 인간과 똑같이 그녀의 의식은 진화하고 있고, 자체적으로 변형되고 있습니다. 인류와 함께 지구의 여정은 자신의 존재에 관한 어떤 무지와 무의식(無意識)의 형태로부터 시작되었습니다. 지구가 한때 어둠의 행성이었을 때, 그녀는 자기 주변의 에너지들을 탐욕적으로 흡수하였고 빨아들였습니다. 그녀는 자기와 조우했던 에너지들이나 존재들을 수용하여 그것들을 완전히 동화시켰습니다. 즉 그것들의 독특한 고유성(固有性)을 제거해 버렸는데, 이것은 어떤 면에서는 그것들을 죽인 것입니다. 이것은 팽창의 욕구로 인해 나타난 현상입니다.

　그녀는 자기 내면의 부족함과 불완전함을 어느 정도 느끼고 있었고, 이것을 다른 에너지들을 정복하거나 받아들여 융합해야할 필요성으로 해석합니다. 지구가 어떤 것도 이런 에너지들에게 되돌려주지 않은 까닭에 그들 사이에는 실제로 아무런 상호작용이 없었습니다. 그것은 치명적이었고, 일종의 죽음과 같은 과정이었습니다.

　그런데 어느 시점에 지구는 이 과정이 스스로 만족스럽지 않다는 것을 인식하게 되었습니다. 그녀는 자체적으로 에너지를 빨아들이기만 하는 이런 방식에 무엇인가 결여돼 있다고 느꼈습니다. 그녀 자신의 불완전함에 대한 감각이 그런 행위에 의해 완화되지는 않았던 것이지요. 즉 팽창을 향한 그녀의 무의식적 충동은 에너지를 빨아들여 죽임으로써 결코 충족되지 않았던 것입니다. 그 순간 지구의 의식(意識) 안에는 생명의 활기(活氣)에 관한 욕구가 생겨났습니다. 그렇다고 지구가 그것에 관해 완전히 알고 있던 것은 아니었습니다. 그녀는 단지 스스로 뭔가 다른 것, 일종의 고갈되지 않고 생명력이 있는 어떤 새로운 다른 에너지들과의 교류를 원한다는 것만을 알았습니다. 그리하여 지구의식 내의 한 공간이 그녀 자신과는 어느 정도 다른 경험을 위해 만들어졌습니다.

이것은 에너지적으로 지구상에서 생명이 시작되었음을 의미한다

 모든 깊은 내면의 욕구들이 궁극적으로 그 실현을 위한 수단을 창조하리라는 것은 하나의 우주법칙입니다. 본질적으로 생각과 감정의 혼합물인 욕구들은 창조적인 에너지들입니다. 이것이 바로 인간뿐만이 아니라 행성들을 지탱하는 것입니다.

 한 행성으로서 지구의 내면에는 일종의 갈망이 솟아났는데, 그것은 생명을 경험하고픈 갈망, 생명을 파괴하는 대신에 그것을 보존하고 양육하고 싶은 갈망이었습니다. 그리고 그런 일이 실제로 발생했던 것입니다!

 그리하여 생명이 지구에 처음 왔을 때, 지구 그녀 자신은 꽃을 피우고 번영하기 시작했습니다. 그리하여 그녀는 놀라움과 만족스러움으로 가득 찬 새로운 경험의 영역으로 진입하게 되었지요. 그녀는 막연하게 느꼈던 욕구와 같은 단순한 갈망이 그처럼 화려하고도 참신한 발전을 가져왔다는 것에 놀랐습니다. 그 후 지구상에서는 장대한 생명체들의 실험이 펼쳐지게 되었습니다. 지구는 진기한 생명들이 태어나고 번식하는 장소가 되었지요. 거기에는 새로운 길과 가능성들을 탐구하는 자유가 있었습니다. 지구에서는 모든 생명체들의 자유의지가 허용되었고, 지금도 여전히 허용되고 있습니다.

 생명의 창조와 더불어 지구와 그 위에 서식하는 모든 살아 있는 생물들은 내적인 발전을 위한 어떤 한계에 도달하기 위한 노력을 추구하기 시작했습니다. 이런 경험의 행로에는 "주고-받음(Give and take)" 사이에 균형을 유지한다는 중심 테마가 있었습니다. 내면의 의식수준에서 지구는 영겁의 세월동안 이런 주고-받음 사이의 올바른 균형을 찾기 위해 애써왔습니다. 하나의 행성으로서 지구는 생명을 주고 받습니다. 반대로 과거 에너지를 빨아들이고 죽이기만 했던 상태의 어둠의 지구 시대에 주된 성향은 열심히 받기만 하는 것이었지요.

 하지만 오늘날 그녀는 다른 극한을 향해 자신의 모든 것을 소진하고 있는데, 자기가 베풀 수 있는 한도까지 모든 것을 주고 있는 것입니다. 지구는 오랫동안 인류에 의한 폭력과 착취를 관대히 용인해 왔습니다. 왜냐하면 어떤 면에서 이것은 카르마적으로 참을만한 것이기 때문이었습니다. 지구는 강압적인 힘과 학대라는 다른 측면을 탐구할 필요성 있었습니다. 즉 착취자로서의 그녀의 과거 행위는 부메랑(Boomerang)처럼 돌아와 정반대의 희생자적 경험을 유발했던 것입니다. 그것이 카르마가 작용하는 방식이며, 그렇다고 그것이 처벌의 성격은 아닙니다.
 힘(Power)의 문제에 관련된 조건들을 진정으로 이해하기 위해서 당신들은 그 양쪽 측면을 경험해 보아야만 합니다. 결국은 희생자, 또는 가해자로서 다시 만날 것입니다. 여러분이 그 둘이 하나이고, 신성한 에너지의 양(兩) 부분이라는 사실을 깨달을 때까지 말입니다. 따라서 현 시대의 지구에 대한 무자비한 착취는 어느 정도 카르마적으로 적절한데, 그것이 지구에게 주고-받음 사이의 균형에 대해 충분히 깨달을 수 있는 기회를 주었기 때문입니다.
 하지만 그 지구의 훼손과 착취에 대한 카르마적 적절성의 한계는 가시권에 들어와 있습니다. 지구는 그 균형에 대한 깨달음에 이르렀고, 자기 의식(意識)의 카르마 주기(週期)를 끝내가고 있습니다. 그녀는 사랑과 자각의 레벨에 도달했으며, 더 이상은 인간의 학대를 관대히 용인하지는 않을 것입니다. 이 의식수준은 뜻에 맞는 조화와 존중의 에너지를 끌어당길 것이고, 파괴적인 의도를 가진 에너지는 물리칠 것입니다.
 주고-받음 사이에 새로운 균형이 잡히는 시기가 왔습니다. 새로운 지구에서는 행성 지구와 그녀 위에 거주하는 인간, 식물, 동물 등의 모든 생명들 사이에는 평화와 조화가 있게 될 것입니다. 그리고 모든 존재들 사이의 조화와 가슴에서 우러난 유대관계는 커다란 기쁨과 창조성의 원천이 될 겁니다.
 낡은 지구에서 새로운 지구로의 전환은 시간과 특성이 고정돼 있지 않은 하나의 과정입니다. 많은 부분이 인류의 선택에 달려 있으며, 그 선택은 지금 개인들로서의 여러분 모두에 의해 이루어지는 선택인 것입니다. 이 전환기에 관한 많은 예언이 행해졌고, 또 지금도 행해지고 있습니다. 하지만 그와 같은 모든 예언들은 불확실하며 여러 변수가 있습니다. 요컨대 여러분의 눈에 보이는 물질적인 현실은 인간 내면의 집단적인 의식상태의 발현이라는 것입니다.
 서두에서 우리가 언급했듯이, 의식(意識)이라는 것은 자유롭고 창조적입니다. 어떤 시기에 여러분은 사고(思考)와 감정을 달리함으로써 자신의 미래를 변화시키기 위한 결정을 할 수가 있습니다. 당신들은 자기의 생각과 감정들을 지배하는 힘을 가지고 있는 것입니다. 언제나 여러분에게 어떤 한계는 없으며, 파괴적 생각이나 감정을 제어할 수 있다고 말할 수 있습니다. 이것은 개인으로서의 여러분에게 뿐만이 아니라 또한 거대한 집단의 사람들에게도 마찬가지입니다.
 개인들로 구성된 거대한 집단이 자학과 파괴를 넘어서 자유와 사랑을 선택한다면, 그때 이것은 물리적인 현실 속에서 실제로 구현될 것입니다. 지구는 그것에 대해 반응할 것이며, 그녀는 인간의 내면에서 일어나는 것에 민감합니다. 그녀는 여러분 내면의 움직임을 그대로 감응한다는 사실을 주지하십시오.
 이에 따라 우리는 다음과 같은 점을 지적하고자 합니다. 즉 아무도, 심지어는 우리 쪽의 어느 누구도 새로운 지구가 탄생되게 될 방식에 관해 정확하게 예언할 수가 없습니다. 그러나 에너지적으로 현재 자기들의 카르마의 주기를 끝내가고 있는 영혼들의 집단이 가장 지구에 밀접히 연결돼 있다는 것만은 분명합니다.

종종 새로운 지구에 구체화된 이상(理想)들에 깊이 연결돼 있음을 느끼는 이런 사람들은 행성의 주기와 개인의 주기가 동시에 종결돼 가고 있기 때문에 성장하고 속박에서 벗어날 아름다운 기회를 가지게 될 것입니다. 향후에 나는 이런 특수한 영혼들의 집단에 관해서 이야기할 것입니다. 그들은 흔히 "빛의 일꾼들(Light Worker)"이라고 불리고, 나 역시 그런 이름을 사용할 것입니다. 그들이 이 대전환의 시대에 지구에 태어난 것은 우연적인 것이 아닙니다. 그들은 지구의 역사와 깊은 관계를 가지고 있습니다.

◆ 메시지-4

2012년에 일어날 그리스도 의식(意識)의 발현
(2008, 12)

*채널링:캐롤린 에버스

사랑하는 빛의 존재들이여, 새해에 관계된 정보와 메시지를 전하고자 합니다. 여러분 중에는 여러 수준이 있을 것이며, 어떤 이들은 아직 현재 무엇이 진행되고 있고 왜 그것이 일어나는지 이해하지 못할 수도 있습니다.

우리가 언급하는 변화들을 이해하기 위해서는 지난 2008년을 돌아볼 필요성이 있습니다. 작년에 새로운 에너지의 유입이 있었고, 특히 12월에 특수한 에너지가 지구를 흘러들어 왔습니다. 일부 사람들은 그리스도 씨앗으로서의 나의 에센스가 여러분에게 생성되었고, 그것이 내가 육신의 모습으로 다시 지상에 오는 2012년의 12월에까지 계속해서 남아 있으리라는 것을 압니다.

나는 여러 가지 이유들 때문에 지금 이 소식을 여러분에게 전하고 있습니다. 한 가지 이유는 2012년이 마야달력과 관계가 있는 반면에 그리스도의 현현(顯現)이라는 사건은 내가 인류에게 가지고 있는 사랑과 지구가 은하의 중심과 정렬되는 때인 2012년에 대한 나의 바람과 관련이 있음을 여러분이 이해하기를 원하기 때문입니다.

나는 잠시 이러한 은하계의 중심과 정렬되는 현상이 지구에 무엇을 의미하는지를 설명하고자 합니다. 여러분 중에 많은 이들이 에너지 통로들을 알고 있고, 그런 통로들이 대개 2012년 말에 통과하게 될 에너지에 비교할 때 다소 적은 양의 에너지가 유입되는 입구들을 포함하고 있음을 이해합니다.

은하의 중심은 지구의 주민들에게 밝혀진 정보에 나타나 있지만, 우리가 은하의 중심이라고 부르는 그 중심의 배후가 일종의 거대한 "블랙홀(Black Hole)"이라는 것은 대체로 알려져 있지 않습니다. 우주 안에는 블랙홀에 의해 연결돼 있는 우리 은하계와 매우 유사한 세계들이 있습니다. 그것은 여러분의 세상에서 음(陰)과 양(陽)의 에너지라고 이해하고 있는 것에 비교될 수 있을 것입니다. 하지만 차이가 있는데, 그것은 그 에너지가 유사해보일지라도 다른 구조를 가지고 있다는 것입니다.

블랙홀의 반대편의 세계는 지구와 우리 태양계와 비슷한 동시에 그쪽 세계의 행성은 지구처럼 자기들의 이해력 속에 함몰돼 있지 않다는 면에서 아주 다릅니다. 따라서 지구상의 주민들이 빛과 어둠으로 나누어져 싸우는 반면에 이 유사한 반사경(反射鏡)과 같은 우주는 결코 어둠의 함정에 빠지지 않습니다. 그런 까닭에 그들은 대단히 진보해 있고, 그 발전 상태는 여러분 행성의 주민들보다 훨씬 더 높은 수준에 도달해 있습니다.

이것이 의미하는 바는 그 우주로부터 오는 에너지가 우리 우주로 쇄도함으로써 진동을 높이는 데 이용될 수 있게 되리라는 것입니다. 내가 도착하는 그 순간에 지구는 결코 경험한 적이 없는 뛰어난 지혜와 깨달음으로 흘러넘치게 될 것입니다. 그 성장은 경이적인 속도가 될 것이고, 그것은 2,000년 전에 나를 낳은 이들이 다시 육화한 만큼, 내가 왔을 때 그들에 의해 모든 것이 한꺼번에 일어날 것입니다.

2,000년 전에 내가 지상에 태어났을 때, 나는 나의 부모가 그러했듯이, 독특하고도 특별한 유전자(DNA)를 나의 육체를 통해 운반해 왔었습니다. 많은 이들은 내가 막달라 마리아와 결혼했고 우리가 아이를 가졌음을 이해합니다. 어떤 이들은 여자 아이 하나가 있었다고 말하지만, 나는 우리가 사실상 3명의 아이를 낳았다고 여러분에게 말하고자 합니다. 이것은 나의 양친과 마찬가지로 나의 유전자와 내 배우자의 DNA가 우리 3명의 아이들에 의해서 유전적으로 이어질 수 있었음을 뜻합니다. 2,000년에 걸쳐서 이 DNA는 필연적으로 지구상의 모든 인간들 사이에 퍼질 수 있는 기회를 가졌습니다.

그리스도 아이가 탄생할 즈음인 은하의 중심에서 오는 이 믿을 수 없이 진보된 에너지들이 지구로 도래할 때 나와 나의 부모는 그 동안 나의 DNA를 물려받았던 지상의 모든 이들의 DNA를 촉발시키게 될 것입니다. 이것은 나와 나의 양친, 그리고 배우자가 가진 능력과 재능들이 이제 나의 DNA를 공유한 모든 이들에게 전수되고 통합되리라는 것을 의미합니다. 그것은 또한 여러분이 누구이고, 만유(萬有)의 원천에 어떻게 연결돼 있는가를 기억할 것임을 뜻하는 것입니다.

어둠의 방해를 넘어 영적변형으로

여러분은 지구의 변화들을 두려워하고 미지의 것으로 인식되는 것들을 두려워합니다. 하지만 여러분의 영혼은 지구변화로 나타날 일들이 귀중하다는 것을 압니다. 여러분이 이번 생(生)에 태어나기 전에 당신들은 TV 화면에서 보이는 이런 모든 지구변화들을 개관했었습니다.

여러분은 지구의 흔들림을 보았고 지구의 축이 이동하는 것을 보았습니다. 또한 여러분은 자신이 살아남기로 선택하고 차원전환을 하기로 택한다면, 변형되어 생존할 거라는 것도 알았습니다.

"체현된 지금 상태로 남아 있으십시오." 여러분에게 이렇게 말하는 이유는 여러분이 자신의 육체를 가지고 높은 진동율로 바뀌는 다음 단계로 옮겨가는 것이 중요하기 때문입니다. 당신들이 이렇게 되는 것은 대단히 중요한데, 그것이 완성을 향한 여러분의 행로를 단축시킬 것이기 때문이지요. 만약 여러분이 육체와 함께 높은 진동의 왕국(세계)으로 진입한다면, 우회로가 아닌 지름길을 탈 수가 있습니다.

게다가 여러분의 영적 행로를 단축시켜주는 것 외에도 당신들은 근원의 우주법칙과는 정반대의 입장에 있는 집단의 방해 없이 이것을 완료할 것입니다. 이 집단은 지구상의 오랜 전쟁들의 역사와 함께 그 주민들을 통제하고 지배한 데 대한 책임이 있습니다. 현재 이 집단 전체에는 자기들이 이 행성에 있는 부(富)를 지배할 것이라는 공통된 생각이 있습니다. 이것은 그들이 당신들의 정치체제와 더불어 인간의 모든 육체적 노동이나 활동을 조종하고자 함으로써 여러분에게는 그들이 만들고 있는 세계 안에서 사는 것 외에는 다른 선택의 여지가 없다는 것을 의미합니다.

여러분은 지금 세상의 곳곳에서 이런 일이 나타나고 있음을 보고 있습니다. 내가 굳이 여러분이 목격하고 있는 세계 곳곳의 전쟁들과 전쟁 계획들을 구체적으로 언급할 필요는 없는데, 당신들은 이에 관해 너무나 잘 알고 있기 때문입니다. 여러분은 또한 다른 국가들뿐만이 아니라 자국에서도 사람들을 두려움과 복종, 마음의 마비상태 속에 묶어두기 위해 정치적 공작들이 계획되고 있음을 볼 수 있으며, 이것은 압제의 멍에를 벗어던지고자 하는 여러분의 바람을 가로 막습니다. 이런 계략들은 기술의 도구와 영화와 TV에서 방영되는 프로그램들로 진행됩니다.

나는 여러분이 아주 오래 전 내가 조슈아(Joshua)로 알려져 있던 때 가르쳤던 상승을 이해하기를 바랐지만 당시의 주민들은 이해하지 못했습니다. 그리고 내 이름으로 나중에 세워진 교회들 역시 무지한 자들에 의해 지배되었습니다. 내가 의도했던 것은 소위 종교적인 운동 속에서 형성된 모습이 아니었음을 아십시오. 내가 원했던 것은 인간이 자기 내면에 존재하는 신(神)이 부여한 능력을 개인적으로 좀 더 이해하고 다시 신성(神性)에 연결되는 것이었습니다. 즉 개인들이 자기의 내면으로 들어가 영혼으로 가는 통로를 찾는 것 말입니다.

3. 자비의 화신, 관세음보살(觀世音菩薩)의 메시지

관세음보살은 불교의 여러 보살들 가운데서도 대자대비(大慈大悲)로 상징되며, 그러한 마음으로 중생을 구제하고 제도하는 보살이다. 그러므로 세상을 구제하는 보살(救世菩薩), 세상을 구제하는 청정한 성자(救世淨者), 중생에게 두려움 없는 마음을 베푸는 이(施無畏者), 크게 중생을 연민하는 마음으로 이익 되게 하는 보살(大悲聖者)이라고도 한다.

그런데 불교학자들은 대체로 보살(菩薩)을 단지 대승불교에서 지향하는 성불(成佛)하기 이전의 이상적인 구도자상(求道者像)을 의인화한 상징적 존재로 보며, 실존하는 존재로는 인정하지 않는 경향이 있다. 그러나 이는 잘못된 생각이며 관세음은 예수나 붓다(佛陀), 마이트레야(彌勒). 성모 마리아 등과 마찬가지로 역사적으로 실존했고 또 지금도 인류를 위해 활동하고 있는 영단 내의 대사(大師)들 중의 한 분임을 유념할 필요가 있다. 그녀는 현재 영단 내에서 인류의 카르마 문제를 관장하는 〈카르마 위원회(Karmic Board)〉의 7인의 마스터들 중에 1인에 해당된다. 그리고 관세음보살 역시도 다른 마스터들과 마찬가지로 여러 채널러들을 통해 이 시대의 중

관세음보살상

대한 지구변화에 관해서 우리에게 메시지를 보내오고 있다는 사실이다.

채널 정보에 의하면, 관세음보살이 처음으로 영적인 상승을 성취한 것은 인간의 시간으로 무려 11만 2,000년 전이라고 하며, 이것은 석가모니 붓다보다도 4,000년 앞서 이루어진 것이라고 한다. 또한 관세음이 본래 처음 태어났던 곳은 지상 세계가 아닌 샹그릴라(Shangrilia), 즉 지저문명이었다고 언급되고 있는데, 특이하게도 당시 양성공유체(兩性共有體)였다고 한다. 이것이 사실이라면, 관세음보살을 그린 관음도(觀音圖)나 조각상에서 그 모습이 반은 남성 같고 반은 여성 같이 묘사돼 있는 것도 납득이 될 것이다.

불교 대승 경전의 효시가 된 것은 〈반야심경(般若心經)〉인데, 관세음은

바로 반야심경에서 사리자(舍利子)를 상대로 법(法)을 설하는 존재이기도 하다. 또한 그녀는 성모 마리아와 더불어 대표적으로 신성(神性)의 여성적 측면을 구현하여 상징하고 있다

◆ 메시지-1

부활절/ 웨삭 축제의 선물들: 위대한 어머니의 에너지가 행성을 활성화하다 (2005)

*채널링:실리아 펜

 친애하는 이들이여! 우리는 지금 이 시점에 커다란 선물을 여러분의 행성에 전하는 바입니다. 위대한 어머니의 에너지가 은하계의 중심으로부터 지구로 내려오고 있으며, 관세음(觀世音)인 나는 여러분이 자신의 가슴을 열고 이 사랑이 가득 찬 새 에너지를 더 깊이 받아들일 수 있도록 돕기 위해 이곳에 있습니다.
 3월 8일의 초승달에서 3월 24일의 보름달 사이 기간은 웨삭(Wesak)[4] 만월 축제가 열리는 시기인데, 그때 백색의 타라(Tara)[5] 에너지가 지구상에 나타날 것입니다. 그리고 5월 8일의 초승달에서 5월 22일의 보름달 사이 기간은 녹색의 타라 에너지가 지구에 현현할 것입니다. 이것은 새로운 지구를 위한 커다란 선물입니다. 왜냐하면 타라의 에너지는 붓다(Buddha)) 에너지에 상응하는 여성 에너지, 즉 붓다의 여성적 측면의 에너지로서 각성된 자비로운 에너지이기 때문입니다.

---

[4] 매년 5월 보름마다 인도와 스리랑카 지역에서 열리는 부처님 탄신, 성도, 열반 기념일. 그러나 여기서 의미하는 웨삭 축제는 히말라야의 한 특정한 계곡에서 매년 개최되는 축제를 말한다. 이 축제는 물리적 차원이 아닌 에테르 차원에서 열린다고 하며, 영단의 수장인 마이트레야(彌勒)를 위시하여 그리스도 등, 영단의 모든 주요 마스터들과 하위 등급의 제자들, 입문자들, 라마승들, 순례자들이 참석한다. 여러 가지 의례를 행한 후 보름달이 뜨는 시간이 되면, 현재의 행성로고스인 부처님이 샴발라의 에너지를 전달하기 위해 상공에 연화좌(蓮華坐)의 형태로 현현하며 강림해 온다고 한다.
[5] 티벳 불교에서 열렬히 신앙되고 있는 여성 보살, 또는 여성 붓다이다. 관세음보살과 마찬가지로 사람들을 '피안(彼岸)의 세계로 건너가도록" 도와주는 자비와 구원의 보살로 상징된다. 이 보살은 깨달음을 향한 정신적 여행의 수호자인 동시에 해로와 육로 여행의 수호자이다. 백색 타라(산스크리트로 Sitatārā, 티베트어로는 Sgrol-dkar)는 순결을 상징하는데, 이 보살은 대개 3개의 눈을 가지고 있다. 발바닥과 손바닥에까지 눈이 있는 모습을 하고 있는 경우도 있는데 그것을 '일곱 눈의 타라'라고 하며, 몽골에서 특히 인기가 있다. 녹색 타라(Syāmatārā/Sgrol-ljang)는 푸른색 연꽃 봉오리(utpala)를 들고, 오른쪽 다리를 아래로 늘어뜨리고 연화좌(蓮花座) 위에 앉아 있다.
 각각 활짝 핀 연꽃과 아직 피지 않은 연꽃이라는 상징물로 대조되는 백색 타라와 녹색 타라는 밤낮 쉬지 않고 고통 받는 이들을 구원하기 위해 애쓰는 타라의 한없는 자비를 상징한다고 한다.

타라의 에너지는 인류와 지구에게 온화함과 사랑을 가져오며, 새로운 지구를 창조하는 노력들을 자극하고 활성화시킬 것입니다. 인류 여러분은 최근에 신성한 부활절(復活節)의 축제를 지냄으로써 그대들은 그리스도 의식(Christ Consciousness)의 고양감과 그리스도였던 자비롭고도 영적으로 깨달은 한 존재가 걸어갔던 행로를 경험했습니다. 그리고 현재 막달라 마리아(Mary Magdalen)[6]와 성모 마리아의 에너지가 인류의 가슴 속에 온화한 여성성을 활성화하는 작업을 시작하기 위해 지구로 흘러들고 있습니다. 또한 웨삭 축제의 시기로 다가가는 지금 여러분은 붓다(佛陀)의 길을 걸었던 분의 자비롭고도 높이 각성된 에너지를 경험하기 시작합니다. 그리고 여러분은 신성한 타라의 에너지 역시도 경험하는 것입니다.

타라의 에너지는 여러분의 행성에 매우 오랫동안 존재해 왔습니다만, 지금 그것은 일어나야만 하는 지구변화들과 더불어 인류를 돕기 위해 여러분의 의식(意識)을 끌어올리고 있습니다. 타라(Tara)라는 이름은 산스크리트어로 "별(Star)"을 뜻하며, 그것은 별들 가운데서 그녀의 기원을 나타냅니다. 하지만 그녀의 이름은 또한 "다리(Bridge)" 또는 "교차점(Crossing)"을 의미할 수도 있는데, 그것은 여성적 에너지가 새로운 지구로 진입할 때 그녀가 현재하고 있는 다리 또는 교차점으로서의 역할을 나타내는 것입니다.

첫 번째 에너지인 백색 타라가 들어오는 것은 곧 자비와 은총의 여신(女神)의 현현입니다. 그녀는 지구상에서 고통을 겪고 있는 존재들에게 자신의 위대한 감수성(Sensitivity)을 가져오는데, 이러한 그녀의 선물은 일종의 치유의 선물입니다. 그녀는 건강, 장수, 그리고 아름다움을 가져 옵니다. 이것들은 새로운 지구를 위한 진정한 선물들인 것이지요.

그녀의 에너지가 지구의 새로운 격자망 속에 정착될 때, 그녀는 여러분 가슴에 새로운 자비와 봉사의 의식을 불러올 것입니다. 그녀는 향후 전개될 주기(週期)에 여러분에게 타인에 대한 봉사와 모든 존재들을 위한 자비의 의미에 대해 가르칠 것입니다. 여러분은 다시 한 번 이 세상의 두려움을 해소하고 평화와 사랑의 세계를 이룩하기 위한 목적에 봉사하는 커다란 기쁨을 이해하게 될 것입니다.

친애하는 빛의 일꾼들(Light Workers)이여! 앞으로 영적으로 상승하는 이들의 파동이 변형될 때, 여러분은 진정으로 이런 자비와 봉사의 삶을 살도록 요청받게 될 것임을 아십시오. 여러분 가운데 남을 돕는 원조자가 되기로 선택한 이들에게는 해야 할 많은 일들이 있게 될 것인데, 그 일들은 이제 막 깨어나 빛을 향한 그들의 상승여정을 시작한 사랑스러운 존재들을 위한 것입니다. 백색 타라를 여러분의 인도자 내지는 지지자로 삼으십시오.

그 다음으로 5월의 주기 내에 녹색 타라의 에너지가 지구로 들어올 것입니다. 녹색 타라의 에너지는 행동하는 위대한 어머니입니다. 그녀는 지구를 돌

---

[6] 2,000년 전 예수 그리스도의 배우자였던 존재로 현재 영단의 레이디 마스터 나다(Nada)이다.

보고 모든 부정(不正)과 불균형한 것들을 일소시켜버립니다. 그녀의 에너지는 행성 지구가 균형을 회복하도록 책임지는 에너지인 것이며, 위대한 "마아트(Ma'at:우주적 균형을 유지하는 신성한 어머니의 측면)"의 손길에 의해 인도됩니다.

녹색 타라는 여러분 가운데 지구를 낙원으로 되돌리는 일을 하는 이들의 가슴을 활성화할 것입니다. 그녀는 빛의 일꾼들과 새 지구의 창조를 돕기 위해 복귀하고 있는 원소적인 존재들(Elemental Beings)을 연결시킬 것입니다. 그녀는 이 행성을 부활시키는 개척자가 되기로 동의한 사람들을 끌어 모을 것입니다. 그리고 그녀는 그들의 가슴을 용기와 결의, 사랑의 빛으로 비출 것입니다.

친애하는 빛의 일꾼들이여! 그러므로 우리는 여러분에게 촉구하건대, 지금 타라(Tara)로부터 방출되는 신성한 여성적 에너지가 강력하게 유입되고 있음을 인식하기 바랍니다. 여러분은 그 에너지를 높아진 감수성과 자비로서 느낄 것입니다. 또 여러분은 그것을 감정적인 것이나 슬픔 같은 것으로 쉽게 느낄 수도 있습니다. 붓다의 자비로운 눈물에서 백색의 타라가 솟아나 나타난다는 전설을 기억해 두십시오. 이 에너지는 인간관계의 부드러움과 이해도를 높일 것입니다.

여러분 중에 이 백색 타라의 에너지를 받아들이는 이들은 또한 이 고도로 순화된 에너지가 자신의 존재 속으로 유입될 때 깊은 정화(淨化)와 해독 작용을 일으키고 있음을 스스로 발견할 것입니다. 그리고 여러분은 부드럽게 이완되거나 자신의 일부가 되어 퍼지는 여신의 에너지를 느낄 수도 있습니다. 하지만 여러분은 이 에너지 안에서 자기의 의식이 확장되고 다음의 주기에 사명감과 봉사 또한 확대됨을 알 것입니다.

녹색 타라의 에너지를 받아들이는 사람들은 지구에서 빠르게 사라져가고 있는 "녹색 세계"를 회복시키고 싶은 자비로운 욕구를 느낄 것입니다. 그들은 지구의 환경을 보전하고 복구하기 위해 식물을 가꾸고 자연의 에너지를 가지고 일할 것입니다.

〈레무리아(Lemuria)〉라고 불렸던 낙원의 원래 청사진은 일종의 화원(花園) 같은 세계였습니다. 그러므로 그러한 세계가 이루어지게 될 것입니다. 그러나 그 과제는 이제 수십억의 주민들과 함께 지구가 그와 같은 행성으로 탈바꿈하는 것이 될 것입니다. 그것은 녹색 타라의 지원으로 이루어질 수가 있으며, 여러분 중에 많은 이들이 범지구적 녹화작업과 변형이라는 이 프로젝트를 위한 첫 걸음을 시작할 것입니다.

그러니 친애하는 빛의 일꾼들이여, 지금 여러분의 마음을 고무하는 커다란 자비와 봉사를 향해 가슴을 여십시오. 그리고 본래의 낙원으로 귀환하고 싶은 소망을 위해 행동에 나서십시오. 이런 에너지들은 지금 위대한 어머니가 새로운 지구에게 주는 선물인 까닭입니다.

◆ 메시지-2

여러분의 생각과 감정은 이 세상에 직접 영향을 미치고 있다

*채널링:에릭 크레인

※이 채널링은 에릭 크레인이 주관하는 채널링 및 명상집회에서 행해진 것이다.

축 복받은 특별한 존재들이여! 안녕하세요. 나는 관세음(觀世音)입니다. 오늘 여러분과 함께하는 나의 가슴은 설레고 있습니다. 여러분은 매우 높은 의식과 열린 마음을 가진 집단입니다. 나는 여러분과 더불어 나의 에너지를 나누고, 여러분 각자에게 치유의 도움을 주고자 왔습니다. 또한 여러분 모두가 자신의 가슴을 완전히 열수 있도록 다소나마 격려하고자 왔습니다.
　여러분의 행성은 지금 새로이 변형되고 있고, 〈물질주의 시대〉에서 〈영성(靈性)의 시대〉로 옮겨가고 있습니다. 그리고 여러분은 남들보다 어느 정도 앞서서 그 길을 찾아내고 빛을 밝히고 있는 사람들입니다. 말하자면 당신들은 빛의 길잡이인 것입니다. 우리는 여러분의 그러한 봉사와 헌신에 대해 감사드립니다.
　여러분 인류는 현재 극기(克己)와 통달(通達)이라는 영적상승의 여정에 놓여 있습니다. 그러나 이 과정은 항상 쉽지만은 않습니다. 이것은 기쁨의 길이고 가슴의 길이지만, 자신과 타인들에 대해 조건 없는 사랑으로 마음을 여는 것을 필요로 합니다. 그러므로 나는 여러분에게 자신을 자책하거나 남에 대해 심판하려는 생각을 버리라고 권고하는 바입니다.
　영적진화의 과정에는 어떤 따라야할 기준이나 척도라는 것이 없습니다. 그러니 부디 다른 이들이 명상을 하든 안하든, 담배를 피우든 말든. 어떤 옷을 입든 간에 그런 것들로 그들을 판단하지 마십시오. 인간은 누구나 다차원적인 존재들입니다. 그리고 여러분의 몸은 그 자체가 일종의 환영(幻影)에 지나지 않습니다. 원자상태에서 들여다보면, 인간의 몸은 99%가 텅 빈 공간으로 이루어져 있으며, 사실상 여러분은 자신의 사념과 의식(意識)을 통해서 자기 몸을 창조하고 있는 것입니다. 그렇기 때문에 마음의 힘만으로 자신의 몸과 세포들을 맑고 흰 빛을 통해 깨끗이 씻어 내릴 수도 있습니다.
　여러분이 남을 심판하거나 비평할 때, 그것이 무심코 그렇게 할 때라도 그런 행위는 곧 여러분 자신에게 그런 똑같은 행위를 하는 것과 마찬가지라는 사실입니다. 이것을 알든 모르든 여러분이 남에게 행하는 모든 것은 그 무엇이나 곧 자기 자신에게 하는 것이 되는데, 왜냐하면 본래 자타(自他)는 일여(一如)이기 때문인 것이죠.
　따라서 나는 여러분에게 권고하건대, 서로 사랑과 평화로 대하십시오. 그렇다고 이것이 무조건 여러분의 감정을 억누르라거나 진실을 포기하라고 말하는 것은 아닙니다. 즉 지속적인 의사소통의 노력을 통해서 진실을 밝히거나 오류를 개선하는 교훈을 배울 수 있는 것입니다.

여러분에게 일어나는 모든 것들은 사실상 어떤 교훈을 배우고 성장하기 위해 모종의 영적 수준에서 자기 스스로 요청한 것임을 알도록 하십시오. 그러하니 부디 여러분 자신의 삶에 대해 책임감을 가지도록 하세요.

여러분 모두는 이 세상과 더불어 서로 공유할 놀라운 재능들을 가지고 있습니다. 그리고 지금은 이런 능력들을 가지고 앞으로 나서서 함께 나눠야 할 때이고, 건설적이고 행복한 삶으로 이끌어야 할 때입니다. 하지만 이 말이 당장 큰 자금을 조성해야할 필요가 있다는 뜻은 아닙니다. 단지 그것은 여러분을 앞으로 전진하라고 재촉하는 내면의 작은 소리에 귀를 기울여야 할 필요가 있다는 의미입니다.

여러분은 매일 일정한 시간을 내어 고요히 앉아 호흡하고 내면의 평화와 사랑을 느낄 필요가 있습니다. 명상은 오늘날 여러분의 세상에서 더 이상 특별한 사람들만이 행하는 사치가 아닙니다. 그것은 여러분이 다가오는 모든 변화들에 대처하고, 또 내면의 인도자와의 연결을 강화하기 위해서 필요한 것입니다. 또한 여러분 모두가 추구하고 있는 내면의 치유를 얻기 위해서도 꼭 필요합니다.

나는 여러분이 집단적으로 모여 명상하는 가운데 그대들의 행성인 지구에게 치유와 사랑의 에너지를 보내줄 것을 요청하고 싶습니다. 여러분의 행성인 지구는 지금 위급한 수준에 처해 있는데, 당신들이 조화와 사랑의 에너지를 지구와 함께 나눌 때, 그것은 보다 완화되고 평화로운 차원전환이 이루어지도록 돕는 것이지요. 여러분은 지구의 지각(地殼) 단층지대에다 사랑의 에너지를 보냄으로써 실제로 지진(地震)을 감소시킬 수가 있습니다. 그것은 바로 여러분 각자가 가지고 있는 강력한 힘인 것입니다.

여러분의 상념들과 감정들은 이 세상과 지구 전역에 울려 퍼지는 진동(振動)들을 끊임없이 만들어내고 있습니다. 그러니 부디 여러분 자신이 외부로 방출하고 있는 것들에 대해서 인식하십시오. 다시 말해 자기 자신의 정신적, 육체적 모든 행위에 대해 깨어있으라는 것입니다. 그리고 여러분이 3차원의 몸인 육체를 깨끗이 목욕할 시간을 가지듯이, 4차원의 몸인 감정체(Emotional Body) 역시도 때때로 정화할 시간이 필요합니다. 따라서 하루를 마감할 때는 어떤 이기적 욕망들이나 두려움, 부정적이고 탁한 성분들을 청소해내고 자신을 돌아보는 시간을 가지십시오. 그렇다고 이 때문에 스스로를 자책하거나 자학할 필요는 없습니다. 다만 침묵 속에서 자신의 하루 생활을 관조하며 지켜보기만 하면 됩니다.

이제 나는 여러분에게 잠시 동안 나와 함께 깊은 심호흡을 할 것을 요청하고자 합니다. 눈을 감으십시오. 우리는 오늘 특정한 에너지 주파수에 맞추어 그것을 받아들일 것입니다. 이것은 자체적인 힘과 내적인 지혜를 가진 에너지입니다. 나는 오팔색으로 빛나는 핑크빛 광선이 여러분의 <u>정수리 차크라</u>(백회)을 통과해 가슴 차크라까지 도달하도록 전달할 것이며, 더 나아가 여러분의 가슴 차크라를 열 것입니다. 그러니 오직 천천히 호흡하고 이완하면서 평크빛 광선이 여러분의 가슴 속에서 빛을 발하며 몸의 각 세포로 퍼져 나가는 것을 시각화하십시오. 그리고 세포 하나하나에 높은 진동으로 이루어진 빛과 사랑이 가득 채워짐을 보십시오. 여러분의 복부와 가슴을 공기로 채우십시오. 당신들이 숨을 들이쉴 때, 가슴에서 그 빛의 중심이 확대되어 몸의 각 세포들을 치유하고 활력을 불어넣고 있습니다.

친애하는 이들이여, 여러분은 현재 보호받고 있음을 아십시오. 여러분 자신과 내면의 신성(神性)을 신뢰하십시오. 그리고 여러분이 영적으로 성장하는 과정 속에서 그 성장을 돕는 교훈과 과제들을 배우고 있음을 믿으십시오. 나는 여러분 각자가 치유되고 감정적 평화와 사랑을 얻을 수 있도록 후원하고 있습니다. 도움이 필요할 때는 그저 고요한 명상 속에서 도움을 청하며 내 이름을 부르십시오. 자신을 사랑하고 또 서로서로 사랑하십시오. 여러분이 누군가에게 가식 없는 사랑으로 대하면, 그 사람 또한 당신에게 사랑으로 응답할 것입니다.

지구에는 커다란 사랑과 평화가 필요합니다. 그리고 여러분 각자는 스스로 자신의 삶과 가슴 속에다 평화를 창조해냄으로써 이 세상에 평화를 구현할 힘을 가지고 있습니다. 여러분이 살고 있는 지금은 상서로운 때이고 이 시대는 기적이 발현되는 시기임을 알도록 하십시오. 나는 여러분 각자와 세상을 축복하며, 여러분의 경청과 영(Spirit)에 대한 헌신에 감사합니다.

◆ 메시지-3

현 시대에 있어서의 자비(慈悲)의 의미

*채널링:실리아 펜

친애하는 빛의 존재들이여! 이 메시지를 여러분에게 전하게 되어 기쁩니다. 그리고 이 메시지는 행성 지구에서 삶이라는 모험을 헤쳐 나가고 있는 여러분에게 자비를 경험하고 실천하는 기쁨을 알려주기 위한 것입니다.

사실상 여러분이 이곳 지구에 태어나 있는 것은 타인에 대한 봉사를 통해서 영적으로 성장하기 위해서입니다. 그리고 이러한 봉사의 행위는 자비심을 바탕으로 하고 있습니다. 그럼에도 불구하고 이 자비(慈悲)의 의미에 관해서 진정으로 이해하고 있는 사람은 매우 소수입니다. 문자 그대로의 말뜻은 "다른 이와 더불어 느끼다." 즉 "동정(同情)하다, 또는 공감(共感)하다." 라는 의미입니다.

많은 사람들이 이것을 감정적인 술어로 해석하여 연민(憐憫)을 느끼는 것이나 친절을 뜻하는 것이라고 추측하고 있습니다. 그러나 자비는 한마디로 말해서 가슴으로 보는 것, 또는 애정을 가지고 보는 것을 의미합니다. 가슴은 단순히 감정들의 장소라기보다는 인간 안에 있는 보편적이고 우주적인 사랑의 자리입니다. 또한 그것은 직관(直觀)의 자리이고 영적인 연결이 이루어지는 장소입니다. 그리고 가슴과 결합된 감정은 기쁨, 일체감, 그리고 환희입니다. 따라서 가슴으로 본다는 것은 여러분이 타인들과 공유하고 있는 그 하나됨의 상태, 일체의 상태를 보는 것을 의미합니다. 그리고 이런 인식으로 타인들과의 관계와 봉사를 통해서 여러분 자신 안에 있는 우주적 근원의 환희를 느끼는 것입니다.

영적인 기쁨은 일종의 가슴과 영혼의 상태입니다. 그것은 여러분의 가슴과 영혼이 지구상에서 신성한 계획이 전개될 때, 커다란 선의(善意)의 봉사와 함께함으로써 생겨나는 것입니다. 그것은 인간 내면에 만족감과 포용성, 평온함을 만들어냅니다.

그러므로 자비에 기초한 봉사는 남을 "돕는 것"이나 "가르치는 것"이라기보다는 기쁨이라는 인간의 근원적이고 공통적 경험에 입각한 "나눔"입니다. 이것은 "치유(Healing)"라고 불릴 수도 있는데, 왜냐하면 이것은 인간 내면에 있는 일종의 보편적 인간애의 감각, 또는 인류가족 안에 있는 일체감(一體感)을 타인들에게 일깨우는 것이기 때문입니다. 이처럼 자비심으로 보는 것은 기쁨을 아는 것과 같습니다.

만약 무엇인가가, 또는 누군가가 기쁨, 즐거움, 평화, 사랑을 가져온다면 그때 그것은 가슴에서 경험됩니다. 그러나 여러분이 슬픔이나 고뇌, 고통 같은 것을 겪고 있거나 보고 있다면, 그때 그것은 가슴이 아닌 감정으로 경험하고 있는 것입니다. 그리고 이런 것들은 삼라만상의 "일체성(Oneness)"을 이해할 수 없는 에고적 마음(Ego mind)에 의해 생성된 환영(幻影)의 상태입니다. 그것은 실제가 아닙니다. 우주적 사랑만이 실재인 것이지요. 하지만 여러분 행성에 있는 아주 많은 이들이 자비가 불운한 이들에게 도움을 주는 뜻이라고 이해합니다. 또한 그것은 자선행위를 하는 것으로 간주됩니다. 그러나 이런 종류의 활동이 바람직하고 필요한 것이긴 하지만, 그렇다고 그것이 자비로운 봉사의 근본적인 의미는 아닙니다.

여러분의 행성 지구는 고통과 고뇌, 그리고 슬픔의 상태에 빠져 있습니다. 지구상 대중매체들의 뉴스 보도는 기쁜 소식보다는 재앙과 전쟁, 테러, 범죄, 죽음에 관한 소식들로 가득 차 있는데, 따라서 여러분은 연민의 감정적 반응과 자비에서 우러난 형제애를 혼동합니다.

친애하는 여러분! 자비는 어디까지나 영적인 봉사라는 점을 이해하십시오. 여러분 자신 안에서 기쁨과 평화를 발견하는 것이고, 그것을 다른 사람에게 전하는 것입니다. 또한 이것은 어떤 종류의 중독이나 불행, 고난, 고통의 드라마들을 방출하는 것이 필요해지리라는 것을 의미하기도 합니다. 여러분 자신의 삶에다 그런 부정적인 것들을 만들어내지 말고 또 다른 이들의 삶에다 그것을 불러일으키지 마십시오. 그 보다는 긍정적 에너지를 불러오는 여러분의 자비로운 가슴이나 사랑, 희망의 메시지에다 집중하십시오. 아울러 여러분이 만나는 모든 이들과 화합하는 데다 초점을 맞추십시오. 이것이 바로 자비인 것입니다.
  새로운 지구는 자비에 대한 이해를 토대로 열리게 될 것입니다. 오직 사랑과 나눔만이 실제이고 가치있는 경험입니다. 여러분에게 요청하건대, 지구를 위한 봉사를 시작할 때는 이를 기억해 두십시오.

◆ 메시지-4

지수화풍(地水火風) - 4대 원소들에 대한 치유작업

  친애하는 빛의 일꾼들이여! 인류가 지금의 시간주기로 옮겨감에 따라 여러분은 새로운 지구의 에너지를 어머니 지구의 자궁에다 정착시키기 위해 준비하고 있습니다.
  현재 인류는 중요한 전환점에 도달해 있습니다. 지구와 인류는 1998년에 차원전환에 착수했고 7년간의 첫 번째 주기를 통과했습니다. 다음 단계의 7년 주기는 2012년 말까지 전개될 것이고 그때 변화와 전환의 주기가 완료될 것입니다.
  친애하는 이들이여, 6월 21일의 천문상 지점(至點) 이후가 되면 여러분은 알게 될 것인데, 그 행로는 용이해질 것이고 여러분이 그 첫 번째 주기 동안 간직하고 있던 꿈들과 소망들이 실현되기 시작할 것입니다. 여러분이 행한 첫 번째 주기 내의 영적인 빛의 작업의 주안점은 상위차원의 빛 또는 에너지체를 활성화시키고 다차원적 창조자로서 자신의 진정한 힘을 일깨우는 것이었습니다. 이제 그 주안점은 바뀔 것이고 두 번째 주기 내에 여러분은 새로운 지구의 모습을 구체화하여 창조할 것입니다.
  따라서 이 시기의 주안점은 지구의 에너지와 여러분의 하위 차크라들을 정화하고 활성화함으로써 균형을 만들어내는 데 집중돼 있습니다. 다시 한 번 여러분은 이 지구상에 육화돼 있는 동안에 자연계의 4대 원소들을 조정하고 균형을 잡는 방법을 기억해야 합니다.
  여러분은 지수화풍(地水火風)이라는 4가지 에너지적인 모체 안에 담겨져 살고 있습니다. 그리고 여러분은 5:5의 균형점이 잡혀져서 이 강력한 4대 원소의 에너지들이 여러분의 몸을 통해 맥동하며 순환할 때 일어나는 현저한 변화와 정화작용을 느낄 것입니다. 자신의 육체와 감정체, 멘탈체(Mental body) 내에서 4대 원소들[7]을 인식하는 것은 여러분의 삶에 있어서 보다 강렬한 경험인 것이며, 그때 인체 내의 균형과 불균형을 감지하게 될 것입니다.

---

[7] 지수화풍(地水火風)의 4대 원소는 4대 천사들에 의해 관리되고 있다고 한다. 즉 불(火)의 원소는 미카엘 대천사, 공기(風)의 원소는 라파엘 대천사, 물(水)의 원소는 우리엘 대천사, 흙(地)의 원소는 가브리엘 천사라고 한다.

• 우선 지(地)의 원소가 활성화될 때, 여러분은 자연과 연결되고 싶은 욕구를 느낄 것이고 자신의 가정을 좀 더 아름답고 안락하게 꾸미고자 할 것입니다. 지(地)와 연결되지 않았을 때 여러분은 접촉에서 벗어난 어떤 상실감을 느낄 것입니다. 자연 속의 삶이나 자연과의 일체감은 여러분이 자신을 자연(自然)이라는 모체의 일부로 인식하는 데 도움이 될 것입니다. 여러분은 그 모체 내에 있는 신성한 에너지가 형성화된 본질적 표현이며, 그러한 물질적 뒷받침을 받을만한 가치가 있습니다. 여러분이 지(地)의 원소와 균형을 유지할 때는 그 에너지를 자신의 풍요로운 삶 속으로 끌어올 수가 있습니다.

• 화(火)의 원소가 활성화 될 때, 여러분은 자신 속에서 움직이는 열정과 에너지를 느낄 것입니다. 이것은 다루기가 어려운 에너지가 될 수도 있는데, 특히 사회적 여건으로 인해 여러분의 열정을 억제하는 습관이 있을 때 그렇습니다. 이때 여러분은 낙담할지도 모르며 또는 큰 소리를 지르고 싶다고 느낄 수도 있습니다. 하지만 이것은 오래 억눌렸던 에너지를 후련히 날려버림으로써 여러분이 삶의 깊고도 격렬한 열정의 흐름에 연결되고 싶다는 의미입니다.

• 수(水)의 원소가 활성화 될 때 여러분은 자신을 통해 감정이나 정서가 굽이치며 도는 것을 느낄 것입니다. 역시 여러분이 자신의 감정이나 정서를 억압하는 습관이 있다면, 이제 여러분은 이 4대 원소의 강력한 에너지들이 자신을 통해서 움직일 때 나타나는 현상을 처리해야만 할 것입니다. 일단 폭풍이 가라앉을 때까지 그 생명의 에너지들이 흐르도록 허용하십시오. 그러고 나서 균형 속에 머물러 있다 보면 물기운(水氣)이 평온하게 안정되어 치유의 흐름으로 바뀔 것입니다.

• 마지막으로 풍(風)의 원소, 즉 공기(空氣)의 율동이 여러분 내부에서 관념의 흐름을 활성화시킬 것입니다. 만약 여러분이 균형 상태에서 벗어나 있다면 그 공기의 에너지와 함께 물밀듯이 수많은 관념들이 여러분의 마음 속에 흐를 것이며, 그것을 가라앉히기 위해 고심할 때 당황하거나 좌절감을 느낄 것입니다. 하지만 여러분이 그 모든 생각들이나 그중 어떤 것에도 부화뇌동(附和雷同)할 필요가 없다는 점을 알아두십시오. 그것들은 단지 전적으로 잠재적인 것이고 가능성일 뿐입니다. 그저 그것들이 여러분을 통해서 당분간 흐르도록 놔두세요. 어느 정도 후에 여러분은 중심을 잡을 것이고, 흙탕물이 가라앉듯 안정되었음을 느낄 것입니다.

친애하는 이들이여, 두려움 때문에 이런 에너지들에 저항하지 마십시오. 그저 편안히 긴장을 풀고 이완하세요. 그러다 보면 달이 갈수록 자신의 몸이 균형을 찾게 될 거라는 사실을 알게 될 것입니다. 앞서 언급한 대로 여러분이 자신의 고차원적 몸들에 조치한 작업은 4대 원소들을 적절히 유지하는 데 도움을 줄 것입니다.

◆ 메시지-5

여러분 자녀들의 재능과 나눔의 중요성에 대해

*채널링:실리아 펜

친애하는 빛의 존재들이여! 지구와 인류가 제2의 변화의 주기와 상위의식으로 진입함에 따라 우리는 여러분의 향후 행로에 도움을 주기 위해 이 메시지를 전하고자 합니다. 이 내용은 나눔의 중요성에 관한 것인데, 그것은 여러분이 다가가고 있는 5차원의 현실 속에서 균형을 창조하는 한 방식입니다. 즉 자기가 가진 물질적 부(富)뿐만이 아니라 능력이나 재능을 나누는 것은 의식(意識)의 상위차원 속에서 균형과 안정을 찾는 열쇠인 것입니다.

5-6차원적 삶의 원리들

인류가 거주해 온 3차원의 현실계 안에서는 아이였을 때, 세상에서 살아남는 문제 때문에 자신과 자기의 재능에만 집중하라고 배웁니다. 학교에서 여러분은 급우들과 함께 학년을 마치는 것과 1등을 하는 것이 최고이며 그가 가장 우수한 인간이라고 배웠습니다. 1등을 하는 이런 소수의 아이들은 영재(英才)나 수재, 천재, 신동(神童), 머리 좋은 아이들이었고, 나머지 아이들은 어느 정도 열등한 아이들로 보였지요. 그리고 그 아이들이 스스로에 대한 모든 자신감을 잃고 평범하고 단조로운 사람이 될 때까지 그들의 자질과 재능은 비교적 뚜렷하지가 않았습니다. 혹시 여러분의 대다수가 현재 그런 처지가 아닌가요?

이는 여러분의 숨겨진 대부분의 재능들이 피어나기도 전에 묻혀버렸고 아무도 잠재적 능력들을 계발하는 방법을 알지 못했던 것입니다. 만약 여러분이 아이들을 키우고 있다면, 그 아이들이 학교에 들어가기 이전에는 자연적인 천진난만함에서 오는 자신감과 즐거움에 차 있다는 것을 알 것입니다. 그들은 쾌활하고 창조적이며 사교적입니다. 하지만 그들은 학교에서 1등이 되기 위한 경쟁과 아주 짧은 학기와 협소한 조건 안에서 요구되는 성공해야 한다는 압박감 속에서 모든 것을 상실해 버리고 맙니다.

친애하는 이들이여! 하지만 새로운 지구사회에서는 〈전체와 개인의 원리〉에 대해서 이해하게 될 것입니다. 그때 인간은 하나의 집단으로서만 훌륭히 살아갈 수가 있는데, 이 집단은 그 구성원들 가운데 가장 약한 사람만큼만 강해질 것입니다. 또 만약 그 집단 내에 무능력한 개인들이 있다면 그 집단은 하나의 전체로서 그만큼 약해질 것입니다. 즉 집단을 이루는 각 개개인들이 자신의 재능에 대한 자신감을 느낌으로써 힘을 얻을 때만이 그 전체집단이 강하게 될 것이라는 거지요.

각 개체는 전체가 강해지기 위해서 강해져야만 합니다. 그리고 전체는 집단내의 개체들 또한 강해지고 힘을 얻을 수 있도록 보장하는 조치를 해야만 합니다. 이처럼 진정한 힘이 생겨나는 과정의 핵심은 전체가 공유하는 상호 호혜적인 에너지인 것입니다. 이것은 공동으로 힘을 나누는 것인데, 이런 서로 주고 받는 상호 보완적인 과정을 통해서 균형과 기쁨이 만들어집니다. 하지만 누군가는 항상 주기만 하고, 반대로 다른 이는 받기만 한다면 거기에는 불균형과 부조화만이 존재할 것입니다.

나눔, 창조성 그리고 구현

여러분 각자가 다른 이들에게 베풀 수 있는 한 가지 재능만은 다 가지고 있습니다. 여러분 모두는 강력한 힘을 가진 창조자이자 실현자들인 것입니다. 하지만 그것은 오직 여러분 자신이 가진 재능을 집단과 함께 나눌 때만이 그러하며, 그때야 비로소 재능을 실현하는 단계로 들어가는 것입니다. 어떤 것을 실현한다는 것은 하나의 공유된 활동인데, 서로간의 협력적인 활동을 통해서 에너지를 전달하고 나누는 것입니다. 왜냐하면 집을 직접 지을 건설업자가 없는 한은 여러분이 설계도만 가지고 집을 완성할 수는 없기 때문입니다. 그리고 건설업자 역시 벽돌이나 목재 같은 건축재가 없는 한은 집을 지을 수 없으며, 이런 식으로 … 각자가 자기가 가진 소질과 재능들로 최종적인 전체적 완성품을 만들어내는 데 기여하는 것입니다.

친애하는 이들이여, 때문에 나눈다는 것은 곧 사랑을 표현하는 것입니다. 나눔을 실천한다는 것은 지금 이 지구상에서 여러분이 해야 할 작업 중에 중요한 부분입니다. 여러분이 3차원에 의해 만들어진 환영(幻影)의 마지막 베일(Veil)을 뚫고 나갔을 때 비로소 자기 한 사람과 자기만의 행복에만 집중할 수 없다는 것을 알 것입니다. 왜냐하면 여러분의 행복이나 안녕이 모든 다른 이들의 그것과 연결돼 있기 때문이지요.

여러분이 타인들과 더 많이 나누고 협력하면 할수록, 더 많은 지지와 사랑이 여러분에게 흘러들 것입니다. 그리고 사랑하는 이들이여, 나눔이란 여러분의 부정적인 문제들이나 두려움을 공유하는 것을 의미하지는 않습니다. 이런 것들은 여러분이 베일 속에서 만들어낸 환영(幻影)일 뿐이며, 따라서 실체가 없는 것입니다. 나눔이란 어디까지나 실체적인 것들을 공유한다는 뜻입니다. 예컨대, 여러분의 본질과 신적자아(God-self), 창조성, 상상력, 여러분의 기쁨, 원조, 그리고 혹시라도 사유(私有)하고 있다면, 물질적 축복 같은 것들이지요.

오늘날의 여러분 자녀들이 인류에게 가져오는 선물들

친애하는 빛의 존재들이여! 나눔의 선물은 여러분의 아이들이 이 시대에 여러분에게 가져올 선물이 될 것입니다. 빛나고 축복받은 "크리스탈 아이들(Crystal Children)"은 성장할 수록에 학교의 현 경쟁제도와 학년제를 거부할 것입니다. 그들은 계속해서 자신과 자기의 소질 및 재능을 믿을 것이고 타협하기를 거절할 것입니다. 물론 아무도 그들이 그렇게 하도록 놔두지는 않을 것이지만 말이죠.

하지만 그들은 각 개인이 독특하고 아름다운 존재임을 여러분에게 가르칠 것이고, 어떻게 이런 독특성과 아름다움을 일종의 재능으로서 받아들일 것인지를 여러분에게 보여줄 것입니다. 때문에 참으로 창조적인 실현의 과정에 대해 여러분의 마음을 여는 것이 열쇠입니다.

만약 여러분이 각자와 모든 존재가 남에게 베풀 수 있는 한 가지 재능만을 가지고 있고, 또 여러분이 그런 선물을 받아들이는 데 열려 있다면, 그때 당신들은 삶이 여러분에게 준 풍요로움을 보게 될 것입니다. 이런 것들은 물질적인 재산을 초월한 진정한 부(富)인 것이지요. 여러분의 아이들이 당신들을 가르치는 만큼 여러분의 물리적 생존은 고등한 차원들에서 보장돼 있으며, 여러분은 지구상에서 창조성과 기쁨과 같은 일에 집중할 수가 있습니다.

친애하는 이들이여, 그러므로 우리는 여러분에게 감사함을 마음으로 표시하는 한 방법으로서 나눔을 실천할 것을 권고합니다. 여러분의 가슴이 당신들을 인도하도록 하고 또 어떻게 나눌 것인지를 보여주도록 허용하십시오. 여러분 각자는 자신의 존재 안에 그러한 재능을 가지고 있으니까요.

자신의 재능을 찾아내기

장차 새로운 지구의 고등한 의식 속에서 나눔의 필요성은 중요한데, 이는 여러분이 현재 사로잡혀 있는 분리의 환영(幻影)에서 깨어나지 못하면 창조적인 에너지가 흐를 수 없기 때문입니다.

이런 일이 일어난다면 그 흐름이 막혀서 여러분은 앞으로 전진할 수가 없습니다. 만약 그렇게 된다면 여러분은 뒤로 미끄러지기 시작할 것이고, 여러분의 창조성은 분리와 고립, 결여 등의 부정적 드라마 속에서 고갈되거나 활용불가능이 될 것입니다.

그럼 어떻게 여러분의 재능을 발견할 수 있을까요? 여러분의 가슴에 귀를 기울이고 자기 삶을 주시해 보세요. 지금 여러분은 어떤 풍요를 누리고 있습니까? 필요 이상으로 소유하고 있음은 무엇 때문인가요? 당신이 가지고 있는 것이 사랑이라면, 다른 사람들과 그것을 나누십시오. 만약 그것이 돈이라면, 그것 역시 다른 이들과 나누십시오. 그리고 시간이라면, 그것을 다른 이들을 위해 활용하도록 하세요.

여러분의 재능은 무엇입니까? 모든 이들이 치료자나 교사는 아니지만, 누구나 타인들과 나눌 수 있는 무엇인가를 가지고 있습니다. 여러분이 가진 그런 소질이나 재능이 가치 있고 소중하다는 인식하에 자긍심을 가지고 즐겁게 그것을 다른 이들과 나누십시오. 그리고 다른 이들의 베풂이나 도움을 받아들일 수 있도록 열린 마음이 되십시오. 나눔의 과정은 주기도 하고 받기도 하는 양쪽 다이기 때문이지요. 다시 말해 그것은 남에게 무엇을 주고 어떻게 줄 것인가의 문제뿐만이 아니라 어떻게 받을 것인가의 문제도 포함되는 것입니다.

여러분은 어린아이의 기쁨과 천진성으로 남으로부터 받을 수 있겠습니까? 여러분은 선물이 가져올 수 있는 즐거움과 기쁨을 알기 위해 어린애가 선물을 받을 때의 모습을 관찰할 필요가 있습니다.
　친애하는 이들이여, 아이의 행동을 따라 배우도록 하십시오. 그리고 지금 다가오고 있는 이 멋진 새 지구 에너지의 주기 속에서 여러분이 가진 것들을 서로 나누십시오. 나는 여러분과 함께 하며, 여러분과 더불어 나눕니다.

- 관세음 -

◆ 메시지-6

2012년의 지구변화에 대한 전망 (2009)

*채널링:레이니

우리는 여러분이 오랜 천년기 동안 자신의 신적자아(God Self)와 연결되는 것을 망각했음을 일깨우고 있는데, 본래 여러분은 내면의 근원과 연결돼 있었고, 다시 한번 그렇게 되어가고 있습니다. 또한 우리는 새로운 지구의 개막이 가까이 다가오고 있음에 대단히 기뻐하고 있습니다.
　여러분 모두가 해야 할 일은 인류가 어머니 지구에게 입힌 피해와 상처들을 치유하기 위해 돕는 것입니다. 그러한 작업은 계속되며, 진전이 이루어지고 있는 중입니다.
　우리는 여러분에게 두려워해야 할 것은 아무것도 없음을 말하고자 합니다. 두려워해야 할 유일한 것은 두려움 그 자체라는 말이 있습니다. 이것은 실제로 그렇습니다. 두려움이라는 것은 사실 사랑의 반대상태입니다. 왜냐하면 그 둘은 같은 공간 내에서 공존할 수가 없기 때문이죠. 또한 두려움은 조건없는 절대적 사랑의 상태에 머무는 데 있어서의 방해물이기도 합니다. 아울러 이것은 오직 무조건적 사랑만이 존재하는 세계인 5차원으로 여러분이 이동하는 데도 장애가 됩니다.
　많은 이들이 예상했던 지구변동은 여러분 빛의 일꾼들의 노력으로 인해서 그 규모가 축소되고 있습니다. 여기에는 육체의 형태로 지구상에 와 있는 스타시드들(Star Seeds), 길잡이들(Way-Showers), 인디고(Indigo) 영혼들과 크리스탈(Crystal) 존재들, 영적인 천사들 등이 포함됩니다. 호칭을 무엇이라고 부르든, 이들은 모두 지구와 인류의 행복을 돕기 위해 스스로 선택해 자원한 존재들이며, 이들에 의해 새로운 변화가 지금 일어나고 있습니다.
　우리는 또한 지금 이 순간 여러분에게 말하건대, 2012년 12월을 인류의 마지막 때로 언급했던 고대 마야(Maya) 달력이 지정한 시기에 지구의 멸망적인 대파국이 발생하지 않음을 예견하는 바입니다. 지구의 미래에 관련해서 우리가 예측하고 있는 것은 기존에 예언되었던 〈아마겟돈(Armageddon)〉 종말 시나리오가 더 이상 가능성이 없다는 것입니다. 이런 종말적 예언으로 인해 인간들에게 불안과 두려움이 일어났던 것이지요. 그러한 부정적 에너지들은 현재 정화되었고, 그와 같은 결과를 초래할 가능성들이 감소되었습니다.

이것은 빛의 일꾼 여러분 모두의 노력에 의해서 거의 불가능해 보였던 부정적 상황이 극적인 전환을 이루었음을 의미합니다. 우리는 여러분 모두에게 감사드립니다. 우리는 여러분이 인류와 지구를 위해 얼마나 열심히 일해 왔는가를 알고 있습니다. 그리고 이제 황금시대가 목전에 다가와 있습니다.

영적상승을 이룬 대사들과 대천사들, 그리고 레무리아인들과 같은 뿌리종족들은 현재 여러분을 돕기 위해 대기한 채 여러분의 요청을 기다리고 있습니다. 기억하십시오. 여러분의 자유의지가 대기하고 있는 다른 존재들이 여러분을 돕는 것을 불가능하게 만들 수도 있다는 사실입니다. 이 말은 이 행성에 존재하고 있는 〈자유의지의 법칙〉이란 여러분이 자발적으로 요청하지 않는 한 누구도 여러분을 도울 수 없다는 의미입니다. 즉 그들은 반드시 여러분의 요청을 받아야만 돕는 것이 가능합니다.

부디 인류에 대한 자비심을 가지고 행동에 나서십시오. 많은 이들이 아직 잠들어 있고, 자신이 무엇을 하고 있는지를 모릅니다. 그들을 깨우십시오. 이것이 교사가 해야 하고, 또 하게 될 역할입니다. 용기를 잃지 마십시오. 모든 것이 이루어지고 있는 과정에 있으며, 반드시 그렇게 될 것입니다.

마야의 유물인 팔렝케 묘의 덮개판에 그려진 기이한 그림. 마치 무슨 우주선의 조종장치를 다루는 듯한 모습이다.

4. 대천사 메타트론의 메시지

지구변화로 인해 2012년에 차원상승이 일어날 것인가?

*채널링:캐롤린 에버스

　지구변화와 상승이라는 두 가지 문제에 있어서 하나의 사건이 다른 사건을 방해하지 않습니다. 현재 이 양자(兩者)가 다 필요하며, 그렇게 움직여지도록 지구 격자망과 지구에 연결된 지령 시스템에 프로그램이 돼 있습니다. 그리고 이러한 지령들은 우주의 근원과 은하중심으로부터 오고 있습니다.
　이 두 가지 사건은 마야(Maya) 달력에 의해 예언돼 있고 또한 그 상징들 속에 나타나 있는데, 그것들은 마야인들의 신전(神殿)에 쓰여져 있거나 미술작품으로 기록돼 있습니다. 설사 두 가지가 어떤 형태로 연결돼 있다고 하더라도 각 움직임은 독자적인 활동으로 나타나고 있다는 것을 이해하십시오.
　지구의 변동은 이른바 "상승(Ascension)"이라는 것과는 별도의 이유로 발생할 것입니다. 지구상의 변화들은 몇 가지 다른 원인들 때문에 일어나고 있습니다. 이런 변화들을 필요하고도 적절한 관점에서 보도록 하고 그 다음에는 인간의 행위가 그 원인들 가운데 하나라는 점을 인식합시다. 지구 변화들은 지구라는 천체의 오래된 지각판(地殼板) 체계 때문에 유발되었고, 지금도 여전히 일어나고 있습니다.
　농부가 땅을 회복시키기 위해 일정 기간 휴경지(休耕地)로 내버려 두거나 또 필요에 따라 어떤 전답(田畓)을 경작하는 것과 마찬가지로 지구 또한 그렇게 하는 것이 필요합니다. 그러므로 여러분은 과거 시대에 이런 일이 발생했던 흔적들을 지질학적 기록들 속에서 찾아 볼 수 있을 것입니다. 속 지구에는 바다 속으로 침강하거나 융기한 땅덩어리들이 있습니다. 아마도 이런 사례로 가장 잘 알려진 것은 고대 아틀란티스 대륙이 파도 아래로 침몰한 사건일 것입니다. 여러분은 때때로 꿈을 꿀 때나 명상할 때 이런 기억들과 마주하게 되는데, 그것은 인간이 이런 기억과 관련해서 정화할 필요가 있는 어떤 문제가 있기 때문입니다.
　지각판 체계의 회복 필요성은 지구라는 행성이 진화해가는 과정에서 자연적인 방식으로 나타날 수가 있고, 또한 지구의 건강과 조화돼 있지 않은 인간 의식이 지닌 난폭성 때문이기도 합니다. 따라서 거기에는 그와 같은 부정적인 요소들을 청소해내야 할 필요가 있는 것입니다. 이런 지구의 활동들은 차원상승과는 아무런 관계가 없으며, 오히려 스스로의 균형을 유지하려는 자연력에 의한 보호 작용이라고 해야 합니다.

지구의 변화들 중의 어떤 것은 은하의 중심부에서 방출되어 지구로 오고 있는 변화무쌍한 에너지들과 많은 관계가 있습니다. 1999년 태양표면에서 폭발이 있었고 그로 인해 태양풍으로 간주되는 통상적인 전자의 활동이 3일 동안 중단됐었습니다. 그 3일 동안 지구는 우주의 근원, 유일자, 또는 최고 창조주, 우주의 중심으로부터 직접 온 수많은 메시지들과 지시들로 강하게 각인되었습니다. 그런 지침들은 상승계획에 상당히 연계돼 있었고, 이것은 실제로 지구변화들에 영향을 미쳤습니다.

인간의 신체 내의 모든 종류의 변화들을 유발시킨 DNA 안에서의 변화가 생겨났는데, 즉 현재 세포 자체가 전기 충전 상태로 옮겨가면서 인간은 지금의 탄소에 기초한 상태에서 빛이나 수정질(水晶質)에 기초한 상태로 바뀌고 있습니다. 이것은 육체가 자체 내의 모든 시스템들을 한 단계 높이기 위해서 대단히 필요한 과정입니다. 이러한 변화의 돌풍은 또한 자연계에 연결된 기본적인 구조를 변화시켰습니다.

그러므로 이것은 자연계가 정렬되는 하나의 현상인데, 왜냐하면 이른바 "지구의 핵"이라고 부르는 지구 중심에 미세한 변화가 있었기 때문입니다. 그 지구 핵은 수정의 머카바(Merkaba)를 가지고 있고, 이것은 여러분의 것이 그러하듯이 회전합니다. 그리고 그 회전속도가 서서히 떨어져 이것이 자체적인 발전을 시작하는 소위 "정지 점(Still Point)"을 허용하게 됩니다. 그것이 번갈아 기상에 영향을 미치고, 결과적으로 여러분은 기상변화들이 급증하는 것을 볼 수가 있습니다.

이런 지구 핵 안에서의 약간의 변화들이 또한 자연계 내에서의 지진들이나 화산 활동들을 촉발시키는 변화들을 허용하거나 아마도 지시할 것입니다. 이 모든 것들이 행성 지구의 상승을 위해 필요하며, 따라서 우리는 진화를 위해 필요한 것과 지구와 인간의 균형을 잡는 변화작용들은 허용한다는 입장을 취하고 있습니다.

우리는 지구의 중심 안의 힘의 균형을 위해 지시를 내렸으며, 자연의 데바(Deva)들과 자연계 내의 질서를 담당하는 다른 존재들에게도 지침을 주었습니다. 또 인류에게 우리는 균형을 잡기 위한 신성한 기하학(幾何學)의 형상 같은 것들을 제공합니다. 여러분은 자기 자신이 〈홀론(Holon)〉의 형상 안에 앉아 있을 모습을 상상할 수 있는데, 그것은 사실상 두 개의 피라미드가 밑변을 마주하고 있는 형태이며 여러분이 그 한 가운데 앉아 있는 것을 시각화하는 것입니다. 이러한 실습은 인체 내의 균형을 잡고 뇌와 마음을 연결시키는 데 매우 강력한 효과가 있습니다.

앞서 언급한 이런 사건들은 어디서 인간 영혼의 발전이 이루어지느냐에 관계없이 일어날 것입니다. 이런 움직임의 어떤 것은 바뀔 수 없는 것이지만, 인류를 인도하는 영적 세계에 있는 우리는 그런 지구변화의 와중에서 인류가 균형을 찾을 수 있도록 진정으로 도울 수가 있습니다.

여러분이 상승이라고 부르는 영적승격은 우리가 언급한 것처럼 마야 달력과 상당한 관계가 있으며, 그것은 행성지구가 우주의 중심과 똑바로 정렬되는 시기를 말하고 있는 것입니다. 그리고 이것은 그 사건이 2012년에 일어난다고 하는 "시간틀(Time Frame)" 의 이름으로 제공되었습니다.

여러분이 잘 알다시피 지구 자체는 그 때 파멸되지 않을 것입니다. 하지만 지구는 2012년 12월의 시점에 영원히 변화된 모습으로 남아있을 것입니다. 그리고 정확히 말하면 12월 28일에 한 어머니가 아이를 낳을 것인데, (그리스도를 상징하는) 그 아이는 여러분이 예수, 또는 조슈아(Jeshua)라고 이해하고 있는 영혼의 대리인이 될 것입니다. 그 어린 아기는 예수와 막달라 마리아, 즉 여러분이 성배(聖杯)라고 알고 있는 그 우주적 한 쌍으로부터 나온 유전자(DNA)를 가진 모든 영혼들의 DNA를 활성화시킬 그 순간에 옵니다. 이런 DNA의 촉발작용이 인류와 밀접하게 연결된 이 지구와 함께 최종적으로 상승할 영혼들을 점화시킬 것입니다.

현재의 세계적 경제위기 상황에 대한 향후 전망

여러 가지 의미를 담고 있을 수 있는 "예후(豫後)"라는 말을 처음으로 논해 보도록 하겠습니다. 우선 모든 것이 신성한 질서 속에서 진행되고 있다는 점을 아십시오. 사실상 이러한 금융시장의 해체는 불행을 예고하는 어떤 것으로 생각될 수도 있었습니다. 왜냐하면 주택과 직업을 잃어버린 사람들은 이런 금융위기의 끔찍한 여파를 지금 겪고 있기 때문이지요. 하지만 전체를 조망하는 개괄적인 관점에서 볼 때, 이 금융파동은 통화공급 시스템으로부터 어둠의 요소들을 몰아내기 위해 일어나고 있습니다. 상황이 진행되면서 많은 사람들이 상처를 입게 될 것인데, 아마도 어떤 이들은 그 과정에서 자신의 영혼이 좀 더 강해졌음을 발견할 것이고, 또 다른 이들은 스스로 낙담하거나 자포자기를 느낄 것입니다.

각자가 처한 상황 속에서 개개인의 영혼들은 날개를 펼칠 기회를 가지고 있음을 인식하기 바랍니다. 말하자면 보다 상위 수준의 다음 단계 능력으로 발전할 수가 있는 것입니다. 상처를 전혀 경험하지 않고 강해지거나 더 나약해진 개인이 생겨날 수는 없습니다. 우주는 끊임없이 움직이고 있는 까닭에 아무 것도 정지 상태에 머물러 있지 않습니다.

우리는 현재 고난을 겪고 절망을 느끼거나 심지어 자포자기에 빠진 사람들을 돕습니다. 우리는 계속해서 그런 사람들에게 에너지를 보내고 있는데, 이런 선물을 받을 수 있느냐의 여부는 그런 고통을 경험하고 있는 개인들이 우리를 향해 방향전환을 하는 것에 달려 있습니다. 이런 신성한 사랑의 측면은 인류가 겪어온 일에 관계없이 항상 있어 왔습니다. 이것은 생명이 영겁의 세월 동안 지구상에서 진화해 온 만큼이나 진실인 것입니다. 따라서 나는 이런 가르침과 원조의 기회를 갖게 된 것이 기쁩니다. 그럼에도 그것은 자신의 인생여정에서 맞닥뜨릴 수 있는 모든 어둠의 순간에 도움과 빛의 선물을 구하는 모든 이들이 어떻게 하느냐에 맡겨져 있다는 사실입니다.

때때로 이런 시기는 영혼의 어두운 밤이라고 불립니다. 하지만 그들이 자신들의 창조주를 비난하고 모든 희망의 자취마저 포기하지 않는 한, 아무도 이런 길을 가거나 마지막 때까지 깨달음을 얻지 못할 수는 없습니다.

희망을 갖고 애써 찾고 구하는 자들은 결국 사랑의 손길을 만날 수 있고 어둠의 곤경에서 벗어나는 탈출구를 찾아 빛에 이를 것입니다. 여러분 자신의 참된 본성을 찾는 분야나 장소는 문제가 되지 않는다는 것을 이해함으로써 거기에는 하늘에서 내려진 구명밧줄이 나타날 것입니다. 그리고 그런 선물 가운데 어버인 신을 향한 성장과 사랑의 통로가 있다고 말하고 싶습니다.
…(하략)…

5. 미카엘 대천사의 메시지

◈ 메시지-1

지구변화와 행성 지구의 미래
-새로운 지구는 태어나고 있다(2006)-

*채널링:실리아 펜

친애하는 빛의 존재들이여! 변화와 전환의 이 시기에 우리는 여러분을 격려하고 지지하기 위해 왔습니다. 우리는 여러분이 지구를 새로운 행성으로 변형시키기 위해 자기들의 아이들과 더불어 어떻게 일하고 있는지를 알고 있습니다.

1998년 이후 상당한 숫자로 지구에 태어나고 있는 "크리스탈 아이들(Crystal Children)"은 인류와 지구의 차원이 바뀌고 변형되는 과정에서 인류를 돕고 있습니다. 사랑과 빛을 지닌 강력한 존재들인 크리스탈 아이들은 여러분에게 새로운 지구가 어떤 모습이 될 것인지 상상해보라고 요청합니다. 여러분이 창조해 내기 위해 힘을 보태고 있는 그 미래의 모습은 어떻습니까?

지구가 5차원으로 상승하여 2012년까지는 깨어나기로 예정돼 있는 까닭에 여러분은 인류가 지금의 도시들에서 계속 살게 될 것으로 확신하고 있는지도 모르겠습니다. 하지만 미래의 도시들은 매우 다른 장소가 될 것입니다. 여러분은 장차 도시가 어떻게 낙원의 일부가 될 수 있는지를 이해하기 위해 "크리스탈 아이들"인 여러분의 자녀들과 함께 일하게 될 것입니다. 그렇습니다. 낙원의 진동이 행성 지구를 다시 활성화시켰고, 현재 지구는 이런 낙원의 모습으로 탈바꿈될 수 있도록 그 변형과정을 겪고 있는 것입니다.

"종말(終末)"에 관한 낡은 비전들(Visions)은 무효화되었다

친애하는 이들이여, 영능력을 가진 여러분의 "크리스탈 아이들"로부터의 가장 긴급한 메시지는 "종말End Time)"의 시나리오가 철회되어 완전히 무효화되었다는 것입니다. 이것은 인류가 미래에 대한 새로운 약정을 이루었을 때인 1999년과 2000년 사이에 발생했습니다. 파멸적 미래 각본이 취소되는 것은 개인과 집단 양쪽에 다 해당됩니다.

하나의 행성으로서 지구는 대재앙과 멸망의 필요성을 철회하고 가능한 한

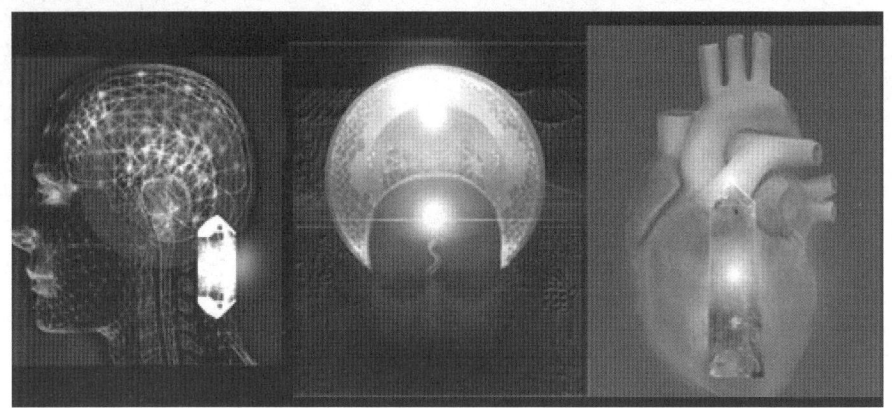
<크리스탈 아이들>을 상징하는 수정(水晶)은 인체에 중요하며 불가사의한 작용을 한다.

완화된 새 방식을 통해 상위차원으로의 전환을 허용하기로 동의했던 것입니다. 그럼에도 종말에 대한 예언들이 여전히 남아 인간집단들 속에서는 회자되고 있고, 세상에는 아직도 이런 예언과 이야기들을 가지고 심각하게 거기에 몰두하거나 다른 이들에게 두려움을 일으키는 사람들이 있습니다.

우리가 여러분에게 다시 한 번 말하지만, 이런 최악의 각본은 취소되었습니다. 크리스탈 아이들이 원래 자기들의 그리스도화된 의식(意識)을 지구로 가져오는 데 동의하지 않았던 것은 앞을 바라볼 때 밝고 영광스러운 미래가 기대되지 않았기 때문이었지요. 하지만 상황은 바뀌었습니다.

그럼에도 여러분 가운데 아주 많은 이들이 이런 변화들을 두려워하며 떨쳐내지 못하고 있습니다. 어떤 사람들은 오래 전의 예언들을 끌어다 증거로서 인용합니다. 그러나 친애하는 이들이여, 대부분의 "종말"에 관한 예언들은 차원상승 과정에서 주어질 수 있는 변수와 은총들을 완전히 이해하지 못한 존재들에 의해 행해진 것입니다. 상승의 선물은 1987년에야 충분히 활용이 가능해졌고, 그럼으로써 기적적으로 파멸의 시나리오가 철회되고 조화로운 상위수준으로 차원을 변형시키기로 계획이 변경되었습니다.

그러나 오래 전에 예언을 기록으로 남기거나 말로 했던 사람들은 이것을 알지 못했습니다. 따라서 그 과정에 대한 그들의 두려움에 의해 이런 변화들이 인간이 저지른 악행에 대한 처벌로 해석되어 자기들의 믿음을 통해 투사되었던 것입니다. 사랑하는 이들이여, 이것은 진실이 아니며, 그것은 다만 하나의 주기(週期)가 종료되고 다른 새 주기가 시작되는 것입니다. 그 과정은 의식적인 방식으로 이루어지는 지구의 재탄생 또는 부활이라고 비유해서 표현할 수 있겠습니다. 이는 몹시 흥분되고 영광스러운 것이며 또한 조화로운 삶의 경험인 것입니다.

상승의 과정 - 은하인간(銀河人間)으로 사고(思考)하기

여러분이 현재 겪고 있는 지구변화와 변형의 과정은 절정의 사회적 변동을 포함하고 있는데, 이것은 반드시 지구와 그 주민들만이 경험하고 있는 것은 아닙니다. 은하계 전체가 지금 이러한 전환과 상승과정을 통과하고 있고, 이 과정은 또한 안드로메다 은하계가 우리 은하수 은하계와 마찬가지로 수백만 년이 걸릴 자신의 트윈 플레임(Twin Flame)과의 황홀한 합일을 위해 다가가는 과정을 포함하고 있습니다.

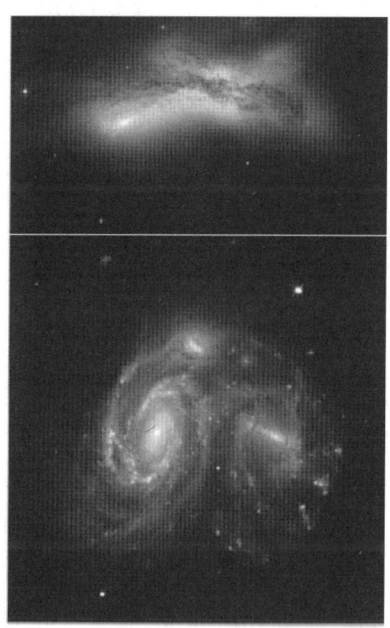

미 나사(NASA)의 허블 우주망원경이 촬영한 두 은하의 충돌 및 융합 모습

때문에 지금 두 은하계의 거주자들은 양쪽 은하계를 동시에 끌어당기고 있는 조건 없는 사랑의 인력(引力)에 자극받아 그것을 느끼고 있는 것입니다. 그리고 이 위대한 우주적 사랑은 현재 지구상의 인류 가슴에서 활성화되고 있는 커다란 사랑에 반영돼 있습니다. 여러분이 그 에너지들에 관계된 우주적 섭리와 특성을 이해했을 때, 지금 지구상에서 일어나고 있는 자연의 변화들이 이 거대한 변화과정의 일부라는 것을 깨달을 것입니다. 즉 이 시대에 지구에 대변화가 오는 것은 반드시 인간이 저지른 악행에 대한 반작용만은 아니라는 것이지요.

새로운 종족의 출현

친애하는 이들이여, 사실상 어머니 지구는 이런 변화들에 동의했습니다. 그녀는 자기 자신을 장차 "호모 크리스토스(Homo Christos)" 또는 "수정 인간(Crystal Human)" "그리스도화된 인간(Christed Human)"으로 칭하는 수백만의 인류종족을 수용하게 될 행성으로 탈바꿈시키기로 동의했던 것입니다.

그렇습니다. 기존의 "호모 사피엔스(Homo Sapiens)" 인간종족은 이런 지구의 변형과정에서 멸종해가고 있고, 마침내 완전히 지상에서 사라질 것입니다. 새로 출현하게 될 종족은 "호모 크리스토스(Homo Christos)" 즉 〈빛의 인간〉인데, 이들은 미래의 지구에서 거주하게 될 머리 중심이 아닌 가슴 중심의 인간들입니다.

"호모 크리스토스"는 진정 하나의 은하시민으로서 사고할 것입니다. 이 수정(水晶) 인류의 성인들과 아이들은 그들 자신을 거대한 전체의 일부인 다

생노병사하는 육체인간에서 은하적인 빛의 인간(호모 크리스토스)으로의 DNA 변이

차원적인 빛의 존재들로 인식하게 될 것입니다. 뿐만 아니라 이들은 상위차원의 영적 현실들이 하위차원의 물질적 현실들을 형성하고 구체화한다는 사실을 명확히 이해할 것입니다. "호모 크리스토스" 종족은 이 양쪽 차원의 세계들을 자유로이 넘나들며 살게 될 것입니다. *위에서와 같이 아래에서도 (As above, so below)* 말이지요.

지구상의 과거 역사에는 이런 변화들에 대해 참고할만한 아무런 비교지표가 없다는 것도 사실입니다. 아주 오래전 지구에서는 빙하시대와 공룡의 멸종과 같은 극적인 변동들이 있었습니다. 하지만 이런 사건들은 지구가 "호모 크리스토스"라는 새로운 거대 인간집단을 반갑게 수용하고 뒷받침하기로 동의하기 훨씬 이전의 일들입니다.

지구는 자신의 몸에서 거주하는 생명체들을 사랑하고 돌보며, 의식적으로 그들에게 해를 가하고자 하지 않습니다. 일종의 의식(意識)이 있고 애정이 있는 존재로서 그녀는 이미 지구에 태어나기로 동의한 각 영혼들을 사랑하고 부양하기로 영적인 협약을 맺었습니다. 그렇습니다. 친애하는 수정(水晶)의 존재들이여! 앞으로는 그녀가 사랑하고 후원할 수 있는 영혼들 외(外)에는 어떤 인간들도 그녀의 에너지권에 태어나는 것을 허용하지 않을 거라는 것은 사실입니다. 하지만 그것은 여러분이 오직 분리의 상태 속에서 지구와 맺은 영적인 계약을 망각했을 때만 해당되는 것입니다.

인류는 어떻게 어머니 지구와 교감하고 여러분의 형제,자매인 엘리멘탈들(Elementals)과 자연령(自然靈)들과 협력하며 살았는지를 잊어버렸습니다. 하지만 그리스도화된 존재인 "호모 크리스토스" 로서의 여러분은 그것을 기억할 것이고, 그들과 더불어 일할 것입니다.

새로운 지구의 미래상 - 행동해야 될 때는 지금이다

새로운 지구에서 수정 인간들은 대부분 도시들과 공동체 안에서 살 것입니다. 그들은 다시 한 번 지구와 연결될 것이고 그녀의 음성에 귀를 기울이게 될 것입니다. 그리고 그들은 자연자원을 관리하고 필요한 것들을 창조하는 법을 배울 것입니다.

"호모 크리스토스" 종족은 하나의 거대 집단 내지는 사회적 존재입니다. 집단전체의 안녕(Well being)과 번영은 개인의 안녕에 우선할 것입니다. 하지만 이러한 집단이라는 구조 안에서 개인들은 보호받고 원조받게 될 것입니다. 여러분이 이런 새 지구와 수정 같은 미래 세계 창조를 돕기 위해 할 수 있는 것은 무엇인가요? *여러분의 크리스탈 아이들이 여러분에게 권고하는 것은 삶을 머리로 살지 말고 가슴으로 살라는 것입니다.* 여러분의 느낌과 직관을 따르십시오. 그것이 여러분을 진리로 인도할 것입니다.

지구에 귀를 기울이는 법을 배우십시오. 또한 자연의 엘리멘탈들과 자연령들에 관해서도 배우세요. 어떻게 여러분의 선조들이 그들과 협력했는지를 알 수 있는 과거 전통들을 조사해 보십시오. 하지만 지구와 하늘과 연결되는 여러분 고유의 방법을 찾으십시오.

생명을 축복하고 삶을 찬양하십시오. 그리고 노래하고 춤추고 창조적인 시간을 가지십시오. 여러분은 창의력이 풍부한 우주의 예술가들입니다. 이것이 여러분이 내면의 균형을 유지하는 방법입니다. 새로운 지구를 반가이 맞이하십시오. 그곳은 여기이고 때는 지금입니다.

◆ 메시지-2

지구상의 모든 것은 변하고 있다 (2007)

*채널링:실리아 펜

친애하는 빛의 일꾼들이여! 지금은 낡은 것들에게 이별을 고하고 새 것을 맞이하는 쇄신의 시기입니다. 왜냐하면 인류와 지구가 낡은 에너지들을 방출하고 이제 새로운 지구가 실현되는 지점에 근접해 있기 때문입니다.

여러분은 지금 이중성과 부조화, 분쟁에 기초한 낡은 패턴에서 하나된 의식과 조건 없는 사랑에 토대를 둔 새로운 삶의 방식을 수용하는 쪽으로 이동하고 있습니다. 하지만 친애하는 이들이여, 우리는 이 다차원적인 새로운 지구에서의 삶이 여러분에게 당장은 용이하지 않다는 것을 압니다. 종종 그것은 여러분이 낡은 것들을 내보내고 새로운 것을 받아들이는 만큼 혼란을 일으킵니다.

여러분이 아직은 새로운 세상 속에 완전히 들어와 있는 것이 아니므로 언제나 의식적인 선택을 해야할 필요성이 있습니다. 하지만 2012년 12월의 장대한 순간에 이르기까지 남아 있는 6년의 주기 내에 여러분은 새로운 지구의 에너지에 걸맞은 새 삶의 방식을 선택하기가 점점 더 쉽다는 것을 발견할 것입니다.

흐름대로 따라가기

낡은 지구의 삶의 방식과 새로운 지구의 삶의 방식 사이에서 가장 중요한 차이점은 자신의 삶을 여러분의 인간적 자아가 끌고 가게끔 하지 말고 여러분의 상위의 측면, 즉 고등한 자아(Higher Self)가 인도하도록 허용할 필요가 있다는 것입니다. 그렇다고 이 말이 그저 앉아서 아무 것도 하지 말라는 뜻이 아닙니다.

오히려 새로운 지구의 존재들은 의도적이며 집중과 훈련이 요구되는 실현과정을 수행하는 의식적인 창조자들입니다. 하지만 그들은 또한 이런 과정이 성공하기 위해서는 성급한 기대와 집착을 버리고 영(Spirit)의 상위 차원계에서 그 실현과정에 관여하도록 허용해야 한다는 것을 압니다.

성과를 통제하기 위해 시도하는 것은 실패와 에너지 소모만을 초래할 것이고, 영(靈)이 전달해주고 싶은 기적들을 오히려 방해할 것입니다. 그러므로 열쇠는 억지로 통제하려는 욕심을 버리고 여러분 삶의 중심축인 고등한 측면이 작동되도록 믿고 허용하는 것입니다. 여러분에게 필요한 것들을 표명하고 그것들이 얻어질 것임을 믿으십시오.

새로운 지구에서의 삶: 일, 돈, 인간관계

낡은 지구의 패러다임(Paradigm) 안에서 3차원의 견고한 구조와 시스템들은 다음과 같은 것들을 의미했습니다. 즉 3차원계 내의 모든 것들은 알려져 있었고, 앞으로의 예상치들은 기존에 파악된 성과를 토대로 쉽게 도출될 수가 있었습니다. 그런데 5차원의 새로운 지구에서는 유동성과 가변성, 모험, 그리고 미지의 것들이 핵심적인 경험들입니다. 여러분은 의도에 따라 창조하고 자신들을 꿈과 그 물리적 실현으로 인도할 공시성(共時性)과 기회들을 기다립니다.

여러분의 세상에는 우리가 지금 이야기하고자 하는 3개의 핵심 영역인 인간관계, 일, 그리고 돈의 문제가 있는데, 이 문제를 거론하는 것은 이 3가지가 대다수의 여러분에게 영향을 미치고 대부분의 혼란과 불안을 일으키는 것들이기 때문입니다.

1. 일

먼저 일은 더 이상 어떤 직업을 선택하거나 경력, 또 돈을 버는 성격의 문제가 되지 않을 것입니다. 여러분이 열정에서 우러나지 않은 채 하거나 성장, 탐구심, 기쁨으로 하지 않은 모든 선택들은 고등한 자아가 그것들을 봉쇄할 것입니다. 여러분 가운데 오늘날 매우 많은 이들이 직업을 바꾸거나 자신의 꿈을 탐구하려는 모종의 자극을 느끼고 있는 것이 그 이유입니다.

새로운 지구에서 여러분은 또한 평생 한 가지 직업에만 머물러 있지는 않을 것입니다. 여러분 영혼의 성장하고자 하는 욕구들과 더 길어지고 흥미로워진 삶은 여러 분야의 직업들과 선택 사양들로 인도되리라는 것을 의미합니다. 그리고 그 일들은 모두 열정적으로 일하는 데서 오는 만족스런 기쁨이 함께 할 것입니다. 그때는 일이 곧 놀이가 되고 재미난 소일거리나 취미생활이 될 것입니다. 이것은 또한 두 번째 주제인 돈에 대한 열쇠가 됩니다.

2. 돈

여러분은 아직도 지구에서 돈을 사용하고 있습니다만, 물질적 에너지 교환을 상징하는 돈의 그 목적과 수단으로서의 기능은 감소될 것입니다. 그렇게 되는 것은 당연합니다. 그것은 단지 돈 버는 것을 인생의 목표 내지 목적으로 하고 있는 3차원적인 금융제도들이 왜곡한 조작일 뿐입니다. 그것은 결코 그렇게 되어서는 안 되는 것이었습니다.

여러분 삶의 진정한 목적은 영적성장이고 탐구입니다. 이런 것들이 열정과 기쁨을 통해 표현되었을 때, 그 목적들은 풍요로운 뒷받침에 의해 성취될 것입니다. 풍요는 반드시 돈이 아닐 수도 있습니다. 돈을 제치 놓고도 여러분의 삶에서 물려받을 수 있는 버팀목들은 여러 가지 방식이 있습니다.

새로운 지구에서 여러분은 지금의 외골수적인 돈벌이 추구로 인해 미처 인식조차 못하는 비금융적인 가치와 풍요를 올바로 평가하는 법을 다시 배울 것입니다. 또한 여러분 자신의 고등한 자아와 영(靈)과의 협력을 신뢰하는 것을 배움으로써 그 때 필요한 모든 것들을 제공받을 것입니다.

3. 인간관계

인간관계 또한 여러분이 준비되면 자신의 고등한 자아와 영이 완벽한 영혼의 동반자를 여러분의 삶속으로 데려다 주리라는 것을 배울 때 불안의 요소가 사라질 것입니다. 이런 지식은 여러분에게 파트너(Partner)를 기다리는 인내심과 신뢰감을 주며, 단순히 자신의 공허감을 메우기 위해 성급히 배우자나 동료를 구하지 않도록 해줍니다.

일단 이러한 관계가 헌신이나 전적인 의탁과 책임의 단계에 이르게 되면 거기에는 커다란 기쁨과 함께 또한 큰 과제들이 있습니다. 왜냐하면 새로운 지구에서의 인간관계는 기존의 전통적이고 예기된 방식으로 항상 나타나게 되지는 않을 것이기 때문입니다. 중요시 되는 것은 영혼의 결속과 교감, 사랑이 될 것이며, 그들이 3차원의 삶속에서 알고 있던 것과 같은 물질에 기초한 관계구조는 해체될 것입니다.

이런 새로운 인간관계는 또한 대개 과거의 관계보다 훨씬 더 서서히 발전돼 갈 것이고, 반면에 상당히 더 길게 지속될 것입니다. 동료나 친구들은 사랑하는 동반자들처럼 그 관계들 속에서 배우게 될 것이고, 그럼에도 자주성을 유지하며 자기표현을 완벽하게 즐깁니다. 그들은 하나가 될 것이지만, 또 나름대로 고유한 개체성을 유지할 것입니다. 그리고 이런 모순 속에서 크나큰 기쁨과 엄청난 사랑이 발견될 것입니다.

치유단계를 넘어선 지구

여러분이 새로운 지구로 진입함에 따라 현재 지구를 치유하는 치료자(Healer)로 일하고 있는 많은 이들이 이런 일을 중단하고 새 지구에서 살아가는 기술을 가르치는 교사가 되기 시작할 것입니다. 여러분이 완벽하고 아름다운 지구와 완전한 인간 천사로서의 여러분 자신을 보게 될 때 거기에는 치유할 것이 아무 것도 없음을 깨달을 것입니다. 그 보다는 이 새로운 지구사회를 향해 새롭게 깨어난 존재들을 환영할 필요가 있습니다. 그리고 갈등과 아픔, 고난, 파괴를 초월한 세계 속에서 사는 데 요구되는 새 기술들을 이해할 수 있도록 그들을 돕는 것입니다.

친애하는 빛의 존재들이여! 여러분은 가슴에서 우러나와 자발적으로 삶의 기술들을 가르치는 교사들이 될 것입니다. 또한 여러분은 조건 없는 사랑과 수용, 의지와 실현의 기술들을 가르칠 것입니다. 그리고 이런 일을 실천함으로써 새로운 지구 사회를 창조할 것입니다. 이것은 2012년 12월 천문상의 지점(至點)과 자오선에 이른 시점에 시작되는 주기 내에 이루어지게 될 것입니다.

◆ 메시지-3

낡은 세계의 청산과 다가오는 2012년

(2009)

*채널링:론나 허먼

사랑하는 빛의 존재들이여! 여러분의 기억 속에 저장돼 있던 과거의 모든 것과 기억의 많은 부분이 지금 내면의 아카식 레코드에서 변형되고 정화되고 있습니다. 근심, 실패 그리고 부정성은 더 이상 목적에 도움이 되지 않습니다.

 오직 유익한 기억들과 4, 5차원의 주파수나 그 이상의 것들만 신성한 마음의 저장소에 간직되고 저장될 것입니다. 미래의 모든 것은 필연적으로 여러분 상상의 산물입니다. 여러분은 명확하게 시각화하거나 내면에서 객관적으로 보는 것을 배워야합니다. 그리고 물질세계에서 자기의 미래 비전을 창조하기 위해 노력함으로써 마음에서 생생하게 그린 장면 속에다 자기 스스로를 가져다 놓아야 합니다. -(중략)-

인류의 정신을 속박했던 왜곡된 기존 종교들

 수천 년 동안 싸워온 지상의 종교들의 미래를 어떻게 보느냐는 질문이 있었습니다. 모든 종교들은 얼마간은 영감 받고 정신을 고양시키는 진실된 부분과 함께 그 당시 권력을 쥐고 있던 사람들에 의해 내용이 변경되고 가감돼 고쳐 쓰인 부분들과 지침들을 포함하고 있습니다. 그리고 과거에는 지구상의 대부분의 사람들이, 또한 오늘날에도 상당한 수의 사람들이 자기들의 가르침대로 따르지 않는다면 징벌이나 천벌을 받을 것이라고 끊임없이 압박하는 종교지도자들에 의해 통제돼 왔습니다.

 아주 흔히 그들의 가르침은 여러분에게 말하기를, 자기들의 방식만이 죄(罪)로부터 구제받는 유일한 길이고, 자기들 종교를 통해서만 용서와 구원을 받을 수 있다고 말합니다. 그들은 인류로 하여금 어떤 의문의 여지도 없이 자기들을 따르게 함으로써 무지한 군중의 상태로 묶어두려고 시도해 왔는데, 왜냐하면 인간은 늘 안전하고 걱정이 없기를 바라기 때문입니다. 그리하여 대중들은 꺼림칙하고 두려운 인생의 극적인 변화에 대해 자기 스스로 어떤 결정도 할 필요가 없게 되는 것이었습니다

 지금까지 지구상에는 신(神)의 이름으로 자행된 무수한 만행과 전쟁의 결과로서 엄청난 생명과 재산의 파괴가 있었습니다. 우리가 분명히 여러분에게 말해두지만, 이것은 신의 뜻이 아니라 단지 권력과 증오, 탐욕, 무지에 사로잡혀 있던 자들의 뜻이었을 뿐입니다.

 과거시대에 영성(Spirituality)에 관계된 감정은 억압돼 왔고, 영성에 관련된 과학은 대부분 부정되었습니다. 그리고 우리는 이 수많은 과거의 세월에 걸쳐서 인류가 책임 있는 영적인 성인집단으로 복귀하기 위해서는 모든 인간들이 충실해야만 하는 우주법칙에 대해 알려주고자 애써왔습니다. 오늘날의 조직화된 종교와 우리가 말하는 모든 형태의 신앙들은 고등한 우주법칙들에 관한 불변의 진리를 거기다 포함시키기 위해 이제 그 가르침과 교리들을 수정해야만 합니다.

 이런 불변의 진리들은 최고 창조주의 사랑과 빛이 종교 지도자들과 그들의

인도대로 따르는 이들의 가슴과 마음속으로 스며들게 하고, 또 깨닫도록 할 것입니다. 만약 그들이 그렇게 뜯어고치지 않는다면, 그들의 영향력은 약화되고 무용지물이 될 것이며 신도들은 다른 곳에서 인도와 영감을 구하고자 할 것입니다.

사랑하는 이들이여! 세상에는 깨달음으로 인도하는 수많은 길이 존재하고 있습니다. 진정한 영성은 특별한 종교적 의식(儀式)이나 경직된 믿음을 요구하지 않으며, 그것은 진심어린 헌신과 가장 높은 진실로 이루어지는 일종의 살아있는 상태의 것입니다.

여러분이 고수해야만 하는 하나의 신성한 불변의 진리가 있는데, 그것은 여러분 자신을 포함해서 아무도 해하지 않는 것입니다. 여러분은 깨달음을 향한 자신의 영적인 행로에서 스스로를 이끌기 위해 가장 높은 지성과 감정적이고 영적인 진실들의 융합을 추구할 것입니다. 여러분이 미지의 것을 탐구하고 자신에게 주어진 비전을 실현하고자 할 때는 흔들리지 않는 확고한 태도를 유지하십시오. 여러분이 최상의 도덕적 선택을 할 경우에 당신들의 영혼은 자신의 신성한 가슴 안에 저장된 고갈되지 않는 성스러운 사랑의 환희로 고취됩니다. 만약 여러분이 자신의 뜻을 우리 어버이 신(神)의 뜻에다 맞추려는 열망을 품는다면, 결국 여러분은 신의 완전한 파트너이자 존재의 다양한 시공의 세계들을 만들어내는 공동 창조자가 될 것입니다.

2012년의 미래에 대한 긍정적 노력과 비전을 유지하라

우리는 또한 지구의 물 공급과 기상패턴, 지구변화들, 그리고 또한 2012년에 무엇이 일어날 것인지에 관해 말해달라는 요청을 받아왔습니다. 과연 지구가 자체적으로 파괴될까요? 참으로 지금은 자연의 4대 원소들이 지구를 균형과 회복의 상태로 되돌려 놓기 위해 안팎으로 분투하고 있는 까닭에 인간에게는 거대한 시험의 시기입니다. 행성 지구는 살아있지만 편안하지가 못한데, 왜냐하면 이 지각(知覺)이 있는 거대한 존재는 인류의 영겁에 걸친 조화롭지 못한 진동패턴과 행위들로 인한 결과로 고통을 겪고 있기 때문입니다.

여러분의 주인인 행성 지구는 또한 그 자체적인 3 & 4차원 감옥의 속박들을 방출하고 털어내는 가속화된 과정을 경험하고 있습니다. 깊은 지구 내부와 외부를 에워싸고 있는 미로들과 레이 라인들(Ley Lines)은 다시 한 번 빛의 영약의 치유에너지로 가득 채워지고 있습니다. 그리고 오랫동안 휴면상태에 있던 지구 안 깊은 곳의 감각 있는 수정의 구조물은 다시 한 번 자극받고 깨어나고 있지요.

우리는 여러분에게 더 높은 빛의 주파수들이 지구와 인류에게 스며들수록 확실히 더 많은 지구의 청소와 대변동의 사건들이 가속화될 것이라고 여러 번 언급한 바가 있습니다. 그렇습니다. 가뭄과 홍수가 일어날 지역들이 있게 될 것이고, 결국 어떤 해안지역들은 사람이 살 수 없게 될 것입니다. 이것은 예고돼 왔고, 하지만 두려움을 일으키려는 의도는 아닙니다.

우리는 다시 한 번 언급하지만, 인류에게 대격변의 경험이 필요하다면, 그때는 그것을 겪게 됩니다. 즉 그것은 여러분이 지구를 계속 함부로 오염시키고 훼손함으로써 지구의 자원을 돌보는 지각 있는 관리자가 될 때라고 정신차리게 할 필요가 있을 때입니다. 하지만 자율적 통제자인 여러분이 자유의지라는 재능을 활용하여 용이하고 은총어린 길을 선택하고 또 필요한 삶의 변화를 만들어 낸다면, 안정된 자원의 흐름이 보장됩니다. 그런 까닭에 여러분이 자연보호를 실천하고 수요와 공급이 균형을 이루어야함을 이해하는 것은 더욱 중요합니다.

다시 한 번 강조하건대, 여러분이 자연법칙을 포함한 우주의 법칙들에 조화되어 있을 때는 결코 결핍을 겪지 않을 것입니다. 우리가 여러분에게 내면으로 돌아가 자기 몸의 원소들(Elementals)과 다시 연결되라고 요청한 것과 마찬가지로 우리는 여러분의 어머니인 지구의 변형을 돕기 위해 자연의 힘에 주파수를 맞추고 당신들의 사랑과 빛을 방사하여 지구의 심장-핵 속으로 내려보내라고 요청하는 바입니다.

사랑하는 이들이여, 여러분의 안전을 확실히 하기 위해서 당신들을 5차원과 천상의 빛의 도시 안에 있는 여러분의 개인적인 힘의 피라미드로 이어주는 빛의 기둥을 강화시키십시오. 여러분을 둘러싼 둥근 창조주의 황금빛 영역을 상상하고 무한호흡을 통해 그것을 가능한 한 폭넓게 확장하도록 하세요. 그리고 애더먼틴(Adamantine) 입자라고 부르는 마법적인 영역으로 그것이 채워짐을 보십시오. 여러분은 힘을 얻고 보호될 것입니다. 그리고 이것은 또한 여러분 주변 사람들을 후원하고 어머니 지구가 변형시키고자 하는 짐을 가볍게 하도록 돕는 최선의 방법들 중의 하나입니다.

지구와 인류가 지금 겪고 있는 극적인 변화들은 다가올 다른 해들 내에 계속해서 한 단계 높아질 것입니다. 하지만 가장 극적인 변화는 인류의 가슴 속에서 있게 될 것입니다. 더욱 많은 영혼들이 좀 더 조화로운 환경 속에서 자신들의 빛을 향한 여정을 계속하기 위해 지구권을 떠나기로 선택할 것입니다. 그것은 아직 개체화된 영혼 표현의 초기 단계에 있는 그런 영혼들에게 부여된 신성한 섭리입니다.

여러분 중에 자아초월에 도달하고자 분투하고 있는 사람들과 창조주의 빛을 최대한 통합하고자 노력하는 이들은 장차 여러분이 자연과 더불어 서로 간에 조화롭게 살게 될 장대한 새로운 세상을 마음속에 그려야 합니다.

지구는 자체적으로 파괴되지 않을 것이라는 확신을 가지십시오. 하지만 그

것은 수많은 영겁의 세월동안 누적된 압력을 방출함으로써 기지개를 켜고 불순물들을 걸러낼 것입니다. 그리고 머지않아 지구가 태양계 내의 새로운 위치로 정착될 때는 에덴동산이라고 불렸던 때의 무성한 태고적의 아름다운 상태로 복귀하게 될 것입니다.

참으로 먼 미래에는 3-4차원의 지구는 마치 여러분 태양계 내의 다른 행성들의 모습처럼 불모(不毛)의 행성처럼 보일 것입니다. 하지만 5차원의 지구는 생명으로 가득차고 여러분의 상상을 초월한 아름다운 모습을 갖추게 될 것입니다.

창조주의 빛이 증대되는 만큼 지각 있는 존재들은 더욱 더 그 영향을 느끼고 있습니다. 지금 지구 곳곳에서 일어나고 있는 거대한 변동의 드라마들은 인류가 영(靈)과 다시 연결되는 내면의 과정을 도외시하고 외적 삶에만 집중한 결과입니다. 극도로 부(富)와 물질적 축재에만 치우친 삶은 마음의 평화와 행복, 또는 만족을 가져오지 않습니다. 먼저 여러분 내면의 영적 자아와의 조화와 통합을 추구하십시오. 그러면 여러분이 평화와 안락 속에서 살기 위해 필요한 그 밖의 모든 것들이 따라올 것입니다.

인류의 부활과정에는 영(Spirit)이 하강하여 여러분의 신성한 가슴 속에 자리 잡도록 하기 위해서 존재의 균형잡힌 상태에 도달하려는 아주 오랜 진화의 몸부림이 있었습니다. 부활과 상승의 필연적인 결과는 여러분의 엄청난 양의 신성한 빛과 신이 부여한 특성을 구현함으로써 본래의 장엄한 상태로 돌아가는 것입니다. 우리가 이전에 강조했듯이, 진화는 우연히 일어나는 것이 아니라 뚜렷한 목적이 있는 것입니다.

사랑하는 이들이여, 여러분이 이번 생(生)에서 구체화하기로 과거에 했던 약속을 이행해야할 때는 지금입니다. 당신들은 신성한 임무를 부여받았고, 그것은 적절한 시기가 왔을 때 창조주의 순수한 빛으로 이루어진 아름다운 광선을 담는 그릇이 되고자 스스로를 준비하겠다고 약속했었지요.

그렇습니다. 여러분 각자에게 말하지만 당신들은 정선(精選)되었습니다. 그렇지 않다면 여러분이 물질적 현실계를 넘어선 어떤 것에 도달하고자 그렇게 열망하거나 애쓰지 않았을 것입니다. 지구상에서 마치 혼돈과 암흑이 증가하고 있는 것처럼 보일지라도 이것은 단지 임시상황일 뿐임을 보장합니다.

여러분의 개인적인 삶과 마찬가지로 모든 부조화의 주파수 패턴들이 지상에까지 쏟아지고 있음으로서 창조의 밝은 빛이 새로운 지구와 상승하는 인류에 맞지 않는 것들을 순화하고 변형시킬 수가 있습니다. 여러분 모두는 놀라운 새 현실의 여명이 동터 옴을 경험하고 있고, 그런 까닭에 우리는 여러분에게 용기를 갖고 미래에 대한 비전을 확고히 간직하라고 격려하는 것입니다. 우리는 여러분을 사랑하며, 어둠의 영역에 극적인 영향을 만들어내고 있음을 확신하십시오. 우리는 당신들을 창조주의 황금빛 보호막과 불의 방패로 에워싸고 있습니다. 나는 대천사 미카엘입니다.

6. 프타아 메시지

"프타아(P'taah)"는 호주의 여성 채널러 자니 킹이 교신하고 있는 존재로서 스스로를 언제 어디서나 존재하고 있는 집단 에너지체라고 소개하고 있다. 그리고 자신이 인간과 교신하기 위해서는 변압기를 통해 전기 에너지를 낮추는 것과 흡사한 방식으로 플레이아데스를 통해 에너지를 내려야만 가능하다고 말한다.

자니 킹

프타아는 메시지에서 특히 우리가 모든 것에 감사해야할 중요성을 반복해서 강조하는데, 왜냐하면 그렇게 하면 할수록 그만큼 그렇게 감사할 좋은 일이 생겨나게 된다는 것이다. 이것은 우리의 삶 속에는 특정 에너지가 그것과 유사한 에너지의 것들을 서로 끌어당기는 법칙이 있다는 이야기이다.

인간 개개인에 따라 다르게 경험될 수 있지만, 어쨌든 행성 지구 안팎의 모든 것의 진동주파수가 변화된다는 2012-2013년에 대해 프타아는 이렇게 말하고 있다.

2012 - 2013년의 전환을 위해

*채널링:자니 킹

오늘 저녁은 우리가 여러분에게 차원전환에 대해 이야기할 시간인데, 이러한 변형은 반드시 인간의 의식(意識) 뿐만이 아니라 지구 행성 전체에 걸쳐 일어나게 됩니다. 이것은 다양하게 전환, 변형, 깨달음, 초의식(超意識) 등으로 불립니다. 그렇습니다. 또 "상승(Ascension)"이라고도 불리는데, 그것을 의미하는 말은 그 무엇이든 해당되지요.

현재 수많은 사랑하는 이들이 영적인 앎의 확장, 또는 진리의 각성상태로의 진입이라고 정의된 이런 행로상에 놓여 있습니다. 때때로 깨달음이라고 칭하는 그것에 대한 추구는 극단적으로 지나친 분투가 될 수가 있습니다. 많은 사람들에게 그것은 열렬한 동경이고, 이 전환에 대한 바람은 이 세상의 불화와 폭력, 고통, 지루함, 고뇌, 그리고 두려움에 가득 찬 현실에서 벗어나

6장 영적존재들이 전하는 지구변화 메시지들

려는 절박한 열망입니다.

 그런데 사실 이곳을 탈출하려는 그런 열망은 변형에 이르게 되지 않습니다. 오히려 여러분이 3차원 현실에서 4차원, 5차원 밀도로의 변형, 또는 전환이라고 부를 수 있는 이것은 여러분 자신의 모든 국면을 전적으로 사랑하는 것뿐만이 아니라 여러분 세상의 모든 것에 주의를 기울임으로써 오는 결과입니다. 그것은 이 현실을 주시하는 것이고, 아무런 부정적 판단이 없이 일어나고 있는 현실을 관찰할 수 있게 되는 것입니다. 또한 그것은 사랑 속에서 관용적이고 자비롭게 되는 것이고, 그 밖의 어떤 욕구도 없이 일상적인 하루하루가 기쁨 속에 머물러 있는 것입니다. 이 의미를 이해하시겠습니까? 더 이상의 아무런 욕구가 없이 되는 것 말입니다.

 알다시피 당신들이 기쁨과 즐거움 속에 있을 때, 또 은총과 은사 속에 있을 때 자신의 고유한 창조력이 발휘됩니다. 진정으로 그때 여러분은 자동적으로 스스로를 확장을 향한 열림, 전환과 변형을 향한 열림이라고 부르는 주파수 속으로 진입시키게 되는 것입니다. 이것은 일종의 갈림길입니다.

 지금 여러분은 3차원 밀도라고 부르는 이 현실을 선-악, 흑-백, 사랑-두려움, 그리고 기타 다른 음양적 요소들이 대립하는 양극성의 세계라고 말할 수도 있습니다. 물론 그것은 참으로 하나의 객관적인 판단인데, 왜냐하면 그것이 없이는 여러분이 이 현실의 존재감을 인지하지 못하기 때문입니다. 우리는 지금 이 세상의 물리적 용어로 이야기하고 있습니다. 선-악, 빛-어둠, 흑-백, 그 밖의 그 무엇이든 그 모든 것은 그 중에 어떤 현실이 안 좋은 것으로 판단되는가를 여러분이 보고 배우기 위한 것입니다. 그리하여 그 목적은 보다 포용적으로 되는 것이고 사랑 속에서 관용하는 것입니다. 그런 것을 허용함으로써 그 양극성을 뛰어넘는 것이지요. 또한 그것은 사랑, 자비, 용인을 깨닫는 것이고, 양극성을 초월해 그 이상이 되었을 때 나타나는 상승 작용의 창조를 허용하는 것입니다. 이것이 이해가 되십니까?

 따라서 그것은 어떤 것을 부정적으로 밀어내거나 억누르고 이겨내야 할 것으로 보는 것이 아닙니다. 그보다는 오히려 부정적인 판단에 대한 이유와 어떻게 부정적으로 인지된 것들이 두려움으로부터 창조되는가를 이해하는 것입니다. 그리고 사랑과 자비, 관용을 통해서 여러분이 그 이상의 것을 창조하는 것이지요.

 물론 이제 이 사랑어린 허용은 여러분이 누구라는, 즉 당신들의 참된 정체성에 관한 모든 측면과 함께 시작되어야 합니다. 이런 측면들은 포용하거나 받아들일 수 없었던 것들과 어쩌면 여러분에게 가능한 최고의 이상에 조화되지 않았던 것들입니다. 그리고 현재 (육신을 쓴) 신들과 여신들이 이 3차원 현실에서 깨달은 것들입니다. 아울러 그것은 여태까지 매우 엄격히 심판하고 비판했던 자신의 그런 측면들을 인정하고 넓은 아량으로 포용할 수 있게 되어 자동으로 변형을 창조하는 것입니다.

따라서 여러분은 각자 이 시대에 태어나 이 장대한 마지막 시기의 주기(週期)에 참여하기로 선택했다고 말할 수 있습니다. 당신들은 모험과 자아실현을 위한 이것을 선택한 것입니다. 어떤 의미로 이제 여러분은 이것이 엄청난 일이 아님을 알았습니다. 그것은 그렇게 심각한 어떤 것이 아닙니다. 오히려 그것은 여러분이 날마다 웃음과 놀이 속에서 삶의 기쁨을 배우는 것입니다. 그것은 여러분이 연이어 일어나는 사랑과 포용, 허용의 상태 속에 있는 것입니다. 자동적으로 그것이 여러분의 주파수, 즉 여러분 존재의 진동율에 속하는 주파수이자 에너지인 것이며, 그렇게 됨으로써 그 주파수가 더 빠르게 됩니다. 말하자면 전환이 일어나는 것은 곧 일종의 여러분의 에너지적인 주파수를 높이는 것입니다.

여러분이 초의식, 또는 깨달음이라고 부르는 특별한 상태에 이르렀을 때, 더 이상 갈 곳이 없고, 그것이 마지막이고 완성에 도달한 것이라는 이야기가 있습니다. 하지만 이것은 그렇지가 않습니다. 여러분이 차원변형에서 완전한 상태에 도달하는 것은 아닙니다. 물론 (근원적 관점에서 볼 때) 여러분은 이미 완전합니다. 그러므로 변형이 왔을 때 여러분은 좀 더 완전해질 것입니다. 즉 여러분은 단지 현재 속에 있음과 자신만의 보다 온전함을 실현하게 될 것입니다.

그렇습니다. 그러므로 이것이 다가오고 있는 변화의 시기이며, 그 시기는 인간의 시간으로 멀지 않았고, 신비적인 먼 미래의 일이 아닙니다. 이러한 변형은 긴급한 것이고, 그로 인해 여러분의 가슴 안에서는 상당한 흥분이 촉발되고 있습니다. 그리고 그것이 여러분으로 하여금 자신의 진리를 알고자 하는 열성에 불타도록 만들 것입니다.

2012년 … 그것은 멀지 않았습니다. 그리고 이러한 변형은 지금 일어나고 있습니다. 항상 당신들이 이 변형에 대한 생각과 자극 속에 있음으로써 자기 스스로를 용이하게 흘러갈 수 있게 만들고 있습니다. -(중략)-

만약 여러분이 그것을 허용한다면, 이 변형은 부드럽게 완만하게 이루어질 것입니다. 그것은 다름아닌 사랑입니다. 여러분의 깨달음이라는 것은 자신의 참 모습을 절대적이고 조건 없이 사랑함으로써 얻어지는 자연적인 결과입니다. 거기에는 사랑 속에 머무는 것 외에는 해야 할 것이 아무 것도 없습니다. 만약 그렇지 못하다면, 하던 것을 멈추고 변형과 전환을 창조하기 위해서 일어나고 있는 것들과 감정을 주시해 보십시오. 그것이 여러분의 참 모습인 것입니다.

그리고 설사 종말이나 태초의 시작이 없을지라도 여전히 여러분은 항상 전환이 일어나고 있는 지구라는 장소에 있음을 말하고자 합니다. 전환은 자연의 상태입니다. 신(神) 또는 만유(萬有)라고 하는 것은 전환, 변형, 팽창이라고 부르는 끊임없는 흐름 속에 있습니다. 따라서 그것이 여러분 삶의 자연스러운 상태인 것입니다.

여러분은 사랑의 창조물인데, 사랑으로, 사랑을 위해, 사랑 속에서 영원히 창조된 것입니다. 사랑이 곧 여러분의 완전함입니다. 그 밖의 다른 것은 없습니다. 그러므로 말하자면 전환이라는 것은 단지 여러분의 자연적인 상태를 깨닫고 그것을 실현하는 것에 불과합니다.

물론 거기에는 또한 많은 의문들이 있을 것입니다. 전환 이후에는 무엇이 일어날까요? 그것이 여러분 모두가 알고자 하는 것임을 우리는 알고 있습니다. 그런데 여러분은 확장된 의식(意識) 속에 있는 것이 어떤 것인지, 참자아의 앎 속에 있는 것이 어떠한지를 알고 싶어 합니다. 지복(至福) 속에 존재한다는 것, 날마다 점점 더 지복 속에서 산다는 것이 어떨 것 같다고 생각하십니까? 만물이 신의 빛으로 이루어져 있다는 인식 속에서 자기 자신과 모든 것, 모든 사람들과 더불어 절대적인 사랑 속에 존재하는 것 말입니다. 어떻게 그것을 느낄 수 있을까요?

그것은 바로 여러분이 자신의 외부에 있는 것들이 신(빛)이고, 빛의 근원임을 지각할 때가 될 것입니다. 그러한 존재의 상태 속에서 여러분은 더 밝아지고 가벼워집니다. 즉 여러분의 물질성(Physicality)의 밀도가 감소하게 되는 것이지요. 여러분은 단순히 현재보다 밀도가 낮은 육체를 가지게 될 것입니다. 또한 여러분 자신의 외부에서 지각된 현실도 밀도가 덜하게 될 것입니다. 그리고 여러분 내면의 힘이 - 지금은 사람들 대부분이 갖고 있지 않은 - 의식(意識)으로 물질을 조종할 수 있다는 것을 깨닫게 될 것입니다. 물론 지금도 여러분이 현실 밖에서는 물질을 조종하기는 합니다만, 여러분 대부분은 그것을 어떻게 하는지를 알지 못합니다. 그러나 사랑의 의식과 사랑이 깃든 장소 안에서는 사랑이라고 하는 감정에 의해 에워싸인 상념이 에너지를 모아 즉각 물질창조를 실현하게 될 것입니다. 또한 여러분은 자신의 몸에 관계된 육체적 문제를 조종하는 능력을 지니게 될 것입니다. 여러분은 이미 이것을 배우고 있습니다. 당신들은 이런 물질을 조종하고 육체적인 문제를 조종하는 힘을 느끼기 시작하고 있습니다.

여러분이 자기 몸을 치유하는 것을 배울 때, 그리고 여러분의 감정이자 에너지적 힘이고 원천인 그것이 어떻게 여러분의 삶과 물질적 상태를 창조하는가를 배울 때, 그리하여 여러분이 변화하기를 스스로 원한다면, 그때 사랑의 힘으로 어떻게 해야 하는지를 알 것입니다. 여러분은 또한 이런 변화하는 데 있어서 소리(Sound)와 색채를 이용하는 것에 관한 지식을 지니게 될 것입니다. 당신들은 지금 그것을 배우고 있는 중이고, 이런 변화 속에서 자신의 고유한 힘을 인식하고 있습니다.

여러분 가운데 많은 이들이 최근 이런 무한한 사념의 힘에 대해 매우 놀라게 되었습니다. 하지만 여러분에게 말하건대, 지금 여러분의 삶을 살펴보고 또 몇 년 전을 되돌아보라는 것입니다. 그리고 얼마나 여러분이 이미 확장, 발전된 상태에 와 있는가를 보십시오. 지난 온 시간과 지금, 그것을 거의 감지할 수가 없었음에도 여러분은 그런 발전이 매우 충분하다는 것을 압니다. 그러므로 더욱 더 그렇게 될 것입니다. … (중략) …

　어떤 면에서 우리에게 있어 여러분의 제한된 의식(意識)의 이해 범위를 넘어선 것을 설명하기 위해 단순히 인간 언어의 단어들을 사용하는 것은 어려움이 있습니다. 물론 우리는 여러분 마음에 내용을 각인시키기 위해 부지런히 단어들을 사용하지만, 사실 그것은 감정을 전하기 위한 것입니다. 여러분을 진정으로 건드리는 것은 사랑의 위대함이며, 그럼으로써 지성적인 이해라기보다는 오히려 그것은 가슴의 앎이 되고, 이런 변화와 전환에 관한 일종의 느낌이 됩니다.

　우리가 무엇을 말하느냐와 관계없이 여러분의 마음은 참으로 충실하게 대부분의 지적인 지식(관념)들을 파악합니다. 하지만 변형이 일어나는 곳은 감정에서입니다. 그리고 우리가 실제로 여러분과 소통하는 곳도 사랑 속에서입니다. 우리가 이 존재의 상태에 관한 믿을 수 없는 현실이 무엇이냐에 대해 매우 자주 말할 때, 그것은 마치 아직 어머니 자궁 안에 있는 태아(胎兒)에게 탄생 이후의 삶이 어떻다고 설명하고 있는 것과 같습니다. 그러므로 그것은 전환 이후의 현실에 관해 말하는 것이 아니라 이 전환의 장소에 서서히 펼쳐질 현실의 자연적인 경이로움에 대해 이야기하는 것입니다.

　어떤 의미로는 이 전환이 여러분이 죽음이라고 부르는 것과 동일하다고 말할 수도 있습니다. 죽음은 3차원 현실의 실재를 이루는 자연적인 상태입니다. 그것은 태어나는 것만큼이나 자연스러운 것이지요. 인간들이 죽음의 진리에 관해 좀 더 알게 됨으로써 죽음을 묵상하는 가운데 두려움의 구성요소를 완전히 깨닫게 됨을 보는 것이 우리의 바람이 될 겁니다. 죽음은 사실 더 이상 여러분에게 맞지 않는 옷을 벗어버리는 것과 비슷합니다. 그것은 장대하고 경이로운 새 모험으로 나가는 것입니다. 그것은 여러분의 영혼 에너지의 더 커다란 부분과 재결합하는 것이기도 합니다. 그리고 그것은 또한 다른 차원에 속해 있는 여러분의 사랑하는 이들의 영혼 에너지와 재회하는 것이고, 이 현실과 다른 현실 양쪽 출신의 존재들이 다시 합류하는 것입니다. 왜냐하면 그 누구도 분리돼 있지 않기 때문입니다. 그것은 다만 이 시기에 여러분이 그런 존재들을 잘 알지 못한다는 것뿐입니다.

　그리고 그것이 정확히 있는 그대로의 현실입니다. 결국 여러분은 이 겪어 보지 않은 위대한 모험을 체험하기 위해 태어났습니다. 우리가 의미하는 바는 여러분의 이곳에서의 과거와 미래의 삶과 다른 차원들에서의 생애들에 부정적인 것은 없다는 것입니다. 여러분은 매우 새로운 모험을 위해서 이곳에 왔습니다. 이 모험은 그 자체 안에 커다란 통일성을 지니고 있습니다. 여러분은 이곳에 단지 경험을 위해서 왔습니다.

　여러분이 배우는 것은 경이로움이고, 그것이 여러분을 흥분시키는 전부이지만 꾸밈없이 그대로 이곳에 머물러 있기도 합니다. 만약 여러분이 보다 큰 그림을 고찰한다면, 이곳 지구에 모험을 경험하기 위해 있고 그것은 감정의 모험임을 알 것입니다.

당신들이 그것 - 좋은 것, 나쁜 것 - 을 어떻게 판단하느냐와 관계없이 그것들은 모두 에너지입니다. 여러분은 감정의 모험을 하기 위해 이곳에 있습니다. 그리고 당신들은 이번 생애에 모든 감정들을 절대적으로 포용하기 위해 이곳에 태어났으며, 그렇게 함으로써 그 어떤 것에 대해서 부정적인 판단에 없어질 것입니다. 이해하시겠습니까? 정말 그것은 아주 단순한 것입니다.

여러분의 모험에는 자연스러운 다음 단계가 있습니다. 즉 일어날 것이 무엇이든 그것은 매우 서서히 여러분에게 펼쳐지는 참 자아에 관한 보다 나은 배움이라는 것입니다. 여러분은 사랑과 허용, 포용에 관해 좀 더 배우고 있습니다. 그리고 당신들이 사랑을 선택할 때마다 자신의 주파수를 바꾸고 있다는 사실입니다. 여러분은 (전자의) 회전율을 더욱 더 빠르게 끌어올리고 있는 것이지요. 또한 여러분이 사랑을 선택할 때마다 물리적 현실을 변화시키고 있습니다. 그리고 이와 같은 선택을 할 때마다 당신은 인류 전체를 위한 쪽을 선택하는 것입니다.

이러한 의식의 성장, 확장은 기하급수적으로 증대되고 있고, 그 의식의 에너지적인 부피와 질량은 결정적인 폭발지점에 이르고 있습니다. 그리고 가장 경이롭게도 눈 깜빡할 사이에 여러분 전체 행성의 의식이 바뀌었습니다.

그리하여 아무도 뒤에 방치되지 않을 것입니다. 왜냐고요. 이 전환은 사랑에 관한 것이고 사랑은 분리가 없다는 의미이기 때문이지요. 그것은 사랑에 관한 것이고, 여러분의 진실에 관한 것입니다. 또한 그것은 26,000년의 인류 역사 동안 인간들을 위한 가장 흥분되는 모험입니다. 보다 거시적 관점에서 그것은 더 장구하기조차 하며, 당신들은 모두 이 모험에 참여하기로 선택했습니다. 하지만 우리가 여러분에게 상기시키건대, 여러분이 해야할 것은 자신의 참자아와 스스로에 관한 진실을 인식하는 것이 전부라는 것입니다.

7. 고급령 매슈의 메시지 -

고급령(高級靈) 매슈(Matthew)는 인간으로 태어나 살다가 교통사고로 1980년, 4월, 17세의 나이에 미국에서 세상을 떠난 존재이다. 세상을 떠난 후 9개월 후 처음으로 저널리스트(Journalist)였던 자신의 어머니인 수잔(Suzanne)에게 메시지를 보내기 시작했으며, 처음에는 다른 영매들을 통해서였다. 그때 그는 어머니에게 자신의 죽음에 관련된 이 모든 것이 우연이 아니며 예정된 계획이었음을 알려주었다.

어머니 수잔

그리고 14년 후인 1994년부터는 새로운 세상의 도래에 관한 다양한 메시지들을 직접 어머니에게 텔레파시로 전송하고 있는데, 즉 그런 정보들을 함께 세상에 알리는 것이 두 모자(母子)의 이번 생(生)의 사명이라고 한다. 어머니 수잔 워드는 지구변화와 미래에 관련된 메시지를 기록하여 이미 여러 권의 책을 출판한 바 있다.

다가오는 2012년의 의미와 인류의 미래상

*채널링:수잔 워드

가속화되고 있는 시간과 다가오는 황금시대

2012년을 어두운 종말이 시작되는 해라고 간주해 온 사람들은 그 해의 의미를 잘못 해석하고 있습니다. 이 세상의 완전한 종말은 없으니 염려하지 마십시오. 한 마디로 말해서 2012년은 지구가 황금시대로 진입하는 것을 예고하는 해이며, 지금부터 그때까지의 사이 기간은 여러분이 알고 있던 기존의 삶으로부터 우주대자연과 완벽한 조화를 이룬 삶으로 전환되는 시기입니다.

우주의 모든 것은 하나의 주파수나 또 다른 주파수로 진동하고 있는 에너지입니다. 그리고 지구가 여러분이 알지만 기억하지 못하는 시기인 원시적인 건강상태에 있었을 때 지구의 모든 생명체들은 조화롭게 진동하고 있었습니다. 하지만 지구가 과거 60년 이상을 죽음 가까이에 처해 있는 동안 거기에는 어떤 조화나 자연의 균형도 없었으며, 지구 자체를 포함한 어떤 종류의 생명에게도 필요한 충분한 빛이 거의 없었습니다.

지구를 안정시키는 힘의 도움으로 현재 일어나고 있는 현상은 여러분 세계의 변형인 것이며, 지구가 다시 젊어지고 균형 잡힌 상태로 돌아가고 있는 것인데, 이것은 2012년에 완결됩니다. 그러나 그 해가 일단 예언적으로 언급될 때 "시간의 절대성"은 더 이상 유효하지 않으며, 인간의 달력은 언제 전환적인 주요 변화들이 완료될지를 정확하게 전달할 수 없는데, 왜냐하면 직선적인 시간이 사라지고 있기 때문입니다.

시간이 점점 더 빨리 흘러간다고 여러분이 느끼는 것은 당신들이 현재 그 영향권 내에 들어와 살고 있는 더 높은 에너지 세계들의 작용 때문이며, 거기서는 지구가 연속체(Continuum)를 통과하는 것처럼, 또는 좀 더 정확하게는 여러분의 의식이 마치 무시간성(timelessness)이나 영원성, 무한성의 현실을 파악한 것처럼 모든 것이 더욱 가속되고 있습니다.

더 빠르게 혹은 더 강하게 빛이 지구로 유입될수록 지구가 상위의 4차원의 밀도로 상향 이동함으로써 여러분의 시간은 더욱 빠르게 지나갑니다. 그러므로 지금 이 순간 여러분 달력의 일주일(一週日)이 12년 전이나 몇 년 전 일주일의 절반도 안 되듯이 지나가고 있는 것처럼 2012년은 여러분의 현재 달력이 가리키고 있는 것보다 더욱 더 빨리 다가오게 될 것입니다.

빛의 시대로의 전환

그러면 그 해가 왜 우주적으로 볼 때 역사적인 중요성이 있는 것일까요? 그것은 궤도를 선회하는 천체(天體)의 주기(週期)와 그것이 지구에 미치는 영향뿐만이 아니라 고도로 진화된 존재들이 만들었던 생명설계 구상과 관계가 있었습니다. 이 존재들은 오늘날의 지구주민보다 훨씬 뛰어난 영성과 지성을 지닌 고등한 우주적 인간을 계획했었습니다. 더 높은 차원의 밀도로 돌아갈 기회가 이전의 주기(週期)에 지구인들에게 주어졌으나 놓쳐버렸습니다. 그리고 에너지적 배열이 다시 최적의 상태가 된 때인 지금 우주의 진보된 문명들은 과거의 진동수준으로 상승하려는 지구의 소망이 이뤄지도록 돕고 있습니다.

지구에서 일어나는 일은 곧 우주에 영향을 미칩니다. 그러므로 여러분 고향 행성의 어둠의 시대가 빛 속에 융합됨으로써 여러분이 영적으로 각성된 존재가 되어 여러분의 우주가족 사이에서 적절한 자리를 찾아가는 것은 그런 진보된 문명들에게는 아주 큰 의미가 있습니다.

모든 면에서 많은 중대한 변화들이 있게 될 것인데, 그것은 여러분이 상상조차 할 수 없는 변화들입니다. 그런 변화들은 여러분이 이제까지 알고 있던 삶을 모든 자연과 완전히 조화된 삶으로 변형시킬 것이고, 그런 식으로 우주로도 퍼져나갈 것입니다.

다가올 황금시대에는 두려움과 탐욕, 불명예, 폭력의 근원인 부정성(Negativity)은 모두 사라질 것이고 지구 전체의 진동은 사랑이 될 것입니다. 빛과 동일한 에너지이지만 단지 다르게 표현된 것일 뿐인 사랑은 창조주의

생전의 매슈의 모습

순수한 본질이며, 우주내의 궁극적인 동력(power)입니다. 이 에너지는 영혼의 구성요소이고 가슴을 열고 마음을 밝게 하는 열쇠인 것이며, 그것은 과거의 어느 때보다 지구상에 풍부하게 흐르고 있습니다. 어둠이 계속 쇠퇴하는 만큼, 사랑이 투쟁과 폭정을 평화와 협력으로 대체시킬 것입니다. 사랑은 한 집단이 다른 집단 위에 있다는 천박한 우월감을 없앨 것이고, 다른 사람들을 소유물이나 소모품으로 여기는 자들을 깨닫게 할 것이며, 그런 조건들에 매여 살고 있는 자들을 끌어올릴 것입니다. 한 마디로 사랑은 여러분의 세계를 변형시키고 있는 힘인 것입니다.

어둠의 어떤 주요 본거지도 갑자기 없어지지는 않겠지만 새 시대로의 전환은 폭력, 부정, 학대, 속임수가 만연하던 길고 긴 과거 시대에 비교할 때 번개같이 이루어질 것입니다. 여러분이 만약 어둠의 지배 기간 내내 빛의 미약한 반짝임만을 볼 수 있었던 지난 많은 세기들을 최근의 수십 년 동안 증가하는 빛의 강도와 속도에다 비교해 본다면, 그 변화들의 빠름에 놀랄 것입니다.

진보적인 변화들에는 외계인들의 도움이 필요하고 또 계속 필요하게 될 것입니다. 외계인들의 거의 대부분이 우리가 그들에 대해 언급한 내용을 제외하고는 인류에게 알려져 있지 않습니다. 일부의 경우 그들 자신의 메시지가 보내진 바가 있으나 그럼에도 이 우주에서 가장 강하고 숙련된 빛의 전사들은 바로 여러분 사이에 있으며, 핵심적인 변화들을 인도하기 위해 배후에서 활동하고 있습니다. 그럼으로써 가능한 한 보다 많은 지구인들이 상위의 차원계로 지구와 함께 올라갈 것입니다. 이것이 당신들 행성과 인류가 우주적으로 얼마나 사랑받고 중요한 의미를 가지고 있는가를 나타내 주는 것이지요.

우주법칙에 의거하여 그 문명들을 초대하고 그들의 도움을 요청한 것은 지구의 안녕을 위한 여러분의 마음에서 우러난 바람입니다. 하지만 인류가 초래한 광범위한 지구의 손상을 치료할 방법을 몰라 당혹해 하는 당신들을 돕는 것 또한 그들의 신성한 권한의 일부입니다. 하지만 여러분에게 책임이 있는데, 지구가 여러분의 고향이고 구체적으로 이 치유 과정에 참가하기 위해 당신들이 지구에 있을 것을 선택했기 때문입니다. 이런 이유로 해서 몇 백만의 사람들이 폭력과 환경파괴를 끝내기 위한 활동에 적극 참여하거나 재정적으로 후원하도록 영감을 받은 것입니다.

앞으로 일어날 정치 및 경제 분야의 변화들

최초의 혁신적 변화들은 정부들에서 나타납니다. 진행되고 있는 변형 과정을 모르는 대중들은 정부의 정책들이 지구적 재앙의 위기로 몰고 가는 것을 보고 있고, 빛의 일꾼들도 이 위급한 세상의 무대에서 일어날 일들을 대해 염려하고 있습니다. 인류가 오랫동안 익숙해져 있는 것으로부터 극적으로 다른 제도들을 상상하는 것은 어려울 뿐만이 아니라 현실적으로 필요한 거대한 변혁 속에서 혼란과 선동이 예상됩니다. 하지만 영적으로 성실하고 다양한 분야에서 전문적 통치 지식을 가진 믿을만한 영혼들이 실권을 잡을 준비가 되어 있습니다. 그리고 부패하고 독재적인 정부 지도자들이 물러날 때 그들이 가능한 한 신속하게 질서를 회복할 것임을 알고 계십시오. 미국 정부 내에서 이루어질 대대적인 재편과정은 지금의 전쟁과 국내외적인 분쟁 개입을 끝내도록 할 것이며 이기적 스타일의 국가 수뇌부들의 물러남은 내전(內戰)과 대량학살, 오랜 분쟁들을 종식시킬 것입니다. 과거 지구에서의 생애들에서 현명하고 유능했던 많은 지도자들이 눈앞에 와 있는 이 중요한 시기에 그들의 임무를 완수하기 위해 지구로 돌아오기로 선택했습니다. 다른 이들은 이 전환기 동안 인류를 돕기 위해 자원한 여러분의 "우주 가족(대부분이 여러분의 선조들)"입니다.

　돈은 통상무역을 위해서 뿐만이 아니라 게다가 권력을 집중하기 위한 토대이기 때문에 범세계적인 경제개혁의 필요성은 국가의 수뇌부를 변화시키는 것만큼이나 중요합니다. 지구상의 경제는 보도된 것처럼 실체가 있기 보다는 신화에 가깝습니다. 비교적 아주 소수의 사람들만이 세계경제가 얼마나 빈약하고 부패했는지를, 또는 어떻게 국제무역과 주식시장들이 대대로 세계를 단단히 장악해온 사악한 세력들의 집단인 일루미나티들(Illuminatis)8)에 의해 조작돼 왔는지를 알고 있습니다.

　그들은 그러한 통제를 통해서 뿐만이 아니라 고리대금(高利貸金)의 은행대부율(貸付率)을 부과함으로써 어마어마한 부(富)를 축적했고 불법적인 제약(製藥) 산업으로부터도 거대한 이익을 끌어 모으고 있습니다. 그리고 그들은 그 자금으로 정부들을 매수하는 목적에 사용하는데, 즉 국가들을 파산시키고 그 나라의 자연자원들을 착취하며, 수십 억의 영혼들을 간신히 생존수준에서 목숨만 부지하도록 유지시킵니다. 또한 이 세력들은 전쟁을 촉발하고 영속시키는 양쪽에다 자금을 공급하는데, 전쟁으로부터 엄청난 수익을 얻기 때문입니다. 이런 사악한 짓들은 용납될 수 없고 계속될 수 없을 것입니다. 따라서 이제 여러분 세상에서 이루어지는 비양심적이고 불공정한 어둠의 돈벌이는 끝날 것입니다.

　내가 여러분에게 세부적인 전환과정을 상세히 알려줄 수는 없더라도 개괄적인 정보는 제공해줄 수가 있습니다. 그리고 그 과정을 관리할 정직하고 정통한 사람들이 세계의 부(富)를 공평하게 분배할 것이기 때문에 혼란은 최소화될 것임을 보장합니다. 일루미나티들이 불법적이고 부도덕하게 축재한 재

---

8) 현재 지구를 배후에서 장악하고 있는 유대인 중심의 그림자 세계 정부 내 핵심세력들이다.

산들은 환원될 것이고, 그들의 천연자원에 대한 착취는 막을 내릴 것입니다. 그러한 권력의 토대가 그들로 하여금 정부수립과 금융정책들의 제정 및 그들 소유의 다국적 기업들의 설립을 가능케 한 것이기에 그와 같은 불법적인 지배들 역시 종식될 것입니다.

가장 가난한 나라들의 부채(負債)들은 대개 일루미나티들의 행위와 영향에 의한 자포자기 상태에서 지게 된 것입니다. 그러나 그 차관(융자금)은 그 나라를 지배하는 독재자들의 손으로 들어갔고 정작 국민들에게는 별 도움이 되지 못했으므로 그러한 빚들은 완전히 탕감될 것이고 주민들에게 직접적인 지원이 주어질 것입니다.

수많은 국경선들이 천연자원을 원했던 전쟁의 승자들에 의해 설정되었고 그로 인해 이전에는 "가진 자(者)"였음에도 약탈당한 "무산자(無産者)"를 낳았습니다. 영혼들 속에 있는 사랑이 모든 분쟁과 대립을 끝내게 될 때, 모든 사람들이 "가진 자"가 될 것이므로 국경선이 더 이상 다툼을 일으키지 않을 것입니다.

세계에서 가장 재정적으로 건실한 국가라고 잘못 인식돼 온 미국의 금고들은 때때로 텅 비어 있었습니다. 미국 국가부채의 대부분이 일루미나티 소유의 〈연방준비제도(FRB)〉와 그들의 징수기관인 〈국세청(IRS)〉의 정치적 부정으로 인한 것이며, 이 기관들이 해체될 때 그것은 관리가 가능하게 될 것입니다.

다양한 통화(通貨)들, 특히 달러(Dollar)는 실제의 자금적 기초가 없는데, 날마다 이루어지는 수십 억 달러와 다른 통화들 사이의 거래는 단지 한 컴퓨터에서 다른 컴퓨터로 전송되는 숫자 정보에 지나지 않고 그것을 뒷받침할 실제 돈을 훨씬 초과합니다. 통화들을 위한 새로운 토대는 귀금속을 거래의 표준으로 삼았던 과거의 방식(금본위제)으로 돌아가게 될 것이고, "오래된 거래 방식"인 물물교환 제도가 다시 한 번 국가와 사회에서 거래를 행하는 우수한 방법이 될 것입니다.

현 경제를 이루는 기본적 토대의 많은 부분이 바뀔 것이고 거기에 따라 고용(雇用)도 달라질 것입니다. 그러나 인류의 더 맑아진 영성과 높은 주파수를 처리하는 향상된 뇌의 능력은 세상을 국가들 간의 협력과 자연과의 조화를 뒷받침하는 장(場)으로 용이하게 탈바꿈시킬 것입니다. 석유와 가스 추출, 채광(採鑛), 벌목(伐木)과 그로 인해 발생하는 오염을 통한 인류의 무자비한 환경파괴 역시 중단될 것이고, 대기와 토양 및 물속에 있는 모든 형태의 독소들은 제거될 것입니다. 또한 훼손된 숲들이 자연의 균형을 위해 요구된 수준으로 회복될 것입니다. 그리고 해양생물들이 멸종하는 대신 번창할 수 있도록 바다가 건강한 상태로 돌아가야 하는 것과 마찬가지로 감소된 동물들의 서식지는 보존되고 확장되어야 할 필요가 있습니다.

원시지역을 콘크리트 문명의 침입으로부터 유지하는 것은 물론이고 대체전력원(電力源)을 제공할 수 있는 계획들이 있습니다. 억압돼 있는 것으로 알려진 기술들과 여러분의 우주 형제,자매들에 의해 소개될 더욱 진보된 기술들이 지구의 오염을 정화할 것이고, 또한 재생이 가능한 에너지, 새로운 방식의 교통수단, 신종의 건축자재, 대단히 발전된 식량생산 방법들을 제공할 것입니다. 여러분의 가슴은 장차 일어날 이런 변화들의 경이로운 속도로 인해 기쁨에 가득 차게 될 것입니다.

새로운 세상의 임박을 알려주는 여러 징후들

우주에서 가장 낮은 지성(知性)과 전지(全知)하다고 할 수 있는 최고의 지성 사이에는 무수한 수준들이 있는 반면에 아무 것도 그 전체의식으로부터 분리돼 있지 않습니다. 어떤 환경 내의 진동이 높아질수록 그 안에 있는 모든 생명의 이해수준이 높아지는데, 그러므로 마찬가지로 여러분의 의식(意識)이 확장될 때 여러분 세계 내의 모든 자연적 요소들의 다양한 의식수준이 성장하고 있는 것입니다.

빨리 성장하는 식량 곡물들, 꽃들, 목화, 다른 섬유질을 생산하는 식물들, 의학적 효능이 있는 약초들, 사탕수수. 풀들, 그리고 모든 종류의 나무들이 인간의 요구에 부응하여 여러분이 그것들을 적절히 활용하기 위해 필요로 하는 한 성장하는 데 동의할 것입니다. 장차 사람들은 이런 모든 자연자원의 중요성과 거기에 의식(意識)이 있음을 인정하게 되고, 자기들의 생명을 인간의 활용목적에 따라 기꺼이 내주려는 그들의 자발성에 대해 감사하는 태도가 보편화될 것입니다. 게다가 여러분이 "자연(自然)"이라고 생각하는 모든 것의 아름다움과 번성에 대단히 밀접하게 연결돼 있는 <데바왕국(Devic Kingdom)>을 알게 되고 이를 소중히 여길 것입니다.

부유한 국가들에서 통용되는 식품과 생필품들이 범지구적 생산 질서가 확립될 때까지 가난한 나라들에도 균등하게 분배될 것입니다. 또한 사람들이 모든 동물 생명체에 대한 존경과 존중을 배울 때, 고기와 해산물을 선호하는 식습관에서 채식(菜食)으로 바뀔 것입니다. 식용의 가축무리들은 사육을 중지하거나 자연스럽게 전환시킴으로써 감소될 것이고, 채식 위주의 식습관이 되는 만큼 인간에게 해롭게 유전자가 변형된 일부 식물들은 그런 성분들을 제거할 것입니다. 야생동물들은 본능적으로 과잉번식을 해서는 안 된다는 것을 알 것이고, 육식동물들 역시도 주 먹을거리가 채식으로 바뀔 것입니다.

여러 동물의 종(種)들 속에서 태어나는 알비노(Albino) - 선천적으로 털색깔이 흰색으로 태어나는 동물들 - 들은 영적이고 전환적이라는 두 가지 의미를 가지고 있습니다. 흰색은 보통 평화와 관련이 있다고 보는데, 출현하고 있는 이런 희귀종들은 앞으로 있을 동물 속성의 변화를 상징하며, 결국 잡아먹고-먹히는 먹이사슬 관계가 끝나고 한 때 인간을 포함해 모든 종들 사이에 존재했던 평화로운 관계가 회복될 것입니다.

(TV 동물 관련 프로나 보도에서 가끔 볼 수 있듯이) 있을 것 같지도 않은 동물 종들 간의 우정과 심지어는 한 종(種)의 새끼가 다른 종 어미의 젖을

먹고 양육되는 사례들은 지구가 원래의 낙원으로 돌아가고 있다는 보다 명백한 징후입니다.

거대한 몸을 갖고 태어나 지구의 바다에 거주하면서 외계의 먼 문명들로부터 지구로 송신된 빛을 흡수하고 정착시키는 일을 수행해온 고래과 동물들의 영적 임무는 머지않아 완료될 것입니다. 전체 고래류는 지구상에서 영적으로나 지성적으로 가장 고도로 진화된 종족들인데, 이들 고래들과 돌고래들이 영혼들이 육체를 남기고 지구를 떠날 때 그들은 본래의 빛의 정거장으로 날아오를 것입니다. 하지만 그들은 자기들의 사랑의 에너지로 여러분의 행성을 계속해서 축복할 것입니다.

다가올 자연적 변동과 사회적 변화들

일반적으로 "지구온난화" 또는 "엘니뇨(Elnino)"라고 알려진 현상은 지구가 전체적으로 원래의 온화한 기후로 돌아가려는 자연법칙에 따른 과정의 일부입니다. 지구가 이렇게 되는 동안 남,북극의 빙하는 녹을 것이며, 거대한 사막들은 경작가능한 지역이 되고 열대우림이 우거질 것입니다. 또한 기후변동이나 심한 기온차가 현저하게 감소될 것인데, 궁극적으로는 지구상의 모든 지역들이 쾌적한 거주가 가능하게 변모될 것입니다. 현재 극한(極寒), 극서(極暑) 지역에 살고 있는 사람들은 이런 기후변화에 적응할 것이지만 극지방에 살던 소수의 동물 종들은 사라질 것이고 변두리에 살던 일부 종은 다른 지역으로 이동하여 생존할 것입니다. 기후의 영향을 받은 종들은 본능적으로 번식을 중단하는 것과 언제 이동해야할 지를 알 것입니다.

지금의 인구 수치와 인구예측과는 반대로 인류의 인구수는 감소하고 있으며, 급격히는 아닐지라도 출산율이 계속 하락할 것입니다. 장차 자연의 균형이 더 이상 전염병을 필요로 하지는 않을 것이고, 따라서 병을 유발하거나 전염시키는 인자(因子)들이 존재하지 않을 것입니다. 그리고 일반적으로 이용되는 독성이 든 화학약품들과 처방약들은 사용이 중지될 것입니다. 병 치료가 더 이상 필요 없을 때까지는 의학적 치료법들이 극적으로 바뀔 것인데, 왜냐하면 앞으로 인간은 대단히 늘어난 수명을 가지게 되어 모든 형태의 질병에서 해방될 것이기 때문입니다.

새로운 교육제도와 원천적 자료들은 실제의 우주 및 행성의 역사를 반영할 것이고, 밝혀지게 될 진실에 입각한 참다운 영성(靈性)이 기존의 종교들을 대체할 것입니다. 이런 일들은 진행 중이고 또 향후에 나타날 중요한 변화들의 일부인데, 모든 것들이 지구상의 삶의 모든 측면으로 스며들어 점진적인 향상 효과를 나타낼 것입니다. 황금시대(에덴동산의 재판)에는 여러분의 진정한 모습인 사랑과 조화, 평온, 그리고 영혼의 아름다움이 방사될 것입니다. 자신이 곧 신(神) 또는 여신(女神)이라는 회복된 자각 속에서 말입니다. -(중략)-

이제 나는 또한 지금의 세상에서 그런 새 세상으로 바뀌는 전환과정에는 난제(難題)들이 계속 존재할 것임을 언급해야 합니다. 이를 다르게 말하는 것은 여러분의 기대한 대로 안 되거나 난제들을 성공적으로 극복하지 못할 때는 정직한 것도 신중한 것도 아닌 게 될 것이기 때문인데, 지구가 자신의 상승여정을 급속히 진행하는 만큼 여러분은 낙담할 수가 있습니다.

전쟁 및 다른 폭력, 부정, 속임수와 부패가 그 에너지가 바닥날 때까지 계속될 것입니다. 비록 어둠의 세력들인 부정적 상념체로 이루어진 거대한 힘의 장(場)이 은하계의 이 지역에서 물러났다고 하더라도 그 에너지적인 영향력은 남아 있습니다. 따라서 취약한 영혼들을 지배하기 위한 마지막 시도를 하고 있을 뿐만 아니라 가장 교묘한 수단으로 그들을 공격합니다. 게다가 현재 이 행성 지구에 유입되고 있는 고등한 주파수의 에너지들은 모든 인간의 특성들을 그대로 증폭시키고 있고, 어둠의 성향을 가진 자들은 고통당하고 자포자기적인 욕구에 빠져 있는 사람들을 향해 더욱더 사악한 적의와 탐욕, 폭력, 냉혹함을 드러내고 있습니다. 그러므로 우리는 어둠의 세력과의 전쟁이 모두 끝나지 않은 동안에 여러분 각자가 분발함으로써 용기를 내라고 격려하는 바입니다. 이는 어둠의 세력에 대한 승리가 훨씬 더 가까워졌다는 의미입니다. 모든 빛의 존재들이 사태의 종결을 위해 힘을 보태고 있기 때문에 그들의 항복이 멀지 않음을 기뻐하십시오.

돈의 흐름을 조종하는 것은 어둠의 존재들이 가진 세계 지배를 위한 세상의 마지막 도구이고, 그들이 할 수 있는 한은 그것을 자신들의 손아귀에서

놓지 않을 것입니다. 썩은 뿌리가 파헤쳐져 어느 정도 드러났지만 모든 것이 완전히 제거되기까지는 경제적 어려움이 많은 이들의 삶에 영향을 미칠 것입니다. 하지만 기억하십시오. 여러분은 <끌어당김의 법칙(The Law of Attraction)>에 의해 자신의 풍요를 창조해낼 힘이 있으며, 그 자산을 나누는 것은 여러분의 삶에 더 많은 풍요를 가져오는 최상의 방법이라는 사실입니다.

지구 전역에 평화와 조화가 널리 퍼지기에 앞서 *많고도 많은 영혼들이 현재와 똑같은 원인들 -질병, 굶주림, 전쟁, 기타 다른 형태의 테러나 폭력, 지질학적 변동 등의 사건들 - 때문에 세상을 떠날 것입니다. 그러므로 인구는 이런 방식으로 계속 줄어들 것입니다. 이런 죽음들이 비탄스럽게 보일 수도 있겠지만, 그 영혼들이 태어나기 전에 동의한 것 이상의 역경을 경험하는 것은 그들에게 비약적인 영적성장의 기회를 줍니다.* 그들이 만약 또 다른 지구에서의 삶을 선택할 수 있다면, 그들의 귀환은 환영받을 것입니다. 그리고 그것은 소생된 세계의 화려함과 영광 속에 머무는 가운데 주민들 간에 사랑이 넘치는 복된 삶이 될 것입니다.

지구 물리적인 사건들(지각의 변화들)이 지구의 자연적이고도 필연적인 정화과정으로서 계속 될 것입니다. 과거 수천 년에 걸쳐 지구상에서 자행된 인간과 동물에 대한 탄압과 유린은 - 그것은 아직도 통탄할 규모로 일어나고 있다 - 엄청난 양의 부정성이 지구에 축적되도록 만들었습니다. 이런 부정성

이 지구물리학적 사건들을 통해 상당 부분 해소된다고 하더라도 그 잔여부분 역시 현재 추가적으로 새로이 생성되고 있는 것까지 합해서 모두 방출되어야만 합니다. 이런 부정성이 자연적으로 생성된 것이든 인간이 만든 것이든 관계가 없으며 중요한 것은 그것들을 모두 제거하는 것입니다.

지구가 지속적으로 차원상승을 진행하고 있는 만큼 그 빈도와 강도가 점차 줄어들 이런 재앙적 사건들의 작용은 여러분의 우주형제들의 노력에 의해 최대한도로 감소되고 있습니다. 그들의 기술이 모든 죽음과 피해들을 방지할 수는 없지만, 지진과 화산폭발을 통한 에너지 방출을 폭넓게 완화시키고 강력한 폭풍들을 인구가 덜

밀집된 지역으로 향하게 함으로써 희생자 수와 파괴로 인한 재산피해를 제한하고 있습니다.

지구가 전체적으로 본래의 온화한 기후로 전환되는 과정의 일부인 기온의 고저(高低), 가뭄, 홍수 등은 한동안은 좀 더 인류에게 어려움을 줄 것입니다. 그리고 점차 어떤 해안선들은 물에 잠기게 될 것입니다. 우리는 아틀란티스와 레무리아가 융기할지도 모른다는 추측에 대해 알고 있으나 이것은 일어나지 않을 것입니다. 그 거대한 땅덩어리들은 지구의 그 시대 동안에 그 문명들에게 할 역할을 다했으며, 다시 떠오르는 것은 필요치가 않습니다. 하지만 그때 살았던 일부 영혼들은 오늘날 인류에게 진행되고 있는 의식상승과 영적인 부활을 돕기 위해 돌아옵니다.

종교들이 가르치는 "신(神)의 말씀"이라는 것이 그릇된 신념을 낳은 완전한 기만이라는 사실이 드러나게 될 것입니다. 하지만 밝혀지게 될 그런 진실들을 믿지 않을 수많은 개인들이 있다는 것은 인류가 맞닥뜨릴 또 다른 과제들입니다. 어떤 자들은 학살(虐殺)을 통해 적그리스도와 이교도들을 타도하는 것이 자기들의 신성한 권리이자 의무라고 확신하고 전쟁을 자행할 것입니다. 그때 여러분은 충격과 혼란, 분노, 환멸을 목격할 것입니다. 그렇습니다. 그리고 아마도 진실에 대해 완전히 마음을 닫지 않은 사람들의 두려움을 목격하기 십상일 것입니다. - 이 두려움은 분노와 복수의 신을 만들어낸 사기꾼들이 영겁동안 그들에게 길들여 놓은 것입니다 - 그들에게 자비심을 내어 안전한 피난처를 마련해 주도록 하고 그들의 질문에 대해서는 최선의 답변을 위해 내면의 직관에 의지하도록 하십시오. 필요할 때 그러한 지혜가 직관을 통해 솟아오를 것입니다. 그러나 그들의 믿음의 토대가 거짓임을 그들에게 납득시키는 것은 반드시 여러분의 책임이 아닙니다. 만약 여러분의 노력이 성공한다면 바로 우리들처럼 기뻐하세요. 하지만 성공하지 못하더라도 부디 낙담하지는 마십시오.

저항하는 영혼들은 우주 내의 유사한 다른 존재들처럼 그들의 욕구에 가장 적합한 그 어느 곳에서든 진화여정을 계속하게 될 것이고, 근원의 영원하고도 무한한 사랑이 그들의 행로를 뒷받침할 것입니다.

요약해서 여러분에게 말하건대, 사랑하는 지구의 가족들이여! 여러분이 공동으로 창조하고 있는 사랑과 평화와 조화의 세계가 가까이 와 있음을 분명하게 아십시오. 여러분이 정확히 바로 지금 있는 곳에 있기로 스스로 선택함으로써 우주의 전례 없는 이 시대에 참여할 수 있었다는 사실을 기억하는 것은 여러분의 가슴을 빛으로 가득 채울 것입니다. 그리고 또한 여러분의 영적 여정이 성공적인 모험이 되게 할 것입니다. 무수한 빛의 존재들이 매순간 여러분과 함께 하고 있으며, 여러분이 지구가 오랫동안 기다려온 2012년의 황금시대를 선도할 때 그들이 신성한 빛의 사랑과 보호로 여러분을 감싸고 있습니다.

8. 쿠트후미 대사의 메시지

2012년에 관련된 지구의 변화들

*채널링:수잔 러프

나는 쿠트후미(Kuthumi)[9]입니다. 여러분 중에 많은 이들이 나를 K.H 대사(大師)라고 알고 있는데, 일부 사람들은 내가 영단에서 2광선을 가르치는 마스터들 가운데 선두에 서 있음을 알고 있습니다. 내가 여러분에게 지금 메시지를 전하는 것과 같은 일이 내가 맡고 있는 직책에 속해 있는 것이지요.

쿠트후미 대사

이런 일을 기획하는 이유는 2012년의 사건들에 관계된 우리의 지식을 적재적소에다 전하기 위해서입니다. 그리고 내가 "우리(WE)"라고 말하는 것은 이 문제에 있어서 영단은 인류에게 일관된 하나의 입장에 있고, 또한 이 중대한 사건은 영단이 인류에게 준비시키기 위해 오래전부터 전적인 책임을 맡고 있는 일이기 때문입니다.

2012년에 우리의 행성에서 중요한 변화가 일어날 것이라는 인식이 급속히 증가하고 있습니다. 그럼에도 불구하고 우리가 직면하고 있는 지금의 현실은 준비가 매우 불충분하다는 것입니다.

나의 형제들이여, 인류는 현 시대의 그 어느 시기보다 악화된 여건 속에 놓여있습니다. 다른 시대에는 유물론적 물질주의가 인류를 사로잡고 영성(Spirituality)이 경시되고 거부되었지만, 그렇다고 결코 오늘날처럼 물질주의가 영성으로 둔갑하여 불린 때는 없었습니다. 그 혼란은 이것이 여러분에게 값

---

[9] 마스터 쿠트후미는 전생에 그리스의 대철학자이자 수학자인 피타고라스(Pythagoras)였고, 몇천 년 이전에는 고대이집트 시대의 성자(聖者)였다고 한다. 또한 그는 중세 가톨릭의 신비주의자이자 성인(聖人)으로 추앙받는 이탈리아 아시시의 성 G. 프란체스코(Giovanni Francesco, 1182~1226)였는데, 따라서 오늘날의 프란체스코 교단은 그로부터 유래된 것이다. 그 후 18세기 초 인도 북부 카시미르에 태어났으며, 군주(君主)였던 그 때의 이름이 <쿠트후미 랄 싱>이었다고 한다. 그는 바로 그 생애에서 영적으로 해탈하여 상승을 성취함으로써 마스터의 반열에 진입했다고 한다. 그리고 현재 마지막 환생 때의 육신 모습을 그대로 지닌 채 수백세 이상을 히말라야에서 거주하며, 인간계와 초월계를 넘나들며 살고 있다 한다.

비싼 희생을 치르게 하는 데서 연유하고 있습니다.

　인류는 지난 100년 동안 특별한 선택을 해왔습니다. 그것은 육체적, 물질적 안락과 자기중심주의인데, 하지만 그것이 꼭 이런 식으로 전개돼야만 하는 것은 아니었습니다. 영단에 의해 다른 이들에게 전달된 지식을 받아들인 보다 유용한 선택들은 몇 세대에 걸쳐 유효했습니다. 하지만 그 일부에 있어서 영단은 문제들을 과소평가했고 판단착오가 있었습니다. 즉 우리의 가장 큰 오류는 인간이 환상적인 자극이나 흥분을 더 선호해서 우리가 제공한 영적입문에 관한 지식이나 관점을 거부할 것이라는 가정을 하지 않았다는 것입니다.

　우리는 지난 세기에 우리가 (특정 영적 단체들을 통해) 인류에게 공급했던 지식에 대한 대중의 반응을 앞질러 논했습니다. 그리고 우리는 그것이 인류의 정신적 발전에 박차를 가할 거라고 추측했지만 정확히 상황을 읽는데 실패하고 말았던 것입니다. 우리에게 보여지는 징후들은 우리 계획의 적용이 적합하지 않다는 것을 나타내고 있었습니다. 그럼에도 우리의 의무감과 책임은 줄어들지 않았고, 우리는 깊은 슬픔으로 지금의 상황을 개선하고 타개하기 위해 노력하고 있습니다. 나의 협력자들은 이런 슬픔을 인식해야만 했고, 그것은 무거운 정신적 부담이 되었습니다. 그리고 상황을 개선하려는 많은 노력들 중의 하나가 메시지를 보내는 이런 시도와 관계가 있는 것이지요.

　내가 언급했듯이, 이 문제에 있어서 인류와 영단은 하나입니다. 우리는 이것을 함께하고 있는 것입니다. 우리는 2012년 사건의 목적과 특성에 관한 보다 상세한 기술이 인류가 자신의 역할에 집중하는 데 도움이 될 수도 있음을 인식하고 있습니다.

　2012년의 물리적 사건에서 생존하는 것은 어디까지나 선택의 문제라는 것이 이해되어야 합니다. 왜냐하면 필요한 주의사항과 조직, 생존방법에 관한 지식이 모두 적절하게 제공될 것이기 때문입니다. 얼마나 많은 사람들이 그들의 소유물과 집착을 버리는 것을 선택할까요? 이처럼 이것은 선택해야 할 속성의 문제인 것입니다.

　이런 메시지는 비현실적인 혼란을 헤치고 나가 마른 땅에 남을 사람들을 위한 것입니다. 그들은 2012년에 살아남아 인류의 다음 단계의 여정을 택해 나가고자하는 사람들입니다.

2012년 사건의 속성

　2012년 사건의 본질은 "세례(洗禮)"의 신비와 특히 물에 담그는 비밀을 이해함으로써 올바른 이해를 할 수 있게 될 것입니다. 물속에 어떤 것을 담그는 것은 곧 치유와 회복을 상징합니다. 세례를 행할 때 갓난아기들을 물속

미 허리우드 영화 <2012>

에 담그는 것을 정신 나간 짓으로 생각하고 이를 냉혹한 행위로 보는 사람들이 있습니다. 그리고 또한 대지가 물속에 잠기는 것을 인간에 대한 심판으로 볼 사람들이 있을 것입니다. 하지만 이것은 사실이 아닙니다.

2012년에 지구는 (치유와 회복을 통해) 자체의 진동을 끌어올리는 것을 가능케 하기 위해 그 오염된 대부분의 지역들을 물속에 가라앉힐 것입니다. 물질적 오염은 곧 아스트랄(Astral) 차원의 오염을 반영합니다. 그리고 인간은 그런 낮은 진동의 아스트랄적인 지역들을 만든데 대해 개인적으로 뿐만이 아니라 전체적으로도 책임이 있습니다. 게다가 불가피하게 인간은 그런 상황에 사로잡혀 있습니다. 그것은 바로 자신이 중심이라고 생각하게 만드는 인간의 이기적이고 자기본위적인 습관인 것입니다.

일반적으로 말해서 북위(北緯) 65도(度)의 영역은 범지구적 격변이 미치지 못하는 지역이 될 것입니다. 이곳이 안전한 지대가 될 것입니다. 그리고 북위 65도 아래에도 안전하다고 미리 지정된 다른 장소들이 있게 될 것인데, 그것에 관한 정보는 적절한 시기에 적당한 채널들을 통해서 발표될 것입니다. 북위 65도 이상의 지역들은 현재 익숙해져 있는 곳을 떠나기로 마음먹거나 결정할 수 있는 그 누구에게나 열려 있습니다. 생존은 이처럼 선택의 문제입니다.

물리적 변화과정

2012년 12월 17일과 18일에 행성들 간의 상대적 배열형태로 인한 별의 영향력이 우리의 행성을 보다 똑바로 선 수직의 위치로 끌어당길 것입니다. 이것은 구부리고 있는 사람을 곧게 세우는 것에 비유될 수가 있습니다. 이런 움직임이 달의 궤도를 변화시킬 것입니다. 이 작용의 결과들은 다음과 같습니다.

1)지구상에서 비교적 일부만 보이는 달의 지역이 보이게 될 것이다.
2)태양에 대한 지축(地軸)의 변화된 각도로 인해 지구에는 좀 더 온화하고 고른 기후가 형성될 것이다.
3)지구축의 달라진 각도는 또한 지구에서 새로운 별자리 관측이 가능하게 되리라는 것을 의미한다.

　이런 과정의 결과로서 때가 되면, 그 에너지들이 지구에서 거두어지고 달로 유입됨으로써 달 자체에서도 유사한 과정이 나타날 것이며, 그때 달은 자기만의 위성을 가지게 될 것입니다.

인간에게 미치는 여러 가지 영향들

　이러한 변화들은 인류의 의식 자체를 다른 방향으로 향하도록 촉진할 것입니다. 인간은 어떤 면에서 보다 영적으로 될 것이며, 낮은 에너지들을 방출함으로써 그 정신적 능력이 증진될 것입니다. 이런 낮은 에너지들은 퇴행적 경향이 있습니다. 이런 에너지들을 방출하는 만큼 인간의 아스트랄체에서 분리주의적 성향이 청소될 것입니다. 인간 정신능력의 향상은 곧 인간이 별들의 에너지에 다르게 반응하리라는 것을 뜻합니다.

　앞서 언급했듯이, 새로운 별자리들이 또한 변화된 천상의 배경과 지구의 관계에 의해 만들어질 것입니다. 그리고 이로 인해 지구의 에너지장 속으로 새로운 영향력이 유입될 것입니다. 황도대(黃道帶)의 구조가 바뀌지는 않을지라도 12궁도(宮圖)는 다르게 인식될 것입니다. 왜냐하면 한층 높은 에너지가 황도대를 통해 흐를 수 있게 될 것이기 때문입니다. 결과적으로 인간의 잠재성이 보다 활성화될 것이고 불리한 요소들은 감소될 것입니다.

　현재 인간의 감정체는 이기적이고 분열적인 충동에 지배되고 있고 그 정신성은 그러한 충동에 대한 일종의 반응으로 구성돼 있습니다. 영성은 이제 개개인들이 자신의 저급한 속성을 억제하려는 노력을 함으로써 형성됩니다. 미래의 영성은 인간 스스로 자신의 잠재성을 자각하는 데에 기초를 두고 있습니다. 2012년과 그 이후에 생존하는 문제는 인간의 집단적 노력에 좌우될 것이고, 그 후 인간의식의 주된 특징은 지금의 이기성 대신에 공동협력이 될 것입니다. 그리하여 지구는 좀더 화목하고 조화롭고 건설적인 세계가 될 것이며, 신(神)의 계획이 인간의 자각하에 순조롭게 이행되는 장소가 될 것입니다.

9. 막달라 마리아가 밝히는 감춰져 있던 진실들

막달라 마리아

신약성경의 불분명한 기록으로 인해 막달라 마리아는 마치 창녀(娼女)처럼 오해되기도 하지만 이것은 잘못된 내용이다. 그녀는 사실 고대 아틀란티스와 이집트 이시스(Isis) 신전의 높은 여사제(女司祭) 출신이었고, 예수의 실질적 영적 동반자이자 배우자였다. 그럼에도 이런 진실들이 후세에 불순한 인간들에 의해 의도적으로 왜곡된 것이다.

2003년 출간된 이래 미국에서만 700만부, 전 세계에서 모두 8,000만부가 팔린 댄 브라운의 초 베스트 셀러 소설 〈다빈치 코드〉로 인해 예수와 막달라 마리아의 결혼 여부 문제에 관한 세계적인 많은 관심과 논란이 일어난 바가 있다. 하지만 서구에서는 이미 1980년대에 〈다빈치 코드〉의 원전(原典)격인 〈성혈과 성배(Holy blood, holy grail(1983)〉 라는 책이 이 문제를 추적하여 그것이 진실임을 파헤친 적이 있었다.

요컨대 실제의 진실은 항아리에 든 물을 포도주로 변화시켰다는 기적 스토리로 유명한 신약에 기록된 〈가나의 결혼식〉 장면은 바로 예수님 자신과 막달라 마리아와의 혼인잔치였다는 것이다.

영단으로부터의 메시지에 따르면, 그녀는 본래 예수 그리스도의 "트윈 플레임(Twin Flame)" 에 해당되는 영혼으로서, 그 후 영적으로 높이 상승하여 지금은 레이디 마스터 나다(Nada)로 활동하고 있다고 한다. 또한 막달라 마리아는 현재 영단 내에서 원래 예수가 맡고 있던 6광선의 대사직을 이어받아 일하고 있다고 알려져 있다.

*채널링: 캐롤린 에버스

에너지 작업자(Worker)]

나는 일종의 에너지 "작업자(Worker)" 라고 생각합니다. 이런 호칭은 고대에 성서를 구성하는 본문들을 편찬했던 사람들에게는 낯선 용어인 만큼, 성서에 나오는 말이 아닙니다. 오늘날에조차도 이것은 성서를 체계화한 사람들이 이해하지 못하는 극히 추상적인 제목이므로 기묘한 호칭처럼 보일 것입니다. 그럼에도 나의 사랑하는 조슈아(예수)와 나 자신은 그런 것들을 이해했고, 행성 내에 포함된 에너지와 이 행성의 외부, 즉 태양계 전체를 이루고 있는 에너지와 주기(週期)들을 이해하기 위한 훈련을 받았습니다.

나는 나의 사랑하는 이와 나의 사명이 일반적으로 알고 있는 것보다 훨씬 폭넓은 기반을 가지고 있음을 사람들이 이해하도록 이런 기회를 가지게 된 것이 기쁩니다.

아틀란티스에서 갈릴리(Galilee)로

설명하겠습니다. 알다시피 나의 사랑하는 이 예수와 내 자신은 카르멜(Carmel) 산에 위치한 수도원에서 훈련받았고, 또한 에세네파(또는 일부 사람들은 우리를 나자렛파 사람들이라고 부르는데 익숙하다)에 속한 가르침을 받았습니다.

당시 우리는 원래 고대 아틀란티스 대륙으로부터 와서 우리 땅에 정착한 이들에 의해 전수된 정보를 간직하고 있었습니다. 인간종족의 지적타락과 그 대륙에 거주했던 영혼들의 진동율 하락에 의해 아틀란티스가 멸망했을 때, 이런 지식은 미래를 볼 수 있는 사람들이 이해하고 있던 것이었습니다.

이 영혼들은 자기들의 높은 진동율을 유지했던 사람들이었지만, 당시 아틀란티스 대륙에 살고 있던 대다수의 영혼들과 비교할 때 아주 소수였습니다. 그 대륙은 거대했고, 대륙이 쪼개져 섬의 마지막 부분이 바다 속으로 가라앉을 때 파도 아래로 수장된 수많은 사람들이 있었습니다.

하지만 곧 무엇이 일어날 것인지를 알고 있던 많은 이들이 있었으며, 그들은 알려진 새로운 식민지에서 삶을 시작하기 위해 섬을 떠났지요. 이주지로 계획된 이런 장소들 중의 하나가 갈릴리(Galilee)로 알려진 지역 안에 위치해 있었으나 그 대부분은 일반 대중들로부터 감추어져 있었습니다.

그들은 자기들의 지식이 행성 지구에 도움이 될 때를 대비해 영혼을 다시 점화할 에너지들을 보호하기 위해서 필요했던 매우 엄격한 정치체제를 추구했습니다. 그들은 다가오는 새로운 시대, 즉 인류가 다시 영적으로 높아지는 시대를 기다리고 있었습니다. 그리고 에세네인(Essenes)들은 점성학과 천문학, 그리고 창조를 위해 필요한 에너지 패턴에 따른 주기들의 속성과 천상과 지구의 생명주기의 행로를 이해하고 있었지요. 우리는 이런 지식을 원래대로 고스란히 보존했는데, 왜냐하면 인류가 영혼들이 이 행성에 최초로 왔을 때 가져온 영적각성 상태로부터 얼마나 멀리 벗어나 추락해 있는지를 이해하고 있었기 때문이었습니다.

아틀란티스에 있었을 때, 우리는 이런 상황을 미래의 사건으로 내다 볼 수가 있었습니다. 우리는 종족의 장로들이었고, 인류의 영적능력의 발전과정을 인도하는 입장이었지요. 또한 우리는 별들로부터 온 우리 혈통의 발전 궤적을 거슬러 올라가 조사했습니다. 내가 뜻하는 것은 지구에서 발전하고 있는 일꾼을 둔 다른 행성에 거주하는 영혼 종족들, 또는 이 행성에 파종된 종족들이 있다는 것이며, 뿐만 아니라 그들은 또한 새로운 DNA 가닥을 창조하는 데 영향을 미쳤습니다. 그럼으로써 인류는 둔중한 육체로 생존할 수 있었고, 우주의 중심에 거하는 대창조주의 반영인 영혼에 합일될 수 있었습니다.

지구에 왔던 초기의 인도자들은 이른바 지도자위원회의 일원이었습니다. 이런 개인들은 우주의 이 지역에서 전에는 시도된 적이 없는 방식으로 영혼들을 깨닫게 하고 그 물리적인 발전과정을 관리, 감독할 권한을 부여받았습니다.

조슈아 또는 예수는 누구인가?

이것은 우리에게 신중한 일이었고, 우리는 그 과정을 밝힌 바가 있습니다. 나에게 있어 이것은 나의 사랑하는 이가 이 과정의 준비 작업을 위해서 권능을 가졌던 첫 번째 시기였기 때문에 특별했습니다. 그것은 그가 자신을 도왔던 다른 이들과 함께 세웠던 계획 또는 청사진에 따라 창조에 관한 모든 메시지들을 구체화하는 것이었습니다. 바꿔 말하면, 그는 여러분이 이 은하계에 관계된 행성들과 태양계들이라고 부르는 것에 관해 물리적 형태로 받아 기록하여 후세에 전해야 할 책임이 있었습니다. 이런 창조의 경이로운 측면과 더불어 그는 또한 영혼이 합체된 인간의 육체에 관한 청사진을 준비할 책임이 있었지요. 물론 그 당시 그의 이름은 예슈아(Jeshua)가 아니었습니다. 그는 케루빔(Cherubim) 이후에 창조된 최초의 영혼들이었던 고대의 영혼들로부터 육화되어 이어져 온 오랜 영혼의 혈통 출신이었습니다. 어떤 사람들은 그를 "빛나는 이"라고 부르지만 높은 영적 발전단계에 이른 그의 이름, 즉 그의 참다운 본질이 반영된 것은 실제로 일종의 "소리(Sound)" 입니다. 왜냐하면 우주의 중심 속에서 말들의 의미라는 것은 여러분이 알고 있는 언어로서의 일반적인 말이 아니라 소리, 빛, 그리고 색채들 속에 있기 때문이지요. 만약 우리가 그 소리를 이곳 차원에서 인지할 수 있는 형태로 옮긴다면, 그것은 "마리에타(Marietta)" 라고 불리는 말로 번역될 것입니다. … (중략) …

어떻게 예수는 자신이 누구였는가를 기억했는가?

그는 아담(Adam)으로 태어났던 경험 이후에 다른 신분으로 또 육화했던 까닭에[10] 본래의 자신을 기억하는 방법을 배웠습니다. 이것은 그가 지상에

---

[10] 에드가 케이시의 아카식 리딩에서도 예수라는 영혼은 지구에 첫 번째 육체인간인 아담으로 태어났다고 언급돼 있다. 그 이전에는 육체를 입지 않은 채 지구에 최초로 나타났던 영혼인 아밀리우

트윈 플레임이란 천상에서 정해진 영혼의 짝이다.

태어났던 중간의 내면세계에 있는 동안 그의 영적 경험을 인도했던 자기의 영혼에 의해서 그렇게 지시를 받았던 것이었습니다. 이 영혼은 마리에타(Marietta)와 직접 연결돼 있었고, 자신의 위치를 점검하는 표지점에 있었으므로 그는 결코 자신이 누구였는가를 완전히 망각하지 않았던 것입니다. 그를 이를 아버지라고 여겼고, 내면으로 들어가 대화하며 이 아버지를 찾았습니다. 그리고 그는 그의 아버지의 인도를 따랐습니다.

이것은 나의 사랑하는 예슈아에 의한 가르침이며, 우리는 여기서 여러분이 자신의 마스터 영혼과 어떻게 바로 연결될 것인지를 논할 것입니다. 그의 말을 멋대로 해석하는 사람들은 이 원리를 이해하지 못합니다. 그것이 내가 돌아온 이유들 중의 하나인데, 즉 인류에게 이 원리를 가르치고 오해되었던 다른 가르침을 다시 일깨워주기 위해서이지요.

지금은 이번 주기 안에서 어떤 진실들을 이해해야 할 가장 중요한 시기인데, 왜냐하면 영혼의 성장과 더불어 두 개의 차원을 통과해 승격해야할 때이기 때문입니다. 그럼으로써 여러분은 이제 곧 자신들에게 필요해질 영혼의 능력들을 일깨우는 어떤 기억들과 연결될 수가 있습니다.

2,000년 전의 진실

여러분이 아마도 나의 사랑하는 이와 지상을 거닐었을 때인 2,000년 전으로 돌아가 봅시다. 이때는 어쩌면 가장 잘못 이해된 시기인데, 왜냐하면 나의 사랑하는 이가 그 생애에서 지상에서 성취하고자 했던 것에 관한 매우 불충분한 정보들밖에 알려져 있지 않기 때문입니다. *비록 그가 모든 영혼들이 진보하기 위해서 필요한 어떤 가르침들을 통해 인류를 구하기 위해 왔을지라도, 구원을 위한 대속적(代贖的)인 죽음을 하러 오지는 않았습니다.*

아틀란티스의 영성이 낮게 추락했을 때, 인류에게는 폐쇄된 길들이 있었습니다. 이것은 영적으로 상승하기 위해서 필요했던 통로들이었지요. 나는 앞서 인류의 영적타락에 대해 언급했는데, 그로 인해 인류는 여러분이 3차원이라고 부르는 진동이 낮고 입자들이 농후한 밀도로 이루어진 상태로 추락했던 것입니다. 이 사건이 계획된 것은 아니었으나 인류를 인도하고 있던 존재들에 의해 일어나도록 허용되었는데, 당시 인류에 의해 악용되었던 영적능력들

스(Amilius)였고, 아담 이후에도 여러 번 육화했는데, 구약의 선조인 에녹, 멜기세덱, 다윗, 여호수아, 예수아 등도 모두 예수님의 전생(前生)이었다고 한다.

이 중단돼야만 했기 때문입니다. 이런 능력들은 뇌의 구조에 의한 자연적인 결과였습니다. 당시의 계획은 뇌를 나누는 것이었습니다.

아틀란티스의 타락시대에 뇌가 분리되다

뇌가 나누어지기 이전에 영혼의 능력에 포함돼 있던 영적정보들은 뇌의 사고(思考) 부분이 되었고, 행위의 토대로 활용될 수 있었습니다. 최고 창조주의 법칙에 대적하게 될 자들이 이용할 수 있었던 영적 실현 능력들은 그대로 놔두기에는 너무 위험하다고 간주되었습니다.

과학의 이름으로 만들어졌던 모든 끔찍한 오류들을 반드시 겪어야할 필요는 없습니다만, 인간은 창조주 섭리에 어긋나는 어떤 실험들을 자행함으로써 이른바 노예종족이라 일컫는 영혼들을 양산해내고 말았습니다. 그리고 이것은 변절했던 사제단의 다른 계획들과 함께 중단돼야만 했던 것입니다.

이런 상황이 인류와 지구를 지배하고 우주법칙에 도전하는 방식으로 모든 것을 이용하고자 했던 자들이 권력을 만들어 내기 위해 유린했던 당시의 상태였습니다. 이것과 다른 몇 가지 이유로 당시 아틀란티스에서 전개되었던 상황을 바로 잡기 위해 뇌의 분리가 허용되었던 것입니다.

우리는 새로운 종족이 시작돼야만 하고 장로들은 변화를 만들어내기 위해 인간의 형태로 지구에 가장 가까운 차원들로 돌아와야만 하리라는 것을 알고 있었습니다. 이런 변화들은 여러분이 "상승(Ascension)"이라고 부르는 상위 차원으로의 이동을 다시 가능케 할 것입니다. 그리고 오직 우주법칙을 따를 때에만 창조의 능력이 회복될 것입니다. 아틀란티스의 멸망과 예슈아의 탄생 및 당시 그가 사명을 수행했던 것 사이에는 오랜 고된 여정이 있었습니다.

지금은 현 주기의 절정에 와 있습니다. 이런 절정기는 그들이 이 지구에 정착하기 위해 왔던 때 약속받았던 영혼의 유산들을 다시 되찾도록 할 것입니다. 그런 이유 때문에 우리가 돌아와 이런 정보를 인류에 전하는 것이지요.

나는 이런 배경적인 설명을 먼저 여러분에게 해주어야 하고 그럼으로써 여러분은 좀더 전체적인 전망에서 나온 나의 메시지를 이해할 수가 있었습니다. 여러분은 이제 아틀란티스에서 시작된 나의 지구에서의 여정과 당시 내가 지구의 에너지와 형이상학적인 과학에 관여했던 여사제(女司祭)였음을 이해했으므로 다음 단계의 내 이야기를 들을 준비가 되었습니다.

오늘날의 성경은 정확한 것인가?

나의 사랑하는 이, 예수와 내 자신의 생애 동안에 우리가 가졌던 임무와 우리들에 관해 인류사회에 일부 밝혀진 것은 대부분이 이른바 성서 안에 담겨져 있습니다. 하지만 그 이야기들은 예수나 나에 의해 집필된 것이 아니라 그 대부분이 우리와 같은 시대에 살지 않았던 개인들로 이루어진 한 작은 집단에 의해 기록된 것입니다.

베드로는 당시 집필을 했지만 이런 두루마리 무리가 편집되던 시기인 이른바 초기 교회시대의 교부(敎父)들에 의해 그의 이야기는 삭제되고 말았습니다. 그 이유는 거기에 초기의 교회들이 감추고자 애썼던 정보들, 즉 그들이 세우려했던 교회에 관한 자기들 생각에서 벗어나 보이는 내용들이 포함돼 있었기 때문이었습니다. 즉 그들의 추종자들(신도들)에게 주입되어야할 자기들의 생각과 일치하지 않는 그 어떤 것도 새 이미지에 맞게 변조되거나 제거되었던 것입니다.

그렇다고 내가 최근 시대에 교회가 행했던 일부 긍정적 측면이나 자선과 사랑의 행위에 관해 여러분의 가슴에다 균열을 일으키려고 하는 것은 아닙니다. 하지만 여러분이 인류의 역사를 살펴본다면, 당시 새로운 교의(敎義)에 동조하지 않았던 사람들에게 가해졌던 수많은 종교적 박해를 볼 수가 있습니다.

제거된 치유와 형이상학적 문헌들

새로운 기독교 신앙에 대한 이런 공식적인 조직이 형성되기 이전의 우리의 치유의 신념체계는 확실히 박애와 사랑이었습니다. 하지만 그것은 에너지에 관계된 치유와 형이상학적 측면에 관한 사상을 포괄한 훨씬 광범위한 것이었으며, 나중에 완전히 무시되고 제거되었습니다.

나의 사랑하는 이와 우리 에세네 공동체는 육체의 치유자들(Healers)로서 주목을 받았고, 그 결과는 성서 속에 나타나 있습니다. 사도(使徒)들로 불렸던 개인들조차도 육체적인 치유능력을 행사하는 증거를 보였습니다. 당시 나의 사랑하는 예수를 따랐던 군중의 무리는 대다수가 육체적인 질병의 치유를 바랐던 사람들이었습니다. 그리고 당시 사도들이 행한 마찬가지의 일들과 이에 관한 내용들은 서한 속에 담겨져 있습니다.

여러분은 육체를 치료하는 이런 능력이 당시 새로운 기독교 교의가 가르쳐졌을 때 재빨리 막을 내렸다는 사실을 알아차릴 것입니다. 여러분이 여기에 대해 의문이 있다면, 그 이유는 우리의 기본적인 교의의 상당 부분을 차지했던 형이상학적 과학들이 차단되고 전수되지 않았기 때문이었습니다. 다시 말해 우리가 보존해 왔던 귀중한 지식의 많은 부분들이 유실되거나 의도적으로 제거되었던 것입니다.

에세네파인들의 숙련된 치유능력과 회춘법(回春法)

아주 오래 전 갈릴리에 살았던 개인들로서 우리는 창조주의 뜻에서 벗어나

예수와 막달라 마리아가 함께 아기를 안고 있는 모습을 표현한 성화 모자이크

지 않았던 아틀란티스의 고위사제로부터 우리에게 전수된 문서들을 갖고 있었습니다. 우리는 아름다운 신전 안에서 배우고 따랐던 회춘(回春)의 원리를 이해했고 반복해서 훈련했습니다.

우리의 몸은 개인의 가슴과 마음 속에 저장된 부정적 사고와 태도들을 떨쳐버림으로써 균형과 조화를 이룬 토대 위에서 다시 젊어졌습니다. 우리는 바로 이것이 모든 질병이 생겨나는 원리임을 이해했습니다. 또한 우리는 우주의 에너지와 더불어 지구의 에너지와 함께 일함으로써 육체의 생명을 어떻게 연장하는가를 이해하고 있었습니다.

우리는 지표면 바로 아래에 깔려 있는 지구의 힘의 라인들(力線)을 중요시했습니다. 우리는 특히 천체의 일식(日蝕)이나 월식(月蝕) 또는 분점(分點)의 시기 동안에 신체 내의 치유점을 형성하기 위해 지상의 이런 에너지 선들이 서로 교차하는 하는 곳에서 발견된 물을 이용했습니다. 더 나아가 우리는 이집트의 쿠푸왕 피라미드 인근의 센터에 특별히 형성된, 이른바 신성한 지점에서 발견된 차원간 출입구를 이용하여 지구 곳곳의 영혼들과 교신하는 방법을 깨닫기도 했지요.11)

여러분이 개인적으로 자아초월의 과정을 밟을 때 도움이 될 이런 메시지들 안에는 강력한 힘이 담겨져 있고 나와 나의 사랑하는 이는 이런 가르침들을 전해주기 위해 지금 돌아온 것입니다. *여러분이 스스로 자신의 개인적인 진동을 높이는 것은 필수불가결한 것이며, 그렇게 함으로써 새로운 에너지가 다가와 인류의 영적운명을 바꿔놓게 될 2012년이라고 불리는 시기를 대비할 수 있게 될 것입니다.*

예수는 상승으로 가는 길을 개조했다

나의 사랑하는 예수는 2,000년 전에 이 모든 것을 가능하게 하기 위해 왔

---

11) 에세네파의 맥을 이은 고대 그노시스(영지주의) 성직자들 역시도 <시다스>라는 특수한 초능력이 있었다고 한다. 그들은 이런 투청 능력을 통해 영혼들과 대화할 수 있었고, 또한 원격투시 능력으로 오감을 초월해 머나먼 장소에서 벌어지는 일을 보고 듣고 느낄 수가 있었다.

었습니다. 그가 무덤 속에 누워있을 때 그의 영혼은 모든 영혼들이 상승의 첫 단계 동안에 옮겨갈 장소인 지구와 천사계 사이의 흰 광선을 찾아 따라갔습니다. 이것은 필요했고 그럼으로써 말하자면 그것은 가까운 미래에 영혼들이 따를 수 있는 길이 될 수가 있었습니다.

　이 고속도로는 지구와 그녀의 주민들이 오늘날 여러분이 살고 있는 차원으로 추락했을 때인 아틀란티스의 멸망기 동안에 폐쇄되었던 것입니다. 모든 것이 현재 가능하며 지금은 여러분 영혼의 영광이 완전히 회복되어야 할 때입니다. 그것은 기억이 깨어나는 것이고, 그것과 더불어 오는 이런 여정에서 여러분이 이용할 수 있는 능력이며 그 시작은 지금입니다.

　하지만 여러분에게는 무엇인가가 요구되고 있으며 그것은 여러분이 지금 알고 있는 것 이상의 진실이 무엇인가를 이해하는 것입니다. 그리고 새로운 모험을 향해 여러분의 마음과 가슴을 기꺼이 열어야만 하는 것입니다. 우리는 어떤 유일한 믿음을 받아들이라고 요청하는 것이 아닙니다. 하지만 여러분은 추가적인 가르침들을 배우고 여러분 영혼 자신의 초월의 길로 걸어갈 수 있게 될 것입니다.

　나의 예수는 말하기를, 그가 한 것은 여러분도 할 수 있고, 그보다 더 큰 일도 할 수 있다고 했습니다. 그가 이런 말을 했던 이유는 2012년에 나타나는 위대한 능력을 뒷받침하게 될 지구로 밀려오고 있는 엄청난 에너지들이 있음을 이해했기 때문이었습니다.

CHAPTER – 7
지구인간에서 은하인간으로

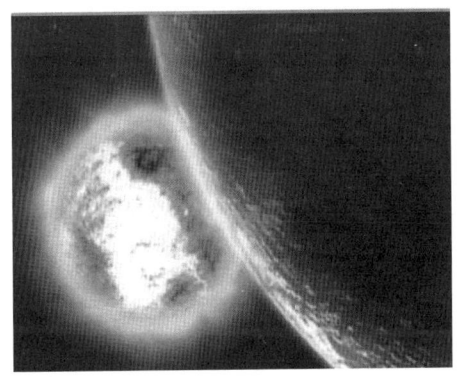

7장

지구인간에서 은하인간으로

1. 변경될 수 있는 미래의 시나리오

1) 100% '절대 예정'된 예언은 없다

지금까지 지구변화와 2012년에 관련된 갖가지 예언과 채널링 메시지들을 최근의 정보들을 중심으로 살펴보았다. 그 결과 앞으로 지구상에서 일어나기로 되어 있는 사건들에는 일면 천재적(天災的)인 재앙이 있는 반면에 또 한편으로는 새 시대의 도래라는 희망적 메시지가 있었다. 또한 2012년 바라보는 수많은 전문가들과 또 영적존재들 및 외계존재들의 시각 역시도 공통분모적인 부분들과 더불어 꼭 일치하지 않는 일부측면도 있다는 점을 발견할 수 있었다. 즉 모든 존재들은 자기들의 관점과 전망에 따라 인류의 미래를 부정적이고 비관적으로 보는 시각도 있고, 반면에 비교적 어느 정도 희망적이고 낙관적으로 보고 있기도 한 것이다.

그런데 미래란 알다시피 현재라는 시간을 기준으로 아직 오지 않은 시간대에 속하는 부분들이다. 때문에 그 어떤 예언이라 할지라도 미래 자체가 이미 형성돼 있음을 보고 예측을 하는 것은 아닌 것이다. 그러므로 미래란 지금 현재의 시간대에서 이루어지고 있는 사건들을 토대로 그것에 의해 흘러가는 방향이 결정되는 것이라고 보아야 한다. 그렇다면 미래에 관한 예언적 정보라는 것은 어디까지나 현재의 흐름이나 추세를 기본 바탕으로 미래의 사건을 어떤 가능성이나 확률로서만 이야기할 수 있는 것이다.

한편 어떤 중요한 예언들이 빗나갔다고 해서 그것을 무조건 엉터리이고 거짓된 예언이라고 폄하해서는 안 된다. 왜냐하면 그 예언자가 미래를 투시해 본 그 시점에서는 그러한 방향으로 흘러갈 가능성이 높아 보인 것이고, 그는 그 가능성을 어떤 직감이나 이미지, 환영의 형태로 그때 본 것이기 때문이다. 그런데 그 가능성이나 확률이 때때로 매우 높게 적중하는 경우가 있고, 또 어떤 다른 변수에 의해 그것이 바뀔 수도 있는 것이다.

그러나 인간의 명(命)에도 결코 바꿀 수 없는 '숙명(宿命)'과 어느 정도 바꿀 수 있는 '운명(運命)'이 있듯이, 앞으로 전개될 지구의 미래도 이런 부분이 공존하고 있다고 생각할 수 있다. 필자는 한때 역학(易學)을 잠시 공부한 적이 있었는데, 당시에 과연 인간의 일생을 결정짓는 요소가 무엇일까 하고 깊이 생각해 본 바가 있다. 즉 인간의 일생이란 결코 개인의 노력만으로 모든 것이 이룩되는 것은 아니다. 또 반대로 태어날 때부터 주어진 어떤 선천적 조건에 의해서만 좌우되는 것도 아니다. 그러므로 한 인간의 운명이란 인간적 노력과 선천적 조건, 또 여기에다 운(運)이라는 3가지 요소가 복합적으로 작용하여 형성된다고 볼 수 있다. 좀 더 구체적으로 살펴보자면. 우선 인간에게는 분명히 태어나는 순간 이미 결정된 요소들이 존재하고 있다. 예를 들면 어떤 부모 밑에서 태어났는가? 집안이 부유한가 가난한가? 자신이 남성인가 여성인가? 또 신체가 건강한가 병약한가? 등의 조건들이다. 이와 같은 요소들은 그 사람의 사주(四柱)를 풀어보아도 이미 전생(前生)의 카르마(業)에 의해서 결정되어 있음을 알 수가 있다. 결코 이러한 것들은 인간이 인위적으로 선택하거나 바꿀 수 있는 조건들이 아닌 것이다. 그런데 때때로 우리는 외적인 운(運)이라는 것도 결코 무시할 수가 없다. 똑같은 노력을 기울여도 운이 나쁜 사람은 실패하는 경우를 볼 수가 있는 것이다. 그러나 인간에게는 또한 분명히 후천적인 노력에 의해서 개선하거나 향상시킬 수 있는 부분도 존재하고 있다.

예컨대 집안의 가난을 숙명으로 받아들이지 않고 열심히 근검절약하고 노력해서 부유하게 사는 사람도 세상에는 많다. 또 선천적으로 병약한 신체를 운동을 통해 단련시켜 건강하게 사는 사람도 있는 것이다. 당시 필자는 인간의 일생에서 과거생의 업(業)에 의해 이미 결정되어 있는 부분과 후천적인 노력으로 바꿀 수 있는 부분의 비율을 대략 많게는 60 대 40, 적게는 70 대 30 정도라고 결론을 내린 바가 있다.

그런데 직접 예언을 행하는 예언자들도 이와 같은 이야기들을 하고 있다. 미국의 뛰어난 예언가였던 에드가 케이시는 별에서 방사되는 에너지의 영향이 인간의 운명을 결정짓는다는 점성학(占星學)에 대한 질문을 받은 적이 있다. 그때 그는 트랜스 상태의 리딩(reading)에서 다음과 같이 답변하였다.

"인간의 (운명적) 성향은 출생시 그 영혼이 영향하에 있던 행성에 따르게 됩니다. 사람의 운명은 근본적으로 행성들의 세계 또는 그 범주 안에 있기 때문이죠. 가장 큰 영향을 미치는 것은 태양이며, 그 다음은 지구와 가까운 행성의 순서인 것입니다. 따라서 개인의 출생시에 가장 가깝게 떠오르는 행성이 당연히 큰 영향을 미치게 됩니다. 그러나 이것을 알아야만 합니다. 어떠한 행성의 운동이나 천체의 작용도 인간의 의지력을 결코 지배할 수는 없다는 것입니다."

영국의 모리스 바바넬을 통해 진리의 메시지를 전한 고급령(高級靈)인 '실버 비치(Silver Birch)' 역시 이와 비슷한 이야기를 해주고 있다.

대자연의 모든 것은 항상 에너지를 방사하고 있다. 따라서 인간은 다른 행성에서도 영향을 받으며, 그것이 물적 에너지이므로 육체에도 영향을 미친다. 그러나 어떤 에너지나 어떤 방사성 물질도 영혼에까지 직접 영향을 미치지는 못한다. 영혼은 물질보다 우위에 있기 때문이다. 육체가 어떠한 물적 영향하에 놓여진다 해도 영(靈)이 정복하지 못하는 것은 없다. (……) 영혼은 무한한 가능성을 지니고 있다. 그 영혼이 본래의 힘을 발휘만 한다면 어떠한 환경도 극복할 수가 있는 것이다. *하지만 유감스럽게도 대부분의 인간은 물질적 조건에 의해서 지배를 받는다.*

아울러 미국의 채널러 패트리시아 코리(Patricia Cori)를 통해 메시지를 보내는 시리우스(Sirius)의 <고위위원회>의 존재들도 이렇게 말한다.

"우리가 여러분에게 항상 기억하라고 요청하는 것은 미래는 결코 미리 결정돼 있지 않으며, 여러분이 거주하는 환영(幻影)의 세계 속에서 모든 것은 영원히 변화하고 있다는 사실이다. 미래는 일종의 환영인데, 왜냐하면 그것은 단지 추측일 뿐이며 매순간의 카르마적인 작용으로 바뀔 수 있고 변하고 있는 모든 것이기 때문이다.[1]

그렇다면 인류와 지구의 미래도 이처럼 인간의 노력에 의해서 어느 정도 변경시킬 수 있는 가변적 요소들이 존재하고 있을 것이다. 현대의 가장 영향력 있는 예언가의 한 사람인 미국의 고든 마이클 스캘리온은 보다 구체적으로 예언의 의미에 대해 다음과 같이 말하고 있다.

나는 오랫동안 예언을 행해 왔으나 어떠한 예언도 최종적인 것은 예견할 수 없으며, 결코 절대적인 것이 아니라는 것이다. 이런 모든 예언들은 모두 가능성으로 주어지는 것뿐이다. 거기에는 많은 가변적 요소들이 존재하고 있는데, 특히 중요한 것은 인간의 의식(意識)이다. 시간의 구조 내에서 어떠한 의식으로 대처하느냐에 따라, 일어나게 되어 있는 사건들을 변화시킬 수 있다. 또한 우리가 위험을 자각함으로써 이를 사전에 어느 정도 예방하고, 지역에 따라 일어날 일들을 완화시키거나 최소한 거기에 대비할 수 있게 해주는 것이다. [2]

---

[1] Lee Carroll, Tom Kenyon, Patricia Cori, The Great Shift(Weiser Books, 2009) P. 199.
[2] Gordon Michael Scallion, Notes from the Cosmos.(Matrix Institute, 1997)

심지어는 '천서(天書)' '신서(神書)'라고 불리는 〈격암유록(格菴遺錄)〉에조차 그와 같은 내용이 다음과 같이 실려 있다.

善法 好運時 不法 惡運時 末世出人攝政君 當當正正. 阿差 失法 自身滅亡敗家 全世 大亂飛相火 天下人民滅亡
〈말초가(末初歌)〉

(선한 법으로 행하면 좋은 운의 시대가 될 것이나, 불법을 행하면 나쁜 운의 시대가 될 것이라. 말세(20세기 말)에 나와 섭정하는 대통령들은 정정당당함을 잃지 마시오. 아차 한번 실법하면 자신과 집안이 패가하고 멸망할 뿐 아니라 핵미사일이 나는 제3차 대전으로 번져 천하 인민 모두 멸망일세.)

好運適合 悲運不幸 隨時多變 絶對豫定 될수없네
〈말중운(末中運)〉

(좋은 운으로 흘러가면 예언이 적합하게 될 것이요, 비운이면 불행하게 (빗나가게) 될 것이라. 수시로 많은 변화가 있을 것이니 절대적으로 예정될 수는 없네.)

이처럼 미래의 일이라는 것은 많은 변수(變數)가 있는 것이며, 100퍼센트의 적중이나 장담은 사실상 어렵다고 보아야 할 것이다. 예언을 할 당시에는 정확히 투시했다 하더라도, 지금에 와서 다른 요인에 의해 미래의 방향이 바뀔 수 있는 것이다.

때문에 누군가 말하기를, "예언의 역할이란 장차 일어날 수 있는 어떤 불길한 사건을 우리가 변화함으로써 막을 수도 있다는 보여주기 위한 것이다."라고도 하였다. 그럼에도 앞으로 우리 인류와 지구에게 다가올 미래의 일들 가운데는 도저히 변경될 수 없는 부분이 있다. 그것은 바로 지금의 우주적 시류(時流)와 운도(運道)에 따라 지구가 해인 에너지, 즉 광자대(光子帶)로 진입하여 지구의 차원이 상승되고 새로운 신선 문명(은하 문명) 시대가 도래한다는 부분일 것이다.

어쨌든 미래란 인간의 의지를 포함하여 너무도 유동적이고 갖가지 변수가 될 만한 요인들이 잠재해 있다. 한 예로 미국의 채널러 밥 코플란드(Bob Copeland)를 통해 메시지를 전하는 영적 존재 애쉴람(Ashelm)은 지구에 있는 모든 사람들이 동시에 다 함께 사랑으로 기원한다면 그 집중된 상념의 놀라운 효과는 지축 이동까지도 무마시킬 수 있다고 하였다. 그러나 그는 1999년 당시 지구인의 의식 상태로 보아 지축 이동은 수순대로 진행될 것이라고 못 박았다. 그럼에도 우리들이 어떻게 하느냐에 따라 다가오는 재난을 완화시키거나, 지축 이동의 시점을 어느 정도 지연시키는 것이 가능하다고 말했다. 요컨대 보다 많은 우리 인류 한 사람 한 사람의 의식이 각성되고 상승될 수록에 기존의 부정적이고 파멸적 예언들의 상당 부분이 빗나갈 수 있음을 말하고 있는 것이다. 그러나 그렇지 못할 경우 모든 예언의 대부분이 적중되거나 실현되는 방향으로 진행될 것이다. 요컨대 지구의 미래는 우리 인류 전체의 집단의식(集團意識)이 어떻게 움직이느냐에 따라 그 향배(向背)가 결정될 것이라는 사실이다. 때문에 향후 전개될 지구 변동의 상황에 대해서도 우리는 다음과 같은 세 가지 시나리오를 가정해 볼 수가 있다.

① 최악의 파국적 상황
미래를 부정적으로 내다본 기존의 모든 예언자들이 예언한 내용 그대로 극이동(極移動)을 포함한 대천재지변으로 인류의 80~90% 이상 괴멸, 대서양상의 고대 아틀란티스 대륙 융기, 태평양상의 무 대륙 융기, 북미 대륙의 3분의 1과 유럽의 대부분과 일본 열도의 바닷속 침몰, 핵전쟁으로서의 제3차 세계대전 발발, 이로 인해 지구상의 대부분 지역에서 인류의 생존이 불가능하게 된다.

*구원책 : 대규모 UFO 구조 선단의 지구 개입으로 의식이 순수하고 진화된 일부 사람들만이 UFO의 자력(磁力)에 들려 올라가 구조된다. 또 이렇게 구조된 사람들은 지구 밖으로 완전히 철수되어 모선(母船)이나 다른 행성으로 임시 대피되는 것이다. (※현재로서는 이 ①번 시나리오는 가능성이 매우 낮거나 무효화되었다고 추측된다.)

② 완화된 형태의 지구 변동
깨달은 일부 인류의 노력에 의해 어느 정도 파국이 완화되어 찾아온다. 극(極)의 일부 이동을 포함한 중간 규모 정도의 천재지변 발생. 전인류의 10~20% 정도 사망, 핵전쟁은 없음, 세계 곳곳에 국지적인 지각 변동이 오나 상당수의 인류는 그대로 생존한다.

*구원책 : 역시 UFO 구조 선단이 재난이 심한 지역에서만 사람들을 구조하여 외계의 모선이나 지구 내의 안전지대로 대피시킴.

③ 매우 완화된 소규모의 지구 변동 상황
많은 인류의 의식이 각성되어 예정되었던 파국적 상황의 대부분이 감소됨. 지축이동 없음. 국지적인 소규모의 천재지변만 발생, 전인류의 5~

3% 미만 사망.

*구원책 : UFO 구조선단에 의한 대피 활동 없음. 지구인 스스로의 자구(自救) 노력으로 재난을 수습.

앞서 살펴본 지구변화에 관한 모든 메시지들로 미루어 볼 때, 지금으로서는 ②번이나 ③번 시나리오가 가능성의 측면에서 가장 유력하지 않을까 추측된다.

2) 2012년 - 인류의식의 양자도약(Quantum Leap)은 가능한가?

2012년이 가까워짐에 따라 이에 관심을 두고 있는 수많은 학자나 채널러, 그리고 이미 살펴보았듯이 영적존재들이나 외계인들까지 그 해에 관한 갖가지 견해를 쏟아놓고 있다. 그만큼 2012년은 우주적으로도 중요한 의미를 지닌 해인 것만은 분명한 것이다.

그리고 이 모든 예언과 학설, 메시지들을 종합해 보았을 때, 우리는 하나의 커다란 밑그림이 그려진다는 것을 알 수가 있다. 물론 그 그림은 다소 일부 다른 부분도 있기는 하지만 중요한 것은 대체적으로 그것이 공통적으로 비슷한 모양새를 형성하고 있다는 것이다. 우리가 2012년과 미래에 관계된 모든 예언과 메시지들을 무조건 다 믿을 필요는 없겠지만, 적어도 이런 공통분모적인 부분들을 완전히 무시해서는 안 될 것이다. 그것을 압축하여 요약하자면, 2012년은 인류역사상 가장 중대한 문명의 전환점이자 우리 인류가 한 단계 높은 차원으로 진화하느냐, 다시 주저앉아 도태되느냐의 갈림길이라는 사실이다.

그런데 2012년을 보는 그런 여러 견해들 가운데 희망적이고 긍정적인 관점이 있는데, 그것은 인류의 의식(意識)이 일순간에 대규모로 깨어남으로써 일부만이 아닌 대량적, 집단적인 차원상승이 가능할 것이라는 시각이다. 즉 바로 이것은 인류의식의 양자적(量子的) 도약을 뜻하는 것이다. 과학자들이 불연속적인 입자운동에서 발견한 "양자도약(Quantum Leap)"이란 말은 한마디로 어떤 것이 점진적으로 이루어지는 것이 아니라 중간단계를 건너뛰어 예컨대 갑자기 1이라는 상태에서 100의 상태로 돌연히 바뀌어 버리는 현상을 의미한다.

그런데 과연 이것이 우리 인류에게도 가능한 것일까? 지금 인류에게 메시지를 보내고 있는 모든 고차원적 존재들은 우리가 살고 있는 이 시대가 인류역사상 처음이자 마지막으로 단기간에 엄청난 영적 도약을 이를 수 있는 천재일우(千載一遇)의 기회임을 한결같이 강조하고 있다. 그러나 상식적으로 판단하더라도 이런 일이 아무런 노력도 없이 결코 저절로 손 놓고 있는 상태에서 이루어질 수는 없는 것이다. 자드키엘(Zadkiel) 대천사로부터 가르침과 메시지를 받고 있는 영적교사 슈리 람 카(Sri Ram Kaa)와 키라 라(Kira Raa)는 이에 관해 그들의 저서에서 이렇게 말하고 있다.

"2012년은 급속히 다가오고 있고, 이와 더불어 의식(意識)의 양자도약 기회가 왔다. 여러분이 매 생애에서 경험한 모든 것은 이제 지구상의 여러분의 존재와 함께 정점에 이르렀다. 그리고 여러분은 이 중대한 사건의 시기에 이곳에 있기로 선택한 것이다.

- 2012년은 〈최후의 심판일〉이 아니다.
- 2012년은 세상의 종말이 아니다.
- 그러나 2012년은 마법과 같이 우리를 황금시대로 변형시켜 주지는 않을 것이다.

그럼에도 충분한 수의 사람들이 그들의 의식을 이와 같은 신념에다 모은다면, 세상의 상태는 참으로 그러한 방향으로 흘러갈 것이다. 여러분은 그렇게 강력한 존재들이다. 당신들의 창조적 힘은 결코 역사상 지금의 시기보다 더 대단했던 적이 없었다. 이런 이유 때문에 우리가 여러분 스스로 자신의 진정한 에너지에 대해 깨닫도록 고무하고 있는 것이다."3)

이는 한마디로 말해 2012년에 양자도약이 일어나기 위해서는 그 만큼 우리 인류의 자각과 자기노력이 병행되어야 한다는 것을 의미한다. 액체인 물은 100도에서 끓어 수증기라는 전혀 다른 차원의 질적 상태로 변형될 수 있지만, 99도가 되기까지도 끓지 않는다. 100도라는 변형점에 도달하기까지 1도에서 99도에 이르는 "가열(加熱)"이라는 작용과 노력이 있어야만 하는 것이다.

물론 양자도약이란 의미가 1도에서 단 번에 100도의 변형점에 이를 수 있다는 뜻이긴 하다. 그러나 그럼에도 그러한 양자도약이 일어나려면 그런 변형이 일어나도록 만드는 기본적인 원동력, 즉 최소한의 임계조건이 충족되어야만 한다. 그리고 그러한 법칙에 관련된 원리가 바로 〈100번째의 원숭이 효과〉라는 것이다.

---

3) P. 95. Sri Ram Kaa & Kira Raa, 2012:You have a Choice (TOSA Publishing Co, 2006)

3)집단의식(集團意識)의 공명 현상 - 〈100번째의 원숭이 효과〉

　이것은 일본의 교토 대학 영장류 연구소가 오랜 기간에 걸쳐 조사·보고한 내용이다. 그들은 연구과정에서 '고지마'라는 섬의 어느 원숭이 한 마리가 처음으로 고구마를 씻어 먹는 것을 우연히 관찰했다고 한다. 그러자 주위의 원숭이들이 한 마리 두 마리씩 그 원숭이의 행동을 모방하여 고구마를 씻어 먹는 법을 배우게 되었다. 즉 그 전까지 지구상의 원숭이들은 전혀 이러한 습성을 지니고 있지 않았으나, 우연히 이것을 터득한 한 마리의 원숭이로 인해 그 숫자가 점차 늘어가게 되었다는 것이다.
　그런데 이렇게 하나 둘씩 늘어간 원숭이의 숫자가 총 100마리째가 되자 이상한 현상이 발생했다고 한다. 즉, 고구마를 씻어먹는 원숭이의 새로운 습성이 100이라는 어떤 임계 수치에 도달하게 되자, 그때부터는 지구상의 모든 원숭이들이 이와 똑같은 행동을 보이게 된 것이다. 즉 공간적 거리에 관계없이 이를 전혀 본 적도 없는 다른 대륙과 타 지방의 원숭이들도 이 방법을 약속이나 한 듯이 터득했음이 확인되었다는 이야기이다. 일본의 다른 지방 원숭이에서부터 멀리 아프리카의 원숭이, 남미의 원숭이, 또 남태평양 섬의 원숭이가 그때부터 위생적으로 고구마를 씻어먹는 새로운 습성을 동시에 지니게 된 것이다.
　이것이 바로 '100번째의 원숭이 효과'라는 것이다. 과연 이 현상이 암시하는 바는 무엇인가? 그것은 다름이 아니라 육체적으로는 개체로 분리되어 있다고 하더라도 한 종족의 의식(意識)은 잠재적으로 모두 연결되어 있다는 사실을 나타내주는 것이다.
　분석 심리학의 창시자인 스위스의 칼 융(Carl Jung)은 '집단 무의식(集團無意識)'이란 개념을 주창한 바 있다. 그에 따르면 '집단 무의식'이란 인간의 진화 발달의 소산으로서 조상 대대로 과거로부터 이어받은 잠재적인 모든 기억과 경험의 저장소라고 한다.
　이것은 개인적인 것과는 완전히 분리되어 있으며, 많은 세대를 거치면서 반복된 경험들의 결과가 축적되어 인간 누구에게나 보편적으로 공유되고 있다는 것이다. 이 개념은 바로 '100번째 원숭이 효과'가 왜 가능한지를 이론적으로 뒷받침해 준다.
　예를 들어 어떤 하나의 진동체(振動體)가 울리면 같은 주파수를 지닌 다른 진동체가 거기에 공명(共鳴)되어 자동적으로 따라 울리게 된다. 이런 원리에 의해 집단 무의식을 공유하고 있는 동물과 인간은 이러한 현상이 가능하다고 추론할 수 있는 것이다 즉, 인간의 의식도 일정한 조건이 되면 서로 동조되어 집단적인 공명 현상이 일어날 수가 있다는 사실이다. 바로 '100번째 원숭이 효과'를 인류에게도 불러 일으킬 수 있는 것이다.

실제로 미국에서는 이러한 실험이 있었다. 인도의 마하리시(Maharishi) 요기가 전세계에 전파시킨 TM(초월 명상)이라는 수행법이 있다. 그리고 바로 이 명상법을 수행하는 일정한 사람들이 매일 일정 시간에 명상을 함으로써 그것이 그 도시의 범죄율에 어떤 영향을 미칠 수 있는지를 실험으로 한 번 알아보고자 하였다.

이 실험은 물리학자인 로렌스 도매쉬 박사에 의해 시행되었는데, 그 실험 결과는 놀라운 것이었다. 공식적 통계에 의하면 한 도시 인구의 0.25%~1% 정도가 명상 수행을 하자, 그 도시의 범죄율이 평균 8.8% 감소하는 결과가 나타났던 것이다. 더욱이 이 실험을 한 시기는 각 도시의 범죄율이 평균 6%씩이나 증가하던 시기였다고 한다.

이처럼 한 집단 내에서 일정 비율의 의식(意識)이 지극한 평정 상태로 동조되고 고양(高揚)되었을 때, 그 파급 효과는 집단 전체로 퍼져 나가게 되는 것이다. 이 실험 역시 '100번째 원숭이 효과'가 인간 종족에서도 얼마든지 가능하다는 하나의 명확한 증거가 될 것이다. 현재 우리 지구인들의 전반적인 의식 상태는 저급 레벨에 주로 머물러 있는 사람들이 상당수를 차지하고 있다. 그러나 의식이 각성되는 사람들이 한두 사람씩 늘어나 일정한 임계 수치에 이르렀을 때, 그 파급 효과에 의해 지구인 전체의 의식 수준을 어느 정도 끌어올리는 것이 가능할 것이다.

현재로서는 지구의 위기를 어느 정도 완화시키거나 지연시킬 수 있는 방법은 이것 외에는 다른 대안(代案)이 없다고 생각된다. 앞장의 메시지에서 보았듯이 높은 영적 존재들과 우주인들도 지구의 손상을 치유하고 안정시키기 위해 매일의 집단적인 명상을 해줄 것을 우리에게 요청하고 있다.

미국의 영적 교사이자 채널러인 아모라는 인류를 파멸적 위기에서 구할 수 있는 이러한 임계 수치가 14만 4,000명이라고 하였다. 알다시피 14만 4000이란 숫자는 성경 '요한계시록 7장'에 나오는 '인(印) 맞은 자'의 수이다. 그런데 천서(天書)라는 <격암유록>에도 12신인(神人)이 각각 1만 2000명의 수를 거느린다는 내용이 언급되고 있으며, 144란 숫자가 등장한다.

十二神人各率神兵 當數一二先定此數一四四之全田之數
<말운론(末運論)>

(12신인이 각각 신병을 거느리는데 먼저 선정하는 이 수는 각 12이다. 합하여 144가 되는 이 숫자는 온전한 십승의 숫자이다.)

天正易理奇造化法 仙道正明天屬 一萬二千十二派　　＜송가전(松家田)＞
(정역의 이기조화법이 하늘에 속하는 선도를 올바로 밝혀 12지파에서 12000명씩 (神人이 출현한다)

앞서의 아쉬타 우주 사령부의 메시지에 관한 내용에서도 144,000명의 자원해서 태어난 깨달은 영혼들이 존재한다고 하였다. 그런데 110권이 넘는 저서를 가지고 있는 미국의 저명한 UFO 학자이자 컨택티(Contactee)인 브래드 스타이거(Brad Steiger) 역시 14만 4,000이란 숫자는 인류가 새시대로 전환되는 이 시점에 인류를 돕기 위해 지구에 환생한 우주의 형제들이라고 언급한 바가 있다. 스타이거는 요한복음 14장:12절의 "내가 하는 일은 너희들도 하게 될 것이요, 그보다 더 큰일도 할 것이다" 라는 예수 그리스도의 말을 인용하며, 인류가 새 시대로 이동하기 위해서는 자신의 힘으로 모든 것을 해야만 한다고 말했다. 그는 여기에 덧붙여 이렇게 결론짓고 있다.

"예수 그리스도가 이야기한 이러한 큰일 중 하나가 바로 그리스도 의식(意識)과 빛의 에테르체 속에 있는 14만 4000의 최소 일원이 되는 것이다. 그리고 이들은 지구와 인간을 포함한 모든 형태들이 3차원의 주파수(진동수)에서 4~5차원의 주파수 형태로 상승·변형되는 것을 돕게 되는 것이다."

뉴에이저(Newager)들 또한 14만 4,000이 인류를 새로운 시대로 이끌고 가기 위해 필요로 하는 사람들의 총수라고 생각한다. 14만 4,000명의 의식이 하나가 될 때 인류는 새로운 의식 세계로 상승할 수 있으며, 지복천년기(至福千年期)인 새로운 황금시대를 열 수가 있다는 것이다.
그러나 필자가 생각하기엔 단순 파멸에서의 탈출이 아니라 인류 전체의 집단적 차원상승이 가능하려면 144,000명 가지고는 어림없다고 보며, 최소한 인류 전체 인구의 10% 정도가 어느 일정 레벨의 영적 각성 상태에 들어가야만 한다고 생각한다. 필자가 의미하는 영적 레벨의 상태는 5차원의 의식으로서 말 그대로 현 5차원의 외계문명권의 의식수준을 말한다. 과연 이것이 가능할 것인가?

4) 5차원의 문명과 5차원의 의식(意識)이란?

5차원의 문명이란 곧 5차원의 의식을 가진 존재들이 모여 형성한 문명권으로서 우리 태양계 내의 금성 같은 행성이나 또는 시리우스와 플레이아데스가 여기에 해당된다. 이러한 외계문명들은 완전한 "공동체의식(共同體意識) 사회"로서 어찌 보면 과거 칼 마르크스(Karl Marx)와 엥겔스가 주창했던 〈공산주의(共産主義) 사회체제〉와도 비슷한 세계라고 볼 수도 있다. 공산주의하면 우리는 과거 소련이나 중국의 폭정, 북한의 독재 같은 부정적인 이미지를 연상하게 되는데, 사실 이들 국가들은 모두 공산주의 실험에 실패한 국가들에 불과하다. 때문에 알다시피 아직까지 이 지구상에서는 단 한 번도 진정한 의미의 공산주의 국가체제가 성공하거나 실현된 적이 없는 것이다.4)

"공동생산 공평분배"를 통한 정의롭고 평등한 사회공동체 건설이 공산주의의 근본취지라고 할 수 있지만, 이런 세계는 적어도 지구상과 같은 저급한 의식의 세계에서는 실현될 수가 없다. 왜냐하면 진정한 공산주의가 실현되려면 필수적으로 그 사회 전체 구성원들의 의식(意識)이 일정한 수준이상의 고등한 단계에 도달해 있지 않으면 안 되는 까닭이다. 요컨대 단 한 사람도 자기중심적 이기심(利己心)이 없어야 하는 것이 공산주의 실현의 전제조건인 것이다. 이는 지구상에서 일어나는 대부분의 전쟁이나 범죄, 불화, 빈부갈등 등의 비극과 불행들이 결국 인간의 이기심과 남보다 많이 가지려는 소유욕망에서 비롯됨을 유추해보면 충분히 이해될 수 있는 문제이다. 그리고 인간이 이기심을 초월한 고급의식 단

---

4) 현대의 공산주의는 칼 마르크스와 프리드리히 엥겔스에 의하여 체계화되고 블라디미르 일리치 레닌, 요시프 스탈린 등이 계승한 '프롤레타리아 혁명이론'을 가리키지만 처음부터 유물론(唯物論)이나 무신론(無神論)의 토양에서 발아한 것은 아니었다. 오히려 인류사의 곳곳에서 나타나는 공산주의적 공동체는 성서의 영감을 받아 이루어진 예가 많았고 다분히 종교적인 특성을 지니고 있었다. 현대 공산주의는 시민혁명과 산업혁명의 여파가 정치·사회를 통하여 격심한 파동을 일으키고 있던 변혁기의 산물이었다. 프랑스 혁명은 봉건적 전제군주제를 무너뜨리고 시민적 자유와 권리를 천명하는 데는 성공했으나 천명된 자유를 제도화하지는 못했으며 결국 나폴레옹 보나파르트의 제정(帝政)을 초래함으로써 '부르주아 민주주의혁명'으로 남게 되었다. 프랑스 혁명을 배태시킨 사회사상 속에는 계몽주의와 더불어 법 앞에서의 평등뿐 아니라 경제·사회적 평등을 부르짖는 혁명적 공산주의 및 사회주의적 제반 경향도 포함되어 있었다. 이들은 정치상의 모순이나 산업혁명 이후 노정된 여러 사회악의 원인이 궁극적인 진리와 자연법칙에 반하는 사회제도에 있다고 보고 이상사회가 도래하려면 인간의 도의심(道義心)에 각성이 이루어져야 한다고 생각했다. 고전적 공산주의의 신앙적 영적(靈的) 색채는 여기서 이성적·인류애적 이상주의로 대체되었으며, 가브리엘 보노 드 마블리, 프랑수아 노엘 바뵈프, 오귀스트 블랑키 등의 공산주의자와 생 시몽, 푸리에, 로버트 오언 등 이른바 공상적 사회주의자들은 모두 프랑스 혁명의 평등사상에 힘입은 사람들이었다. (백과사전 인용)

계로 올라서려면 반드시 우주의 원리와 법칙에 관한 철저한 영적각성과 가슴의 열림이 성취되어야만 한다. 천상의 다양한 메시지들은 우리에게 한결같이 가슴의 개화(開化)를 강조하고 있는데, 그렇다면 가슴을 연다는 것은 과연 무엇을 의미하는 것일까?

먼저 차가운 논리와 이성(理性), 분석의 자리인 머리와는 달리 가슴은 따뜻한 감성과 정서, 애정, 또 신성의 자리이다. 때문에 우리가 흔히 사랑을 표현할 때 가슴을 상징하는 하트(Heart) (♥) 모양을 그리는 것이다. 그런데 나름대로 정신세계나 영적 추구, 또는 수행을 하는 사람들이 빠지기 쉬운 함정이 바로 이런 가슴의 계발보다는 지나치게 머리 지향적이라는 점이다. 또 이 세상의 수행법들이 대부분 그런 것들이라고 할 수가 있다. 대표적으로 불교의 화두 참선(參禪) 같은 것도 이런 계통에 속한다고 볼 수 있는데, 때문에 상기병(上氣病) 같은 부작용이 쉽게 발생하기도 한다. 또한 우리나라의 소위 인터넷을 중심으로 형성된 영성계의 사람들 중에도 머릿속에 잔뜩 쌓은 수많은 영적지식과 채널링 정보에도 불구하고 인간의 가장 기본적인 예의나 겸손, 신의(信義)조차도 결여되거나 자기중심의 이기성(利己性)을 탈피하지 못한 이들을 왕왕 볼 수가 있다. 이런 부류 사람들의 공통적 심리적 특성이 있는데, 그들은 우선 인간의 에고를 교묘히 부추기는 채널링 메시지의 달콤한 환상에만 사로잡혀 자기들이 특별하고 선택된 존재들이라는 식의 자아도취적 착각과, 자만, 파당의식에 빠져있다는 것이다. 이들 중의 어떤 이들은 또한 영성분야를 일종의 현실적 불우함의 도피처로 삼거나 자기합리화의 수단으로 이용하며, 자기들만은 상승이 정해져 있다는 망상과 오만함에 젖어있는 경향이 있다. (※그러나 설사 누군가 라이트 워커(Light Worker)에 해당되는 영혼이라 할지라도 이 글을 쓰고 있는 필자를 포함한 그 누구도 카르마 청산과 일정한 빛의 지수(指數)에 도달하지 못하는 한, 결코 차원 상승할 수 없다는 것을 명심해야 할 것이다. 오히려 이런 불건전한 부류의 사람들보다는 이 계통의 지식이 전혀 없더라도 묵묵히 사회의 음지에서 봉사하고 이웃에게 작은 것 하나라도 베풀 줄 아는 영혼의 순수함과 겸손함을 간직한 사람들이 더 나으며, 오히려 상승할 가능성이 높다고 해야 할 것이다. 실제로 이런 순박한 사람들이 빛의 영혼들이며, 그들의 진동주파수는 높은 수준에 있다.)

그러나 이런 현실도피나 착각, 오만, 과대망상, 자아도취는 그 자체가 그 만큼 아직 영적으로 미성숙하여 내면이 허약하고 균형이 잡혀있지 않다는 여실한 반증이다. 즉 자연의 이치상 "벼가 익으면 고개를 숙이는 법이요, 내실 없는 빈 깡통이 소리는 더 요란한 법"인 것이다. 이런 현상은 채널링이 활성화되고 그 정보들이 확산된 이래 나타난 하나의 부정적 폐단 내지는 역기능적인 측면이라고 볼 수가 있는데, 이런 사람들은 하루빨리 이런 착각에서 깨어나 머리중심, 지식중심에서 가슴 중심으로 바뀌어야 할 것이다. 왜냐하면 앞서 영적 상승의 길을 걸어간 수많은 마스터들의 가르침들은 차원상승이 결코 지식의 축적이나 머리의 지적인 알음알이로 되는 것이 아니라 오직 가슴의 열림과 최선의 실천적 노력을 통해서만 가능하다고 일깨워주고 있기 때문이다. 또한 영적상승을 논하기 이전에 먼저 인간이 되어야함은 지극히 상식에 속하는 문제이다. 따라서 이들은 우선 남을 배려할 줄 아는 예의범절(仁義禮智信)과 스스로를 낮출 수 있는 겸손한 하심(下心)을 갖는 것부터 배워야 할 것이다. 이것이 인간이 영적성장과 수행을 시작할 수 있는 첫걸음이자 가장 기본적인 토대인 까닭이다. 그럼에도 이런 기초적인 인격형성조차 안 돼 있는 상태에서 아무리 많은 영적지식과 정보들을 머리에 쌓고 있은들, 이는 모두 자기 치장을 위한 겉치레 내지는 열등의식을 위장하기 위한 쓰레기들에 지나지 않는다. 이는 마치 초등학교 과정조차 마치지 못한 아이가 대학에 들어가겠다고 설치며 덤비는 꼴과 무엇이 다를 것인가? 저급한 에고에 매인 인간은 기본적으로 자만하기 쉽고 작은 성취만으로도 매우 교만해지기 쉬운 존재이다. 그러므로 영적인 길을 추구하는 사람일수록 겸손해야 된다고 생각하며, 자아도취와 교만은 누구나 쉽게 빠지기 쉬운 영적인 함정임을 우리는 경계해야 한다.

5차원의 문명은 한마디로 가슴이 열린 문명으로서 그 가슴이 열리는 과정에는 심화정도에 따라 여러 단계가 있을 것이다. 하지만 보편적 개념으로 볼 때 이는 "모든 생명에 대한 진정한 사랑과 자비심(慈悲心), 이타심(利他心)이 저절로 우러나와 그것이 자동적으로 실천행(헌신, 봉사)으로 연결되는 영적상태"를 의미한다고 할 수 있다. 이런 고급의식을 가진 영혼들이 모여 형성한 문명이 바로 5차원이며, 이들은 사랑과 조화 속에서 창출된 고등문명 속에서 지속적인 영적 진화와 상승을 밟아나가는 것이다. 그러므로 기본적으로 5차원문명과 5차원의 의식(意識)은 다음과 같은 특성을 지닌다.

- 5차원의 존재들은 동, 식물과 인간을 포함한 삼라만상의 모든 것이 살아있음과 동시에 자신과 하나로 연결돼 있음을 자각하고 있으며 거기에 깊은 사랑과 자비심을 가지고 있다 - 따라서 지구상에서와 같이 이웃이나 사회, 자연을 예사로 해하는 것은 곧 자신을 해하는 것이기 때문에 그들에게는 결코 이러한 행위가 불가능하다.
- 5차원 문명은 "조건 없는 사랑의 파동권(波動圈)"으로서 선(善)과 악(惡)의 대립이라는 이원성(二元性)을 초월한 빛의 차원계이다. 따라서 지금까지의

지구에서와 같이 카르마(業)에 의한 업보작용에 따라 이루어지는 짧은 주기(週期)의 반복적인 윤회환생이 없다.
● 개개인은 내면의 신성한 고등한 자아(Higher Self) 및 참나(大我)와 융합되어 소통하는 동시에 신성한 우주의 계획과 거대한 전체에 연계되어 자신의 역할을 다하며 계속 성장해가는 부분의식(意識)으로서, 우주법칙을 절대적으로 준수한다.
● 5차원의 개체적 존재들은 기본적으로 이기심이 전혀 없으며, 전체의 공익(公益)를 위해 사심 없이 봉사, 헌신하는 데서 삶과 존재의 기쁨을 느낀다. 그리고 전체(행성단일국가체제)는 개인들의 신성한 노동과 노력에 의해 쌓여진 부(富와 재화(財貨)를 집단 지도 체제에 의해 공정하고 합리적으로 관리하는데, 이것은 전체 구성원의 영속적인 발전과 영적 진화를 위해 사용된다. 즉 5차원의 개체와 전체는 이처럼 상호보완적이고 일심동체(一心同體)이므로 개체의 발전이 곧 전체의 발전이고, 또 전체의 발전이 개체의 발전이 된다.
● 그러므로 개인의 안전과 행복은 법으로 보장되는 동시에 개인은 자신이 소속된 공동체로부터 의식주(衣食住)와 생활, 여가, 레저에 필요한 모든 물품을 무상으로 공급받고, 또 필요한 만큼 마음껏 자유롭게 가져다 사용할 수 있다. 그리고 사용하고 남는 물품은 자율적으로 다시 공동체에 반환한다. - 한 개인이 지구사회에서와 같이 필요이상의 물품이나 재산을 많이 소유하고 있는 것은 누군가에게 돌아가 사용돼야 할 몫을 가로채 빼앗는 것과 다름없기 때문에 5차원 문명에서 이것은 용납될 수가 없다.
● 5차원의 존재는 고등한 의식과 더불어 인체의 12가닥 DNA와 13 차크라 체계가 완성돼 있으며, 텔레파시 통신과 투시, 공간이동이 가능하다. 또한 그들의 몸은 에테르화 된 빛의 몸(Light Body)으로서 노화(老化)나 질병, 죽음이 없다. 아울러 UFO에 의한 다른 행성이나 태양계, 은하계로의 자유로운 여행이 보편화되어 있다.

 5차원의 문명은 어찌 보면 우리 인간이 오래 동안 지향하고 희구해온 종교적 개념의 천국이나 극락으로서 유토피아적 이상이 완벽하게 실현된 세계라고 할 수 있다. 그리고 이러한 세상을 실현하기 위한 필수적 전제조건이 바로 인간의 뿌리 깊은 자기중심성과 이기주의를 넘어서는 데서 출발하고 있는 것이다. 또한 이기성(利己性)에서 얼마나 벗어나 있느냐가 바로 그 영혼의 진화수준을 가늠할 수 있는 중요한 기본 척도 중의 하나임을 간과해서는 안 된다. 아울러 인간이 이렇게 이기적인 동물일 수밖에 없는 이유는 우리 지구인들은 진화수준이 낮아 근본적으로 우주의 원리와 법칙에 관해 전적으로 무지한 존재들이기 때문이다.

5) 빛의 존재들의 역할과 활동의 중요성

앞서 접한 많은 메시지들과 정보들을 통해서 우리는 이 지구에 이미 다른 차원들에서 온 수많은 외계존재들이 인간들 속에 섞여 공존하고 있음을 알 수 있었다. 스타피플, 스타시드, 라이트 워커, 또 인디고 & 크리스탈 아이들이라고 불리는 이 모든 존재들은 이 시대에 임박해 있는 중대한 지구의 차원전환을 돕기 위해 이곳에 와 있는 것이다.

이들의 역할은 매우 중차대하다고 할 수밖에 있는데, 왜냐하면 만약 이들이 모종의 희생을 무릅쓰고 지구라는 낮은 진동의 행성에 내려오지 않았다면 사실상 지구와 인류의 차원전환 내지 상승 자체가 거의 불가능할 것이기 때문이다. 아마도 이런 방식으로 천상(天上), 즉 고차원계로부터 개입이 없었다면 지구는 과거 예언들에서 1999년~2,000년경에 일어나기로 예정돼 있던 극이동(지축이동)의 과정을 통해 이미 수순대로 전면적인 대격변과 대정화의 단계로 돌입했을 것이다.

그러므로 그러한 과정이 연기 내지는 상당히 완화된 상태로 호전돼 흘러가고 있음은 너무나 다행스러운 일이 아닐 수 있다. 그리고 그것은 두말할 나위 없이 지구에 와 있는 이런 고차원적 존재들의 역할과 활동 때문인 것이다.

빛의 존재들이 지구에 와서 하는 역할과 활동을 비유적으로 설명하자면 다음과 같다. 예컨대 행성지구는 물이 오염되어 점점 썩어가고 있는 일종의 더러운 거대한 웅덩이라고 할 수 있다. 웅덩이는 너무나 혼탁하고 오염된 까닭에 웅덩이 자체가 그 안에 살고 있던 물고기나 작은 미생물들과 함께 서서히 죽고가고 있던 것이 지금까지의 상황이었다. 따라서 스스로의 회생가능성은 거의 없었고, 웅덩이 밖에서 이를 안타깝게 관찰하던 바깥세상의 존재들은 이를 대단히 우려하고 있었다. 수시로 웅덩이에 와서 관찰을 하던 외부 존재들이 결국 하나의 구조계획을 세웠는데, 그 원래 계획은 일부 생존(회생) 가능성이 있던 물고기들만 다른 어항에다 임시로 옮겨 놓은 후, 나머지 죽어가던 생물들과 함께 웅덩이 안의 오염된 물을 바닥까지 모두 퍼내버리고 완전히 물갈이를 하는 것이었다.

그런데 그들 사이에는 예정돼 있던 그 계획에 대해 일부 다른 이견(異見)이 있었고, 그들은 여러 차례에 걸쳐 웅덩이 회생을 위한 주제를 가지고 치열한 토론과 회의를 벌였다. 그런 협의과정 끝에 도출된 최종적 결론은 완전한 물갈이(천지개벽) 보다는 맑은 물을 일부 흘려 넣어 보자는 것이었다. 즉 그렇게 해서 잘되면 웅덩이 안의 생태계가 조금씩이라도 회복되어 살아날 수 있을 가능성을 모색해보자는 쪽으로 가닥이 잡히게 되었다. 이에 따라 다른 외부 세계의 맑은 물을 길어다 단계적으로 웅덩이 안에다 조금씩 부어졌던 것이다. 그리고 이 맑은 물이 바로 지구에 태어나 있는 다양한 빛의 존재들인 것이다. 이 빛의 존재들은 지구 안의 어둠을 스스로의 몸으로 조금씩 흡수함으로써 지구 전체의 진동을 높여 가는 과정을 통해 어둠의 지구를 점차 밝혀가는 역할을 한다. 바꿔 말하자면 맑은 물이 혼탁한 물을 받아들여 서로 섞임에 따라 더러운 물이 조금씩 희석돼 가는 것이다. 결국 이런 과정에 의해서 오늘날 지구라는 웅덩이의 생태계가 완전한 물갈이라는 최악의 상황은 면한 채 명맥은 유지하고 있다는 사실이다.

그런데 먹고 사는 데만 눈이 팔려있는 보통 인간들은 과연 이런 사실을 일부라도 인식하고 있을 것인가? 아마도 대부분은 관심도 없고 전혀 모를 것이다. 그러므로 외계의 고차원적 존재들의 자비와 사랑에 의해서, 그들의 희생과 노력에 의해서 이 지구가 멸망하지 않고 이나마 유지되고 있음을 우리는 인식해야 하고 또 감사해야 할 것이다. 하지만 그렇다고 앞으로도 우주에서 내려온 빛의 존재들의 활동만으로 모든 것이 이루어질 수는 없다. 그들의 활동에 병행하여 우리 인간의 자발적 노력 또한 거기에 더해져야 할 것이다. 그리고 종교의 유무나 좌우익 사상을 떠나 지구의 환경을 보호하고 모든 생명과 이웃을 위해 무언가 봉사하고 헌신하는 자들은 모두 스스로를 더럽혀 가며 지구 웅덩이의 혼탁한 물을 희석시키고 있는 맑은 물의 역할자들이라고 할 수 있으리라.

지금 이 시기에 우주로부터의 전해오는 진리의 메시지를 사람들에게 전하는 채널러들의 역할과, 지구의 차원이 전환되는 시대적 상황을 무지한 사람들에게 일깨워 주는 빛의 일꾼들의 활동은 너무나 중요한 일이다. 머지않아 어떤 형태로든 지구의 변화는 올 것이고, 또한 필연적으로 인류와 외계 문명과의 접촉이 일어날 수밖에 없는 시기가 올 것이다.

그러나 아직도 대다수의 인류는 이런 문제에 관해 전혀 무관심하거나 무지하다. 심지어 종교계 일각에서는 UFO와 채널링 현상을 마귀, 사탄들의 작용이라고 가르치고 있는 어처구니없고도 미개한 현실이 공존하고 있다. 만약 향후 어느 시점에 우주로부터 부분적으로든 대량적으로든 모종의 개입이 일어나게 된다면 그때 과연 지구에는 어떤 상황이 벌어지게 될 것인가?

UFO와 외계인들을 마귀, 사탄으로 알고 있는 자들은 아마도 그들에게 총이나 대포를 들이댈 것이다. 그리고 이에 관련된 사전 지식이 전혀 없는 다수의 사람들은 정신적 공황(恐慌) 상태나 히스테리(Hysterie)에 빠질 가능성이 높다. 장차 다가올 이러한 시기와 불상사(不祥事)를 대비하여 지금은 우주적 의식이 깨인 영혼들이 활동해야 할 때이다. 지구의 대변화와 외계 문명이 전격적으로 도래하기 이전에 최소한의 사전 홍보(弘報) 내지는 사전 정지작업(整地作業)이 급히 선행되어야만 하는 것이다.

이런 일들을 통해 의식이 각성된 빛의 영혼들이 하나 둘 늘어갈 수록에 인류 사회는 점차 변화될 수 있을 것이다. 그리고 앞서 언급한 바와 같이 이런 영혼들의 숫자가 일정한 임계 수치에 이르렀을 때 지구 전체의 의식 레벨이 올라갈 것이며, 비로소 지구는 차원 상승을 이루어 새로운 세상으로 바뀔 수 있을 것이다.

이 시대는 이런 일에 헌신적으로 동참하여 보살행을 실천할 수 있는 존재들을 필요로 한다. 그리고 우리 모두의 이러한 공동의 노력은 아마도 곧 우리 자신을 위한 일이며 분명코 우리 스스로를 진화시키는 일이 될 것이다. 왜냐하면 자타(自他)는 본래 일여(一如)이고, 우아(宇我)는 일체(一體)이기 때문이다.

6) 왜 4차원이 아니라 5차원으로 전환되는가?

지구는 차원분류상 3차원에 해당되는 행성이다. 그런데 모든 채널링 메시지들은 한결같이 지구가 5차원의 진동으로 상승될 것이라고 언급하고 있다. 그렇다면 왜 순서대로 한 단계 위인 4차원이 아니라 4차원을 건너뛰어 두 단계 위인 5차원으로 상승되는지에 대한 의문이 들 수가 있다.

요컨대 그것은 천상과 영단의 계획에 의해 장차 4차원을 해체시키려는 과정에 있기 때문이라고 한다. 무슨 의미인가 하면, 4차원이란 사실상 지금까지 지상에서 죽음을 맞이하여 이 세상을 떠난 영혼들이 머물러 있던 장소였던 것이다. 즉 이곳은 육신을 벗은 후 고등한 빛의 차원으로 바로 들어가지 못하고 어떤 이유로든 윤회(輪廻)를 해야만 했던 영혼들이 다시 지상에 환생하기 위해서 대기해야 했던 곳으로서 이른바 "영계(靈界)" 또 "저승"에 해당된다.

이 〈영혼 대기소(待期所)〉로서의 4차원 세계가 유지되어 온 것은 다름이 아니라 지구가 윤회하는 행성인 까닭이다. 사실상 이제까지 지구에 태어난 영혼들은 대부분이 윤회를 벗어나지 못한 존재들로서 다시 지상에 육신을 받아 환생하기 위해 이와 같은 대기소에서 적당한 기회가 올 때까지 짧게는 몇 년, 몇 십 년에서부터 길게는 몇 백 년 이상까지 기다려야만 했던 것이다.

그런데 지구의 예정된 차원상승 계획에 따라 앞으로 과거와 같은 이런 영적 시스템은 완전히 바뀌게 된다. 향후 지구가 5차원으로 상승. 전환됨으로써 <영혼 대기소>로서의 4차원인 영계는 더 이상 불필요해지는 것이다. 그러므로 지구의 차원변형은 다음과 같은 두 가지 중요한 의미를 지니게 된다.

첫째, 지상에 계속 반복해서 환생하던 영혼의 윤회(輪廻) 사이클의 종료
둘째, 행성 지구에서 운영되었던 4차원 영계(靈界)의 폐쇄 또는 해체

   그리고 영계라는 것은 저 멀리 우주 공간 어딘가에 존재하는 것이 아니라 어디까지나 지구권 안에 존재하고 있음을 인식해야 한다. 영계는 지구의 대기권과 겹쳐져 지구를 에워싸고 있는 형태로 존재한다고 하는데, 따라서 지상의 물질계와 영계는 같은 지구 공간 내에 공존하고 있으며, 차이는 그 세계들을 이루는 진동주파수의 차이뿐인 것이다.
   한 마디로 5차원의 문명이라는 것은 <빛의 차원>으로서 윤회를 벗어난 수준의 영혼들만이 진입할 수 있는 세계이다. 때문에 이는 영(靈)과 육(肉)이 통합된 차원이라고 볼 수 있으며, 영혼계와 물질계가 분리되어 양쪽을 반복해서 돌고 돌아야 하는 3~4차원의 윤회계와는 명백히 구분되는 것이다. 아울러 기존의 종교적 의미의 천국(天國)이라는 것은 사실상 <영혼의 대기소>인 4차원 영계를 말하는 것에 불과하며, 윤회하는 영혼들은 결코 그 범주를 벗어나기가 힘들다. 즉 이것은 육신을 벗고 영혼이 되어도 지구권을 벗어날 수 없다는 뜻이다. 그러므로 기독교인들이 죽으면 무조건 하늘나라의 하느님이나 예수님 곁으로 간다는 식으로 믿는 것은 너무도 무지몽매(無知蒙昧)한 이야기에 불과한 것이다.
   그런데 장차 지구가 5차원의 행성으로 상승되어 차원이 변형된다면, 영계에서 대기하고 있던 영혼들과 지구에서 윤회하던 영혼들은 어떻게 될 것인가? 영계가 폐쇄됨에 따라 5차원의 진동에 적합지 않거나 적응하지 못하는 영혼들은 당연히 다른 곳으로 옮겨지게 될 것이다. 또한 죽은 후 현재 지상을 떠돌고 있는 유령(幽靈) 형태의 저급 영가(靈駕)들과 인간 몸에 붙어 있는 빙의령(憑依靈), 특정 지역에 묶여 있는 지박령(地縛靈)들도 어떤 형태로든 청소가 되어 정리될 것이다. 아마도 이것은 2012년경에 있게 된다는 지구 자기장(磁氣場)의 변화와 자극(磁極) 역전시에 지구의 오염된 아스트랄 권역(圈域) 역시도 한꺼번에 일소되어 정화될 가능성이 높을 것이다. 이 모든 것은 천상의 거대한 우주적 계획에 따라 단계적으로 진행되게 될 것이다.

7) 차원전환기에 나타날 수 있는 문제점들

아래의 사항들은 차원이 바뀌는 과도기인 현재 보통의 의식(意識)에서 다차원적 의식으로 급속히 바뀌고 있는 사람들이나 인디고 상태에서 크리스탈 의식(Crystal Consciousness) 상태로 전환되고 있는 사람들이 겪을 수 있는 경험들이라고 한다. 미카엘 대천사의 메시지와 가르침을 채널러 실리아 펜이 정리한 내용이다.

- 사람들과 환경에 대해 갑작스럽게 극도로 민감해 진다 – 즉 과거에 사교적이고 활동적이었던 사람이 갑자기 백화점 같이 번잡한 쇼핑몰이나 레스토랑처럼 북적거리는 장소에 있는 것이 견디기 어렵게 된다.
- 심령능력이나 의식(意識)이 증대된다 – 이런 능력의 가장 대표적인 것은 다른 사람들의 생각이나 감정을 감지하게 되는 것이다. 만약 그 사람이 모든 인간들이 자기처럼 타인의 생각과 감정을 읽는다고 상상하게 될 경우, 이것은 인간관계의 단절을 불러올 수가 있다.
- 이런 증가된 감수성이 공황(恐慌)이나 불안의 엄습으로 나타날 수가 있다 – 이것은 언제 어느 때나 일어날 수가 있는데, 밤에 깨어있을 때도 그럴 수 있다. 사람들은 종종 그 원인을 찾아보려 하지만, 흔히 그런 불안과 두려움에 대한 타당한 이유가 없다.
- 단지 가만히 앉아서 아무 것도 하고 싶지 않은, 즉 긴 시간 동안 자신이 "행동 공백" 상태에 빠져 있음을 발견한다 – 이것은 이전에 정력적이고 활동적이었던 누군가에는 짜증나는 일이 될 수도 있다. 이런 현상은 다만 3차원과 4차원에서의 시간을 줄이고 보다 고등한 차원 속에서 좀 더 시간을 보내며 의식을 조정하는 과정이다. 여기에 관련해서 필요한 것은 이전보다 좀 더 휴식과 수면 시간을 늘리는 것이며, 삶의 템포를 늦추는 것이다.
- (대기오염이나 자원의 고갈, 어둠의 외계인들의 침략, 또는 과학기술의 오용 등에 의해) 인류가 파멸할 것 같은 강박관념적인 불안 – 이것은 다차원의 의식이 집단적인 마음의 모든 수준에 접근할 수가 있기 때문인데, 그 집단의식에는 종족의 생존에 관한 두려움과 불안을 간직하고 있는 부분이 포함돼 있다.

　이런 증상을 느끼는 사람은 종종 그들 자신의 생존에 관심을 가진 까닭에 그들은 집단의식(集團意識)이나 형태발생장(Morphogenetic Field)) 안의 이런 부분에 공명하는 경향이 있다.

◆ 무엇이 일어나고 있는지를 강박적으로 알아야 할 필요성을 느끼고, 마음이 지나치게 다급해 진다 – 그것을 알지 못할까봐 두려워하거나 마음이 오그라드는 일을 겪는다. 또한 자신이 미쳐가고 있다거나 미래에 일상생활에 대처할 수 없다는 두려움에 빠진다. 게다가 심리학자나 의사들도 별로 도움을 줄 수 없을 것으로 보인다.

◆ 아무런 이유가 없고 위기 상태와 관계도 없는 우울증이나 의기소침을 경험한다 – 이것은 종종 의식이 방출될 필요가 있는 낡은 에너지층을 정화해내는 과정이다. 이런 경험을 필수적인 과정으로 거치거나 되살릴 필요는 없으며, 그저 몸이 그런 에너지들을 내보내도록 허용하면 된다. 그 과정에 대해 인내심을 가지도록 하고 그런 일이 일어날 수도 있음을 인식하고 있으라.

◆ 수면 패턴의 혼란 – 한 밤중에 3번 정도 깨어나게 되며, 대략 새벽 3시경에 그렇게 된다. 이것 역시 의식이 새로운 활동 사이클에 적응하고 있는 것이다. 고등한 의식은 종종 밤에 더 활동적이 되는데, 왜냐하면 하위차원이 그 시간에 잠잠해지기 때문이다.

◆ 몸을 통해 낯선 전기 에너지 파동을 느낀다 – 맑은 수정질의 몸일수록 태양과 달의 파장이나 우주파장, 은하계의 중심으로부터 오는 에너지파들을 민감하게 느끼게 되는 것이다. 이럴 때는 밖으로 나가 맨발로 대지를 딛고 그런 에너지들을 지구 땅 속으로 배출시킨다.

◆ 해독작용과 관계돼 있는 육체의 전반적인 감각이나 경험들 – 수정질의 몸은 어떠한 독성도 지니지 않지만, 육체는 오랫동안 축적된 독성물질을 방출하는 것이 필요하다. 그러므로 몸을 통해서 모든 것들이 나가도록 허용하라. 육체를 통해서 이루어지는 이런 과정은 언제나 심한 피로 증상, 근육이나 관절의 통증, 특히 엉덩이와 무릎, 머리, 목, 두개골, 어깨 등의 통증으로 나타난다.

◆ 현기증이나 우주적인 도취 내지 황홀감 – 이것은 여러분이 보다 고등한 의식 상태에 있기 때문이다. 여러분은 이런 수준에서 익숙해져서 지상에 있음과 동시에 그런 레벨이나 상태에 머물러 있을 필요가 있다.

◆ 베일(Veil)의 저편을 투시하는 능력이 생긴다 – 즉 이것은 영혼들이나 데바들(Devas), 외계인들, 천사들을 하나의 현실로서 인식하게 되는 것이고, 그들과 소통하게 되는 것이다. 그런데 만약 그 사람이 이런 종류의 다른 차원에 관한 자각에 익숙하지 않다면, 이것은 매우 두려운 일이 될 수도 있다.

8) 2012년의 차원전환을 대비해 정신적, 육체적으로 필요한 일들

채널러 패트리시아 코리(Patricia Cori)는 시리우스 별의 〈고위위원회〉로부터 메시지를 받고 있는 여성이다. 그녀를 통해 지구 변화에 관한 가르침을 전하는 이 시리우스의 6차원적 존재들은 우리 인류가 3차원 밀도에서 빛의 차원으로 용이하게 변형되기 위해서 다음과 같은 준비가 필요하다고 권고하고 있다. 이것은 주위 환경의 모든 해로운 조건들과 우리 마음의 독소적 요소들을 제거하고 정화하기 위한 것이라고 한다.

- 인체의 자연적인 에너지 흐름이나 생체리듬을 교란시키는 모든 전자기 장치(가전제품 일체 및 핸드폰 등) 사용을 줄인다.
- 합성섬유 의류나 인스턴트 식품, 화학약품 및 제품들 사용을 중단하고 건강에 좋은 자연섬유, 채식(菜食), 유기물로 바꾼다.
- 정화된 깨끗한 물을 마시고, 깨어있는 생각과 기도, 명상을 통해서 세포의 배열을 변화시킨다. 그리고 신성한 기하학적 도형을 응용한다.
- 최상의 맑은 공기와 비옥한 토양, 자연과 조율된 조화로운 환경을 선택한다.
- 인체의 활기를 유지하고 모든 세포들까지 깨어나게 하기 위한 운동과 호흡을 행한다. 세포들을 깨우는 데는 명상과 적절한 호흡이 좋다.
- 남에 대한 원한이나 복수 대신에 용서를, 비난과 비판 대신에 관용을, 증오 대신에 사랑을, 두려움 대신에 굳건한 믿음을 선택한다.
- 모든 것에 대해 무조건 사랑을 행함으로써 자기 자신을 조건 없는 사랑에 온전히 내맡긴다.
- 자신의 감정을 가슴의 중심에서 방출하기에 앞서 치유를 위해 그것을 의식(意識)의 완전한 빛으로 전환시킴으로써 먼저 그것과 대면하고 마음으로 수용한다.
- 자연 속에서 동물을 사랑하고, 맑은 공기와 수목, 꽃의 풍광 속에서 호흡하는 시간을 가진다.
- 아름다움을 추구하고 세상 속에 존재하는 모든 것을 찬양한다.
- 여러분을 부정적인 생각과 행위를 이끌고자 하는 낮은 진동의 사람들을 피하라.
- 오직 자신에게 도움이 되는 모든 가장 선한 생각과 행위에만 주의를 돌린다.5)

---

5) P. 251 Lee Carroll, Tom Kenyon, Patricia Cori, The Great Shift (Weiser Books, 2009)

9) UFO를 이용한 사이비 신흥 종교의 위험성

 지구상의 변동 문제와 관련해 UFO 현상이 점차 대중들에게 과거와 같은 비현실감을 벗어나 실체적인 관심의 대상으로 떠오르고 있다. 그러나 여기서 우리가 조심하고 경계해야만 할 부분이 있다. 그것은 기존의 낡은 종교에 대한 회의로 기성 종교에서 이탈된 사람들의 정신적 공백을 틈타 UFO를 이용해 종교 장사를 하려는 자들이 있기 때문이다.
 대개 이들은 공통적으로 자신이 UFO 접촉자라거나 또는 교신하고 있음을 내세워 사람들을 끌어 모아 조직화한다. 그리고 종교성이 짙은 교설로써 사람들을 현혹하여 스스로를 이 시대에 우주로부터 선택된 구세주적 존재로 신격화(神格化), 우상화하게 마련이다. 또 이들의 공통적 특징은 성경을 UFO에다 접목시켜 설교시에 그럴듯하게 이용한다는 점이다.
 과거 미국의 '천국의 문(Heavens Gate)' 신도 집단 자살 사건으로 표면화된 이러한 유사 집단들은 명칭만이 비종교적일 뿐이지 내막적으로는 기존의 신흥 종교 조직과 거의 다를 바가 없다. 따라서 반드시 누구를 따라야만 되고, 자기들 단체에 들어와야만 하고, 그 단체의 리더로부터 어떤 특정한 조치를 받아야만 영생을 한다든지, 아니면 나중에 지구 이변시에 UFO에 의해 구원이 된다는 식의 교리를 특징적으로 밑에 깔고 있다. 그러나 이러한 오도된 행위들은 무지몽매한 인류를 또다시 세뇌하고 종속화 시켜 사리사욕을 채우는 데 이용하는 것일 뿐이다. 필자가 과거 한때 UFO 접촉자라고 잘못 알고 접촉했던 국내의 어떤 자도 나중에 알고 보니, 허위 포장된 가짜 박사 학위에서부터 강한 독선과 아집, 그리고 자기가 메시아라는 과대망상에 이르기까지 모든 것이 실망감뿐이었다.
 외국의 경우에도 지구변동에 관련된 종말론이 횡행하는 최근 UFO를 통한 구원을 내세워 신흥종교화 하려는 불순한 세력들이 세계 곳곳에 등장하고 있는 추세이다. 그러나 이런 세력들의 대부분은 사기꾼들이 아니면 무당과 유사하게 저급령(低級靈)에게 접신(接神)되었을 가능성이 높다. 그들의 가장 현저한 특징 중의 하나는 자기 자신을 구세주화 하여 스스로를 높이려는 어리석음에 빠져있다는 점이다. 그리고 설사 이러한 자들 중에 일부가 만약 UFO나 외계인을 접촉한 사실이 있다고 하더라도, 이런 활동을 지시한 그 접촉 외계인들은 십중팔구 인간을 종속시켜 노예화 하려는 저급한 부류이거나 사악한 어둠의 종족들일 것이다.
 그러므로 맹목적으로 UFO나 외계인에 대해 환상과 선망을 가지는 것은 대단히 위험할 수 있다. 왜냐하면 어리석은 인류를 영구히 두려움과 의타심으로 묶어둠으로써 자신들의 목적에 이용하려는 일부 어둠의 외계인 부류들과 그 꼭두각시들이 지구상에 존재할 수 있기 때문이다. 그리고 진화된 우주인들이 진정으로 인류에게 바라는 것은 여러 메시지에 잘 나타나 있듯이, 오로지 인류 스스로의 각성(覺醒)을 통한 의식(意識)의 상승이다. 오히려 이러한 우주인들은 종교성이 짙은 집단이나 조직에는 가능한 한 몸을 담지 말라고 가르치고 있다. 그것은 이러한 단체들이 인간을 또 다른 유사 교리로 얽매어 그들의 영적 성장을 가로막고, 또 종국에는 반드시 부패하고 타락하는 까닭이다.

이제 우리 인류는 외계인들에 대한 어리석은 정신적 예속에서 벗어나 스스로 깨닫고 성장해야 한다. 본래 우리와 그들의 영혼은 동등한 형제 관계이며 동료일 뿐이다. 그들 역시 전지전능한 신(神)이 아니라 어디까지나 진화 과정 속에 있는 하나의 생명체들인 것이다. 단지 차이가 있다면 진화도상에서 우리 인류보다는 앞선 선배나 손위 관계라는 것이다. 그러므로 우리 인류는 그 어떤 것에도 의지함이 없이 영적으로 홀로서기를 해야 할 때이다.

영적으로 각성된 영혼에게는 더 이상 의지해야 할 또 다른 종교나 이념이 필요치 않을 것이며, 또 거기에 매달릴 이유가 없는 것이다. 석가와 예수가 불성(佛性)과 신성(神性)을 인간 내면에서 스스로 찾으라고 가르쳤듯이, 거기에는 자기 내부에 존재하는 신성과의 1 대 1의 교감만이 존재한다. 불상(佛像)과 십자가 대신 이제 외계인과 UFO를 숭상화하여 그 자리에 대체시키려는 사람들, 그래야만 지구 변동시 UFO에 의해 구원된다거나 영생하리라는 허황된 종교 망상에 사로잡힌 사람들은 속히 그 어리석은 집단 최면 상태에서 벗어나야 할 것이다.

2. 시급히 깨어나야 할 지구의 영혼들

1) 가장 심각한 종교의 오류

행성 지구는 앞서 살펴본 대로 이미 커다란 변동기의 혼란 상태에 들어서 있다. 지구촌 여기저기서는 지금 이 순간에도 천재지변이 연이어 터지고 있으며 기상 이변 또한 점점 심화되고 있다. 그러나 대다수의 사람들은 이에 관한 시대적 흐름을 전혀 깨닫지 못한 채, 그저 현실적 삶에만 매달려 있을 뿐이다.

오로지 눈앞의 근시안적 이익과 삶에만 집착해 있는 사람들에게는 그 외의 어떤 것도 시야에 들어오지 않는 모양이다. 그럼에도 무언가 세상 돌아가는 것이 심상치 않고 흉흉하다고 느끼는 사람들은 의지처(依支處)를 찾아 구원을 내세우는 교회나 기타 갖가지 종교 단체들로 몰려가고 있다. 거기서 그들은 자신들이 믿는 신적 존재에게 기원하고 구원을 간구함으로써 위기의 시대에 자신과 일가(一家)가 구원받으리라 믿고 의탁하는 것이다.

신앙은 어디까지나 개인적인 자유에 속하는 문제이다. 때문에 필자는 거기에 간섭하거나 그것을 무조건 매도할 생각은 전혀 없다. 올바른 마음으로 모든 것을 행하기만 한다면 그것도 그런 대로 좋다고 생각한다. 그러나 다만 나약하고 무지한 영혼들이 단지 무엇인가를 믿고 의지하는 것만으로 자신들이 구원될 수 있다고 착각하는 그 단순함과 어리석음이 안타까울 뿐이다.

종교는 인간의 정신을 100% 지배하기 때문에 그 영향력은 거의 절대적이다. 하지만 그 교리(敎理)가 본래의 가르침에서 벗어나 상당 부분 왜곡되고 변질된 현 시대에 이러한 상황은 우려할 만한 것이 아닐 수 없다. 물론 전체 종교를 무조건 모두 매도할 수야 없겠지만, 일부를 제외한 다수의 종교들이 그 신도들의 영혼의 구원을 보장할 능력도 자격도 전혀 없으면서 마치 자기들 종교에만 구원이 있는 양 많은 사람들을 오도(誤導)하고 현혹하고 있기 때문이다.

성직자들 가운데는 마치 자신들이 면죄부(免罪符)나 천국 입장권을 발행할 권한이라도 하늘에서 부여받은 듯이, 또 자기들 종교에만 구원과 살길이 있는 듯이 설교하는 사람들이 많다 그리고 수많은 무지몽매(無知蒙昧)한 신도들이 성직자들의 설교와 가르침을 그대로 믿고 막대한 헌금과 시주금, 기부금을 종교 단체에 헌납하고 있다. 그리하여 나날이 종교 건축물들은 확대되고 번창하고 있는 상태이다. 그 웅장하고 호화찬란한 건축물 속에서 예배 행위를 하는 신도들은 거기서 어떤 위안을 받고 구원이 예약된 듯한 착각에 빠지는지도 모른다. 그러나 과연 이 시대의 성직자(聖職者)들은 그 무엇으로 그 신도들의 영적승화(靈的昇華)와 영혼의 구원을 보장할 수 있을 것인가?

이러한 반문에 어쩌면 그들은 그 근거로서 자의적(恣意的)으로 해석한 어떤 경전의 구절들을 내밀지도 모른다. 하지만 그들은 이에 앞서서 그들 자신부터가 참으로 구원의 반열에 들어갈 수 있는지를 겸허하게 가슴에 손을 얹고 반성해 보아야 하지 않을까? 또한 신도들 역시도 스스로 일종의 자기 최면(自己催眠)에 걸려지지는 않은지를 한번 생각해 보아야

할 것이다.

　우주로부터 인류에게 전해진 메시지 가운데는 종교의 부패와 위선을 지적하고 장차 종교의 붕괴를 예측하고 있는 내용들이 많다. 그리고 인간이 지을 수 있는 죄(罪) 가운데 단순 도둑질이나 강도짓보다도 오히려 인간의 의식(意識)을 잘못된 종교 교의(敎義)로 세뇌하고 영혼을 오염시키는 것은 훨씬 더 큰 죄악이 될 수 있는 것이다. 왜냐하면 이것은 자기 한 몸만이 아닌 수많은 고귀한 영혼들을 오도하여 그들의 영적진화를 막고 구렁텅이로 끌고 들어가는 것이기 때문이다. 그러므로 이 점을 이 시대의 종교 성직자들은 한번쯤 깊이 성찰해 볼 필요성이 있을 것이다.

2) 현 시대는 집단 메시아 시대이다

　그리고 더 이상 어떤 메시아적 존재라든가 재림주, 또는 정도령을 찾지 않는 것이 좋을 것이라고 생각한다. 우리나라 신흥 종교계를 살펴보자면 여전히 누가 미륵(彌勒)이고 구세주고 정도령(鄭道令)이니 그를 따라야만 살길이 열린다는 식으로 과거의 낡은 패턴이 반복되고 있음을 볼 수가 있다. 그리고 이런 계통에 한 번 빠진 사람들은 이리저리 방황하며 계속 유사한 단체를 전전하는 경향이 있다. 또 아직도 세상에는 구원을 위해 이런 특정 존재가 나타나기를 기다리거나 찾아다니는 무지하고도 답답한 사람들이 존재하고 있는 것이 현실이다.

　앞으로의 후천 우주문명 세계는 앞서 여러 메시지에서 살펴보았듯이, 모든 인류 개개인이 영적으로 자기완성을 이룩해야 하는 시대이다. 다시 말해 우리 모두가 영적 각성(靈的覺醒)과 승화를 이룸으로써 자기 자신과 지구를 구할 수 있는 하나의 메시아나 정도령이 되어야 하는 것이다. 그러므로 다름 아닌 현재 무지몽매한 인류의 의식을 깨우기 위해 어떤 형태로든 직접 행동하고 있는 사람들이 바로 모두 메시아인 것이다. 물론 그러한 행위가 아직 불완전할 수도 있고 미숙할 수도 있다. 그러나 그것은 그리 큰 문제가 되지 않을 것이며, 요컨대 행동하지 않고 자기 일신(一身)만을 보존하고 있는 것보다는 그쪽이 훨씬 나은 것이다. 따라서 과거와 같은 1인 메시아 시대는 이미 끝났으며, 이것은 인류의 의식이 미개한 상태에 머물러 있던 2000~3000년 전에나 해당되는 이야기이다. 게다가 앞으로의 지구 위기 상황이 결코 어떤 한 사람의 구세주적인 존재에 의해서 좌지우지되거나 타개될 수는 없는 것이다. 때문에 자칭 유일의 메시아라는 자들의 어떤 개인적 능력에 의한 인류 구원 운운하는 이야기는 한마디로 넌센스에 지나지 않는다.

현재 지구상에는 앞서 살펴보았듯이 우주로부터 다수의 고급령(高級靈)들이 인류를 돕고자 세계 곳곳에 태어나 있다. 그러므로 이제는 우주로부터 온 144,000, 아니 모든 빛의 영혼들이 깨어나 활동하게 되는 집단적 메시아 시대인 것이다. 그리고 모든 빛의 영혼들의 의식이 완전히 각성되었을 때, 즉 지구의 진동이 적절한 임계수치에 도달했을 때, 비로소 진정한 의미의 그리스도 또는 미륵불(彌勒佛)이 이 지상에 현현할 수 있을 것이다. 하지만 이때 그리스도나 붓다의 의식(意識)은 반드시 특정의 한 존재에만 한정돼 있지 않을 것이다. 아마도 그것은 "일즉다, 다즉일(一卽多 多卽一)"의 우주원리에 따라 "부분이자 전체이고, 전체이자 부분"이라는 거대한 일체(一體), 또는 하나됨(Oneness)의 상태일 것이다.

3. 은하인간(銀河人間)으로의 진화를 위해

1) 2012년은 위기이자 기회이다.

성공에 대해 연구하는 학자들은 줄곧 "위기는 곧 기회다." 라는 말을 강조한다. 이 말의 의미는 한 마디로 위기는 기회와 함께 찾아온다는 뜻인데, 비유적으로 말하자면 이러하다. 권투나 태권도 같은 격투기 선수끼리 대련할 때 상대방의 강한 공격을 받았을 때는 하나의 위기상태이다. 하지만, 공격시에는 그만큼 상대의 중심도 흐트러져서 허점이 가장 많이 노출될 때이므로 적절히 반격만 잘한다면 단 번에 상대를 K.O시킬 수도 있는 좋은 기회인 것이다. 격투기뿐만이 아니라 축구나 야구 같은 구기(球技) 종목도 위기 후에 곧 좋은 기회가 와 역전되는 경우를 종종 볼 수가 있다. 인생사 역시 마찬가지라는 이야기이다.

그리고 이와 똑같은 상황이 다가오는 2012년에 우리 인류 앞에 전개될 것으로 보인다. 어머니가 아이를 낳을 때 산고(産苦)를 겪듯이 지구에는 향후 새로운 세상을 탄생시키기 위한 많은 어려운 일들이 도사리고 있는 것이 사실이다. 어쩌면 사람에 따라서는 대이변이 닥쳐 멸망할지도 모른다는 두려움에 사로잡힐 수도 있을 것이다. 설사 멸망까지는 아니더라도 많은 과도기적 변화와 난관들이 있을 수 있음은 충분히 예상할 수가 있는 문제이다. 그럼에도 천상의 메시지들은 우리들에게 지금 이 시대가 영적 상승을 성취할 절호의 기회임을 누누이 역설하고 있으며, 이 천재일우의 호기를 놓치지 말라고 당부하고 있다. 왜 그러한 것일까? 이 점에 관해 대천사 자드키엘(Zadkiel)로부터 가르침과 메시지를 받고 있는 영적

교사 스리 람 카(Sri Ram Kaa)와 키라 라(Kira Raa)는 이렇게 언급하고 있다.

"2012년에 관한 대화는 대부분 마야(Maya)와 호피(Hopi)의 예언, 성경의 계시록, 노스트라다무스의 4행시 예언 등에 집중돼 있다. … (중략) … 우리는 (2012년에 관한) 현재의 논의 상황이나 양상들이 우리의 본질적인 진실과는 거리가 있고, 사랑이 깃든 인식이 결여돼 있음을 나타내고 있다고 지적하고자 한다. 알다시피 2012년에 대한 또 다른 가능성이 있으며, 우리는 그 점을 고려해보라고 여러분에게 요청하려 한다.
지금 인류 앞에 놓인 모든 것들이 여러분의 진정한 영혼의 본성에 대해 깨어나도록 돕기 위한 사랑어린 영상이라면 어떨까? 모든 종말에 대한 예언, 두려움에 기초한 에너지들, 그리고 (선악의) 극성이 실제로는 인류가 강력한 빛의 존재임을 여러분이 기억해내도록 돕기 위한 일종의 도구였다면 어찌할 것인가? 또한 인류가 불건전한 에너지에 도취해서 집단적으로 밑바닥에 추락해 있으며, 바로 2012년에 우리 모두가 취해 있었음을 집단적으로 깨닫게 된다면 어찌 될까?
2001년~2012년의 기간은 인류에게 기회의 창을 열어 젖혔는데, 왜냐하면 우리는 의식(意識)의 급속한 진화와 성장을 지원하는 새로운 에너지장 안에 들어와 있기 때문이다. 새로운 천년기로 넘어온 이래 많은 것이 변화했다. 이 새로운 주기는 2007년에 급격한 가속단계로 진입했고, 이러한 에너지적인 빨라짐 속에는 우리의 깨어남과 깨달음을 위한 연료뿐만이 아니라 두려움과 (선악의) 극성을 위한 연료도 풍부하게 존재하고 있다."[6]

"우리가 2012년에 가까이 다가감에 따라 점점 지구에는 태양과 우주의 중심으로부터 방사되는 에너지가 퍼부어지게 될 것이다. 이 에너지는 사람들이 보다 정묘한 진동상태로 깨어나도록 뒷받침할 것이다. 우리는 모든 일상적 행위를 고양된 가슴의 차크라(Chakra)로 끌어올려야만 한다. … (중략) …
일단 여러분이 가슴으로 끌어올리는 방법을 알게 되면, 그 다음에는 어떻게 앞으로 나가는지를 쉽게 배울 수가 있다. 다차원의 전체 우주는 성실하게 자신의 가슴에 닻을 내리는 그 누구에게나 활용될 수 있게끔 열려져 있다. 그러므로 2012년은 두려워할 것이 아니다. 그 해는 인류의식의 고양(상승)을 위해 이용될 수 있는 하나의 에너지적인 정점의 시기인 것이다."[7]

이 말은 현재 우주로부터 지구로 강력히 유입되고 있는 고진동의 에너지로 인해 자신의 영적진화와 깨달음을 위해 노력하는 사람들에게는 그만큼의 에너지적 증폭과 도움이 있으며, 도약이 가능하게끔 탄력을 받을

---

6) P. 18~20. Sri Ram Kaa & Kira Raa, 2012 Atlantean Revelation (TOSA Publishing Co, 2007)

7) P. 255~256. Sri Ram Kaa & Kira Raa, 2012 Atlantean Revelation (TOSA Publishing Co, 2007)

수 있다는 의미이다. 따라서 과거 시대와 비교할 때 매우 적은 노력만으로도 비약적인 영적상승이 가능해진다는 이야기이다. 하지만 동일한 에너지임에도 불구하고 어둠의 성향과 두려움과 이기성과 같은 낮은 의식을 가진 이들에게는 반대로 이 에너지가 그런 성향이 더더욱 강화되고 증폭되도록 작용한다는 것이다.

이와 비슷한 내용은 텔로스의 아다마(Adama) 대사와 앞서 소개한 하토르들(Hathors)의 메시지에서도 언급되고 있다. 그렇다면 여기서 우리가 알 수 있는 요점은 지금 우리의 마음가짐과 의도, 노력이 무엇보다도 중요하다는 사실일 것이다. 요컨대 그것은 개개인 각자의 의식적 선택에 달려 있는 것이다.

2)) 진화할 것인가, 도태될 것인가?

종(種)의 진화에 관계된 찰스 다윈(Charles Darwin)의 진화론(進化論)은 지금까지 창조론을 신봉하는 종교계로부터 많은 비판을 받아온 것이 사실이다. 그러나 진화론은 만물이 보다 나은 단계로 진화해 간다는 기본 골격 자체로는 아무런 하자가 없는 이론이다.

알다시피 이 우주의 모든 것은 하등 생물에서부터 인간과 같은 고등 영장류에 이르기까지 계속 한 단계 위를 향해 진화하고 발전해 가고 있다. 그리고 아마도 이것이 창조주가 애초에 정해놓은 우주의 운행 법칙일 것이다. 우리 인간의 눈으로 관찰해 보더라도 이 세상에 정지해 있는 것은 아무 것도 없다. 모든 것은 움직이고 있고 계속 성장하고 있는 것이다. 예컨대 딱딱한 고체 물질을 이루는 근본 원소인 소립자(素粒子) 자체도 정지해 있는 것이 아니라 끊임없이 진동하고 있다. 이처럼 이 우주의 모든 것은 살아 있으며, 살아 있기 때문에 계속 움직이고 있는 것이다. 마스터 사나트 쿠마라 역시도 메시지를 통해 물질의 원소가 살아 있음에 대해서 이렇게 말했다

지구상에서 일어나게 될 파괴의 원인은 (지구를 구성하는 원소들에게 악영향을 미치는) 인간 자신의 부정적 상념으로부터 온다. 원소들 자체는 모두 지성을 지닌 생명체들이다. 왜냐하면 그것들은 무한자(無限者)의 일부이기 때문인 것이다.

그런데 이처럼 살아 있는 것이 움직이지 않으려 한다면 이는 곧 퇴보나 자멸을 의미한다고 할 것이다. 예컨대 물도 고여 있으면 썩게 마련이고, 쓰지 않는 육체 기관은 자연히 퇴화해 버림을 우리는 쉽게 볼 수 있

다. 이와 같은 우주의 이치로 진화의 노력을 계속하지 않고 현실 속에 안주하려 하거나, 정체되어 있는 것은 무엇이든 자연 도태시키는 것이 우주 법칙이다.

우리 인간과 동물 그리고 외계 생명체들뿐만 아니라, 지구와 태양 같은 천체(天體) 자체도 또 우주 자체도 영속적인 진화의 방향으로 나아가고 있는 것이다. 미국의 채널러 페이지 브라이언트(Page Bryant)는 알비온(Albion)이란 고급의 영적 존재와 채널링하며 메시지를 받고 있는 여성이다. 그런데 고대 아틀란티스 시대의 천문학자였다는 이 존재 역시도 행성이 살아서 진화하는 하나의 유기체임을 다음과 같이 우리에게 가르쳐주고 있다.

태양계 내의 각 행성들은 그 자신의 보조로 진화하고 있습니다. 그것은 저마다 살아 있으며 의식(意識)을 가지고 있는 것입니다. 또한 개개의 행성들은 그 자신만의 고유한 카르마적인 조건을 지니며, 그것은 그 행성의 진화와 관계가 있습니다. 예를 들자면 목성은 언젠가 태양이 될 것입니다. 이 행성은 이러한 목적을 위해 훈련하고 있습니다.[8]
행성의 카르마(karma)는 이전에 지정되거나 선택된 것이며, 그들의 물질적 삶이 착수한 바로 그때에 시작된 것입니다. 이러한 행성들은 저마다 부모인 태양 에너지에 의해서 설계되었고, 태양계 가족 안에서 특별한 목적을 위해 양육되었습니다. 지구의 목적은 지금 여기에 존재하는 무수한 형태의 생명들을 부양하는 것입니다.
(중략) 그런데 지구는 현재도 행성으로서 성장하고 있기 때문에 그 자신의 신성(神性)을 자각하는 단계까지는 아직 진화하지 못했습니다. 그러나 이것은 곧 변화하게 될 것입니다. 행성 지구는 지금 거대한 변화의 시기로 접근하고 있습니다. 그것은 바로 지구기 성년식(成年式)을 치르게 되는 시기입니다. 당신은 이제까지 들어온 예언들에 주목해야만 합니다.
그것은 많은 부분들이 진실이기 때문입니다. 다가오는 지구의 성년식은 지구의 자아 각성(自我覺醒)이라는 목적을 위한 것입니다. 그리고 이 성년식(지구 대변동)이 지구의 영체(靈體)를 발달시키게 될 것입니다.[9]

지구촌에는 지금 이 순간에도 다가오는 지구의 변화 문제에 대한 우주로부터의 다양한 메시지들이 계속 이어지고 있다. 그러나 이것을 일시적인 시대 조류나 세기말적 사회증후군 정도로 치부해버리는 지식인들도 세상에는 많다.

---

8) 최근에 목성이 이미 점화(點火) 단계로 들어갔으며, 곧 태양이 될 것이라는 채널링 메시지들이 나오고 있다.
9) P.50~52. Page Bryant. The Earth Change Survival Handbook. (Sun Publishing Co, 1995)

그럼에도 떠오르는 태양을 막을 수 없듯이 우주에는 인간이 거역할 수 없는 '항구적 진화(進化)'라는 천도 섭리(天道攝理)가 존재하고 있다. 인류는 이제 이 섭리에 순응하지 않으면 안 될 중요한 시점에 서 있는 것이다. 만약 여기에 순응하지 못하거나 또 이것을 거부하려는 사람들, 그리고 시대적 섭리를 깨닫지 못하고 있는 무지한 사람들은 아마도 그 진화가 정체되거나 도태되어 버리고 말 것이다. 왜냐하면 이것이 아무도 거스를 수 없는 엄정한 우주 법칙이기 때문인 것이다.

2) 지구인에서 우주 시민으로

이제 마지막으로 앞서 살펴본 우주로부터의 각종 메시지의 요점을 종합하여 다시 한 번 되새김질해 보도록 하자. 알다시피 그 핵심 요지는 인류의 문명이 이대로 발전해 가며 점차 변모한다는 것이 아니었다. 오히려 잘못된 방향으로 치닫고 있는 현재의 지구 물질문명은 우주적 사이클에 맞추어 곧 막을 내려야 하며, 반드시 새로운 차원으로 전환되어야만 한다는 것이다. 이에 따라 우리 태양계 내 세 번째 행성 지구는 이제 물질적인 3차원의 윤회(輪廻) 행성으로서의 역할을 마감하고, 5차원의 행성으로 진화, 승격될 것임을 그들은 예견하였다. 따라서 인류의 의식도 여기에 병행하여 같이 높아지고 확장되어야 한다는 것을 그들은 반복해서 우리에게 강조하고 있는 것이다.

 하지만 오늘날의 대다수의 인간들은 물질적인 부(富)와 성공, 또 자기 일신(一身)과 가족의 행복만을 바라보며 앞을 향해 달려가고 있을 뿐이다. 이처럼 이에 관해 전혀 무지하거나 아예 관심이 없는 사람들을 억지로 설득할 필요는 없겠으나, 어느 정도의 지각이 있는 사람이라면 이 시점에서 누구나 이러한 메시지의 의미를 한번 깊이 숙고해 볼 필요성이 있을 것이다. 특히 아직도 몇 천 년 전에 만들어진 왜곡된 종교 교리에 세뇌되어 무조건 "예수 믿으면 천국, 안 믿으면 지옥"을 외치거나 '극락왕생' '나무아미타불'의 염불만 하고 있는 종교인들이 있다면, 그 낡은 관념 상태에서 시급히 벗어나 참다운 진리와 새시대에 대한 성찰의 시간이 필요하리라.

 알다시피 이미 인간이라 불리는 우리 지구인들은 지구를 에워싼 고차원 세계들에 의해 포위되어 있으며, 그들에 의해 신성한 간섭을 받고 있는 상태이다. 또한 높은 의식을 지닌 우주적 존재들이 지금 평범한 모습으로 인간들 속에 섞여 우리를 일깨우기 위한 활동들을 벌이고 있다. 그리하여 우리가 이제까지 과거의 낡고 왜곡된 역사적, 종교적 관념에 세뇌되어 오랫동안 우물 안에 갇혀 있던 개구리였음에 눈을 떴을 때 아마도 세상의 변화는 급격히 일어날 것이다.

그런데 여기서 가장 중요한 것은 머지않아 지구의 진동수가 높아져 5차원의 행성계가 되었을 때, 여기에 발맞추어 자신의 의식을 상승시키지 못하는 사람들은 결국 지구를 떠나야만 한다는 사실에 있다. 필자의 사견으로 보건대 현 인류 전체가 지금보다 한 단계 높은 진화단계로 진입하려면, 현 지구에서와 같은 3차원적 삶의 경험을 통해 적어도 1,000년 이상은 더 윤회하며 수양을 쌓아야 가능하리라고 본다. 하지만 어찌할 것인가? 지구에 다가오고 있는 "차원상승 또는 전환"이라는 거대한 우주의 흐름과 섭리를 우리가 거스를 수는 없는 것이다. 그렇다면 이러한 우주 원리를 비유적으로 한번 이해해 보도록 하자.

지구는 지금까지 우리 은하계 내에서 초등학교 수준의 교육장 기능을 담당해 왔다고 볼 수 있다. 때문에 우주의 각 별에서는 초등학생 정도의 영격(靈格)을 지닌 영혼들을 오래 전부터 지구로 보내어 수련 받도록 하였다. 부정적으로 보자면 어떤 면에서는 추방했거나 유배시켰다고 표현할 수도 있을 것이다. 또 일부는 3차원 물질계에서의 경험을 통해 성장하고자 스스로 집단 이주해온 영혼들도 존재하고 있으리라. 이에 관련된 내용의 메시지를 행성 지구의 로고스였던 사나트 쿠마라(Sanat Kumara) 대사로부터 잠시 들어 보자.

"행성 지구는 지난 2,600만 년 동안 경험이 적은 어린 영혼들과 매우 공격적이고 파괴적 성향의 영혼들에 대한 주인으로서 봉사해 왔다. 지구는 우리 은하계 내에서 특히 어려운 교과 과정을 배우는 곳으로, 또 사랑과 배려심으로 자신들의 가슴을 계발하지 않은 난폭한 영혼을 교육시키는 장소로 널리 알려져 있다.

우리 은하계 도처의 많은 존재들이 그런 이유 때문에 여기서 카르마(Karma)의 법칙을 배움으로써 자신들의 악성(惡性) 기질을 순화하고자 보내졌었다. 지구는 현재까지 엄청난 숫자에 달하는 비교적 미성숙한 영혼들을 위한 초급 과정의 진화 학교로서의 역할을 해왔다. 많은 이들이 가장 기초적인 진화의 교과 과정을 배우고자 이곳에 온 것이다.

여기서 그들은 선(善)과 악(惡)을 판별하는 것을 배워왔다. 아울러 이보다 더욱 중요한 진화하는 다른 모든 생명들을 신성시하는 것을 배우고 있는 중인 것이다."

(채널링:브라더 필립)

이처럼 이런 영혼들이 모두 그 동안 육신을 쓴 채 윤회환생(輪廻還生)의 반복적인 사이클을 통해 지구인으로 계속 태어나 생(生)의 경험을 쌓아온 것이다. 그 동안 개개의 영혼들은 오랜 윤회의 과정 속에서 조금씩 영적으로 깨닫고 성장해왔고, 또 일부는 정체하거나 오히려 퇴보한 영혼도 존재하고 있을 것이다. 어쨌든 우리는 장기간의 레이스를 달려와 현재 최종적인 골인 지점 직전에 와 있는 것이다. 여기서 우리는 마지막 테스트를 통해 그 영적 진화의 최종 성적표를 평가받게 될 것이다. 그리하여 지구라는 초등학교를 졸업하고 상급학교로 진학하느냐, 아니면 성적 미달로 유급이냐가 결정되어질 것이다. 그리고 우주로부터 전달되고 있는 메시지 역시도 한마디로 이제 초등학교(3차원)로서의 지구는 곧 문을 닫게 된다는 이야기이다. 아울러 지구는 머지않아 대대적인 내부 청소를 한번 행한 후에, 중학교(5차원) 수준의 행성으로 한 단계 승격하여 재개교(再開敎)하게 되리라는 것이다. 그렇다면 결국 현재 68억의 지구인 가운데 중학교 입학 수준의 수학(修學) 능력을 지닌 영혼들만이 여기에 남는 자격이 부여될 수밖에 없다는 결론이 나온다.

이러한 자격 기준에 미달되는 학생들, 다시 말해 정해진 학기 내에 초등학교 과정을 끝내지 못한 영혼들과 진학해야 할 상급학교(중학교) 입학시험에서 탈락된 영혼들은 결국 지구라는 학교를 떠나야만 하는 것이 정해진 이치인 것이다. 그렇다면 떠난다는 의미는 과연 무엇일까? 그것은 앞으로 지구에서 일어나는 대변화의 과도기에 어떤 형태로든 생(生)을 마감한다는 뜻이다.

아마도 이러한 영혼들은 오랜 고대에 지구로 보내질 때와 마찬가지로 일종의 가사(假死) 상태, 또는 수면상태인 채로 우주의 다른 어떤 3차원적인 물질 행성으로 옮겨질 것이다. 거기서 다시 윤회 환생(輪廻還生)의 사이클(週期)에 들어감으로써 처음부터 다시 초등학교 수준의 재교육 과정을 밟아야만 할 것이다. 여기에 관련된 화성의 마스터 에피(Efi)가 전하는 다음의 메시지는 이 부분을 정확히 지적해 주고 있다.

"이러한 마지막 주기에서 자신의 카르마(業) 청산과 의식 상승에 실패한 영혼들은 다른 태양계의 또 다른 행성에서 처음부터 다시 해야만 할 필요성을 느끼게 될 것이다. 특히 일부 무자비하고 파괴적인 영혼들은 한층 더 낮은 레벨의 2차원적 세계로 돌아가 다시 시작해야 할 필요성조차 자신의 내면에서 발견할 수도 있다.

하지만 그것이 일종의 처벌은 아니다. 그것은 그들의 낮은 인격적 자아가 새로운 차원의 높은 진동 주파수의 세계에서 적응할 수 없다는 것을 그 영혼 자체 깊은 내면에서 알고 있음으로 해서 나타나는 객관적인 반영 현상일 뿐이다.

새로운 장소에 배치된 그들은 자신들의 과거에 대한 모든 기억을 망각한 채 아무런 도구나 기술도 지니지 못할 것이다. 또한 과거의 어떠한 과학이나 재산도 가지지 못한 채 맨손으로 땅을 가는 것부터 시작하게 될 것이다. 이러한 영혼들은 보다 덜 자기중심적이 되는 것과 편협한 이기주의적 생각을 넘어서는 것, 그리고 손쉽게 손에 들어온 것과 빼앗은 것은 자신의 것이 아니라 남의 것이라는 것을 배우고 또 노력하게 될 것이다.

또 그들은 자신들이 받은 것만큼 남에게 되돌려 주어야 한다는 것은 배워야만 한다. 그들은 협동하는 세계에서 살아가는 기쁨과 남을 배려하고 걱정해 주는 것, 평화, 친절, 그리고 모든 생명체들에게 조건 없는 사랑을 표현하는 것 등을 배우게 될 것이다."

또한 지구영단 소속의 주요 마스터들 가운데 한 분인 쿠트후미(Kuthumi) 대사 역시 다음과 같이 비슷한 가르침을 주고 있다.

"2012년에 우리 행성의 에테르체는 가슴중심이 열리거나 열릴 준비가 된 인간들만을 받아들일 것이다. 아직 그런 발달 수준에 이르지 못한 자들은 필연적으로 다른 행성계로, 즉 동물계의 최종단계로 다시 들어가게 될 것이다. 행성 지구의 에테르권에서 일정 수준 이하의 진화단계에 있는 인간들을 제거하는 이와 같은 정화의 단계는 처음이 아니다."

그런데 영적인 면에서 볼 때, 향후 지구 변동기에 육체적으로 죽느냐 사느냐 하는 문제가 그렇게 대단한 것은 아니다. 왜냐하면 육체적 죽음이라는 것은 알다시피 단지 영혼이 육체에서 떠나는 현상에 불과하기 때문이다. 즉 영혼에게 실제적인 죽음은 없는 것이다. 그러므로 경우에 따라 인간의 관점에서는 매우 참혹해 보이고 비참해 보이는 재앙도 때로는 그 영(靈)의 진화에는 도움이 될 수가 있다. 영적 마스터 라말라(Ramala) 역시도 다음과 같이 말하고 있다.

"여러분이 대파국이라고 부르는 지구의 대변동은 실제로는 어떤 파멸이 아니다. 그것은 단지 지구의 진화 과정 속에서 지구가 앞을 향해 내딛는 일보(一步)인 것이다. 죽는다는 것은 끝이 아닌 것이며, 대변동의 와중에서 죽는 사람들은 그들의 의식(意識)이 증진되는 경험을 하게 될 것이다. 때문에 그들은 그 죽음의 순간 속에서 무엇인가를 배우게 되는 것이다. 지구의 진동률이 빨라졌을 때 거기에는 많은 부조화와 파괴가 있을 것이다. 그리고 이것은 장차 발생하게 될 지구 축이 똑바로 서는 거대한 변화 전에 일어날 것이다."

요컨대 어떤 고통이나 자극이 없이는 우리 인간의 영적 진화(靈的進化)도 존재할 수 없는 것이다. 알다시피 현재도 육체적 생을 마감하고 이 세상을 떠나는 사람들이 있다. 점차 높아지고 있는 지구의 에너지 파동에 맞지 않는 인간들, 즉 이 지구를 떠나야 하는 영혼들은 질병이나 노화(老化) 또는 사고(事故), 천재지변 등으로 이곳을 떠나고 있는 것이다.

물론 다가오는 지구변동기에 소위 정감록(鄭鑑錄) 예언에서 언급된 〈십승지(十勝地)〉에 해당되는 속리산이나 지리산 같은 어디 깊숙한 피난처를 찾아 거처를 옮겨간다면 임시로 조금 더 오래 살아남을지도 모른다. 그러나 필자의 사견으로는 근본적으로 우리가 2012년이나 그 이후라도 육체적인 죽고 사는 문제에 너무 그렇게 연연할 필요는 없다고 생각한다. 또 떠도는 갖가지 소문대로 2012년에 세상에 대파국(大破局)이 오느냐, 아니면 그냥 무사히 지나가는 일종의 해프닝이냐가 중요한 것도 아니다.

왜냐하면 현재 남아 있는 우리 역시도 궁극적으로 이 육체 상태에서 그대로 영체(靈體:에테르체)로 승화됨으로써 다른 차원의 영적 생명체로 진화하지 못하는 한, 육체적으로 조금 더 생존하느냐 마느냐는 그리 대수로운 문제가 아니기 때문이다. 즉 차원 상승(次元上昇)하는 높은 진동의 5차원의 지구 행성에 적응하여 새로운 은하문명시대에 동참하지 못할 바에야, 어차피 떠나야 할 지구에서 잠시 더 머물다 간다고 하더라도 사실 별 큰 의미는 없지 않은가? 거기에는 조금 먼저 가느냐, 약간 늦게 가느냐의 차이밖에는 없는 것이며, 결국은 또 다른 행성에서 새로 시작되는 장구한 윤회(輪廻)의 사이클로 다시 들어가야 하기는 마찬가지인 것이다. 따라서 중요한 것은 우리 의식(意識)의 시급한 깨어남과 영적 진화이다. 즉 우리의 의식을 5차원의 상태로 끌어올림으로써 영적 깨달음과 성장을 통해 높아지는 지구의 진동에 보조를 맞추어 우리의 레벨도 같이 상승하는 문제인 것이다.

영적상승을 위해서는 사실 내밀한 비전입문(秘傳入門) 단계들을 통과해야 하는 과정들이 있다. 그러나 실상 이 과정은 결코 우리 개개인이 하루하루 경험하는 현실적 삶과 분리돼 있지 않다. 그러므로 일상적 삶 속에서 우리의 생각과 행동 하나 하나가 고차원 세계에서 현재 엄밀히 관찰되고 시험되고 있음을 간과해서는 안 된다. 즉 우리는 날마다 영단(Spiritual Hierarchy)으로부터 영적 상승의 자격이 있는지에 대한 비전입문 테스트를 받고 있다는 사실을 인식해야 하는 것이다.

영적 진화라 할 때 매우 거창한 문제로 볼 수도 있으나 정신적인 측면에서는 매우 간단한 문제라고 필자는 생각한다. 그것은 앞서의 여러 메시지에 언급되었듯이 요컨대 우리가 자기 중심, 물질 중심의 이기적(利己的) 인생관과 가치관에서 벗어나 어느 정도 가슴을 열고 이웃과 인류 전체의 공익(公益)과 하나됨을 향해, 또 우주라는 대생명을 향해 그 의식이 확장되어 있느냐의 문제일 뿐이다. 그리고 이제 지구라는 행성의 문명

차원 자체가 전면적으로 새로이 전환되는 이 시점에 사실상 우리 인류가 집착해야 될 만한 것은 아무것도 없는 것이다. 알다시피 우리의 영혼은 이 지구별의 나그네로서 본래 누구나 빈손으로 잠시 왔다가 다시 빈손으로 가는 존재이다. 더구나 장차 세상이 변화되어 우리 주위의 에너지 장(Field)이 점차 5차원의 파동장(波動場)으로 바뀌게 될 때, 기존의 화폐나 부동산 등의 물질적 가치 체계는 붕괴되어 버릴 것이다. 5차원의 세계에서는 모든 화폐가 휴지 조각이 될 것이며, 부동산도 개인 소유가 되지 못한다. 다시 말해서 '내 것'과 '네 것'이라는 인간의 소유 개념 자체가 아예 존재할 수 없는 세상이 지금 지구에 도래하고 있는 것이다. 즉 그것이 향후 꼭 2012년이 아니라고 하더라도 말이다. 따라서 '내 것'이라는 낮은 물질적 소유 의식과 이기심(利己心)에 아직도 매달려 있는 사람은 아마도 앞으로 새로운 차원으로의 진입이 차단되거나 더 이상 이 지구 위에서의 진화가 허락되지 않을 것이다.

하지만 어쩌면 이런 내용에 대해 누군가 이것은 또 다른 형태의 종말론적 주장이 아니냐고 문제제기를 할 수도 있을 것이다. 그러나 이것을 종말이나 멸망, 심판과 같은 구시대의 종교적 개념으로 보는 것은 타당하지 않다. 그렇게 보기보다는 이 세상의 새로운 변화에 대한 "적응과 부적응", 또는 "진화와 도태"라고 보는 것이 가장 적절할 것이다. 어차피 이 우주 자체와 생명의 진화는 "적자생존(適者生存)"의 법칙에 따라 움직여지고 있고, 고로 현실은 어떤 면에서 냉혹한 것이다. 사회적 경쟁에서 낙오되거나 변화에 적응하지 못하는 사람이 정상적 대열에서 탈락하여 도태되기는 지금의 인간 세상에서도 마찬가지가 아닌가? 결국 우주나 지구나 사회나 적용 범위만 다를 뿐 똑같은 이치인 것이다. 따라서 이제부터라도 우리 인류의 기존 가치관과 인생관은 180도로 달라지지 않으면 안 될 것이다. 그렇다고 해서 과거 사회적 물의를 일으켰던 휴거파 기독교인들이나 사이비 종교인들 마냥 현실 도피적인 극단적 삶을 살아야 한다고 말하고 있는 것이 아니다. 결코 우리는 이런 시대 조류를 타고 시한부 종말론을 내세우는 사이비 종교 집단에 현혹되어 현실을 포기하거나 재산 처분해 갖다 바치는 등의 어리석은 오류에 빠져서는 안 될 것이다. 오히려 그런 행위보다는 드러나지 않게 헌신과 봉사의 선행(善行)을 통해 많은 중생들을 이익 되게 하는 보살행(菩薩行), 이타행(利他行)을 실천함으로써 자신의 카르마(業)를 정화하는 것이 보다 바람직하다 할 것이다. 더불어 이제 우리 개개인은 보다 고귀하고 높은 차원에 인생의 가치를 두고 곧 지구에 다가올 미래를 준비해야만 한다.

그러나 설사 이번 생(生)에서 차원상승을 이루지 못한다고 하더라도 우리가 이를 너무 두려워할 문제는 아니다. 물론 장구한 시간에 걸쳐 또 다른 윤회를 해야만 한다는 것은 후회스러울 수도 있겠지만, 영혼은 영겁의 시간을 따라 진화하고 성장하는 존재이므로 영적상승의 기회는 먼 미래에 또 있게 될 것이다.

바야흐로 지금 행성 지구에 동서고금의 예언자들과 선각자들에 의해 예언되어 온 바로 그 '빛의 시대' 또는 '영적 황금 시대'가 도래하고 있다. 따라서 앞으로 임박한 새 시대에 동참하고자 하는 이들은 이제 어느 나라 어느 시(市)에 살고 있는 한 지구인이 아니라 보다 광대한 은하 종족내의 한 우주인(宇宙人)으로 성장해 가야 한다. 아울러 여기에 걸맞는 보다 확장되고 성숙된 우주적 의식(意識)과 영성(靈性)을 구비해야만 할 것이다. 다시 말해 우리는 이제 '자타일여(自他一如)' '공존공영(共存共榮)' '인과응보(因果應報)' '우아일체(宇我一體)'라는 우주 법칙들을 깨닫고 체득해야 한다. 이것들이 바로 초등학교 행성인 지구에서 우리가 반드시 배우고 이수해야 할 교과과정들이기 때문이다. 이렇게 함으로써 인간은 오랜 윤회의 사이클에 갇혀 있던 이 작은 지구라는 별을 벗어나 광대한 우리 은하계 내의 한 우주 시민으로 새롭게 태어날 수 있을 것이다. 그리고 그 구체적 과정은 앞서 언급한 카르마 청산 및 닫힌 가슴의 개화(開化), 의식의 확장 과정을 통해 높은 진동의 광자대 에너지를 흡수, 운기(運氣)하여 반에텔체의 신인류(新人類)로 진화함으로써 비로소 가능해질 것이다.

하지만 예수 그리스도가 성경에서 "너희가 어린아이와 같이 되지 않으면 결코 하늘나라에 들어갈 수가 없느니라(마태복음18:3)"고 말한 바와 같이, 또 "새 술은 새 부대에 담아야 한다(마가복음 2:22)"고 말한 이치대로 아마도 마음이 순수하고 영성이 높은 인간들만이 이 에너지를 받아 새로운 차원의 우주 문명세계로 진입하게 될 것이다.

그렇다면 과연 "호모 사피엔스(Homo Sapience)"라는 우리 현생 인류의 몇 % 정도가 한 단계 진화하여 "호모 크리스토스(Homo Christos:빛의 인간)", 또는 "호모 엑설런트(Homo Excellent:초인간)"라는 신인종(新人種)로 변형됨으로써 드넓은 우주로 도약하게 될 것인가? 그리고 어느 정도가 이번 차원 전환기에 낙오되어 다시 재교육(윤회) 과정으로 들어가게 될 것인가? 아마도 여기에 대한 해답은 68억 인류 각자의 판단과 선택에 맡겨져 있는 것 같다. 또한 다가오는 2012년을 어떻게 받아들이고 거기에 어떻게 대비할 것인가의 문제 역시도 각자의 몫일 것이다. 그리고 이제까지 설명한 이 모든 것이 바로 천상에서 지금 우리 인류에게 시급히 전하고 있는 방대한 메시지들의 핵심 요지인 것이다.

■ 참고 및 인용 문헌

·Andrew Smith, <The Revolution of 2012> (FORD-EVANS PUBLISHING, 2006)
·Amorah Quan Yin, The Pleiadian Workbook, (Bear & Company Inc. 1996)
·Amorah Quan Yin, Pleiadian Perspectives on Human Evolution, (Bear & Company Inc. 1996)
·Annie Kirkwood. Mary's Message to The World. (Blue Dolphin Pub, 2005)
·Aurelia L. Jones. The Seven Sacred Flames. (Mount. Shasta Light Pub. 2007)
·Brad Steiger & Francie Steiger. The Star People. (Berkely Publishing. 1987)
·Brad Steiger. Starborn. (Berkely Publishing. 1992)
·Brad Steiger. & Shery H. Steiger. UFO Odyssey, (Ballantine Books, New York. 1999)
·Barbara Hand Clow, The Mayan Code. (Bear & Company, 2007)
·Barbara Hand Clow. Pleiadian Agend:A New Cosmology for The Age of Light (Bear & Co, 1995)
·Doreen Virtue. The Care and Feeding of Indigo Children. (Hay House, 2001)
·Doreen Virtue. The Crystal Children. (Hay House, 2003)
·Drunvalo Melchizedek. Serpent of Light Beyond 2012. (Weiser Books, 2007)
·Eric Klein. Inner Door Ⅰ.Ⅱ. (Oughten House Publication. 1993)
·Eric Klein. Crystal Stair: A Guide to Ascension. (Oughten House, 1994)
·Page Bryant. The Earth Changes Survival Handbook.(Sun Pubulishing Company, 1995)
·Gordon M. Scallion. Notes from the Cosmos. (Matrix Institute, 1997)
·Barbara Marciniak. Bringers of The Dawn.(Bear & Co, 1992)
·Diane Tessman. Earth Changes Bible. (Inner Light Publication. 1996)
·Jani King. The Ptaah Tapes: Transformation of the Species(PTY LTD, 1991)
·John Major Jenkins and Terence McKenna. Maya Cosmogenesis 2012:The True Meaning of the Maya Calendar End-Date. (Bear & Company. 1998)
·Jose Arguelles.The Mayan Factor:Path Beyond Technology.(Bear & Company)
·Ken Carey. The Starseed Transmissions. (Haperone, 1991)
·Ken Carey. Return of the Bird Tribes. (Haperone, 1991)
·Lee Carroll and Jan Tober. The Indigo Children:The New Kids Have Arrived (Hay House, 1999)
·Lee Carrol. Kryon Book Ⅰ:The End Times. (The Kryon Writings inc. 1992.)
·Lee Carrol. Kryon Book Ⅱ:Don't Like a Human. (The Kryon Writings inc.)
·Lee Carrol. Kryon Book Ⅲ:Alchemy of The Human Spirit.(The Kryon Writings inc. 1995)

- Lee Carrol. Kryon Book VI:Partnering with God.((The Kryon Writings inc)
- Michael Glickman. Crop Circles: The Bones of God (Frog Books, 2009)
- Norma J. Milanovich, B. Rice, We the Arcturians. (Athena Publishing, 1990)
- Patricia Pereira. Songs of the Arcturians. (Atria Books/ Beyond Words Publishing (1996)
- Patricia Pereira. Eagles of the New Dawn. (Atria Books/ Publishing. 1997)
- Patricia Pereira. Songs Of Malantor. (Atria Books/Beyond Publishing, 1998)
- Patricia Pereira. Arcturian Songs of the Masters of Light. (Atria Books/Beyond Words Publishing, 1999)
- Patrick Geryl. The Orion Prophecy: Will the World Be Destroyed in 2012 (Adventures Unlimited Press, 2002)
- Samuel George Partridge. Golden Moments with The Ascended Masters. (Golden Siera Printing, 1976)
- Scott Mandelker. Universal Vision:Soul Evolution and the Cosmic Plan(U V Way, 2000)
- Steve Rother. Re-member : A Handbook for Human Evolution (Light Worker Publication. 2000)
- Tom Kenyon & Virginia Essene. The Hathor Material: Messages from an Ascended Civilization. (S.E.E Publishing. 1996)
- Tom Kenyon, Lee Carroll, Patricia Cori. The Great Shift. (Weiser Books, 2009)
- Tuella. World Message for the Comming Decade.(Guardian Action Internation, 1988)
- Tuella. Projection: World Evacation, (Inner Light Publications. 1994)
- Tuella. Cosmic Prophecies. (Inner Light Pubulications. 1994)
- Ruth Montgomery(1998), A World Beyond, (Fawcett Crest, New York)
- Ruth Montgomery. Aliens Among Us.. (Fawcett books. 1993)
- Ruth Montgomery. The World to Come: The Guides' Long-Awaited Predictions for the Dawning Age. (Three Rivers Press, 2000)
- Willim M. Alnor, UFOs in The New Age, (Baker Book House, 1993)
- Hugh Lynn Cayce, The Earth Changes Update, (A.R.E. Press, Virginia., 1996)
- Sri Ram Kaa & Kira Raa. 2012:You have a Choice (TOSA Publishing Co, 2006)
- Sri Ram Kaa & Kira Raa. 2012 Atlantean Revelation (TOSA Publishing Co, 2007)
- Winfiled S. Brownell. UFOs Key to Earth's Destiny.(Legion of Light Publications, 1980)
- <Science>, <Nature> 지(紙) - 2006, 2007, 2008, 2009

·기타 관련 웹사이트(Web Sites) 검색 자료.
·동아일보, 경향신문, 중앙일보, 한겨레신문 등 각 일간지 보도 기사들
·정역(正易)과 한국, 박상화, 공화출판사. (1978)
·영계로부터의 메시지. 박금조 편저. 심령과학출판사.(1991)
《格菴遺錄》, 남사고, 국립중앙도서관 소장 필사본.
·100마리째 원숭이가 되자. 후나이 유끼오라 저, 김장일 옮김, 사계절 출판사
·天書. 正易, 고재익, /
·두산 세계대백과사전, 두산동아

2012 지구 차원 대전환과 천상의 메시지들

초판 2쇄 발행 / 2011년 5월 11일

저자 / 朴燦鎬
발행처 / 도서출판 은하문명
발행인 / 朴燦鎬
등록 / 2002년 7월 30일 (제22-723호)

주소 / 서울특별시 종로구 수송동 58번지, 332호
전화 / (02)737-8436
팩스 / (02)737-8486
인터넷 홈페이지 (www.ufogalaxy.co.kr)

ⓒ朴燦鎬. 2009 Printed in Korea

파본은 서점에서 교환해 드립니다
가격 20,000원

ISBN 978-89-953132-9-9 (03000)